ED-5963을 이용한

유비쿼터스 홈네트워크

구성 및 응용

남상엽 · 최병호 · 박용후 공저

도서
출판 상 학 당

머리말

1990년대 후반부터 가전, 방송, 통신, 컴퓨터가 서로 결합하는 디지털 컨버전스(Digital Convergence) 추세가 빠르게 확산되면서 전통산업과 IT 산업이 융합화하여 언제, 어디서나 IT 기술을 활용하는 IT의 생활화(IT everywhere)가 급진전되어 경제, 사회 전반에 걸쳐 IT 기술을 응용한 새로운 산업이 지속적으로 창출될 것이다. 디지털 컨버전스에 따라 새롭게 창출된 홈네트워크 산업은 하드웨어의 단순 결합이 아닌 소프트웨어를 포함하는 형태로 인간 생활 자체를 변화시키는 방향으로 발전하여 미래 가정인 디지털 홈을 실현하여 일반 국민의 디지털 라이프 시대를 열기 위한 기술 개발로 이어지고 있다.

홈네트워크 산업은 단순히 기존 가전기기를 네트워크화하여 정보가전단말 및 관련 서비스 시장만을 활성화시키는 것을 뛰어넘어, PC와 초고속 인터넷 보급이 사이버 공간에서의 정치, 경제, 문화 및 생산/소비 활동을 활성화시킨 주요 기반이 된 것처럼 홈네트워크 환경에서 일상생활과 밀접한 다양한 비즈니스 모델을 창출하고 다른 신성장 산업 활성화의 동인 역할을 수행하여 새로운 수요와 부가가치를 창출하여 세계 시장 선도 및 국민 소득 2만 달러 시대 달성을 선도할 수 있는 한국의 대표적인 산업군이 될 것으로 전망되고 있다. 특히, 양적으로 팽창해 온 국내 초고속 정보통신 인프라가 외형적으로 세계 최고 수준의 IT 국가로 도약하는 발판을 제공하였다면, 홈네트워크 산업은 다양한 서비스를 활성화시킬 구동력을 제공하여 내실을 갖춘 명실상부한 IT 강국으로 입지를 확고히 할 수 있는 초석이 될 것으로 예상하고 있다.

홈네트워크 시장은 광대역 서비스의 확대, 다수의 PC를 보유한 가구의 증가, 랩탑의 가정 내 이용 증가로 무선 기술의 홈네트워킹 도입 확대, 네트워킹 디지털 가전 시장 확대, 홈엔터테인먼트 · 홈오토메이션 · 홈시큐리티 등 생활편의에 대한 소비자 욕구 증가, WLAN을 위시한 다양한 네트워킹 기술의 발달 등으로 성장 가능성이 높다. 반면에, 기술 표준화 지연, 호환성 확보과제, 가격, DRM 이슈 및 개인정보보안 우려, 소비자 인식 부족 등이 저해 요인으로 작용할 가능성이 있다.

홈네트워크 시장은 UWB, 블루투스, HomePNA 등을 포함하는 홈게이트웨이/서버 시장, PC, 멀티미디어 장비, 홈오토메이션 등 네트워크를 통해 접근이 가능한 장비 시장, 그리고 서비스 시장으로 구분할 수 있다.

홈네트워크 시스템은 집안의 가전기기 및 시스템을 상호 또는 외부 인터넷상의 정보 기기와 연결하여 각각의 기기 및 시스템에 대한 원격접근과 제어가 가능하고, 음악, 비디오, 데이터 등과 같은 콘텐츠를 사용할 수 있도록 양방향 통신 서비스 환경을 구현하는 기술로 정의된다.

홈네트워크 기술은 크게 홈플랫폼 분야, 유 · 무선 홈네트워킹 분야, 지능형 가전 분야, 유비쿼터스 홈컴퓨팅 분야로 나눌 수 있다.

홈플랫폼 분야는 외부망과 가정을 연결하고 가정 내 다양한 서비스를 관장하여 유 · 무선 통합 홈네트워크 환경을 제공하는 홈서버/홈게이트웨이, 홈네트워크 보안 및 개방형 서버 기술로 구성되고, 유 · 무선 홈네트워킹 분야는 Ethernet, PLC, IEEE1394, HomePNA, 광홈랜 등의 유선 홈네트워킹 기술과 무선 LAN, 블루투스, WPAN, ZigBee, UWB, 무선 1394 등의 무선 홈네트워킹 기술로 구성된다. 지능형 정보가전 분야는 기존 백색가전기기들과 센서들을 네트워크로 연결하여 새로운 서비스를 창출할 수 있는 환경을 제공하는 지능형 정보가전 기술과 홈센서 기술로 구성되며, 유비쿼터스 홈컴퓨팅 분야는 매체 및 OS에 상관없이 정보 가전기기의 제어 및 감시를 수행하고, 홈에서의 다양한 상황에 대한 적응력을 가지는 미들웨어, 상황적응 미들웨어 및 멀티모달 인터페이스 기술로 구성된다.

이와 같은 분류는 홈네트워크 서비스를 제공하기 위해 적용되는 주요 기술을 기준으로 한 분류이며, 실제로 홈네트워크를 구축하기 위해서는 위의 분류 외에 서비스 제공자(Service Provider)로부터 제공되는 다양한 홈네트워크 콘텐츠 및 솔루션과 같은 홈서비스 분야, 배관 및 배선 등의 건축 기술 분야 등이 포함되어, 홈네트워크는 다양한 분야의 기술이 복합화된 융합 기술의 대표적인 경우라고 할 수 있다.

디지털화, 네트워크화가 점차 가속화되면서 기업간, 국가간의 표준경쟁이 총성 없는 전쟁으로 비유될 만큼 기업의 생사는 물론 국가 흥망을 좌우할 정도로 표준의 중요성이 부각되고 있으며, 홈네트워크 분야는 자국의 표준을 세계 표준으로 유도하여 세계 시장을 선점하기 위해 각 국에서는 다각도로 노력중에 있다.

홈네트워크 산업은 초고속정보통신망의 궁극적인 결과라 할 수 있고, 국가 산업 전체에 미치는 파급효과가 매우 큰 산업 분야이며, 고품질의 다양한 통신 및 방송 서비스를 제공하여 정보문화의 확산 및 지역간 계층간 정보격차를 해소하고, 국민의 삶의 질을 획기적으로 향상시킬 수 있는 "마지막 1마일(last 1mile)" 의 결정체가 될 것이다.

홈네트워크는 다양한 기기들이 네트워크로 연결되어 새로운 가치를 창출하는 것이 목적인만큼 표준 기술과 표준 모델의 개발은 필수불가결하다. 현재 홈네트워크와 관련하여 상당히 많은 표준과 기술들이 존재하며 새롭게 개발되는 기술과 제정되고 있는 표준 규격들도 많다. 이와 같은 다양한 기술과 표준들에 대해 홈네트워크 산업 활성화를 위한 수용 및 응용 활동과 더불어 선도할 수 있는 기술개발 과제의 발굴 또한 해결해야 할 과제로 남아 있다.

우리나라는 세계 최고수준의 초고속 정보통신 인프라 및 밀집형 주거형태

등 홈네트워크 산업이 조기에 활성화 될 수 있는 좋은 여건을 갖추고 있어 현재 진행 중인 국내 및 국제 표준화 활동과 더불어 방송, 가전, 서비스 등 우리나라가 국제 경쟁력을 확보한 영역을 중심으로 사업자간 협력체계를 구축하고, 홈네트워크 인증센터를 통한 인증체계 구축 및 시범사업을 통한 기술 및 서비스 검증, 법, 제도 개선 등을 추진하면 홈네트워크 산업을 활성화하고 국민소득 2만 달러 달성으로 국민의 디지털라이프를 실현하는 핵심 산업이 될 것으로 전망한다.

이 책에서는 유비쿼터스 홈네트워크 시스템의 개념과 이에 관련된 시스템 환경 설정과 그와 관련된 응용에 대한 개념의 이해와 그와 관련된 실습과정에 대하여 서술하였다.

유비쿼터스 홈네트워크 시스템을 접하면서 가장 어려운 점은 참고서적과 충실한 교육과정의 부재를 들 수 있을 것이다. 아무리 인터넷을 통해 방대한 자료를 수집할 수 있다고 해도 정작 개발에 필요한 정확한 자료를 찾기 어렵다. 그래서 이 책은 입문자의 관점에서 해석하여 실습자로 하여금 동작의 흐름과 이해를 돕고, 차후 개발을 위한 밑거름이 될 수 있도록 하였다. 그러나 처음 접해보는 초보개발자의 입장에서 설명한 것이기에 내용의 깊이보다는 전반적인 이해에 중점을 두었다. 또 다른 방향의 홈네트워크 시스템에 대한 교육을 원한다면 이 책을 공부한 뒤 《유비쿼터스 홈네트워크 응용》 교재를 통하여 심화학습을 하는 것이 좋을 것이다.

이 책은 론워크 시스템을 기반으로 한 ED-5963 홈네트워크 실습장비를 이용하여 컴퓨터 · 전자 · 통신 분야 관련 학생 및 초보개발자를 대상으로 한 홈네트워크시스템 프로그램에 대한 기본학습 및 실습을 위한 교재로서, 처음 홈네트워크 시스템을 접하는 개발자에게 쉽고 빠르게 접근할 수 있도록 하는 데 초점을 맞추어 편찬되었기 때문에 론워크 시스템을 기반으로 한 홈네트워크 시스템의 작동원리에 대한 이해와 감각을 키우기 위한 것에는 부족함이 없을 것이라 생각된다.

이 책의 제1장은 유비쿼터스 홈네트워크 시스템의 포괄적인 내용과 특징에 관한 내용을 간단히 설명하고, 제2장은 유비쿼터스 홈네트워크 시스템에 사용되는 기술분류 및 그 기술에 대한 전반적인 이해를 돕기 위해 간략히 기술하였다. 제3장에서는 유비쿼터스 홈네트워크의 보안, 제4장은 유비쿼터스 홈네트워크의 표준화에 대하여 간단한 개념과 특징에 대하여 기술하였다. 제5장부터 제7장으로 이어지는 중반부 내용은 유비쿼터스 홈네트워크 시스템의 실습개발 교육장비인 ED-5963의 구조를 알아보고, 처음 접하는 개발자들이 가장 어렵게 느끼는 개발환경 설정 실습을 통해 익히도록 하였다. 그리고 제8장부터 이어지는 후반부에는 소스를 장비에 적용함으로써 유비쿼터스 홈네트워크 시스템 장비의 실질적인 실험실습을 통해 다양한 기능과 특징을 실습을 통해 확인해봄으로써 유비쿼터스 홈네트워크 시스템에 대한 전반적으로 쉽고 빠른 이해를 얻을 수 있을 것이다.

끝으로 이 교재를 집필하는 데 많은 도움을 주신 (주)ED의 강용식 부사장님, 김창일 상무님, 김석중 부장님, U-IT 마케팅의 양영규 팀장님, 이춘택 과장님, 곽석민 과장님, 그리고 기술연구소의 박정석 차장님과 출판홍보팀의 최정윤 대리 등 관계자 여러분과 도서출판 상학당의 관계자 여러분에게 감사의 마음을 전한다. 그리고 어려운 환경 속에도 묵묵히 이 책의 집필에 많은 도움을 준 남상석님에게 감사의 말을 전한다.

어떤 일이든 첫발을 내딛고 개척하는 것이 가장 힘든 일일 것이다. 그러나 그 어려움을 극복하였을 때 얻는 것이 무엇보다 값진 결실이 될 것이다. 아직은 열악하고 힘든 개발환경이지만 이 책이 보다 많은 유비쿼터스 홈네트워크 시스템 개발자 양성에 힘이 되어주길 바란다.

저자 씀

차 례

제1장

유비쿼터스 홈네트워크

1-1 유비쿼터스 홈네트워크의 개요

1. 유비쿼터스 홈네트워크의 개요

1990년대 후반부터 가전, 방송, 통신, 컴퓨터가 서로 결합하는 디지털 컨버전스(Digital Convergence) 추세가 빠르게 확산되면서 전통산업과 IT 산업이 융합화하여 언제, 어디서나 IT 기술을 활용하는 IT의 생활화(IT everywhere)가 급진전되어 경제, 사회 전반에 걸쳐 IT 기술을 응용한 새로운 산업이 지속적으로 창출될 것이다.

디지털 컨버전스에 따라 새롭게 창출된 홈네트워크 산업은 하드웨어의 단순 결합이 아닌 소프트웨어를 포함하는 형태로 인간 생활 자체를 변화시키는 방향으로 발전하여 미래 가정인 디지털 홈을 실현하여 일반 국민의 디지털 라이프 시대를 열기 위한 기술 개발로 이어지고 있다.

홈네트워크는 가정 내의 모든 정보가전기기가 유무선 네트워크로 연결되어 누구나 기기, 시간, 장소에 구애받지 않고 다양한 서비스를 제공받을 수 있는 가정환경으로 국민들에게 편리하고, 안전하고, 즐겁고, 윤택한 삶을 제공할 수 있는 IT 기술 이용 환경이다.

또한 홈네트워크는 디지털 TV, 지능형로봇, 차세대 이동통신, 디지털콘텐츠, S/W 솔루션 분야와 연계되어 새로운 수요와 부가가치를 창출할 것으로 예상된다.

이에 따라, 정부에서는 초고속인터넷, 이동통신 등 세계 최고수준의 통신 인프라를 바탕으로 홈네트워크 관련 기술 개발 및 표준화, 시범사업, 홈네트워크 인프라 구축을 위한 융자사업 등 산업활성화를 위한 다양한 지원정책을 추진하여 홈네트워크 시장을 조기에 활성화하고 세계 최고수준의 홈네트워크 국가를 건설할 계획이다.

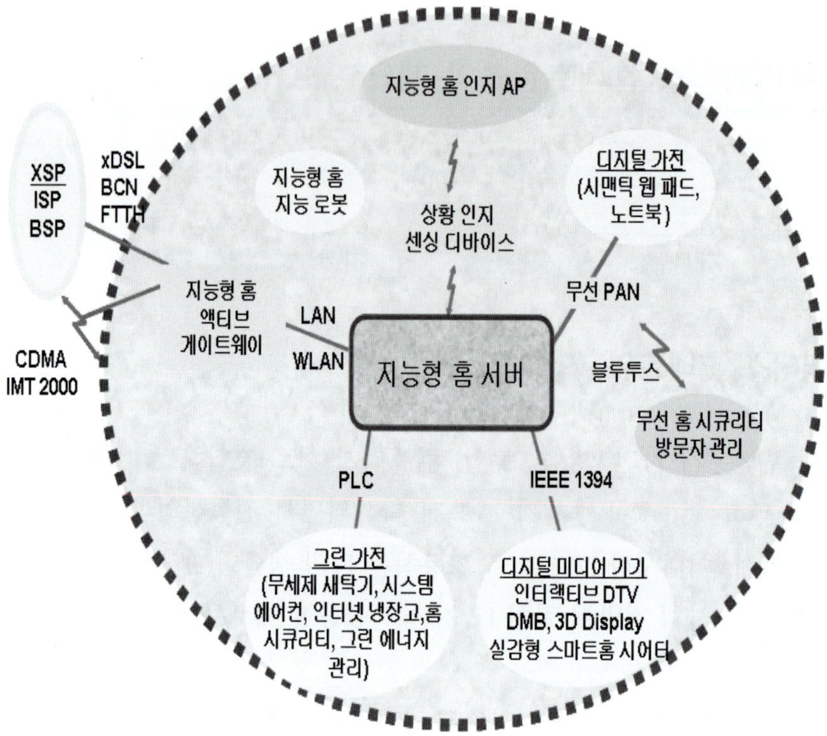

[그림 1-1] **유비쿼터스 홈네트워크 시스템**

홈네트워크 산업은 단순히 기존 가전기기를 네트워크화하여 정보가전단말 및 관련 서비스 시장만을 활성화시키는 것을 뛰어넘어, PC와 초고속 인터넷 보급이 사이버 공간에서의 정치, 경제, 문화 및 생산/소비 활동을 활성화시킨 주요 기반이 된 것처럼 홈네트워크 환경에서 일상생활과 밀접한 다양한 비즈니스 모델을 창출하고 다른 신성장 산업 활성화의 동인 역할을 수행하여 새로운 수요와 부가가치를 창출하여 세계 시장 선도 및 국민 소득 2만 달러 시대 달성을 선도할 수 있는 한국의 대표적인 산업군이 될 것으로 전망되고 있다.

특히, 양적으로 팽창해 온 국내 초고속 정보통신 인프라가 외형적으로 세계 최고 수준의 IT 국가로 도약하는 발판을 제공하였다면, 홈네트워크 산업은 다양한 서비스를 활성화시킬 구동력을 제공하여 내실을 갖춘 명실상부한 IT 강국으로 입지를 확고히 할 수 있는 초석이 될 것으로 예상하고 있다.

(1) 유비쿼터스와 유비쿼터스 홈

불과 수년 전만 하더라도, 컴퓨터는 책상 위에 고이 모셔져 있는 존재로 인식되어 왔지만 현대의 대부분의 사람들은 컴퓨터의 기능을 완전히 혹은 부분적으로 채용한 많은 정보기기들을 가지고 다니며 생활하고 있다.

이러한 기기들의 예로 PDA, MP3 플레이어, 인터넷 접속 기능을 갖춘 휴대전화 등을 들 수 있겠다. 변화는 개인에 국한되고 있지 않다. 인터넷과 월드와이드웹(WWW)으로 대표되는 컴퓨터 네트워크의 발달은 개인을 넘어 국가와 전 세계의 삶의 양상을 완전히 바꿔놓고 있는 중이다. 수많은 자료를 인터넷을 통해 검색, 교환하고 있으며, 사무 및 전자 상거래의 주요 수단이 되고 있다. 2002년 말, 정부는 e-정부 홈페이지를 개통하였다. 이는 사이버 공간 상의 대한민국 정부 설립을 의미하는 것이다.

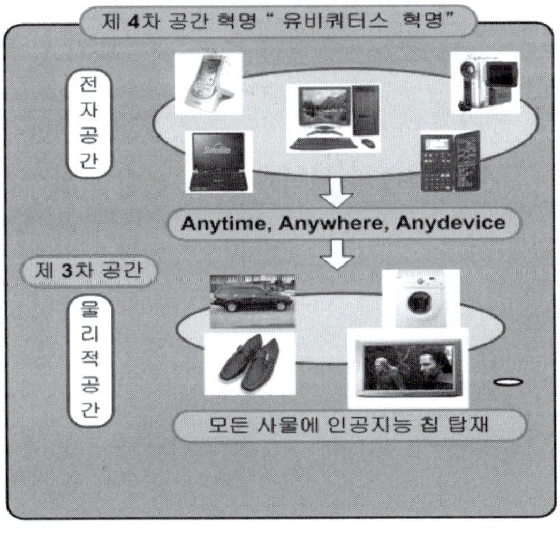

[그림 1-2] 유비쿼터스의 모형

그러나 이것은 시작에 불과하다. 우리를 둘러싸고 있는 컴퓨팅 환경은 우리가 느끼고 있는 것 보다 더 큰 변화를 준비하고 있다. 생활의 모든 측면을 최대한 편리하게 해줄 수 있도록, 우리 생활을 완전히 감쌀 수 있는 컴퓨팅 환경으로 진화하고 있는 것이다. 이는 유비쿼터스(ubiquitous) 컴퓨팅과 그리드(grid)

컴퓨팅 등으로 대변될 수 있다.

유비쿼터스는 "언제 어디서나 존재한다"라는 라틴어에서 유래된 말이다. 즉, 유비쿼터스 컴퓨팅은 말 그대로 컴퓨팅 환경이 어디에나 산재해 있음을 의미한다. 이런 산재되어 있는 각각의 객체가 유비쿼터스 컴퓨팅에 의해 서로 연결되게 된다. 따라서 유비쿼터스 컴퓨팅이 정보기기의 통합을 위한 기술인 것이다. 그러므로 유비쿼터스를 기반으로 하는 유비쿼터스홈은 모든 사물에 유비쿼터스 컴퓨터가 내장된 형태를 갖게 된다.

겉으로 드러나지 않지만 유기적인 네트워크(무선)로 연결되어 있다. 네트워크로 연결된 각각의 기기들은 지능을 갖고 있어서, 사용자의 요구를 미리 파악할 수 있게 된다. 그래서 사용자가 필요로 하는 정보와 서비스를 능동적으로 제공하게 된다.

유비쿼터스 개념에서는 일반적인 물리적 공간을 제3차 공간이라 정하고, 전자공간과 제3차 공간을 결합하여, "유비쿼터스 혁명"인 제4차 공간 혁명이 된다고 정의한다.

즉, 자동차, 세탁기, 구두, TV 등과 같은 물리적인 일반 기기에 전자공간에 해당하는 네트워크 장비나 RFID chip 등을 장착함으로써, 어느 때나(anytime), 어느 장소에서도(anywhere), 어떤 장치에서도(anydevice) 우리가 원하는 작업을 할 수 있게 해준다는 것이다.

따라서, 유비쿼터스 홈네트워크에서도 이러한 유비쿼터스의 개념을 이용해 많은 이점을 얻을 수 있다. 요약해 보면, 유비쿼터스 홈네트워크는 유비쿼터스의 개념을 가정에서 구현한 형태라고 볼 수 있다.

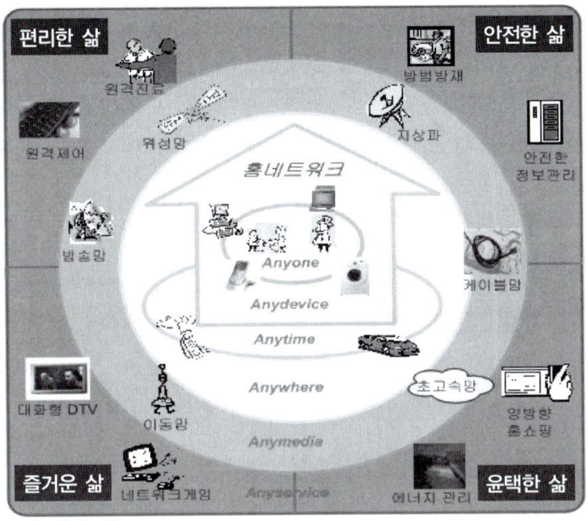

[그림 1-3] 유비쿼터스의 개념이 적용된 유비쿼터스홈

유비쿼터스 측면에서 유비쿼터스 홈네트워크는 다음의 두 가지 특징을 갖게 된다.

첫째, 자동 제어 네트워킹 주거 공간이다. 네트워크를 이용해서, 가전 기기 스스로 사용자가 원하는 대로 동작하는 것이다.

둘째, 유비쿼터스 홈네트워크는 내장 컴퓨터 상시 서비스 주거공간이다. 왜냐하면 항상 접속 중(alway log on)인 상태를 유지하고 있으므로 시간과 장소에 제약 없이 가정 내의 정보와 서비스를 얻을 수 있기 때문이다.

홈네트워킹은 이더넷(Ethernet)을 비롯한 전화선, 전력선, 그리고 무선을 포함하는 다양한 네트워킹 프로토콜을 통해 구현되며, 네트워크화 된 가정 내 디지털 정보기기들 간의 기능공유, 데이터 공유, 원격제어 등을 가능하게 한다.

또한, 인터넷 액세스와 오디오/비디오 스트림, 홈 컨트롤 애플리케이션 및 서비스를 비롯하여 기타의 네트워크화 된 장비에 애플리케이션과 서비스를 분배해 주는 기능을 수행한다.

홈네트워크는 초고속인프라를 기반으로 네트워크, 정보처리 등 다양한 IT 기술이 접목되어 서비스를 창출하는 복합 산업분야로, 가정 내의 정보가전 기기가 네트워크로 연결되어 기기 · 시간 · 장소에 구애받지 않고 다양한 서비스를 제공할 수 있는 미래의 가정환경이다.

(2) 유비쿼터스 홈네트워크 개념 및 정의

유비쿼터스 홈네트워크는 집안의 가전기기 및 시스템을 상호 또는 외부 인터넷상의 정보 기기와 연결하여 각각의 기기 및 시스템에 대한 원격접근과 제어가 가능하고, 음악, 비디오, 데이터 등과 같은 콘텐츠를 사용할 수 있도록 양방향 통신 서비스 환경을 구현하는 기술로 정의하고 홈 시큐러티 확보, 홈케어 지원 등을 목표로 한다.

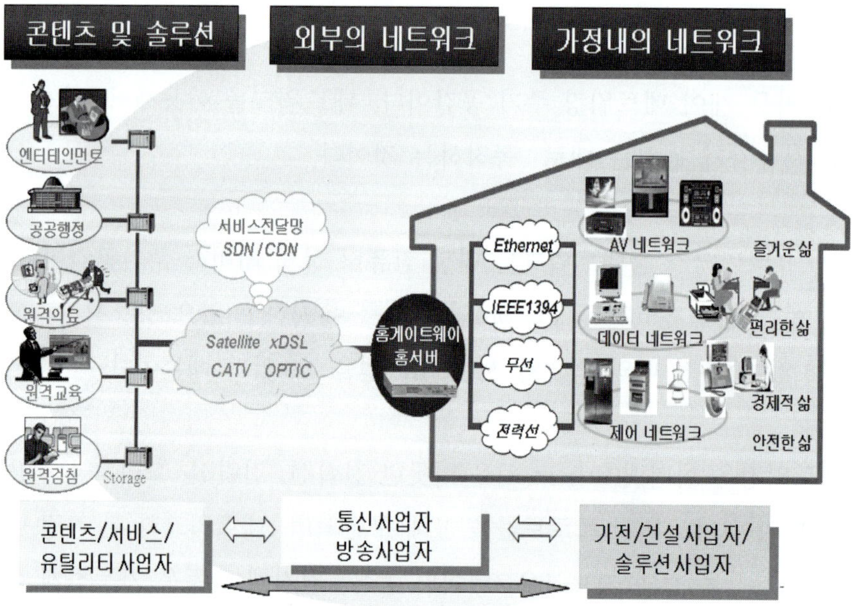

[그림 1-4] 유비쿼터스 홈네트워크의 개념도

- 가정 내의 모든 정보가전기기가 유 · 무선 네트워크로 연결되어 누구나 기기 · 시간 · 장소에 구애받지 않고 다양한 서비스를 제공받을 수 있는 미래지향적인 가정환경을 구

성한다.

- PC 사용에 어려움을 느끼는 사용자가 가전제품을 통해 보다 쉽게 정보화 대열에 동참하고, 원격교육, 원격 의료 등 복지 서비스를 보다 쉽고 편리하게 사용할 수 있으므로 계층간 정보 격차 해소와 국민 복지 실현 가능한다.
- 정보의 최대 수요처가 될 가정을 네트워크화 함으로써 지금까지의 통신 인프라 구축의 성과를 극대화하는 서비스 활성화 및 국민의 IT 생활화를 구현한다.
- 가정 내부와 외부 네트워크와의 연계를 통해 다양한 콘텐츠를 확보하고 실수요자 중심의 서비스를 개발하는 것이 산업의 경쟁력을 좌우하며 디지털TV, 지능형로봇, 차세대 이동통신, 디지털콘텐츠/SW 솔루션 산업 등 타 성장엔진 분야와도 밀접하게 연계되어 새로운 수요와 부가가치를 창출한다.

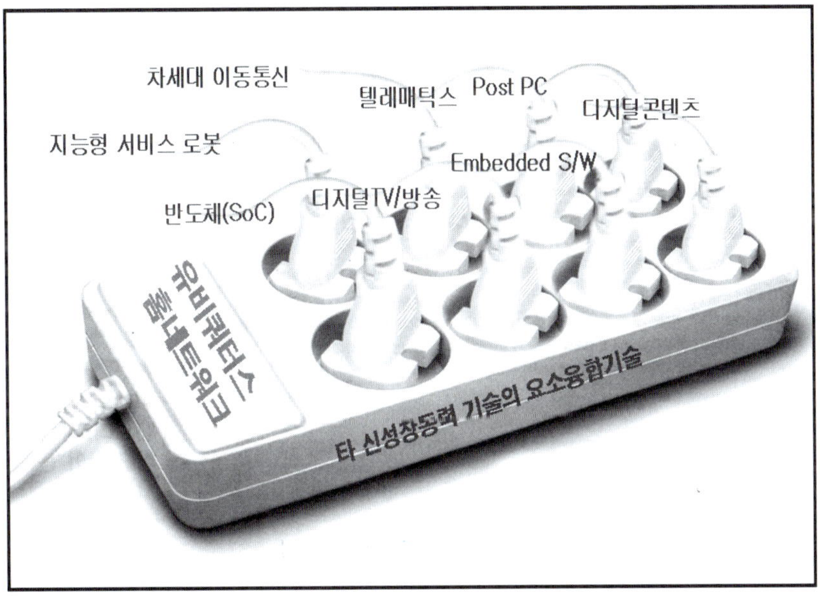

[그림 1-5] 유비쿼터스 홈네트워크의 융합 요소기술

(3) 유비쿼터스 홈네트워크의 요구조건

아직은 시장이 개발되고 있는 초기 단계로 볼 수 있고, 기술적인 면에서도 정형화 되어 있지는 않지만 무엇보다도 중요한 것은 고객이 홈네트워크를 꼭 필요한 장치로 받아들일 수 있을 것인가 하는 점이다. 이와 같은 관점에서 요구 조건을 살펴보면 다음과 같다.

- 저 비용 제어 대상기기 : 제어기(Controller)간 시설비가 저렴해야 한다.
- 효율성 : 가정 내에서 기기 이동 시 간단하게 설치 변경할 수 있어야 한다.
- 편리성 : 복잡한 설치 및 설정 과정이 없이 Plug & Play가 이루어져야 한다.
- 간편성 : 원하는 장소에 설치 할 수 있는 설치의 간편성이 보장되어야 한다.

이와 같은 점이 충분히 만족되어야만 사용자에게 만족을 줄 수 있는 홈네트워크 시스템이 될 것이다.

(4) 유비쿼터스 홈네트워크 서비스

가정 내의 모든 가전 기기 즉, 단순 제어 장치(조명, 보안, 커튼, 가스, 난방 등) 디지털 가전(냉장고, 세탁기, 전자레인지, 가스 오븐 등)을 네트워크화 하여 지금까지와는 전혀 다른 서비스를 제공할 수 있게 된다.

디지털 가전의 경우 지금까지는 제품이 고장이 난 경우에 서비스를 신청하는 A/S 형식을 취하고 있으며 얼마나 빨리 달려와서 이미 일어난 고장을 신속하게 복구시켜 줄 것인가가 관건이었다면 이제는 제품에 이상이 나타나면 제품 스스로가 서비스 센터에 이상점을 통보할 것이고 문제점을 발견한 서비스 센터는 고객에게 전화나 이메일 등으로 그 내용을 알려서 사전에 수리를 받을 수 있도록 하는 사전 서비스 형태로 바뀔 수 있다.

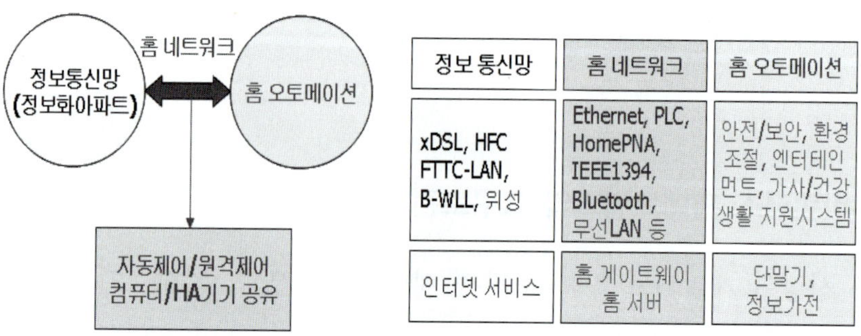

[그림 1-6] 유비쿼터스 홈네트워크 서비스

또한 냉장고나 세탁기 전자레인지, 가스 오븐 레인지 등은 새로 나온 음식의 요리 방법이나 새로운 세척제를 이용한 적정한 세탁 방법을 다운로드 받아 사용할 수 있게 될 것이다.

유비쿼터스 홈네트워크를 통해 제공되는 서비스(customer needs)는 다음과 같다.

- 편리한 생활 : 원격제어, 원격의료, 원격제어, 원격교육 등
- 안전한 생활 : 방범, 방재 등의 각종 재해에 대한 예지, 예방 등
- 즐거운 생활 : VOD, 대화형 DTV, 네트워크게임, 인터넷 등
- 윤택한 가정 : 홈 쇼핑, 홈뱅킹, 에너지 관리 등

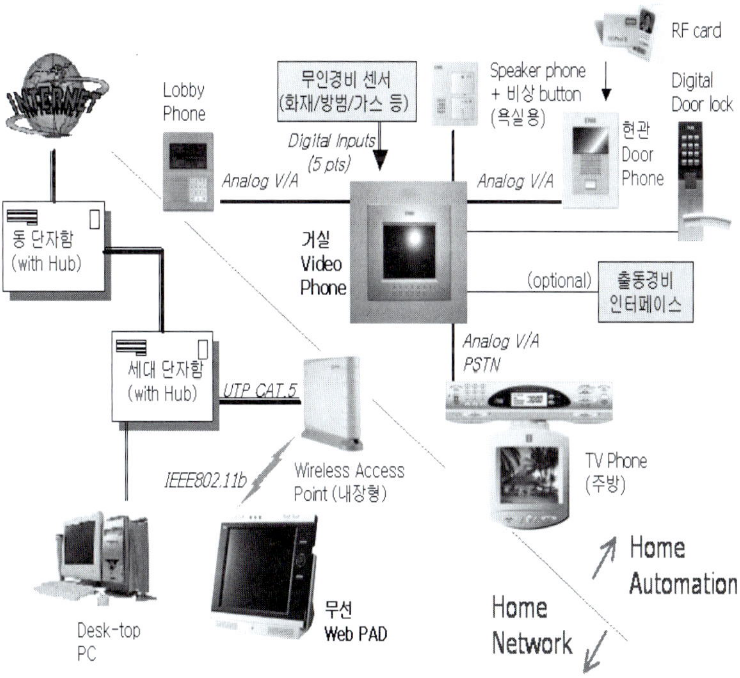

[그림 1-7] 홈네트워크와 홈오토메이션의 구분

〈표 1-1〉 유비쿼터스 홈네트워크의 서비스 분류 및 활용

서비스 분류	활용 내역
양방향 DTV 서비스	-T-Commerce -T-Banking -T-Education
홈 오토메이션 서비스	-정보가전 제어/지능형 로봇 -침입탐지/방문자확인 -재난방지/원격검침
헬스 케어 서비스	-원격 의료 상담 -원격 체력/건강 진단
공공서비스	-민원발급 -전자 투표
텔레메틱스	-교통정보/위치 정보 -주변정보/길안내

(5) 유비쿼터스 홈네트워크 기대효과

홈네트워크 산업은 초고속정보통신망의 궁극적인 결과라 할 수 있고, 국가 산업 전체에 미치는 파급효과가 매우 큰 산업 분야이며, 고품질의 다양한 통신 및 방송 서비스를 제공하여 정보문화의 확산 및 지역간 계층간 정보격차를 해소하고, 국민의 삶의 질을 획기적으로 향상시킬 수 있는 "마지막 1마일(last 1mile)"의 결정체가 될 것이다.

홈네트워크는 다양한 기기들이 네트워크로 연결되어 새로운 가치를 창출하는 것이 목적인만큼 표준 기술과 표준 모델의 개발은 필수불가결하다.

현재 홈네트워크와 관련하여 상당히 많은 표준과 기술들이 존재하며 새롭게 개발되는 기술과 제정되고 있는 표준 규격들도 많다. 이와 같은 다양한 기술과 표준들에 대해 홈네트워크 산업 활성화를 위한 수용 및 응용 활동과 더불어 선도할 수 있는 기술개발 과제의 발굴 또한 해결해야 할 과제로 남아 있다.

디지털 컨버전스라는 IT 환경의 변화로 유 · 무선망, 고정 · 이동망, 방송 · 통신망 등 다양한 종류의 망들이 하나로 연결되고, 칩과 센서 등이 내장된 많은 종류의 기기 및 사물간에 끊김없이 연결되어 어디에 있어도 네트워크, 단말 및 콘텐츠를 자유롭게 의식하지 않고 스트레스 없이 안심하고 사용할 수 있는 유비쿼터스 환경으로 진화하고 있다.

홈네트워크 산업은 IT 9대 신성장산업의 결집체일 뿐만 아니라 NT, BT 등 후방효과가 큰 산업분야이나 현재 홈오토메이션을 중심으로 하는 초기단계에 머물러 있다.

홈네트워크 시장 확산을 위해서는 가전, 방송, 통신, 컴퓨터가 융합되어 사용자를 만족시킬 수 있는 지속적으로 새로운 비즈니스 모델을 창출할 수 있어야 하며, 국가 경쟁력 제고를 위해 홈네트워크 원천 핵심 기술 확보가 무엇보다 중요하다.

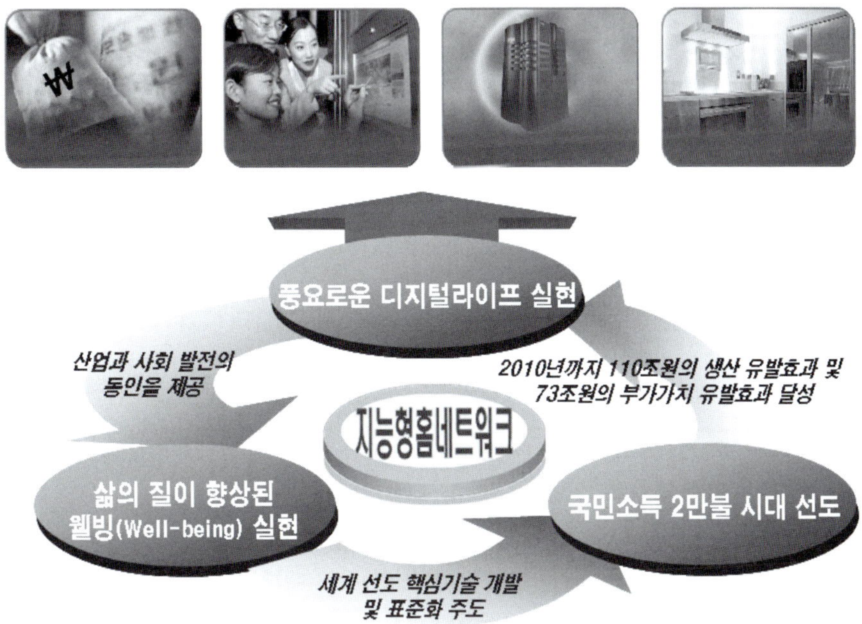

[그림 1-8] 유비쿼터스 홈네트워크의 기대효과

우리나라는 세계 최고수준의 초고속 정보통신 인프라 및 밀집형 주거형태 등 홈네트워크 산업이 조기에 활성화될 수 있는 좋은 여건을 갖추고 있어 현재 진행 중인 국내 및 국제 표준화 활동과 더불어 방송, 가전, 서비스 등 우리나라가 국제 경쟁력을 확보한 영역을 중심으로 사업자간 협력체계를 구축하고, 홈네트워크 인증센터를 통한 인증체계 구축 및 시범사업을 통한 기술 및 서비스 검증, 법, 제도 개선 등을 추진하면 홈네트워크 산업을 활성화하고 국민소득 2만 달러 달성으로 국민의 디지털라이프를 실현하는 핵심 산업이 될 것으로 전망한다.

[그림 1-9]처럼 홈네트워크는 아날로그 중심의 홈네트워크에서 디지털화, 유비쿼터스 네트워킹, 유비쿼터스 컴퓨팅 홈네트워크로 급속히 IT+BT+NT+ET+CT가 접목하는 산업으로 급성장하고 있다.

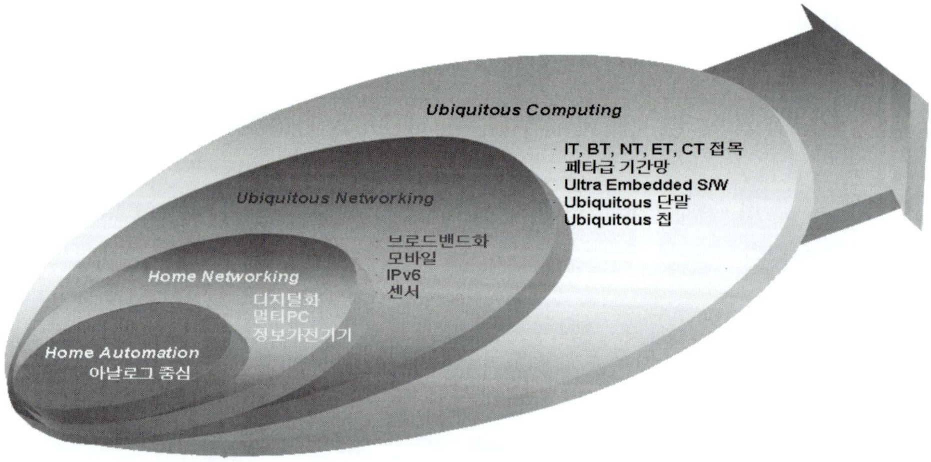

[그림 1-9] **홈네트워크의 진화단계**

〈생활 스타일의 변화〉

- 정보화 시대의 도래 : 인터넷의 생활화, 다량 PC 보유증가, Remote 업무처리
- 다기능 홍 : 재택근무, 재택학습, VOD, 오락, 보완 중요성, 맞벌이 증가, 고령화

〈표 1-2〉 생활 스타일의 변화

	주요변화	관련사업	주택산업
디지털사회 도래	온라인 생활패턴	전자, 정보통신	지능형주택/재택근무
저성장 선진경제	점진적 개인소득 증가	전자, 정보통신	고품질주택/디지털화
주5일 근무제 시행	고급화, 여가지향형	주거서비스, 문화행활	고품질주택/엔터테인먼트
고령화 사회 진입	노인가구 · 경제력 증가	실버산업/건강산업IT	실버주택/노인지원상품
여성의 사회참여 확대	맞벌이, 생활편의 증가	기능성가전/육아보호+IT	편의시설/육아시설
환경에 대한 관심 증대	친환경 상품, 건강문제	친환경제품, 건강산업	친환경주택/실내환경중시

1-2 유비쿼터스 홈네트워크의 구성요소

유비쿼터스 홈네트워크의 구성요소별 분류는 [그림 1-10]처럼 분류하였다. 3가지의 네트워크인 엔터테인먼트 네트워크, 컴퓨터 네트워크, 오토메이션 네트워크로 구분하고 항목별로는 요구사항, 데이터 처리속도, 표준 네트워크, 서비스 등으로 구분하여 정리하였다.

- 홈네트워크 망(댁내망) : 이더넷, 전력선, 무선랜, 블루투스 등
- 액서스(Access) 망(댁외망) : xDSL, FTTC, FTTH, Cable 등
- 정보단말기 : 홈 서버, 게이트웨이(Home G/W), PAD, 정보가전, 감지기, 원격 제어기
- 컨텐츠(Contents) : 인터넷, VOD, 원격교육, 원격진료 등

	Entertainment Network	Computer Network	Automation Network
요구사항	• 고속의 멀티미디어 데이터 처리 • A/V 기기 연결	• 인터넷 연동 • 다수의 컴퓨터 및 OA 기기 연결	• 동작 안정성 • 기기들 상호 동작성 • 저가 네트워크 비용
데이터 전송속도	100 – 400 Mbps	1- 100 Mbps	1 Mbps 이하
표준 네트워크	• IEEE1394a/b • Same as Computer Network	• IEEE802.3 Ethernet • IEEE802.11b/a • HomePNA	• PLC(CEbus, EIB, LonWorks) • Bluetooth
서비스	• Video-On-Demand • Interactive A/V for Edutainment	• Internet Access • Cyber Community • 재택근무, 원격진료	조명, 냉난방, 가전기기, 검침기 등의 모니터링 및 제어

[그림 1-10] 홈네트워크의 구성 요소별 분류

1. 물리적인 네트워크의 구성

우리 집에 홈네트워크를 구성한다면 어떻게 해야 할까? 고민이 될 수밖에 없다. 홈네트워크의 설치는 앞으로 지어질 집뿐 아니라 현재의 각 세대에도 설치할 수 있어야 한다. 그러므로 [그림 1-11]처럼 물리적인 네트워크 구성은 광역 네트워크, 지역 네트워크, 홈네트워크로 구성된다.

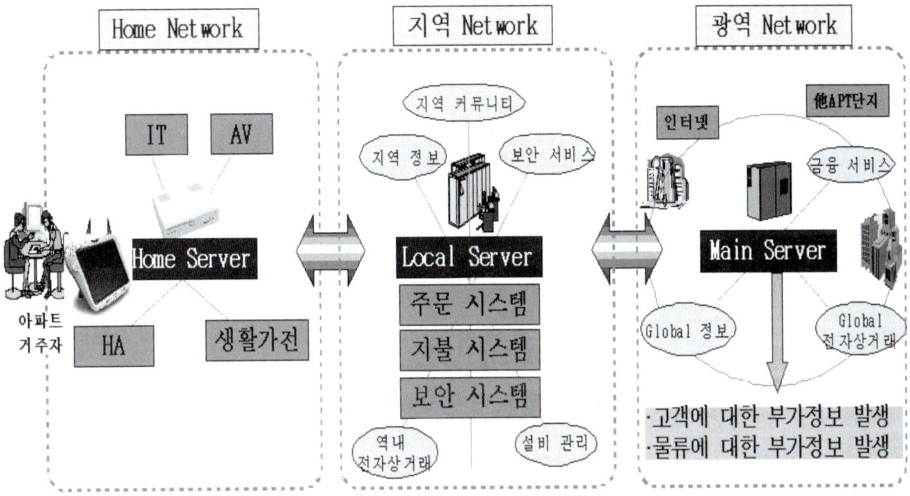

[그림 1-11] 물리적인 네트워크의 구성

2. 네트워크를 위한 매체 비교

현재 이용할 수 있는 네트워크 기술을 통해 살펴보면, 전력선 통신(PLC : Power Line Communication), 무선(RF : Radio Frequency), 유선의 3가지로 나누어 볼 수 있다. 각각의 장단점을 〈표 1-3〉의 비교표에 나타내었다. 표에서 보는 바와 같이 가장 매력적인 방법이 전력선을 이용하여 홈네트워크를 구축하는 것임을 쉽게 알 수 있다.

〈표 1-3〉 **네트워크별 매체비교**

구 분	특 징	설치의 편의성	이동의 편의성	장비 가격	설치 비용	제품의 상용화
PLC	기존의 전력선을 이용 구성	좋음	좋음	저가	저가	시판 중
무선	주파수 간섭에 의한 오동작 가능성	보통	좋음	고가	저가	가능
유선	각 장치 간 통합 배선 복잡	나쁨	나쁨	저가	고가	가능

전 세계 홈네트워크의 시장을 리드 한다고 할 수 있는 국내의 여러 회사들은 다양한 접근 방법으로 홈네트워크 시장 진입을 했거나 준비를 하고 있다. 하지만 현재까지 가장 원활한 홈네트워크 시스템 구축의 네트워크 매체는 전력선제어(PLC : Power Line Control)이다. 가장 많은 구축 실적과 안정성이 이미 입증되었고 향후 대부분의 홈네트워크 제어 장치에는 PLC가 사용될 것으로 예상된다.

3. 제어 네트워크의 구성 요소

제어 네트워크의 요소는 최종적으로 인터넷에 연결 되어야 한다. 홈네트워크는 AV 기기 - 엔터테인먼트 네트워크, 가전 및 제어기기 - 컨트롤 네트워크, 컴퓨터, 스캐너 - 데이터 네트워크 등으로 구분 되지만 최종적인 장소는 인터넷이 된다.

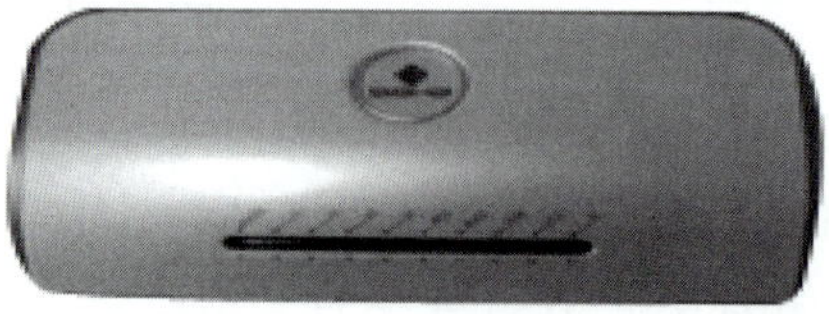

[그림 1-12] **게이트웨이**

우리가 관심을 갖고 있는 가전 및 제어기기에 대해서 어떤 구성 요소 들이 있다. 집안과 집 밖은 게이트웨이를 이용해서 인터넷과 하나가 된다.

가정 내에는 비디오폰을 대신하면서 각 네트워크 기기를 제어할 장치가 필요하다 이 역할을 수행하는 장치가 홈 패드 또는 월 패드가 된다.

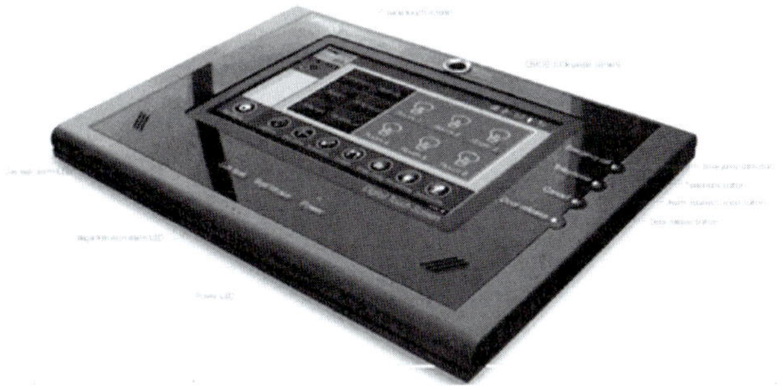

[그림 1-13] 7인치 터치스크린의 월 패드

다음 제품은 가스 밸브를 원격에서 차단시킬 수 있으며 가스 누출 시에는 자동으로 밸브를 차단하고 가스 누출 사고가 났음을 입력된 휴대폰으로 문자 메시지를 전송한다. 물론 외부에서 휴대폰으로 밸브의 상태 확인 및 잠금이 가능하다.

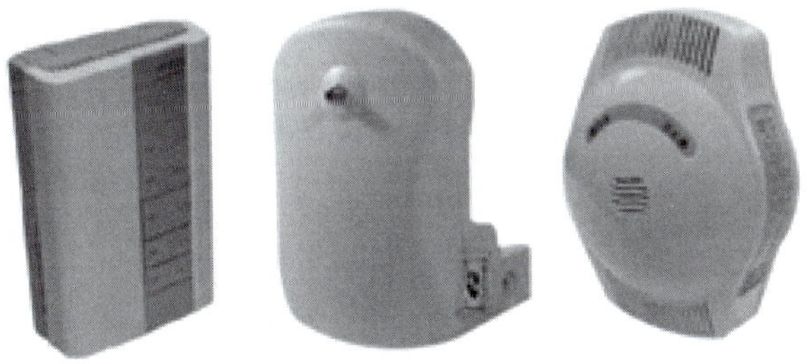

[그림 1-14] 가스 원격 차단기 및 사고 전송장치

이 제품은 콘센트 모듈과 조명 스위치 그리고 가정 내 모든 제어 장치를 제어할 수 있는 리모컨이다.

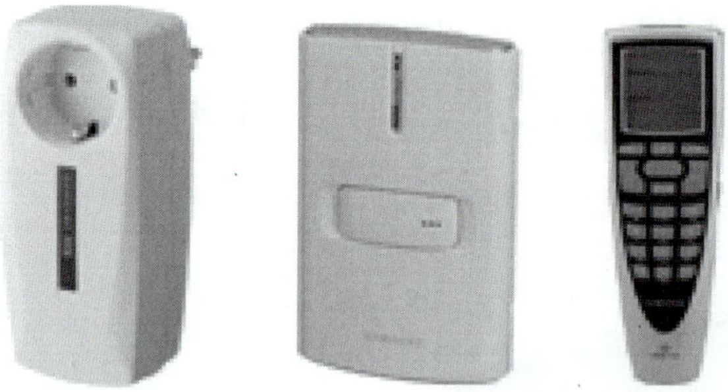

[그림 1-15] **콘센트 모듈, 조명 스위치 및 리모컨**

각 스위치에는 리모컨 수신 장치가 내장되어 있어 어느 조명 기기의 수신 장치를 이용하더라도 제어가 가능하며, 조명 스위치는 원격지에서 조명의 상태를 알 수 있게 하고 콘센트 모듈은 불필요한 전원을 원초적으로 차단함으로써 누설전류를 최소화할 수 있다.

1-3 유비쿼터스 홈네트워크의 전망

1. 전세계 홈네트워크 시장

전세계 홈네트워크 시장은 초고속 인터넷 보급률 성장과 비례하는 양상을 보이는 가운데, 초고속 인터넷 인프라 환경에서 앞서가고 있는 북미와 서유럽을 중심으로 높은 성장이 예상된다.

전세계 초고속 인터넷 가입자 수가 2002년에 2,900만 세대에서 2006년에는 9,400만 세대로 증가할 것으로 볼 때, 홈네트워크 설치 가구 수도 각각 1,200만 가구에서 6,800만 가구로 늘어날 것으로 예측된다.

가트너 등의 분석에 따르면, 전세계 홈네트워크 시장규모는 2002년의 407억에서 오는 2007년에는 1,026억 달러에 달할 것으로 보이며, 2010년에는 1,620억 달러에 이르러 연평균 19%씩의 성장이 예상된다.

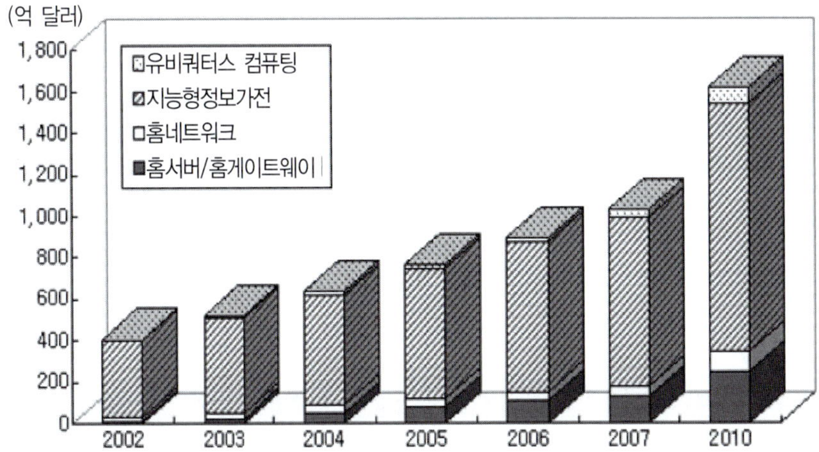

[그림 1-16] 전세계 홈네트워크 시장 전망

홈네트워크 구축에 있어서 핵심 기술의 응용을 필요로 하고 있는 홈 서버와 홈 게이트웨이는 연평균 48%씩의 고속 성장이 기대되는 유망분야로서 시장규모가 2002년 11억 달러에서 2007년에는 124억 달러로 급신장될 것으로 전망된다.

유비쿼터스 컴퓨팅이 33%, 유무선 홈네트워크가 27%, 지능형 정보가전이 16%의 연평균 성장률을 보이면서 2010년에 이르러서는 각각 77억 달러, 100억 달러, 1,200억 달러 규모의 시장으로 성장할 것으로 예상된다.

유럽, 북미, 일본 등 주요 선진국에서는 국민의 삶을 풍요롭게 하는 홈네트워크 관련 신기술 개발과 실질적인 홈네트워크 서비스 이용 환경 조성을 위한 다양한 정책을 추진 중이다.

유럽연합(EU)은 2010년까지 유럽인들의 삶을 풍요롭게 할 수 있는 IT 분야 최우선 과제로 디지털 홈을 선정하여, IPTS (Institute for Prospective Technological Studies)라는 프로그램 추진중이며, 특히 '06년까지 36억 유로를 투자하여 기기와 서비스가 통합된 미래 가정을 위한 플랫폼을 개발하고 테스트하기 위한 'Home Environment' 프로젝트를 수행중이다.

이탈리아의 FastWeb에서는 광통신망 구축을 통해 FTTH기반 인터넷접속서비스, IP-TV서비스, IP 전화 서비스와 같은Triple Play Service를 제공중이며, 영국의 Integer 컨소시엄, 스웨덴의 Ericsson 등은 홈오토메이션, 에너지관리, 원격진료, 엔터테인먼트, 자동차 연계서비스 등을 포함하는 시범서비스를 실시 중이다.

미국은 2003년 홈네트워크의 기반이 되는 유비쿼터스 컴퓨팅의 중요성을 인식하고 2010년까지 유비쿼터스 IT를 실현한다는 목표 하에 IT R&D 정책을 수립하였고 유무선망을 언제, 어디서나 연결하기 위한 하이브리드 통신기술, 수십억 개의 내장 센서를 연결하기 위한 센서 네트워크 등 분야의 기술개발을 추진 중이다.

특히, MIT, IBM, MS 등은 유비쿼터스 홈 환경구현을 위해 홈센서 미들웨어 기술과 상황 적응형 미들웨어 기술 개발을 진행중이다.

일본은 "e-Japan 전략"을 수립하여 지역간 정보격차해소 및 신 IT사회 구축 계획을 추진 중이며, UWB 등 무선 홈네트워크 기술의 우위 선점을 위해 개방적이고 적극적인법제도 정비 및 기술 개발을 정부차원에서 정책적으로 추진 중이다.

민간 분야에서는 Sony, Toshiba, Matsushita 등이 Echonet 컨소시엄을 구성하여 관련 기업간 표준화 및 공동연구를 추진중이다.

2. 국내 홈네트워크 시장

가트너 그룹에 의하면 지능형 홈네트워크의 국내 시장 규모는 2002년도에 약 25억1천만 달러로 추산하고 있는데, 오는 2007년에는 117억9천만 달러, 2010년에는 234억5천만 달러 규모로 성장하여 연평균 32%씩 증가할 것으로 전망된다.

홈서버/홈게이트웨이는 연평균 62%씩 성장하면서 2002년의 1억 4천만 달러에서 2010년에는 약 64억 달러의 거대시장으로 성장할 것으로 기대되며, 무선 홈네트워크 기반의 RFID를 포함하는 유비쿼터스 컴퓨팅은 연평균 51%의 급성장이 예상된다.

또한, 유무선 홈네트워크는 38%, 지능형 정보가전은 26%의 성장이 예상된다. 국내 홈네트워크 시장 구축은 홈오토메이션, 원격제어 등과 같은 주택 자동화를 비롯하여 SOHO, 엔터테인먼트, 전화통신, 건강/복지 등을 목적으로 형성되고 있다.

최근 들어 건설업계에서 초기단계의 디지털 홈을 구현하여 가전기기에 대한 원격제어가 가능한 상용서비스를 시작하고 있으며, 가전업계에서도 미디어센터, 인터넷 냉장고 등과 같은 다양한 홈네트워크 제품을 개발하여 출시하고 있다.

통신업계에서도 음성통신의 포화상태를 맞아 새로운 비즈니스 모델 개발을 위한 사업화 차원에서 양방향 멀티미디어 서비스를 계획하고 있다.

정부차원에서는 IT 차세대 성장동력 발전전략의 한 부문으로 홈네트워크를 선정하고, 이를 위한 핵심기술 개발 투자를 강화하기 위해 홈 서버 등 요소기술 개발에 막대한 재원을 투입하는 등 국내 홈네트워크 산업육성에 박차를 가하고 있는 상황이다.

우리나라는 세계 최고 수준의 IT 인프라, 공동주택 중심의 주거환경을 갖추고 있어 홈네트워크 확산에 좀 더 유리한 조건을 가지고 있다고 평가된다.

국내에서 홈네트워크는 새로운 개념이 아니다. 이미 2000년대 초반부터 국내 대형 건설사인 삼성, GS, 대우 등은 사이버아파트를 중심으로 가스/조명/난방/ 출입문 제어 등 홈오토메이션 서비스를 제공하기 시작하였고, 현재는 중견 건설사에서도 홈오토메이션과 홈 시큐리티 관련 설비를 기본적으로 설치하고 있다. 최근 설치되었거나 설치될 예정인 가구는 약 12만 세대에 이르고 시장규모는 6000억원으로 추정되며 향후 점차 시장이 확대될 것으로 예상된다.

건설사 위주의 홈네트워크 시장은 통신, 방송사업자의 가세로 다양한 통·방융합 서비스 모델이 발굴되고 있다.

KT는 2004년 6월 TV-VOD, 홈뷰어, 생활정보 등 인포테인먼트 위주의 보급형 서비스인 '홈엔(HomeN)'을 출시한바 있으며, SKT는 이동통신 기능을 활용한 TV기반 가족 찾기 서비스, 홈 메시징 서비스 등 다양한 서비스 모델을 발굴하였고 2005년 하반기부터 자체 상용시범가구를 구축하여 운영 중이다.

CJ 케이블넷 등 케이블방송 사업자도 1,300만 세대에 보급된 케이블망을 활용하여 T-Commerce, T-Banking 등 다양한 양방향 홈네트워크 서비스를 개발하여 상용서비스를 개시하였다.

가전사업자는 정체된 백색가전의 시장을 타개하고 홈네트워크 활성화에 대비하여 다양한 제품개발을 추진하고 있다.

삼성전자와 LG전자는 PLC기반의 정보가전뿐만 아니라, 홈네트워킹을 위한 기술 개발을 추진하여 각각 "삼성 홈비타"와 "LG 홈넷"이라는 홈네트워크 솔루션을 출시하였다. 특히, LG전자는 2005년 11월 광주 삼라 마이더스 빌 250세대에 자사가 개발한 홈넷 솔루션을 상용화하였다.

대부분의 IT 기업 CEO는 홈네트워크 산업을 차세대 성장 동력으로 손꼽고 있으며, 주5일 근무제 시행, 여성의 사회활동 증가, 고령화 사회로의 진입 등 사회경제적 변화는 주택의 편의성과 안전성을 요구하고 있다.

홈네트워크는 건설 · 통신 · 방송 · 가전 등 이종 산업이 융합되고 기기, 부품, 콘텐츠 등 첨단 IT기술이 집약된 분야로서 관련 산업에 미치는 영향은 추정이 어려우나, 정통부는 2010년까지 110조원의 생산유발 효과와 73조원의 부가가치 유발효과가 있을 것으로 전망하고 있다.

우리나라는 세계 최고 수준의 초고속 정보통신 인프라, 1,200만 초고속인터넷 가입자, 디지털 정보가전 분야에서의 세계적 경쟁력 등을 보유하고 있어 세계 어떤 나라보다도 홈네트워크 산업 활성화와 세계 시장 선점에 유리한 위치를 점하고 있다.

첨단 IT 기술의 상용화 측면에서 우리나라는 이미 세계 각국의 주목을 받고 있다.

한국 시장에서 통하면 세계 시장에서도 통한다는 인식이 확산되고 있으며 국내 홈네트워크 시장의 조기 활성화는 글로벌 홈네트워크 산업계에 또 하나의 벤치마킹 모델을 제시할 것이다. 이를 위해서는 해결해야 할 과제도 많으며, 기기간 호환성 확보 및 표준화가 대표적이다.

초기 시장 선점을 위해 사업자들은 각자의 규격을 고수하고 있으나, 이는 결국 소비자들의 불편을 초래하고 홈네트워크 시장의 조기 활성화를 저해할 수도 있다.

복합 산업의 특성상 관련 사업자간 긴밀한 협력 및 상생적 비즈니스 모델 발굴이 시급한 시점이다.

(1) 기기 시장

가트너 그룹에 의하면 홈네트워크의 세계 시장은 2005년 488억 달러에서 2010년 978억 달러로 연평균 16% 성장할 것이며 또한 국내 시장은 2005년 62억 달러에서 2010년 168억 달러로 연평균 23%의 보일 것으로 전망했다.

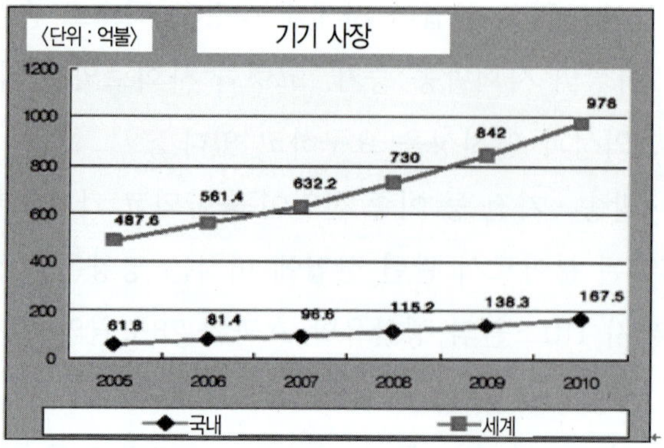

[그림 1-17] 국내외 홈네트워크 기기 시장현황

(2) 서비스 시장

국내 홈네트워크 서비스 시장은 2005년 3,616억 원에서 2010년 77,197억 원으로 연평균 84%의 고성장을 기록할 것으로 전망했다.

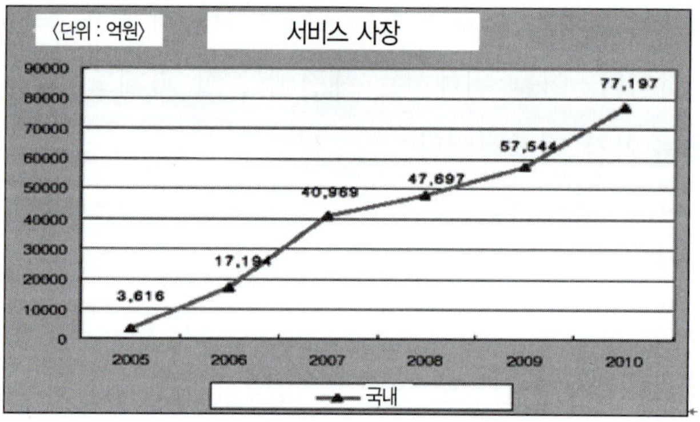

[그림 1-18] 국내 홈네트워크 서비스 시장현황

〈표 1-4〉 서비스 시장의 발전전망

1단계 '03 ~ '05	2단계 '06 ~ '08	3단계 -09~
• 홈 오토메이션/제어 서비스 건설 • 사업자가 중심이 된 신규 아파트 • 조명/가스/도어/난방 통신, 방송의 융합 스트리밍 • HDTV급 디지털 방송	• 양방향 기술 및 센서 기술을 본격 적용한 서비스 확산 통신 사업자중심 • 센서 기반 원격제어 • 생체 정보 기반의 Health Care • HD급 통신, 방송 융합 무선 스트리밍 • 양방향 디지털 방송	• 실감형 서비스 • 상황인지 및 적응이 가능한 실감. 지능형 서비스 보편화-유비쿼터스 환경 중심 • 지능형 가전제어 및 관리 • 상황 인지 지능형 헬스케어 • 상황 적응형 통신 방송 게임융합 실감형 데이터 방송

위의 시장 전망을 보면 홈 오토메이션/제어 부분은 이미 06~08년에 이루어질 것으로 보고 있지만 실제로는 지금 현재 실현되고 있으며 결국 위의 예상치보다 빠르게 진행되고 있음을 알 수 있다.

1-4 유비쿼터스 홈네트워크 컨소시엄 및 사례

국내에서는 유비쿼터스 홈 기반 기술 분야인 디지털가전 A/V 기술, 홈네트워크 기술들에 대한 활발한 연구 개발과 지능형 홈에 적용될 수 있는 유비쿼터스 기술에 대한 기초 연구가 진행 중이다.

1. 국내의 분야별 개발 동향

(1) 주택 및 건설업체

사이버 아파트 건설경험을 바탕으로 가전업체, 인터넷 서비스제공(ISP) 업체와 협력하여 초기단계의 홈 디지털 서비스를 구현하고 있다. 건설사 중에서도 특히 ISP를 계열사로 둔 일부 사이버 아파트 건설사는 적극적으로 디지털 홈 구축에 나서고 있으며, 일반 아파트 건설사의 경우도 아파트의 부가가치를 높일 수 있는 홈 디지털 서비스 제공에 관심을 갖기 시작하였다. 업체별 현황은 다음과 같다.

- 삼성건설 : 주상복합건물인 타워팰리스에 홈네트워크을 구축하여 홈오토메이션, 정보가전기기의 원격제어 등을 상용 서비스 중에 있다.
- CVnet, 테크노 빌리지, 대림 I&S 등 지능형 아파트 개념의 서비스 도입하고 있다.

(2) 통신 및 방송 산업

통신 및 방송사업자도 통신과 방송의 융합추세에 대응하여 신규 수익 창출을 위해 경쟁적으로 사업화 전략을 추진하고 있다. 통신 사업자가 디지털 홈을 위해 준비하는 분야는 플랫폼, 네트워크, 단말기기간의 양방향 인프라 구축과 콘텐츠, 솔루션 사업자와 연계한 디지털 서비스의 발굴, 제공에 있다. 양방향 인프라는 통신사업자의 직접적 서비스 기반이 될 뿐만 아니라 CP, PP, AP 및 타 사업자와의 연계서비스 제공을 위해서도 활용 가능하다. 업체별 현황은 다음과 같다.

- KT : LG전자, 대림산업, KTF, 한국 디지털 위성방송 등과 협력하여 추진
- SK : CATV, 위성디지털 오디오 방송, 콘텐츠 사업으로 진출 추진

(3) PC 및 통신기기 산업

PC업계에 있어서 가정의 디지털화 및 네트워크화는 거대한 가전시장에 참가하기 위한 좋은 기회가 아닐 수 없다. 과거 높은 성장률을 보여왔던 PC시장은 정체기를 맞이하면서 2003년 이후에는 한 자릿수 성장 시대에 돌입할 것으로 전망하고 있다. 따라서, MS나 애플과 같은 PC관련 업체가 새로운 시장을 획득하기 위해 가정용 PC의 새로운 개념인 홈 게이트웨이 시장으로의 진출을 모색하고 있다. PC는 다른 제품과 달리 데이터 처리기능이나 이미 다수의 인터페이스를 가지고 있으므로 네트워크의 중핵으로 사용하기에 적합할 것으로 보인다. 반면, PC가 홈 게이트웨이로 확립되기 위해서는 안정성이나 조작의 편이성 등이 좀 더 요구되고 있다. 한편, 전문 셋탑박스 제조업체들은 기존 기본기능 셋탑박스에서 PVR, T-commerce, Web-browsing 등 부가서비스를 지원하는 기능이 향상된 셋탑박스를 개발함으로써 홈 게이트웨이 시장 선점을 위한 발판으로 마련하고 있으며, HAVi와 같은 홈네트워크를 지원하는 미들웨어를 탑재한 셋탑박스도 점차 시장에 진입할 것으로 예상된다. 업체별 현황은 다음과 같다.

- LG-IBM, HP : 유비쿼터스 컴퓨팅 환경 구축을 위해 발 빠르게 움직인다.
- 삼보 컴퓨터 : 마이크로소프트의 미라(Mira)프로젝트에 참여함으로써 ODM 및 독자 브랜드로 Remote 모바일 모니터 제품을 출시할 예정이다.
- 휴맥스, 한단정보통신 : 홈 게이트웨이 및 홈 서버를 차세대 셋탑박스 발전의 로드맵 차

원에서 추진 중이다.

- KT의 홈디지털 서비스 : 가전과 통신을 결합하여 디지털 라이프를 구체화
- LG전자 : 드림넷 홈네트워크 시연관
- 삼성전자 : 시스템 가전전시장 개관

[그림 1-19]는 국내 업체들의 제휴를 통한 국내의 유비쿼터스 홈을 도식화를 보여 준다.

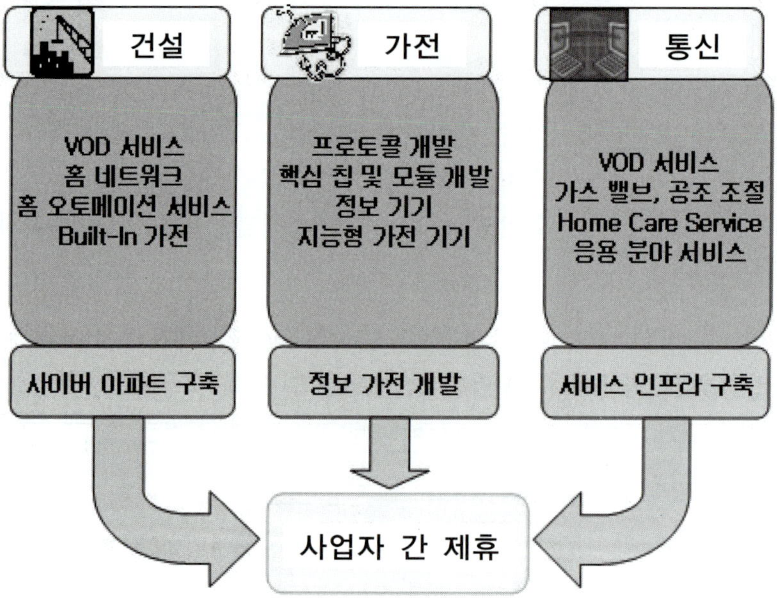

[그림 1-19] 업체들의 제휴를 통한 유비쿼터스 홈 구축도

2. 홈네트워크 시범사업

홈네트워크 산업이 활성화되기 위해서는 무엇보다 소비자들의 관심을 끌 수 있는 응용서비스(Killer Application)의 개발과 통신 · 방송, 정보가전기기 및 서비스간 상호 운용성 확보를 위한 표준화가 중요하다.

따라서 정보통신부는 통신 · 방송 · 건설 · 가전 등 홈네트워크와 관련된 다양

한 기업들의 참여를 통해 시장을 활성화할 수 있는 홈네트워크 서비스 모델을 개발하고, 다양한 기기 및 서비스간 호환성을 확보하기 위해 2003년부터 홈네트워크 시범사업을 추진하였다.

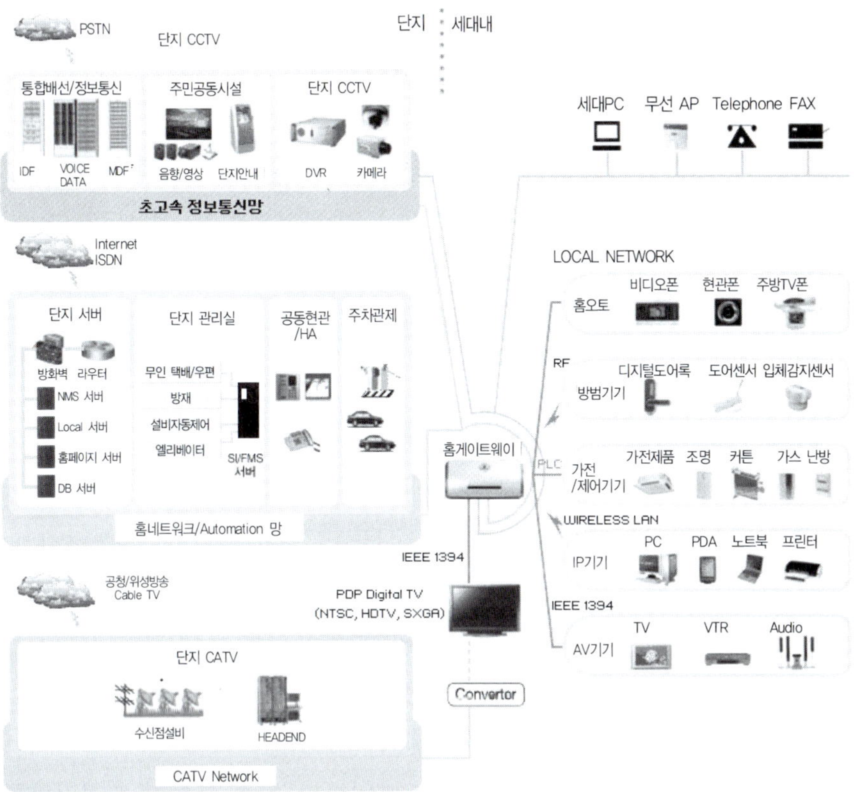

[그림 1-20] 유비쿼터스 홈네트워크 구축 사례

(1) 1단계 시범사업

우선 2003년부터 2004년까지 실시되는 1단계 시범사업에서는 기 보급된 초고속인프라를 기반으로 이미 상용화 단계에 접어든 기술 등을 활용하여 홈네트워크 붐을 조성하기 위한 토대를 마련하였다.

1단계 시범사업에는 KT 및 SKT를 중심으로 83개의 기업 및 공공기관이 참여하여 2개 컨소시엄이 구성되었으며, 수도권 · 부산 · 대구 · 광주 · 대전 5개 지역 1,300 가구를 대상으로 총 320억 원을 투입하여 양방향 DTV, 홈오토메이션, 헬쓰케어, 홈시큐리티, 인포테인먼트와 관련된 44종의 서비스여종의 서비스를 발굴하여 적용하였다.

2005년에는 총 45억원을 투입하여 기 구축된 1,300 가구에 제공되고 있는 서비스를 고도화하고 실버타운서비스, T-Mbox(양방향 음악정보), TV기반 가족찾기 서비스 등 17종의 신규 서비스를 발굴하여 적용하였다. 시범서비스에 대한 이용자 행태분석 결과에 따르면 소비자들은 정보가전 및 생활기기 제어, 원격검침 등 홈오토메이션 서비스와 침입방지, 방문자확인 등 홈시큐리티 서비스에 가장 큰 관심을 보였으며, 다음으로 원격의료 상담과 원격 건강관리 서비스를 선호하는 것으로 나타났다.

(2) 2단계 시범사업

당초 2단계 시범사업은 2007년까지 실시할 계획이었으나 2005년까지 시범사업을 주도한 KT, SKT 등 통신사업자가 2006년 중 본격적 상용서비스를 개시하기로 함에 따라 기존 형태의 시범사업 은 종료하고 2006년부터는 원격의료 등 선도적 공공서비스 모델 시범적용, 상호호환성 확보 등에 주력하고 지능형로봇 시범사업과도 연계하여 추진할 계획이다.

아울러, 사업자들의 본격적인 상용화를 지원하기 위해 상용화 추진전략협의회를 구성하여 운영할 계획이다.

지능형 디지털 홈 구축계획(정보통신부)에 의하면 2004년 말까지 전국 주요 도시 1,300여 가구에 시범 서비스를 제공한 뒤 2005년부터 상용화하고 총 2조원의 예산을 투입해 2007년까지 전국 1,000만 가구에 디지털 홈 환경을 구축하고자 한다.

이를 위해 크게 2개의 컨소시엄이 활동하고 있다.

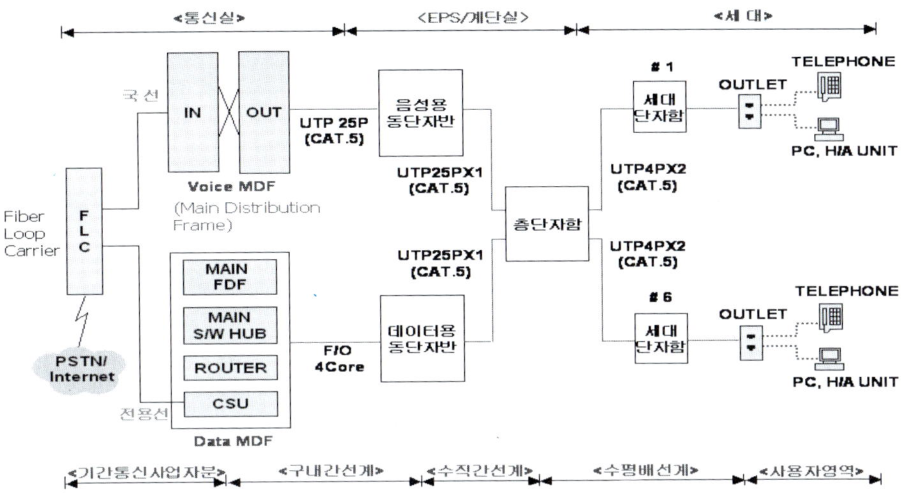

[그림 1-21] 홈네트워크의 통합배선 구성도

1) SKT 컨소시엄

SKT 컨소시엄	
구 분	참 여 사 업 자
유무선 통신사업자	SKT, 하나로통신
방송 사업자	SBS, MBC, CJ케이블넷, 양천방송
건설 사업자	LG건설, SK건설, 대우건설, 롯데건설
가전 사업자	LG전자, 대우일렉트로닉스, 롯데알미늄 전자사업부
공공기관	고대안산병원, 부산시청, 하나은행, SK증권, 티지코프(금융기관)
컨텐츠 포탈 사업자	다음커뮤니케이션즈, SK Communications, 팍스넷, 신지소프트, 토마토 유니온, 대양이앤씨
솔루션 사업자	테크노빌리지, 이지빌(시스템 구축 및 솔루션 부분), 누리텔레콤, 델로스 테크놀로지(원격부분), BIT컴퓨터(원격의료부분), 디지털대성(원격교육), 씨큐어소프트, 이니텍, 조은시스템(시큐리티부문), 싸이니티, 한국루슨트 테크놀로지스, 휴맥스, 에스넷시스템, 씨앤에스텔레콤, 휠텍정보통신, 휴웰테크놀로지(댁내 케이트웨이 부문: R/G), 한국INS보안, 고려안전(보안업체), SK C&C(VOD부분), 카피스텍, 카오피스(텔레메틱스 부분), 이노디지털, Brain21, 3B SYSTE, 코리아퍼스텍

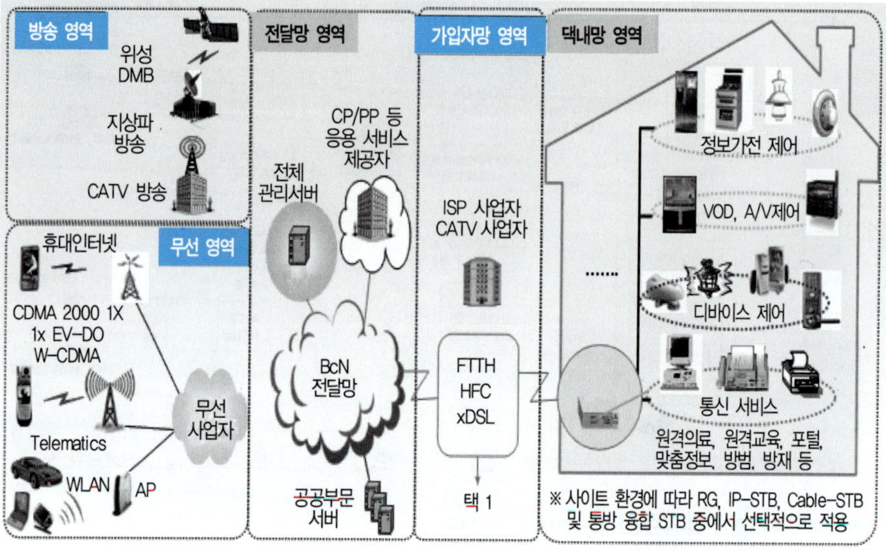

[그림 1-22] SKT 홈네트워크 서비스

〈표 1-5〉 SKT 컨소시엄 서비스

구 분	편 리	행 복	안 전	윤 택	공공 및 텔레매틱스
1차 년도	-원격제어 (조명, 도어, 가스, 지능형 로봇) -원격검침 (수도, 전기, 가스)	-엔터테인먼트 (HDTV, PC 원격제어) -VOD(EOD, COD)	-가정안전/방제 (출동보안, 모니터링, 원격의료, 건강상담) -Care(어린이, 노약자 등)	-통신/메시징 (ISP, VoIP, MMS) -정보(지역, 맞춤, 포털, 원격교육)	-전자정부 (민원서류 발급)
2차 년도		-엔터테인먼트 (대화형TV, 개인 방송국)		-유무선 화상 전화 연동 (T-Commerce, T-Banking)	-전자정부 (전자투표, 재난경보) -텔레메틱스 (교통정보, 위치정보)

2) KT 컨소시엄

KT 컨소시엄		
구분	참여 사업자	역 할
통신업체	KT	유선망 및 플랫폼 제공
	KTF	이동통신망 및 연계 솔루션 제공
방송업체	KBS, EBS(교육), 스카이라이프	양방향 DTV 방송 컨텐츠 제작 및 통신·방송 융합 기술 공유
가전업체	삼성전자, 린나이, 위니아 만도	가전기기 연동 및 기기 호환성 확보 기여
건설업체	연대건설, 대한주택공사, 삼성물산, 대림산업	Site 제공 및 댁내 환경 구성 및 가구 유형별 서비스 적용
공공기관	대구시청, 광주시청(지자체), 광주과학기술원(연구소), 서울대학병원(의료기관)	학계 연구 자료 산업화 모색과 원격영상 의료상담 서비스 제공, 대국민 홍보 및 사업화 행정지원, 공공서비스 개발 지원
컨텐츠 및 솔루션업체	KTH, NHN 및 기타 솔루션 업체	서비스, 기술 적용 및 개발

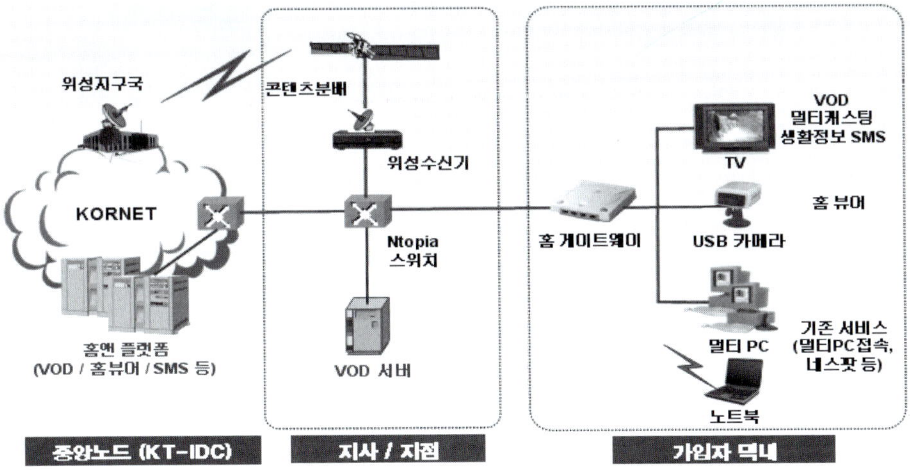

[그림 1-23] KT 홈네트워크 서비스

3) 시범사업 비교

<table>
<tr><th colspan="2">컨소시엄 구축요소</th><th>KT 컨소시엄</th><th>SKT 컨소시엄</th></tr>
<tr><td rowspan="4">응용 서비스</td><td>편리한 생활</td><td>-무인택배 및 생활모드서비스, TV메일
-홈오토메이션서비스[원격제어(가스, 조명, 콘센트, 정보가전), 원격검침], 홈메시지(SMS 서비스)
-인터넷가스보일러, 자동청소기능, 인터넷전화
-제어서비스(조명, 전열, 가전기기), 음성인식제어 서비스, PC원격제어</td><td>-홈오토메이션서비스(원격제어(PC, 휴대폰, WAP 컨트롤), 원격검침)
-원격교육, 팻서비스, 원격금융
-전자정부(민원서류발급)
-영상통신(화상, 방문자영상)서비스</td></tr>
<tr><td>안전한 생활</td><td>-홈시큐리티 서비스[방범서비스(긴급상황 SMS 알림 및 출동서비스, 홈뷰어(모니터링)], 방재서비스(가스잠금)
-출입통제(비디오폰 방문자 확인, 부재중방문자 도착상황)
-보안서비스(사용자, 장비, 서비스 인증 및 홈네트워크 접근제안, 침입차단 및 탐지)</td><td>-홈시큐리티서비스[방범서비스(충돌보안, 모니터링, 비상서비스, 원격도어서비스), 방재서비스(가스잠금)]
-원격케어(어린이, 노약자)</td></tr>
<tr><td>즐거운 생활</td><td>-양방향 DTV서비스(T-커머스, T-에듀케이션, T-모바일, T-Poll(TV메뉴), T-Government, 인터넷방송)
-원격영상, VOD, IP-멀티캐스팅(게임), IPqkdthd 및 음성인식서비스
-생활정보(지역정보, 교통정보, e-Book, e-learning, 예약/투자), 커뮤니티</td><td>-VOD, 온라인게임, HDTV
-맞춤정보[생활정보(단지정보, 교통정보, 관리사무소 등)]</td></tr>
<tr><td>건간한 생활</td><td>-원격영상진료(진단) 및 건강컨설팅
-맞춤형 건강관리(지능형 러닝머신)</td><td>-원격의료 및 건강상담</td></tr>
<tr><td rowspan="2">네트워크 및 기기</td><td>네트워크</td><td>-유선 : Ethernet, PLC(S_Cube, LNCP, Z256), RJ-45, USB, RS-485
-무선 : WLAN,적외선통신, 저전력 RF
-미들웨어 : HNCP, UPnP, Serial
-인터페이스 : XML/SOAP기반의 표준인터페이스</td><td>-유선 : Ethernet, PLC, IEEE1394, RS-485C
-무선 : WLAN, RFID, 휴대인터넷, UWB.802.15.3, 802.15.4(ZigBee)
-인터페이스 : TCP/IP, I/O접점</td></tr>
<tr><td>기기</td><td>-STB : 방송 · 통신 융합형, 스마트형
-지능형청소로봇, 정보가전, 전동커튼, 양방향DTV
-방범센서, 웹CCTV
-홈게이트웨이, 홈서버, 무선AP
-마이컴 가스미터, IR제어기, PSTN제어기, 검침계량기, 가스벨브, 온도제어기, 조명제어기
-홈오토메이션기기, 제어용 콘센트 및 스위치
-주차관계</td><td>-STB : IP기반
-홈게이트웨이(R/G)
-방법센서, 웹CCTV
-웹패드, 홈오토메이션기기, 주방TV폰, 정보가전
-검침계량기, 가스밸브, 온도제어기, 조명제어기</td></tr>
<tr><td colspan="2">인프라</td><td>-FTTH, PST, Ntopia, xDSL, IPv6, 지상파(위상파)DMB, 이동무선
-8핀 모듈러잭, 5.1ch A/V망
-MDF, IDF</td><td>-FTTH, 지상파(위성파)DMB ,HFC, xDSL
-MDF, IDF</td></tr>
</table>

3. 국내 홈네트워크 구축사례

(1) 아파트 비교

컨소시엄 구축요소		LG방배자이 아파트	현대 홈타운
응용 서비스	편리한 생활	1. 가전기기제어(세탁기, 가스오븐, 에어컨, 식기세척기 등) 2. 홈오토메이션서비스 -원격제어(가스, 조명, 냉난방, 도어) -원격검침(전기, 가스, 수도) 3. 영상통신(화상, 방문자 영상) 4. 외부제어(PC, 휴대폰, WAP 컨트롤제어) 5. SMS/MMS	1. 홈오토메이션서비스→PC, 전화, 웹패드, PDA, TV를 이용하고 생활습관에 따라 제어 -원격제어(가스벨브, 조명, 가전제품, 커튼, 생활기기, 음성인식제어) -원격검침, 자동청소기능 설정
	안전한 생활	1. 홈시큐리티 서비스 - 방범서비스(출동서비스, 홈케어(모니터링)) - 방재서비스(가스잠금) - 출입통제(비디오폰 방문자확인, 부재중 방문자 도착상황) 2. 보안서비스(사용자, 장비, 서비스 인증)	1. 홈시큐리티 서비스→긴급상황 발생시 자동SMS 송신 및 충돌서비스 -방범서비스(방문자확인, 홈뷰어(영상감시 기능), 침입기록확인, 긴급상황 자동 감지) -방재서비스(가스잠금, 화재)
	즐거운 생활	1. HDTV/대화형TV, PC원격제어, 팻케어링 2. VOD/EOD/COD, 네트워크게임 3. T-commerce, T-Banking, T-Stock 4. 맞춤정보(뉴스, 날씨, 증권, 법률, 의료, 부동산, 전화번호부, 보험) 5. 관리정보(관리사무소, 관리비내역조회, 단지, 교통정보)	1. VOD, TV용 게임, TV뱅킹, IP멀티캐스팅 2. 맞춤정보(지역생활정보(단지정보, 교통정보 등))
	건강한 생활	원격진료(진단) 및 건강관리	1. 화상원격진료 및 상담 2. 맞춤운동 처방
네트워크 및 기기	네트워크	1. 유선 : Ethernet, PLC, RS-485C 2. 무선 : WLAN, Bluetooth or 8024 3. 인터페이스 : TCP/IP, I/O접점	1. 유선 : Ethernet, PLS, RS-485, USB 2. 무선 : WLAN, 저전력 RF
	기기	1. 정보가전, 대화형TV 2. 방범센서, 웹CCTV, 세대현관카메라 3. 홈게이트웨이(R/G)와 IP STB의 통합형태 4. 검침계량기, 각종검지기, 가스벨브, 온도 제어기, 조명 제어기 5. 홈오토메이션기기(사용자접점), 제어용 콘센트 및 스위치 6. 주방TV폰, 욕실폰 비상스위치	1. STB 2. 홈게이트웨이(R/G) 3. 방범센서, 웹CCTV, 세대현관카메라 4. 웹패드, 홈오토메이션기기, 주방TV폰, 정보가전 5. 검침계량기, 가스벨브, 온도제어기, 조명제어기 6. 정보가전, 양방향 TV(사용자 접검)
인프라		1. FTTH, 지상파(위상파)DMB 2. 8핀 모듈러잭 3. MDF, IDF	1. FTTH, 지상파(위상파)DMB, UTP케이블 2. MDF,IDF 3. 8핀 모듈러잭

(2) 주상복합비교

컨소시엄 구축요소		타워팰리스 1	현대 슈퍼빌
응용 서비스	편리한 생활	1. 홈오토메이션서비스(터치스크린 방식) -원격제어(가전기기, 가스벨브, 수도, 조명, 냉난방온도, 출입문 등) -원격검침(전기, 가스, 수도, 냉난방) 2. 인터폰서비스, IP Phone 3. 주차관제서비스	1. 홈오토메이션서비스 -원격기기제어(가전기기 및 조명제어) -원격검침 2. 주차관제, 화상통화 3. 엘리베이터 호출시스템
	안전한 생활	1. 홈시큐리티 서비스 →긴급상황 발생시 원격통보 및 출동서비스 -방범서비스(CCTV) -출입통제(현관문이 전자 도어락으로 지문인식기 설치, 방문객 영상 확인 및 통화시스템)	1. 홈시큐리티서비스 -방범서비스[무인경비로 영상모니터링(CCTV)] -방재서비스 -출입통제[카메라도어폰, RF카드키(접근식카드)]
	즐거운 생활	1. VOD서비스	1. 주방AV시스템(TV, Radio기능, 전화기능) 2. 생활정보서비스, 위성방송 송수신 서비스
	건강한 생활		화상원격진료
네트워크 및 기기	네트워크	1. 유선 : Ethernet, PLC, RJ-45 2. 무선 : WLAN, Bluetooth or 802.11	1. 유선 : Ethernet LAN, AIMS NET, 485(UTP Cat5이상) 2. 무선 : WLAN, RFID
	기기	1. 터치스크린, 무선 홈패드, 홈서버, UPS 2. 방범센서, CCTV, 경비실기, 지문인식기	1. CCTV, 주차게이트, 주차관리용 로비폰, 경비실폰, 로비폰 2. 홈서버, 웹패드 3. 주방TV · Radio폰, 욕실 핸즈프리폰 4. STB, 홈게이트웨이 5. 검침계량기, 다기능 리모콘 6. 정보가전, 양방향TV
인프라		1. Gigabit Ethernet, Fast-Ethernet (100Mbps)→UTP Cat5이상 2. 8핀 모듈러잭 3. MDF, Voice IDF 4. 1.4구 스위치	1. Ethernet→UTP Cat5이상 2. 8핀 모듈러잭

① 구현 사례 1

전화통화, 세대 간의 화상인터폰, 관리실/경비실과의 통화, VoIP폰 기능을 구현하는 홈네트워크 구성도는 [그림 1-24]처럼 구성한다.

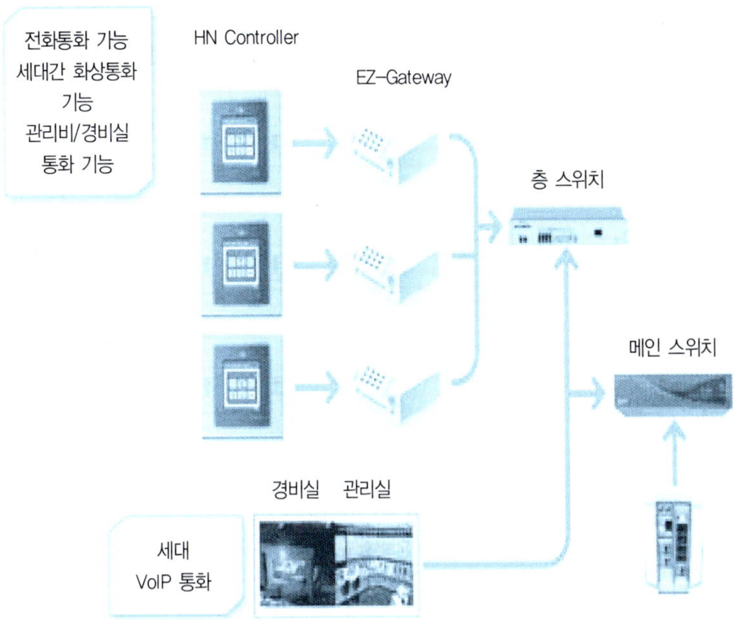

[그림 1-24] 홈네트워크 구성도(사례1)

② 구현 사례 2

방문자, 세대현관 영상, 방문자 리스트 관리 기능을 구현하는 홈네트워크 구성도은 다음의 [그림 1-25]와 같다.

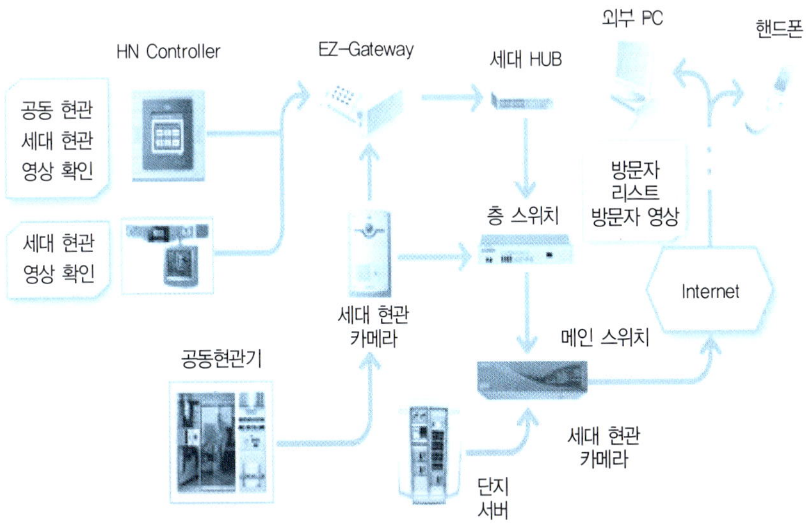

[그림 1-25] 홈네트워크 구성도(사례2)

③ 구현 사례 3

온도제어, 조명제어, 가스밸브제어 및 모니터링 관리 기능을 구현하는 홈네트워크 구성도는 [그림 1-26]과 같다.

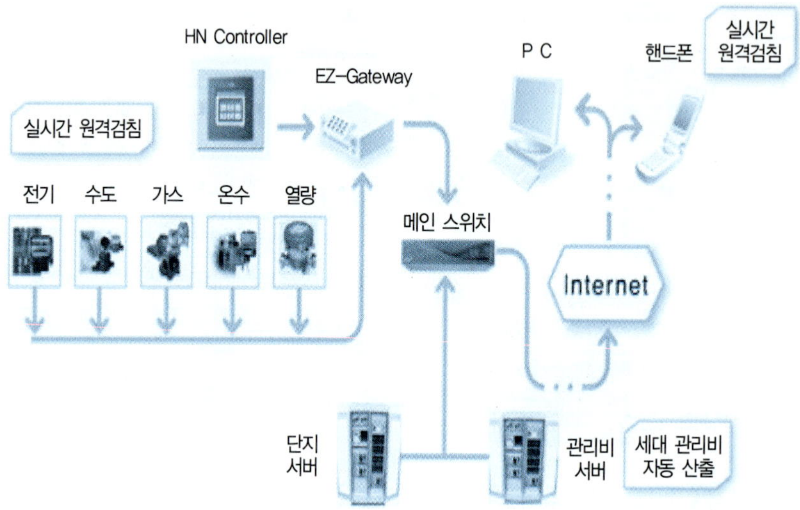

[그림 1-26] **홈네트워크 구성도(사례3)**

④ 구현 사례 4

공지사항, 관리비내역, 메시지 알림 기능을 구현하는 홈네트워크 구성은 [그림 1-27]과 같다.

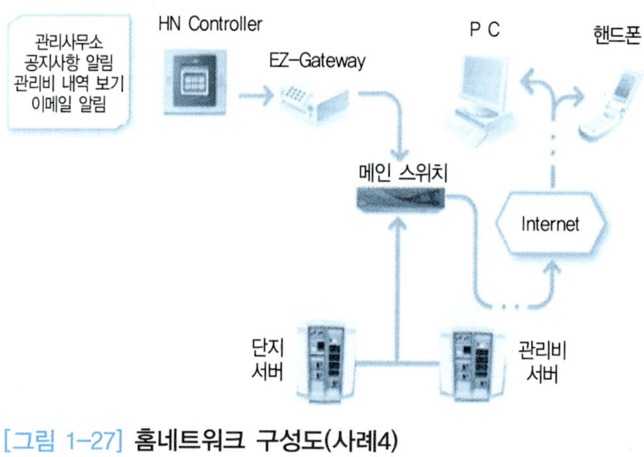

[그림 1-27] **홈네트워크 구성도(사례4)**

⑤ 구현 사례 5

에어콘, 세탁기, 가스오븐레인지, 식기세척기 모니터링 기능을 구현하는 홈네트워크 구성도는 [그림 1-28]과 같다.

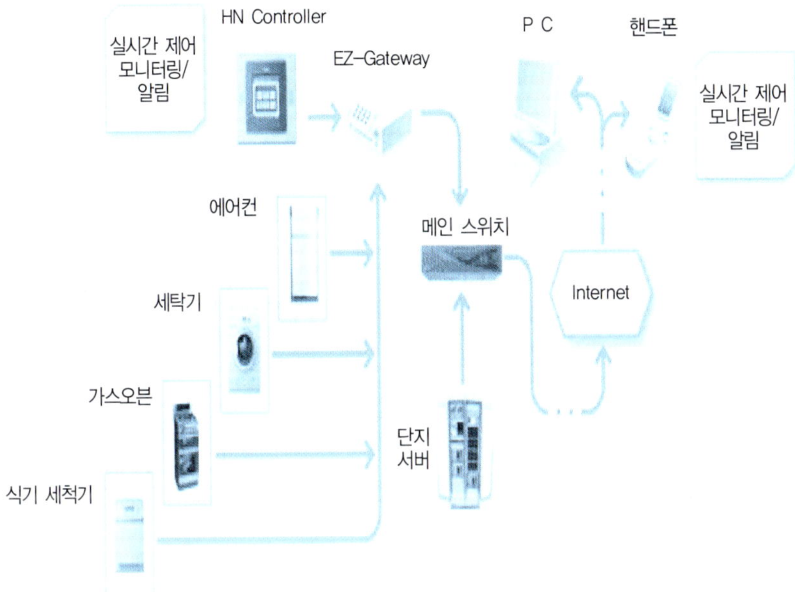

[그림 1-28] 홈네트워크 구성도(사례5)

4. 국외 유비쿼터스 홈네트워크 구축사례

현재 유비쿼터스 홈네트워크는 미국과 일본을 중심으로 활발한 연구가 진행중이다. 미국은 1991년부터 이미 최첨단 컴퓨팅과 소프트웨어 기술을 중심으로 IT/BT/NT의 융합을 통해 새로운 차원의 IT를 모색하고 있으며, 일본은 최근 일본 총무성을 중심으로 하여 국가 정책으로써 개발을 유도하고 있다.

(1) 미국 구축 사례

미국은 임베디드 컴퓨팅 기술을 실세계에 접목하여 실제 컴퓨팅 환경을 구축하려 노력하고 있다. 국방부 산하 고등연구계획국(DARPA)의 정보처리기술국(IPTO)주관으로 홈네트워크 핵심기반 기술 개발 프로젝트를 진행 중이다.

다음 〈표 1-6〉은 정부 및 기업의 홈네트워크 관련 프로젝트를 나타낸다.

〈표 1-6〉 **미국의 스마트 홈 관련 산업화 동향(프로젝트)**

프로젝트명	프로젝트의 주요 이슈	주요특성
Easy Living (MS)	이동성 + 지능성 (센서기술)	- 자율형 자율센싱, 환경적응, 협력, 제어, 상황인식 - 통신 플랫폼 인터넷 연결성, 네트워크 - 이동성 컴퓨팅 객체의 초소형화로 휴대, 부착용이
Cool Town (HP)	Real Web (사람+사물+장소의 공존+근거리 통신기술)	
Auto-ID (MIT)	지능+ID+인터넷 연결성	
Intelligent Home Initiative (조지 워싱턴 대학)	에너지 관리, 방재, 맞춤형 서비스	
Smart Dust (버클리대학)	자율센싱+무선통신 플랫폼 (MEMS 기술)	

유비쿼터스홈에 관련된 서비스 연구 동향은 아직은 시장형성보다는 이론적 연구에 가까운 현상을 보인다. 이런 상황에서 컴퓨터를 이용한 지능화(computational intelligence) 구현에 관련된 연구가 주를 이루고 있으나, 실제 단기간 산업화를 위해서는 자동화 제어(automatic control)와 네트워크에 관련된 연구를 통한 접근이 보다 현실적인 방향으로 판단된다.

1) Adaptive House@Colorado Univ.

콜로라도대학은 'Adaptive House'라는 유비쿼터스홈 환경을 구현하고 있다. 아답티브 하우스(융통성 있는 집 : Adaptive House)의 개념은 거주 환경의 상태를 디스플레이 하거나 터치 스크린이나 음성 명령을 인식하여 거주 환경을 제어하는 기존의 홈 오토메이션과 달리, 거주자의 생활 패턴 및 거주자의 요구 사항을 거주 환경에 설치된 센서를 통해 데이터를 관찰하여 거주 환경 스스로 그 관찰한 데이터의 결과에 맞게 환경 변화를 프로그램하고 신경망 이론을 적용하여 거주 환경 변화에 대한 학습능력 기능을 수행함으로써 거주자가 필요한 것들을 미리 예측할 수 있는 집을 말한다. 이러한 아답티브 하우스 환경에서 구상하는 시나리오는 아답티브 하우스가 거주자의 생활 패턴과 움직임에 맞추어 거주 환경의 기능을 변경하는 것이다. 거주자와 거주 환경 사이에 이러한 상호작용이 반복되어짐에 따라 아답티브 하우스는 거주자가 직접 거주 환경을 제어하는 수고를 줄임으로써 자동화된 환경 조절 기능을 제공한다. 위와 같은 시나리오를 구축하기 위해 아답티브 하우스는 다음과 같은 특징을 갖는다.

① 주택안락시스템(Residential Comfort Systems)

거주 환경의 기본 요소가 되는 실내온도, 조명, 환기, 물 온도 제어 기능을 거주자의 행동 패턴과 연결하였다. 이러한 제어 기능은 TV, 오디오 같은 가전기기에 비해 상대적으로 제어가 쉽고, 집에서 주로 소모되는 에너지에 대한 것으로써 에너지 절약 효과를 제공한다.

② 예측과 제어(Prediction and Control)

Adaptive House는 실내 온도 센서, 조명 밝기 감지 센서, 환풍 센서, 물 온도 센서 등과 시간 센서, 움직임 감지 센서 등을 통해 얻은 거주자의 행동 변화의 데이터 값을 신경망 이론을 적용하여 거주자의 행동 패턴을 인식하고 거주자의 다음 행동을 예측할 수 있게 된다. 홈 자동화 서비스는 거주자의 행동 패턴 학습 정도가 거주자가 만족할 만한 임계값(Threshold) 을 넘었을 때에 실행된다.

2) AwareHome@GATECH

Georgia Tech.에서 구현하고 있는 'AwareHome'이란, 집과 집 주변의 정보, 그리고 거주자의 행동에 대한 정보를 인식하는 능력을 가진 거주 환경을 의미한다. 특히 AwareHome은 사람의 인지 능력(Human-Like Perception)이라는 개념을 이용하여 고령자를 위한 다양한 서비스를 개발하고 있다. 거주 환경에서 인식해야 할 환경 정보의 범위를 구체화함으로써 실제 적용 가능한 유비쿼터스홈의 모델을 제시하였다. AwareHome이 제공하는 시나리오는 따로 떨어져 사는 노부모와 자식들 사이의 유대감을 높이기 위해 노부모의 행동 정도를 불이 켜지는 전구의 개수로 정량화 하여 이를 디스플레이하고, 일상적인 일 등을 자동으로 알려주고, 긴급 사태 시 AwareHome이 외부로 도움을 요청하는 것 등이다. 위와 같은 시나리오를 구축하기 위해 AwareHome은 다음과 같은 특징을 갖는다.

① 인식하는 홈 영역의 사양(Specification of AwareHome Domain)

포괄적 전후관계(Context) 개념에서 벗어나 고령자라는 특정 관심 대상을 선택하고 그에 맞는 애플리케이션을 개발함으로써, 유비쿼터스홈의 적용 범위를 구체화 하였다. 즉, 유비쿼터스홈이 인식해야 할 일상 생활의 적용 범위인 '구체적 대상'에 대한 필요성도 인지하지 못했던 상황에서 벗어나 유비쿼터스홈이 적용될 수 있는 일상 생활의구체적 대상에 대한 필요성을 제시하였다.

② 전후관계를 인식(Context-awareness)과 유비쿼터스 센싱

거주자의 행동을 인식하기 위한 카메라, 위치정보를 인식하기 위해 마루에 부착된 무게 감지센서, 고령자의 심장 박동을 감지하는 센서 등의 다양한 센서가 복합되어 거주자에 대한 정보를 수집한다. 거주 환경 정보 수집에 사용되는 센서가 거주자의 일상 생활에 방해가 되지 않도록 거주자의 눈에 보이지 않는 형태로 설치되며, 또한 목걸이 또는 시계 등과 같은 크기가 작은 형태로 몸에 지니는 형태로도 이용된다.

3) EasyLiving@Microsoft

마이크로소프트는 유비쿼터스 환경(intelligent environment)을 구축하는 것을 최종목표로 하고 있다. 유비쿼터스 환경의 목표는 휴대용 단말기(mobile device)에 사용자가 원하는 컴퓨팅 자원(computing resource)을 제공하는 것이고, 또한 사용자가 휴대용 단말기가 없을 때에도 사용자의 환경 조건을 고려하여 컴퓨팅 자원에 접근할 수 있게 하는 것이다. 이러한 유비쿼터스 환경을 구축하기 위해 진행되고 있는 이지리빙(EasyLiving)은 사람과 사람, 사람과 컴퓨터, 사람과 디바이스 사이의 원활한 의사소통을 지원하는 유비쿼터스 환경의 프로토타입과 그 기술 개발을 목표로 한다. 이지리빙이 제공하는 시나리오는 미래의 가정 또는 사무 환경이 비젼을 이용하여 거주자의 신원 정보를 파악하고, 거주자가 음성이나 몸짓으로 내린 명령에 반응하고, 그 환경의 기하학적 정보와 사용 가능한 자원을 파악하는 것이다. 이러한 시나리오를 구축하기 위해 이지리빙은 다음과 같은 특징을 갖는다.

① 자신인식공간(Self-Aware space)

이지리빙은 거주자의 요청에 적절한 반응을 하기위해 자신의 공간에 있는 환경 정보를 파악한다. 지문 인식과 카메라 기술 등을 사용하여 거주자 신원을 파악하고 기하학 정보를 활용하여 대상물을 인식하고 위치 정보를 파악한다. 또한 현재 거주자가 있는 공간의 자원 정보를 파악한다.

② 의식없는 컴퓨팅 지원(Casual Access to Computing)

컴퓨팅 자원이 장소와 시간에 관계없이 거주자에게 제공된다는 것을 의미한다. 즉, 카메라를 이용한 거주자 행동 인식, 음성 인식 기술을 사용하여 거주자 정보를 관리함으로써 거주자에게 있을 수 있는 불편한 요소를 제거하고 거주자의 행동에 적절한 반응을 제공할 수 있다.

③ 확장성(Extensibility)

이지리빙 공간에 새로운 자원이 추가되는 것을 보장하는 것과 동시에 물리적 공간의 확장성을 보장하는 것이다. 예를 들어, 새로운 카메라가 추가될 때, 새로운 자원의 추가와 동시에 카메라를 이용한 이지리빙의 물리적 인식 공간이 확장된 것을 의미한다.

4) House_n Project@MIT

오늘날의 집은 단순히 가전기기나 가전기기용 배선들을 모아놓은 구조에 지나지 않는다. 거주자가 원하는 새로운 기술을 집에 적용하기 어렵게 만드는 형태를 가지고 있는 것이다. MIT는 이러한 거주 환경의 한계점을 극복하기 위해 'House_n' 프로젝트를 진행하고 있다. House_n 프로젝트는 집을 건축할 때 거주자가 원하는 홈 시스템을 포함시켜 거주자에게 맞는 개성화된 집을 만드는 것을 그 목적으로 한다. 즉, 집을 지을 때 벽이나 건축 재료로 홈네트워크나 다양한 센서 등을 안에 포함시킬 수 있도록 하는 것이다.

House_n에서 제공하는 시나리오는 거주자가 원하는 홈 시스템을 포함한 집을 짓기 위해 설계를 의뢰하고 설계자로부터 만족할 만한 결과를 얻는 비용을 줄이기 위해 사용자가 쉬운 설계 도구를 이용하여 원하는 홈 시스템을 갖춘 주택을 직접 설계하도록 하는 것이다. 이러한 시나리오를 구축하기 위해 House_n은 다음과 같은 특징을 갖는다.

① 유동적이고 고객을 위한 환경(Adaptable, Customized environment)

거주자에게 맞추어진 홈 시스템(홈네트워킹, 디지털 가전기기, 새로운 건축 재료 등의 기반구조)이 집 환경 구조에 포함된다. 즉 거주자 의사가 집 구조에 반영된 환경을 의미한다.

② 상호작용하는 환경(Interactive User Interface environment)

집 내부 구조에 설치된 센서를 사용하여 거주자의 행동을 인식할 수 있다. 이러한 거주자 행동 정보를 이용하여 홈네트워크로 연결된 가전기기들을 제어함으로써 거주자와 집이 상호 작용하는 환경을 제공한다.

③ 거주자의사 반영된 디자인 하우스 구조(Architectural Design and Visualization environment)

집 구조에 디지털 인터페이스 등의 발전된 기술을 적용함으로써 집 구성의 다양성을 제공한다. 또한 실제 집을 짓기 전에 거주자 의사가 반영된 디자인을 빠른 시간 내에 시뮬레이션하는 환경을 제공한다.

그 밖에도 AT&T, IBM, Intel, Accenture, Xerox 의 회사들이 기술개발에 참여하고 있으며 몇몇 연구단체들은 노인 및 장애인을 위한 프로젝트 진행 중에 있다.

(2) 미국의 실버타운 조성 기본기술의 사례

1) 디지털 패밀리 유형(Digital Family Portrait)

[그림 1-29] 유비쿼터스 홈의 미국의 예

극단적인 도시화와 핵가족화가 진행되면서 은퇴한 노인들의 거취 문제가 사회적인 이슈로 대두되고 있다. 노인 봉양 문제가 가족간의 불화의 씨앗이 되기도 하고, 자녀들로부터 버림받는 노인들도 생겨나고 있는 실정이다. 이에 대한 대안으로 실버타운이 주목받고 있다. 은퇴한 노인들은 잘 정비된 시설에서 동년배 노인들과 노년을 즐길 수 있고, 자녀들은 자신들의 일이 전념할 수 있어 양쪽 모두를 만족시킬 수 있는 방안으로 평가되고 있다. 그런데, 노인들의 경우 건강이 좋지 않은 경우가 많아 항상 건강 상태와 심리적 상태를 체크하고 적절한 조치를 취해야 한다. 실버타운의 경우 의료 인력이 상주하지만 가장 중요한 것은 가족들과의 긴밀한 연락이다. 유비쿼터스홈 기술은 이에 대한 솔루션도 제공하고 있다. 유비쿼터스홈 서버에 가족 구성원 각각의 사진을 걸어놓고 건강 상태 및 현재 하고 있는 일에 대한 정보를 표시하도록 하면 지리적으로 멀리 떨어져 있더라도 자신의 가족이 어떤 상태에 있는지 쉽게 알 수 있게 된다. 위기 상황 발생시 의료진과 가족 구성원 모두에게 그 상황이 즉시 통지되어 조치를 취할 수 있고, 평상시에는 노인들과 손자 손녀들의 의사 소통 창구로 활용할 수 있다. 여기에 듀드박스를 활용하면 시각, 청각 뿐 아니라 촉각에 대한 교환도 가능하여 보다 친밀한 접촉이 가능하게 된다.

① 메모리 애드(Memory Ad)

노인들은 기억력 감퇴에 따라 예정된 일정을 잘 기억하지 못하는 경우가 많다. 특히, 약 복용이라든가 요리 시 소화 및 가스 차단 등 중요한 일들을 잊어버려 봉변을 당하는 일이 종종 발생하곤 한다.

메모리 애드는 이러한 불의의 사고를 미리 방지하기 위한 보조 수단이다. 미리 입력된 일정 및 정보를 토대로 홈 서버는 노인에 대한 모니터링을 수행한다.

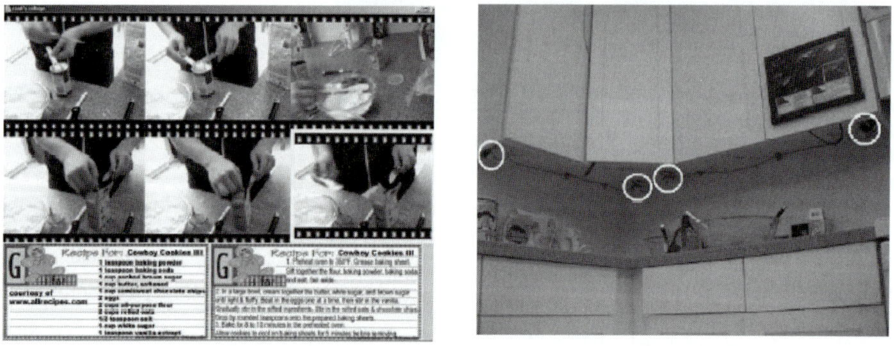

[그림 1-30] 유비쿼터스홈의 미국의 예(집안 관리 시스템)

사용자의 신원 및 위치정보, 동작 상태를 모니터링 하다가 입력된 시간이 되면 사용자가 위치한 장소 주위의 디스플레이 장치를 동작시켜 노인으로 하여금 일정을 상기시키도록 한다.

조리 및 위험기기 작동시엔 사용 후 자동으로 전기를 차단하여 사고를 방지하고, 경고 메시지 등 노인이 가장 잘 알 수 있는 수단을 통해 위험을 알린다. 이 시스템은 관리인과 가족에게도 네트워크로 연결되어 있어 즉시 통보된다.

② **동작인식**(Gesture Recognition)

일반적으로 노인은 디지털 기기에 대한 거부감과 함께 작동 방법에 미숙하다. 사용자가 조작법에 능숙하지 못해도 원하는 동작을 명령할 수 있도록 하려면 기존의 인터페이스로는 곤란한 경우가 많다. 실버타운에 설치된 가전 설비들은 직관적이고 간결한 인터페이스를 통해 기계에 대한 사전 지식이 전혀 없는 사람이라도 자신이 원하는 동작을 지시할 수 있도록 배려하고 있다. 가령, TV앞에서 손으로 신호를 보내면 전원이 켜지고, 손가락을 위로 하면 볼륨을 높이는 등 기기에 부착된 센서와 프로세서가 사람의 동작을 인식하여 그에 해당하는 기기 동작을 지시하게 된다. 이는 비단 기계에 미숙한 사람 뿐 아니라 거동이 불편한 노인들에게 아주 유용한 기능이 될 것이다.

③ **리모트 연결**(Remote Connection)

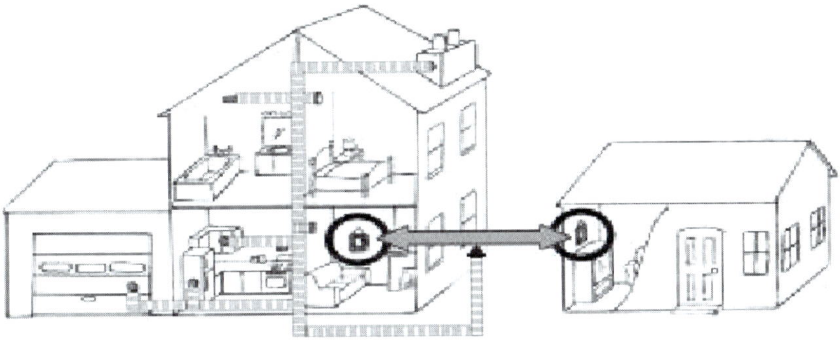

[그림 1-31] **유비쿼터스 홈의 미국의 예**(Remote Connection)

실버타운의 홈 서버는 자녀들이 사는 도회지 가정의 홈 서버와 연결되어 언제라도 상호 통신 및 자료 교환이 가능하다.

자녀들은 원격지에서도 자신의 부모가 사는 곳의 출입자가 누구인지, 집안의 환경 또는 기기의 동작 상태는 어떠한지, 부모의 최근 건강 상태 추이는 어떠한지를 홈 서버를 통해 모두 알 수 있다.

따라서, 일일이 안부전화를 하지 않아도 객관적인 사실들은 모두 유비쿼터스 홈 시스템을 통해 알아낼 수 있어 보다 빠른 대처가 가능하게 된다.

(3) 유럽 구축 사례

1) 유럽의 최근 서비스 동향

유럽의 경우는 하노버대학과 VTT대학이 수행한 '유비캠퍼스 프로젝트'와 2001년에 시작된 '사라지는 컴퓨터 계획'을 통하여 이동성을 중시하는 초소형 자율형 객체와 그룹을 중심으로 하는 자율형 협업(intelligent cooperation) 인프라를 통한 리얼 컴퓨팅의 연구를 추구하고 있다. 또한 일상 사물에 유비쿼터스 기능을 내장하고, 사물들 간 상호작용에 관한 연구, 그리고 인간과 유비쿼터스 환경과의 친밀도를 개선하는 방향에 대한 연구가 진행 중이다.

또한 기술 개발에 관한 주요 사항은 다음과 같다.

- 정보가전 분야에 2006년까지 36억 EUR 투자(IPTS)
- 환경과 에너지 절약 중심 및 홈네트워크 기술을 개발
- 영국(Integer House) : 인텔리전트 + 환경 + 시공혁신
- 네덜란드(Nuenen Apt) : 노인들의 Confort, Safety, Security 중심

〈표 1-7〉에는 유럽의 스마트 홈 관련 프로젝트를 진행 중인 프로젝트들이 나타나있다.

〈표 1-7〉 유럽의 홈네트워크 관련 산업화 동향(프로젝트)

프로젝트명	개별 프로젝트의 주요 목표
Smart Its 프로젝트	일상 사물에 소형 내장형 디바이스인 '스마트 잇'을 삽입하여 감지, 인식, 컴퓨팅 및 통신 기능을 지닌 정보 인공물 개발
Paper++ 프로젝트	종이 책에 전자 펜을 대면 그 책의 그림에 대한 여러 가지 자료와 애니메이션이 전자펜에 연결된 디바이스에 표시
Grocer 프로젝트	블루투스, WAP, RFID 등과 같은 통신 기능을 일상 사물들 속에 위치기반 정보 인공물에 내장하여 장소와 상관없이 사용
2WEAR 프로젝트	단품 컴퓨터가 아닌 입을 수 있고 가지고 다닐 수 있는 여러 가지 디바이스들로 구성

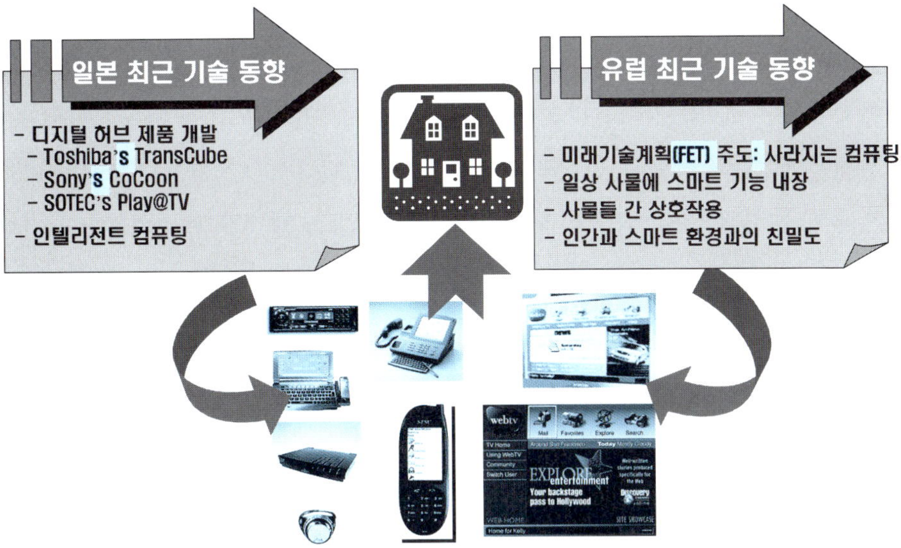

[그림 1-32] 유비쿼터스 홈네트워크 유럽, 일본 동향

(4) 일본 구축사례

1984년 동경대학교의 사카무라 켄 교수가 중심이 되어 제안한 TRON(The Real-Time Operating System Nucleus) 프로젝트를 출발점으로 국가 주도 핵심 기술 개발 전략을 추진 중이다.

홈네트워크용 제품 출시가 본격화되고 있다. TV, PC 등의 각종 가정 내 디지털 기기를 연결시켜주는 홈네트워크용 제품도 속속 등장하고 있다. NEC의 홈서버 제품인 "AX10"은 HDD 레코더로 TV 프로그램을 녹화하고 네트워크를 통해 이를 PC에서도 볼 수 있도록 해준다.

HDD 레코더에는 80GB의 HDD가 내장돼 있다. 소니의 "룸 링크"는 이와 반대로 PC에 저장된 동영상, 음악 등의 콘텐츠를 TV에서 볼 수 있도록 해주는 점이 특징이다.

또 도시바의 "Trans Cube"는 녹화한 TV 프로그램을 무선랜을 사용해 PC에서 보여주는 기능을 갖춰 주목받았다.

이 밖에 후지쯔가 선보인 가정용 로봇 "MARON-1"은 이동통신 단말기를 통한 조정기능과 영상 촬영 기능 등으로 관심을 모았다.

이용자들은 집 밖에서도 마리온을 이동시켜 집 안의 모습을 볼 수 있고 각종 가전제품에 대한 리모콘으로도 작동시킬 수 있다.

지난해 독일의 CeBit박람회에서 첫 선을 보인 도시바의 TransCube, 소니의 CoCoon시리즈, 그리고 SOTEC(TG)의 Play@TV는 이러한 e-홈의 본격적인 스테이션으로서의 역할을 담당하게 될 기기들이다.

지금 현재는, 집안의 모든 디지털기기들을 한데 묶는 "허브(Hub)"의 역할을 하는데 주력하지만 머지않아 e-홈 관련 제품들이 가전 및 IT의 주류를 이룰 것이라는 사실은 자명하다.

또한 이러한 허브역할의 e-스테이션들 뿐만이 아니라 디지털기기들의 비약적인 발전은 미래의 e-홈 라이프를 좀더 앞당기는데 큰 역할을 담당하게 될 것이다. 2003년이 되면 본격적인 e-홈 관련 기기들이 세상에 선보이면서 이미 언급한 e-홈 라이프는 일반적인 가정의 생활상이 될 것으로 기대된다.

2001년 수립된 "e-Japan 계획"을 중심으로 2005년까지 최고의 IT국가로 도약하기 위해 정부차원에서 주도적으로 기술개발 등 추진 중에 있다. 이의 세부 기술 개발은 다음과 같다.

- 유비쿼터스 네트워크 사회를 조기에 구현하기 위해 디지털 홈 관련 요소기술 개발 추진
- TAO(Telecommunication Advancement Organization)가 주체가 되어 참여 회원사 직원 사택 30가구를 대상으로 유효성, 안정성, 신뢰성 확보 및 향상을 위한 홈네트워크 시범 구축
- 소니, 샤프, 도시바, 히타치, NTT 등 다수 기업이 기술개발 돌입
- 첨단 미래주택 TRON, NEXT21 구축 진행 (TAO 주관)
- "Ubiquitous Forum 2002"에서 새로운 산업 및 비즈니스 시장 창출과 편리하고 풍요로운 라이프 스타일의 실현, 고령화 문제 등의 사회문제 해결에 기여할 것으로 예상하여 지능형홈 기반 기술 구축 사업을 본격적으로 시작하였다. (총무성 주관)

[그림 1-33]은 일본의 u-Network 프로젝트의 주요 내용을 나타낸다.

초소용 칩 네트워크

초소용 칩에 의해 다양한 사물이 자유자재로 네트워크를 구성
=> 100억개의 단말을 협조, 제어하는 네트워크 기술의 실현

↓

새로운 물류, 유통 비즈니스의 창출

무엇이든 MY 단말 프로젝트

순식간에 어떤 단말도 자신의 단말로서 이용할 수 있는 비접속 카드
=> 기존의 1만 분의 1이하의 실시간 응답
=> 인증이 가능한 네트워크 기술의 실현

↓

새로운 모바일 상거래 시장 창출

어디에서든 네트워크 프로젝트

어디에서든 언제라도 네트워크에 연결하여 사무실과 동일한 통신 서비스 환경이 창출되어 다종 다양한 컨텐츠를 향수
=> 이용자의 상황에 따라서 최적의 통신 서비스 환경을 자유자재로 제공하는 네트워크 기술의 실현

↓

새로운 네트워크, 단말시장, 발신 비즈니스 창출

[그림 1-33] 일본의 u 네트워크 프로젝트

1) 일본의 PAPI

PAPI란, 영어로는 Pal(사이가 좋다는 뜻)과 Pizzazz(기운, 활기라는 뜻)라는 2개의 단어를 조합해서 만는 조어이다.

토요타 꿈의 주택 PAPI는 '여유 2배, 환경부하 반감'의 실현을 목표로, 유비쿼터스 네트워크의 선구자이자 건축가인 사카무라 켄씨의 설계로, IT, 환경, 방범, 방화, 건강 등 다양한 분야의 최첨단 기술을 도입하여 가까운 미래의 라이프스타일을 제안한 주택으로, 토요타홈이 실현시킨 실험주택이다.

자동차 제조와 관련된 다양한 기술을 활용하여, 소재 개발에서부터 주거환경 시스템 구축에 이르기까지 다양한 기술과 기능을 응용한 것이 특징이라 할 수 있다. 또한 여러 관련기업과의 연계를 통한 신기술 도입 및 응용은 주택산업 발전에 있어 새로운 방향성을 제시하고 있다.

토요타 꿈의 주택 PAPI는 '아이치 만국박람회' 개최에 맞춰서 2005년3월25일부터 일반 공개되었다.

토요타 꿈의 주택 PAPI는 유비쿼터스 컴퓨팅/네트워크 분야의 거두이자 건축가인 동경대학교 사카무라 켄 교수가 유비쿼터스 기술과 건축 기본 설계를 주도했고 실시 설계는 토요타 자동차의 주택 기술부와 오바야시가 맡았으며 시공은 오바야시가 했다. '여유 2배, 환경부하 반감'의 실현을 목표로, IT, 환경, 방범, 방화, 건강 등 다양한 분야의 최첨단 기술을 도입하여 가까운 미래의 라이프스타일을 제안한 주택으로, 토요타홈이 실현시킨 1000 여평 (3500 m2)의 대지에 200평(633m^2) 규모로 지은 실험주택이다.

사진 1 ▶ 남측 주 출입구 쪽에서 바라본 풍경. 주요 주거 공간을 2층에 배치하고 현관, 차고, 다실, 홈시어터 등 부대기능을 1층에 배치했다.

토요타 꿈의 주택 PAPI는 '아이치 만국박람회' 개최에 맞춰서 2005년3월25일부터 9월 25일까지 사전 예약을 받고 소규모 방문단 단위로 무료로 일반에 공개하였다. 안내가 따르는 관람은 대략 한 시간 가량 소요된다.

사진 2 ▶ 남쪽에서 바라본 주택 전경. 철골 유닛 50개의 모듈로 구성한 골조와 알루미늄 외피, 태양광전지를 내장한 유리 벽, 기능을 장식 없이 그대로 디자인으로 보여준다.

자동차제소와 관련된 나양한 기술을 활용하여, 소재 개발에서부터 주거환경 시스템 구축에 이르기까지 다양한 기술과 기능을 응용한 것이 특징이라 할 수 있다. 또한 여러 관련기업과의 연계를 통한 신기술 도입 및 응용은 주택산업 발전에 있어 새로운 방향성을 제시하고 있다.

사진 1에서 9까지 주출입구, 주택전경, 2층 응접실, 현관 홀, 유비쿼터스 커뮤니케이터, 2층 리빙키친, 수영장, 2층 침실, 정원모습은 사진으로 안내하였다.

사진 3 ▶ 2층 응접실

사진 4 ▶ 현관 홀

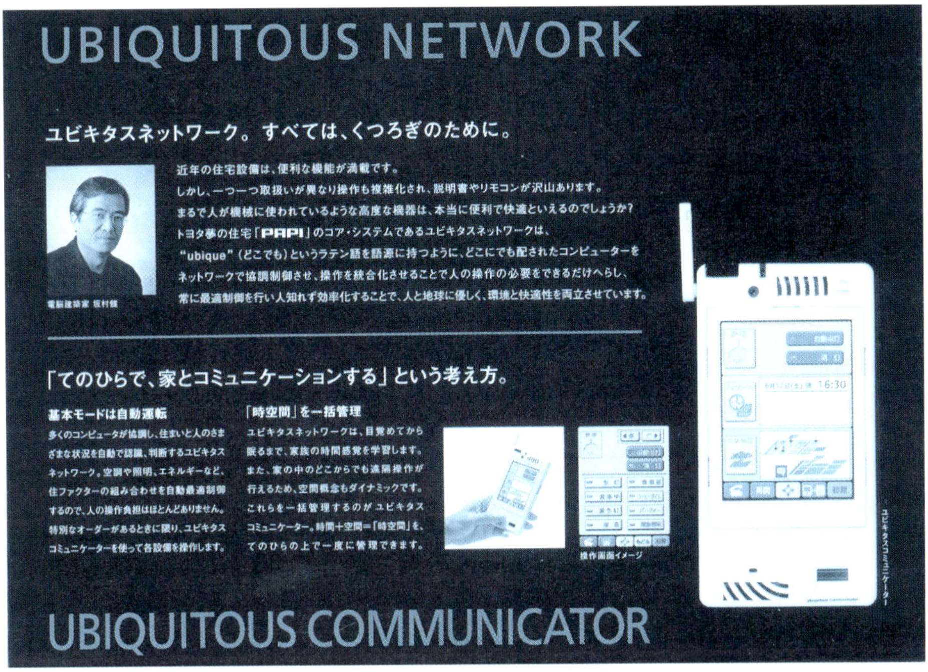

사진 5 ▶ 유비쿼터스 커뮤니케이터는 현관키, 엘리베이터, 냉난방 등을 컨트롤할 수 있다.

사진 6 ▶ 2층 리빙 키친

사진 7▶ 동쪽 욕실에서 바라본 수영장 모습

사진 8▶ 2층 침실. 생체센서를 이용 인체의 바이오리듬에 맞춘 쾌적한 수면조절 가능

사진 9 ▶ 다다미방에서 바라본 정원 모습

2) 토요타의 주택산업 진출

토요타는 주택 산업을 자동차 산업 다음의 전략 산업으로 추진하려는 목적으로 토요타홈을 설립했다. 토요타홈의 시미즈 노리타카 회장은 미래 주택산업의 비전으로 아래 4가지의 구체적인 목표를 제시했다.

전체 최적의 주택 설계

예를 들어 홈 시어터 기기류를 조작하기 위해서는 현재 기술로는 7~8개의 리모콘이 필요하게 된다. 각각의 기기업체가 자신들이 제공할 수 있는 최상의 상품을 생각하고, 조작을 간편하게 하기 위해서는 어떻게 해야 할 지를 생각한 결과, 그렇게 된 것이다. 여기서 문제가 되는 것은 주택업체들이 고객의 요망에 따라 그러한 기기들을 일일이 모아서 주택에 비치하는 일밖에 하지 않고 있다는 점이다. 이 주택에서 사용하고 있는 유비쿼터스 커뮤니케이터를 사용하게 되면, 이러한 리모콘류를 하나로 통합할 수 있다. 이와 동시에 집 이외의 여러 조작들도 통합된 리모콘 하나로 조작할 수 있게 된다. 이것이야말로 전체 최적의 주택 건설의 한 형태라 할 수 있을 것이다. 기존 방식으로만 주택 설비를 갖춰나간다면 모양, 표시, 조작 방법이 제각각인 조작 패널이나 리모콘만으로도 수 십 개에 이를 것이다. 이는 전체 최적과는 완전히 거리가 먼 것이다. 주택의 설계, 개발에 있어서는 거주하는 사람에게 있어 무엇이 베스트인지를 생각하고 전체 최적이라는 개면을 전면에 내세워서 설계해나가야 할 것이다.

'크레임 없는 주택'이라는 개념

크레임이 발생했을 때 얼마나 신속하게 대응하고 신속하게 수리하느냐는 발상이 아니라, 애당초 크레임이 발생하지 않는 주택을 만든다는 발상이다. 자동차의 경우, 타이어나 배터리 등 소모부재가 아닌 경우에는 거의 고장 나는 일이 없다. 고장이 발생할 우려가 있는 사태를 점점 없애 나가자는 발상이다. 이와 같은 일을 주택에도 반드시 도입해야 한다고 생각한다. 이것이 크레임 없는 주택의 실현인 것이다.

비용 정의를 확실하게 하는 것

공장에서 만들고, 내구성 및 품질을 철저히 확보하도록 추진함과 동시에 비용 대비 효과를 2배로 하면서 비용 절감을 추진해나간다. 이는 앞서 말씀 드린 크레임 없는 주택의 실현과도 연관된 것이다.

시공현장의 공장화를 추진

우리들이 생각하는 공장 생산 방식은 각각의 공정에서 품질을 100% 보증하는 것이다. 100% 보증된 품질의 제품을 다음 공정으로 넘기는 것이 공장생산의 기본인 것이다. 건축의 경우 지금까지는 주택 건축 현장에 20가지가 넘는 분야의 전문가들이 교대로 관여하여 다소의 오차가 있더라도 현장에서 어떻게든 해결하여 겉보기에는 그럴듯하게 보이도록 얼버무리는 방식이었다고 생각한다. 이는 분명히 잘못된 것이라 생각한다. 그러한 오차를 해결해나가지 않는다면 진정한 의미의 품질 및 비용 개선은 이루어질 수 없을 것이다. 이러한 네 가지 관점에서 기존의 프리패브리케이션(Prefabrication) 업체와도 완전히 차별화된 영역을 개척해나가고자 한다. 그 바탕에는 일본의 주거환경을 확실하게 개선

하겠다는 의지가 담겨있다. 상품개발에 있어, 자동차 기술을 도입하거나, 사카무라씨의 개념인 유비쿼터스 컴퓨팅 이론을 도입할 필요가 있을 것이다. 이러한 점에서도 사카무라씨의 생각과 일치하는 점이 많았다.

3) 꿈의 주택 '파피'의 기술 및 컨셉

토요타 꿈의 주택 'PAPI'는 유비쿼터스 네트워크를 이용하여 모든 시설은 편안함을 위해서 도입한 주택 설비의 편리한 기능이 많다.

그러나 설비에 따라 취급 방법이 다르고 조작이 복잡하여 우리 주변에는 설명서나 리모콘이 산재해있다. 마치 사람이 기계로부터 이용당하고 있을 정도로 고도화된 기계들을 과연 편리하고 쾌적하다고 할 수 있을까?

토요타의 꿈의 주택 'PAPI'의 코어 시스템인 유비쿼터스 네트워크는 Ubique(어디든지)라는 라틴어가 어원이듯이 어디든지 널려있는 컴퓨터를 네트워크로 조절 제어하여 조작을 통합시킴으로써 사람에 의한 조작을 가급적 줄이고, 항상 최적으로 컨트롤하여 남모르게 효율화함으로써 사람과 지구에게 친화적이며 환경과 쾌적성을 동시에 실현하고 있다.

① 손바닥으로 집과 커뮤니케이션 한다

기본 모드는 자동 운전. 많은 컴퓨터가 상호 협조하여 주거와 인간의 여러 상황들을 자동으로 인식, 판단하는 유비쿼터스 네트워크. 냉난방, 조명, 에너지 등의 주거환경을 자동으로 최적 제어함으로써 인간의 조작 부담을 덜어 주었다. 특별한 오더가 있을 때에만 유비쿼터스 커뮤니케이터를 이용하여 설비를 조작하면 된다.

② '시공간'의 일괄 관리

유비쿼터스 네트워크는 아침에 눈을 떴을 때부터 밤에 잠 들 때까지 가족의 시간 감각을 학습한다. 또한 집 안 어디에서든 원격조작이 가능하기 때문에 공간 개념 또한 다이나믹하다. 이 모든 것을 일괄 관리하는 것이 유비쿼터스 커뮤니케이터. 시간+공간='시공간'을 손바닥 위에서 한번에 관리할 수 있다.

③ '있으면 좋겠다'를 바꾸는 기술

우리가 항상 가지고 있던 꿈과 그 꿈을 실현시키는 최신 기술이 도입된 토요타 꿈의 주택 'PAPI'. 새로운 꿈과의 만남을 통해 기술은 나날이 진보해나간다. 당신이 이루고 싶은 꿈은 무엇입니까? 당신의 꿈을 들려주십시오.

100가지의 신기술과 1000개의 컴퓨터를 연결한 파피의 주요기술을 다음과 같다

전기 발전하는 외벽

- 기술 : **색소 증감형 태양전지벽 모듈**

연료전지, 태양광, 태양열 등을 이용한 하이브리드 에너지 주택. 식물 광합성을 힌트로 개발된 미래형 태양전지가 기존에는 이용되지 않았던 외벽에게까지 도입되어, 집 전체로 발전하는 주택을 실현. 차세대 에너지 시스템으로 에너지 절약, 비용 절감 실현을 목표로 하였다.

언제든지 최적 환경

- **기술** : **홈시어터, 유비쿼터스 네트워크, 유비쿼터스 커뮤니케이터**

인기척이 느껴지면 BGM이 흘러나오면서 기분 좋게 주인을 맞이한다. 영상이 시작되면 가장 감상하기 좋은 환경으로 음향과 조명을 자동으로 조절한다. 음과 빛을 최적으로 튜닝하는 홈시어터의 경우 유비쿼터스 커뮤니케이터를 통해 다양한 기기를 간편하게 조작할 수 있다.

자동차와 주택이 연결된 차고

- **기술** : **정전일 때도 안심할 수 있는 주택**

집과 자동차가 연계된 공간은 취미용품의 유지관리나 물건을 넣고 꺼내기에도 더욱 편리하다. 정전 시에는 하이브리드 카로 발전된 전력이 집에 공급되고, 홈 서버와 카네비게이션을 네트워크로 접속하여 최신 정보 교환이 가능하며, 그 외에도 다양한 연계기능을 갖추고 있다.

자동차까지 지켜주는 시큐리티

- **기술** : **스마트 시큐리티, 스마트 자동도어**

현관문, 센서 및 카메라 등의 여러 시큐리티를 통해 보안이 유지되고 있는 현관까지 차를 탄 채로 안전하게 진입할 수 있다. 부재 중에 이상이 발생한 경우에는 신속하게 통보하여 안전이 확보될 수 있도록 하며, 유비쿼터스 커뮤니케이터를 통해 가족들에게 연락을 취한다. 집에 들어가기 전에 집에 이상이 있는지 알려주기 때문에 안심하고 들어갈 수 있다.

가족과 정보가 모이는 부엌

- **기술** : **인텔리전트 수납**

테이블과 일체화된 부엌에서는 가족들이 모여서 얘기를 나누며 즐겁게 요리할 수 있다. 벽 속의 인텔리전트 수납을 통해 수납물 정보가 컴퓨터로 파악, 관리되며, 필요한 것을 원터치로 꺼낼 수 있다.

편안히 잠들 수 있는 침실

- **기술** : **쾌적 수면 침실, 쾌적 냉난방 시스템, 블라인드셔터, LED/HID 조명**

빛, 음, 공기의 질 등 침실 환경을 최적으로 컨트롤. 편안한 잠을 유도하는 BGM, 몸을 움직이기 쉽고 쾌적한 자세로 잠들 수 있는 매트리스. 삶의 싫이를 측정하는 생체정보센서를 통해 쾌적하게 잠에서 깨어날 수 있도록 조명과 채광을 컨트롤하여, 잠들 때부터 잠에서 깰 때까지 건강한 생활을 지원한다.

➡ 차를 탄 채로 들어갈 수 있는 현관

현관문, 센서 및 카메라 등의 여러 시큐리티 시스템에 의해 보안이 유지되고 있는 현관까지 차를 탄 채로 안전하게 진입할 수 있다. 부재 중에 이상이 발생한 경우에는 신속하게 통보하여 안전이 확보될 수 있도록 하며, 단말기를 통해 가족들에게 연락을 취한다. 집에 들어가기 전에 집에 이상이 있는지 알려주기 때문에 안심하고 들어갈 수 있다.

(3) 기타 국가

싱가포르

정보통신 개발청 주관으로 1천 7백만 싱가포르달러(9백80만 미국달러)를 들여 지능형 홈 시범사업을 진행 중에 있다.

제2장

유비쿼터스 홈네트워크 기술

2-1 유비쿼터스 홈네트워크 기술 개요

최근 디지털기술의 컨버전스화 추세에 있어서 가정 내의 사물들 및 집 자체가 지능화되어 가정 내에서 인간의 모든 생활과 활동을 지능적으로 처리하는 기반 환경을 갖춘 거주공간인 유비쿼터스 홈 환경이 여러 관련 분야에서 크게 대두되고 있다.

사용자환경 및 개인 정보 단말의 급격한 발달로 인한 광의의 정보공유(컨트롤, 관리, 정보이용 등) 욕구가 다양화되어짐에 따라 가정 내에서 인간이 중심이 되는 유비쿼터스 서비스가 가능한 환경이 유비쿼터스 홈 기술이다.

유비쿼터스 홈 기술은 IT, BT, NT, ET, CT, 건축기술, 디지털 가전, 에너지 기술, 보안기술 등의 여러 산업 기술들이 유기적으로 연결되어 주택산업, 서비스 산업(원격 건강 컨설팅)등에서 새로운 시장을 창출함과 동시에 관련된 새로운 지업을 창출하여 전문 인력의 양성 및 고용 확대에 크게 기여하는 등의 다양한 파생 효과를 유발하므로 우리나라 산업. 문화 전반에 걸쳐 고르게 영향을 주는 혁신적인 산업 융합 기술 분야이다.

국내에는 이미 세계 최고의 유비쿼터스 홈 관련 산업기반 개별 인프라 기술 보유 및 세계 최고 수준의 IT 인프라를 보유하고 있으므로 이를 활용한 시스템 기술개발 및 산업기반이 구축될 경우 차세대 신개념의 복합 기술의 총체인 유비쿼터스 홈 시장의 비교우위를 점유할 것으로 예상된다.

홈네트워크란 정보의 처리, 관리, 전달 및 저장에 있어 가정 내에 설치되어 각종 계산, 관리, 감시 및 통신기능을 수행하는 기기들을 연결하고 통합할 수 있게 해주는 구성 요소들의 집합으로 그 목적은 인간에게 가정에서의 편안함과 즐거움을 제공하기 위한 기술이다.

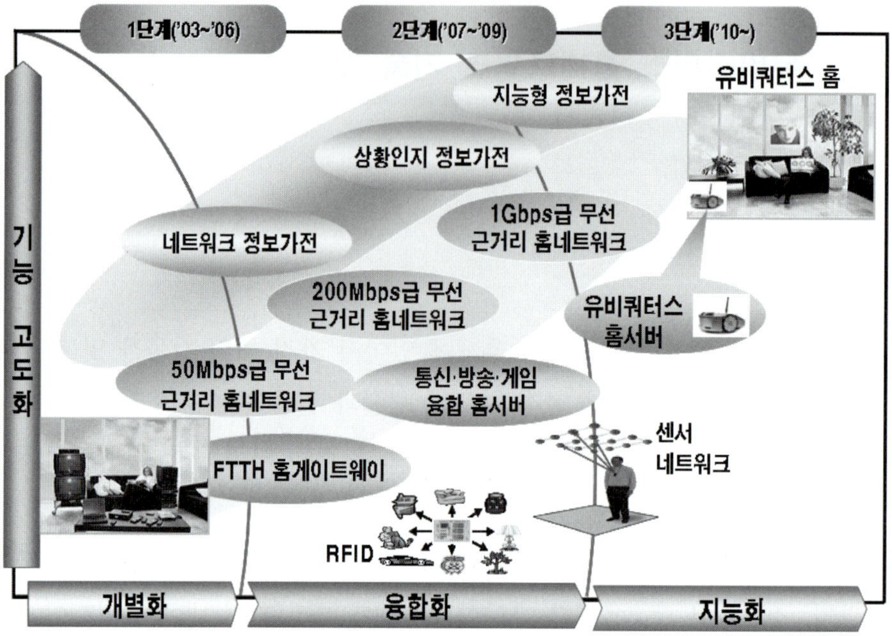

[그림 2-1] 유비쿼터스 홈네트워크 기술발전 단계

즉, 홈네트워크 기술은 가정 내외에 머물고 있는 사용자들이 편안하게 댁내의 디바이스들을 제어 및 관리하고 다양한 서비스를 공급받고자 하는데 있다.

이러한 홈네트워크는 초고속인프라를 다양한 IT기술을 활용하여 원격교육, 엔터테인먼트, 건강검진(Healthcare), 정보가전기기의 제어 등 다양한 서비스들을 창출하는 신산업 분야로 가정 내부와 외부 네트워크의 연계를 통해 다양한 콘텐츠를 확보하고 실수요자 중심의 서비스를 개발하여 산업 경쟁력을 키울 수 있다.

유비쿼터스 홈 서비스의 개발을 위해서는 유비쿼터스 홈과 관련된 요소 기술을 파악하고 각 요소 기술을 어떻게 활용하는가에 대한 분석이 필요하다. 또한 선진국의 기술 동향 파악을 통해 앞으로 우리가 나아가야할 방향을 모색하며, 정책 방향도 함께 살펴볼 필요가 있다.

유비쿼터스 홈은 21세기 한국의 미래를 끌고 나아갈 차세대 성장 동력산업 중의 하나로 유비쿼터스 컴퓨팅을 이용한 생활환경의 지능화, 환경친화적 주거생활, 그리고 삶의 질 혁신을 추구하는 지능화된 가정 내의 생활환경과 주거공간을 만들어 내는 것이라고 말할 수 있다.

이와 관련된 구체적인 서비스는 크게 에너지 절약, 보안, 건강진료, 오락, 교육, 전자 상거래, 재택근무 등 다양한 형태로 나타날 수 있으며, 이를 뒷받침하는 기술로는 유비쿼터스홈 서비스기술, 유비쿼터스 홈 기기, 네트워크, 건축/환경 분야로 나눌 수 있다.

1. 유비쿼터스 홈 서비스 기술

유비쿼터스 홈을 위한 서비스는 매우 다양하다. 그중에서도 특히 홈내의 제어를 순조롭게(Seamless)하게 하고 각종 기기 및 환경 등의 제어를 지능적으로 하는 서비스가 있으며 이러한 서비스는 점차 인간이 개입하지 않는 형태로 발전할 것이다. 또한 홈내의 사람에 대한 헬스케어에 대한 서비스 또한 중요하며 이것이 점차 실버케어 형태를 포함할 것으로 보인다.

2. 유비쿼터스 기기 기술

홈 내에는 유비쿼터스 서비스를 다양한 기기를 통해 제공하게 된다. 이때 여러 가지 형태와 플랫폼기반의 기기들간의 자연스러운 인터렉션을 가능하게 하기 위해서는 기기간의 공통 인터페이스 및 미들웨어의 표준화가 필요하며 아울러 각각의 기기가 가져야할 기능 및 사양에 대한 세부기술 및 통합 프레임워트 표준화를 수행한다.

3. 유비쿼터스 홈네트워크 기술

홈 내에는 유비쿼터스 서비스를 가능케 하는 핵심기능이 네트워크이다. 홈내의 다양한 제어 및 서비스를 위한 네트워킹에 관한 것으로서 홈오토메이션을 위한 통신네트워크, 게이트웨이 서버, 그리고 이를 통합하는 네트워킹 프레임워크 표준화를 담당한다.

4. 유비쿼터스 건축 · 환경 기술

유비쿼터스 홈의 커다란 구조물과 에너지절약, 생활쓰레기 처리, 전기, 가스 등 각종 환경관련 컨테이너가 건축/환경 분야에서 다루어야 할 대상이다.

건축에서는 유비쿼터스 홈을 위한 건축 자재, 구조물 등의 가이드라인을 제시하고 환경적 측면과 에너저 절감측면이 결합된 건축/환경 모델을 제시하고 이를 표준화한다.

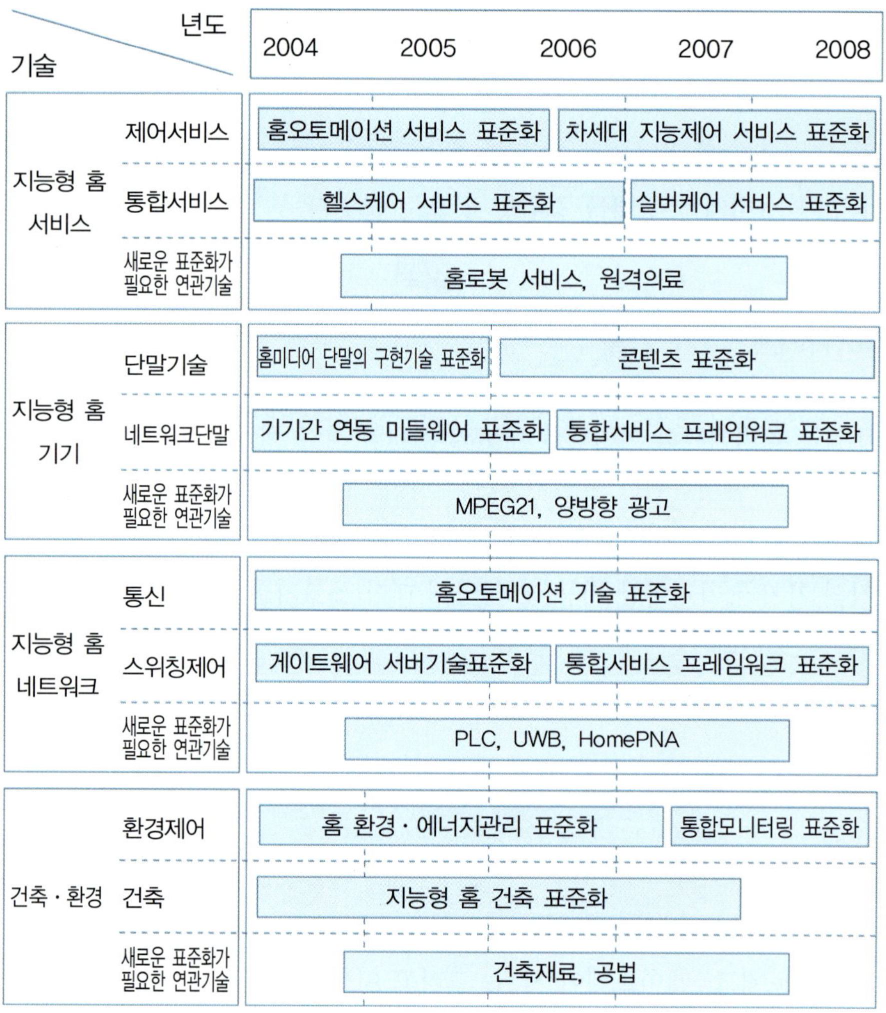

[그림 2-2] **유비쿼터스 홈 관련 기술**

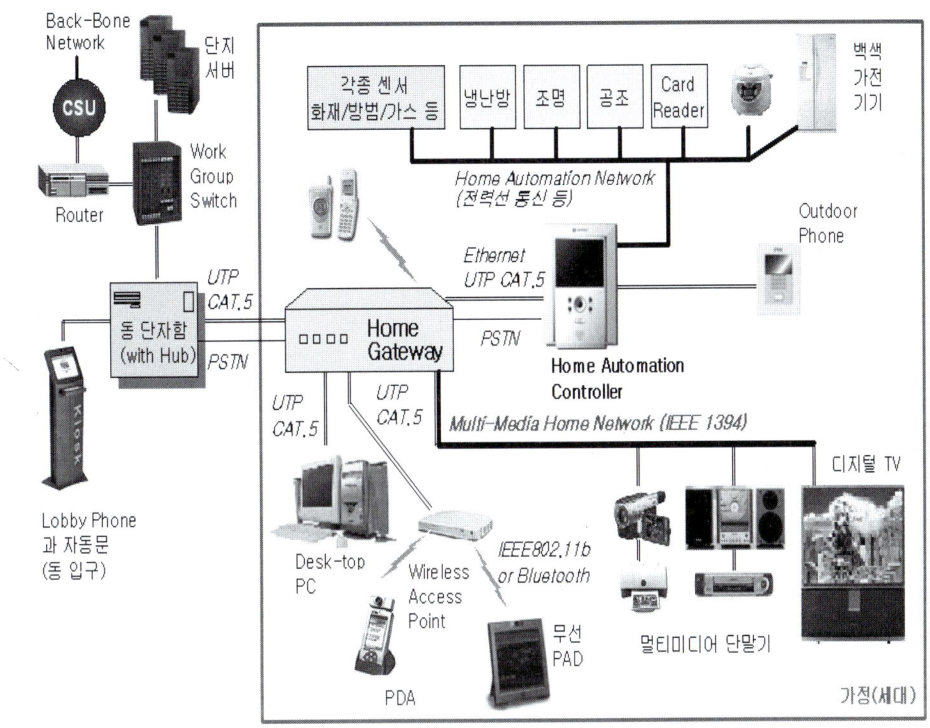

[그림 2-3] 유비쿼터스 홈네트워크 적용기술

2-2 유비쿼터스 홈서비스 기술

1. 유비쿼터스 홈서비스의 종류

(1) 오락/양방향미디어 서비스(Entertainment / E-commerce)

유비쿼터스홈 서비스는 가정에서 즐기는 여가문화의 혁신을 가져온다. 기존 매체인 TV, 라디오 등은 일방성 매체이다. 하지만 유비쿼터스 홈 서비스가 구현되면 이러한 제한이 사라진 양방향 미디어 서비스가 제공된다. 시청자들은 방송을 청취하며 자신이 필요로 하는 정보를 네트워크를 통해 연결된 방송사 서버에 요청하여 받아볼 수 있고, 방송사는 시청자들의 반응을 실시간으로 알 수 있어 프로그램을 유연하게 운용할 수 있게 된다. 비디오 서비스 면에서는 기존의 일방적인 편성과 방송의 형태를 벗어나 사용자가 원하는 시간에 원하는 내용의 비디오를 원하는 장소에 제공하는, 이른바 VOD 서비스가 가능하게 된다. 온라인 쇼핑은 이미 일부 품목에 대해서는 오프라인 시장의 거래규모를 넘어서 있다. 유비쿼터스 홈 서비스가 본격화되면, 쇼핑몰 사이트와 홈쇼핑 방송에 머물러 있는 온라인 수준을 한 단계 발전시켜, 모든 프로그램 및 컨텐츠에 쇼핑 서비스를 제공할 수 있게 된다.

(2) 건강 검진 서비스(Healthcare Service)

건강 진료 면에서도 큰 발전이 기대된다. 현재는 처방전 정보를 병원과 약국이 공유하는 수준이지만, 유비쿼터스 홈 시스템은 각 가정에 보급된 의료기기를 이용해 정기적으로 건강상태를 체크하고, 이상 징후 발생 시 스스로 의료기관에 이를 통보하여 적절한 조치를 취할 수 있도록 한다. 또, 거동이 불편한 환자는 자동 환자 감시 시스템을 통해 본인의 요청 없이도 문제상황 발생 시 의료기관에 즉시 통보하여 담당의에게 화상대화를 통한 진찰 및 의료조치를 받을 수 있도록 하는 서비스를 받을 수 있게 된다.

(3) 에너지 관리 서비스(Energy Management)

에너지 절약도 상당부분 유비쿼터스 홈 시스템으로 해결할 수 있다. 가정 내에서 사용되지 않으면서 작동중인 기기를 체크하여 그 기기를 절전모드로 자동 전환시키거나, 현재 에너지 소비상황을 모니터링하고 그 자료를 사람에게 보여주는 시스템이 가능하다. 또한, 계절에 따라 적절한 에너지 소비량을 제시하여 쾌적한 환경을 제공하면서도 에너지 소비효율을 개선할 수 있다.

(4) 원격 접근 유지관리 서비스(Remote Appliance Maintenance)

원격지에서 가전기기에 접근하고 조작할 수 있는 서비스도 가능하다. 일반적으로 사용되는 개인용 기기인 휴대폰이나 PDA를 이용해 가정 내의 CDMA 홈서버를 통해 각 기기에 접근하여 현재 가정 내의 상태와 기기들의 동작상황을 한눈에 볼 수 있고, 그에 따라 원하는 동작을 지시할 수 있다. 이 서비스는 이미 국내에서도 고급형 주상복합 주택을 중심으로 일부 상용화되어 있다.

(5) 홈 질적 서비스(Home Quality Service)

홈 오토메이션은 이미 오래 전부터 거론되어 온 기술이지만, 기존에는 현관문 잠금, 화재경보, 인터폰 등에 국한되어 있었다. 하지만 유비쿼터스 홈 기술에서는 가정에서 필수적인 조명, 냉난방, 통풍, 환기 등의 시스템을 하나의 홈서버가 관리함으로써 중앙에서 모든 통제가 가능하도록 한다. 특히, 사람이 관리하지 않아도 홈 서버가 최적의 상태를 결정하고 그 결과를 내기 위한 동작을 각 시스템에 지시하여 날씨 등의 외부 환경과 실내 인원수 증가 등 내부 환경에 관계없이 항상 최적의 실내환경을 유지시켜준다.

(6) 보안 서비스(Security Service)

유비쿼터스홈 기술은 침입자 탐지 및 출입자 통제, 화재/가스누출 경보 등 가정의 안전을 보장하는 데 큰 역할을 한다. 영상 및 음성인식 시스템을 이용하여 출입자 및 화자를 인증하여 허용 및 차단하고, 사용자가 미처 알지 못하는 작은 화재나 가스 누출도 초기에 탐지하여 알림으로써 불의의 사고를 미연에 방지할 수 있다. 특히 기존의 출입자 통제 시스템을 획기적으로 개선하여, 인증된 출입자를 정확히 인식할 수 있게 된다. 유비쿼터스홈 기술은 열쇠가 없이도 안전한 가정을 이루는 첩경이 될 것이다.

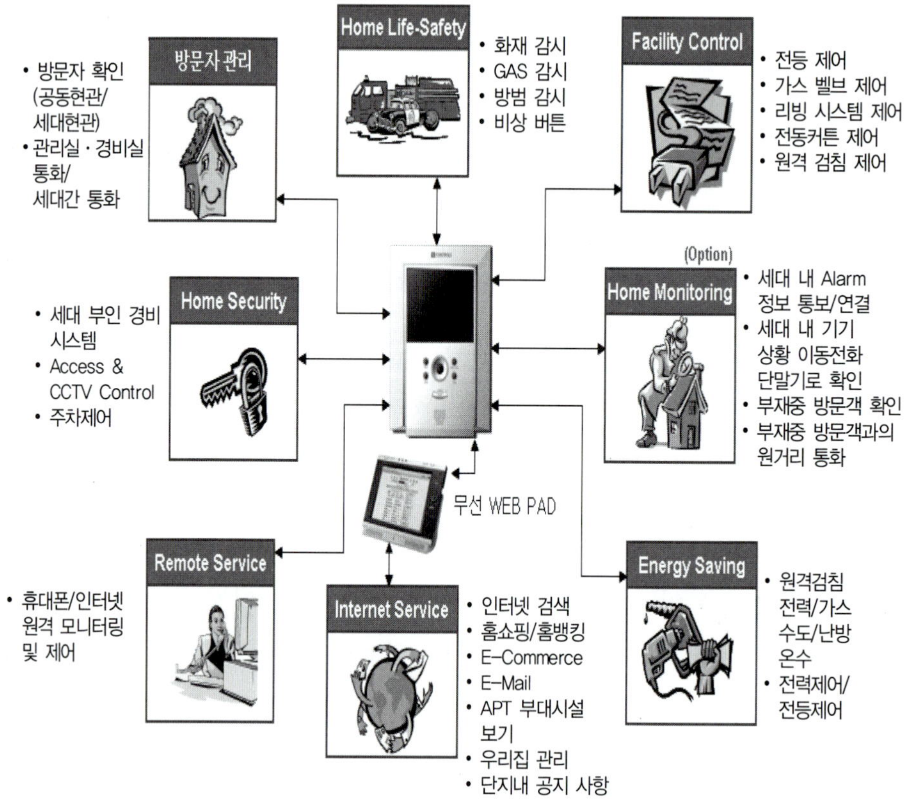

[그림 2-4] 유비쿼터스 홈네트워크 서비스

2. 서비스 시나리오

(1) 유비쿼터스 홈 자동서비스

유비쿼터스 홈 자동서비스(Ubiquitous Home Automation Service)의 목적은 가정생활의 경제적, 시간적 효율성 증대하기 위함이다.

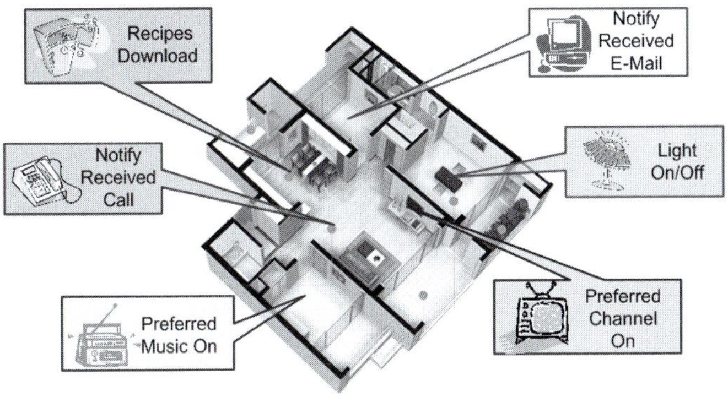

[그림 2-5] 유비쿼터스 홈 자동 서비스

유비쿼터스 홈 기술의 최대 수혜자 중 하나는 주부들이 될 것이다. 현대에 가정에서 이루어지는 일 중 기기의 도움을 받지 않는 일은 별로 없다. 여기에 유비쿼터스 홈 기술을 적용하면 유비쿼터스 홈 오토메이션 시스템이 현실로 다가오게 된다.

우선 TV, 라디오 등의 방송매체는 사용자가 특정 시간대에 즐겨 보는 채널이나 프로그램을 기억해 두었다가 초기 채널을 가장 즐겨 찾는 채널로 자동으로 설정해 놓는다. 굳이 사용자가 특정 프로그램을 지정하여 예약하지 않아도 그 프로그램이 시작할 시간에 자동으로 그 사실을 사용자에게 통보한다.

또한, 사용자가 외출시 전등을 끄는 것을 잊더라도 시스템이 자동으로 소등해주며, 불필요하게 동작하고 있는 기기는 대기상태로 전환하여 전력소모를 최소화한다.

부재시 걸려온 전화나 이메일에 대해서는 사용자의 명령에 따라 몇 시간 후에 귀가 예정이니 그 때 연락을 드린다는 등의 응답 메시지를 발송한다. 사용자가 귀가시간을 통보하면 그 시간에 맞춰 난방을 가동하고, 목욕물을 받아두거나 재료가 준비되어 있는 경우 요리기구를 작동시켜 식사준비를 마쳐 놓을 수도 있다.

귀가 시 걸려온 전화 및 이메일에 대한 보고를 자동 수행하고, 주요 뉴스나 생활정보에 대한 브리핑을 할 수 있다. 사용자 위치 이동 시 자동으로 조명 및 통풍장치를 제어하여 사용자가 위치한 공간을 쾌적하게 유지한다. 사용자는 외출 시에도 수시로 가정의 홈네트워크 서버에 접속하여 집안의 상황을 살필 수 있고, 적절한 명령을 내릴 수 있다. 화재나 가스 누출, 또는 외부인 침입 등의 비상상황 발생 시에는 주인 및 관계기관에 자동 신고하고 소방 혹은 가스 차단 시스템을 스스로 가동한다.

주방에서는 유비쿼터스 냉장고가 도입되어 저장된 식품에 대한 정보를 제공하고, 자주 필요한 물품이 떨어졌을 경우 자동으로 주문을 하도록 할 수 있다. 음식물에는 RFID(주파수 식별 태그) 칩이 부착되어 생산된 일자, 생산지, 성분 등을 나타낼 수 있고, 나아가서 그 재료로 가능한 요리법을 인터넷으로 내려받을 수 있다.

RFID는 옷에도 사용되어 유비쿼터스 세탁기는 그 옷에 가장 적합한 세탁법을 알아낼 수 있고, 사용자는 착용 시 인터넷을 통해 전문 코디네이터에게 상담을 요청할 수 있다.

마지막으로, 유비쿼터스 홈 기술은 보다 진보된 보안 시스템을 제공한다. 출입은 시스템에 등록된 사람만이 가능하고, 음성 및 영상인식 기술이 복합적으로 사용된 정확한 인증 시스템을 통해 출입 희망자의 인증 여부를 알아낼 수 있다. 친인척 등 등록되지 않은 사람의 출입 허가 시에는 먼저 주인의 승인이 있은 후 출입을 허용하되, 외부에서 모바일 기기(PDA, 노트북)를 통해 집안의 상황을 알 수 있도록 조치할 수 있다.

부재 시 가정에 침입자가 발생하면 그 즉시 주인에게 그 사실을 알리고 가까운 경비업체나 경찰에 출동을 요청할 수 있다. 이처럼 유비쿼터스 홈 기술은 가정에서 아쉬웠던 많은 것들을 해소시켜 줄 수 있다.

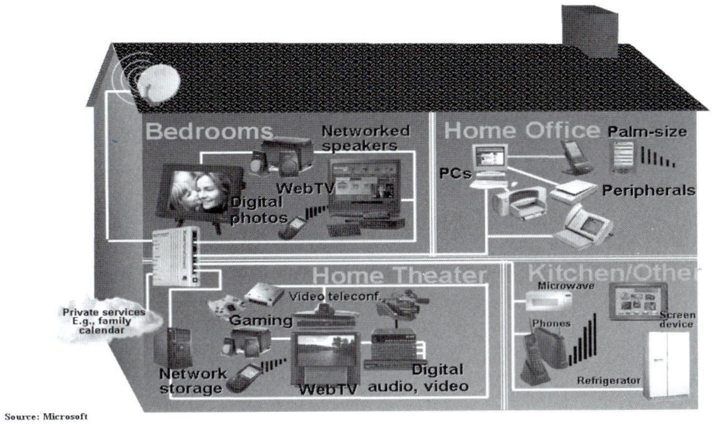

[그림 2-6] 유비쿼터스 홈 자동 서비스의 예(보안 시스템)

(2) 유비쿼터스 보안 서비스

유비쿼터스 보안 서비스(Ubiquitous Secretary Service)의 목적은 생활의 경제적, 시간적 효율성 증대하기 위함이다.

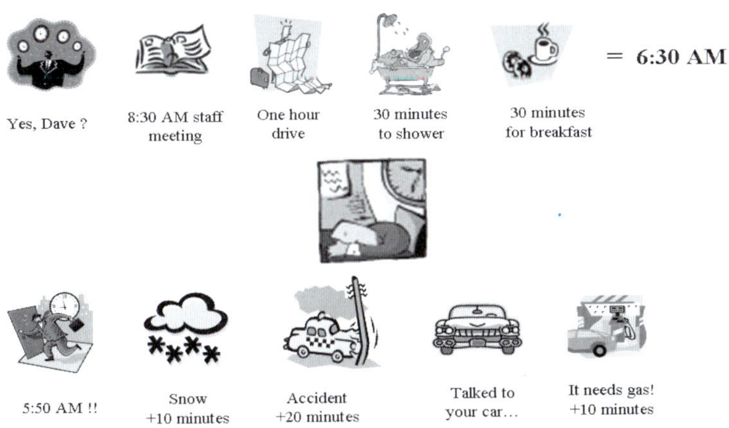

[그림 2-7] 유비쿼터스 보안 서비스

유비쿼터스 비서 서비스는 다양한 형태로 제공될 수 있는데, 그 중 가장 전형적인 형태는 다음과 같다. 가정의 홈 서버는 매일 아침, 간추린 주요 뉴스를 디스플레이해 준다. 가족 구성원의 성향을 파악해서 개인별 관심 분야를 중심으로 내용을 구성한다.

뉴스뿐 아니라 가족 구성원 각자의 일정을 기억했다가 당일이 되면 통보해주고, 집안의 경조사를 챙겨 적절한 조치를 취하도록 한다. 스케줄이 입력되면 그에 관련된 정보들을 수집하여 제공한다.

예를 들어, 주말에 낚시 여행을 가겠다고 입력을 하면 추천 출조지 정보와 그곳의 주말 날씨, 잘 잡히는 어종 및 추천 장비 등을 일목요연하게 구성하여 보여줄 수 있다. 교통편 정보 출력 시 기차나 버스 등의 대중교통 수단을 예매할 수 있는 메뉴를 같이 출력하고, 장비 추천 시 현재 보유하고 있지 않은 장비를 즉석에서 구입할 수 있는 메뉴를 같이 보여준다.

모든 정보는 스스로 수집한다. 수집된 정보 중 유용한 것은 저장했다가 보여주고, 그렇지 않은 것은 자동으로 폐기하여 방대한 양의 정보 중 사용자에게 필요한 정보만을 제공한다.

또한, 핵가족화와 바쁜 스케줄로 인해 한 장소에 잘 모이지 못하는 가족 구성원들을 위해 서로에게 남기는 메시지 혹은 전달사항을 서버에 저장하여 출타 시 가족 구성원들이 서버에 남겨진 사항을 확인할 수 있도록 하는 서비스도 제공한다.

사용자와의 인터페이스에도 혁신을 가져올 수 있다. 기존의 시스템이 터치 스크린이나 자판을 통한 입력방식인 것에 반해, 향후 도입될 유비쿼터스홈 시스템은 음성 인식 시스템을 통해 손을 쓰지 않고 목소리나 동작만으로 입력을 받을 수 있는 Oral and Gesture Command Service를 제공할 수 있게 된다.

이는 특히 장애인이나 노인, 아이 등 기기 조작이 능숙하지 못한 이들에게 유용하다. 이처럼 유비쿼터스 홈 기술은 정보의 부익부 빈익빈 사태 해결에도 기여할 것이다.

(3) 유비쿼터스 건강 검진 서비스(Ubiquitous Health Care Service)

유비쿼터스 홈의 건강 검진 서비스는 체계적이고 지속적이면서도 편리한 건강 검진을 통해 질병 징후를 사전에 발견하고 예방할 수 있도록 하는 것에 목적을 두고 있다.

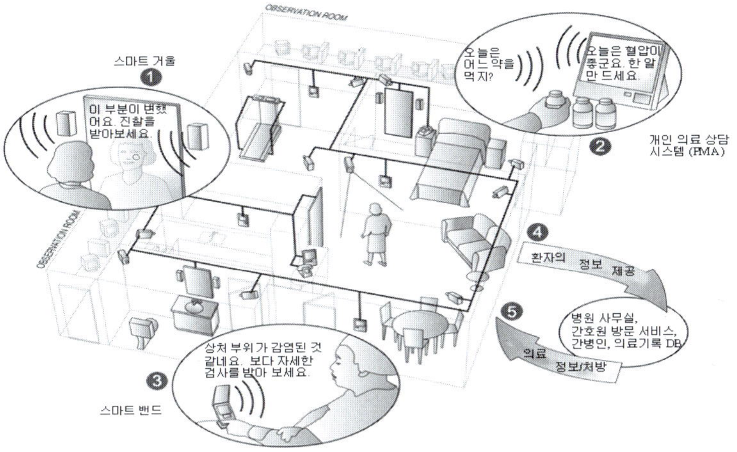

[그림 2-8] **유비쿼터스 건강검진서비스**

아침에 일어나 무심코 거울을 볼 때에도 거울에 탑재된 영상 감지 센서가 안색, 치아색 등을 체크하여 이상 징후 시 사람에게 그 사실을 알려 주고 관련 검사를 받아볼 것을 권한다.

사람이 밟고 선 깔개에 설치된 압력 센서는 모르는 사이에 체중의 변화를 체크하여 적절한 조언을 하고, 가장 이상적인 식단을 추천한다. 화장실의 변기는 그날그날의 변 상태를 체크하여 당뇨나 위장암 등 소화기관 관련 질병 징후를 감시한다.

흔한 약인 두통약, 소화제 등을 먹을 때에도 약장에 설치된 센서가 혈압, 체온 등을 체크하여 적정 복용량을 알려주고, 과다 복용 시에는 경고 메시지를 냄으로써 오남용을 막을 수 있다.

이 모든 것은 사람이 자신의 몸에 변화를 느끼기 전에 일상에서 먼저 체크되어 기록 보존된다. 이상 징후가 발견되어 가정 내 자가 치료가 어려운 경우에는 자동으로 의료기관은 담당의에게 환자의 정보와 징후가 보고되어 내원 스케줄을 잡고, 필요하면 왕진 서비스를 신청하도록 한다.

보고된 징후는 담당 병원의 데이터베이스에 기록되어 향후 재발 시 담당의가 참고자료로 활용할 수 있도록 한다. 병원 내원이 어렵거나 직접 진찰이 불필요한 경우에는 각 가정에 설치된 화상회의 시스템을 이용하여 담당 의사와 문진을 할 수 있도록 한다. 의사가 내린 처방은 즉시 약국으로 전송되고, 약국에서는 환자 가정의 홈 서버에 약품 대금 결제를 요청하고 처방전대로 조제된 약을 해당 가정으로 배달하게 된다.

거동이 불편하거나 의사 표현이 자유롭지 못한 장애인이나 유아, 치매노인의 경우에는 가정 내에 설치된 감시 시스템이 큰 역할을 하게 된다. 환자가 고통을 호소하기 전에 이상 징후를 파악하고 해당 사실을 가족과 담당의에게 통보하여 필요 조치를 취할 수 있도록 하고, 진료 시까지 환자의 상태가 더 악화되지 않도록 주위 환경을 최적으로 유지해준다.

이처럼 유비쿼터스 홈 기술은 가정의 건강 관리에서 큰 역할을 담당할 것이다.

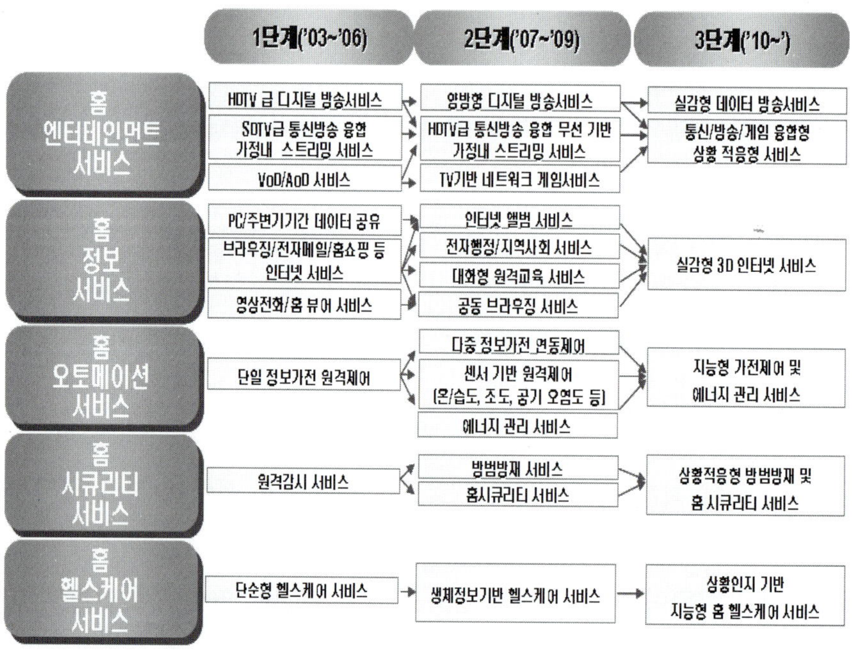

[그림 2-9] 유비쿼터스 홈네트워크 서비스 발전 전망

2-3 유비쿼터스 홈네트워크 분야별 기술

유비쿼터스 홈네트워크 기술은 유선기술로 전화선, 전력선, 이더넷, IEEE1394, USB, 무선기술로 IEEE802.11x 계열의 무선 LAN, HomeRF, Bluetooth, UltraWideBand(UWB), Zigbee, HiperLAN 등 물리적인 네트워크를 구성하는 기술과 홈네트워크를 구성하는 가전기기, 센서 간의 통신 프로토콜 기술, 구성된 홈네트워크 상에서 단말간의 상호 발견, 구성, 관리를 위한 미들웨어 기술, 그리고 이러한 미들웨어를 기반으로 하는 서비스 기술들로 구분할 수 있다.

홈네트워크는 상황을 인지하여 각각의 구성원에게 적합한 서비스를 차별화하여 제공할 수 있는 네트워크 환경 및 서비스를 가능하게 하도록 발전하면서 상황인지 지식기반의 멀티모달 인터랙션에 의한 새로운 비즈니스 모델이 파생되는 사회 인프라 성격의 기반기술로 인식되고 있다.

유비쿼터스 홈네트워크 기술은 크게 4개의 중점 기술로 분류된다.

1단계	2단계	3단계
유비쿼터스 홈네트워크 기술	홈플랫폼 기술	홈서버/홈게이트웨이 기술
		홈네트워크 보안
		개방형 서버 기술
	유 · 무선 홈네트워킹 기술	유선 홈네트워킹 기술 (Ethernet, PLC, IEEE1394, USB, HomePNA)
		무선 홈네트워킹 기술 (WLAN(802.11a/b/g/n), WPAN(UWB, ZigBee))
	정보가전 기술	지능형 정보가전
		홈센서 기술(센서, RFID)
	지능형 미들웨어 기술	홈네트워킹 미들웨어 기술
		상황적응형 미들웨어 기술
		멀티 모달 인터페이스 기술

① 홈플랫폼 기술

홈플랫폼 기술은 외부망과 가정을 연결하고 가정 내 다양한 서비스를 관장하여 유무선 통합 홈네트워크 환경 및 고품질 · 융합형서비스를 가능하게 하는 홈서버/홈게이트웨이, 홈네트워크 보안 및 개방형 서버 기술로 구성된다.

② 유 · 무선 홈네트워킹 기술

유 · 무선 홈네트워킹 기술은 이더넷, PLC, IEEE1394, HomePNA, 광홈랜 등의 유선 홈네트워킹 기술과 무선랜, ZigBee, UWB, Wireless1394, WirelessUSB 등의 무선 홈네트워킹 기술로 구성된다.

③ 정보가전 기술

정보가전 기술 분야는 기존 백색가전기기들과 센서들을 네트워크로 연결하여 새로운 서비스를 창출할 수 있는 유비쿼터스 정보가전 기술과 홈센서 기술로 구성된다.

④ 미들웨어 기술

미들웨어 기술 분야는 매체 및 OS에 상관없이 정보 기기의 제어 및 감시를 수행하고 다양한 상황에 대한 적응력을 제공하여 유비쿼터스 서비스를 가능하게 하는 홈네트워크 미들웨어, 상황적응미들웨어 및 멀티모달 인터페이스 기술로 구성된다.

홈네트워크 제품은 홈게이트웨이와 같이 홈네트워크와 액세스망을연결시켜주는 단순 네트워크 기능 중심의 제품으로부터 점차 네트워크에 연결되는 모든 기기와 서비스를 관장하여 방송, 통신과 게임 융합형 홈서버 제품군으로 발전해 나가고 있다. 또한, 홈네트워크 확산을 위해 유선홈네트워크 기술 중심에서 무선 홈네트워크 기술 중심으로 발전하고 있으며, IPv6, 센서네트워크와의 접목 등 유비쿼터스 사회의 기반을 구축할 수 있는 제품 개발이 진행되고 있다.

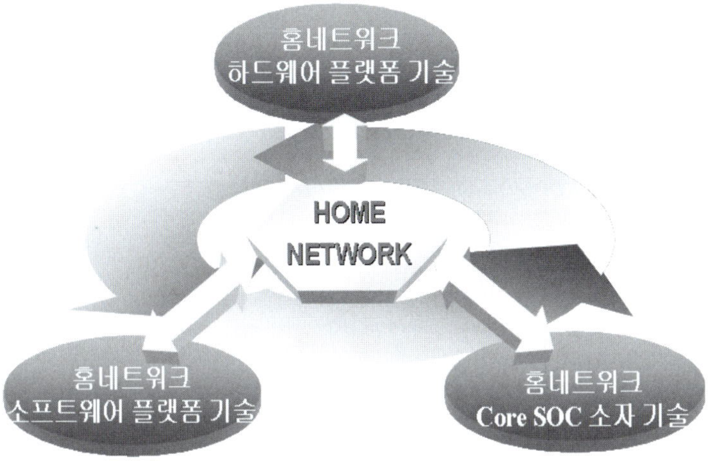

[그림 2-10] 홈네트워크의 주요 기술군

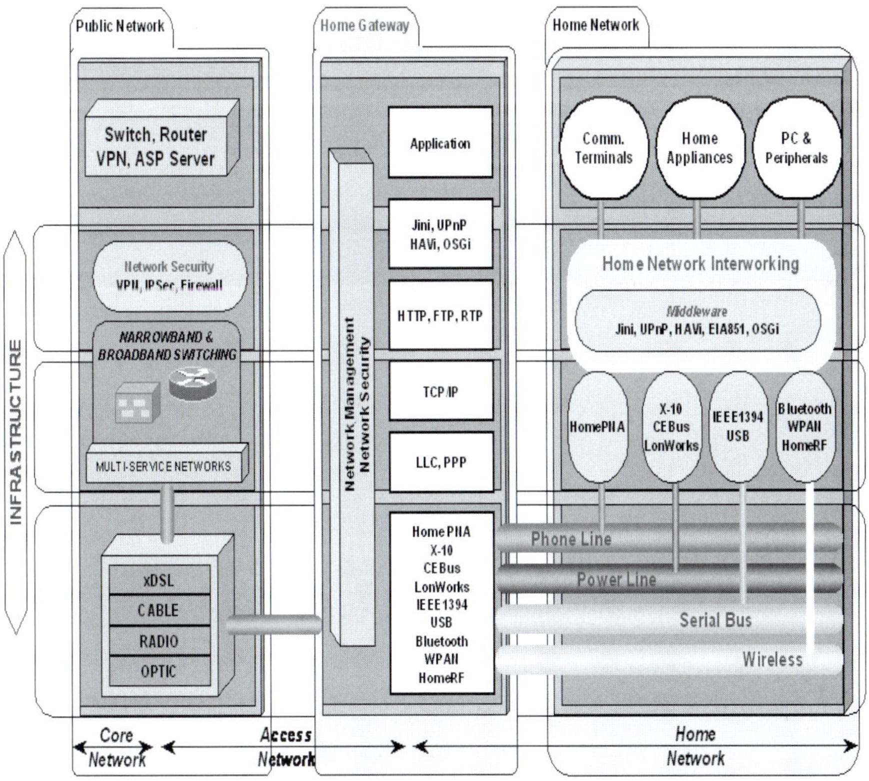

[그림 2-11] 홈네트워크 기술 구성

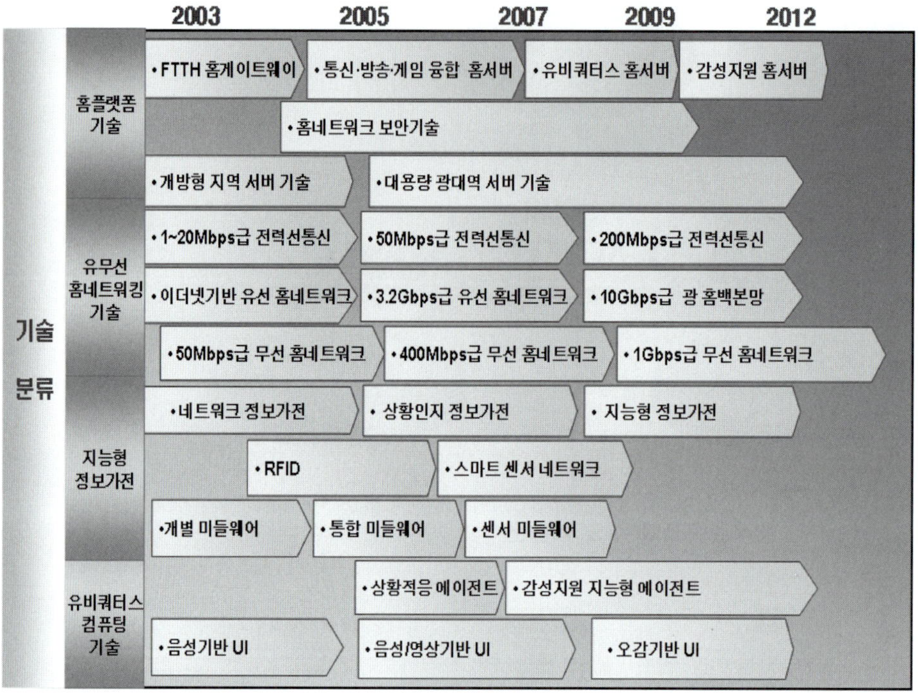

[그림 2-12] 홈네트워크 기술 분류

〈표 2-1〉 홈네트워킹 분야별 관련 기술

분야	기술		내용
홈네트워킹 기술	유선	이너넷	기업 내 표준 네트워킹 방식
		홈 PNA	전화선을 이용한 홈네트워킹 기술
		PLC	전력선을 이용한 홈네트워킹 기술
		IEEE 1394	디지털 오디오 · 비디오 기기간 디지털 데이터 전송 표준
	무선	IEEE 802.11 WLAN	무선 네트워킹 표준(WIFI)
		홈 RF	가정 내 로컬 무선 네트워킹
		IEEE 802.15.1 블루투스	정보가전 연결용 무선 네트워킹
		IEEE 802.15.3 HR. WPAN	오디오 · 비디오용 고속 무속 네트워킹 기술
		IEEE 802.15.3a UWB	오디오 · 비디오용 초고속 근거리 무선 네트워킹 기술
		IEEE 802.15.4 LB WPAN	센서 네트워크를 위한 저속 저전력 무선 네트워킹 기술
		Wireless 1394 기술	IEEE 1394 기기들을 무선 네트워킹 기술을 이용하여 AV신호의 장거리 전송을 가능하게 하는 기술

분야	기술	내용
정보가전기기	홈게이트 웨이	인터넷과 유무선 홈네트워킹 기기들을 연결하는 장치
	홈 서버	가정 내 홈네트워크 기기들을 통합 관리하는 서버
	디지털 TV	디지털 HDTV, PC에 EMD
	정보가전 제품	인터넷 냉장고, 전자레인지, DVD
	게임기	PS2, XBOX 등 게임기
	휴대용 정보단말	PDA, 이동전화, 노트북등
기반소프트웨어	RTOS	정보가전용 홈 서버용 실시간 OS
	정보가전 제어 및 스트리밍 미들웨어	Jini, UPnP, HAVi, HWW, VHN, LonWorks, CEBus, OSGi 등
	시스템 미들웨어	JAVA Virtual Machine, KVM등
	시스템 유틸리티	가전보안, 유저 인터페이스, DB등

1. 홈플랫폼 기술

유·무선 통합, 통신·방송의 융합 등 디지털 컨버전스의 급속한 진전으로 FTTH, 이동망 등의 차세대 초고속 유무선 인터넷과 연계되어 가정에서 다양한 통신·방송·게임이 융합된 서비스를 제공할 수 있는 환경으로 발전하고 있다. 따라서 가정용 디지털 허브로서의 홈서버 기능이 부각되면서, 엔터테인먼트 서비스를 제공할 수 있는 개방형 서비스 프레임워크 및 서비스 통합 관리 솔루션 확보를 위한 기술개발이 활발히 추진되고 있다.

국외에서는 인텔, 모토로라 등이 미래 홈플랫폼 분야에서 우위를 점유하기 위해 차세대 홈서버용 SoC 기술을 개발 중이며, 소니와 MS는 자사가 경쟁 우위를 갖고 있는 PSX와 미디어센터 등을 기반으로 홈플랫폼을 구축함으로써 홈네트워크 조기시장 선점 전략을 추진하고 있다. IBM, Prosyst, GateSpace는 OSGi를 준수하는 개방형 서비스 프레임워크를 상용화하였으며, 일본은 HSAC(Hikari Service Architecture Consortium)을 구성하여 광케이블을 이용한 광대역 통신망을 기반으로 고품질의 홈서비스 제공을 위한 개방형 서비스

플랫폼 구축을 본격 추진 중이다.

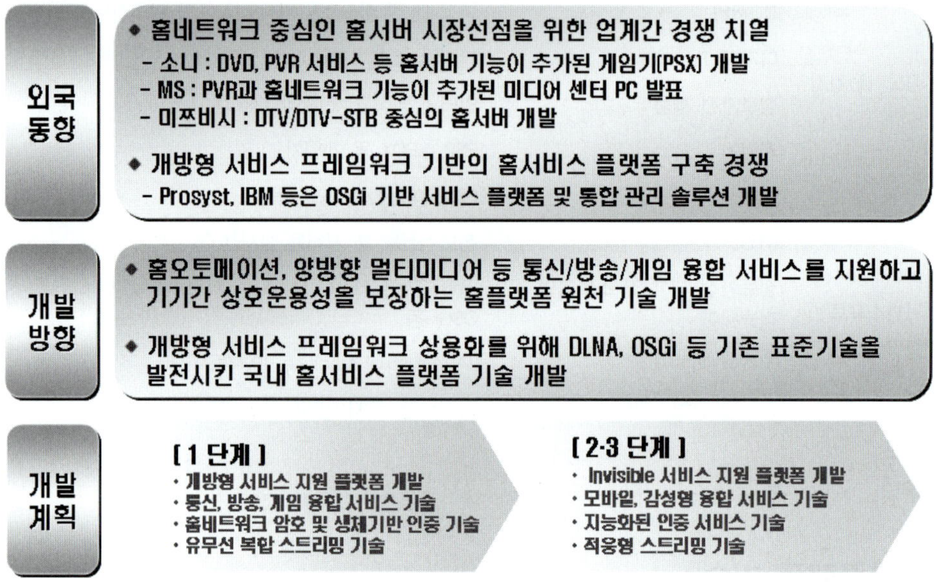

[그림 2-13] 홈 플랫폼 기술

국내에서는 DTV 보급과 연계하여, 통신 · 방송이 융합된 홈플랫폼 상용화 기술개발을 추진하고 있으며, VOD와 실시간 스트리밍 방송, 홈뷰어 서비스 등이 가능한 홈서버를 개발 중에 있다.

이와 더불어, 가정 내 다양한 가전기기들에 대해 홈플랫폼을 통한 정보보호 및 보안성 확보 연구가 진행되고 있다.

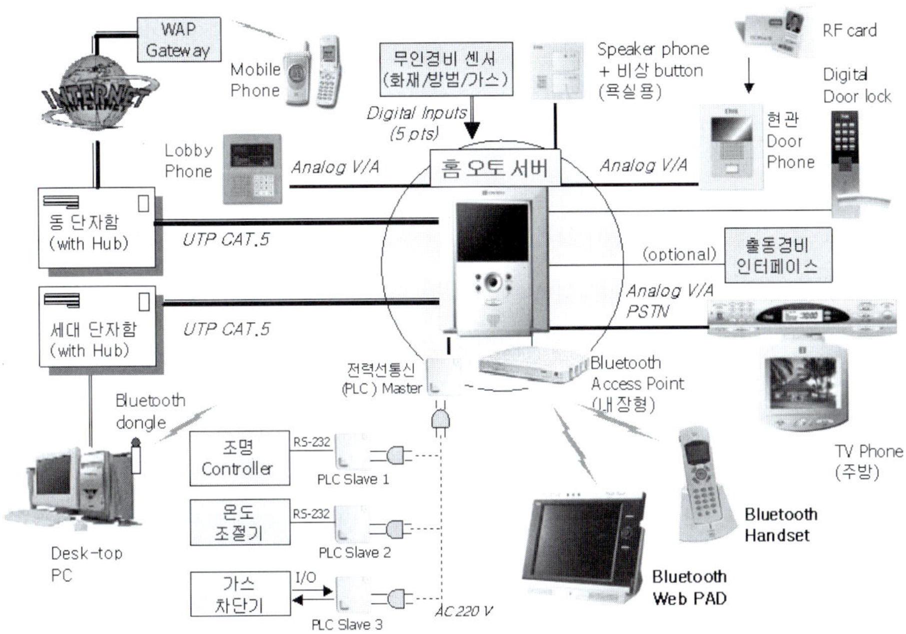

[그림 2-14] 홈서버의 구축 사례

2. 유 · 무선 홈네트워킹 기술

초고속 인터넷과 연계한 이더넷, 가전기기 제어를 위한 전력선 통신, AV 기기를 위한 IEEE1394 등 유선 기술과 Wi Media 및 IEEE WPAN(Wireless Personal Area Network) 등 무선 홈네트워크 기술의 표준 경쟁이 심화되고 있다.

특히, 홈네트워크 확산을 위해 선 없이 대용량의 멀티미디어 서비스를 제공할 수 있는 고속 무선 홈네트워크의 중요성이 확산되면서 무선 홈네트워크 기술간 경쟁이 치열하게 전개되고 있다.

무선 홈네트워크는 기존 IEEE 802.11x 기술의 대역폭을 확장하고 QoS를 추가하는 IEEE802.11e/n 규격의 표준화가 진행 중이며, HDTV급 전송이 가능한 UWB(Ultra Wide Band)와 같은 광대역 무선기술과 ZigBee 등 위치기반의 저속 센서기술이 등장하는 등 유선보다는 무선기술이 시장을 지배할 것으로 전망되고 있다.

현재 UWB는 모토로라(Motorola) 진영의 다이렉트 시퀀스 CDMA(Direct Sequence CDMA) 방식과 미국의 인텔, TI 중심의 멀티밴드(Multiband) OFDM 방식이 표준 경쟁을 벌이고 있다. 국내에서도 50Mbps급 이상의 전력선 통신 기술을 개발 중에 있으나, 480Mbps급 UWB 칩과 250Kbps급 ZigBee 칩의 개발 등 무선기술 개발에 많은 기술력이 집중되고 있다.

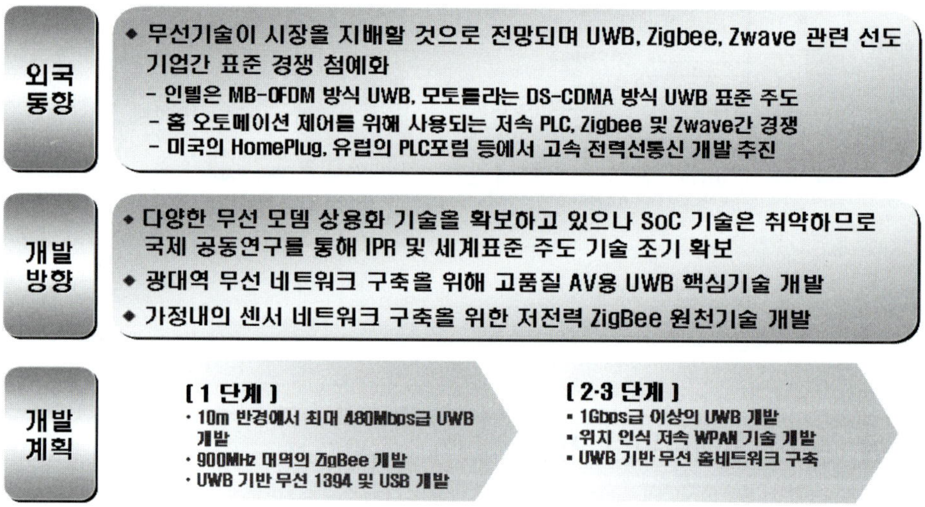

[그림 2-15] 유무선 홈네트워킹 기술

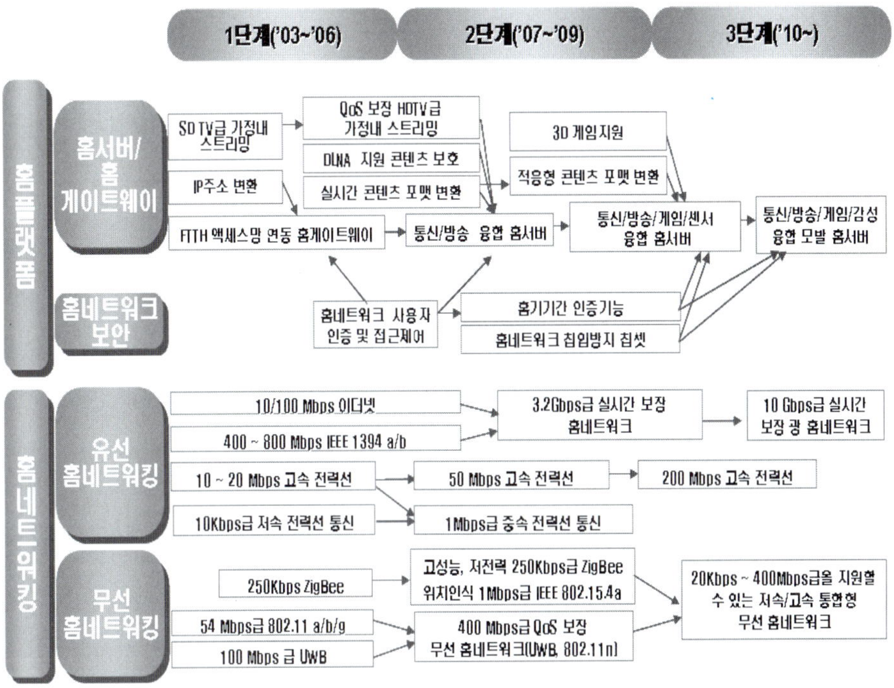

[그림 2-16] 홈플랫폼 · 네트워킹 기술발전 로드맵

3. 정보가전 기술

기존의 백색가전 기기들이 정보가전으로 진화되어 홈네트워크에 연결되고 있으며, 오디오, 비디오 등 AV 기기들의 지능화가 빠르게 진행되고 있다. 이태리의 Meloni사는 전력선을 이용한 냉장고, 에어콘 등을 상용화하였으며, GE사 등도 전력선을 이용한 정보가전기기 시제품을 출시하였고 대부분의 AV기기들이 IEEE1394를 기본적으로 지원하고 있다.

미츠비시사 등에서 HAVi기반의 HDTV와 VTR을 상용화하였으나, 2003년 이후 홈네트워크 기기간의 상호운용성 제공이 홈네트워크 활성화에 중요한 요소로 인식됨에 따라 향후 DLNA(Digital Living Network Alliance)기반 AV 기기들이 주류를 이룰 것으로 전망된다.

또한 유비쿼터스 홈이 가시화되면서 홈센서간 정보교환이 가능하도록 홈센서가 지능화되고 착용 가능한 형태로 발전할 것으로 전망된다. 센서는 홈오토메이션 서비스의 필수 구성요소로써 주로 방범 · 방재, 실내 환경조절, 원격검침 등에 사용되고 있으며, 향후 센서 기술은 마이크로 미케니컬 센서(미소기계소자), 바이오 센서 등으로 발전해 나갈 것으로 예상된다.

구분	내용	
외국 동향	• 기존 가전기기와 AV 기기들의 지능화 및 홈네트워크와의 연결 가속화 –Meloni : 전력선을 이용한 냉장고, 에어컨 상용 제품 출시 –미쯔비시 : HAVi가 지원되는 HDTV와 VTR 상용 제품 출시 –GE : 전력선을 이용한 정보가전 기기 시제품 출시 • 홈센서의 지능화 및 RFID/유비쿼터스 ID 기반 정보교환 기술 개발 활발 –홈센서를 이용한 홈오토메이션, 방범, 방재, 원격검침 등의 기술개발	
개발 방향	• 세계 최고의 상용화 기술력을 바탕으로 산업체 주도의 상용화 기술 개발 • 사용자의 편이성과 휴대성 극대화를 위해 사용자 인터페이스를 고려한 지능형 정보단말 기술개발	
개발 계획	[1단계] • 데이터 콘텐츠 공유 • HAVi, UPnP 등 단일 표준 미들웨어 기술 • 표준 상황 적응형 플랫폼 개발 • 제한적 사용자 인터페이스 – 음성 인식	[2 · 3단계] • 멀티미디어 콘텐츠 공유 • 다양한 미들웨어간 상호운용 및 센서 네트워크 연계 • 사용자 이용 패턴 학습 • 지능형 멀티모달 인터페이스

[그림 2-17] **지능형 정보가전 기술**

국내에서도 전력선 통신을 이용한 냉장고, 세탁기, 에어컨 등의 상용화 제품을 개발하였으며, 온도, 습도 센서 기술은 일부 홈오토메이션 업체에서 개발하였으나 지능화된 홈센서 및 RFID의 핵심 기술에 대한개발은 초기단계이다.

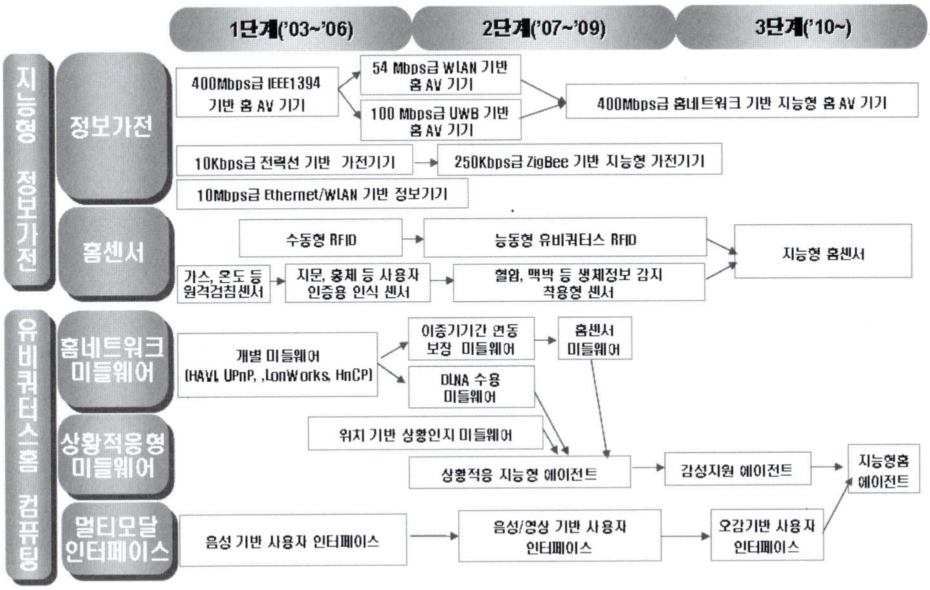

[그림 2-18] 지능형 정보가전 · 컴퓨팅 기술발전 로드맵

4. 유비쿼터스 컴퓨팅 기술

외국 동향	• 유비쿼터스 홈과 센서의 지능화 추세에 따라 상황 적응형 미들웨어 개발 –MIT, IBM, MS, SONY 능는 다양한 가선기기늘을 연결하여 수변상황에 따라 동석세어 서비스가 가능한 상황 적응형 미들웨어 기술 개발 중 • 센서간 정보 교환을 위한 스마트 센서 네트워크 및 홈센서 기술 개발 –Washington, 조지아 대학 : 위치 센서 입력의 통합처리 방법 연구 –월마트 등에서 RFID 기반 물품관리 적용, 인텔은 바다자원 관리에 적용
개발 방향	• 무선 및 센서 네트워킹 기술과 연동하여 상황기반 지식 서비스를 제공하는 유비쿼터스 홈 컴퓨팅 원천기술 개발 • 주위 환경 및 사용자 특성에 따라 지능적 서비스가 가능한 지능형 에이전트 핵심기술 개발

[1단계]
• 소규모 네트워크 구성 라우팅 프로토콜
• 센서 내부 저전력관리
• 능동형 센서 태그와 유무선망 연동
• 마이크로 암호화 기술 개발

[2 · 3단계]
• 대규모 네트워크 구성 라우팅 프로토콜
• 센서 네트워크 저전력 관리
• 지능형 센싱 태그간의 연동
• 지능형 상황 처리

[그림 2-19] 유비쿼터스 컴퓨터 기술

5. 미들웨어 기술

미들웨어 기술은 UPnP(Universal Plug and Play), Jini, LonWorks 등 다양한 단체 표준이 혼재되고 있다.

점차 무선 홈네트워크 환경이 확산됨에 따라 무선 홈네트워크에 연결되는 디바이스를 안전하고 자동으로 구성, 관리할 수 있는 미들웨어 기술에 대한 연구가 활발히 진행되고 있으며, 다양한 이종 미들웨어간에 상호호환성 부재가 홈네트워크 확산의 걸림돌로 인식되면서 이들간 상호호환과 연동을 보장하려는 기술개발이 시작되고 있다.

2003년 6월 인텔, MS, 소니, 삼성전자 등은 디바이스간에 상호호환성을 보장하는 미들웨어를 정의하기 위해 DLNA를 결성하고 2004년 6월에 버전 1.0을 발표하였다. 또한, MIT, IBM,MS, 소니 등은 유비쿼터스 홈 환경구현을 위해 홈센서 미들웨어 기술과 상황 적응형 미들웨어 기술개발을 진행 중이다.

국내에서는 이종 홈네트워크 환경에서 정보가전기기간 상호연동을 제공하는 기술을 개발하고 있으며, DLNA와 UPnP 등의 표준화 활동을 통해 원천기술 확보에 노력하고 있다.

(1) UPnP

UPnP는 혼합된 미디어(Mixed-Media) 멀티밴더(Multi-Vendor) 홈네트워크 환경에서 운영체제, 언어 및 하드웨어에 독립적인 서비스 환경을 구축하기 위해 1999년 6월 마이크로소프트, Intel, Compaq, 미쓰비시, 필립스, 소니 등 150여 개 기업이 참여한 가운데 PC 중심의 가전기기 제어 소프트웨어로서 표준을 정의한 것이다.

UPnP는 TCP/HP, HTTP, GENA, SOAP,SSDP등 IETF 표준 인테넷 프로토콜을 기반으로 하고 있으며, DA(Device Architecture), AVA(Audio Video Architecture), 보안구조(Security Architecture) 등 3개의 구조로 이루어져 있다.

2004년 7월 0UPnP AV 1.0 스펙이 공개되었고, 조만간 UPnP AV 스펙이 발표될 것으로 기대된다. DLNA DLNA는 홈네워크 상호운용 프레임워크의 제공을 목적으로 2003년 6월에 결성된 표준단체이다.

2004년 8월 8개의 BoD(Board of Director) 맴버들, 즉 HP, Intel, Microsoft, Nokia, Panasonic, Philips, 삼성, Sonny를 중심으로 160개 여개의 업체가 참여하고 있다. 1.0 스펙에서 UPnP DA와 AV를 기본 프로토콜로 활용하면서 UPnP의 입지는 향후 홈네트워크 미들웨어의 De-Facto 표준으로 자리잡은 전망이다.

그러나. 취약한 시큐리티 문제와 더불어 상기한 표준 인터넷 프로토콜의 부담, non-IP로 구성될 것으로 보이는 가전 및 센서 · 액추에이터 네트워크와의 연결방법 등이 향후 풀어야 할 숙제로 남아 있으며, 1.0 스펙이 6월에 발표된 DLAN의 요구사항을 만족하기 위해 보조를 맞추어야 라는 부담이 있다.

미들웨어 기술은 UPnP (Universal Plug and Play), Jini, LonWorks 등 다양한 단체 표준이 혼재되고 있다. 점차 무선 홈네트워크 환경이 확산됨에 따라 무선 홈네트워크에 연결되는 디바이스를 안전하고 자동으로 구성, 관리할 수 있는 미들웨어 기술에 대한 연구가 활발히 진행되고 있으며, 다양한 이종 미들웨어간에 상호호환성 부재가 홈네트워크 확산의 걸림돌로 인식되면서 이들간 상호호환과 연동을 보장하려는 기술개발이 시작되고 있다.

2003년 6월 인텔, MS, 소니, 삼성전자 등은 디바이스간에 상호호환성을 보장하는 미들웨어를 정의하기위해 DLNA를 결성하고 2004년 6월에 버전 1.0을 발표하였다.

또한, MIT, IBM, MS, 소니 등은 유비쿼터스 홈 환경구현을 위해 홈센서 미들웨어 기술과 상황 적응형 미들웨어 기술개발을 진행 중이다. 국내에서는 이종 홈네트워크 환경에서 정보가전기기간 상호 연동을 제공하는 기술을 개발하고 있으며, DLNA와 UPnP 등의 표준화 활동을 통해 원천 기술 확보에 노력하고 있다.

(2) HAVi

HAVi는 1998년, 전 서계 AV 시장의 70% 이상을 점유하는 기업들, 즉 소니,

톰슨, 필립스, 도시바, 샤프, 히타치 등 8개 가전기기 제조사가 중심이 되어 다양한 디지털 오디오/비디오 기기간의 상호운용성을 보장하기 위한 표준 제정을 위해 조직한 단체로서,1998년 11월 1.0 스팩을 발표하였고 2000년 4월에 소니와 필립스사에서 프로타입 시스템을 데모하였다.

HAVi 기술은 IEEE1394 인터페이스 및 프로토콜과 JVM을 기반으로 하며, 디지텔 TV를 중심으로 홈엔터테인먼트 기기들을 구성 관리하는 미들웨어이다. HAVi의 일부 기술은 DVB-MHP(Digital Video Broadcasting-Multimedia Home Platform)에 포함되고 있고, 미국 케이블 방송표준인 Open Cable에서 IEEE1394를 채택하면서 많은 기대를 모이는 면도 있으나, IP over 1394 기술이 실제 필드에 적용되면서 IP를 기반으로 하는 UPnP 미들웨어에 많은 부분이 잠식되어 가고 있다. 실제로 초기의 8개 핵심 맴버 중에서 소니 등 4개사가 탈퇴하는 등 홈네트워크 표준으로서 다소 입지를 잃어가고 있다.

(3) Jini

Jini는 네트워크 상의 모든 종류의 디바이스와 소프트웨어 자원의 통합체를 구성하여 서비스와 자원을 공유하고 사용자의 위치변화에 관계없이 네트워크 상의 자원에 대한 용이한 접근 및 네트워크의 개설, 갱신, 변경작업의 단순화를 목표로 하는 기술로서 1998년 썬 마이크로시스템즈사에서 발표한 분산 환경의 홈네트워크 자원 공유 플랫폼이다.

홈네트워킹의 미들웨어 관점에서 본 Jini의 강점은 Plug and Play 기능에 의한 간단한 시스템 구성과, 실행코드의 이동성에 의한 가변성, 그리고 기존의 IP를 기반으로 하는 네트워크에 대한 자연스러운 확장성 및 Java 연관 제품 및 시스템과의 호환성 확보 등이다.

단점으로는 Jini 시스템에 JVM을 도입함으로 인하여 수행 속도가 느리고 많은 양의 메모리를 차지하므로 시스템의 단가가 높아진다. 또한 Lookup Server에의 의존도가 높아 홈네트워크 시스템에 종종 발생하는 기기의 착탈 시 Lookup Server가 이탈할 경우 전체 네트워크가 동작을 하지 않을 위험성도 있다.

Jini가 안고 있는 고민 중의 하나는 Jini을 창안한 썬마이크로 시스템즈(Sun Microsystems)사가 마이크로소프트(Microsoft)의 UPnP처럼 강력하게 Jini를 지원할 수 없는 상황에 있다는 것이다.

썬마이크로 시스템즈의 주력 시장은 현재 Server 부문인데 Alpha 칩을 개발한 DEC사가 이 칩의 권한을 컴팩사에 매도하였으며, 컴팩사는 이 칩을 개발한 후 서버 시장에 진입하려 하였으나 어려움을 겪자 이 칩의 생산권을 인텔(Intel)에 인도하였다.

이에 따라 인텔과 컴팩이 손을 잡고 서버 시장에 도전장을 낸 격이 되었으며, 썬 마이크로 시스템즈사는 역사상 가장 커다란 경쟁자를 만난 셈이 된 것이다.

따라서 서버 시장의 수성에 대부분의 자원을 사용하여야 하므로 Jini를 프로토션하는 데에는 당연히 한계를 느낄 수밖에 없고, 인하여 Jini의 시장은 활성화하는 데에 다소 어려움을 겪을 것으로 보인다.

(4) 론워크(LonWorks)

빌딩 · 홈오토메이션을 목적으로 전력선을 활용한 저속 통신 기반의 미들웨어로서는 LonWorks, CEBus 등의 단체 표준 미들웨어가 관련 단체(LonMark, CEBus 등) 통 해서 1990년대에 이미 표준화되었다고 이 중 론워크는 미국 ANSI 산하 EIA 709.1 표준으로 등록되었다고 유럽, 미주, 일본 등지에서 많은 제품을 시장에 선보여 빌딩 자동화의 산업 표준 수준으로 인정되고 있으며, 현재 홈네트워크 서비스로의 진화를 위해 론마크(LonMark) 등에서 지속적인 활동을 보이고 있다.

론워크 기술은 론토크(LonTalk)라고 하는 네트워크 프로토콜과 디바이스 개발 프로그램 환경 등을 하드웨어 적으로 구현한 뉴우런 칩을 공급함으로써 디바이스 개발자가 손쉽게 론 네트워크 프로그래밍을 개발할 수 있는 환경을 제공하고 있다.

또한, LNS라고 하는 윈도우즈 운영체제 기반의 강력한 관리 시스템을 제공하여 자동화 서비스의 생성 및 관리를 할 수 있는 토대로 제공하고 있다.

현재 론마크에서는 센서와 액추에이터 등에 편향적으로 구성된 론워크의 응용표준에 백색 가전기기에 적합한 표준을 추가하기 위하여 표준화 작업을 진행 중에 있으며 국내 삼성전자가 적극적으로 참여해 주도하고 있다.

2-4 유비쿼터스 홈네트워크 기술 동향

1. 국내 동향

국내 유비쿼터스 홈네트워크 기술개발 동향을 앞에서 분류한 4개 제품군 분류를 기준으로 살펴보면, 홈플랫폼 분야는 통신 · 방송이 융합된 국내 우위를 갖는 DTV와 연계되는 신개념의 홈플랫폼 기술에 대한 연구가 집중되고 있으며, 유비쿼터스 홈네트워크 기반이 될 수 있는 홈서버 플랫폼의 상용화 기술을 이미 확보하고 있는 상태이다. 향후 미래지향적 홈서비스 제공을 위해 통신 · 방송 · 게임이 융합된 엔터테인먼트 서비스와 홈오토메이션 및 인터넷 서비스를 제공할 수 있는 통신 · 방송 · 게임 융합형 홈서버가 ETRI주관으로 개발 중에 있다.

현재 홈게이트웨이에 적용될 수 있는 서비스 게이트웨이 미들웨어 기술인 OSGi 2.0을 만족하는 제품들이 이미 출시되었고, 안전한 가정을 제공하기 위해 생제 인증 및 정보가전기기에 대한 접근을 제어하는 홈네트워크 보안 기술에 연구가 집중되고 있으며, 홈네트워크용 미들웨어에 대한 중복적인 투자 방지와 기기 간의 상호 운용성 제공을 위해 ETRI에서 홈네트워크용 통합 미들웨어를 개발하였으며, 이 기술을 통해 다양한 홈네트워크의 기기 간 상호호환성이 제공될 것으로 기대되고 있다.

유 · 무선 홈네트워킹 분야는 전력선 인터넷 서비스 및 홈네트워크를 위한 20Mbps급의 고속 전력선 통신 핵심 칩을 상용화하였으며, 멀티미디어 서비스도 가능할 수 있도록 50Mbps급 이상의 고속 전력선 통신 기술 개발에 집중하고 있으며, 전력선 통신을 이용한 냉장고, 세탁기, 에어콘, 전자레인지 등의 상용화 제품이 개발되어 시장에 출시되고 있다.

향후 홈네트워크가 유선보다는 무선 기술로 진화할 것에 대비하여 무선 기술

개발에 많은 투자와 노력을 기울이고 있으며, 2005년 말 2시간 분량의 영화를 10m 이내, 근처 친구의 휴대폰에 10여초 만에 전송해 줄 수 있고, PC에 선을 연결하지 않고도 무선으로 디지털TV나 PC 주변기기를 작동할 수 있는 53/110/200Mbps 전송모드의 모뎀 및 RF UWB 칩 셋을 주관기관인 ETRI와 공동개발업체인 삼성종합 기술원, 필아이티, 넷 커스터마이즈, 크로스반도체에서 세계 최초로 전송 시연에 성공한 바가 있다.

유비쿼터스 홈컴퓨팅 분야는 UPnP, LonWorks, HAVi 등의 미들웨어를 개발하고 있으며 DLNA 등을 통한 기기 간 상호운용성 확보를 위한 기술 개발에 집중하고 있고, 일부 대학을 중심으로 유비쿼터스 홈 구축을 위한 상황 적응형 미들웨어 기술 개념이 정립단계에 있다.

유비쿼터스 정보가전 분야는 인간, 사물, 컴퓨터 융합의 지능기반사회 구현을 위한 BCN, IPv6, USN 등의 인프라 구축이 진행되고 있으며, 사람과 사물, 사물간 통신을 위한 센서 기술에 대한 연구가 활발히 진행중에 있다.

홈서비스 분야는 온도, 습도 센서 기술은 일부 홈오토메이션 업체에서 개발하였으나 지능화된 홈센서 및 RFID의 핵심 기술에 대한 개발은 아직 미비한 상태이다. 하지만, 점차 노령화 세계로 접어들면서 노인건강에 대한 관심이 크게 늘어나고 있으며, 노인성 질환을 비롯한 개인의 건강 진단 요구에 맞추어 실시간 이동형 헬스 케어 시스템을 구현하기 위해서 칩 센서(Chip Sensor), 바이오칩(Bio Chip), 나노 바이오 센서(Nano Biosensor), 바이오 마이크로 머신(BioMEMS), 로봇 등 다양한 센서들은 활발히 개발되고 있다.

또한 원격 및 재택진료에 필수적인 인터넷 또는 무선통신 인프라 구축은 세계적으로 유래를 찾아보기 힘들 정도로 빠르게 진행되므로 원격 및 재택진료를 보급시기기 위해서는 많은 업무를 자동으로 처리해주는 정보 시스템의 개발이 필수적이며, 국내외 모두 초기 개발단계이기 때문에 빨리 착수하면 시장우위를 확보할 수 있을 것으로 전망된다.

2. 해외 동향

해외에서는 유 · 무선 통합화와 디지털 컨버전스의 급속한 진전으로 FTTH 등의 차세대 초고속 유무선 인터넷과 연계되어 가정에서 다양한 통신 · 방송 · 게임이 융합된 서비스 제공을 위한 가정용 디지털 허브로서의 홈서버 기능이 부각되고 있다. 선진 외국의 각 사가 우위를 점하고 있는 제품을 기반으로 홈 플랫폼을 구축함으로써 홈네트워크 조기 시장 선점을 위한 경쟁이 가속화되고 있으며, 홈게이트웨이는 다양한 홈네트워킹 기술을 지원하고 홈네트워크 서비스를 지원할 수 있도록 홈서버 기능이 통합되는 형태로 진화하고 있다.

가정내 다양한 가전기기들에 대한 홈네트워크 보안 기술의 중요성이 빠르게 확산되고 있으며, 홈게이트웨이 플랫폼을 통한 정보보호 및 보안성 확보에 연구가 집중되고 있으며, 마이크로소프트에서는 가정에 있는 모든 플랫폼에서 임베디드 윈도우(Embedded Windows)를 수행할 수 있게 하거나 PC 형태의 장비를 가정 제어 등을 위한 홈서버로 제공하기 위한 기술개발을 진행중이다.

마이크로소프트, Intel, SONY, 삼성전자를 중심으로 결성된 DLNA에서는 UPnP를 이용한 다양한 장비의 상호운용성 해결에 많은 노력을 기울이고 있으며, Windows XP는 UPnP가 탑재된 최초의 마이크로소프트의 운영체제로서 UPnP가 지원되는 장비로는 홈 데이터 라우터가 포함된다. 이외에 디지털 컨버전스의 가속화로 통신, 방송 및 게임 등 엔터테인먼트 서비스를 제공할 수 있는 개방형 서비스 프레임워크 및 서비스 통합 관리 솔루션 확보를 위한 기술개발이 활발히 추진되고 있다.

유 · 무선 네트워킹 분야는 초고속 인터넷과 연계한 이더넷, 가전기기 제어를 위한 전력선 통신, AV 기기를 위한 IEEE1394 등 유선 기술과 Wi Media 및 IEEE의 WPAN 등 무선 홈네트워크 기술의 표준 경쟁이 심화되고 있으며, DS2에서 OFDM방식의 200Mbps급 전력선 통신 핵심 칩이 발표되었으며, 미국 HPPA에서는 200Mbps급 고속 전력선 모뎀 규격(V2.0) 작업을 진행중이다.

UWB 및 무선1394와 같은 광대역 무선 기술과 ZigBee 등 위치기반의 저속 센서 기술이 등장하는 등 유선보다는 무선 기술이 시장을 지배할 것으로 전망되며, IEEE 802.15.3은 고속 WPAN의 물리층과 MAC층 표준을 완료하였으며, MAC층 표준은 UWB 물리층과 함께 사용될 것이고, 현재 Multi-band OFDM 안과, Dual-band DSSS안 중 표준안을 선택하는 작업이 진행중이다.

유비쿼터스 홈컴퓨팅 분야는 MIT, IBM, MS, Sony, Panasonic, ESPRIT 등 선진기관에서 주변 환경에 따라 다양한 가전기기들을 동적으로 연결하여 서비스를 제공할 수 있는 상황 적응형 미들웨어 기술개발을 진행중이며, 시장 활성화를 위한 장비 및 소프트웨어 업체간의 결속 등 DLNA 표준활동을 통한 기기간 상호운용성 기술과 유비쿼터스 홈 구축을 위한 상황 적응형 미들웨어로 발전할 전망이다.

기존 가전기기들이 홈네트워크에 연결되고 있으며, 오디오, 비디오 등 AV 기기들의 지능화가 빠르게 진행되고 있으며, 무선 홈네트워크에서 멀티미디어 데이터의 원활한 전송을 위한 QoS와 미디어 변환 기술에 대한 개발은 아직 초기 단계이다.

LG전자는 자사의 홈네트워크 통신 규격인 LnCP(Living network Control Protocol)를 통해 중국 표준화 규격단체인 IGRS(Intelligent Grouping & Resource Sharing)에 가입하였으며, 중국 홈네트워크 리딩 기업인 LENOVO(렌샹)社와 전략적 제휴 맺음으로써 중국 홈네트워크 표준화 주도를 위한 발판을 마련하여 중국 선전 1,300여 세대의 최고급 아파트의 홈네트워크 솔루션을 수주하여 공사를 진행중에 있다.

유비쿼터스 정보가전 분야는 홈센서간 정보 교환이 가능하도록 홈센서가 지능화되고 착용 가능한 형태로 발전하고, RFID 및 유비쿼터스 ID를 기반으로 다양한 정보를 제공할 수 있도록 발전할 전망이며, AT&T, MS, Intel, HP, MIT의 미디어 랩 등에서 광대역의 저전력 무선 칩셋을 이용한 유비쿼터스 컴퓨팅 기술 개발을 강화하고 있다.

2-5 유비쿼터스 홈네트워크 기술

1. 유선 홈네트워크 기술

가전 장비의 연결을 위한 방식은 크게 유선에 의한 방식과 무선에 의한 방식으로 나눌 수 있다. 유선 방식은 이용하는 선로에 따라 전화선을 이용하는 방식, 전력선을 이용하는 방식, 이더넷(Ethernet)을 이용하는 방식, IEEE-1394, 구조적 배선(Structured Wiring) 방식으로 나눌 수 있다.

〈표 2-2〉 홈네트워킹을 위한 장비간 연결 기술

연결방식		관련기술
유선방식	전화선을 이용한 방식	HomePNA
	전력선을 이용한 방식	HomePlug, LonWorks, HNCP
	Ethernet을 이용한 방식	802.3
	Structured Wiring 방식	TIA 570-A
무선방식		Bluetooth, WLAN

〈표 2-3〉 유선전송기술규격

	IEEE 1394	IEEE 1394b	MOST	Home PNA2.0	Ethernet 100BASE	USB 2.0	Home Plug1.0
Qos	Isochronous		Synchronous	8 Priority	× (802.1p)	Isochronous-like	4 Priority
전송배체	STP	UTP, POF, GOF, STP	POF	Phone Line	UTP, MMF	USB cable	Power Line
최대 전송속도	400 Mbps	3.2 Gbps	24.8 Mbps	10 Mbps	100 Mbps	480 Mbps	10 Mbps
전송거리	4.5m	4.5m(STP) 50m(POF) 100m(UTP, GOF)	250m	300m	100m	-3m	-

(1) 전화선을 이용하는 방식

전화선을 이용하는 방식(HomePNA: Phoneline Network Alliance)은 가정에 설치된 전화선로의 특성과 관련되어 있다. 대부분의 가정에서는 1개의 전화번호를 사용한다. 또한, 모든 방이나 주거 공간에서 전화를 송수신할 수 있도록 해야 하기 때문에 집안의 대부분의 주거공간에는 전화를 꽂을 수 있는 연결단자가 1개 이상 나와 있다. 물론 주거공간에 따라 다른 번호를 사용할 수도 있기 때문에 건설업자는 MDF, 국선 단자함, 세대 단자함 등을 이용하여 각 주거 공간으로 연결되는 전화선에 대한 배선을 처리하도록 하고 있다. 그러나 대부분의 가정에서 1개의 전화번호를 사용하고 있기 때문에 모든 주거공간의 전화선로는 함께 연결이 되어 하나의 독립된 망을 형성하고 있다. 가정별로 독립된 전화선 망이 형성되어 있고 대부분의 주거공간에서 이를 이용할 수 있도록 배선이 되어 있기 때문에 전화선 연결방식을 사용하면 추가적인 배선이 거의 필요 없게 된다. 이러한 점에서 전화선 연결방식이 홈네트워킹 사업자들에게 매력적인 연결방식으로 등장한 것이다.

특히, 전화선 연결방식은 다른 표준기술과는 달리 많은 경쟁 업체들이 기술규격에 합의하여 공동으로 기술을 개발하고 있다. 선도적으로 기술을 보유한 업체들간의 소유권이나 사용권에 대한 다툼이 적었기에 통일된 표준의 결정도 용이하였다. 그러나 전화선 자체가 고속의 통신을 고려한 것이 아니기 때문에 대용량의 고속 데이터 전송에 한계가 있고, 오래된 집에서는 주거공간의 일부에만 전화선 연결이 가능하며, 한 가정에서 2개 이상의 전화를 사용하는 경우에는 전화선 망이 분리되기 때문에 최근에는 그 사용 빈도가 점차 줄어드는 편이다.

전화선 연결방식에 대한 표준화를 위한 산업체의 자발적인 모임이 HomePNA(Phoneline Network Alliance)이다. 이 모임에서는 1Mbps와 10Mbps를 지원하는 네트워킹 기술 규격을 발표하였으며, 사용자를 위한 교육에 심혈을 기울이고 있다. HomePNA 자체는 공인 로고로서 상호 연동성에 대한 승인의 표시로도 사용되고 있다. HomePNA에서는 최근 10Mbps 이상의 속도 지원을 위한 논의를 진행하고 있다.

홈네트워크의 백본 기술로 대두되고 있는 HomePNA는 기존의 댁내 전화선로를 이용하여 정보통신 기기들을 하나의 망에 연결하고 허브나 라우터 등의 별도 장비 없이도 LAN환경을 구축할 수 있으며, 현재 최대 데이터 전송속도 10Mbps인 HomePNA 2.0이 표준이 되고 있다. 최근에는 전송률 향상과 QoS(Quality of Service)를 강화시킨 128Mbps의 HomePNA 3.0이 발표되었는데, 2004년 중반 경에는 HomePNA 3.0을 사용하는 선도제품이 시장에 출시될 예정이다. 기존의 댁내 전화회선을 사용한다는 장점을 바탕으로 유선 홈네트워킹 기술 가운데 비교적 안정적인 위치에 있기는 하나 최근 경쟁기술로 부각되고 있는 무선계 기술과 거의 맞먹는 가격과 사용상의 편이성, 보안 및 QoS 문제 등에서 확실한 해결책을 필요로 하고 있다.

(2) 전력선을 이용하는 방식(Lonworks/HomePlug)

홈네트워킹의 전신인 홈 오토메이션이 시작된 계기는 X-10이라는 전력선 통신기술의 등장에 기인한다. 전력선 통신은 가정의 어느 곳에나 산재 되어 있는 전기 배선 자체를 통신수단으로 이용함으로써, 사용자가 장비의 사용을 위해 자연스럽게 전기를 꼽는 행위만으로 통신망을 연결시켜 주고, 전력선을 통해 장비간의 통신이 가능하게 해주는 기술이다. 이 기술이 무엇보다도 관심을 끄는 이유는 전력선이 가정내의 거의 모든 곳에 연결되어 있고, 대부분의 가전장비 사용을 위해서는 전기가 필요하기 때문이다. 비교적 저속의 연결인 전력선 연결기술은 가전장비의 제어를 위한 데이터의 양이 많지 않았기 때문에 계속적인 관심을 얻고 있으며, 최근에는 LAN 정도의 속도로 데이터를 전송할 수 있는 기술이 개발되어 점차 그 사용영역을 넓혀가고 있다.

PLC는 가정이나 사무실에 포설된 전력선을 이용하여 통신신호를 100KHz~30MHz의 고주파 신호로 바꾸어 전송하고, 수신시에는 고주파 필터를 이용하여 신호를 수신하는 방식으로서 데이터 전송에 활용된 것은 이미 20년 가까이 된다.

저속(60bps)의 X-10 플랫폼이 초기 제품으로 출발하였으나 느린 속도 때문에 단방향이었으며 애플리케이션이 제한적이었다.

전력선 통신기술에 관련된 모임으로 HomePlug라는 것이 있는데, 이 모임은 3Com, Cisco, Compaq, Intel, Motorola, TI 등의 회사들이 모여 가정을 위한 전력선 네트워크의 공동표준 개발을 위해 2000년 4월에 결성한 것으로서 첫번째 결과로 10Mbps급 규격을 발표하여 가전장비의 제어뿐만 아니라 본격적인 데이터 통신을 위한 전력선 통신의 길을 열어 주었다.

최근에는 HomePlug 1.0이 2001년 말에 선보인 이래 2003년초에 열린 CES에서 버전 2가 재설계되어 출시되었으며, 차세대 스펙인 HomePlug AV이 개발 중이다.

이 표준은 HDTV 및 SDTV 포함해서 데이터와 멀티스트림 엔터테인먼트에 초점이 맞추어 지고 있으며, 제품군은 2005년 초에 시장에 나올 것으로 전망하고 있다.

전력선을 이용한 홈네트워킹 기술은 아직까지 이더넷(Ethernet)이나 무선계 기술보다 상대적으로 가격이 높은 편이다. 장기적인 관점에서 볼 때 QoS 문제에 영향을 받지 않는 가전제품이나 데이터 전송분야를 지원하는 편에 속하게 될 것으로 보인다.

〈표 2-4〉 **전력선 통신의 분류**

속도에 따른 분류	전송속도	전용 Carrier 주파수	사용방안	비고
저속 전력선 통신	60bps~10Kbps	10KHz~450KHz	인터넷 정보가전을 포함한 방범, 방재 등의 Automation Network	X-10 CEbus(EIA600) LonTalk(EIA709)
중속 전력선 통신	10Kbps~1Mbps	10KHz~450KHz	인터넷 정보가전을 포함한 방범, 방재 등의 Automation Network	Proprietary Protocol
고속 전력선 통신	1Mbps~10Mbps	450KHz~300KHz	Internet Access Computer Network	HomePlug

HomePlug에서는 Intellon사의 PowerPacket라는 기술을 기반기술로 선정하여 500개의 가정을 대상으로 시범 서비스를 한 후, 2001년 최종 규격을 발표하였다. Intellon사에서는 같은 해부터 HomePlug 승인 반도체를 생산하였고 전력선 NIC(Network Interface Card)과 같은 기본적인 장비들이 속속 등장하고 있다.

국내에서는 저속의 가전장비 제어를 위한 표준으로 산업자원부의 PLC 포럼이라는 모임을 통해 HNCP(Home Network Communication Protocol)이라는 표준 전력선 통신 프로토콜이 준비되고 있다.

〈표 2-5〉 상용화된 저속 전력선 통신비교

항목 \ Protocol	CEBus	X-10	Z-256	LonWokrs
Protocol Type	Open	Proprietary(Patent expired)	Proprietary	Open
Two way	Yes	Available but not popular	Yes	Yws
Reliability	Hiph	Medium	Low	High
Speed	10K bits/s	60 its/s	360 bits/s	10K bits/s
Number of address	65,536	256	-	-
Commands	Unlimited	15	Limited	-
Configuration	Self configuration	User	User	Technician
Control language	CAL(Common Application Language)	None	Planet specific	Lonworks specific
Transmission	Spread spectrum	Zero crossing	Spread spectrum	Narrow band/Spread Spectrum
Tools	Intelon, Domosys and others	Standard modules	None	Echelon
Tools cast	Cheap	Cheap	Middle	Expensive
Availability of devices For house	Consumer and commercial	Large number of simple devices	Simple devices	None in consumer space
Technical suitability For metering	High	Low	Low	High

항목 \ Protocol	CEBus	X-10	Z-256	LonWokrs
Transmission distance	Within building	Within building	Within building	Within building
Other potential User of control language	1394(Home PNA and HomeRF under discussion)	None	None	None
can be used over Intemet	Yes	Limited	Limited	Yes

(3) 이더넷(Ethernet)을 이용하는 방식

이더넷은 오래 전부터 대부분의 업무환경에서 LAN의 기본 프로토콜로 사용되고 있는 네트워킹 기술이다. 이 기술은 70년대 후반에 등장하여 저렴한 가격과 고속으로의 성능향상이 용이하기 때문에 성공적으로 폭 넓게 확장되었으며, 장비간의 연동성 유지를 위해 IEEE에 의해 관리되는 표준이다.

공식적인 표준이름은 IEEE 802.3이며 첫번째 Ethernet 표준은 동축 케이블과 쌍꼬임선(twisted-pair ; 두 가닥을 선을 꼬은 것)를 이용하여 10Mbps의 속도로 통신을 할 수 있도록 고안된 것이었다(10Base-T 네트워크, 카테고리-3). 이후 고속 이더넷(Fast Ethernet ; 100Mbps), 기가비트 이더넷(Gigabit Ethernet ; 1000Mbps=1Gbps)으로 발전하고 있다.

최근 IEEE에서는 10Gbps를 위한 이더넷 표준에 대해 연구하고 있다.

2대 이상의 PC를 보유한 가정이 늘어나고, Ethernet NIC (일명, 랜카드)와 허브(Hub)가 저렴해지면서 이더넷(Ethernet) H/W의 시장이 집에까지 확대되고 있다. 이더넷은 고속의 모뎀을 PC나 홈 게이트웨이와 같은 인터넷 공유장비에 접속하는 표준 기술화하고 있다.

이더넷을 이용하는 방식은 홈네트워크 전체보다는 가정에 있는 컴퓨터 관련 장비간의 연결에 주로 사용되고 있으며, 컴퓨터 네트워크를 아는 사람들이 직접 설치하여 사용하고 있다.

IEEE 802.3 표준에 따른 네트워킹 기술로서 데이터 통신에서 이미 오래전에 검증을 받은 LAN기술이다. 기업 네트워크를 비롯한 홈네트워크의 기반을 이루고 있으며, 속도가 빠르고(현재 10Mbps 및 100Mbps) 안전성과 높은 신뢰성 그리고 무엇보다 타 경쟁기술보다 저렴하다는 점에서 주목받고 있다. 단말장치들은 CAT-3 혹은 CAT-5의 UTP(unshielded twisted pair)선이나 동축케이블과 연결하고 CSMA/CD(Carrier Sense Multiple Access with Collision Detection) 프로토콜을 사용한다. 현재 1,000Mbps 전송속도의 IEEE 802.3a가 표준화 완료 상태에 있으며, 이 기술을 이용한 장비가 출시되고 있다. 최근의 신형 PC들이 Ethernet 카드나 마더보드위에 이더넷 LAN을 장착하고 있는 가운데, 소비가전 벤더들도 이더넷을 임베디드시킨 셋톱 박스, PVR (Personal Video Recorder), DVD 플레이어, 비디오 게임 콘솔, 디지털 오디오 수신기 등을 시장에 내놓고 있다.

(4) IEEE1394

차세대 홈네트워크 인터페이스 기술로 주목받기 시작한 IEEE1394는 원래 하드디스크 인터페이스로 1986년에 개발되기 시작하여, 1994년에 IEEE보급을 목적으로 1394 Trade Association이 설립되었으며, 표준안 작업을 하고 있다.

IEEE1394의 특징을 살펴보면 다음과 같다.

첫째로, IEEE1394 인터페이스의 가장 큰 장점은 전송속도가 빠르며, 모드에 따라 100Mbps, 200Mbps, 400Mbps로 규격화되어 있다. 이와 같은 속도라면 디지털 오디오나 동화상 정보를 실시간으로 처리할 수 있으며 스캐너, 디지털카메라, 디지털비디오 카메라 등과 같은 멀티미디어 기기를 연결하여 사용할 수 있다.

두 번째로, IEEE1394는 양방향 통신이 뛰어나다. 즉, 모든 주변기기마다 IEEE1394 인터페이스를 제어할 수 있는 IC를 내장할 수 있기 때문에 PC를 통한 화상회의 등의 응용분야에서 우수한 기능을 발휘할 수 있다.

셋째로, IEEE1394는 PnP(Plug and Play)를 지원한다는 점이다.

넷째, IEEE1394는 직렬방식의 인터페이스 사용으로 한 기기의 전원이 꺼지더라도 다른 기기의 전원은 꺼지지 않는다.

네트워크 전송 표준으로서의 IEEE1394의 주된 장점은 가전산업과 PC 산업이 모두 이를 차세대 데이터 전송 표준으로 받아들이고 있다는 데 있다. 디지털 카메라, 디지털 VCR, 그리고 고용량 데이터저장장치들은 이미 IEEE 1394 인터페이스를 결합하고 있으며, 조만간 소비자용 PC에서도 도입될 것으로 보인다. 이 기술은 동일한 실내에서 엔터테인먼트 네트워크나 혹은 댁내나 다세대 주택내의 백본 기술로서 실질적인 응용이 될 수 있을 것으로 예상된다.

(5) 구조적 배선(Structured Wiring)

앞의 연결 기술들을 살펴보면, 가정 내의 배선구조가 고속의 데이터 통신에는 적합하지 않기 때문에 또 다른 배선을 하거나 (Ethernet) 난이도가 높고 가격이 비싼 기술을 개발하고 있다(HomePNA, HomePlug). 건물을 처음 건설할 때부터 통신에 대한 고려를 한다면 보다 저렴하게 홈네트워크를 구축할 수 있을 것이다. 미국에서는 이를 위해 고속 데이터 통신이 가능하도록 신축 건물 배선에 대해 구조적 배선을 고려한 규정을 통해 규제를 가하고 있다.

미국의 FCC에서는 구조적 배선의 사용을 독려하기 위하여 2000년 1월 FCC 99-405라는 문서를 승인하였다. 이 문서에 따르면, 2001년 6월 10일 이후 설치되는 모든 구리 배선에 대해 카테고리-3(CAT-3, 10Mbps의 속도 보장)을 지원하는 굵기 24 가우스(gauge) 이상의 쌍꼬임선(twisted pair)을 사용하도록 하였다. 일반적으로 구조적 배선은 카테고리-3보다 고급 쌍꼬임선인 카테고리-5(CAT-5, 100Mbps의 속도 보장)에 잘 어울리지만 카테고리-3의 요구사항도 상위 기능으로의 진화를 지원하고 있기 때문에 카테고리-3를 채택하였다. 이는 FCC에서는 표준의 공표 없이는 건축업자들이 저급의 배선을 계속 사용할 것이고, 이로 인해 광대역 전송기술의 기능저하와 근처에 설치되는 전화선에 대한 간섭문제를 야기할 수 있기 때문에, 건축업자들의 부담을 줄이면서 향상된 배선 구조를 사용하도록 하기 위한 유인책이었다.

강제성은 없으나 현장의 요구사항을 반영한 것으로서, FCC 99-405 채택에 앞서 개발된 표준으로 1999년 11월 발표된 ANSI/EIA/TIA 570-A (줄여서 TIA

570-A)가 있었다. TIA 570-A는 FCC 99-405의 기반을 이룬 표준으로서, 음성, 데이터, 화상, 멀티미디어, 홈 오토메이션 시스템, 보안장비, 음향기기, TV, 감지장치, 경보장치, 인터컴을 지원할 수 있도록 구조적 배선에 대한 표준을 제시하고 있다. 이 표준은 기본사항과 멀티미디어 관련사항의 두 등급으로 구성되었다(〈표 2-6〉참조). 등급 1에서는 전화, 위성 및 케이블 TV, 데이터 서비스를 위한 최소한의 요구사항을 설정하였으며, 카테고리-3 이상의 쌍꼬임선(twisted pair) 1개와 1개의 동축케이블을 사용하도록 하고, 선로의 연결방식에 대해서도 과거에 자주 사용되던 데이지 체인(Daisy-Chain) 구조를 스타(Star) 구조로 바꾸도록 요구하고 있다. TIA 570-A 표준은 기존의 가정 배선 규정(FCC 99-405)에 비해 전체적인 배선 시스템에 대한 승인사항이 광범위하게 되어 있다. TIA 570-A에는 구획, 연결구조, 통로, 여유 공간, 분배장비, 콘센트, 선로 접속, 성능시험 기준, 단일 및 복수 주거 구조 등에 관한 권고안을 포함하고 있다.

〈표 2-6〉 TIA 570-A 배선 등급

서비스	등급 1	등급 2
전화서비스	CAT-3 twisted pairs 1회선 (선택사항 : CAT-5 1회선)	CAT-5 twisted pairs 1회선 (선택사항 : CAT-5 twisted pairs 2회선)
TV	RG-6 동축케이블 1회선	RG-6 동축케이블 1회선 (선택사항 : RG-6 동축케이블 2회선)
데이터	CAT-3 twisted pairs 1회선 (선택사항 : CAT-5 1회선)	CAT-5 twisted pairs 1회선 (선택사항 : 광케이블 2회선)
멀티미디어	권장하지 않음	CAT-5 twisted pairs 1회선 광케이블 2회선

TIA 570-A 표준을 지원하는 구조적 배선에서는 현재의 가정 내 모든 접속 요구사항을 지원할 수 있으며, 향후의 기술발전에 따른 변화에도 적응할 수 있는 여지를 제공하고 있다. 이러한 구조적 배선을 설치하면, 여러 대의 PC와 프린터, 팩스 등으로 구성된 가정 내 네트워크(HAN : Home Area Network)를 가능하게 할 수 있으며, 파일이나 프린터와 같은 자원을 공유할 수 있도록 할 수 있다. 구조적 배선을 사용함으로써 HAN뿐만이 아니라 온 가족이 즐길 수 있는

가정용 오락(entertainment) 시스템이나 환경 제어, 보안관제 시스템 등을 원활히 설치할 수 있다.

국내에서는 정보통신부가 중심이 되어 신규 아파트 등의 구내배선을 인터넷, 케이블 TV와 같은 정보통신 서비스를 사용할 수 있도록 쌍꼬임선 케이블을 사용하도록 권고하여 구조적 배선이 가능하도록 준비하고 있다(전기통신설비의 기술기준에 관한 규칙). 이 규칙의 시행과 함께 건축업자들의 규칙 이행을 활성화하기 위하여 규칙에 대한 이행 정도를 평가하여 아파트 단위의 등급을 부여함으로써 자연스럽게 신규 아파트의 배선의 고급화를 유도하고 있다. 건축업자들의 입장에서는 아파트 분양이 성공적이어야 하기 때문에 경쟁적으로 높은 등급의 아파트 건설에 신경을 쏟을 수밖에 없게 되었다.

유선 방식인 경우 구조적 배선을 이용하는 것이 가장 효율적인 방법이다. 그러나 구조적 배선은 주택 전체의 배선을 바꾸어야 하기 때문에 기존의 가정에는 적용하기가 어렵다. 정부에서는 새로운 규칙의 원활한 이행을 촉구하여 신규 주택에 구조적 배선을 위한 통신선로를 미리 확보함으로써 홈네트워킹이 일상화되는 미래에 보다 많은 가정에서 안정적인 통신선로를 사용할 수 있도록 하여야 한다. 기존의 주택에 대해서는 전화선 방식이나 전력선 방식을 응용하는 방향으로 제품이 개발되고 있으며, 보다 저렴한 가격으로 고속의 다양한 데이터를 전송하기 위한 방안이 연구되고 있다. 유선 방식의 최대 난관은 전문성이 없는 사용자가 얼마나 쉽게 홈네트워크를 구성할 수 있는가(사용자는 홈네트워크의 구성이나 개념 자체를 모르게 하는 것이 최선)이다. 따라서 업계에서는 사용자의 개입이 없는 네트워크 구성 및 관리 방식을 미들웨어(HNCP, Jini, HAVi 등)라는 이름으로 속속 등장시키고 있다.

2. 무선 홈네트워크 기술

홈네트워킹에 도입할 수 있는 무선 통신기술로는 무선랜(WLAN)을 이용하는 기술, HomeRF를 이용하는 기술, 블루투스(Bluetooth)를 이용하는 기술 등을 들 수 있다.

〈표 2-6〉 무선전송기술규격

인터페이스기술	규격		특징			
	버전	발표일시	Qos support	전송거리	최대전송속도 (Mbps)	사용주파수
1394	Wireless	2002~	802.11e	~20m	54	5GHz
WLAN	IEEE802.11a	1999.11	802.11e	12~57m	6,12,24,54	5GHz
	IEEE802.11b/g	1999.11			5.5,11	2.4GHz
Bluetooth	Ver 1.0B	199.12	–	10~50m	2	2.4GHz

(1) 무선랜을 이용하는 기술

최근 초고속 통신망 업체들이 주축이 되어 무선랜을 학교나 국제회의실, 주요 건물 주변 등의 공용 공간에 설치하면서 무선랜이 일반인들 사이에 많이 회자되고 있다. 홈네트워킹의 성공을 위한 주요 요소 중의 하나는 사용자가 네트워크 구성이나 관리를 위한 불편함을 거의 느낄 수 없도록 하고, 사용자들이 일상적인 생활방식에 자연스럽게 스며들도록 하는 것이다. 이러한 의미에서 무선랜이 일반인들에게 자주 노출되고 쉽게 접근할 수 있게 된다는 사실은 매우 고무적이다.

무선랜은 1990년대 초부터 시작되어 최근에 급속도로 보급되고 있는 기술로서 별도의 선로연결 없이 비교적 빠른 속도의 데이터 전송을 가능하게 해주는 기술이다. 하지만 무선랜은 호환성 없는 다수의 접속방식을 그 표준으로 인정하고 있고, 고속화를 위한 방안과 관련하여 다수의 기술이 다툼을 벌이고 있기 때문에 시장전망에 대해서는 판단하기가 쉽지 않다.

현재 가장 많이 사용되는 무선랜 표준은 IEEE 802.11b로서, 이 기술이 폭 넓은 용도에 사용되면서 차차 무선랜의 연동성 부족 문제가 해결되고 있다. 그러나 차세대 무선랜 기술표준을 위해 HiperLAN2와 IEEE 802.11a가 치열한 공방을 벌이고 있고, 이 싸움에 802.11b와 호환성을 지닌 802.11g까지 가세하면서 승패를 가늠하기가 어려운 양상으로 치닫고 있다.

IEEE 802.xx로 표시되는 표준은 IEEE라는 국제 표준기관에서 제정하는 LAN의 국제표준 규격이다. 우리가 일상적으로 컴퓨터 네트워크에 사용하는 이더넷(Ethernet)이나 토큰 링(Token Ring) 네트워크와 같은 대부분의 유선 네트워킹에 사용되는 규격이 IEEE 802.3이다. IEEE 802.11은 1997년에 승인된 규격으로 2.4GHz 주파수 대역을 이용하며, 호환성이 없는 3가지 무선 접속기술을 모두 허용하는 대신, 동일한 기술을 채택한 제품간의 연동성을 위한 지침을 제시하고 있다. 초기 802.11은 2Mbps까지의 제품에 적용되었으나, 1999년 802.11b의 발표와 함께 Ethernet 정도의 속도인 11Mbps의 고속 통신이 가능하게 되었고 본격적인 시장의 호응을 얻기 시작하였다. IEEE 802.11에서 승인된 무선접속기술은 무선 주파수를 원시 데이터의 대역폭보다 넓게 확산시키는 방식(Spread Spectrum) 2가지와 적외선을 이용하는 방식이 있는데, 적외선 방식은 거의 사용되지 않고 있다.

주파수 확산 방식으로는 FHSS(Frequency Hopping Spread Spectrum)와 DSSS(Direct Sequence Spread Spectrum)가 승인을 얻었다. FHSS 방식은 장비의 접속 시마다 주파수를 임의로 선택하는 방식으로 통신속도는 상대적으로 느리지만(2Mbps) 통신의 보안성이 높은 방식이다. DSSS 방식은 원시 신호보다 훨씬 넓은 범위로 부호를 확산하는 방식으로 보안성은 뒤지지만 FHSS에 비해 훨씬 빠른 전송속도(11Mbps)를 지원한다. 국내의 경우 초고속 통신망 사업자들이 보안성보다는 전송속도를 우선시 하여 대부분 DSSS 방식을 지원하고 있다. 그러나 DSSS 방식은 통신속도가 접속 사용자 수의 증가나 통신거리에 민감하게 반응하며, 벽과 같은 장애물에 대한 전파 투과력이 약하고 잡음 및 전파간섭에 대한 저항력이 부족하기 때문에 종합적인 성능에서는 큰 차이가 없다고 말할 수 있다.

IEEE 802.11에서는 매체접속기술(MAC : Media Access Control)의 개선을 위해 여러 개의 그룹(Task Group)을 유지하고 있는데, 그 중 802.11의 속도 개선에 집중하고 있는 그룹이 그룹-G이다. 그룹-G에서는 다음과 같은 요구사항을 만족시키면서 54Mbps의 고속 통신이 가능한 802.11g 기술을 선택하였고, IEEE에서 잠정안이 승인되어 최종 승인을 기다리고 있다.

- IEEE 802.11b의 확장판
- IEEE 802.11b 물리계층 표준의 모든 필수부문을 구현 명시
- 최소의 사용료로 기술 라이센스를 하겠다는 IEEE 특허정책 준수
- IEEE 802.11b와의 하향 호환성 제공

고속 무선랜(54Mbps) 시장에서의 대부분의 논쟁은 5GHz대역의 802.11a와 HyperLAN2를 중심으로 벌어지고 있고, 시장에서는 2.4GHz 대역의 802.11b 제품이 주류를 이루고 있다. 이러한 상황에서 2.4GHz 대역의 가속 모드인 802.11g의 등장은 지금까지의 고속 무선랜에 관련된 논란에 상당한 영향력을 끼칠 가능성이 높다. 즉, 5GHz 대역의 고속 무선랜 제품은 다른 통신방식과 주파수 대역의 충돌이 없기 때문에 매력적이지만 지원장비가 적어 칩셋(chipset)의 가격이 비쌀 것이고, 802.11g는 802.11b와의 호환성을 지니기 때문에 칩셋의 가격도 상대적으로 싸고 사용자들도 업그레이드(upgrade)의 개념으로 이해하여 구매하고자 하는 욕구를 쉽게 느낄 것이다. 단순히 보면 802.11g가 매우 유리한 위치를 점할 것으로 보이지만, 802.11b 제품과 블루투스 제품이 2.4 GHz 대역을 같이 쓰기 때문에 통신에 간섭이 발생하는 공존 문제가 가장 큰 걸림돌이다. 따라서 802.11b에 관련된 업체에서는 802.11b와 불루투스의 공존을 위한 기술개발에 집중하고 있다.

5GHz 대역에서 54Mbps의 속도로 동작하는 무선랜의 표준은 802.11a와 HyperLAN2의 싸움으로 좁혀져 있다. 이 기술들은 데이터 전송을 위해 ODFM(Orthogonal Frequency Division Multiplexing) 물리계층을 사용한다는 점에서 비슷하다. OFDM 기술은 특정 주파수에서 일정 간격으로 떨어져 있는 주파수의 전파(반송파)에 데이터를 분산시키는 방식으로 802.11b에서 지원하는 DSSS 기술보다 높은 대역폭을 지원하는 주파수 변조 기법이다.

802.11a는 매체접속방식(MAC)이 802.11b와 같기 때문에 무선 이더넷 호환성을 강조하는 WESA(Wireless Ethernet Compatibility Alliance) 구성원들이 주로 이 표준을 밀고 있다. 그러나 802.11a가 유럽에서는 불법이고, 두 가지 표준의 존재는 국가간 이동 시 사용자의 혼란과 비용을 증가시키기 때문에, IEEE에

서는 HyperLAN2의 일부 요소를 802.11a에 반영하기 위한 그룹(그룹-H)을 결성하였다.

HiperLAN2는 유럽 통신표준 기구인 ETSI의 BRAN 프로젝트에서 개발되고 있는 기술이다. 이 표준화 프로젝트에는 북미, 유럽, 일본의 업체들이 참여하고 있으며, 유럽의 HyperLAN2 전용 주파수 대역인 5GHz (미국과 아시아에서는 사용 불가) 대역에서 동작하는 표준을 만들고 있다. IEEE 802.11과 달리 HyperLAN2는 한번 연결되면 끊길 때까지 계속 연결을 유지하는 Connection-oriented 기술이며, 무선 이더넷에 가까운 802.11a와 비교하여 무선 ATM으로 불린다. HyperLAN2는 이동 중 자동으로 가장 가까운 액세스 포인트(Access Point)를 연결해주고(Handover), 인증과 암호화를 포함하는 강력한 보안성을 지원하며, 자동적인 주파수 할당을 위한 기능을 제공한다. 이러한 서비스 품질보장 기능(QoS: Quality of Services)의 지원은 상이한 기술을 필요로 하는 음성, 영상, 데이터와 같은 정보의 복합적 전송을 가능하게 해준다. 또한, HyperLAN2에서는 54Mbps급의 고속 무선접속 / 기업 LAN 접속 / 차세대 무선통신 시스템과의 접속을 지원하며, 멀티미디어 / VoIP / 실시간 동영상을 위한 QoS를 제공한다.

HiperLAN2와 802.11a의 차이점은 매체접속방식(MAC)에서만 나타나며, 벽과 같은 장애물 극복 방안 등은 제품 제조업체들이 설계 및 개발 과정을 통해 자체적으로 해결하도록 하고 있다.

(2) HomeRF를 이용하는 기술

HomeRF는 가정에서 PC와 가전 장비의 연결을 위하여 1998년 3월에 형성되었으며, 무선 LAN 업체, PC 및 가전기기 제조업체가 주축이 되었다. 이들은 802.11 기반의 제품들이 기업환경에는 문제가 적지만, 가격이 비싸고 전력소모가 많다는 점에서는 가정환경에 적절하지 않다는 문제를 해결하기 위하여 HomeRF를 결성하였다.

HomeRF의 첫번째 산출물은 무선통신을 이용하여 음성 및 데이터 통신용 공통 인터페이스 제공을 위한 SWAP(Shared Wireless Access Protocol) 프로토콜이었다. HomeRF는 물리계층을 802.11로부터 가져와 이를 가정용으로 완화시킴으로써 가격에 민감한 소비자 시장을 겨냥할 수 있도록 하였으며, 음성 부문은 디지털 무선전화(DECT)의 확장으로 처리하였다.

Home RF 기술은 블루투스와 마찬가지로 2.4GHz 대역을 사용하여 가정 내의 PC를 중심으로 소비자 가전들을 연결하여 홈네트워킹을 구성하는 기술이며, 데이터 및 음성 트래픽 모두 지원하고 채널 접속은 TDMA와 CSMA/CD의 하이브리드를 사용한다.

Home RF 표준화는 2002년 3월 Home RF 워킹그룹에서 음성규격이 포함된 최대 10Mbps급 Home RF 2.0을 제정하였다. HomeRF3.0 버전은 20Mbps 이상의 데이터 속도를 요구하며 HomeRF 1.0 및 HomeRF2.0과 backward compatible하다.

HomeRF 시장은 초기단계로서 지멘스는 Home RF 전화단말기를 개발 하였고, 프록심에서는 데이터 네트워킹 모델을 개발하였으나 다른 무선기술에 비해 개발업체와 표준화 참여업체가 적으므로 시장형성이 활발하지 않은 편이다.

비교적 저가격이라는 점에서 홈네트워크 시장에서 강점을 지니고 있으나 전자 레인지, 무선 전화기와의 간섭 등 무선 간섭문제가 남아있다.

인텔이 IEEE 802.11b로 방향을 선회하는 등 경쟁기술인 802.11b Wi-Fi의 포트당 저 가격화와 블루투스와의 관계설정 등 시장에서 점점 입지가 좁아지고 있다.

(3) 블루투스를 이용하는 기술

블루투스(Bluetooth)는 10세기 덴마크 부족을 통일한 헬라드 블루투스(Harald Bluetooth)왕의 이름을 딴 것으로 전달거리가 짧은 RF 기술에 기반을 둔 저가의 새로운 무선통신 기술이다. 엑리스(Ericsson), IBM, 인텔(Intel), 노키아(Nokia), 도시바(Toshiba) 5개사는 1998년 2월 블루투스 모임을 결성하였다. 블루투스의 목적은 노트북 PC, PDA 장비, 디지털 카메라, 휴대용 게임기,

휴대폰 등의 매우 이동성이 강한 장비들이 임의의 상황에서 네트워크를 형성하여(ad-hoc 네트워크) 통신을 가능하게 하는 표준을 만드는 것이었다. 이 모임에서는 구성원들이 로열티 없이 블루투스 시스템을 만들 수 있도록 하기 위한 프로토콜 규격을 제공하였다.

블루투스는 통신 및 정보가전 기기들을 서로 연결함으로써 어느 때나, 어느 곳에서나 서비스가 중단 없이 연결될 수 있다는 장점이 있으며, 제조업체의 저가 모듈 및 제품 개발의 노력, 사용자에게 편리하면서도 친근한 응용제품의 지속적인 개발이 이루어져야 한다.

블루투스는 근거리, 일대다, 음성과 데이터 전송을 하기위한 무선방식으로 보통 10m에 이르는 거리내의 단말간 통신이 가능하고, 출력을 증가시키면 100m까지도 그 인식거리를 확장할 수 있다.

블루투스 표준은 전세계 휴대폰 시장의 40% 이상을 장악하고 있는 노키아, 에릭슨 등이 표준화를 주도하고 있으며, 블루투스 SIG(Special Interest Group)와 IEEE802.15 그룹을 통해 표준화가 진행 중이며 2001년에 블루투스 SIG에서 1Mbps급 버전 1.1 표준을 완료하였다.

현재는 블루투스 SIG에서 2~11Mbps급의 버전 2.0에 대한 표준화가 진행 중이며, IEEE802.15.3에서는 20Mbps 이상의 고속 무선 PAN에 대한 표준이 진행 중이다.

블루투스 기술은 산업 · 과학 · 의료용으로 사용되는 2.45GHz ISM(Industrial, Scientific, Medical) 주파수 영역을 사용한다. ISM은 무료이며 가장 까다롭다는 FCC의 허가를 받지 않아도 되기 때문에 전세계 어디서나 사용이 가능하다. 블루투스 장비들은 소형의 무선 수신 칩(9×9mm 마이크로 칩에 장착 가능)을 통해 10미터 거리 이내에서 최대 1Mbps의 속도로 음성 및 데이터를 교환할 수 있으며, 출력을 높이면 100m까지 데이터를 전송할 수 있다. 일반적으로 블루투스는 전송거리가 짧기 때문에 사용자의 이동경로 주변에 있는 장비를 네트워크 엮는 개인공간 네트워크(PAN : Personal Area Network)를 형성해 주고 통신을 하는 용도에 적합하다.

(4) UWB

UWB 기술은 무선 반송파를 사용하지 않고 기저대역에서 수 GHz 이상의 매우 넓은 주파수 대역을 사용하며, 통신이나 레이다 등에 주로 응용되었으며, 사용 대역 폭이 중심 주파수의 25% 이상 혹은 1.5GHz 이상의 점유 대역폭을 차지하는 무선시스템이다. UWB의 핵심기술로는 100Mbps급 UWB 모뎀 기술과 고품질 QoS 지원을 위한 MAC기술 그리고 광대역 전송에 적합한 소형 안테나 기술이 있다. 현재 UWB시장은 아직 형성되지 않았지만, 2007년경에는 시장이 활성화 될 것으로 예측된다.

(5) 지그비

지그비(Zigbee) 기술은 저속 전송속도를 갖는 홈오토메이션 및 네트워크를 위한 표준기술로서 버튼 하나의 동작으로 집안 어느 곳에서나 전동 제어 및 홈 보안 시스템, VCR on/off 등을 할 수 있고, 인터넷을 통한 전화 접속으로 홈오토메이션을 더욱 편리하게 이용하려는 것에서부터 출발하였다.

IEEE 802.15.4는 2003년도에 물리계층 및 MAC 계층의 표준을 마무리한 상태이다. 표준안에는 전송속도를 주파수에 따라 250kbps(2.4GHz ISM 대역에서 16개의 채널), 40Kbps/20Kbps(915MHz 대역에서 10개의 채널/868MHz 대역에서 1개의 채널) 전송속도로 되어 있으며 CSMA-CA 프로토콜과 255개의 기기를 연결하며 도달 거리는 1~100M로 설정할 수 있게 되어 있다.

IEEE 802.15.4의 큰 특징 중의 하나인 저렴한 가격은 직접 방식인 스펙트럼 확산 기술을 기본으로 한 간이 변조 방식을 채용하여 무선 송수신 회로의 구성을 단순화하고 칩셋의 가격을 1.5 달러 정도로 억제하는 것을 지향하고 있다.

그리고 블루투스가 1Mbps, 1mW 이상의 송신전력을 갖는데 반해 지그비(ZigBee)는 250kbps, 1mW 미만의 송신전력을 사용하고, 2.4 GHz 주파수 대역에서 16 채널을 지원하여 같은 대역내에서 더 많은 사용자를 수용할 수 있다.

지그비의 RF 링크 프로토콜과 사용자 애플리케이션은 단지 8 비트 마이크로 컨트롤러를 기반으로 동작하고, 실행 코드 사이즈의 크기가 작으므로, 전체 지그비 스택을 위한 코드 사이즈가 32k 바이트 이하로 설계하는 것을 규격으로 하고 있다.

현재 Chipcon, Motorola, Broadcom, CSR, Atheros, Philips 등에서 CMOS 기술을 이용한 무선 SoC 칩 시제품을 발표하고 있으며, CMOS RF 내장 SoC의 상용화가 급속하게 진전되고 있다.

3. 홈서버 · 홈게이트웨이

홈네트워크는 네트워크를 제어하는 기능의 위치에 따라 주종(Master · Slave) 방식과 개별제어(Peer-to-Peer) 방식으로 나눌 수 있다. 주종 방식은 네트워크에 연결된 다양한 시스템이나 장비들 간의 대화를 가능하게 하거나 관리를 위해 중앙에 마스터 제어기능을 두는 방식이다. 개별제어 방식은 네트워크에 연결된 장비간에 직접 통신을 할 수 있도록 해주는 방식이다. 개별제어 방식을 사용하게 되면 마스터 제어기능이 필요 없지만 실제로는 가전장비의 지적 수준이 떨어지기 때문에 아직까지도 주종 방식이 많이 사용되고 있다. 전력선 통신 방식 중 론워크(LonWorks)나 CEBus는 개별제어 방식에 적합하며, X-10은 주종방식에 적합하다.

개별제어 방식에서는 관리나 제어의 기능이 네트워크 전체에 분산되기 때문에 어느 한 곳에서 문제가 발생하더라도 전체적인 네트워크에는 문제를 일으키지 않는다. 그러나 주종 방식에서는 마스터 제어기에 문제가 발생하면 네트워크 상의 모든 장비간의 통신에도 문제가 발생하게 된다. 따라서 보안시스템이나 화재 경보와 같은 심각한 상황에 대한 서비스에서는 주종 방식이 적합하지 못하다. 그럼에도 불구하고 주종 방식이 계속 필요한 이유는 대부분의 가전장비 제어에 지능이 크게 필요하지 않고, 마스터 제어기가 보내주는 명령어를 받아 처리하거나 마스터로 정보를 전달하면 끝나기 때문이다. 장비가 가진 지능의 수준은 처리능력, 메모리의 양 등에 따라 다르며, 개별제어 방식에서는 장비의 높은 지능을 필요로 하기 때문에 시스템의 가격이 높아질 수밖에 없다. 궁극적으로 사용자의 기능적인 요구나 비용, 네트워크에 접속될 장비의 수준에 따라 주종 방식과 개별제어 방식을 적절히 섞어 쓰는 것이 좋을 것이다.

원격지에서 장비를 제어하거나 관리하려면 장비의 인터넷 접속 또는 WAN 접속이 필수적이며, 이를 위해서는 적어도 일반전화나 초고속 통신망과 연결해 주기 위해 모뎀이 필요하다. 이러한 모뎀을 이용하여 직접 장비의 원격관리를 할 수도 있으나, 관련된 기술이 다양하고 데이터의 성격이 천차만별이며, 보안의 문제 등으로 인해 요즘에는 홈네트워킹을 위한 다양한 기능을 갖춘 홈 게이트웨이(home Gateway)나 상이한 통신 기술간의 연계를 지원하는 홈 브릿지(Home Bridge), 홈 서버(Home Server)가 시장에 등장하고 있다.

(1) 홈 게이트웨이

홈 게이트웨이(Home Gateway)는 홈네트워크에서는 원격접속을 지원하기 위한 중앙 기능처럼 동작하면서, 홈 서비스에 대한 가입/등록/탈퇴 등을 지원해 주거나 댁내에 있는 서버, 장비들간의 상이한 프로토콜을 엮어 주는 교량 역할 등을 하고 있다. 모든 홈네트워크에 홈 게이트웨이가 필요한 것은 아니지만 게이트웨이 기능이 PC와 같은 고급성능을 필요로 하지 않고 전력소비량도 미미하기 때문에 다음과 같은 필수적인 특성을 가진 홈 게이트웨이는 점차 홈네트워킹을 위한 필수적인 요소로 자리 매김을 하고 있다.

- 주소관리 : 홈네트워크에 연결된 장비를 고유하게 판별하고 상이한 주소체계를 가진 경우에는 자동적인 주소 변환
- 네트워크 자동구성 : 새로운 장비가 연결되거나 연결이 끊어진 장비를 인지하여 네트워크 자동 구성
- 장비나 서비스에 대한 등록절차 처리 및 관리
- 장비나 서비스의 상태변화에 대한 이벤트 처리
- 장비 제어 : 장비 제어를 위한 프로토콜 정의 및 사용자 인터페이스를 제공
- 자원의 공유나 서비스 스케줄링을 위한 자원 관리

- 보안문제 처리

또한, 홈 게이트웨이는 가정생활을 하는 일반인이 사용하는 것이기 때문에 가전기기와 같이 전문적인 지식 없이도 누구나 쉽게 다룰 수 있어야 한다. 즉, 대개의 가전기기가 전원만 꽂으면 동작을 하듯이 홈 게이트웨이도 특별한 조작이 없이도 쉽게 설치하고 활용할 수 있어야 한다. 이를 위해서는 다음과 같은 사항이 반드시 고려되어야 한다.

- 다양한 하드웨어 및 운영체계에 대한 상호연동성 : 다양한 운영체제 및 네트워크를 지원하고 상이한 기술에 대해서도 쉽게 연계할 수 있어야 함.
- 사용이 편리하고 단순 : 관리를 위한 사용자의 개입이 거의 없이도 자동적으로 운영
- 비용의 최소화 : 설치가 용이하고 홈 서비스 개발비용도 최소화하여야 함
- 확장성 : 기존 장비 지원 및 기능 향상을 쉽게 하도록 하여 향후에 추가되거나 새로이 등장하는 장비 및 서비스를 지원
- 새로운 배선의 최소화 : 이전 호에서도 설명하였듯이 홈네트워킹을 위해 새로운 배선을 하는 일을 최소화하여야 함.

전송기술이나 프로토콜의 표준화가 진행하면서 홈 게이트웨이의 기능은 RG(Residential Gateway)라는 독립적인 하드웨어 형태로 흡수되어 질 것이다. [그림 2-20]은 RG를 이용하여 가전장비 제어를 하는 경우의 시스템 구성을 예로 든 것이다. 그림에서 홈 서비스 제공자 또는 장비제조 업체에서 준비한 홈 서비스 서버는 장비에 관련된 상태정보 DB와 접속정보 DB 및 서비스 홈페이지 운영 기능을 담당하며, 가전장비의 원격지 관리기능도 수행한다.

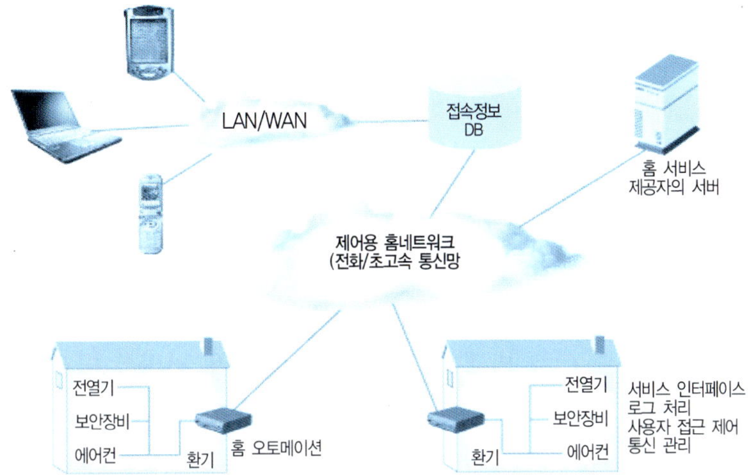

[그림 2-20] 가전장비 제어를 위한 RG 시스템 구성도

홈 게이트웨이의 중요한 기능 가운데 하나가 브릿지 기능이다. 브릿지 기능은 상이한 네트워크 기술들 간의 연계를 위한 기능으로서 일반적으로 다양한 네트워크 프로토콜들을 수용할 수 있도록 하거나 공통의 표준 기술(Ethernet, HomePNA, HomeRF, HomePlug 등)로 변환해 준다. 브릿지는 독립적인 장비로도 만들어질 수 있으나 일반적으로 홈 게이트웨이가 브릿지 기능을 통합해 가는 추세이다.

(2) 홈 서버(Home Server)

장비의 지능이 높아지고, 인터넷 접속이 가능하며, 서비스에 대한 가입・등록・탈퇴와 같은 복합적인 기능이 추가되면서 서버 수준의 성능이 필요하게 되고 있다. 시스템의 구성이나 장비별 응용 프로그램에 따라 홈 서버는 원격지에 있을 수도 있고, 가정 내 또는 양쪽에 있을 수도 있다.

예를 들어 Xanboo에서는 원격관리, 알림 서비스, 메모리를 이용한 저장기능, 웹 서비스 관리를 위해 원격지에 있는 서버를 이용하고 있다. Sage Systems에서는 개별 장비로부터 얻은 정보 DB 관리와 개별 장비의 웹 페이지

보관은 원격서버를 이용하고, 개별 장비의 원격접속을 위해서는 로컬 서버를 이용한다. Lantronix에서는 모든 장비가 응용 프로그램 및 원격접속을 할 수 있도록 개별적인 장비용 서버를 보유하도록 하고 있다. 그러나 장비용 서버에 따르는 비용이 싸지 않고, 댁내 장비 중의 어느 하나에 구현을 하더라도 서버에 대한 요구 기능에 따라 장비의 가격이 높아지게 된다.

원격서버를 이용하면 가전장비가 완벽한 서버의 기능을 갖지 않아도 되기 때문에 장비의 가격을 낮출 수 있고, 장비나 서비스 제공자 입장에서도 쉽게 장비나 서비스를 관리할 수 있는 방법을 얻게 된다. 장비용 서버를 이용하는 경우에는 응용 프로그램이나 서비스를 사용하기 위해 WAN에 접속할 필요가 없고 개별적인 LAN만 있으면 된다. 현재 저렴한 내장 장비용 서버가 개발되고 있으며 홈네트워킹 시장이 성숙될 무렵에는 저렴한 가격으로 폭 넓게 사용될 것이다.

최근 홈 씨어터(Home Theater)가 널리 알려지면서 가정용 오디오/비디오를 통합적으로 처리할 수 있는 고급 사양의 PC 또는 미디어 전용 PC를 홈 서버라는 표현으로 사용하고 있는데 이는 멀티미디어라는 용도에만 국한된 좁은 의미의 홈 서버일 뿐이다. 실제로 홈 서버는 희망 기능에 따라 고성능 PC 수준일 수도 있고 단순한 성능의 내장된 기판이나 반도체 칩 형태일 수도 있다. 중요한 것은 가정과 서비스 제공자의 사이에서 원활한 서비스를 보조하는 기능을 수행하는 것이 그 목적이라는 사실이다.

2-6 유비쿼터스 홈네트워크 개발기술 로드맵

1. 핵심 기술 로드맵

네트워킹 기술 개발 분야에서는 다양한 네트워크 기반의 시스템간의 접속을 위한 이종 네트워크간 접속 기술, 서비스의 네트워크의 부하를 분산하는 기술, 대용량의 무선 기술을 개발해야 한다.

유비쿼터스를 지원하기 위한 기술로는 프로필 기술, 이동성 및 사용자의 편의성을 보장하는 포터빌리티 기술, 그리고 유비쿼터스 컴퓨팅을 위한 시스템 센서 기술 등의 개발이 필요하다.

플랫폼 기술에서는 사용자 인증 및 시스템 보안을 위한 RFID 인증 기술, 전자 결제 시스템 기술, 바이오 매트릭스(biometrics) 개인 인증 기술 등의 기술 개발을 필요로 한다.

유비쿼터스 홈 서비스 애플리케이션으로는 유비쿼터스 서비스 제공을 위한 인텔리전트 컨텐츠 기술, 영상 인식 기술, 음성 인식 · 합성 기술, 그리고 시스템을 바이러스나 기타 해킹 등의 공격으로부터 보호할 수 있는 바이러스 방지 및 해킹 방지 기술 개발이 필요하다.

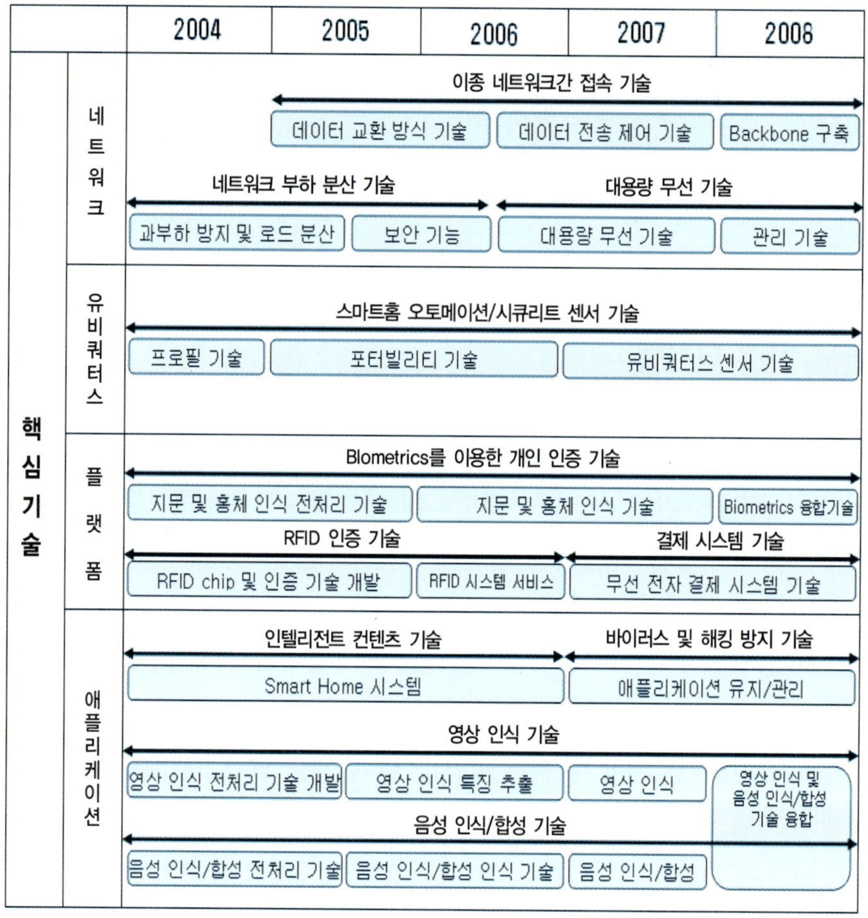

[그림 2-21] 유비쿼터스 홈의 핵심 기술 로드맵

2. 제품 · 기능 로드맵

유비쿼터스 홈 관련 제품 및 기능에 대한 로드맵은 크게 미들웨어, 댁내기술, 홈 게이트웨이의 세 분야로 나눌 수 있다.

미들웨어에서는 WinCE를 등에 업은 마이크로소프트가 제창한 UPnP (Universal Plug and Play)와 OSGi 중심으로 표준화가 진행되고, 그 외에 표준안은 도태될 가능성이 매우 크다. 현재 쓰이고 있는 개인용 기기와의 호환성 및 연결성 때문이다. 댁내기술은 크게 무선기술과 유선기술로 나뉘는데, 종래에는 블루투스와 무선 랜을 중심으로 한 무선기술로 통합될 전망이다.

홈게이트웨이는 현재 출시된 기기가 없는 상태라 당분간은 가정용 PC에 프로그램을 설치하여 임시로 홈 게이트웨이 역할을 하게 할 것이다. 그 밖에도 셋톱박스 및 게임콘솔 등에 게이트웨이 기능을 탑재하여 종래에는 가정 내 각 기기들의 통신 및 자동화의 통제센터 역할을 하도록 하는 표준안이 제정될 것이다.

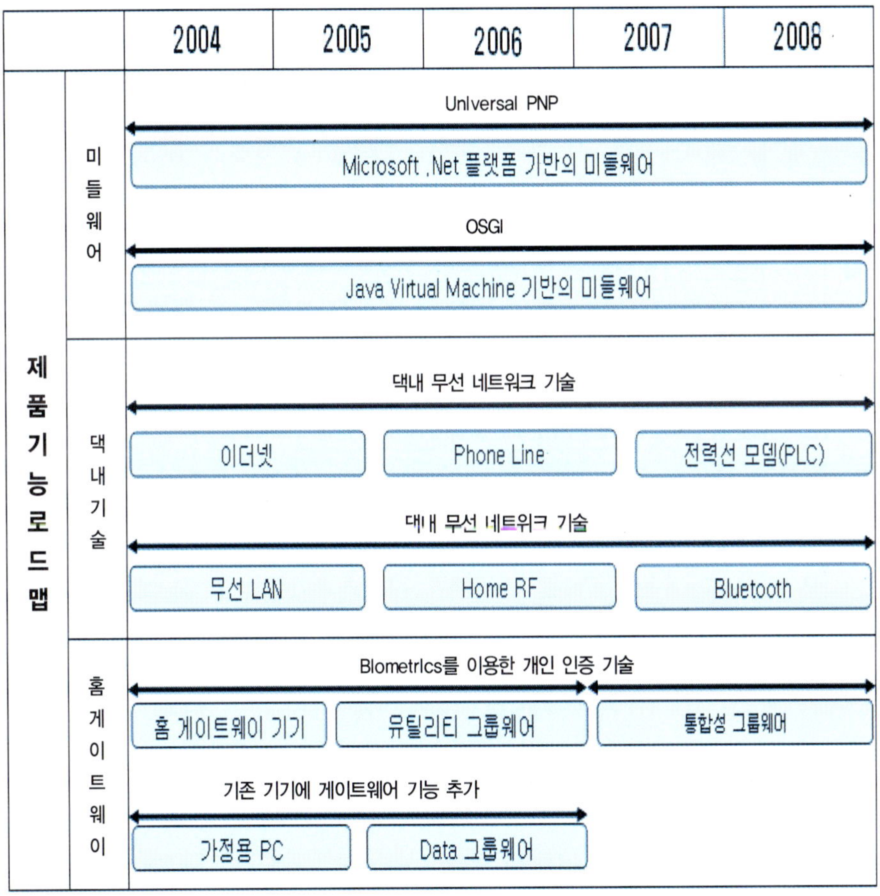

[그림 2-22] 유비쿼터스 홈의 제품기능 로드맵

3. 산업화 로드맵

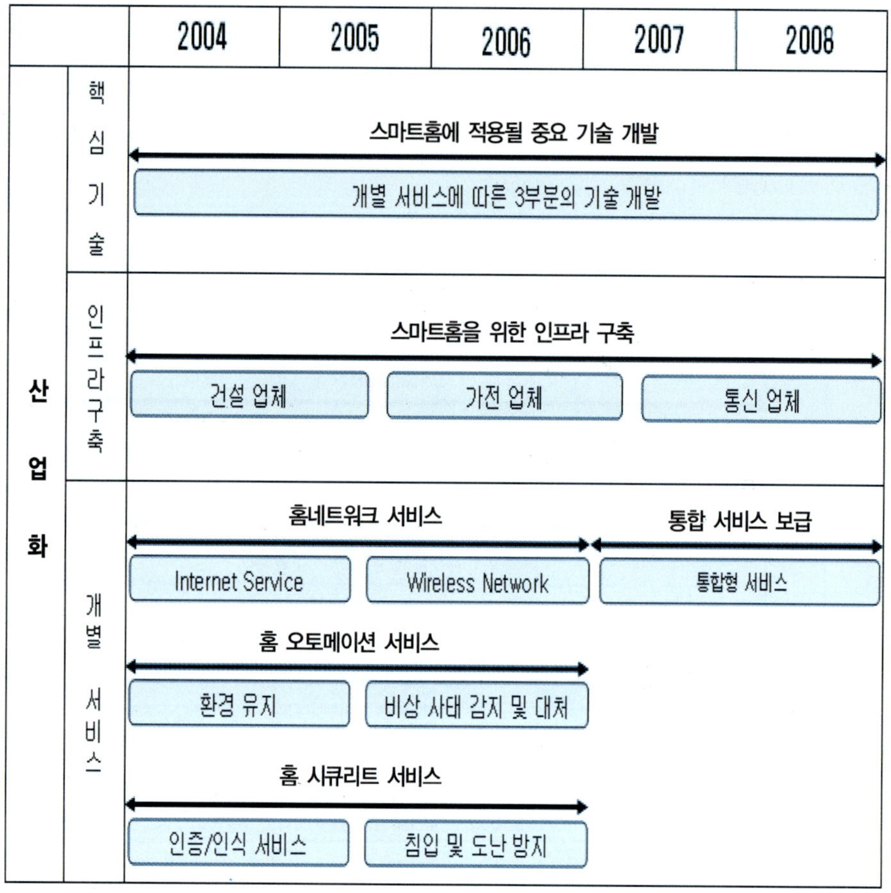

[그림 2-23] **유비쿼터스 홈의 산업화 로드맵**

유비쿼터스홈을 산업과 연계시키기 위해서, 기본적으로 전 과제 기간동안 핵심 기술을 개발해야 하며, 유비쿼터스홈을 위한 인프라도 같이 구축해야할 것이다. 세부적인 면에서는 유비쿼터스홈 서비스를 크게 셋으로 구분할 수 있다. 홈네트워크 서비스(예 : 초고속 인터넷)를 제공하고, 홈 오토메이션(예 : 가정기기 자동제어)와 홈 시큐리티(예 : 외부인 침입 감시 및 신고) 서비스도 제공되어야 할 것이다. 최종적으로 세 서비스가 하나로 통합되어 유기적인 연계를 해야 하기 때문에, 통합 서비스로 제공되어야 한다.

4. 지능형 홈 산업 분야별 기술동향

현재 지능형 홈 관련 기술인 홈네트워킹, 홈 오토메이션 등의 디지털 홈 기술, 네트워크 가전과 센서를 제어하는 네트워크기술과 제어기술, 에너지 절약 및 친환경과 관련된 환경기술, 디지털 컨텐츠 등의 소프트웨어기술 등 여러 가지 첨단 신기술이 개별적으로 뿐만 아니라 복합적으로 등장하고 있다. 그리고 앞에서 언급한 기술과 관련된 산업들은 융복합화가 가속되면서 기대이상의 거대산업 출현을 예고하고 있다. 예를 들어 가전, 통신, 에너지 기술과 서비스가 융합됨에 따라 생성되는 지능형 홈 산업의 세계시장은 2007년 2,627억 달러, 2012년 3,791억 달러로 연평균 22% 이상의 고성장을 전망하고 있다. 그런 이유로 지능형 홈 산업의 주도권을 확보를 위한 기업간의 경쟁이 심화되고 있다.

다음은 분야별 산업 동향을 기술하였다.

(1) 홈네트워크 동향

세계 홈네트워크 시장은 미국이 주도를 하고 있으며, 유럽 및 아시아 지역이 성장을 하고 있다. 홈네트워크 시장은 크게 오디오 · 비디오 업계, PC 업계, 그리고 통신 업계와 같이 3가지로 나누어서 생각할 수 있나.

1) 오디오 · 비디오 업계

오디오 · 비디오 업계에서는 디지털 정보 가전 시장에서의 주도권을 유지하기 위해 노력하며, 5C그룹(Copy Protection)과 HAVi그룹(IEEE1394)이 있고, 디지털 방송 서비스 및 제품의 규격을 주도하고 있다. 오디오 비디오업계의 경우에 소니는 셋탑 박스에서의 홈게이트웨이를 생각하고 있으며, 오디오/비디오 디바이스는 홈네트워킹의 중심이 될 것이다. 그리고 전송 기술로는 IEEE 1394를 사용한다. 마츠시다(Matsushita)는 홈서버와 홈게이트웨이를 분리해서 고려하고 있으며 마이크로소프트(MS)는 클라이언트인 제어 포인트와 보통 서버인 디바이스 사이의 통신을 위한 프로토콜인 UPnP를 사용한다.

2) PC 업계

PC 업계의 경우, 홈 시장으로의 사업 확장을 지속적으로 추진하며, 정보 가전용 OS, 홈네트워크, 홈 PC 구조 등의 표준을 주도한다. 또한 통신 업계는 M&A를 통한 대형·융합화와 함께 멀티미디어 서비스 업체로 변화를 하는 것이며, AT&T의 TCI 인수로 e-비즈니스와 홈 MM 서비스 분야의 경쟁력 확보하고, 방송 업체도 전화, 인터넷, 방송의 토털 서비스를 추진하고 있다.

3) 통신 업계

통신 업계의 경우에는 유무선 홈네트워크 기술은 2002년까지는 유선 홈네트워크 기술 중심이었으나 점차 기술의 중요성이 무선 홈네트워크 분야로 이동할 것으로 예측되며 가정 내 백본망으로 활용할 수 있는 초고속 무선 홈네트워크 기술 개발이 활발히 추진될 것으로 예상된다.

유무선 통신 인프라가 부족한 저개발 국가에서는 PLC 기술을 사용한 홈네트워크 기술의 사용이 유무선 통신 기술을 압도할 것으로 예상되고 현재 독일, 중국 등에서 필드 테스트 중에 있다.

홈 게이트웨이 기술은 액세스망 발전에 따라 FTTH 등 새로운 인터페이스 추가에 따른 프로토콜 변환 기술의 추가 개발과 이 기종 통신 모뎀간의 호환성 확보를 위한 기술개발 추진되고 있다. 또한 홈 게이트웨이 기술은 독자적인 형태의 제품에서 냉장고, DTV, 케이블 셋톱박스 등 가전기기에 융합되어 내장되는 디지털 컨버전스 형 제품으로 발전이 예상된다. 향후 개발된 홈오토메이션 관련 제품과 기술을 실생활에서 체험할 수 있는 시범 주택단지 건설과 관련 건설 자재 및 공법 개발이 활발히 추진될 것으로 예상된다.

(2) 홈 오토메이션 동향

사용자의 편의를 극대화하기 위한 휴먼 컴퓨터 인터페이스(Human Computer Interaction) 기술 개발이 필요한 단계이며 응용분야로는 음성 인식·합성, 패턴 인식을 통한 사용자 의도 파악, 홈 로봇과의 상호작용 등이 있다.

현재 홈오토메이션 시스템의 가용성, 신뢰성, 안정성을 보장할 수 있는 독립적인 H/W, S/W, 시스템 기술개발의 중요성이 부각되고 있다.

구체적으로는 외부의 침입자로부터 홈오토메이션 시스템의 보호를 위한 보안 시스템(Security System)의 정보 보안 및 액세스 제어(Access Control) 기술 개발이 필요하고 유비쿼터스 센싱 제어(Ubiquitous Sensing/Control)를 통한 인간 중심의 홈(Human-Centered Home) 구축 기술개발이 추진되고 있는 실정이다.

현재 국내의 지능형홈 기술에 있어서 요소 기술 수준은 외국에 비해 현격히 열세에 있고, 외국에 비해 자료의 양이 현저히 부족하며, 대부분의 사람들에 대한 지능형홈 자체에 대한 인지도가 부족하다.

이의 해결을 위해서, 현재 초고속 인터넷 등의 Infra는 확충되어 있으며 이에 걸맞는 요소 기술을 개발하는데 투자가 필요하다. 또한, 지능형홈 산업에 대한 현황 및 전망을 정량적으로 파악할 수 있도록 자료를 지속적으로 관리해야 하며, 미래의 수요가 될 젊은 세대들에게 적극적인 홍보가 필요할 것이다.

	정보계	AV계	제어계
요구 전송속도	인터넷 공유/정보검색이 주 용도 : 1-10Mbps -인터넷 프로토콜 지원	HD급 방송신호 저장/재생 시 20Mbps의 전송속도 필요 -IEEE 1394 사용	제어용도로 100Kbps 이하 -대부분의 매체는 PLC -독자 프로토콜 사용
확장성	메가급 IP전송이 실현되면 AV 처리 가능 보편화로 인한 가격하락시 제어 네트워크 지원가능 게이트웨이 규격주도	정보계, 제어계에 적용하기에는 Overhead가 높음 -타 매체 대비 IEEE 1394 의 Cost가 높음	현재는 데이터 비율이 낮아 A/V, 정보 네트워크로 사용 어려움
향후전망	정보/AV/제어 등 홈네트워크 구현 및 인터넷 수용측면에서 가장 유리	AV 네트워크 전용 용도로 사용 예상	저속의 제어 네트워크는 제어 용도에 국한 인터넷 정보가전은 정보계 네트워크로 발전
관련규격	UPnP/OSGi	HAVi/HWW	LonWorks/Echonet/Z256

더욱이 최근 세계에서 가장 빠른 속도로 고령화 사회로 진입하고 있는 한국은 2030년에는 65세 이상만 하더라도 전체 인구의 23%를 차지할 것으로 전망하고 있다. 이에 새로운 수요층으로 떠오르는 와인세대(45세~64세)를 위한 건강검진(Health-care)서비스에 중점을 둬야 할 것이다.

정보기술 분야에서 뒤늦은 출발에도 불구하고 새로운 기술에 빠르게 적응하고 이를 시장에 적용시켜 세계 최고의 이동통신 및 인터넷 인프라를 구축했던 것처럼, 핵심 기술을 선택하여 집중 개발한다면, u-IT분야에서도 세계 중심 국가로 자리 매김할 수 있을 것이다.

제3장

유비쿼터스 홈네트워크 보안

3-1 유비쿼터스 홈네트워크의 보안의 개요

유비쿼터스 환경의 현실화와 일반화의 시발점인 홈네트워크 기술은 PC와 노트북, 프린터, 냉장고, DTV, 오디오 · 비디오를 포함하는 댁내의 모든 가전기기들을 하나의 네트워크로 연결함으로써 사용자가 언제 어디에 있든 인터넷을 이용하여 댁내의 상황을 모니터링하고 모든 기기들을 제어할 수 있게 해주는 기술이다.

현재 대부분의 기업들은 각자 회사의 네트워크를 보호하기 위하여 방화벽(firewall)이나 침입탐지시스템(intrusion detection system) 및 가상 사설망(virtual private network) 등의 방어책을 응용하고 있지만, 홈네트워크는 기업과 비교하여 규모면에서나 보안 기술에 대한 고려 및 응용이 활발하지 않다.

이러한 다양한 보안 정책은 다가올 유비쿼터스 홈네트워크 환경에서의 중추적 역할을 해야 될 홈 서버의 중요한 역할 중 하나이다.

따라서 본 장의 유비쿼터스 홈네트워크 환경에서 홈 서버의 보안 요구사항 및 구현방안들을 살펴 본다.

홈네트워크는 콘텐츠 및 솔루션들을 외부 서비스 네트워크 환경, 즉 인터넷망을 통해 연동하기 때문에 공중 네트워크에서 일어나는 해킹이나 바이러스 침입 등의 위험에 노출되어 있다.

이러한 잠재위험 요소를 고려하여 본 장에서는 다가올 유비쿼터스 환경에서 보다 신뢰성을 갖춘 안전한 홈네트워크 서비스 및 여건들을 제공하기 위하여 요구되는 홈 서버의 보안 요구 사항들을 각 홈네트워크 구성요소별로 살펴봄과 동시에 대비책으로 여러 보안 기술들을 제시한다.

1. 유비쿼터스 홈네트워크의 보안의 필요성

정보통신의 측면에서 그간 가정 내의 보안은 사용자 PC의 보호가 주요 관건이었으며, 이에 따라 사용자의 보안에 대한 인식이 매우 중요한 역할을 해온 것이 사실이다.

홈네트워크는 즐겁고, 쾌적하고, 편리하고, 안전한 삶을 위한 정보 인프라로, 초기에는PC를 중심으로 한 데이터 중심의 이용에서 시작되어, 사이버 아파트, 주택 자동화 등 거주 반경의 변화에 따라 홈오토메이션, 고품질 인터넷 서비스 등의 오디오-비디오 기기 중심의 인먼트 서비스 중심으로 발전되고 있는데 이는 유비쿼터스의 정의에 의하여 모든 기기, 모든 영역을 망라한 연결로 인하여 기존 해킹 공격기술이 그대로 적용될 수 있다.

홈네트워크가 점차 활성화되고 있는 현 시점에서 댁내망은 PC뿐만 아니라 홈오토메이션, 백색가전 등 다양한 기기들로 구축되기 때문 외부의 공격 형태 및 피해 양상 역시 매우 다양하게 나타날 수 있다.

즉, 기존의 가정 내 사용자 PC에 대한 침해는 사용자 PC에 대해서만 피해를 주는 정도에 지나지 않았다면 홈네트워크 환경에서는 가스 누출 등, 다양한 형태의 피해를 예상할 수 있으며, 공격방법 역시 매우 다양할 것으로 예상된다.

그러나 기존의 사용자 중심의 보안 서비스로는 이와 같은 침해에 적절히 대응할 수 없음은 분명한 사실이다. 이와 같은 이유로 해서 홈네트워크에 대한 침해에 대응할 수 있는 침입감지 시스템의 중요성이 강조되고 있다.

그러므로 유비쿼터스 홈네트워크는 다양한 유무선 네트워크 및 프로토콜로 구성되어 있어 다양한 보안취약성 발생하고 있다.

그리고 홈네트워크의 기기들은 상대적인 저성능의 홈기기 사용증가로 해킹 공격대상의 가능성이 높아지고 있다.

홈네트워크에 대한 침해 유형은 크게 홈게이트웨이를 경유하는 방법과 무선 댁내망을 경유하는 방법으로 구분할 수 있다.

홈게이트웨이를 경유하는 침해는 기존 기업 네트워크에 대한 침해와 유사한 형태를 가진다고 할 수 있으나, 무선 댁내망에 대한 직접적인 침해는 홈게이트웨이 기존의 침해 형태와는 전혀 다른 양상을 지닌다고 할 수 있다.

본 장에서는 이와 같은 2가지 관점에서 홈네트워크 침입감지 시스템에 대해서 최근의 기술 동향을 살펴보고, 홈네트워크의 안전성을 향상을 위해서 필요한 사항들에 대해서 서술해보고자 한다.

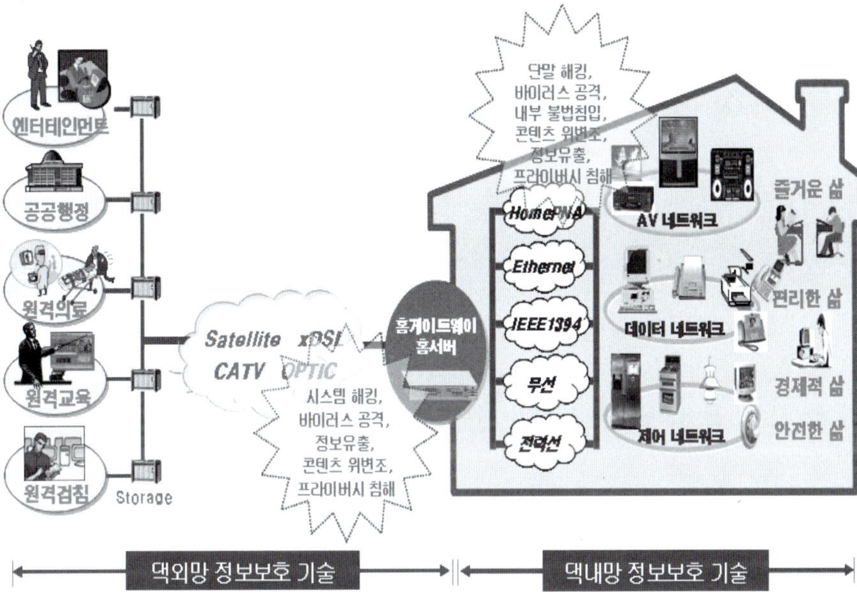

[그림 3-1] 홈네트워크의 보안의 필요성

2. 홈네트워크의 보안의 취약성

눈 깜짝할 사이에 발전해나가는 가전제품이나 인테리어들을 보면 유비쿼터스 홈네트워크 시대가 바싹 코 앞에 다가왔음을 실감하게 된다. 그런데 홈네트워크 중에서도 가장 먼저 생활 속에 침투해 들어오고 있는 부분이 보안 시스템이다. 보안 시스템이란 외부의 불청객 침입을 막아주거나 화재를 방지해주는 등 안전과 보안을 책임지는 장치라 할 수 있다. 생체정보 등을 기반으로 한 상황인지 홈서비스의 증가로 프라이버시 침해가능성이 더욱 증가하고 있다.

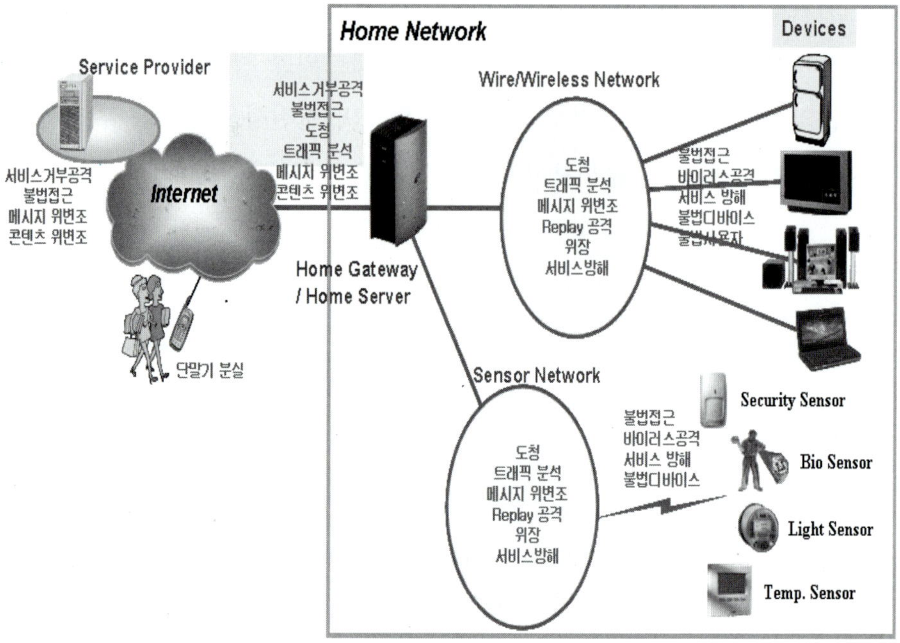

[그림 3-2] 홈네트워크의 보안의 취약성

3. 홈게이트웨이 기반의 침입감지 시스템

홈네트워크에서의 침입감지의 가장 일반적인 형태는 홈게이트웨이에 침입차단 시스템(Firewall) 등 침입감지 기능을 내장하는 것이다. 이와 관련하여 TTA에서는 홈게이트웨이에 내장되는 침입차단 시스템의 보안등급을 위협 수준과 피해 정도에 따라 결정하도록 하고 있다. 위협 수준은 위협의 존재 정도와 내부정보 공개 정도에 따라 결정되며, 위협의 존재 정도는 낮음·중간·높음으로 구분된다. 홈게이트웨이의 보안등급은 K2 또는 K3 등급이며, 이는 접근통제, 감사기록 무결성 등을 제공함을 의미한다. 최근에는 이와같은 조건을 만족하는 보안 홈게이트웨이 제품이 출시되고 있다.

이와 같이 침입차단 기능을 탑재한 홈게이트웨이 제품이 상용화되고 있는 가운데, 최근의 추세는 홈게이트웨이에 침입차단 시스템, 침입탐지 시스템(IDS),PPN, 안티 바이러스 등의 기능을 통합 적용하는 것이다. 이는 최근 기업

네트워크 보안에서도 통합 보안솔루션이 중요성이 높아지고 있는 가운데, 홈네트워크 보안 솔루션 역시 기업 네트워크 보안과 유사한 형태로 발전하고 있음을 보여주고 있는 것이다. 또한 단순히 외부의 침해에 대응하는 형태뿐만 아니라 댁내의 정보가 외부로 유출되는 것을 방지하는 기능이 포함되고 있는 것도 특징이다.

이와 같은 홈게이트웨이 기반의 침입감지 시스템에서 유의해야 할 점은 댁내망에 대한 침해 형태가 기존 인터넷과는 다르게 매우 다양하게 나타날 수 있다는 점이다. 즉, 기존 인터넷에서의 침입감지 시스템은 서버나 PC를 대상으로 하는 침해에 대한 대응이 중심이었지만, 홈네트워크에서는 AV 기기, 가전기기 등 다양한 기기를 대상으로 침해가 이루어진다. 따라서 기존의 침입 시그너쳐만으로는 대응이 어려운 다양한 침해가 발생할 수 있으며, 이에 대한 방어 대책 구축이 필수불가결하다. 즉, 새로운 유형의 침해에 대응할 수 있는 수단이 필요하게 된다.

홈게이트웨이 기반의 침입감지 시스템에서 유의해야 할 또 다른 사항은 댁내망이 단일 도메인으로 구성되지 않을 경우에서 찾을 수 있다. 예를 들어 댁내망을 한 가족이 사용한다면 동일한 침입탐지 또는 차단규칙을 적용하는 것이 가능하겠지만, 여러 명의 룸메이트들이 댁내망을 사용하는 경우에는 단일 침입감지시스템을 적용하기에 곤란한 상황이 발생할 수 있다.

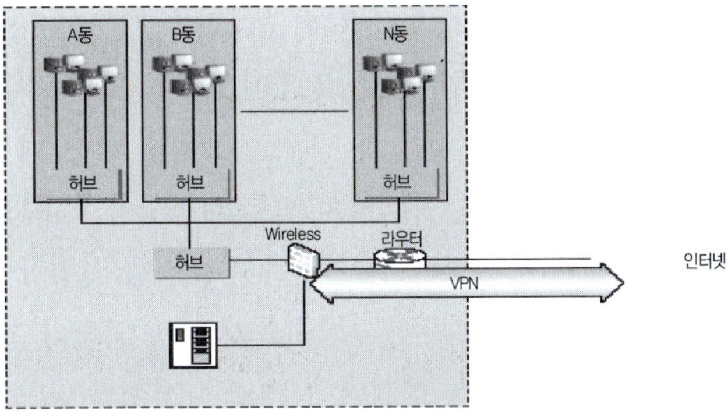

[그림 3-3] **아파트 단지 단위의 침입감지 시스템**

한편, 최근의 홈네트워크 보안에서 주목할 만한 형태는 아파트 단지를 단위로 보안 서비스를 제공하는 [그림 3-3]과 같은 형태의 침입감지 시스템이다. [그림 3-3]은 아파트에서 단지와 외부망 사이에 침입차단 시스템을 설치하여 관리하는 형태이다. 세대별로 홈게이트웨이에서 침입감지 기능을 수행하는 것에 비해서 관리가 쉽고 개인 사용자가 보안 서비스에 크게 신경 쓸 필요가 없으며, 방범 등 다른 서비스와의 연계가 비교적 용이하다는 장점이 있다. 또한 이형태는 동 별로 침입감지 시스템을 설치하는 형태 등 여러 가지 형태로 활용이 가능하다.

지금까지 살펴본 바와 같이 홈게이트웨이 기반의 침입감지 시스템은 기존 인터넷에서의 침입감지 시스템과 기능적인 면에서는 크게 다르지 않다. 그러나 망을 구성하는 기기 및 사용자가 다양해짐에 따라 그에 따른 침해 유형과 취약성이 증가하게 되며, 이에 대해서 적절한 대응 방안을 마련해야 한다. 또한 댁내망을 모니터링 하며 침해 위협에 대응하는 기능 역시 홈네트워크 침입탐지 시스템의 필수 기능이라고 할 수 있다.

4. 댁내 망에서의 침입감지 시스템

댁내 망에는 유선기술과 무선기술이 사용될 수 있는데, 본 절에서는 무선 댁내 망에서 대해서 다루고자한다. 이는 유선기술의 경우에는 홈게이트웨이 기반의 침입감지 시스템을 통해서 어느 정도의 대응이 가능하기 때문이다.

무선 댁내 망에 대한 침해는 무선 기술의 특성상기기에 대한 직접적인 공격이 가능하며, 기존 침입차단 시스템이나 침입탐지 시스템으로는 침해 대응이 어렵다는 점에서 홈게이트웨이를 경유하는 침해에비해서 위험성이 더욱 높다고 할 수 있다. 예를 들어홈게이트웨이에 설치된 침입감지 시스템의 입장에서 무선 기기에 대한 침해는 외부로부터의 공격으로 인식되지 않을 위험이 높다.

[그림 3-4]는 무선 댁내망 기술로 많은 활용이 기대되는 무선랜(WLAN : Wireless LAN)에서 서비스 거부 공격의 대표적인 형태이다.

[그림 3-4]에서 공격자는 AP에서 브로드캐스트하는 비콘 정보를 통해서 AP의 MAC 주소를 획득한 후에AP의 MAC 주소로 위장하여 무선랜 클라이언트에게 연결 해제 요청인 Dis-association 관리 프레임을 전송한다. 이와 같은 공격이 수행되면 무선랜 클라이언트는 정상적인 AP에서 연결 해제를 요청한 것으로받아들여 재접속을 시도한다. 이와 같은 공격이 계속되면 무선랜 클라이언트는 정상적으로 AP를 이용할 수 없는 상황에 빠지게 된다.

무선랜에서는 [그림 3-4]와 같은 관리 프레임을 이용한 공격 이외에도 EAPOL Start 메시지, EAPOL Logoff 메시지, EAP Failure 메시지 등을 이용한 다양한 서비스 거부 공격이 가능하다. 또한 위장 AP 공격 세션 가로채기 공격, 중간자 공격(Man-in-themiddleattack) 등 이미 다양한 무선랜 취약성들이 공개되어 있다.

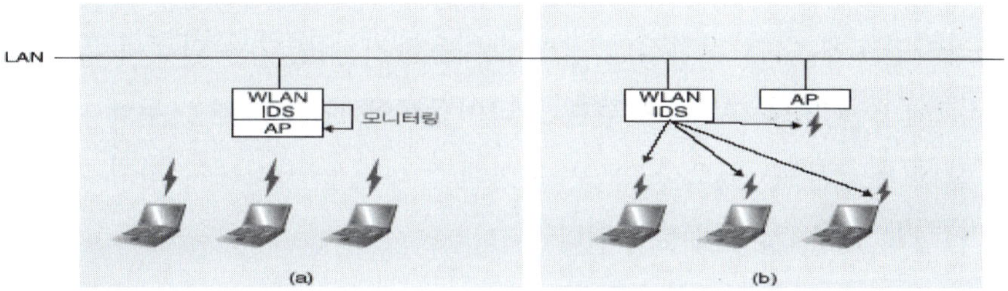

[그림 3-4] **무선랜 전용 침입감지 시스템의 유형**

이와 같은 무선랜의 취약성을 이용한 공격은 일부 공격의 경우에는 새로운 무선랜 보안표준인 IEEE802.11i가 적용될 때에도 가능한 것으로 알려져 있으며, 이와 같은 공격을 탐지 및 차단하는 기술의 개발이 아직까지 미비하기 때문에 더욱 위험성이 크다. 이와 관련해서 시스코, IBM 등에서 무선랜 전용의 IDS에 대한 연구를 수행하고는 있으나, 아직까지 많이 활용되고 있지는 않은 상태이다.

무선랜 전용의 침입감지 시스템은 일반적으로 [그림 3-4]와 같은 2가지 형태가 고려되고 있다.

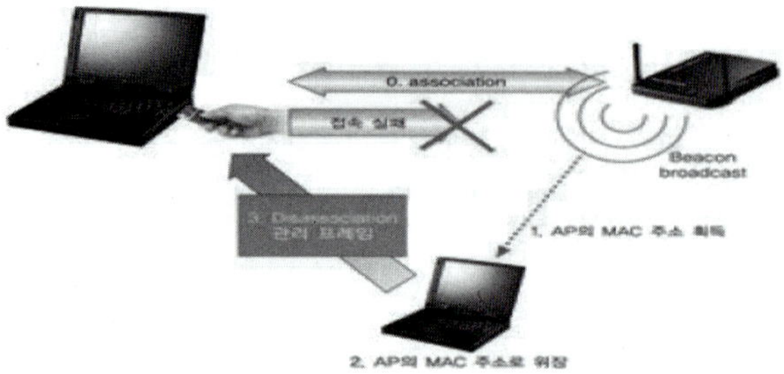

[그림 3-5] **802.11 관리 프레임을 이용한 서비스 거부 공격**

[그림 3-4](a)의 경우는 무선랜 침입감지 시스템이 AP 내에 구현되어 AP에 대한 침해에 대응하는 형태이며, [그림 3-4](b)는 무선랜 침입감지 시스템이 독립적으로 동작하면서 무선랜 트래픽을 모니터링 하는 형태이다. [그림 3-4](a)의 경우에는 구현이 비교적 용이하며 AP에 대한 침해에 대응이 쉽고 무선랜 침입감지 시스템 구축에 드는 비용이 비교적 적다는 장점이 있으나, 무선랜 클라이언트에 대한 직접적인 침해에 대응하기 어렵다는 단점이 있다. 이에 비해 [그림 3-4](b)는 AP와 무선랜 클라이언트에 대한 침해 모두에 대해서 대응이 잘 이루어질 수 있으나, 모든 무선랜 트래픽을 처리해야 하기 때문에 구현에 있어서 비용 상승이 요구된다.

무선 댁내 망에서 침입감지가 어려운 이유는 앞서 살펴본 무선랜과 같은 하나의 기술이 독점적으로 사용되기 어려운 환경이라는 점이다 현재 댁내망에서 사용이 예상되는 무선 기술로는 블루투스(Bluetooth), 지그비(ZigBee), RFID 등이 있는데, 이와 같은 기술들에 대해서는 취약성 파악조차 제대로 이루어지지 않은 상태이다.

그러나 이들 기술을 보안대책의 수립 없이 그대로 사용한다는 것은 매우 위험한 일이다. 예를 들어 PAN(Personal Area Network) 기술 가운데에서 비교적 상용화가 많이 이루어진 블루투스의 경우를 살펴보면, Common Vulnerabilities and Exposures(http://www.cve. mitre.org)를 검색하면 이미 블루투스와 관련하여 15건 이상의 취약성이 보고되었음을 알 수 있다. 또한 블루투스 크랙과 관련된 대표적인 사이트인 http://trifinite.org에서는 10여개의 블루투스 공격도구를 발표하고 있다. 이러한 블루투스에 대한 공격 가운데에는 블루투스 기기와 연결된 휴대전화에서 통화 개시를 유도할 수 있는 것도 있어서 위험이 매우 심각함을 알 수 있다. 그럼에도 불구하고 현재 블루투스 기기에 대한 침해에 대응할 수 있는 시스템에 대한 연구 및 개발은 전무하다시피 한 실정이다.

지그비의 경우에도 표준규격 분석 등을 통해서 이미 10여건의 취약성이 지적된 바 있다. 도청 위협에서 서비스 거부 공격에 대한 위협에 이르기까지 다양한 형태의 공격 위협이 분석되고 있다.

아직까지 PAN 기술이 활성화되지 않은 시점에서 이와 같은 위험을 가볍게 넘길 수도 있겠으나 무선랜의 경우 활성화 이전에 지적된 보안 취약성이 활성화 이후에 대부분 실제적인 공격으로 나타났음을 고려할 때, 적용 이전에 보안 서비스의 강화는 필수불가결한 것으로 보인다. 현재는 PNA에서의 침입감지 기술은 무선랜과 마찬가지로 해당 네트워크를 모니터링 하는 방안이 고려되고 있다.

이와 같은 댁내 무선기술에 대한 침해는 대부분 MAC 계층에서 발생하기 때문에 기존의 침입감지 시스템으로 대응하는 데는 한계가 있으며, 철저한 표준규격 분석을 통해 무선 기술에 특화된 침입감지 시스템의 개발이 절실한 실정이다. 또한 무선랜의 경우에는 AP를 중심으로 인프라 스트럭쳐 네트워크를 구성하는 것이 일반적인데 반해 PAN 기술은 어드혹(ad-hoc) 네트워크로 구성되는 경우가 대부분이어서 이에 대한 고려 역시 반드시 필요하다.

5. 홈네트워크의 보안 취약성에 해결을 위한 대응 기술

지금까지 홈네트워크에 대한 침해를 홈게이트웨이를 경유하는 경우와 무선 댁내 망을 직접 침해하는 경우로 구분하여 홈네트워크 침입감지 시스템에 대해서 살펴보았다.

홈게이트웨이를 경유하는 침해의 경우에는 이미 침입탐지 기능을 내장한 홈게이트웨이가 출시되고 있는 등 어느 정도의 대응책이 마련되어 있음을 알 수 있었다.

그러나 최근 홈게이트웨이 가격이 계속 하락하고 있는 가운데, 홈게이트웨이에 보안 시스템을 적용하는데 많은 어려움이 따르고 있는 것 또한 사실이다.

그러나 해가 다르게 인터넷 침해 사고가 증가하고 일반 사용자가 사용하는 PC의 성능 또한 급격하게 향상되고 있는 가운데, 홈네트워크에 대한 침해는 개인이나 가정의 피해에만 머무르는 것이 아니고 사용자 PC를 경유하는 공격을 통해서 기반 네트워크 전체에 대한 위협이 될 수 있다는 점에서 결코 가볍게 볼 수 있는 사항이 아니다.

또한 앞에서 설명한 바와 같이 댁내망의 주요 기술인 무선 기술에 대한 침입 감지 시스템에 대해서는 거의 무방비 상태에 놓여있다고 할 수 있다.

시스템 혹은 서비스 구축 이후에 보안 서비스를 고려할 때 많은 노력과 비용이 소요되며, 지속적인 대응이 어렵다는 것은 이미 경험한 바 있다.

유비쿼터스 시대의 도래와 함께 새로운 형태의 정보통신 기술의 활용양상이 나타나고 있는 현 시점에서 과거의 오류를 다시 범하지 않기 위해서는 시스템 및 서비스의 개발 혹은 구축 초기부터 보안 서비스에 대한 많은 고려가 이루어져야 한다.

특히 BcN으로 대표되는 IT 기술의 융합 및 통합이 이루어지고 있는 가운데 어떠한 한 부분에서의 위협은 전체 사용자 및 네트워크의 안전성 및 신뢰성 저하로 이루어질 수밖에 없으며, 이를 막기 위해서는 홈네트워크를 비롯한 IT 기술 전반에 걸쳐서 보안기술에 대한 집중적인 연구 및 개발이 필요한 시점이다.

다양한 홈네트워크 모델 및 다양한 응용제품에 적용 가능한 보안기술을 [그림 3-6]처럼 나타내었다.

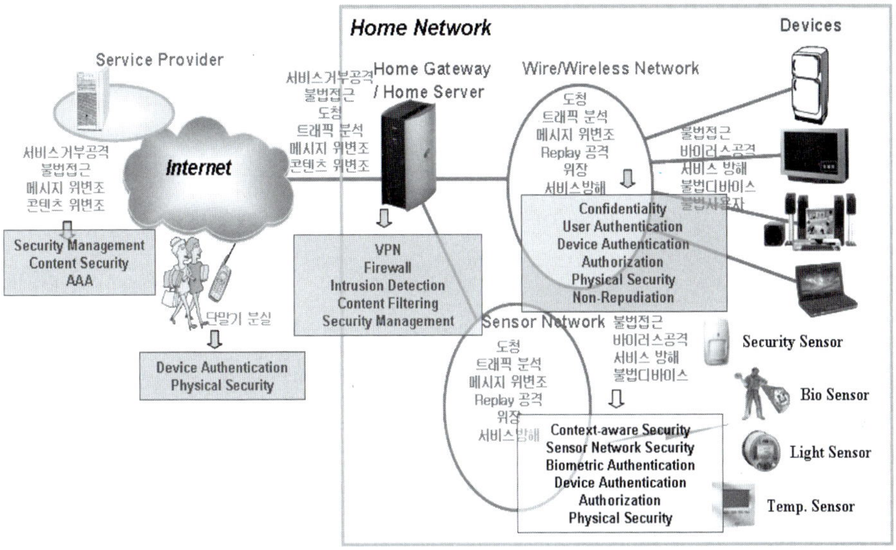

[그림 3-6] 보안 취약성에 대한 대응 기술

(1) 구성요소별 보안 취약성

홈네트워크 구성요소인 외부 서비스 네트워크-홈서버 · 게이트웨이-댁내망-정보가전기기간에 전달되는 사용자와 서비스 제공자의 정보에 대한 보안취약성을 분석한다. [그림 3-2]는 홈네트워크를 홈서버 · 게이트웨이를 경계로 크게 외부망과 내부망으로 분류한다.

각각의 외부망과 내부망은 서로 다른 레벨의 서비스를 제공하며 이에 따라 요구되는 차별화된 정보기술을 고려할 수 있다. 내부망, 즉 유비쿼터스 홈네트워크 환경의 다양한 가전 및 A/V 장치들이 댁외의 서비스를 이용하기 위해서는 중간 매개체인 홈서버 · 게이트웨이의 보안 취약점 분석이 우선적으로 요구된다.

1) 홈 서버 · 게이트웨이 보안 취약점

소비자가 정보가전 제품과 같은 가정 내의 모든 정보 단말기를 인터넷이나 휴대정보 단말기로 연결하여 언제 어디서나 손쉽게 제어할 수 있는 홈 서비스 환경에서 다양한 가정정보 서비스를 안전하게 제공받기 위해서는 외부망(인터넷)과의 연결은 필수적이다.

홈서버 · 게이트웨이는 인터넷망과 댁내망의 연결, 댁내망 정보기기들 사이의 인터페이스 접속기능을 담당하므로 다양한 외부 네트워크로부터 콘텐츠 및 서비스를 안전하게 제공받기 위해서는 외부 망으로부터의 해킹, 악성코드, 웜 및 바이러스, DoS, 유무선 통신 도 · 감청 등 외부 보안 공격들을 고려해야한다. 또한, 다양한 정보기기들이 홈 서버에 연결되어 상호 운용되면, 홈 서버-정보가전기기간의 메시지/데이터의 유출과 인증되지 않은 정보기기의 연결에 보안취약성이 있으므로 외부 네트워크와 내부 정보가전기기의 중간 매개체 역할을 하는 홈 서버 · 게이트웨이는 보다 체계화된 보안 및 인증 기술이 필요하다. 마지막으로 홈 서버 · 게이트웨이의 공존으로 인한 보안 수준 및 기술 적용의 표준화 측면에서의 고려도 필요하다. 각 연결망의 특성, 특히 홈 서버 · 게이트웨이가 가진 외부 인터페이스 및 서비스를 고려한 세분화된 보안 기술의 적용이 요구된다.

2) 댁내 · 외부 네트워크 보안 취약점

댁내 · 외부 네트워크는 특히 무선구간에서 가정 밖의 불법 사용자의 개입으로 인하여 전송 정보의 유출 및 위변조에 대해 보안 취약성이 존재하며, 유선의 경우도 마찬가지이다.

댁내 통신망은 특히 무선 구간에서의 인증, 데이터 보호 등에서 취약성이 있으며, 각 통신망에 구현된 보안 구조 또는 프레임워크에 접근제어, 사용자/단말 인증 및 암호화 기능을 수용해야 한다. 먼저 댁내 각 유선 홈네트워킹기술의 특성 및 보안 취약점을 간단히 살펴보면 〈표 3-1〉과 같다.

〈표 3-1〉 유선 홈네트워킹 기술의 특성 및 보안 취약점

기 술	보안취약점
IEEE1394&802.3(Ethernet)[6]	-물리층은 IEEE1394 및 이더넷 디바이스의 케이블과 물리적으로 연결 -실제 데이터 송수신으로 인한 제어정보/데이터 전송 시 유출 및 위변조의 위험존재
전력선 통신(PLC)	-HNCP는 전력선 통신 기반의 기기들 사이의 통신 방법에 대한 기준 제공 -제어정보/데이터 전송 시 유출 및 위변조에 취약성 존재
HomePNA	-SNMP 기능 내장 -인증(authentication)과 프라이버시(privacy) 서비스들을 제공 -서비스 거부(Denial of Service)와 트랙픽 분석(traffic analysis)의 보안 취약성이 존재
USB	-USB는 데이터를 패킷 단위로 전송 -오류 발생시 재전송 불가 -저해상도 디지털 카메라, PC 카메라 등에 이용 -키보드나 마우스 등 저속 전송 모드에 이용 -대역 보증이 없어 제어정보/데이터 전송 시 유출 및 위변조에 취약성이 존재

가트너의 조사에 따르면 무선 홈네트워킹을 지원하는 표준 무선 기술들은 〈표 3-2〉와 같이 분류된다.

〈표 3-2〉 주요 근거리 무선 기술들의 비교

표준	IEEE802.11b	Bluetooth	IEEE802.11a	UWB
주파수 대역폭	2.4GHz(ISM band)	2.4GHz(ISM band)	5GHz(U-NII band)	3.1~10.6GHz
커버리지	100m	10m	50m	10m
최대속도	11Mbps	10Mbps	10Mbps	500Mbps 이상
특별용량	1,000	30,000	83,000	1,000,000

각 무선 홈네트워킹 기술들의 특성 및 보안 취약점을 살펴보면 〈표 3-3〉과 같다.

〈표 3-3〉 무선 홈네트워킹 기술의 특성 및 보안 취약점

기 술	보안 취약점
WLAN	-IEEE 802.11의 WEP 알고리듬에서 키 스트림의 단순성 -실시간 공격과 도청으로 인한 평문의 노출 -DoS 공격의 위험 존재
초광대역통신(UWB)	-110Mbps의 고속 데이터 전송이 가능 -전송 거리가 10m 이내이며 벽을 통과하지 못함 -홈네트워크 시스템에의 적용에는 클러스터 네트워크로만 사용이 가능 -무선 기반 시스템의 개방성 때문에 정보의 유출 이험 존재 -WEP 암호화 기술을 보완하기 위한 연구 중
무선PAN (IEEE802.15.4)	-초저가의 칩에 20kbps와 250kbps 전송속도만 지원 -무선 제어 시스템으로 최적 -고속 WPAN(IEEE802.15.3) 기술은 55Mbps의 초고속 데이터 전송에 70m의 전송 거리 지원 및 Qos와 security를 제공 -높은 전송 속도 지원이 필요할 뿐만 아니라 seamless connection 지원을 위한 안정적인 통신과 제어가 가능한 MAC 기술 개발 필요
무선 1394 (High Performance Serial Bus)	-54Mbps 지원 무선 네트워킹 기술 -무선 1394의 기반을 둔 DHCP(RFC2855) 활용[8] -잠재적으로 유해한 크라이언트가 이용자 가장(masquerading)으로 정보의 유출을 유도할 수 있는 위험존재
무선 RF	-PC와 가정용 소비자 가전제품 간의 무선 연결제공 -HRFWG는 공유 무선 액세스 프로토콜(shared wireless access protocol)이라 불리는 가정용 무선 스팩 제공 -제품의 대역폭(특히 고대역폭)과 허가권 문제 -홈 RF의 1.6Mbps 제품들은 802.11b 경쟁제품들의 범위에 비해 성능 저조 -SWAP의 고주파 라디오 발신에 대해 허가 필요
지그비(Zigbee)	-저속 전송속도를 갖는 홈오토메이션 및 데이터 네트워크를 위한 표준 기술 -인터넷을 통한 전화 접속으로 홈 오토메이션 활용 -IEEE802.15.4 MAC 하위계층 기반 보안서비스 제공 -각 장치들은 인증된 네트워크 내의 다른 장치들의 정보를 가지고 접근제어 -128bit 대칭키 알고리듬을 이용하는 데이터 암호화 서비스 제공 -프레임 무결성(frame integrity) 서비스 제공

3) 정보가전기기의 보안 취약점

내부망, 즉 유비쿼터스 홈네트워크 환경을 고려하여 댁내 다양한 가전 및 A/V 장치들의 보안 취약점을 살펴보면 〈표 3-4〉과 같다.

〈표 3-4〉 댁내 가전 및 A/V 장치들의 보안 취약점

원인	취약점
공중망(인터넷)	바이러스나 웜에 노출 위험
통합 네트워크	통신선로 상의 데이터 보호 불가피
원격접속	데이터 및 기기의 손상 위험
홈네트워크	해킹 및 불법행위로 사생활 침해 위험
멀티미디어	정보 가전기기에 저장된 데이터 보호 불가피
지불 시스템	데이터의 유출 및 변형에 따른 위험 존재 –사용자 인증(authentication) –프라이버시(privacy)

3-2 유비쿼터스 홈네트워크의 보안요소

유비쿼터스 홈네트워크의 보안요소는 일반 통신 네트워크의 보안요소에서 기인하며 4대 요소로는 정확성(authenticity), 제한성(access control), 무결성(integrity), 기밀성(confidentiality)등의 4가지가 있다. 각 보안요소별 특징을 살펴보면 다음과 같다.

1. 유비쿼터스 홈네트워크 보안요소

(1) 정확성

사용자나 단말들을 인식하는 데 있어 아주 중요한 요소다. 사용자 인증에 있어서 가장 간단한 방법은 ID와 패스워드를 사용하는 방법이며, 두 가지 이상의 요소를 이용해 인증하는 방법(Clear Text+Smart Card 등), PIN과 카드를 동시에 일치시키는 방법뿐만 아니라 토큰을 이용하는 방법 등 좀 더 강화된 인증방법들이 사용된다.

(2) 제한성

정확성의 연장에서 이뤄지는 요소로, 어떤 부분의 서비스를 위한 네트워크 접근 시도인지를 파악해 접근에 제한을 두는 방법이다. 방화벽이 바로 제한성을 이루는 데 필요한 장비 중 하나다. 네트워크 접속에 필요한 요소를 확인하면 장비, 애플리케이션, 프로토콜, 사용자, 사용자 그룹(서브넷)을 파악할 수 있으며, 권한까지도 쉽게 알 수 있다. 이를 이용해 비즈니스, 업무 환경 등을 종합해 보안 정책을 수립하며 접근을 제한한다.

(3) 무결성

원래의 데이터가 전송된 후에 어떻게 변경됐는지 등의 상태를 점검하는 것이다. 이는 비인가된 자에 의한 정보의 변경, 삭제, 생성 등으로부터 데이터를 보호해 정보의 정확성과 완전성 보장을 뜻하며 디지털 서명(digital signature)과 메시지의 정확성확인 등은 이런 데이터의 무결성을 확인할 수 있는 기술이다.

(4) 기밀성

정보의 비밀이 어느 정도 보장될 수 있는가에 대한 부분이다. 전자우편을 예로 들면 완전한 텍스트형식으로 전송되고 있기 때문에 보고자 한다면 그리 어렵지 않은 방법으로 확인할 수 있다. 그러나 전자우편에 아주 중요한 정보가 들어 있는 경우도 있기 때문에 이를 감추기 위해 암호화(scrambling)를 한다. 그럼으로써 복호화(unscrambling) 키가 있는 사용자만이 정보를 확인할 수 있게 된다. 이런 암호화·복호화 기술을 암호화(encryption)라고 말한다.

2. 구성요소별 보안 요구사항

앞서 살펴 본 4대 네트워크 보안요소는 유비쿼터스 홈 서버·게이트웨이에서 또한 고려되어야 한다. 부가적으로 홈네트워크라는 환경은 일상생활과 밀접하게 연관된 정보가전기기들에 내장되어야 하므로 경제적이고 높은 신뢰성을 제공해야 한다.

이와 동시에 침입을 실시간으로 차단할 수 있는 침입방지 시스템, 사용자·정보가전기기 인증 기술, 그리고 메시지·데이터 암호화 기술들이 유비쿼터스 홈네트워크 환경으로의 효과적 적용이 요구된다. 홈네트워크 구성요소별 보안 요구 사항은 〈표 3-5〉에서 제시된 바와 같다. 부가적으로 최근 네트워크 환경은 이동성과 편리성, 보안성이 차지하는 부분이 점차 커짐에 따라 디렉토리 서비스(directory service)를 기반으로 각각의 조직과 사용자의 필요에 따라 네트워크 사용권한을 부여하는 인증 중심의 통합 보안 솔루션 도입도 고려해야 할 것이다.

〈표 3-5〉 홈네트워크 구성요소별 보안요구 사항

구성요소	요구 보안기능
홈 서버 게이트웨이	-사용자 & 기기간 인증기능 -접근제어기능 -무결성 및 기밀성(인증 및 제어관련정보) -디바이스 보안기능의 관리 -보안정책관리기능 -외부 보안서비스 연동기능 -서비스 정보 댁내망 기밀성 -VPN 기능(IPSec VPN) -네트워크 침입탐지기능(TCP wrappers) -네트워크 침입차단기능(firewall) -유해정보 차단 및 제공 콘텐츠 보호기능 -서비스 정보에 대한 기밀성
댁내 · 외 네트워크 디바이스	-사용자 인증 & 기기간 인증기능 -접근제어 기능 -무결성 및 기밀성(인증 및 제어관련정보) -VPN 기능 -서비스 정보에 대한 기밀성

3-3 유비쿼터스 홈네트워크 보안영역 및 보안기술

제 3 장

1. 홈네트워크 보안영역

홈네트워크의 보안 영역은 크게 2계층 인증과 방화벽 · 액세스 컨트롤, VPN 등 세 개의 영역으로 나눌 수 있다. 2계층 인증은 네트워크를 이용하는데 있어서 가장 기본적인 부분에서 인증(장비와 사용자에 대한 인증)을 요구해 내부적인 보안을 이룰 수 있는 방법이다. 방화벽/액세스 컨트롤은 내부 서버들이 접속하는 부분, 원격 사용자의 검색을 위해 보통 두 개 또는 그 이상의 방화벽을 설치해 목적에 맞게 동작을 구현시킨다. 한편 VPN은 회선 비용을 절감하기 위해 인터넷을 이용한 원거리 접속 솔루션이다. 이와 같은 기본 보안 영역을 고려한 홈네트워크 보안 기술은 홈 서버 · 게이트웨이, 댁내 · 외부 홈네트워크, 정보가전기기로 나누어져 통합적으로 개발 및 응용되어 유비쿼터스 홈네트워크의 안정성을 보장해야 한다.

2. 홈 서버 · 게이트웨이 보안기술

홈 서버 · 게이트웨이를 통해서 전달되는 사용자와 서비스 제공자의 정보가 부정한 사용자나 위험으로부터 보호되어야 하며, 동시에 사용자와 집안의 정보에 대한 프라이버시가 보호되어야 한다. 또한 침입, 해킹, 바이러스 등과 같은 외부 침입 행위에 대한 방어 기능도 필요하다.

(1) 정확성

홈 서버 · 게이트웨이에 접근하는 관리자 및 사용자의 신원을 확인하는 기능이다. 앞서 살펴본 바와 같이 기본적인 ID와 패스워드 기능뿐 아니라 지문, 손, 안면, 홍채 등 신체적 특성을 이용한 생체인식 장치가 점차 사용되고 있다.

(2) 기기 인증

정보가전기기의 연결이 발생하는 경우 부정한 정보가전기기인지를 확인하는 기능이다. PC 및 댁내 단말들의 인증은 네트워크를 사용하는 데 있어서 필요한 요소, 즉 스위치 포트, MAC 어드레스, IP 어드레스 프로토콜의 조합으로 네트워크 접속을 제한할 수 있다.

(3) 제한성

사용자가 외부로부터 홈 서버 · 게이트웨이나 댁내 망에 연결된 정보가전기기에 접근을 시도하는 경우 미리 정해진 접근권한 제어를 수행하는 기능이다. 접근제어는 서비스 및 사용자별로 제한을 두어 효과적으로 관리될 수 있다.

(4) 침입방지 기능

패킷 필터링, 침입과 해킹, 악성코드(웜, 바이러스, 트로이목마, 스크립트) 등과 같은 외부 침입에 대해 방어하는 기능이다. 방화벽의 활용은 비인가 패킷을 차단하고 악성코드의 침입 위험을 줄일 수 있으나 댁내 망에 존재하는 무선랜 기반의 댁내 단말들과의 상호작용은 여전히 문제점으로 남아 있다. 대부분 무선 AP를 댁내 방화벽 내부에 두는 것은 바람직하지 않다.

(5) 무결성

홈 서버 · 게이트웨이상의 중요한 데이터나 댁내 외로 전송되는 데이터에 변경이 발생하는 경우 이를 확인하는 기능이다. 디지털 서명(Digital Signature)이나 권한 증명(Certificate Authority)의 활용으로 무결성을 보장할 수 있으나 홈네트워크라는 환경을 고려해 무결성 보장 기술들의 적절한 적용 및 활용이 요구된다.

(6) 기밀성

홈 게이트웨이를 통하여 전송되는 데이터가 인가되지 않은 사용자에게 노출되는 경우 그 내용이 알려지는 것을 방지하는 기술이다. 최근 고도화된 암호화 기술, 특히 1024/2048bit 기반의 AES나 Elliptic Curve 기술을 이용한 암호화를 사용하여 댁내 · 외 정보 및 데이터의 기밀성을 보장할 수 있다.

또한 모바일 환경에 대한 보안 기술로 홈 서버 · 게이트웨이는 다음과 같은 보안 대응책을 마련하여야 한다. ID/패스워드를 통한 기본적인 모바일 장비의 보안 및 DoS 공격, 바이러스나 웜, 코드나 설정 파일에 대한 보안을 고려해야 한다. 또한 댁내 모바일 장치에 대한 MAC/IP 주소 및 텔넷(telnet)에 대한보안, 장비에 대한 접근 제한, RADIUS나 LDAP를 통한 사용자 접근 제한, 트래픽의 암호화(SSL, SSH, TLS) 등의 서비스를 제공해야 한다. 마지막으로 비상시를 위한 자동 복구 및 치유 기능도 고려되어야 할 것이다.

3-4 유비쿼터스 홈네트워크의 보안기술 동향

1. 국내외 보안기술 동향

홈네트워크 보안기술은 방범/방재 분야를 중심으로 개발되어 왔으며, 최근 들어 일부 업체에서 관련 IT 보안(Security) 기술을 개발하고 있다.

홈네트워크 보안기술은 홈게이트웨이 중심의 VPN, F/W 등이 대부분이다.

국내 기술 동향은 ㈜안랩유비웨어에서 외부망에서 홈네트워크 접근을 위한 인증/인가기술 개발하고 ㈜이니텍은 디지탈방송 솔루션업체인 알티캐스트와 제휴하여 PKI 기반의 보안 솔루션을 개발하고 ㈜시큐어넷에서 홈네트워크 보안서버 운영과 인증솔루션을 개발하고 ㈜소프트포럼은 PKI 기반의 셋톱박스용 사용자 인증 및 암호기술을 개발되었다.

해외의 기술 동향은 국내와 같이 홈게이트웨이에 VPN, F/W 기능을 통합하기 위한 연구가 주로 진행 중이다. 홈네트워크 미들웨어에는 보안요구 사항이 정의 되어 구현되고 있고 케이블홈(CableHome)에서는 안전한 홈게이트웨이 및 암호기능에 대해 연구하고 있다. 일본 NTT 등에서는 원격에서 스마트카드를 이용한 홈네트워크 자원관리기술이 연구되고 있다.

	국내	국외
인증기술	▪ ETRI 정보보호연구단에서 개발한 PKI 기술이 PKI 업체 등에 기술 이전되어, 인터넷 뱅킹, 사이버증권 거래 등의 보안을 위해 활용되고 있음 ▪ 사용자 인증을 위한 생체인증기술의 활용성이 증가하고 있어, 향후 PKI 또는 보안 IC카드 등과 연계하여 새로운 기술로 발전할 것임	▪ 미국의 FPKI, 캐나다의 GOC PKI, 호주의 PKAF, 유럽의 ICE-TEL 등 국가차원의 PKI 체계를 구축 ▪ 미국의 생체여권과 같이 사용자 인증을 위한 생체 인식기술이 활성화되고 있음
암호기술	▪ 미국, 유럽, 이스라엘 등 선진국에 비해 5-10년정도의 기술격차가 존재 ▪ 국내용 표준 블록 암호알고리즘으로 SEED를 개발하여 사용 중임	▪ Rijndael 등 암호알고리즘을 정부주도로 개발하여 상용제품에 활용하고 있음 ▪ 암호알고리즘기술은 미국, 이스라엘, 일본, 벨기에 등이 선도하고 있음
접근제어기술	▪ 접근제어기술은 보안OS나 통합인증권한관리 솔루션인 EAM 등에 응용되고 있음 ▪ 국내 보안OS 시장은 초기단계로, ETRI에서 개발하여 기술이전하였음 ▪ EAM은 소프트포럼, 이니텍 등이 시장을 주도	▪ 국외 보안 OS시장은 컴퓨터어소시에이트, 시만텍 등이 주도하고 있음 ▪ EAM 세계시장의 70%를 Netegrity가 점유

[그림 3-7] 국내외 보안기술 동향

- PKI : Public Key Infrastructure, FPKI : Federal PKI, GOC : Government Of Canada,
- PKAF : Public Key Authentication Framework
- ICE-TEL : Interworking public key Certification infrastructure for European-TELematics,
- EAM : Extranet Access Management

2. 미들웨어 보안기능

	제공 보안 기능
UPnP	▪ V1.0에는 보안기능 없음 ▪ 현재 보안기능 추가작업 중 ✓ 제품 인증, 기기간 인증, 접근제어기능, 기밀성
Jini	▪ V1.0의 안전성은 자바보안기술에 의존 ✓ 사용자인증, 기기간 인증, 메시지 무결성 및 기밀성, 접근제어 기능 ▪ V2.0에서 보안기능 강화 ✓ 상호인증, 인가기능, 코드 무결성
HAVi	▪ HAVi 인증서 기반의 기기간 인증기능 제공
LonWorks	▪ 기기간 인증, 기밀성
HNCP	▪ 보안기능 없음 (V1.0)

[그림 3-8] 홈네트워크의 각종 미들웨어 보안

3-5 유비쿼터스 홈네트워크 시범서비스 보안구조

1. 홈네트워크 서비스의 주요 보안구조

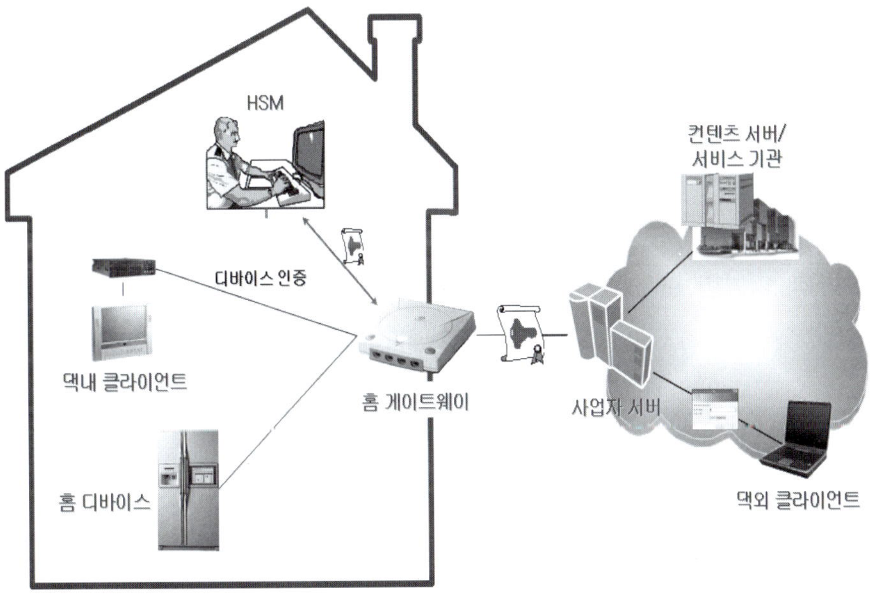

[그림 3-9] 홈네트워크 시범서비스 보안구조

① 홈네트워크 서비스 사업자의 보안기능 제공 위치

- SKT는 NOC의 사업자 서버가 수행
- KT는 홈앤플랫폼의 사업자 서버가 수행

② 홈네트워크 서비스 사업자 서버의 주요 보안기능

- 댁내 사용자에 대한 네트워크 접근인증

- 사업자 컨텐츠 서비스에 대한 사용자 인증
- 외부 CP 사업자 제공 서비스에 대한 접근인증은 CP가 별도로 지원
- 홈네트워크에 대한 원격접근인증
- 홈네트워크 관리를 위한 홈게이트웨이 인증
- 댁내 홈기기 제어를 위한 디바이스 관리
- 과금

2. 홈네트워크 시범 서비스의 보안분석 및 대책

① 안전하지 못한 사용자 인증수단 사용

- ID/PW 인증기술에 대한 다양한 공격방법 입증
- 사이버아파트에서는 공격에 노출될 가능성이 높음

② 사용자 인증수단의 사용에 있어서 사용자에게 선택권 부여 필요

- ID/PW, 인증서, 생체정보 등

③ 향후, 다양한 홈서비스 제공을 위한 차세대 인증기술에 대한 고려 미흡

- 생체정보 기반의 상황인지 홈서비스 활성화 대비 필요
- 생체정보 기반의 인증기술 채용 필요

④ 댁내에서 댁내 홈서비스 사용시 사업자측의 비효율적인 인증수행

- 홈네트워크 사업자가 제공하는 서비스에 대해서만 사용자 인증기능 수행
- 네트워크 접근인증, 홈포탈 서비스 접근인증

⑤ 홈네트워크 환경에 적합한 접근제어기술 필요

- 홈디바이스의 특성 및 사양을 고려한 경량화된 기술 필요
- 사업자의 가입자 홈기기에 대한 접근제어 권한 보유 문제

3-6 유비쿼터스 홈네트워크의 접근제어 및 인증기술

1. 홈네트워크 접근제어 기술

사용자별로 홈기기 및 홈서비스에 대한 차별화된 접근제어 제공한다.

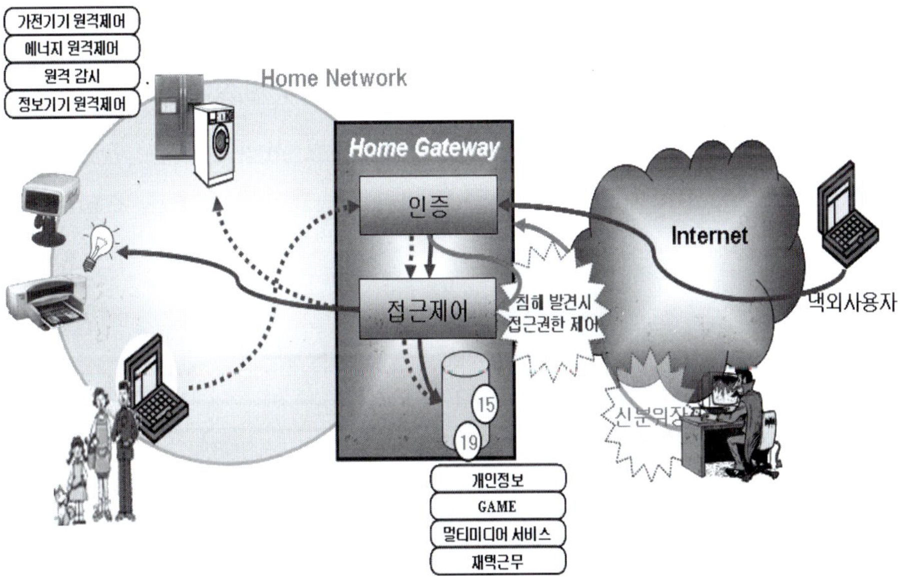

[그림 3-10] 홈네트워크 접근제어 기술

2. 홈네트워크 인증기술

홈네트워크에 적합한 경량화된 인증체계 개발이 필요하다.

[그림 3-11] 홈네트워크 인증 제어 기술

(1) 편리성이 강화된 사용자 인증기술

1) 홈 서비스 활성화를 위해 인증방식의 편리성과 안정성 강화가 필요

현재는 홈네트워크 상업자가 제공하는 네트워크 서비스 접근 후 홈 포탈을 통한 응용컨텐츠 사용하거나 홈 포탈과 관계없는 응용컨텐츠를 사용한다. 즉 자신이 편리한 인증수단을 활용하여 한번의 인증으로 모든 홈 서비스를 접근하는 개념이다.

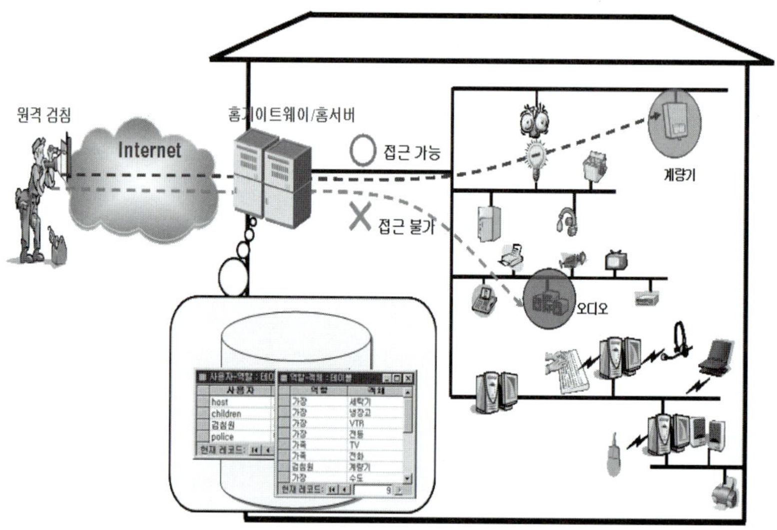

[그림 3-12] 능동 접근제어 서비스 구축 사례

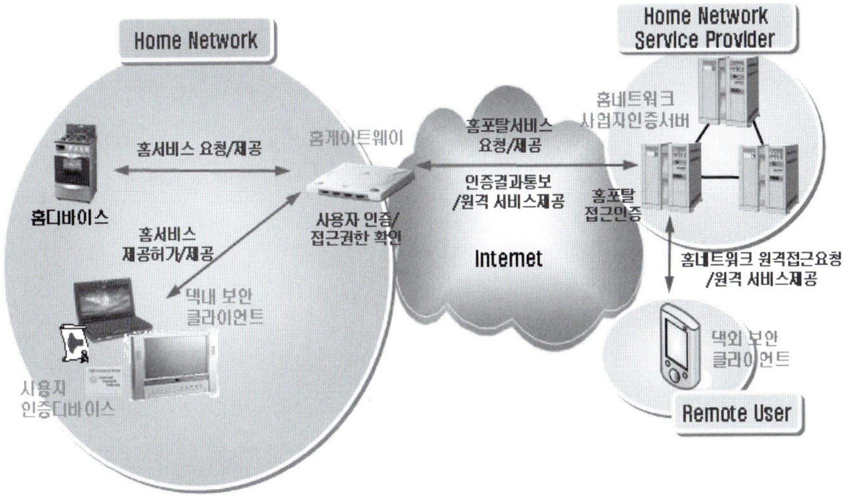

[그림 3-13] 인증 · 접근제어 서비스 사례

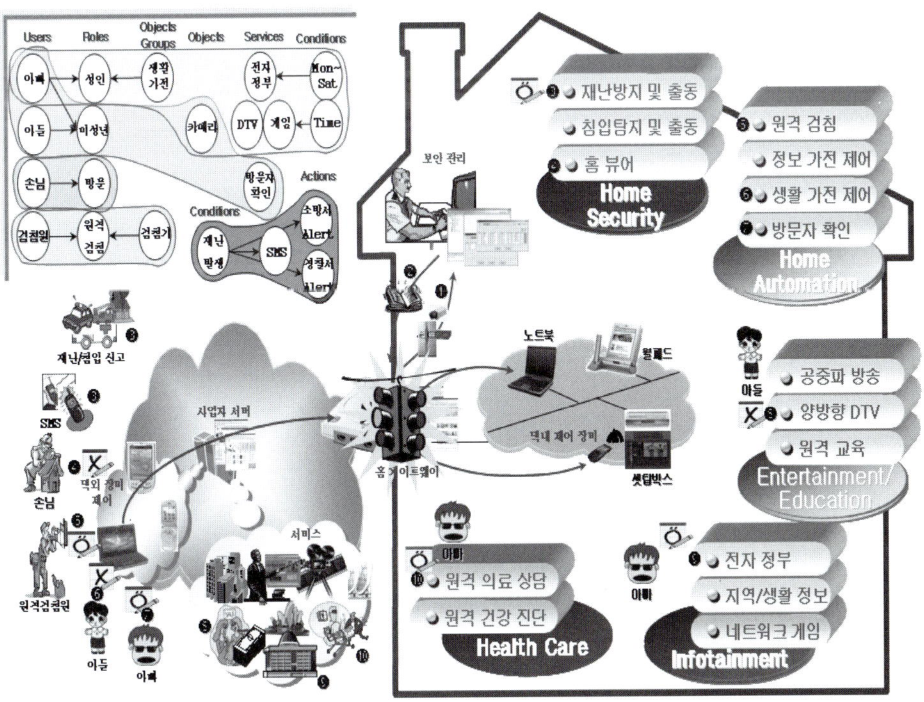

[그림 3-14] 유비쿼터스 홈네트워크 보안 시스템 구축

제4장

유비쿼터스 홈네트워크 표준화

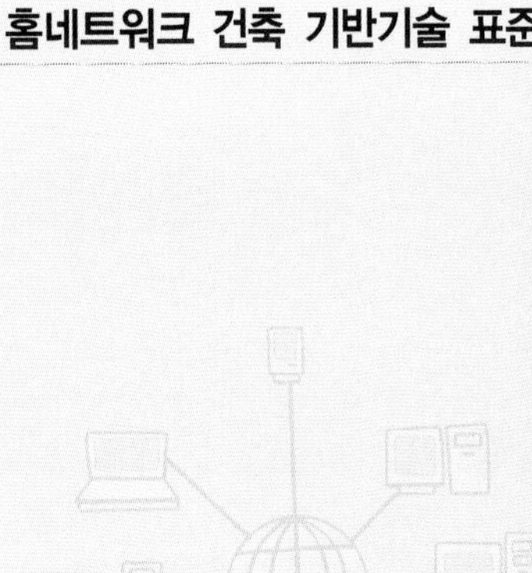

4-1 유비쿼터스 홈네트워크의 표준화

1. 유비쿼터스 홈네트워크 표준화

표준화는 관계가 있는 사람들의 이익 또는 편의가 공정히 얻어지도록 통일화, 단순화를 도모할 목적으로 물체, 성능, 능력, 배치, 상태, 동작, 절차, 방법, 순서, 책임, 의무, 권한, 사고, 방식 등에 관하여 설정한 기준으로 일반적으로 문장, 그림 또는 표, 견본 등의 구체적인 표현을 제시한다.

표준화의 장점으로는 제품종류의 다양화와 창조적인 인간 생활, 의사 전달의 용이, 생산 원가의 절감, 소비자 및 공동사회의 이익 제공 및 무역 장벽의 제거(규격화된 제품 및 생산 공정)를 들 수 있다.

표준화 단점으로는 경쟁력 저하 및 기술 종속, 대기업 및 다국적기업의 시장 지배력 강화, 신기술 적용 지연, 신표준을 채택함으로써 발생하는 이익을 정확하게 계량화하는 일이 불가능한 경우가 많다.

표준화는 상호 협력하여 추진하며, 개정할 수 있어야 하고 시험방법을 규정하여야 한다.

디지털화, 네트워크화가 점차 가속화되면서 기업간, 국가 간의 표준경쟁이 총성 없는 전쟁으로 비유될 만큼 기업의 생사는 물론 국가 흥망을 좌우할 정도로 표준의 중요성이 부각되고 있으며, 홈네트워크 분야는 자국의 표준을 세계 표준으로 유도하여 세계 시장을 선점하기 위해 각 국에서는 다각도로 노력 중에 있다.

각국별 표준은 범 세계적 시장형성의 장애물로서, WTO의 기술장벽협정(Technical Barriers to Trade: TBT)에서는 각국이 국제표준을 의무적으로 수용할 것을 요구하고 있는 추세이며, 표준경쟁에서 승리한 기업은 시장을 독점하지만 패배한 기업은 시장에서 퇴출 또는 군소 기업으로 전락한다는 Winner Takes All 경쟁개념이 확산되고 있는 추세이다.

(1) 표준 종류

- 포괄 범위
- 지역 표준, 국내 표준, 국제 표준
- 규제 방식과 정도
- 자발적 합의, 실제 표준(de facto), 법적(공식) 표준(de jure)

(2) 홈네트워크 표준의 필요성

홈네트워크를 통해 부가가치를 창출하기 위해서는 기기간 기능의 조화를 통해 사용자에게 새로운 서비스를 제공할 수 있어야 한다. 따라서 기기간 호환성이 중요하며, 표준화를 통해 이를 획득할 수 있다.

(3) 다양한 표준간 경쟁

- 홈네트워크 미디어간 충돌
- Wireless LAN / Home PNA / Ethernet / IEEE 1394 / …
- Access 네트워크 미디어간 충돌
- 전화망 / 방송망 / 전력망 / …
- 홈네트워크 미들웨어 표준간 충돌
- UPnP / HAVi / Jini / …
- 인터넷 미들웨어 표준간 충돌
- Web Service / J2EE / …

(4) 관련 업체간 이합집산

- IT업체 vs 가전업체
- Wintel vs anti-wintel

(5) 전통 백색 가전의 소외

2. 유비쿼터스 홈네트워크 시스템 구축

(1) 인터폰의 고도화

기술의 발달로 홈네트워크 환경이 성숙해 졌으며 액세스망의 고속화(xDSL, FTTC, FTTH) 및 보급이 확대(사이버 아파트)되었다. 가전산업도 변화하여 백색가전에서 정보가전으로 발전하였다. 더불어 정보단말의 상품화(PC, 홈 서버, 패드, PDA)가 가속되었다. 이에 대한 기술은 확립되고 많은 부분이 표준화 되었다. 디지털홈에서는 이들 기술을 단독 또는 복합적으로 사용하는 환경이므로 모든 요소와 기술이 이용되고 있다.

이들 기술을 통합하여 사용하고 이를 통해 미디어 활용, 컨텐츠 이용, 가전기기 제어 및 모니터링, 홈 시큐러티 확보, 홈케어 지원 등을 최소의 비용으로 최대의 효과를 발휘할 수 있는 부분을 선택하여 우선적으로 표준화에 적용하고자 한다.

홈네트워크 구축은 전자정보통신업체와 주택건설사업자간에 공동으로 설계하고 작업하는 영역이므로 서로의 협력이 필요하며 특히 주택건설에서는 입주자의 편의와 기능의 효율을 기할 수 있는 핵심 부분이 무엇인가를 찾아내야 한다.

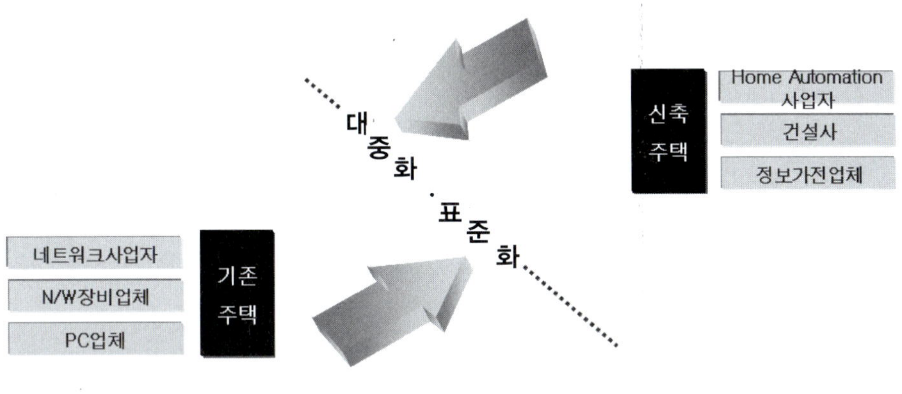

[그림 4-1] 유비쿼터스 홈네트워크 시스템 구축 영역

홈과 외부와의 인터페이스를 담당하는 인터폰으로 선정하였다. 그 이유는 대부분의 아파트에서 인터폰을 통한 홈 모니터링, 방범, 방재 및 제어가 이루어지고 있기 때문이다.

홈네트워크의 입장에서는 인터폰이 게이트웨이와 홈서버 기능 등을 포함하고 있어야 한다.

(2) 인터폰 요소기술

인터폰에는 다음과 같은 요소기술이 포함되어야 한다.

1) 액세스 네트워크(Access Network)

- 콘텐츠와 서비스를 홈으로 전달
- xDSL, HFC, 전용회선, FTTx 등의 다양한 기술이 사용자의 환경에 따라 선택적으로 적용
- 신축 APT의 경우 FTTC + Ethernet 형태의 구성
- 통신/방송 융합 및 멀티미디어 서비스를 고려한 FTTH 도입

2) 내부 네트워크(Indoor Network) – 유선망

- 댁내 홈네트워크용 기기간의 데이터 통신망
- 기기의 종류와 데이터에 따라 적합한 방식과 매체가 상이함에 따라 다양한 기술이 상존할 가능성이 높음

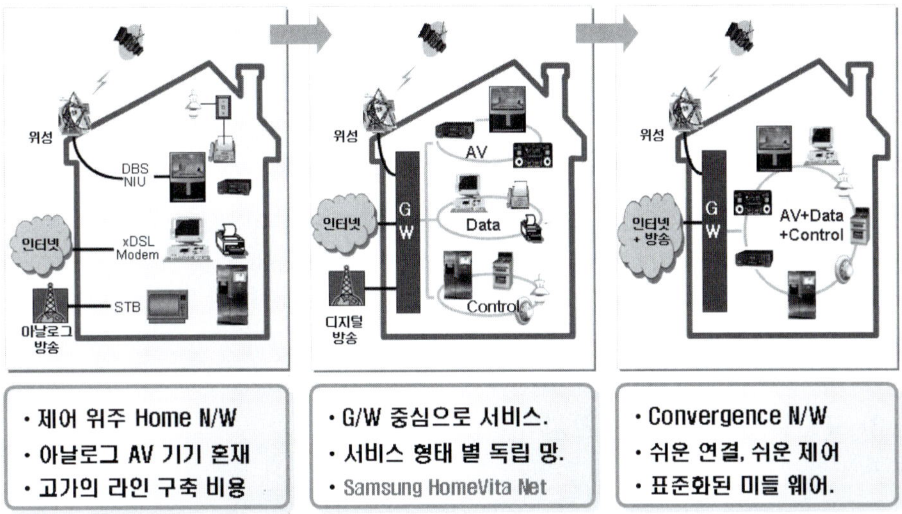

[그림 4-2] 홈네트워크 발전과 핵심부분(GW)

3) 내부 네트워크(Indoor Network) - 무선망

- 휴대용 단말기 또는 배선이 용이하지 않은 홈네트워킹 단말기에 적용
- 무선 LAN으로 무선 홈네트워크 망 구축(IEEE802.11b, g, a)
- 블루투스(저가, 저전력, 소형화)

4) 미들웨어

- 인터넷정보가전 단말기에 탑재되어 유무선 홈네트워크 환경에서 상호 운용성을 확보하기 위한 응용 소프트웨어
- 제어 명령 및 데이터 교환을 보장하는 기술로 홈 오토메이션, 홈씨큐리티, 홈 오피스 등 홈네트워크용 서비스를 개발하기 위한 플랫폼 제공

(3) 유비쿼터스 홈 인터폰 추가기술

유비쿼터스 홈 인터폰에는 다음과 같은 기술이 추가로 포함되어야 한다.

1) 모바일 홈네트워크 이용 기술

- 휴대폰을 이용한 홈네트워크 기술
- 이동통신 사업자의 홈네트워크 서비스 이용
- Hotspot 서비스 확대 및 휴대인터넷의 상용화에 의한 모바일 서비스이용

2) 멀티미디어 서비스 제공을 위한 억세스망 고속화 기술

- 방송 · 통신의 융합 및 VOD, 원격교육, 원격진료, 화상통화 등 멀티미디어
- 서비스 이용, VDSL망, FTTH망

3) 표준화 및 기기간 호환성

- 홈네트워크 기기간의 상호 운용성, 홈네트워크 표준 기술

3. 유비쿼터스 개념의 홈네트워크 요구사항

아울러 표준화 작업이 활성화되기 위해 다음과 같은 사항이 요망된다.

1) 정책

- 신축 주택의 홈네트워크 설치 세대의 지원을 통한 조기 확대 유도
- 대국민 홍보를 통한 홈네트워크 유용성, 편리함 홍보
- 홈네트워크 관련 표준화 단체 일원화로 체계적인 정책 수립

2) 다양한 컨텐츠

- 고객 Needs에 맞는 서비스 발굴 및 제공(Killer Application, Entertainment)
- 저렴한 비용으로 이용확대
- 디지털 콘텐츠의 지적재산권(DRM) 보장

3) 기기간 상호 운용성 보장

- 표준화를 통한 상호 운용성 확보
- 홈네트워킹 기반조성(배선표준화, 기기 보급 확대)
- 기기의 설치, 유지보수 용이(Plug & Play 기능)

생활목표	응용서비스	네트워크 및 기기	인프라
즐거운 생활	VOD, 게임, 문화, 홈씨어터 서비스 등	· 유무선 네트워크 · 홈게이트웨이 · 방범방재 · 출입통제 · 전원	· 인터텟 망 · 통신 망 · A/V망 · 인터폰망 · 인출구 · 공간
편리한 생활	원격제어, 원격모니터링, 원격교육, 홈뱅킹, 행정서비스 등		
안전한 생활	방범 방재, 출입, 보안, 무정전, 비상연락 서비스 등		
건강한 생활	원격의료, 응급호출, 의료정보, 원격환자관리 서비스 등		

4. 유비쿼터스 홈네트워크 인증시 인프라 평가항목

평가항목		1등급	2등급	3등급
인터폰망	설치장소	거실+각실+화장실+주방+발코니	거실+각실	거실만
	디스플레이 형태	Color Digital LCD	Color CRT	흑백 CRT
	인터폰 Type	Built-in방식+터치스크린	Built-in+키폰방식	벽제 노출형
	홈오토와 연계	방문자영상확인가능+세대방문자 메신저 알림기능+USB와 연결 가능 +출동 및 무인경비와 연동	방문자영상확인가 능+세대방문자 메신저 알림기능	방문자 영상 확인 가능
	영상신호 주사방식	NTSC/PAL 동시지원	PAL	NTSC

(1) 유비쿼터스홈 기술 표준화 추진 필요성

① 융합(BT + IT + NT의 홈 환경 구현 기술) 지능화 기술 관점의 표준화 제정이 필수(개별 기기 단위 설치 시 혼재 규격으로 인한 유비쿼터스 홈 구성의 어려움 해결)이며 유비쿼터스홈 구축을 위한 융합, 환경, 연동 관점의 표준화 제정이 필수요소로 떠오름

② 국제 표준의 난립과 국내 서비스 개발업체 및 제품개발업체간의 다양한

인프라 및 인터페이스 방식으로 인한 서비스별 호환성이 지원 안 됨으로서 개별 기술의 비표준화된 규격제품개발 투자로 인해 낭비뿐 아니라 시장의 활성화를 지연시키고 있음.

③ 기존의 사이버 APT, 인텔리전트 빌딩 등의 단순한 IT 위주의 산업 시장이 사용의 불편함으로 인해 시장 확장의 한계 상태로 지능화 개념 접목으로 신산업 창출 필요함.

④ 따라서 본 포럼을 통한 유비쿼터스홈 서비스 융합관점, 개별 세부 기술의 사양 및 인터페이스의 표준화를 통해 Defacto Standard로 향후 거대시장을 형성할 유비쿼터스홈 분야의 시장 지배력 및 시장 확대 및 국제 표준화를 선도할 수 있음.

⑤ 개별 표준화 기술로는 해결이 어려운 시스템 융합 기술적 특성이 요구되는 분야로서 연관 분야를 통합하여 운영하는 포럼 방식 체제가 필요하며 관련 기술개발을 진행 중인 산, 학, 연과의 유기적인 연계 속에 기술개발 및 사실상 산업 표준(Defacto Standard) 제정에 주도적으로 기여하고자 함.

⑥ 유비쿼터스홈 표준화는 가정내 초고속망과 연결되어 음성, 영상, 데이터 등의 다양한 부가정보를 전송받을 수 있도록 표준화가 필요.

⑦ 유비쿼터스홈 표준화는 가정내 에너지와 연결되어 난방, 전기, 자동제어 동작 및 운용과 연계되어 작동할 수 있는 표준화가 필수.

⑧ 유비쿼터스홈 표준화는 가정내 건축시설물과 연결되어 구조 및 장치의 설치 및 제거가 가능하도록 표준화가 필요.

⑨ 유비쿼터스홈 표준화는 가정내 거주공간에서 개인의 건강과 연계한 의료지원 시스템을 구축하기 위한 표준화가 필요.

(2) 가정외 환경과 연계한 지능화 서비스 필요

① 유비쿼터스홈의 표준화는 외부에서 무선 단말 및 제어경로를 통해서 홈네트워크, 홈 시큐리티 등 다양한 서비스들이 통합 관리 및 운용되게 하여 개

인생활의 편리화가 이루어지며, 삶의 질 또한 향상될 것으로 예상된다.

② 따라서 정부와 산. 학. 연 관계자들이 대거 참여한 가운데, 댁내 인간 생활의 지능화라는 패러다임으로 새롭게 부상하는 유비쿼터스홈의 기술을 사회・경제・정치・문화・교육・국방 등의 전분야로 확산시키기 위해 우리 삶의 변화를 조명하고, 국가 기술 정책과 법. 제도의 제안, 관련 기관들의 정보 교류와 보급 등의 활성화, 관련 기술 및 산업 발전의 원활한 유도, 관련 주요 핵심기술 소개, 세계 기술 선점 분야등을 살펴보고 표준화로 유도함이 필수적이다.

표준화를 진행하는 과정에서 관련 업체들이 가장 우려한 내용은 기술적 표준이 제품의 기술 사용을 규제하여 기술 발전과 다양성을 저해할 수 있다는 점이다. 또한 빠르게 변화하는 기술 발전을 표준화에 적용할 수 있는가의 여부이다. 유비쿼터스홈 등급별 인증시스템이 필요하지만 인증의 기준을 정하는 과정에서 여러 분야의 전문가들에게 의견을 수렴하여 모든 관련 업계가 동의할 수 있으며, 불이익을 받지 않을 타당성 있는 표준의 개발이 필요하다는 것에 의견이 모아졌다. 따라서 표준화 범위는 하위 레벨의 기본적인 기술적 요구사항을 정의하는 방향으로 진행 중이다. 또한 사용자 관점에서 사용 편의성 및 제품의 Upgrade의 가능성을 고려한 기술적 표준안을 개발하려고 노력중이다.

세계의 유비쿼터스홈 표준화 현황을 살펴보면 전세계 우수 연구소, 기업, 대학은 이미 컴퓨팅, 네트워크, 소프트웨어 전반에 걸친 연구를 시작하였고 상당한 수준의 가시적인 결과를 보이고 있다. 따라서 유비쿼터스홈 표준화 포럼은 에너지, 기기, 네트워크, 서비스뿐 아니라 관련산업의 활성화를 함께 도모하며 네트워크, 시스템, 정보가전 미들웨어, 하드웨어로부터 소프트웨어에 이르기까지 다양한 분야에 걸쳐 각 분야별로 표준화 대상을 선정하여 집중적인 표준화 연구를 계속해 나갈 것이다. 이는 정보통신 산업전반에 걸쳐 기술발전 및 기기의 호환성 확립에 기여하고, 응용 서비스의 융합화를 촉진시킴으로서 신산업 및 고용창출과 국가 경쟁력확보, 그리고 국민생활의 IT 서비스를 촉발하여 언제 어디서나 필요한 정보를 얻을 수 있고, 국민의 삶을 향상 시킬 것으로 기대된다.

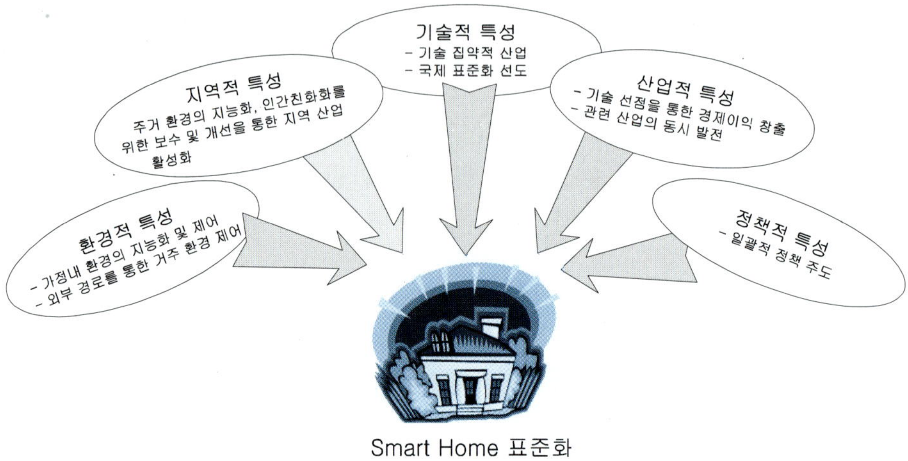

[그림 4-3] **표준화 사업의 필요성**

5. 유비쿼터스 홈네트워크 표준화 대상

- 홈(Home)
- 선로, 함체, 배선, 배치, 단자…
- 가전제품(Consumer Products)
- 선로, 함체, 커넥터, 통신 프로토콜, 미들웨어
- 홈 게이트웨이(Home Gateway)
  - –프레임워크(Framework : 표준 모델, 기능 표준)
  - –서비스, 보안, 통신 프로토콜, 미들웨어
  - –전원, 함체, 배선, 배치, 단자, 커넥터, 버스, 카드
- 멀티미디어 서비스(Multimedia Service)
  - –전달방식, 제어방식, 관리방식법 제도
  - –요금, 방송/통신, 정보공개 절차

이를 위해 상호운용가능한 제품의 가이드라인을 설계하고 표준단체와 연합체를 형성하고 컴플라이언스(compliance) 테스트와 인증 프로그램을 만든다. 그리고 인증된 제품을 위한 소비자 중심의 로고를 제작한다는 것이다.

(1) 미 국

- IEEE의 1394, 이더넷, ePON, UWB, WLAN 선로 표준
- IETF의 OPES 서비스 프레임워크 표준
- HomePNA, .NET, DCOM, UPnP, OSGi, Jini, HAVi, Lonworks, CEBUS 등 산업 표준

(2) 유럽

- DVB의 방송 미들웨어 표준
- FS-VDSL의 홈네트워크 표준

(3) 일본

- 미국, 유럽과 협조

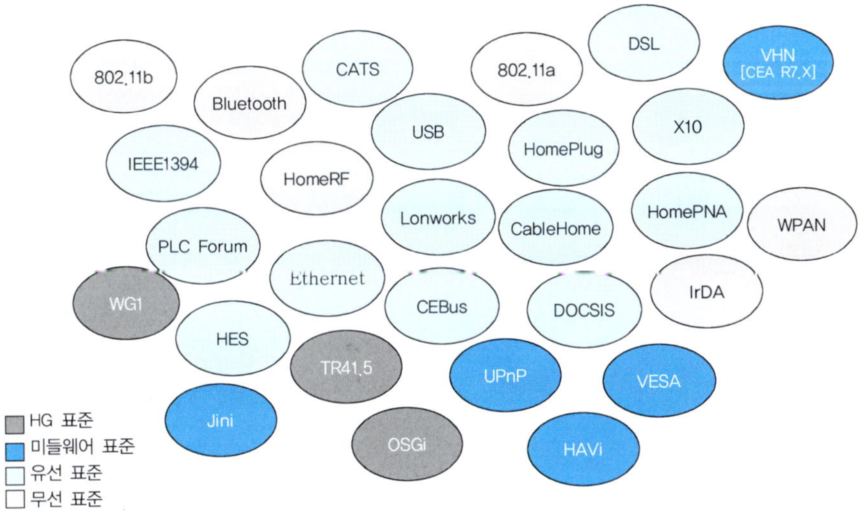

[그림 4-4] 홈네트워크 기술의 표준

6. 홈네트워크 관련 기술 표준화

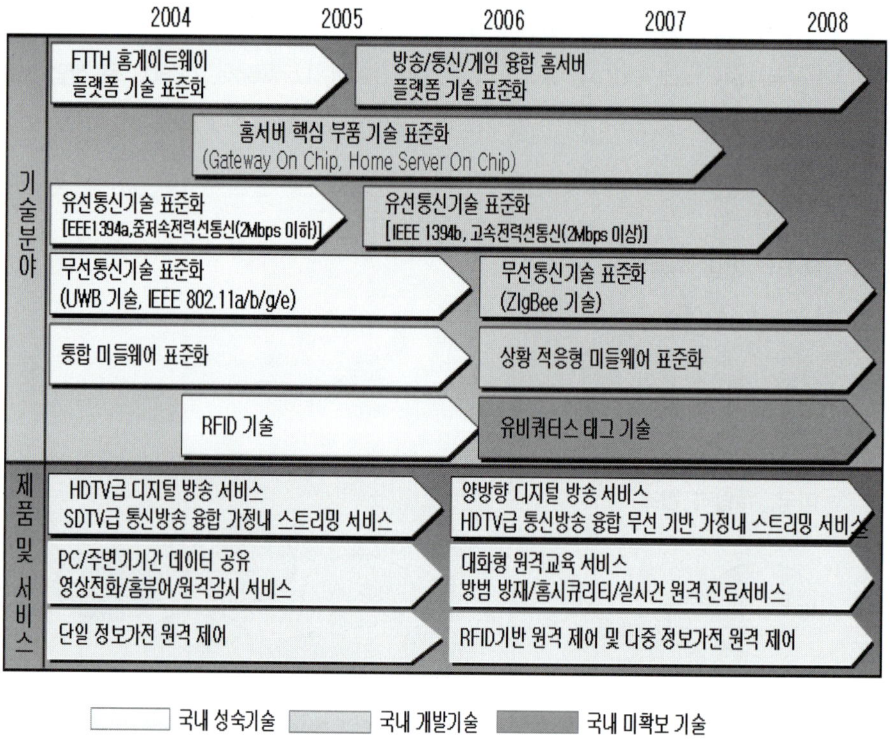

[그림 4-5] 유비쿼터스 홈네트워크 표준화 동향

(1) 홈서버 · 홈게이트웨이 분야

홈서버 · 홈게이트웨이 장치는 디지털홈 구축의 핵심장치로 정보, 통신, 가전기기 등을 제어하고 xDSL 등 외부 망과 연결해 주는 것을 주 기능으로 하여, 점차 기술의 융합화 추세에 따라 저가로 안전하게 서비스를 제공하기 위한 SoC 형태로 발전하고 있으며, 실시간 기능성을 갖추고 음성, 영상 및 데이터의 통합형 서비스를 사용자가 원하는 즉시 제공해 줄 수 있는 유비쿼터스 장치로 진화해 갈 것으로 전망된다.

특히, 홈서버는 UWB, 무선1394, 고속 WPAN, RFID, IPv6, 센서 네트워크, 상황인식 등 새로운 홈네트워킹 기술들이 적용될 미래 가정환경에서 사용자가 언제, 어디서나 가정 내 디바이스에 접근하여 댁내 감시, 헬스케어(Health care), 미디어 스토리지 등 집안과 밖에서 제공되는 다양한 고품격 홈네트워크 서비스를 사용 가능하게 하여 궁극적으로 홈네트워크 서비스의 보급을 확산시킬 수 있는, 촉매역할을 담당하는 유비쿼터스 유비쿼터스 홈네트워크의 핵심 기술로 발전하고 있다.

국외 주요 표준화 단체 동향을 살펴보면, HGI(Home Gateway Initiative)는 주거용 홈게이트웨이에 대한 표준을 만들기 위해 2004년 12월 15일 스위스에서 Belgacom, British Telecom 등 9개의 통신사를 중심으로 설립되었고, 현재 약 34개의 업체들이 활동에 참여중에 있다.

HGI는 현재 표준(ITU-T, H610, DSL Forum)에 근거하여 그 차이점을 분석하고, HW/SW 아키텍처, 비용 등을 고려하여 향후 향상된 멀티 플레이어 서비스(인터넷 서핑, 엔터테인먼트, IP 전화와 모바일-IP 전화, 화상전화 등)를 지원하기 위해 광대역 서비스와 네트워킹 환경을 완전히 지원하는 통합된 주택용 게이트웨이를 개발하는 것에 초점이 맞추어 있는 것이 특징이다.

(2) 유 · 무선 홈네트워크 분야

유 · 무선 홈네트워크 관련 기술은 현재 여러 단체로부터 표준화가 진행되고 있으며, 그 형태도 크게 유선과 무선으로 분류된다. 무선 홈네트워킹 기술은 유선 홈네트워킹 기술에 비하여 새로운 배선이 필요하지 않고, 설치하기가 쉬우며, 사용하기가 용이하고, 이동성이 보장된다는 여러 가지 장점들이 있어 최근에 홈네트워킹의 주력 기술로서 급속하게 발전하고 있다.

특히 무선 홈네트워킹 기술은 가정에서 사용자의 이동성에 대한 요구가 증대되면서 그 중요성이 확산되고 있으며 유비쿼터스홈을 구축하기 위한 핵심 기술로 인식되면서 표준화 경쟁이 활발히 진행되고 있다. 〈표 4-1〉와 〈표 4-2〉는 주요 유 · 무선 홈네트워크 기술 동향을 나타낸다.

〈표 4-1〉 유선 네트워크 기술비교

구분	HomePNA	IEEE1394	USB	PLC	Ethernet
표준	V1/V2/V3	1394e/1394b	V1/V2.0	지역별	IEEE802.3
속도	1/10/100Mbps	~400Mbps/ 3.2Gbps	12/480Mbps	~1Mbps 10Mbps~	10/100Nbps
전송거리	150m	45/100m	30m	100m	100m
노드 수	25개	63개	127개	256개	1024개
접속기기	PC 프린트, 전화	AV기기 PC 주변기기	PC 주변기기	HA 통신기기	PC 프린트

1) 이더넷(Ethernet)

IEEE 802.3 표준에 따른 네트워킹 기술로서 데이터 통신에서 이미 오래전에 검증을 받은 LAN기술이다. 기업 네트워크를 비롯한 홈네트워크의 기반을 이루고 있으며, 속도가 빠르고(현재 10Mbps 및 100Mbps) 안전성과 높은 신뢰성 그리고 무엇보다 타 경쟁기술보다 저렴하다는 점에서 주목받고 있다. 단말장치들은 CAT-3 혹은 CAT-5의 UTP(unshielded twisted pair)선이나 동축케이블과 연결하고 CSMA/CD(Carrier Sense Multiple Access with Collision Detection) 프로토콜을 사용한다. 현재 1,000Mbps 전송속도의 IEEE 802.3a가 표준화 완료 상태에 있으며, 이 기술을 이용한 장비가 출시되고 있다. 최근의 신형 PC들이 이더넷 카드나 마더보드 위에 이더넷 LAN을 장착하고 있는 가운데, 소비가전 벤더들도 이더넷을 임베디드시킨 셋톱 박스, PVR (Personal Video Recorder), DVD 플레이어, 비디오 게임 콘솔, 디지털 오디오 수신기 등을 시장에 내놓고 있다.

2) IEEE1394

차세대 홈네트워크 인터페이스 기술로 주목받기 시작한 IEEE1394는 원래 하드디스크 인터페이스로 1986년에 개발되기 시작하여, 1994년에 IEEE보급을 목적으로 1394 Trade Association이 설립되었으며, 표준안 작업을 하고 있다. IEEE1394의 특징을 살펴보면 다음과 같다.

① IEEE1394 인터페이스의 가장 큰 장점은 전송속도가 빠르며, 모드에 따라 100Mbps, 200Mbps, 400Mbps로 규격화 되어 있다. 이와 같은 속도라면 디지털 오디오나 동화상 정보를 실시간으로 처리할 수 있으며 스캐너, 디지털카메라, 디지털비디오 카메라 등과 같은 멀티미디어 기기를 연결하여 사용할 수 있다.

② IEEE1394는 양방향 통신이 뛰어나다. 즉, 모든 주변기기마다 IEEE1394 인터페이스를 제어할 수 있는 IC를 내장할 수 있기 때문에 PC를 통한 화상회의 등의 응용분야에서 우수한 기능을 발휘할 수 있다.

③ IEEE1394는 PnP(Plug and Play)를 지원한다는 점이다.

④ IEEE1394는 직렬방식의 인터페이스 사용으로 한 기기의 전원이 꺼지더라도 다른 기기의 전원은 꺼지지 않는다. 네트워크 전송 표준으로서의 IEEE1394의 주된 장점은 가전산업과 PC 산업이 모두 이를 차세대 데이터 전송 표준으로 받아들이고 있다는 데 있다.

디지털 카메라, 디지털 VCR, 그리고 고용량 데이터저장장치들은 이미 IEEE 1394 인터페이스를 결합하고 있으며, 조만간 소비자용 PC에서도 도입될 것으로 보인다. 이 기술은 동일한 실내에서 엔터테인먼트 네트워크나 혹은 댁내나 다세대 주택내의 백본 기술로서 실질적인 응용이 될 수 있을 것으로 예상된다.

3) Home PNA

홈네트워크의 백본 기술로 대두되고 있는 HomePNA는 기존의 댁내 전화선로를 이용하여 정보통신 기기들을 하나의 망에 연결하고 허브나 라우터 등의 별도 장비 없이도 LAN환경을 구축할 수 있으며, 현재 최대 데이터 전송속도 10Mbps인 HomePNA 2.0이 표준이 되고 있다. 최근에는 전송률 향상과 QoS(Quality of Service)를 강화시킨 128Mbps의 HomePNA 3.0이 발표되었는데, 2004년 중반 경에는 HomePNA 3.0을 사용하는 선도제품이 시장에 출시될 예정이다. 기존의 댁내 전화회선을 사용한다는 장점을 바탕으로 유선 홈네트워킹 기술 가운데 비교적 안정적인 위치에 있기는 하나 최근 경쟁기술로 부각되고 있는 무선계 기술과 거의 맞먹는 가격과 사용상의 편이성, 보안 및 QoS 문제 등에서 확실한 해결책을 필요로 하고 있다.

4) 전력선(PLC : Power Line Carrier)

PLC는 가정이나 사무실에 포설된 전력선을 이용하여 통신신호를 100KHz~30MHz의 고주파 신호로 바꾸어 전송하고, 수신시에는 고주파 필터를 이용하여 신호를 수신하는 방식으로서 데이터 전송에 활용된 것은 이미 20년 가까이 된다. 저속(60bps)의 X-10 플랫폼이 초기 제품으로 출발하였으나 느린 속도 때문에 단방향이었으며 애플리케이션이 제한적이었다. 최근에는 HomePlug 1.0이 2001년 말에 선보인 이래 2003년초에 열린 CES에서 버전 2가 재설계되어 출시되었으며, 차세대 스펙인 HomePlug AV이 개발중이다. 이 표준은 HDTV 및 SDTV 포함해서 데이터와 멀티스트림 엔터테인먼트에 초점이 맞추어지고 있으며, 제품군은 2005년 초에 시장에 나올 것으로 전망하고 있다. 전력선을 이용한 홈네트워킹 기술은 아직까지 이더넷이나 무선계 기술보다 상대적으로 가격이 높은 편이다. 장기적인 관점에서 볼 때 QoS 문제에 영향을 받지 않는 가전제품이나 데이터 전송분야를 지원하는 편에 속하게 될 것으로 보인다.

〈표 4-2〉 **무선 홈네트워크 기술비교**

단체	표준	주파수대역	전송속도	전송거리
블루투스	IEEE802.15.1	2.4GHz	1Mbps	10m
WLAN	IEEE802.11a/b/g	5.2GHz/2.4GHz	54/11Mbps	50m
UWB	IEEE802.15.3a	3.1~10.6 GHz	480Mbps	10m
지그비	IEEE802.15.4	860/900MHz 2.4GHz	250Mbps	50m

5) 블루투스(Bluetooth)

블루투스는 통신 및 정보가전 기기들을 서로 연결함으로써 어느 때나, 어느 곳에서나 서비스가 중단 없이 연결될 수 있다는 장점이 있으며, 제조업체의 저가 모듈 및 제품 개발의 노력, 사용자에게 편리하면서도 친근한 응용제품의 지속적인 개발이 이루어져야 한다. 블루투스는 근거리, 일대다, 음성과 데이터 전송을 하기위한 무선방식으로 보통 10m에 이르는 거리내의 단말간 통신이 가능하고, 출력을 증가시키면 100m까지도 그 인식거리를 확장할 수 있다. 블루투스 표준은 전세계 휴대폰 시장의 40% 이상을 장악하고 있는 노키아, 에릭슨 등이 표준화를 주도하고 있으며, 블루투스 SIG(Special Interest Group)와 IEEE802.15 그룹을 통해 표준화가 진행중이며 2001년에 블루투스 SIG에서 1Mbps급 버전 1.1 표준을 완료하였다. 현재는 블루투스 SIG에서 2~11Mbps급의 버전 2.0에 대한 표준화가 진행중이며, IEEE802.15.3에서는 20Mbps 이상의 고속 무선 PAN에 대한 표준이 진행중이다.

6) UWB

UWB 기술은 무선 반송파를 사용하지 않고 기저대역에서 수 GHz 이상의 매우 넓은 주파수 대역을 사용하며, 통신이나 레이다 등에 주로 응용되었으며, 사용 대역 폭이 중심 주파수의 25% 이상 혹은 1.5GHz 이상의 점유 대역폭을 차지하는 무선시스템이다. UWB의 핵심기술로는 100Mbps급 UWB 모뎀 기술과 고품질 QoS 지원을 위한 MAC기술 그리고 광대역 전송에 적합한 소형 안테나 기술이 있다. 현재 UWB시장은 아직 형성되지 않았지만, 2005년경에는 시장이 활성화 될 것으로 예측된다.

7) 지그비(Zigbee)

지그비 기술은 저속 전송속도를 갖는 홈오토메이션 및 네트워크를 위한 표준 기술로서 버튼 하나의 동작으로 집안 어느 곳에서나 전동 제어 및 홈보안 시스템, VCR on/off 등을 할 수 있고, 인터넷을 통한 전화 접속으로 홈오토메이션을 더욱 편리하게 이용하려는 것에서부터 출발하였다. IEEE 802.15.4는 2003년도에 물리계층 및 MAC 계층의 표준을 마무리한 상태이다. 표준안에는 전송속도를 주파수에 따라 250kbps(2.4GHz ISM 대역에서 16개의 채널), 40Kbps/20Kbps(915MHz 대역에서 10개의 채널/868MHz 대역에서 1개의 채널) 전송속도로 되어 있으며 CSMA-CA 프로토콜과 255개의 기기를 연결하며 도달

거리는 1~100M로 설정할 수 있게 되어 있다. IEEE 802.15.4의 큰 특징 중의 하나인 저렴한 가격은 직접 방식인 스펙트럼 확산 기술을 기본으로 한 간이 변조 방식을 채용하여 무선 송수신 회로의 구성을 단순화하고 칩셋의 가격을 1.5 달러 정도로 억제하는 것을 지향하고 있다. 그리고 블루투스가 1Mbps, 1mW 이상의 송신전력을 갖는데 반해 지그비는 250kbps, 1mW 미만의 송신전력을 사용하고, 2.4 GHz 주파수 대역에서 16 채널을 지원하여 같은 대역내에서 더 많은 사용자를 수용할 수 있다. 지그비의 RF 링크 프로토콜과 사용자 애플리케이션은 단지 8 비트 마이크로 컨트롤러를 기반으로 동작하고, 실행 코드 사이즈의 크기가 작으므로, 전체 지그비 스택을 위한 코드 사이즈가 32k 바이트 이하로 설계하는 것을 규격으로 하고 있다. 현재 Chipcon, Motorola, Broadcom, CSR, Atheros, Philips 등에서 CMOS 기술을 이용한 무선 SoC 칩 시제품을 발표하고 있으며, CMOS RF 내장 SoC의 상용화가 급속하게 진전되고 있다.

8) HomeRF

HomeRF 기술은 블루투스와 마찬가지로 2.4GHz 대역을 사용하여 가정 내의 PC를 중심으로 소비자 가전들을 연결하여 홈네트워킹을 구성하는 기술이며, 데이터 및 음성 트래픽 모두 지원하고 채널 접속은 TDMA와 CSMA/CD의 하이브리드를 사용한다. HomeRF 표준화는 2002년 3월 Home RF 워킹그룹에서 음성규격이 포함된 최대 10Mbps급 HomeRF 2.0을 제정하였다. HomeRF3.0 버전은 20Mbps 이상의 데이터 속도를 요구하며 HomeRF 1.0 및 HomeRF2.0과 backward compatible하다. HomeRF 시장은 초기단계로서 지멘스는 Home RF 전화단말기를 개발하였고, 프록심에서는 데이터 네트워킹 모델을 개발하였으나 다른 무선기술에 비해 개발업체와 표준화 참여업체가 적으므로 시장형성이 활발하지 않은 편이다. 비교적 저가격이라는 점에서 홈네트워크 시장에서 강점을 지니고 있으나 전자 레인지, 무선 전화기와의 간섭 등 무선 간섭문제가 남아있다. 인텔이 IEEE 802.11b로 방향을 선회하는 등 경쟁기술인 802.11b Wi-Fi의 포트당 저 가격화와 블루투스와의 관계설정 등 시장에서 점점 입지가 좁아지고 있다.

IEEE802.15.3a에서는 MBOA 중심의 MB-OFDM UWB와 모토로라 중심의 DS-UWB 기술이 양분되어 표준화가 지연되고 있다. 국내에서는 ETRI와 삼성전자 등이 IEEE802.15.3a회의에 참여하여 기고서 발표, 표준 제안 등 적극적인 표준 활동을 추진중이며, 특히 국내에서는 UWB 표준화 활동 이외에 적극적인 기술개발로 2004년 ETRI에서 HD 급 미디어 전송이 가능한 UWB 시제품을 개발하였고, 2005년 하반기에 UWB 칩셋을 개발하는 등 외국과 비교시 기술이 대등한 수준이다.

2003년 국내의 UWB 활성화를 위해 한국 UWB 포럼을 구성하고 스펙트럼 정책 및 간섭분석 평가 등을 실시하였고, 한중일 동북아 UWB 워크숍 한국 유치 등 표준 활동을 주도하고 있다.

(3) 유비쿼터스 홈컴퓨팅 분야

1999년부터 일부 선진기관에서는 홈네트워크 분야에서 우위를 선점하기 위해서는 미들웨어 분야의 표준을 선도하는 것이 중요하다는 인식을 하고 관련 분야의 표준화에 많은 노력을 기울이고 있다. 홈네트워크 미들웨어 표준은 크게 IP(Internet Protocol)를 기반으로 하는 것과 non-IP를 기반으로 하는 미들웨어로 분류할 수 있는데, IP를 기반으로 하는 미들웨어는 1998년 정의된 Jini와 2001년 버전 1.0이 정의되고 최근 가장 많은 670여개 업체들로부터 지지를 받는 UPnP(Universal Plug aNd Play)가 대표적이다. UPnP 미들웨어는 2003년 다양한 표준의 난립으로 홈네트워크 활성화의 최대 저해요인으로 인식되는 상호호환성 문제를 해소하기 위해 설립된 DLNA(Digital Living Network Alliance)의 기반이 되면서 입지를 확고히 하고 있다.

non-IP 기반 미들웨어는 IEEE1394를 기반으로 하는 오디오/비디오 기기를 위한 HAVi(Home Audio/Vidoe Interoperability)와 전력선을 기반으로 하는 론워크 등이 있다. 〈표 4-3〉에서는 홈네트워크 미들웨어에 대한 표준화 동향을 나타낸다.

1) UPnP

UPnP는 혼합 미디어 멀티 밴더(Mixed-Media Multi-Vendor) 홈네트워크 환경에서 운영체제, 언어 및 하드웨어에 독립적인 서비스 환경을 구축하기 위해 1999년 6월 마이크로소프트, Intel, Compaq, 미쓰비시, 필립스, 소니 등 150여 개 기업이 참여한 가운데 PC 중심의 가전기기 제어 소프트웨어로서 표준을 정의한 것이다. UPnP는 TCP/IP, HTTP, GENA, SOAP, SSDP등 IETF 표준 인터넷 프로토콜을 기반으로 하고 있으며, DA(Device Architecture), AVA(Audio VideoArchitecture), 보안구조(Security Architecture) 등 3개의 구조로 이루어져 있다. 2004년 7월 UPnP AV 1.0 스펙이 공개되었고, 조만간 UPnP AV 1.0 스펙이 release 될 것으로 기대된다. DLNA DLNA는 홈네트워크 상호운용 프레임워크의 제공을 목적으로 2003년 6월에 결성된 표준단체이다. 2004년 8월 8개의 BoD(Board of Director) 멤버들, 즉 HP, Intel, Microsoft, Nokia, Panasonic, Philips, 삼성, Sony를 중심으로 160개 여개의 업체가 참여하고 있다. 1.0 스펙에서 UPnP DA와 AV를 기본 프로토콜로 활용하면서 UPnP의 입지는 향후 홈네트워크 미들웨어의 De-Facto 표준으로 자리삽을 전망이다. 그러나, 취약한 시큐리티 문제와 더불어 상기한 표준 인터넷 프로토콜의 부담, non-IP로 구성될 것으로 보이는 가전 및 센서/액추에이터 네트워크와의 연결 방법 등이 향후 풀어야 할 숙제로 남아 있으며, 1.0 스펙이 6월에 발표된 DLNA의 요구사항을 만족하기 위해 보조를 맞추어야 하는 부담이 있다.

2) HAVi

HAVi는 1998년, 전 세계 AV 시장의 70% 이상을 점유하는 기업들, 즉 소니, 톰슨, 필립스, 도시바, 샤프, 히타치 등 8개 가전기기 제조사가 중심이 되어 다양한 디지털 오디오 · 비디오 기기간의 상호운용성을 보장하기 위한 표준 제정을 위해 조직한 단체로서, 1998년 11월 1.0 스펙을 발표하였고 2000년 4월에 소니와 필립스사에서 프로토타입 시스템을 데모하였다. HAVi 기술은 IEEE1394 인터페이스 및 프로토콜과 JVM을 기반으로 하며, 디지털 TV를 중심으로 홈엔터테인먼트 기기들을 구성 관리하는 미들웨어이다.

HAVi의 일부 기술은 DVB-MHP(Digital Video Broadcasting-Multimeida Home Platform)에 포함되고 있고, 미국 케이블 방송 표준인 Open Cable에서 IEEE1394를 채택하면서 많은 기대를 모으는 면도 있으나, IP over 1394 기술이 실제 필드에 적용되면서 IP를 기반으로 하는 UPnP 미들웨어에 많은 부분이 잠식되어 가고 있다. 실제로 초기의 8개 핵심멤버 중에서 소니 등 4개사가 탈퇴하는 등 홈네트워크 표준으로서 다소 입지를 잃어가고 있다.

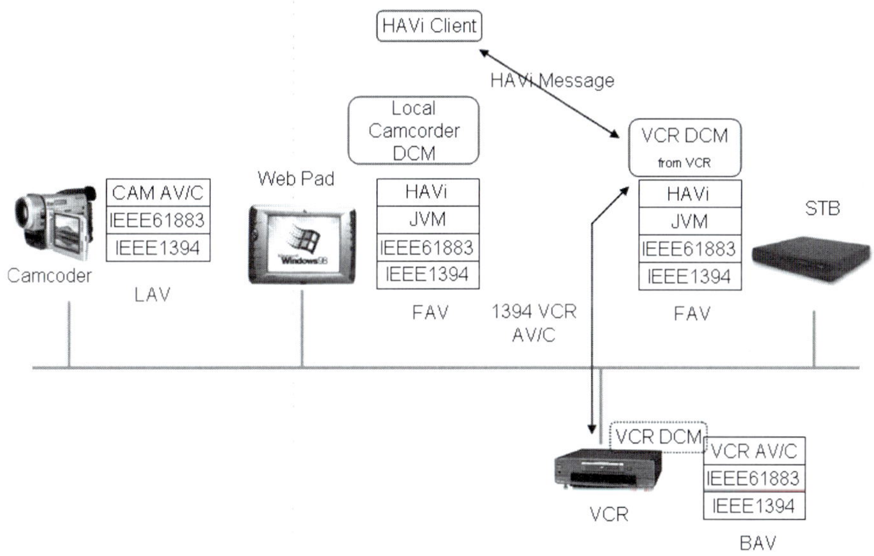

[그림 4-6] HAVi 네트워크 구성도

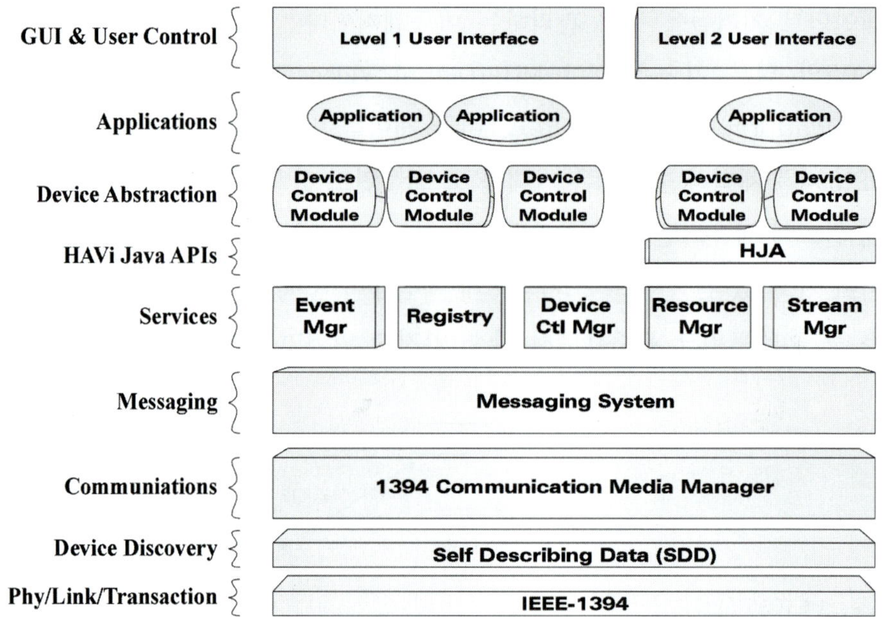

[그림 4-7] HAVi 네트워크 스택

3) Jini

Jini는 네트워크 상의 모든 종류의 디바이스와 소프트웨어 자원의 통합체를 구성하여 서비스와 자원을 공유하고 사용자의 위치 변화에 관계없이 네트워크 상의 자원에 대한 용이한 접근 및 네트워크의 개설, 갱신, 변경 작업의 단순화를 목표로 하는 기술로서 1998년 썬 마이크로시스템즈사에서 발표한 분산 환경의 홈네크워크 자원 공유 플랫폼이다. 홈네트워킹의 미들웨어 관점에서 본 Jini의 강점은 Plug and Play 기능에 의한 간단한 시스템 구성과, 실행 코드의 이동성에 의한 가변성, 그리고 기존의 IP를 기반으로 하는 네트워크에 대한 자연스러운 확장성 및 Java 연관 제품 및 시스템과의 호환성 확보 등이다. 단점으로는 Jini 시스템에 JVM을 도입함으로 인하여 수행속도가 느리고 많은 양의 메모리를 차지하므로 시스템의 단가가 높아진다. 또한 룩업 서버(Lookup Server)에의 의존도가 높아 홈네트워크 시스템에 종종 발생하는 기기의 착탈 시 룩업 서버가 이탈할 경우 전체 네트워크가 동작을 하지 않을 위험성도 있다. Jini가 안고 있는 고민 중의 하나는 Jini를 창안한 썬마이크로 시스템즈사가 마이크로소프트의 UPnP처럼 강력하게 Jini를 지원할 수 없는 상황에 있다는 것이다. 썬마이크로 시스템즈의 주력 시장은 현재 Server 부문인데 Alpha 칩을 개발한 DEC사가 이 칩의 권한을 컴팩사에 매도하였으며, 컴팩사는 이 칩을 개발한 후 서버 시장에 진입하려 하였으나 어려움을 겪자 이 칩의 생산권을 인텔에 인도하였다. 이에 따라 인텔과 컴팩이 손을 잡고 서버 시장에 도전장을 낸 격이 되었으며, 썬마이크로 시스템즈사는 역사상 가장 커다란 경쟁자를 만난 셈이 된 것이다. 따라서 서버 시장의 수성에 대부분의 자원을 사용하여야 하므로 Jini를 프로모션 하는 데에는 당연히 한계를 느낄 수밖에 없고, 이로 인하여 Jini의 시장은 활성화하는 데에 다소 어려움을 겪을 것으로 보인다.

4) 론워크

빌딩/홈오토메이션을 목적으로 전력선을 활용한 저속 통신 기반의 미들웨어로서는 론워크, CEBus 등의 단체 표준 미들웨어가 관련 단체(LonMark, CEBus 등)를 통해서 1990년대에 이미 표준화되었다. 이 중 론워크는 미국 ANSI 산하 EIA 709.1 표준으로 등록되었고 유럽, 미주, 일본 등지에서 많은 제품을 시장에 선보여 빌딩 자동화의 산업 표준 수준으로 인정되고 있으며, 현재 홈네트워크 서비스로의 진화를 위해 론메이커 등에서 지속적인 활동을 보이고 있다. 론워크 기술은 론토크라고 하는 네트워크 프로토콜과 디바이스 개발 프로그램 환경 등을 하드웨어적으로 구현한 뉴우런 칩을 공급함으로써 디바이스 개발자가 손쉽게 론 네트워크 프로그래밍을 개발할 수 있는 환경을 제공하고 있다. 또한, LNS라고 하는 윈도우즈 운영체제 기반의 강력한 관리 시스템을 제공하여 자동화 서비스의 생성 및 관리를 할 수 있는 토대를 제공하고 있다. 현재 론메이커에서는 센서와 액추에이터 등에 편향적으로 구성된 론워크의 응용 표준에 백색 가전기기에 적합한 표준을 추가하기 위하여 표준화 작업을 진행 중에 있으며 국내 삼성전자가 적극적으로 참여해 주도하고 있다.

〈표 4-3〉 유비쿼터스 홈네트워크 미들웨어 기술비교

단체	목표	특징 및 개발 동향
HAVi	AV 기기를 중심으로 미들웨어 표준 정의 및 확산	-상용화 : Vivid Logic, Intoto, 필립스 미쓰비시 -상호연동성 테스트 필립스, 소니, LG전자, ETRI -미쓰비시에서 HAVi 지원 HDTV, VTR 출시 -1394 지원 기기와 연동 가능(Legacy 기기 지원) -타 표준과의 연계 : DVB-MHP, DASE-HN에서 고려중
UPnP	홈네트워크 환경에서 디바이스 제어를 가능하게 하는 기술 정의	-Peer-to-Peer 홈네트워크 기술로 모든 기기는 인터넷 프로토콜 스택, 응용 모듈, 웹서버 등이 필요 -MS사의 적극 지원 아래 빠르게 확산 -UPnP 툴킷, MS, Intel, Allegro, Metro Link, Siemens -Axis, Lantronix 등에서 UPnP 지원 시제품 개발
Jini	홈네트워크 환경에 적합한 서비스 확산을 위한 하부 구조 정의	-Java 기반의 분산 컴퓨팅, 차세대 유비쿼터스 컴퓨팅 분야에 적합 -시제품 : 앱슨, 산요, 시스코 등 -OSGi 표준의 근간을 이루고 있음
론워크	전력선을 이용하는 전등, 센서 백색 가전기기를 구성하고 제어하는 표준 정의	-Twist Pair, 전력선, FF 등 다양한 매체 지원 -빌딩, 공장 자동화 분야에서 50% 이상 점유 -가전기기 : 삼성전자, GE Whirlpool 등 -에너지 관리 시스템 : 2,700백만 가구에 구축(2004년 이태리)
PLC Fawn Korea	홈오토메이션에 적용될 수 있는 전력선 프로토콜 표준 정의	-4계층을 갖는 전력선 프로토콜 -가전 디바이스간 메시지 셋 정의 -시제품 : LG전자의 에어컨 등 가전기기
DLNA	기기들의 상호호환성을 해결하기 위한 시스템 구조 정의	-데이터 포맷, 제어 방식 정의 -PVR, 디지털카메라, MP3 등 멀티미디어 기기 -콘텐트 공유에 초점이 맞추어 있음
OSGi	서비스를 위한 개방형 서비스 폴랫폼	-서비스 배포 -서비스가 동작하기 위한 제반 환경 제공

(4) 센서 네트워크 분야

유비쿼터스 홈을 구축하기 위한 센서 네트워크 기술은 필요한 사물이나 장소에 센서나 전자태그를 부착하고 이를 통하여 사물의 인식정보, 주변의 환경정보(온도, 습도, 조도 등) 및 위치정보를 탐지한 후 이를 실시간으로 네트워크에 연결하여 언제, 어디서나, 어떤 것과도 통신이 가능한 환경을 구현하는 것이다.

이러한 센서 네트워크를 효율적으로 운용하기 위하여 IEEE 802.15.4 LR-WPAN(Low Rate-Wireless Personal Area Network)에서는 저 전력으로 적은 데이터량을 송수신할 수 있는 PHY와 MAC 프로토콜의 표준화를 완료하였고, 현재 응용 서비스를 위한 시스템 개발에 필요한 MAC 상위계층에 대한 표준화 작업이 ZigBee Alliance에서 진행중이다.

4-2 유비쿼터스 홈네트워크 표준화 단체동향

1. HGI

HGI(Home Gateway Initiative)는 주거용 홈게이트웨이에 대한 표준을 만들기 위해 2004년 12월 15일 스위스에서 Belgacom, British Telecom 등 9개의 통신사를 중심으로 설립되었고, 현재 약 34개의 업체들이 활동에 참여 중에 있다. HGI는 현재 표준(ITU-T, H610, DSL Forum)에 근거하여 그 차이점을 분석하고, HW/SW 아키텍처, 비용 등을 고려하여 향후 향상된 멀티 플레이어 서비스(인터넷 서핑, 엔터 테인먼트, IP 전화와 모바일-IP 전화, 화상전화 등)를 지원하기 위해 광대역 서비스와 네트워킹 환경을 완전히 지원하는 통합된 주택용 게이트웨이를 개발하는 것에 초점이 맞춰 있는 것이 특징이다.

2. TEAHA

TEAHA(The European Application Home Alliance) 프로젝트는 2004년에 DG Information Society and Media, IST 등의 유러피안 커미션의 재정 지원을 받아 Philips, Konnex, Advantica 등에서 상호호환성을 제공하는 홈 시스템 구조, 장비 간 상호운용성, 저가격의 전력선 기술과 홈게이트웨이와 연동되는 무선 인터페이스에 대한 표준을 제정 중이다.

3. ISO/IEC JTC1/SC25/WG1 HES

ISO/IEC JTC1/SC25/WG1 HES(Home Electronic System)는 "HomeGate"로 명명한 장치의 물리적 스펙을 정의하는 N912 표준을 제정 중이며, TIA/EIA TR41.5에서 빌딩에서 멀티미디어 서비스를 제공하기 위한 residential 게이트웨이의 물리적 스펙에 대한 북미 표준인 TSB110 문서 표준화 진행 중이다.

4. CableHome

CableHome은 북미 및 남미의 케이블 회사로 구성된 산업 단체인 CableLabs가 추진 중인 표준으로, 케이블 기반의 서비스들을 홈네트워크 환경으로 확장하는 것을 목적으로 하여 케이블 operator가 DOCSIS, PacketCable, OpenCable 플랫폼의 특성을 홈네트워크를 통해서 확장할 수 있도록 하는 개방형 상호운용 인터페이스를 정의하고 있다.

5. IEEE802.15.3a

IEEE802.15.3a에서는 MBOA 중심의 MB-OFDM UWB와 모토롤라 중심의 DS-UWB 기술이 양분되어 표준화가 지연되고 있다. 국내에서는 ETRI와 삼성전자 등이 IEEE802.15.3a회의에 참여하여 기고서 발표, 표준 제안 등 적극적인 표준 활동을 추진 중이며, 특히 국내에서는 UWB 표준화 활동 이외에 적극적인 기술개발로 2004년 ETRI에서 HD 급 미디어 전송이 가능한 UWB 시제품을 개발하였고, 2005년 하반기에 UWB 칩셋을 개발하는 등 외국과 비교시 기술이 대등한 수준이다.

2003년 국내의 UWB 활성화를 위해 한국 UWB 포럼을 구성하고 스펙트럼 정책 및 간섭분석 평가 등을 실시하였고, 한중일 동북아 UWB 워크 한국 유치 등 표준 활동을 주도하고 있다.

6. 1394 Trade Association Wireless WG

1994년 AV 기기간 멀티미디어 데이터 전송을 위한 프로토콜을 정의하기 위해 결성된 1394 Trade Association의 Wireless WG(Working Group)은 Sony, Intel, Microsoft, JVC, Matsushita, Compaq, NEC, Philips, TI 등이 핵심 멤버로서 무선 1394 기술에 대한 표준화를 진행 중이다.

국내에서는 ETRI, 삼성전자, LG전자 등이 회원으로 가입하여 표준화에 참여하고 있으며, 2004년에 UWB 기반의 무선1394 기술을 구현하여 멀티미디어 데이터의 비동기 전송을 성공하고, 2005년 무선 1394를 적용하여 디지털 캠코더와 HDTV 간 실시간 영상을 전송하는 데 성공하는 등 세계기술을 선도하고 있다.

7. ZigBee Alliance

ZigBee 기술은 Honeywell, Invensys, Motorola, Philips, Mitsubishi, 삼성전자 등 산업체 콘소시엄인 ZigBee Alliance가 주축이 되어 ZigBee PHY 및 MAC을 비롯하여 데이터 링크 계층, 네트워크 계층, 응용 계층까지의 표준화에 박차를 가하고 있는데, ZigBee Alliance는 멀티미디어나 고품질 음성 통화 등의 복잡한 기술보다는 단순성에 초점을 맞추고 있으며 2004년 10월 표준이 완성된 이후 시장 선점을 위하여 저가 고 성능의 칩 개발에 박차를 가하는 한편 IEEE 802.15.4b 및 IEEE 802.15.4a 등 표준의 보완/확장을 통해 그 성능 향상과 서비스 확대를 위해서 표준 활동도 활발히 추진해 나가고 있는 추세이다.

8. DLNA

DLNA(Digital Living Network Alliance)는 2003년 6월 구성된 DHWG (Digital Home Working Group) 컨소시엄의 바뀐 이름으로, 이 단체에서는 기기들의 상호호환성을 해결하기 위해 상호호환성 권고항목을 정의하고 있으며,

2004년 6월 HNv1.0을 발표하였으며, 표준의 주 내용이 멀티미디어 데이터 포맷 정의, PVR, 디지털카메라, MP3 등의 멀티미디어 기기의 콘텐츠 공유에 초점이 맞춰 있는 것이 특징이다.

〈디자인 가이드라인 제정을 통해 상호운용 프레임워크 구축〉

- 필요 기술을 정의, 완성하고
- 개방표준 하에서 Certification Program 운영
- UPnP와 UPnP AV를 기본으로 함

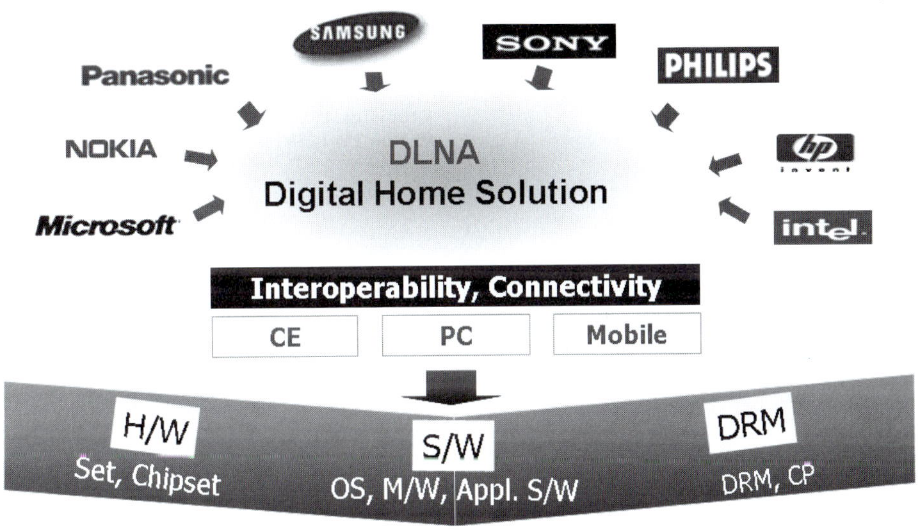

[그림 4-8] DLNA(Digital Living Network Alliance) 구성과 역할

9. OSGi

서비스 공급자가 소비자의 가정 내 환경에 적합한 서비스를 손쉽게 설치하고, 유지보수할 수 있도록 하는 Java기반의 개방형 서비스 플랫폼에 관한 산업표준인 OSGi(Open Service Gateway initiative)는 2000년 5월에 서비스 요구사항 규격인 OSGi Spec Ver.1.0을 발표하였으며, 2001년 10월에는 Ver.1.0에서 정의된 서비스 번들의 간소화와 사용자 관리, 패키지 관리, 퍼미션 관리, 구

성 관리, 선호도 관리와 같은 기능을 추가한 Ver.2.0을 발표하였으며, 2003년 3월에 시작레벨 관리, Jini서비스, UPnP서비스 등이 추가되고, SOHO용 홈게이트웨이 뿐만 아니라 차량용 게이트웨이 지원을 위한 서비스가 추가된 Ver.3.0을 발표하였으며. 2005년 10월 OSGi 서비스 플랫폼 Ver.4.0이 발표되었다.

특히 이 버전은 자바에 강력한 새로운 모듈화 능력이 추가되었고, 이를 통해 단일 VN을 공유할 수 있는 강화된 네트워크 서비스를 제공하며, 업계의 많은 새로운 표준 기반, 서비스 지향 능력의 발전을 추동 할 것으로 예상될 뿐만 아니라 네트워크 장비의 개발 및 운영 중에 상당한 비용 절감이 가능할 것으로 전망된다.

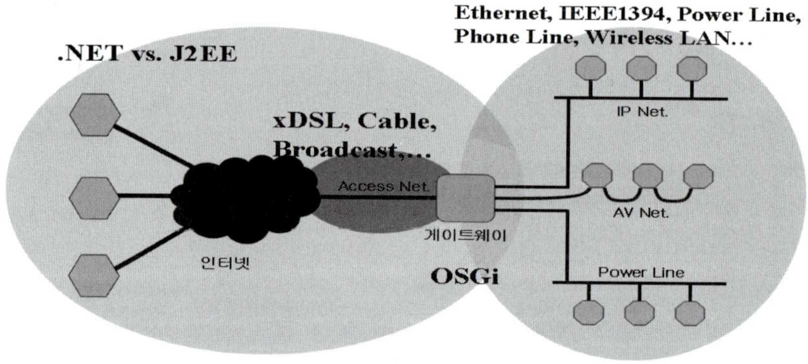

[그림 4-9] 다양한 홈네트워크 구성요소간의 결합

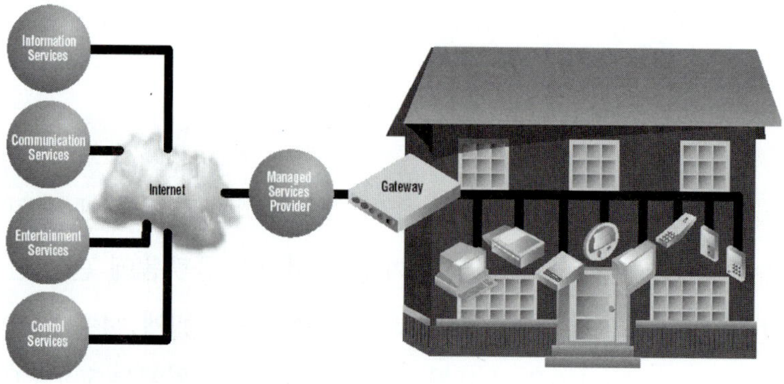

[그림 4-10] OSGi 구성

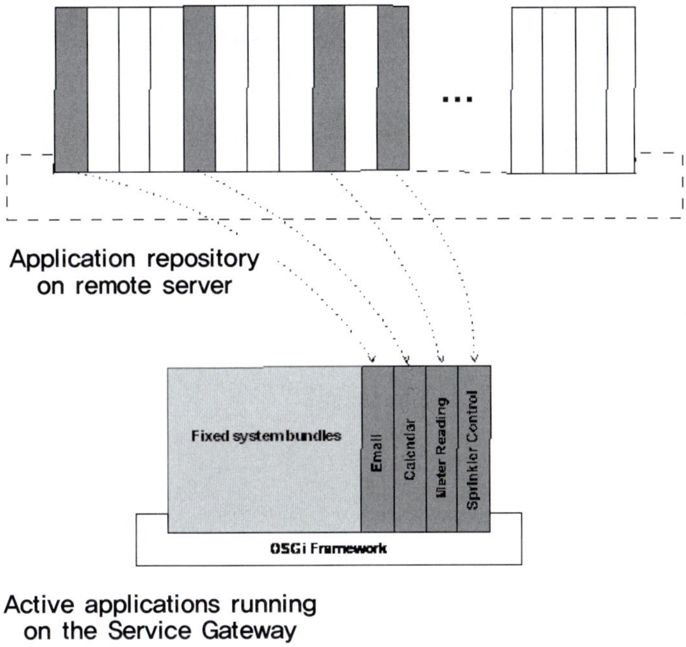

[그림 4-11] OSGi 프레임웍과 서버

10. IGRS

중국 내 시장수요와 산업화의 요구를 중심으로 가정 정보화 네트워크 실현 기능을 정의하고, 자주적으로 가정정보화 네트워크 프로토콜 표준을 제정하기 위해 설립된 IGRS(Intelligent Grouping and Resou rce Sharing)는 2004년 3월 IGRS 표준 1.0을 신식산업부에 정식 제출하여 7월에 표준으로 공고한 이래, 표준에 부합되는 PC, 디지털TV, Set-Top-Box, 가정용 무선설비 등이 중국 내에서 점차 출시되고 있는 추세이다. IGRS 1.0 표준은 IGRS 코아 프로토콜에 정의된 디바이스간의 자원 공유를 위한 디바이스의 서비스 요구사항, 디바이스간의 자원 공유를 위한 메시징 포맷과 프로세스, 디바이스 그룹핑, 디바이스 탐색을 위한 메시징포맷 및 프로세스, 상호호환 메커니즘 등을 정의한다.

이 표준은 컴퓨터, 소비자 가전, LAN, PAN, 무선 환경 하에서의 통신기기에서의 자원 및 서비스 공유에 적용이 가능하다. IGRS 1.0 표준의 프레임워크는 크게 코아 프로토콜(Core Protocols), 어플리케이션 프로파일(Application Profiles), 기본 및 확장 어플리케이션(Basic and Extended Applications)로 구성된다.

11. 국내 표준화 단체

(1) 한국정보통신기술협회 관련 활동(정통부)

- 디지털 홈표준화 포럼
- DRM(Digital Rights Management) 포럼
- MPEG-Korea 포럼
- URI(Uniform Resource Identifier)표준화 포럼
- 무선인터넷표준화 포럼
- 블루투스표준화 포럼
- 한국xDSL표준화 포럼
- 이더넷 포럼
- 인터넷텔리포니 포럼
- 구내통신연구반(초고속통신 건물제도 인증)

(2) 기타 관련 활동(산자부)

- 유비쿼터스 홈네트워크 포럼
- 394 포럼

(3) 산업표준

- 삼성전자 VHN(Versatile Home Networking)
- LG전자 LnCP(Living network Control Protocol)

4-3 유비쿼터스 홈서비스(SHoM Unit) 표준화 규격

1. 표준화 방향

가정에 설치되는 인터폰을 통해 제공될 수 있는 서비스(기능)를 최소, 선택, 고급 기능의 세가지 단계로 분류하여 표준화를 추진한다.

인터폰의 독자적인 기능뿐만 아니라 집 내/외부의 시설과 장치가 연동되어 인터폰을 통하여 제공될 수 있는 서비스도 포함하여 고려한다.

2. 인터폰의 표준 기능 분류

(1) 통신 기능

- 댁내 사용자와 외부인의 대화 기능
- 영상에 의한 방문자 확인 기능
- 방문자 자동 기록 기능(정지 영상 · 동영상)

(2) 안전 관리 기능

- 가스 누출 경보 기능
- 화재 경보 기능

(3) 범죄 예방 기능

- Gate 수동/자동 잠그기 기능

- 게이트 열림 상태 자동 경고 기능
- 외부에서 게이트의 잠금 상태 검사 기능
- 게이트를 외부에서 원격으로 잠그기 기능
- 긴급 상황 발생 시 자동 신고 기능
- 전등의 파워 제어(옥내 배선 연결) 기능
- 가전제품의 파워 제어 타이머 기능

3. 서비스 등급 정의

① 서비스 동종 1 : 기본 기능(표준 인터폰 설치시 요구되는 최소한의 기능)
② 서비스 동종 2 : 선택 기능(다수 사용자가 선택할 가능성이 높은 기능)
③ 서비스 동종 3 : 고급 기능(일부 고급 사용자가 선택할 수 있는 부가 기능)

평가항목		1등급	2등급	3등급
홈인터폰	설치장소	거실+각실+화장실+주방+발코니	거실+각실	거실만
	디스플레이 형태	Color Digital LCD	Color Digital LCD	흑백 Digital LCD
	인터폰 Type	Built-in+터치스크린 방식	Built-in+키폰방식	벽제 노출형
	제공기능	기본 기능+선택 기능 +고급 기능	기본 기능 + 선택 기능	기본 기능
		12. 방문자 동영상 확인 기능 13. 사용자 인식 기능 14. 외부인 침입시 자동 신고 기능	7. 방문자 정지 영상 녹화 기능 8. 외부에서 게이트의 잠금 상태 검사 기능 9. 게이트를 외부에서 원격으로 잠그기 기능 10. 전등의 power control (옥내배선연결) 기능 11. 가전제품의 power control timer 기능	1. 인터폰 기능 2. 영상에 의한 방문자 확인 기능 3. 게이트 잠그기 기능 4. 게이트 열림 상태 경고 기능 5. 가스 누출 경보 기능 6. 화재 경보 기능
	영상신호 주사방식	디지털 방식	디지털 방식	아날로그 방식

4. 서비스 등급별 요구 기능 분류

(1) 1등급

- 인터폰 기능
- 영상에 의한 방문자 확인 기능
- Gate 잠그기 기능
- Gate 열림 상태 경고 기능
- 가스 누출 경보 기능
- 화재 경보 기능

(2) 2등급

- 방문자 정지 영상 녹화 기능
- 외부에서 게이트의 잠금 상태 검사 기능
- 게이트를 외부에서 원격으로 잠그기 기능
- 전등의 전력 제어(옥내 배선 연결) 기능
- 가전제품의 전력 제어 타이머 기능

(3) 3등급

- 방문자 동영상 녹화 기능
- 사용자 인식 기능
- 외부인 침입시 자동 신고 기능

〈표 4-4〉 서비스 등급별 요구 기능 분류

서비스 Level	홈컨트롤	커뮤니케이션	안전관리	부가 기능
서비스 1등급	• 가스밸브 및 조명 제어 • 난방 시스템 제어 • 가전기기 제어	• 전화 발신 및 수신 • 메모(텍스트) • 경비실 · 관리실 · 세대간 연결	• 가스밸브 및 문/창문 개폐 확인 • 위험 상태 경보 • 방문자 확인 및 문 개패	
서비스 2등급	원격 홈컨트롤	• 화상 통신 지원 • 정지영상 및 동영상 메모 • 통합단지관리 시스템	• 원격 경보 • 원격 방문자 확인 및 문 개폐 • 방문자 영상 녹화 및 재생	• 엘리베이터 호출 • 외부 모니터링
서비스 3등급		• 원격 메모 • 인터넷 접속	• 사용자 인식 • 홈뷰어 • 출동경비시스템	• 원격검침 • 택배통보시스템 • 차량도착통보

4-4 유비쿼터스 홈네트워크 건축 기반기술 표준화

제 4 장

1. 개 요

1990년대 이후부터 가속화된 정보통신 인프라 구축을 기반으로 국내의 IT기술은 괄목할 만할 발전을 지속해 왔으며, 특히 건축의 주거분야에서는 이러한 초고속 정보통신망을 토대로 홈 오토메이션(HA : Home Automation)에서 홈네트워크(Home Network)를 지나 현재 유비쿼터스 기반의 유비쿼터스 홈(Smart Home)에 까지 이르게 되었다. 요사이 비슷한 개념을 가지고 나타나는 주거의 형태를 '디지털 홈, 유비쿼터스 주거, 미래 주택, 인텔리전트 아파트, 사이버 아파트, 정보화 주택 등' 여러 가지 용어로 혼용되어 쓰이고 있으나 여기에서는 통합하여 가장 이상적이라고 판단되는 유비쿼터스 홈(Smart Home)으로 모든 용어를 대표하여 지칭한다.

유비쿼터스 홈의 연구는 단독주거 형태인 일반주택을 위주로 연구가 진행 중인 외국의 경우와는 달리, 국내에서는 집합주거 형태인 아파트나 주상복합 등을 대상으로 활발한 연구가 진행 중에 있다. 그리고 이러한 우리의 특수한 주거형태는 유비쿼터스 홈을 발전시키는 또 다른 원동력으로 나타나고 있다.

유비쿼터스 홈은 첨단 IT 기술을 거주공간에 결합하여 공간의 쾌적성과 효율성을 높인 디지털 시대의 건축물로서 건축에 IT, BT, NT가 결합된 첨단기술을 중심으로 주거 내에서의 인간 삶을 향상시킬 수 있는 중요한 분야로 부상하고 있다. 미래형 주거의 경우 실내 환경의 질을 쾌적하고 편리한 조건을 유지하기 위해서 실내 환경인자(온도, 습도, 냉난방, 음향, 조도 등) 및 에어컨, 히터, 가습기, 창문, 커튼 등이 외부 환경의 변화에 따라서 효과적으로 제어되어야 하며, 에너지/환경 측면에서 쾌적하고 경제적으로 실내 환경이 제어되어야 할 뿐 아니라 채광과 환기에서 자연에너지를 최대한 이용하여 쾌적한 실내가 항상 조성될 수 있도록 되어야 하므로 온습도 제어, 냉난방 설비의 최적 제어 및 관리, 자연환기, 복합 센서 기술 및 통합적 홈오토메이션 기술 등이 요구된다. 아울러, 개발되고 있는 실내 환경 제어 및 친환경적 기술들을 주거성능과 연계시켜 통합하는 재료 · 구조 · 공법 · 시스템 개발 과 설계, 시공 및 운영 기술의 체계적 확립이 절실히 요구된다. 이러한 맥락에서 이 글은 유비쿼터스 홈 구축을 위한 기술적 규격 통일 및 산업계 공동 표준을 확립하고 이러한 공동 표준을 통한 산업 활성화 및 효율성 증대시키며 국가 경쟁력 강화 및 국제표준 경쟁우위 재고하기 위하여 조직된 유비쿼터스 홈 표준화 포럼의 건축 및 환경 분과위원회(Home Architecture Subcommittee)에서 유비쿼터스 홈 건축 기반기술 표준화의 필요성에 부응하기 위하여 필자를 주축으로 연구 보고한 내용을 기반으로 한 것이다.

2. 유비쿼터스 홈 건축 기반기술 표준화의 필요성

한국기술표준원에서 제공하는 국가표준(KS)에 대한 자료를 참조하면, 표준화의 목적으로 제품 및 업무 행위의 단순화와 호환성 향상, 관계자들 간의 의사소통의 원활, 전체적인 경제성 추구, 안전/건강/환경 및 생명 보호, 소비자 및 작업자의 이익 보호, 현장 및 사무실 자동화에 기여 등이 거론되는 한편, 표준화의 효과에 대해서는, 품질의 향상과 균일성의 유지, 생산 능률의 증진과 생산 원가 절감, 부품의 호환성 증가, 인력과 자재의 절약, 종업원의 교육, 훈련이용이 작업 능률의 향상 등이 강조되고 있다.

차세대 성장 동력산업 중 하나인 유비쿼터스 홈 산업이 국가의 수출을 주도하기 위해서는 관련 기술의 표준화가 요청된다. 또한, 세계시장 선점을 위한 유비쿼터스 홈 관련 기술의 국제표준화 역시 중요한데 예를 들어 미국, 유럽, 일본 등은 유비쿼터스 홈 산업을 전략 산업화하여 집중투자하고 있을 뿐 아니라 국제적인 기업체들이 표준화 경쟁에 가담하고 있어 우리나라도 자생적인 표준화 공동대응 방안 마련이 시급한 실정이다. 한편, 이러한 홈네트워킹 시장을 본격적으로 활성화하려면 여러 가지 장애 요인들을 극복해야 한다. 예를 들면, 홈네트워킹 개념의 초기 실현형식인 홈 오토메이션이 널리 보급되지 못한 이유 중 하나로 기기의 구입 및 설치가 고비용을 초래한 사실을 들 수 있다. 홈네트워킹의 경우는 배선, 장비교체, 또는 구매와 같은 설치 및 설비에 들어가는 비용이 아직은 매우 높은 상태이다. 저렴한 설치비용을 위해서는 기술 표준화와 시스템-온-칩을 통한 원가 절감이 필요하며, 소비자에게 어필할 수 있는 서비스를 개발하여 소비자의 홈네트워킹에 대한 수요를 창출하는 것이 중요하다.

홈네트워킹을 이루는 여러 가지 형식의 기술들을 어떻게 표준화로 유도할 것인가 하는 문제와 관련하여 가장 자연스러운 해결책은 물론 시장을 주도하는 기술로 표준화하는 방안이겠으나 이것은 현실적인 어려움이 있다. 지금까지 표준화는 강제적 조항이 아니라 권고안이었으므로 각 업체별로 서로 다른 기술을 채택하거나, 자체적으로 개발한 기술을 사용하는 예도 자주 볼 수 있었다. 기술의 표준화를 위해서는 다양한 기구에 많은 업체들이 가입되어 있지만, 아직은 특정기술을 표방하고 있는 장비들 사이의 상호 운용성에 중점을 두고 있으며 서로 다른 기술을 사용하는 장비들끼리의 상호운용성에 대한 노력은 아직 미비한 상태이다. 이러한 상황으로 말미암아 홈네트워킹에 대한 소비자의 외면은 물론, 홈네트워킹 시장의 도래가 지연될 가능성도 있는 것이다. 예를 들면, 현재, 홈네트워크 제어에 가장 널리 이용되는 전력선 통신기술(PLC)에 대한 표준화가 진행 중이지만 아직 공식적인 발표가 이뤄지지 않고 있다. 국내 주요 가전업체들은 제각기 LNCP나 론워크와 같은 상이한 기술을 채택함으로써 여타 업체 장비와의 상호운용성을 고려하지 않고 있다. 새로 지어지는 일부 사이버 아파트들을 중심으로 전력선 통신을 기반으로 하는 가전제품이 설치되고는 있으나, 건설사의 요청에 따라 가전사가 특수 제작한 제품이기 때문에 시장에서 일반적으로 구매 가능한 동일 가전사의 동일 제품과의 상호운용성마저도 보장되지 않는 경우가 많다.

3. 유비쿼터스 홈 건축 기반기술 표준화의 영역

친환경적 유비쿼터스 홈 건축 기반기술의표준화는 ① 유비쿼터스 홈 서비스 시나리오 관련 표준화, ② 유비쿼터스 홈 관련 건축 재료 · 시스템 · 공법 · 공간계획 등의 표준화, ③ 삶의 질 향상을 위한 유비쿼터스 홈 건물의 실내 환경 및 건물 유지관리의 표준화, ④ 유비쿼터스 홈 기술 표준화와 인증을 위한 테스트베드 구축 등의 영역으로 구분된다. 여기에는, 표준화 모델, 통합 설계 기술, 홈 오토메이션 기술 등과 같은 영역에 대한 고려까지를 포함할 수 있다.

우선, 친환경적 유비쿼터스 홈 서비스들에 대한 주요 서비스 시나리오들과 관련된 시스템이나 기술의 표준화가 중요하다. 여기서 'Demand-pull' 형 시나리오는 이용자의 요구로부터 파생하는 형식이고 'Technology-Push' 형은 기술 주도형의 방식으로 건축분야에서는 'Demand-Pull' 형의 서비스 시나리오 개발이 중요한 의미를 지닌다. 유비쿼터스 홈 서비스의 경우, 교육(Education), 오락(Entertainment), 건강관리(Health Care), 통신(Communication), 재택근무(Home Office) 및 생활지원(Support of living) 등을 매우 유망한 서비스 분야들로 보는데, 예를 들어, 재택진료 시스템(의료)이나 홈 시어터(오락)와 같이 이러한 서비스 시나리오들과 밀접하게 관련된 기술이나 시스템들의 요건들을 건축기반 기술들과 연관시켜 규정하는 작업은 그 사례가 적은 반면, 점차 중요도를 더하고 있다고 판단된다.

또한, 에너지 등급제의 예를 토대로 유비쿼터스 홈 환경과 관련한 열, 빛, 음, 물, 공기 성능에 대한 표준의 제안이 필요하며, 최근 이슈가 되고 있는 일부 유해한 건축 자재들에 대한 규제와 환경오염 문제가 검토 되어야 할 것이다. ISO 건물환경 디자인 표준(TC205)은 이 영역에서의 표준화에 중요한 참조점이 될 수 있을 것으로 판단된다. ISO 건물환경 디자인 표준(TC 205)은 21개국이 참가국과 25개국이 관찰국이 등록되어 있으며 TC43/SC1, TC43/SC2, TC59, TC146/SC6, TC159, TC163, TC163/SC2, CIE 등의 ISO 혹은, IEC 위원회와 연관이 되어 있다. 새로운 건물들이나 기존 건물의 개보수의 경우 허용 가능한 실내공기 환경, 실지 적용 가능한 에너지의 보존과 효과적 이용 등에 대한 표준화가 요구된다. 실내 환경은 공기의 질, 열 환경, 음 환경 및 시각 환경을 포함한다. TC205에는 인체공학적 요소나 오염물질, 열, 음, 및 빛과 같은 물리량의 측정방법, 성능의 테스트, 건물의 환경설비 및 단열 등은 제외되어 있으며 〈표 4-5〉는 TC205의 각 세부 영역들의 리스트이다.

〈표 4-5〉 ISO 건물 환경 디자인 표준(TC205)의 세부 영역 리스트

TC 205/WG1 General Principles(JISC)	TC 205/WG2 Design of energy efficient buildings (ANSI)
TC 205/WG3 Building control systems design(ANSI)	TC 205/WG4 Indoor air quality(ANSI)
TC 205/WG5 Indoor thermal environment (ANSI)	TC 205/WG6 Indoor acoustical environment(ANSI)
TC 205/WG7 Indoor visual environment (ANSI)	

표준화에는 유비쿼터스 홈 내외부의 정보환경 구축에 대한 기준 또한 포함될 수 있다. 예를 들어, 액세스 포인트 설치 기준을 마련하여 아파트 단지 내의 모바일 환경 구축을 위한 표준을 확립하거나 유비쿼터스 홈 내부의 통합분전반 설치 및 운용에 대한 기준이 필요할 수 있다.이 때, 통합분전반을 주거내의 종합적 제어 센터로 보고 표준화, 혹은 유비쿼터스 홈 인증과의 연계를 고려할 필요가 있다. 여기서, 일종의 표준을 확립하기 위해서는 배전반의 노이즈(Noise) 문제 등에 제반 여건을 검토하고 연구할 필요 있다. 인텔리전트 아파트의 경우, 향후 유지관리가 매우 중요하다. 또한, 표준화와 관련해서 서민과 저소득층을 위한 스마트 홈 개발 방향에 대한 부분도 포함해야 할 필요가 있다. 유비쿼터스 홈 관련 재료・시스템・공법 등의 관련 내용을 취합하여 생활환경에 개선을 위한 표준화 방향을 잡고, 이것이 유비쿼터스 홈 기술 표준화를 위한 테스트 베드(Test-bed)에서 실현되는 것이 필요할 수도 있으며 또한, 테스트 베드를 활용하여 인증까지 가는 표준화 방법도 모색해 볼 필요가 있다.

4. 유비쿼터스 홈 건축 기반기술 표준화의 방식과 대상

유비쿼터스 홈 관련 재료 · 시스템 · 공법 등의 표준화와 관련해서는 가이드라인, 인증, 표준화 등 세 가지 방식들을 적절히 고려하고 각각의 방식들에 대하여 의 경우, 성능, 기술, 및 제품의 서로 다른 표준화 대상들을 고려하여야 한다.

이 영역과 관련하여 표준화 장애요인은 유비쿼터스 홈 관련 재료/시스템/공법 등의 개발 및 설치가 각 업체별로 진행 되고 있어서 다양한 기술의 발전을 제한하는 방향으로 표준화가 진행 되는 것은 바람직하지 않을 수도 있으며 기기들의 다양성에 맞추어 표준을 최소한으로 제시하는 쪽으로 유도 되어야 할 것이다.

친환경적 유비쿼터스 홈 건축 기반기술 표준화의 방식과 관련해서는 표준화, 인증, 가이드라인의 세 가지 범주로 구분이 필요하다고 판단된다.

표준화는 다른 것의 규범이 되는 준칙이나 규격을 지칭하고, 인증은 어떠한 행위 또는 문서의 성립이나 기재가 정당한 절차로 이루어졌음을 공적 기관이 증명하는 일, 그리고 가이드라인은 정책이나 시책 따위의 지표, 혹은 지침, 사물의 정도를 정하는 기준이나 목표를 일컫는다.

궁극적으로는 친환경적 유비쿼터스 홈 건축 기반기술의 각 세부 과제나 아이템들에 대한 지역표준, 국내표준, 혹은 국제표준의 제정과 이를 토대로 한, 아니면 별도의 기준들에 의거한 다양한 인증제도의 확립이 목표가 되어야 하겠지만, 건축기술 분야의 특수성과 설정되는 비전의 보다 융통성 있는 운용을 위하여 여러 영역에 걸친 가이드라인의 제정과 이의 활용이 적극 권장되어야 할 것이다. 가이드라인은 표준이나 인증과 달리 강제성이나 부담이 적어 기술을 특정 방향으로 유도하는데 일정한 역할을 담당할 수 있으리라 본다.

한편, 친환경적 유비쿼터스 홈 건축 기반기술이라는 특정한 분야와 관련해서 제품, 기술 및 성능과 같은 세 가지의 대상들을 상정할 수 있다.

특히, 성능을 규정하는 방식은 기술이나 제품의 구체적인 형식이나 규격을 제한하지 않고 대신, 그들이 만족시켜야 할 목표치를 제시함으로써 관련 기술이나 제품의 다각화와 발전을 활성화 시키면서 필요한 소기의 목적을 달성할 수 있는 장점이 있으며, 특히 동일한 성능을 만족시키는 무수히 많은 해결책들이 존재하는 건축분야에서 유용한 접근법이라고 할 수 있다.

5. 유비쿼터스 홈 건축기반 기술 표준화 대상 항목

유비쿼터스 홈 건축 기반기술 표준화와 관련하여 〈표 4-6〉와 같이 유비쿼터스 홈 시나리오, 건축재료, 건축 시스템, 건축공법, 건축공간계획, 환경제어, 유지/관리, 유비쿼터스 홈 테스트베드 등 모두 8개 영역에 걸친 대상항목들을 선정하고 이들에 대한 세부적인 표준화 관련 요건들을 분석하였다. 〈표 4-7〉은 이들 8개 영역 중 건축재료 영역에 대한 세부항목들의 요건을 정리한 것이다.

〈표 4-6〉 유비쿼터스 홈 건축기반 기술 표준화 대상 항목

유비쿼터스 홈 시나리오	건축재료
• 건강관리(Health Care) • 오락(Entertainment) • 교육(Education) • 재택근무(Home Office) • 통신(Communication) • 홈쇼핑(Home shopping) • 생활지원(Life support)	• 구조재(Structural component) • 바닥재(Flooring component) • 벽체재료(Wall component) • 천장재(Ceiling component) • 창호/마감재(Window/Finishing component) • 친환경재(Environment friendly component) • 유비쿼터스 자재(Smart building component
• 건축 시스템	• 건축공법
• 구조 시스템(Structural system) • 바닥 시스템(Flooring system) • 벽 시스템(Wall system) • 천장 시스템(Ceiling system) • 창호 · 마감 시스템(Window/Finishing system) • 배선/배관 시스템(Wiring/Piping system) • 빌트인 시스템(Built-in system	• 구조공법(Structure installation) • 바닥/벽/천장공법(Wall/Floor/Ceiling construction) • 배선/배관 공법(Wiring/Piping) • 조립식 주택 공법(Modular housing) • 가변화 주택 공법(Flexible housing) • 빌트인 가구/가전 설치 공법(Built-in Furniture/Appliances installation) • 제어/관리 설비 설치 공법 (Control/Maintenance facilities installation
• 건축공간계획	• 환경제어

유비쿼터스 홈 시나리오	건축재료
• 수요 대응 공간계획(Demand based space planning) • 가변형 공간계획(Flexible space planning) • 유비쿼터스 홈 기기 설치 공간계획 (Smart home equipment space planning) • 홈 오피스 공간계획(Home office space planning) • 정보 서비스 공간계획 (Information service room planning) • 노인/장애자 공간계획 (Space planning for the aged and the handicapped) • 유비쿼터스 홈 유지/관리 공간 계획 (Smart home maintenance space planning)	• 열환경 제어(Thermal environment control) • 시각환경 제어(Visual environment control) • 공기환경 제어(Air quality control) • 음환경 제어(Acoustic environment control) • 실내 오염물질 제어(Indoor pollutants control) • 급배수 제어(Water supply control) • 에너지 제어(Energy control
• 유지/관리	• 유비쿼터스 홈 테스트베드
• 보안 관리(Security management) • 안전 관리(Safety management) • 비상상황 관리(Emergency management) • 홈 오토메이션(Home automation) • 설비 · 기기 관리(Facility/Equipment management) • 에너지 관리(Energy management) • 건물관리(Building management)	• 테스트 대상 기기 및 시나리오 (Systems and scenarios to be tested) • 테스트베드 건물 축조(Test-bed establishment) • 테스트베드 설비/기기 설치(Test-bed facilities/equipment installation) • 테스트베드 센서 네트워크(Test-bed sensor network) • 테스트베드 가변화(Test-bed polymorphism) • 테스트베드 실제 거주 평가 (Test-bed real occupancy evaluation) • 표준/인증을 위한 테스트 (Test for standardization and certification

〈표 4-7〉 유비쿼터스 홈 건축기반 기술 표준화 대상 중 건축재료 영역의 세부항목 설명

구조재(Structural component)	바닥재(Flooring component)
• 친환경 구조재 : 제조 공정상 저에너지 소모/저공해 배출 건축자재, 폐기 시 최소 오염 발생 건축자재, 시공 후 최소의 공해물질 실내 배출을 고려한 구조재의 재료적 특성 규정. • 모듈화 구조재 : 건식 조립형으로 다양한 구조체 형식의 조립이 가능한 모듈화 구조재의 성능 및 규격 기준 설정	• 친환경 바닥재 : 제조 공정상 저에너지 소모/저공해 배출 건축자재, 폐기 시 최소 오염 발생 건축자재, 시공 후 최소의 공해물질 실내 배출을 고려한 바닥재의 재료적 특성 규정. • 난방용 바닥재 : 바닥 난방 방식의 유비쿼터스 홈에 설치하기 위한 바닥재의 성능과 특성 규정. • 소음 저감형 바닥재 : 층간 소음을 최소화하기 위한 바닥재의 성능과 특성 기준 설정.
벽체재료(Wall component)	**천장재(Ceiling component)**
• 친환경 벽체재 : 제조 공정상 저에너지 소모/저공해 배출 건축자재, 폐기 시 최소 오염 발생 건축자재, 시공 후 최소의 공해	• 친환경 벽체재 : 제조 공정상 저에너지 소모/저공해 배출 건축자재, 폐기 시 최소 오염 발생 건축자재 , 시공 후 최소의 공해물질 실내 배출을 고려한 천장재의 재료적

물질 실내 배출을 고려한 벽체재의 재료적 특성 규정. • 일사 대응형 스마트 벽체재 : 일사량에 따라 역동적인 열 조절 기능을 갖춘 벽체재의 기준. • 모듈화 벽체재 : 자유로운 벽체 조립이 가능한 모듈화 벽체재의 성능 및 규격 기준 설정	특성 규정. • 모듈화 천장재 : 자유롭게 천장 조립이 가능한 모듈화 천장재의 성능 및 규격 기준 설정
창호 · 마감재 (Window/Finishing component)	**재생 가능재(Environment friendly component)**
• 친환경 마감재 : 제조 공정상 저에너지 소모 · 저공해 배출 건축자재 , 폐기 시 최소 오염 발생 건축자재 , 시공 후 최소의 공해물질 실내 배출을 고려한 마감재의 재료적 특성 규정. • 일사 대응형 스마트 창호재 : 일사량에 따라 역동적인 열 조절 기능을 갖춘 창호재의 기준. • 가변 투광형 창호재: 일조량에 따라 역동적인 투광 조절 기능을 갖춘 창호재의 기준.	• 재생가능(Recycled) 건축자재 : 재생가능 건축재의 물리 · 화학적 요건들과 설치/해체 기준. • 건축자재 재생 방식 및 성능 : 재생가능 건축재의 재생방식과 재생 후 기대 성능 기준
유비쿼터스 자재 (Ubiquitous building component)	
• 자가 진단형 구조재료 : 스스로 균열이나 과도 응력 부위 등을 진단할 수 있는 구조재의 성능 기준. • 재구성 가능(Reconfigurable) 건축자재 : 적은 노력으로 재구성이 가능한 건축자재의 기준	

유비쿼터스 홈 건축기반 기술 표준화의 전개과정은 유비쿼터스 홈 시스템을 위한 기술 현황 및 문제점을 우선적으로 파악하고 이를 기반으로 추진될 필요가 있다. 이를 위해서는, 현재 국내 기술의 다양한 솔루션 현황을 파악하고 융합 서비스의 표준 모델을 제시하며, 유비쿼터스 홈서비스, 건축, 환경, 유비쿼터스 홈 기기, 홈네트워크 간의 상호통합인터페이스를 확립하고, 통합 배선, 세대 단자함 규격 표준, 유비쿼터스 홈 인증 규격 표준 등을 마련할 필요가 있다.

6. 유비쿼터스 홈네트워크 건축분야 표준화 제안

유비쿼터스 홈 건축분야의 표준화를 위한 가이드 라인은 다음과 같다.

홈네트워크는 계속 발전하는 기술로 단순한 제품이 아닌 시스템이며, 새로운 서비스를 위하여 다양한 디지털 가전기기 또는 디바이스가 네트워크에 접속될 수 있다. 따라서 어떤 서비스를 제공하는가와 적용기술이 신뢰성 있는 표준기술인지가 중요하다. 아직 신규서비스로 공종간 업무구분이 확실치 못하며, 기술적 표현이 부족한 점이 있다.

홈네트워크 시스템의 기술발전으로 어제와 내일의 시스템이 상이할 수 있으나 다른 공종과 업무 협조 시 전체 네트워크와 연동이 되는지 여부, 기기 고장 시 수리주체가 누구인지를 결정하여 협의점을 찾아야 하며, 홈네트워크와 연동되는 홈오토메이션, 무인경비시스템, 난방제어기, 디지털 도어락과의 완벽한 연동을 위하여 관련공사와 사전에 프로토콜을 일치하도록 한다.

(1) 자재 검수 시 유의점

현재는 홈네트워크의 다양한 서비스 중에서 초급 기능의 컨트롤서비스를 대상으로 하고 있으며, 공사로는 세대에서 리모컨 조작으로 외부에서는 휴대폰 및 인터넷 조작으로 가스밸브 개폐 확인 및 차단 기능, 방범센서 감지후 휴대폰에 SMS문자메세지 전송 기능, 난방 온도조절기 열림/닫침 기능, 전등 스위치 ON/OFF 기능, 디지털 도어락 열림 기능을 포함하며, 추가적인 서비스는 별도로 검토한다.

1) 홈게이트웨이

- 홈게이트웨이의 설치위치는 홈오토겸용, 세대단자함내장형, 외장형 등이 있으나 신규 건축분야에 외장형은 제외하였다.
- 홈오토 형태 전력선통신 네트워크를 구성하려면 블로킹필터를 설치하므로 설치위치를 협의한다.
- 원격제어 기능의 전기스위치는 자체에 전자회로 포함하여 SW박스에 3연용 스위치가

설치가 안되므로 사전에 SW박스의 규격을 협의한다.

- 자동원격검침적용시 전력량계가 게이트웨이와 연동방식인지를 협의한다.

2) 통합리모컨

- 조명 ON/OFF, 출입문 개폐, 가스밸브 차단, 난방제어가 가능해야 한다.
- 확장 기능이 지원되어야 한다.

3) 가스밸브제어기

- 가스누출 감지부에서 감지하여 제어부에 자동 차단 신호를 전달할 수 있어야 하며, 이때 경보음이 발생하여야 하고 닫힘 램프 점멸기능이 있어야 한다.
- 홈 게이트웨이에서 동작확인 및 제어명령이 가능하여야 한다.
- 조작 버튼을 사용하여 가스차단밸브 닫기가 가능하여야 한다.

4) 가스차단밸브

- 가스 누출 감지시 감지부에서 감지하여 제어부를 통해 자동 차단할 수 있어야 한다.
- 수동으로 개폐가 가능하여야 한다.

5) 자석감지기

- 출입문 또는 창문의 개폐여부를 알리는 신호를 제공하야야 한다.

6) 동체감지기

- 창문 및 세대 내에 설치하여 움직이는 물체를 감지 게이트웨이와 연동한다.

7) 조명스위치

- 조작버튼을 누루면 조명이 ON/OFF 되어야 한다.
- 홈 게이트웨이에서 ON/OFF 제어가 가능하여야 한다.
- 조명의 ON/OFF 상태를 확인할 수 있어야 한다.

8) 난방제어시스템 모듈

- 홈 게이트웨이와 통신이 가능하여야 한다.
- 난방밸브 제어기를 제어할 수 있어야 한다.

9) 홈네트워크 연동 디지털 도어락

- 디지털방식의 보안기능을 갖는 도어락이어야 한다.
- 기계식 비상키에 의한 개폐가 가능하여야 한다.

10) 블로킹필터

- 전력선통신 프로토콜과 일치된 제품을 사용한다.
- 동작온도, 동작대역, 신호 감쇠율을 검토한다.
- 전력선통신을 이용한 세대간 네트워크를 분리한다.
- 상간 통신 커플링 기능을 한다.

11) 단지서버

- 서버의 기능은 신뢰성을 고려한 제품을 설치한다.
- 홈네트워크 사용 세대에 대한 등록정보를 관리할 수 있어야 한다.
- 세대별 비밀 번호로 로그인할 수 있어야 한다.
- 웹서버를 통하여 단지 내부 및 외부에서 인터넷을 통하여 접속할 수 있어야 한다.
- 웹페이지를 통하여 댁내 기기의 상태와 제어/감시가 가능 하여야 한다.
- 웹서버를 통하여 단지 내부 및 외부에서 휴대폰을 통하여 접속 할 수 있어야 한다.
- 휴대폰은011,016,017,018,019 휴대폰을 이용하여 접속할 수 있어야 한다.
- 휴대폰은 세대 당 5개 번호를 지정할 수 있어야 한다.
- 댁내 홈 게이트웨이의 정상 동작 상태를 확인할 수 있어야 한다.
- IP 부족을 해소하기 위해 사설 IP를 할당할 수 있어야 한다.
- 외부 인터넷과 접속할 수 있어야 한다(WAN기능).
- 방범 감지 후 지정된 휴대폰으로 문자 메시지를 송신할 수 있어야 한다.

(2) 품질조건 및 유지관리

1) 품질조건

- 홈네트워크 구성기기는 가능한 동일 회사제품을 사용하여 통신의 안전성과 기능 이상이 없도록 하여야 한다.
- 전기용품안전인증 제품 및 한국 가스안전공사 인증제품을 사용하여야 한다.
- 주요 기기는 일정써지를 인가하여도 이상없이 정상동작하여야 한다.

2) 유지관리

- 인터넷 접속 환경(이더넷망, ADSL망 등)을 지원해야 한다.
- 홈 게이트웨이를 통해 동시에 두대 이상의 PC에서 인터넷을 이용할 수 있도록 해야 한다.
- 표준화된 통신 프로토콜을 사용한 전력선 통신을 지원하여야 한다.
- 원격에서 프로그램의 업그레이드 및 원격장애관리가 가능하여야 한다.
- 통합제어 기능이 있어야 한다.
- 각 세대에 설치되어 있는 비디오폰 및 홈오토 기기와 완벽하게 연동되어야 한다.
- 장비 작동상태의 표시를 위한 LED 점멸 기능을 가지고 있어야 한다.
- 발열로 인한 장비 장애가 발생하지 않아야 한다.
- 단지서버의 장애시 댁내/댁외에서 홈네트워크의 제어가 가능하여야 한다.
- 홈 게이트웨이 장애시 수동으로 정상 작동되도록 설계되어야 한다.
- 기기의 동작상태를 핸드폰, PC, 전화 ARS를 통해 확인이 가능하여야 한다.

(3) 시공사항

1) 홈게이트웨이

- 홈오토 일체형 또는 세대단자함에 내부에 전용 게이트웨이를 설치한다.
- 세대단자함에 설치시 공간을 사전에 검토한다.

2) 자석감지기

- 출입문 또는 창문의 개폐여부에 견고히 설치한다.

3) 동체감지기

- 창문 및 세대내에 견고히 설치한다.
- 높이 2M 이내에서10M 움직임을 감지하도록 설치한다.
- 천정 또는 벽부형으로 설치한다.
- 접촉이 견고하여야 한다.

4) 조명스위치

- 스위치박스에 스위치가 설치되는지 사전에 검토한다.

- 네트워크 방식에 따른 조명스위치를 설치한다.

5) 홈네트워크 연동 디지털도어락

- 전실이 설치된 평형의 무선방식일 경우 디지털도어락까지 무선신호가 도달하는지 설치 전에 검토한다.
- 전용선방식은 디지털도어락이 설치된 문과 벽에 연결배관을 설치한다.

6) 블로킹필터

- 세대내 전원인입측에 설치한다.
- 설치공간을 사전에 검토한다.

7) 단지서버

- 단지서버를 설치할 공간을 검토한다.
- 단지 관리실에 서버 PC 및 해당 프로그램을 설치한다.
- 단지 서버에 공급 되는 AC 전원은 무정전 전원 장치를 통하여 공급 되어야 한다.
- 온도 및 습도에 대한 대책을 강구한다.

8) 접지

- 접지공사의 대상기기, 종류 및 위치는 설계도면에 따른다.
- 각동 약전단자함에서 경비실, 관리소간 CPEV케이블의 차폐선은 약전 단자함과 연접 접지하여야 한다.

9) 현장품질관리

- 옥내통신선과 대지 및 옥내통신선 상호간의 절연저항은 직류 500V의 절연저항 측정계로 측정하여 10MΩ 이상이어야 한다.
- 기타 다른 품질관리를 준용한다.

10) 시운전

- 수급인은 기기의 성능 및 동작 상태는 공사 감독자가 입회하여 확인한다.
- 기기의 완전한 조립상태로 기기의 동작 시험을 실시하여야 한다.

(4) 기타 참고사항

1) ALL LAN 방식의 홈네트워크

- 홈오토 일체형 게이트웨이 설치 경우에서 ALL LAN방식은 홈오토 장비에 LAN 연결로 네트워크구성이 가능한 방식.
- 무인경비와 홈네트워크를 구성하기 초고속정보통신 1등급 선로와 장비를 공유하여 한다.
- 초고속정보통신 선로를 단일망으로 공유하거나 별도의 이원화 네트워크로 구성할 수 있다.
- ALL LAN 방식은 Voip 화상통화 등이 가능하나 추가적인 장비와 요구된다.

2) 전용선방식의 홈네트워크

- 홈오토 일체형 게이트웨이 설치 경우에서 전용선방식은 아래층에서 윗층으로 홈오토 장비끼리 전용선이 배선되는 네트워크 구성 방식.
- 무인경비를 위해 별도의 배선이 필요하다.
- 동시통화 세대수가 한정적이다.

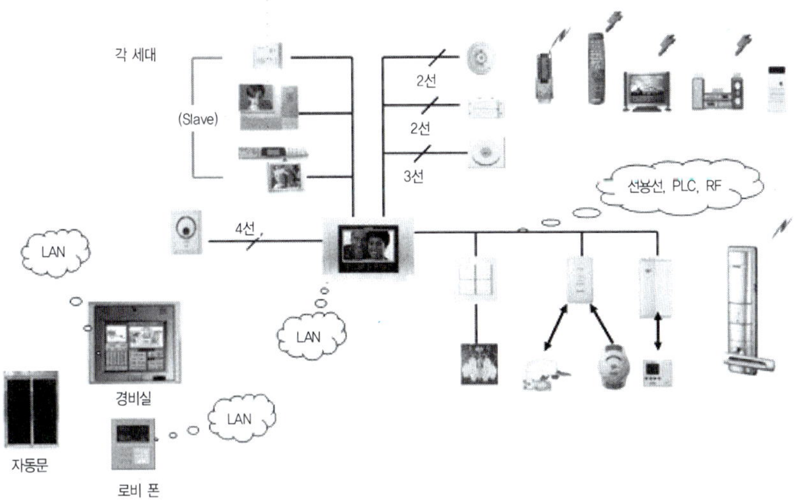

[그림 4-12] ALL LAN방식의 홈네트워크와 단지 네트워크 연동 예시

제5장

유비쿼터스 홈네트워크 응용시스템(ED-5963)

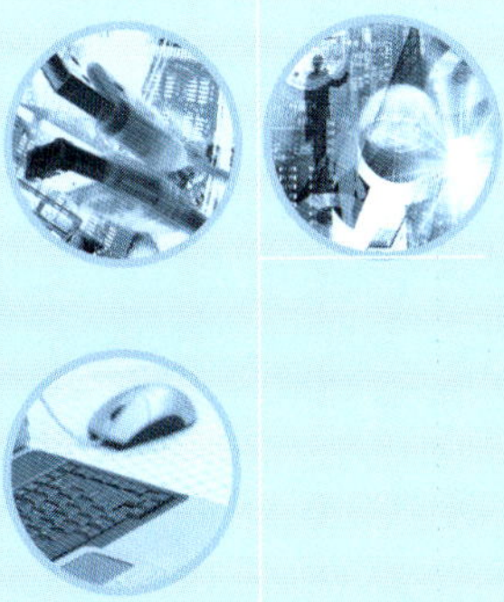

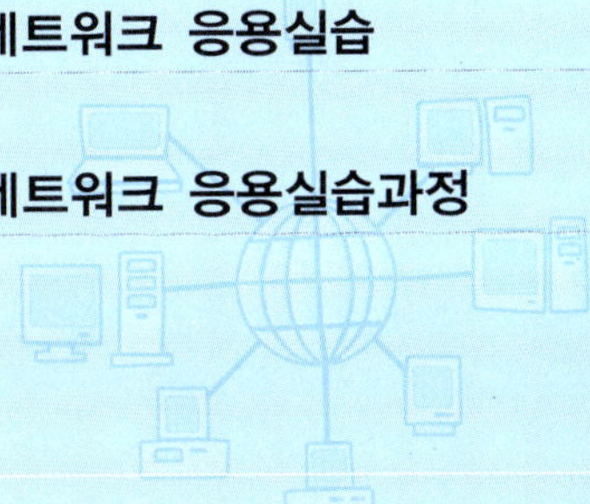

5-1 유비쿼터스 홈네트워크 응용시스템의 특징

1. 특 징

① PDA, 핸드폰을 이용한 모바일 원격제어가 가능하고 각각의 디바이스들에 대한 모바일 제어와 PC를 이용한 모바일 시뮬레이션 실습을 할 수 있다.

② 현재 상용화되고 있는 홈네트워크 시스템을 이해하고 홈네트워크를 구성하는 부품들을 랙타입의 모듈 형태로 구성하여 모듈 상호간의 연결이 편리하며 시나리오 작성을 할 수 있다.

③ 론 마커 프로그램을 이용하여 디바이스 제어, 바인딩 실습이 가능하며 응용 모듈을 이용하여 빌딩자동화(IBS)를 구현할 수 있다.

④ 전력선(PLC-Lonwork), TP/FT-10, 이더넷, 적외선, 지그비(Zigbee), 무선랜 통신 통합하여 구현할 수 있다.

⑤ 웹서버(iLon100)를 이용한 웹페이지 작성 및 운영을 할 수 있다.

⑥ JSP를 이용한 휴대폰 제어 응용을 구현할 수 있다.

⑦ XML/SOAP 인터페이스(Visual Basic.net)를 구현할 수 있다.

⑧ 인터넷 서버를 통한 UI화면 구축(Webgen)하여 구현할 수 있다.

⑨ SMS 문자를 통하여 실습이 가능하다.

⑩ 삼성중공업에서 상용화된 삼성BAHA 최신모델(월패드 外) 적용으로 최첨단 신기술을 구현 할 수 있다.

⑪ Rack형으로 모듈이 구성되어 상호 연결하여 구현하기 용이하게 구성되어 있다.

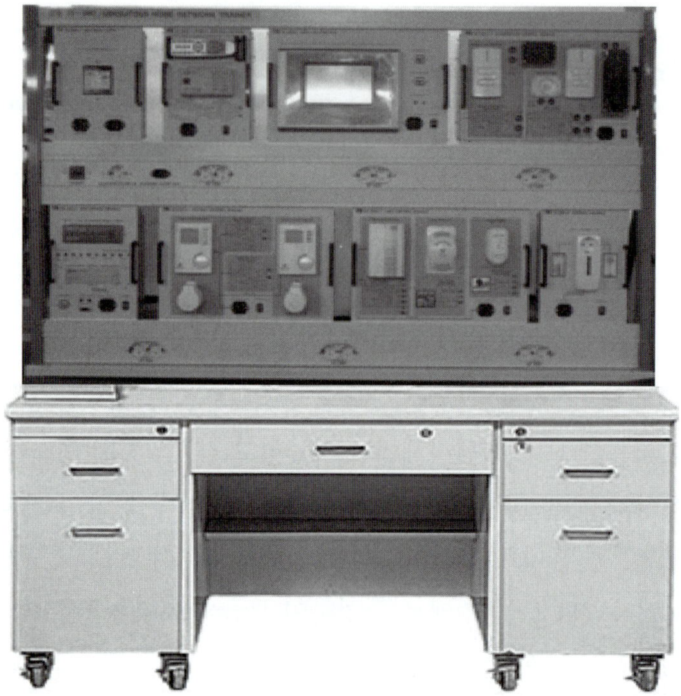

[그림 5-1] 유비쿼터스 홈네트워크 응용시스템(ED-5963)

5-2 유비쿼터스 홈네트워크 응용시스템의 구성

유비쿼터스 홈네트워크 응용시스템의 구성은 [그림 5-2]처럼 구성되어 실습을 할 수 있다. 이 시스템에서 실습용 PC와 웹서버(iLON100)간의 통신은 LAN(TCP/IP)으로 구성되어 있고 웹서버(iLON100)와 조명스위치 및 가스제어기는 전력선 통신으로 구현되고 웹서버(iLON100)와 무선 수신기와 도어락간은 FT로 구현된다. 그리고 조명스위치와 조명간, 가스제어기와 벨브제어기간은 디바이스간 제어 형식으로 구성되어 있다.

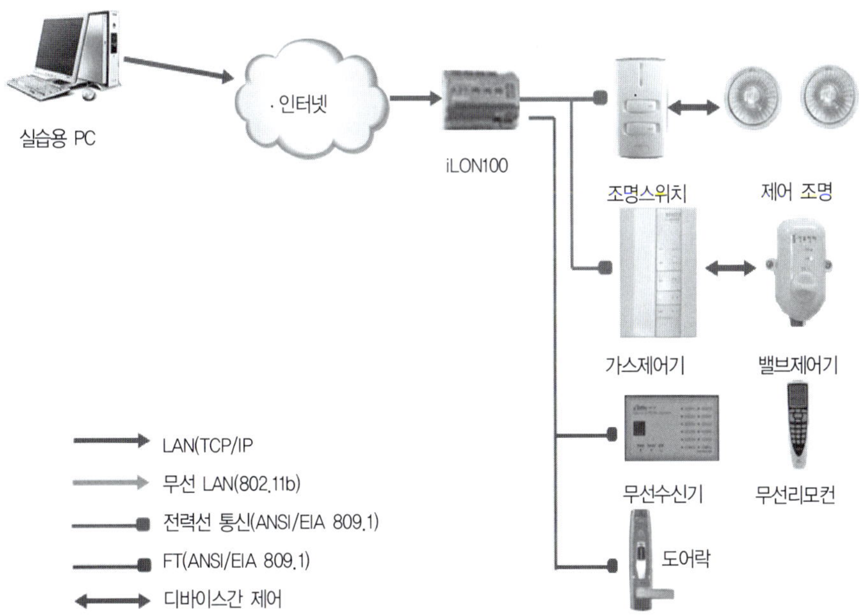

[그림 5-2] 유비쿼터스 홈네트워크 응용 실습 구성도

5-3 유비쿼터스 홈네트워크 응용시스템의 구현 시나리오

1. 구현실습 : 무선리모컨 제어 동작

무선리모컨을 통하여 홈네트워크 제품을 제어한다. 1,2번 조명 ON/OFF 제어 3번 도어락 OPEN, 4번 가스밸브 잠금을 구현하는 실습이다.

2. 제어 개체 동작 설정

	웹 페이지,핸드폰, 무선리모컨		
1 설정	조명 1 ON	→	조명 2 OFF
3 설 정	도어락 닫힘	→	도어락 열림
4 설 정	가스밸브 열림	→	가스밸브 닫힘

[그림 5-3] 제어개체 동작 설정 예제

3. 실습내용

무선리모콘 제어 실습

- 무선 리모컨을 통하여 홈네트워크 제품을 제어하는 방법을 실습한다.
- 적외선 통신 방식을 이해하고 학습한다.

4. 소요장비

- ED-5963-3(Remote Control) : 1EA
- ED-5963-4(Web Server) : 1EA
- ED-5963-11(Gas Control Module) : 1EA
- ED-5963-13(Illumination Control Module) : 1EA
- ED-5963-14(Doorlock Module) : 1EA

5-4 유비쿼터스 홈네트워크 응용시스템의 규격

1. 월 패드(Wall Pad : ED-5963-1)

(1) 주요 기능

- 디지털 터치스크린(Digital Touch Screen) 기능을 갖고 있다.
- 조명제어, 난방제어, 가스제어, 출입제어, 커튼 제어, 가전제어 응용이 가능하다.
- 웹 페이지 제작, PC 인터페이스 카드로 활용 가능하다.

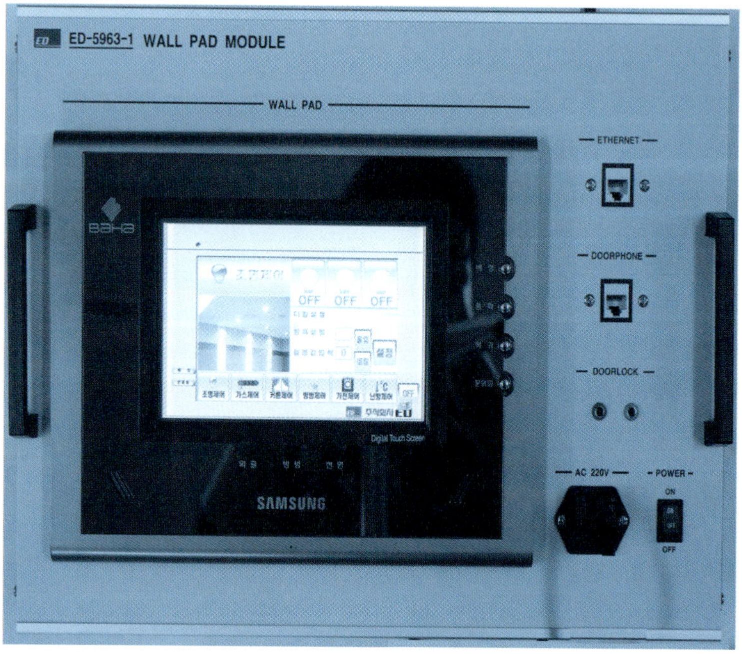

[그림 5-4] 월 패드 외형

(2) 주요사양

- CPU : ARM 400MHz 프로세서
- OS : WinCE.net 4.2
- 통신(Communication) : 이더넷(Ethernet)
- 메모리 : 128M RAM SD Memory
- 디스플레이 : 7 Inch TFT Color LCD
- 손잡이 부착형 표준 모듈
- 크기 : W(420mm) * D(300mm) * H(95mm)

2. 블록킹 필터(Blocking Filter : ED-5963-2)

(1) 주요 기능

- 노이즈 차단 기능에 의한 통신의 신뢰도 향상시키는 기능을 한다.
- 외부로부터 데이터 송수신 상태 보호한다.
- 통신 데이터 유출 및 외부로 부터 통신이 가능하다.
- 노이즈를 차단하고 서로 다른 상간 통신을 연결하여 원활한 전력선 통신을 가능하게 한다.

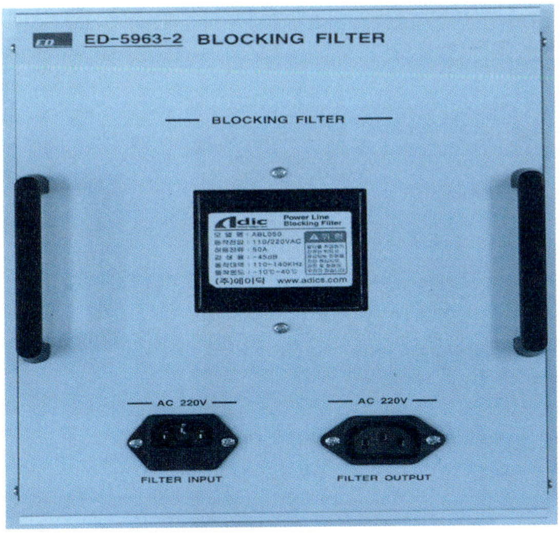

[그림 5-5] 블록킹 필터 외형

(2) 주요 사양

- 단상 50A 블록킹 필터
- 정격단상2선식 (220/110V AC 50A)
- 정격전류 50A
- 동작온도-10C ~ +40C
- 감쇠율 40dB 이상
- 동작대역 110kHz ~ 140kHz
- 손잡이 부착형 표준 모듈
- 크기 : W(210mm) * D(300mm) * H(100mm)

3. 무선 리모컨 모듈(Remote Control : ED-5963-3)

(1) 주요 기능

- 사용자가 원하는 제어를 리모컨으로 제어
- 40개의 네트워크 제어기능
- 적외선 통신을 이용한 제어기능
- FT-10 출력으로 임의의 기기 제어 기능
- 적외선 통신 회로 설명을 위한 블록도

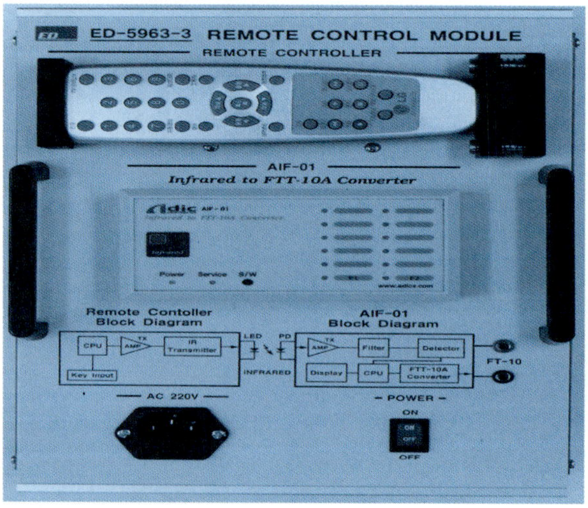

[그림 5-6] 무선제어기

(2) 주요 사양

- 통신방식 : TP/FT-10
- 입력신호 : IrDA
- 출력신호 : LonWorks FT-10
- 손잡이 부착형 표준 모듈
- 크기 : W(210mm) * D(300mm) * H(110mm)

4. 웹서버 모듈(Web Server : ED-5963-4)

(1) 주요기능

- 론워크 기반의 조명, 난방, 방범, 가스등과 같은 홈네트워크 설비 등을 TCP/IP 네트워크 또는 인터넷에 연결해주기 위한 고성능 인터페이스 장치
- 내장 웹서버 및 SOAP 서버 제공
- 전용 툴인 웹진을 이용한 간편한 웹 페이지 제작
- 파워라인 라우터를 이용한 PLC 통신

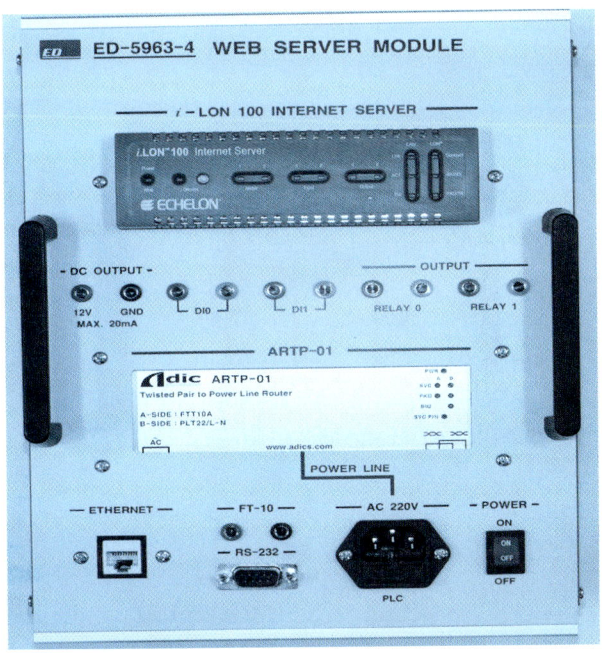

[그림 5-7] 웹서버

(2) 주요 사양

- 입력 : 디지털 입력 2개
- 출력 : 릴레이 출력 2개
- TP/FT-10, PL-20 론워크 채널 인터페이스 PLC 통신
- 상태 LEDs 표시
- 12V DC Output 출력
- 손잡이 부착형 표준 모듈
- 크기 : W(210mm) * D(300mm) * H(100mm)

5. 콘센트 모듈(Concent Module : ED-5963-5)

(1) 주요기능

- PLC를 이용한 전원 ON/OFF 제어 기능
- 상태 LED를 통한 on/off 표시기능
- 리모컨에 의한 제어기능

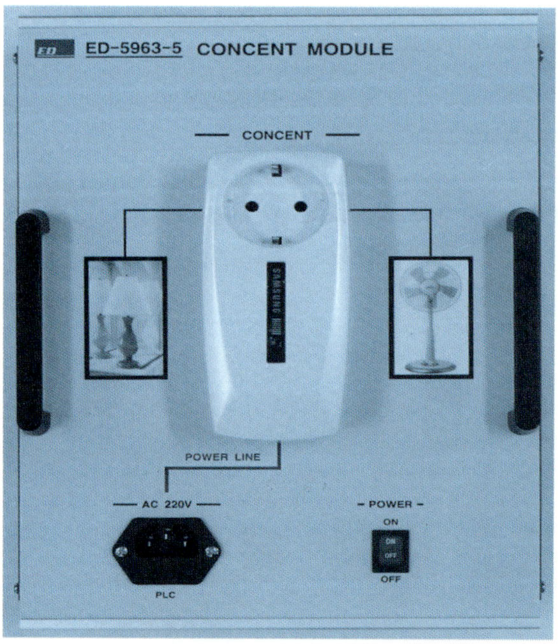

[그림 5-8] 콘센트 모듈

(2) 주요 사양

- 220V/50~60Hz 출력
- 정격전류 10A
- 소비전력 3.8W
- 통신 방식 : 전력선 통신 방식
- 손잡이 부착형 표준 모듈
- 크기 : W(210mm) * D(300mm) * H(120mm)

6. 도어폰 모듈(Doorphone Module : ED-5963-6)

(1) 주요 기능

- 월 패드와 영상 통화기능
- 이더넷을 통한 영상 감시 기능

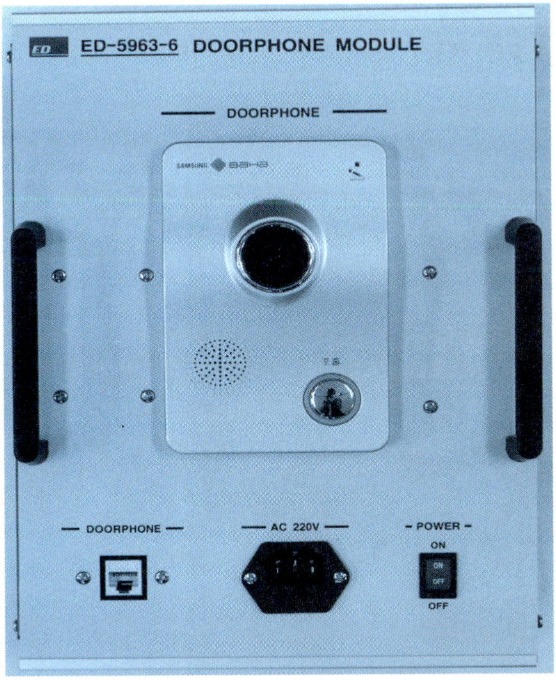

[그림 5-9] 도아폰 모듈

(2) 주요 사양

- 소비전력 : 3W
- 촬상각도 : 수평 71 , 수직 53
- 촬상소자 : CCD 고체 촬상소자
- 최저조도 : 1Lux, 전방 30Cm
- 손잡이 부착형 표준 모듈
- 크기 : W(210mm) * D(300mm) * H(100mm)

7. AI4DI4 모듈(AI4DI4 Module : ED-5963-7)

(1) 주요 기능

- 아날로그 입력 4채널, 디지털 출력 4채널 제공
- 온도, 습도, 기기상태와 같은 아날로그 신호를 아날로그 입력과 디지털 출력을 이용하여 감시 및 제어가 가능한 범용 모듈
- 장착된 VR을 이용하여 응용 실험 가능

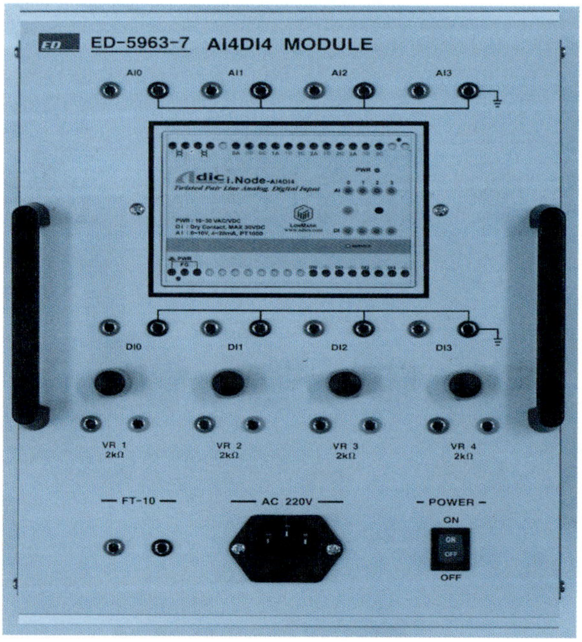

[그림 5-10] AI4DI4 모듈

(2) 주요 사양

- 입력 채널 : 4채널 (0~10V)
- 출력 채널 : 4채널 릴레이 접점 출력(30VDC/250VA,5A)
- 응용 실험용 : VR 2㏀ 3개
- 통신방식 : FT-10
- 손잡이 부착형 표준 모듈
- 크기 : W(210mm) * D(300mm) * H(120mm)

8. DI4DO4 모듈(DI4DO4 : ED-5963-8)

(1) 주요 기능

- 디지털 입력 4채널, 디지털 출력 4채널 제공
- 각종 응용의 센서 및 추출기(Actuator)의 상태를 디지털 입력을 받아 감시 및 제어가 가능한 범용 모듈
- IBS 실험을 하기 위한 각종 응용 부품이 장착되어 있어 실험을 통한 교육이 가능하다

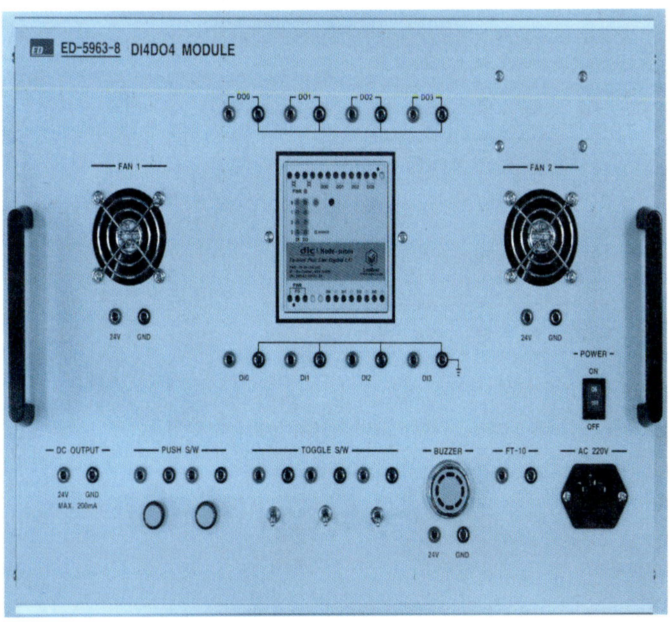

[그림 5-11] DI4DO4 모듈

(2) 주요 사양

- 입력 채널 : 4채널 , 접점 입력(dry Contact, 30VDC)
- 출력 채널 : 4채널 Relay 접점 출력 (30VDC/250VA,5A)
- 응용 실험용 : Fan 2개, 부저 1개, 푸쉬버튼 2개, 토글 스위치 3개
- 통신방식 : FT-10
- 손잡이 부착형 표준 모듈
- 크기 : W(420mm) * D(300mm) * H(160mm)

9. AO8(AI4DI4) 모듈(AO8 : ED-5963-9)

(1) 주요 기능

- 아날로그 입력 8채널 제공
- 아날로그 출력 4채널 제공
- 온도, 습도, 기기상태와 같은 아날로그 신호를 아날로그 출력을 이용하여 제어가 가능한 범용 모듈
- 장착된 VR을 이용하여 응용 실험 가능

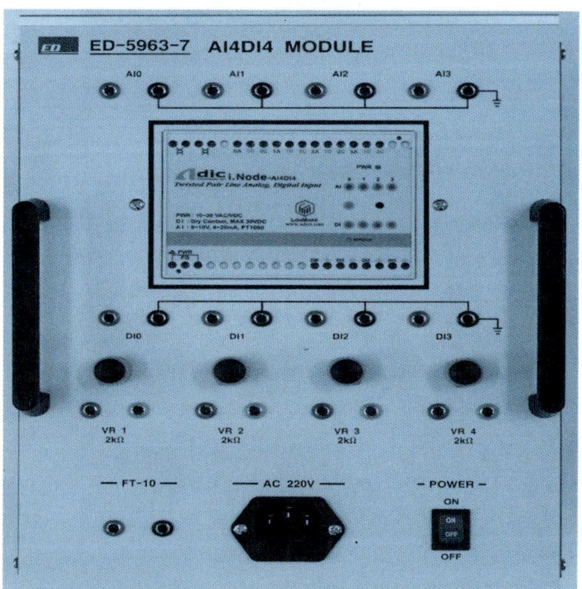

[그림 5-12] AI4DI4 모듈

(2) 주요 사양

- 입력 채널 : 8채널((0V~10V)
- 출력 채널 : 4채널(0V~5V)
- 응용 실험용 : VR 2KΩ 6개
- 통신방식 : FT-10
- 손잡이 부착형 표준 모듈
- 크기 : W(420mm) * D(300mm) * H(160mm)

10. 커튼 제어 모듈(Curtain Control Module : ED-5963-10)

(1) 주요 기능

- 외부 DIO 접점을 이용하여 커튼 CW, CCW 제어 기능
- 내부 전원 회로 내장으로 개별 동작 가능

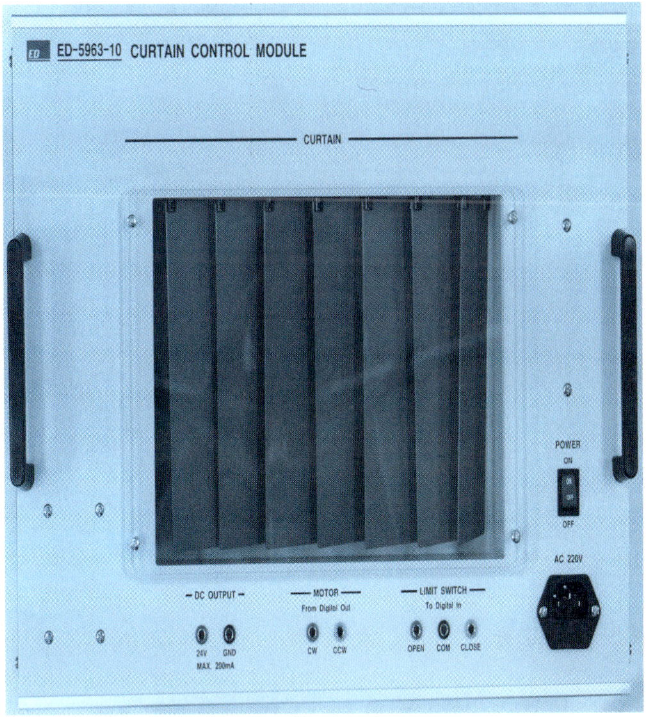

[그림 5-13] 커튼 제어 모듈

(2) 주요 사양

- 24V DC 출력
- CW, CCW 제어 기능
- 커튼 Open/Close 리미트 접점 출력
- 손잡이 부착형 표준 모듈
- 크기 : W(420mm) * D(300mm) * H(100mm)

11. 가스 제어 모듈(Gas Control Module : ED-5963-11)

(1) 주요 기능

- 가스누출 감지 시 자동 밸브 차단 및 알림 경보 기능
- 가스감지회로 및 가스 제어 회로 설명을 위한 블록도
- 가스 제어회로에 대한 배선 실습

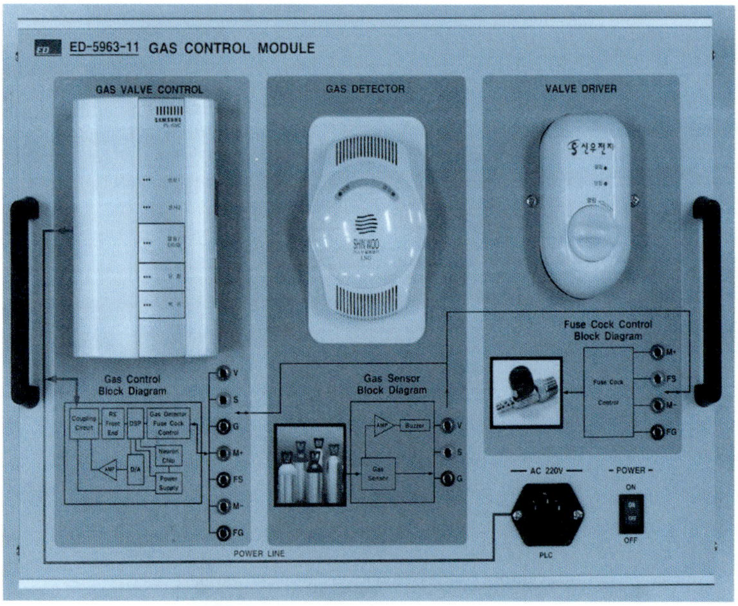

[그림 5-14] 가스 제어 모듈

(2) 주요 사양

- 감시회로 : 1회로
- 신호 입력 전압 : DC 5V~12V
- 차단기 구동전압 : DC 12V
- 개폐작도 : 90°
- 개폐 속도 : 10초 이내
- 통신 방식 : 전력선 통신
- 손잡이 부착형 표준 모듈
- 크기 : W(420mm) * D(300mm) * H(115mm)

12. 난방 제어(Heating Control Module : ED-5963-12)

(1) 주요 기능

- 멀티 온도 조절 및 각방 온도조절 기능
- 온도 차에 따른 비례제어 기능
- 온도조절 회로 설명을 위한 블록도
- 전력선 통신 방식을 이용한 온도제어 기능
- 온도 제어기에 따른 난방 밸브 비례 제어

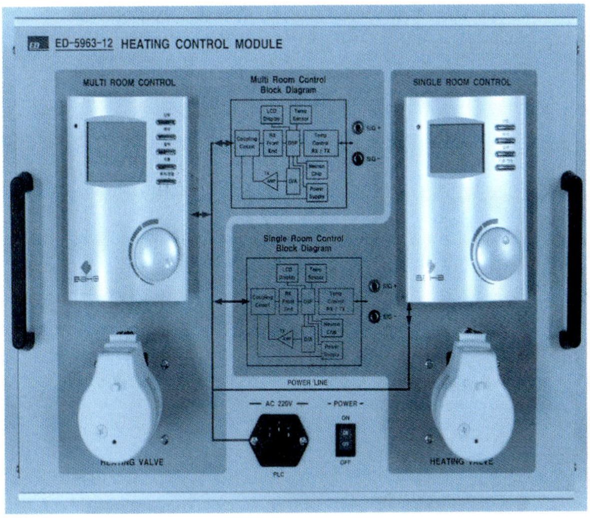

[그림 5-15] 난방 제어 모듈

(2) 주요 사양

- 멀티 온도조절기능
- 각방 온도 조절 기능
- 밸브 비례제어 방식
- 통신 방식 : 전력선 통신
- 손잡이 부착형 표준 모듈
- 크기 : W(420mm) * D(300mm) * H(160mm)

13. 조명 제어(Illumination Control Module : ED-5963-13)

(1) 주요 기능

- 할로겐, 형광등, 백열등 제어 기능
- 백열등을 이용한 밝기 조절 기능
- 전력선 통신을 이용한 ON/OFF 제어 및 백열등 밝기 조절 기능
- 조명 제어 회로 설명을 위한 블록도

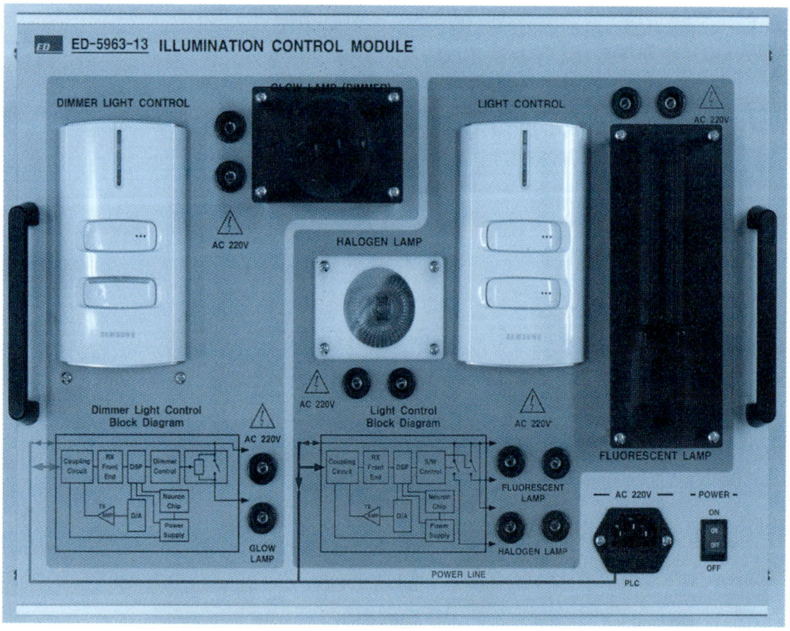

[그림 5-16] 조명 제어 모듈

(2) 주요 사양

- 입력 : ON/OFF 스위치
- 출력 : 2CH
- 할로겐, 형광등 백열등 ON/OFF 제어
- 백열등 8단계 밝기 조절 기능
- 통신 방식 : 전력선 통신
- 손잡이 부착형 표준 모듈
- 크기 : W(420mm) * D(300mm) * H(120mm)

14. 도어록(Doorlock Module ED-5963-14)

(1) 주요 기능

- DIO를 이용한 접점 제어 방식
- RF 키를 이용한 개폐 방식
- 출입제어 실습을 위한 모형 도어

[그림 5-17] 도어록 제어

(2) 주요 사양

- 자동 잠김 기능
- 접점을 이용한 열림 기능
- 손잡이 부착형 표준 모듈
- 크기 : W(430mm) * D(170mm) * H(375mm)

15. 홈 뷰어

(1) 주요 기능

- 핸드폰 영상전송 및 회전제어기능
- GUI 화면을 이용한 영상제어 기능
- 실시간 영상 녹화 기능

[그림 5-18] 홈 뷰어 제어

(2) 주요 사양

- 포커스 : 수동
- 노출 : 자동
- PAN(좌, 우) : 180°
- TILT(상, 하) : 80°
- 통신 방식 : USB 1.1

16. 실습 Rack

- 전원 일체형 표준 Rack
- 15A 전원용 차단기 내장
- 전원 표시용 램프 내장
- 표준 모듈 실장 가능형
- 표준 모듈 탈 부착 용이
- 크기 : W(1490mm) * D(320mm) * H(918mm)

17. 실습 테이블

- 크기 : W(1490mm) * D(800mm) * H(846mm)
- 재질 : MDF
- 서랍 시건 가능
- 테이블 운반 용이한 바퀴 부착형

18. 악세서리

- LonMaker 3.1 : 1Copy
- Visio2002 : 1Copy
- Webgen8.1 : 1Copy
- Visual Basic.net : 1Copy
- 연결용 케이블 : 1set
- AC Cord : 1set
- 실습교재, 교수용 pt 자료

5-5 유비쿼터스 홈네트워크 응용실습 항목

- 론워크 시스템에 대한 이해
- 홈네트워크 시스템에 대한 이해
- 전력선(PLC) 통신 방식의 이해
- IBS(Intelligent Building System)에 대한 이해
- 어플리케이션 프로그램 작성 실습
- 게이트웨이 인터페이스 실습(비주얼베이직 닷넷, 웹진)
- 인터넷 서버를 통한 UI화면 구축(Webgen)
- 비주얼베이직 닷넷 프로그램 학습 및 실습
- JSP를 이용한 휴대폰 제어 실습
- 네트워크를 통한 타 기기와의 연동 제어 실습
- 제어 네트워크 작성 실습
- 디바이스 바인딩 실습
- XML/SOAP 인터페이스 실습
- 홈네트워크 기기 제어 실습 및 모드 제어 실습
- I/O 디바이스 제어 실습

5-6 유비쿼터스 홈네트워크 응용실습 과정

유비쿼터스 홈네트워크 응용시스템을 사용하여 실습하는 과정은 [그림 5-19]와 같다.

이 응용 실습을 통하여 다음과 같이 홈네트워크 실습을 구현할 수 있다.

- 제어 프로그램 작성 및 실습
- 웹 프로그램 작성 및 실습
- XML/SOAP 프로그램 작성 실습 및 핸드폰 프로그램 연동 실습

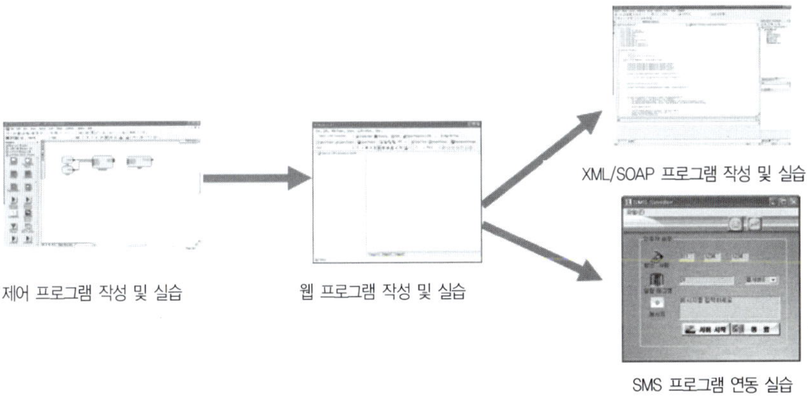

[그림 5-19] 유비쿼터스 홈네트워크 응용실습 순서

제6장

유비쿼터스 홈네트워크 응용시스템 개요 (LonWorks)

6-1 론워크(LonWorks) 시스템의 개요

론워크 기술은 이 세상의 모든 디바이스에게 지능을 부여하고 상호 운용에 대한 호환성을 보장하면서 피어 투 피어(Peer-to-Peer) 방식으로 개방형 표준에 따라 서로 네트워킹이 가능하도록 하며 이러한 지능형 디바이스가 언제 어디서나 접근 가능하게 구성해 주는 기술이다.

론워크 네트워크는 상호 운용에 대한 호환성을 항상 염두에 두고 발전된 기술이고, 지능 분산에 따른 네트워킹 기술이다. 이러한 론워크 기술은 빌딩 자동화와 산업 분야의 자동제어에 포함되는 디바이스와 제어 기술에 사용이 되고 있다. 최근에는 여러 산업의 자동화 분야 및 홈네트워크, 교통/철도 분야 등 여러 분야에서 구현을 하려고 노력을 하고 있으며 각종 산업 표준(ANSI, IEEE, SEMI..etc) 이자 업계 표준으로서 여러 분야의 여러 업체로부터 많이 사용되고 발전되고 있는 기술이다.

론워크의 구성은 뉴런칩, 트랜시버, 론토크(프로토콜), LNS(론워크 네트워크 서비스)으로 구성되어 있다.

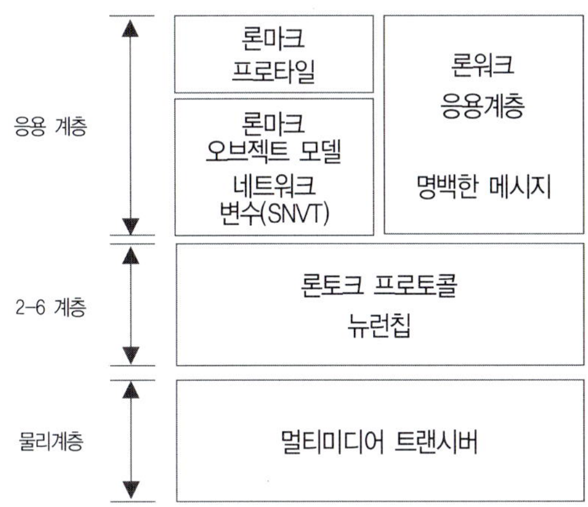

[그림 6-1] 론워크의 구성

1. 출현 동기

네트워크는 크게 데이터 네트워크(Data Network)와 제어용 네트워크(Control Network)로 나누어진다. 데이터 네트워크와 제어용 네트워크를 분류하여 생각해보면 다음과 같다.

(1) 데이터 네트워크

정보의 양이 많고 전송의 빈도가 많지 않으며 불규칙적이다.

⇒ LAN(Local Area Network)

(2) 제어용 네트워크

전송할 정보 양이 적고 데이터 샘플링과 같이 발생 빈도가 규칙적이며 정보전송이 신뢰성이 있어야 하며 실시간으로 수행되어야 한다.

⇒ LON(Local Operating Network)

이러한 방식으로 Network를 분류하였을 경우 LAN과 LON은 모두 네트워크이지만 목적이 다르다.

(3) LAN(Local Area Network)

컴퓨터, 프린터, 파일서버 등의 사이에서 문서나 이미지 등 대량의 데이터를 처리한다.

(4) LON(Local operation Network)

제어를 위한 피드백 정보나 각 노드간의 명령이나 상태 등 소량의 데이터를 교환하여 네트워크 전체 또는 그룹단위로 고도로 조직화된 제어를 한다.

네트워크를 계층적 구조로 나누었을 때 최하위의 센서, 액추에이터 같은 디바이스에서부터 제어와 모니터링을 하는 디바이스를 마치 기존의 LAN에 연결된 노드처럼 동일한 프로토콜로 묶여 하나의 라인으로 통신하고자 한다. 이러한 개념은 [그림 6-2]와 [그림 6-3]에서와 같이 컴퓨터 산업이 기존의 중앙 집중식의 메인프레임 · 더미터미널 구조에서 워크스테이션, 오늘날에는 인텔리전트 PC, 클라이언트 · 서버 구조로 발전해 왔다는 점을 착안하여, 콘트롤 산업도 기존의 중앙 집중식 마스터 · 슬레이브 방식에서 분산 제어방식(DDC, PLC)으로 피어 투 피어(Peer- to-peer), 수평적 구조로 가야 한다는 아이디어에서 비롯된 것이다.

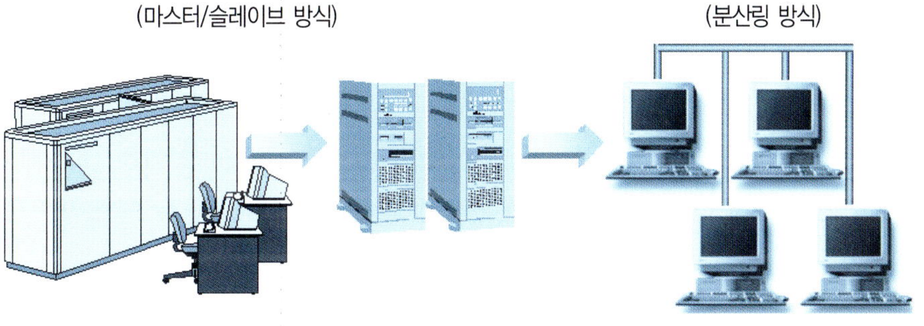

[그림 6-2] 마스터/슬레이브에서 분산제어 방식으로 변화

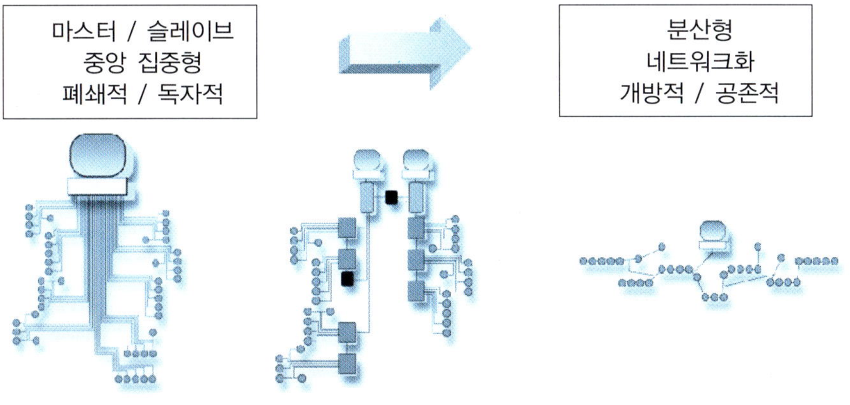

[그림 6-3] 컴퓨터 산업계와 자동 제어 업계의 변화

앞에서 말한 데이터 네트워크와 제어 네트워크는 서로 간에 고립된 영역을 이루고 있지만 인터넷 관련 소프트웨어와 하드웨어의 발달로 인하여 데이터 네트워크와 제어 네트워크 간에 연결 관계를 맺어 주기 위한 방식을 고려하게 된다. 가장 쉽고 일반적으로 생각할 수 있는 솔루션 중의 하나가 제어 시스템 간에 게이트웨이(gateway)를 두어 데이터 네트워크와 통합하는 방식이다. 그러나 게이트웨이 방식은 아래와 같은 한계를 갖는다.

- 양 네트워크간의 데이터 교환, 진단, 유지 보수 등의 작업 한계
- 업그레이드나 변경의 어려움
- 로컬과 리모트용 툴 개발의 어려움
- 과거 폐쇄적이고 중앙 집중적인 제어 모델 형태 유지

게이트웨이 방식 외에 생각할 수 있는 방식으로는 제어 네트워크의 개별 디바이스에 웹 서버를 설치하는 것이다. 말하자면 각각의 개별 제어 네트워크 요소에 데이터 네트워크 망을 연결한다는 말인데 이 방식은 또한 아래와 같은 한계를 갖는다.

- 용도와 목적이 다른 두 네트워크간의 연결에 무리함
- 비용적인 면에서의 비효율성

따라서 이러한 구성 역시 데이터 네트워크와 제어 네트워크를 통합하는 적절한 방법일 수 없다.

2. 개방형 통신망으로서의 론워크

(1) 개방형 통신망이란

다른 제조업체의 장비들 간에 상호 운용성을 보장하는 통신망

서로 다른 제조업체의 장비들 간에 통신을 가능하도록 하기 위한 데이터 구

조 및 통신 규약을 제공하며, 각 장비에서 생성된 데이터가 다른 제조업체의 장비에서 사용가능하다.

1) 개방형 통신망의 대두 과정

① 초기 제어 시스템

제어 시스템 내부에 릴레이, 스위치, 분압기, 액추에이터와 거기에 연결된 엄청나게 많은 배선(wire)으로 구성되어 있었다. 거기에는 제어반과 센서 입력/액추에이터가 1대1 대응 방식으로 연결되어야 했기에 이러한 제어 시스템은 아주 초보적이고 융통성이 없었으며 배선 연결을 추가하고 수정하는데 막대한 작업을 필요로 했다.

② DDC(Direct Digital Controller)의 사용

제어 시스템은 선과 릴레이를 대신해서 논리 회로를 어플리케이션 한 도구를 사용하였다. 즉 전기 패널 대신 데이터 터미널로 프로그래밍 할 수 있는 DDC(Direct Digital Controller)를 사용하기 시작했고 강력한 제어 알고리즘이 개발되어서 프로세스별로 적합한 제어가 가능해졌다.

③ DDC(Direct Digital Controller)의 문제점 도출

- 시스템 규모가 커질 경우 시스템 추가 변경의 어려움
- 시스템 규모가 커짐에 따라 소프트웨어의 복잡성
- 컨트롤러와 하부 센서/액추에이터간의 많은 배선
- 독자적 내부 아키텍처를 갖는 DDC의 개발로 인한 벤더들 간의 호환성 결여
- 벤더간 연결을 가능하게 하는 게이트웨이 사용의 시작

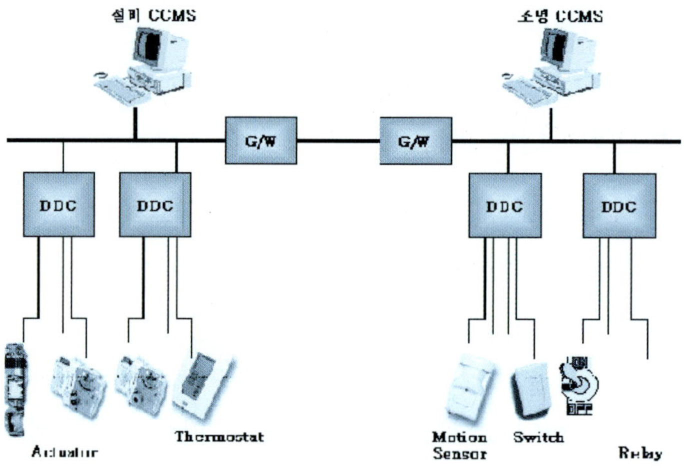

[그림 6-4] 게이트웨이를 이용한 DDC제어 방식(건물 설비의 예)

④ 게이트웨이 사용에 있어서의 제약

게이트웨이의 사용에 있어서의 제약은 보다 세부적이고 막힘없는 제어를 이룰 수 없다는 점에 있다. 게이트웨이는 양쪽 서브시스템 간에 제한적인 상태 값과 제어 정보를 전달할 뿐이다. 예를 들면 오류 상태(Fault Status)에 대한 정보가 공유될 수 없고 게이트웨이의 조합형 프로그램은 서로 다른 센서로부터의 정보를 공유할 수 없기 때문에 시스템은 전반적인 상태 값에 대해서 리얼타임으로 대처할 수 없다. 더욱이 게이트웨이는 서브시스템들 중 한 개만 바뀌어도 수정되어야 했고, 이는 시스템 통합자 및 최종 사용자에게 까다로운 유지보수의 문제점을 야기시킨다.

⑤ 개방형 통신망의 사용

이러한 이유로 인하여 개방형 통신망의 사용이 대두되게 되었으며 개방형 통신망은 하나의 요소가 다른 시스템에서도 사용이 가능하게끔 표준화를 시켜주어서 통합된 제어를 구축함에 있어서 비용적으로나 사용에 있어서 불편한 점을 없애주게 되었다.

즉 제어 요소들에 대한 표준을 정해줌으로서 어느 제조업체의 독점을 방지함과 동시에 사용자의 선택권을 넓혀줌으로써 보다 안정된 제어 시스템을 구축할 수 있게끔 한다.

이러한 개방형 통신망으로는 론워크, BACNet, EIB 등이 있으며, 에쉴론(Echelon)사에서 범용 제어 통신망으로 개발한 것이 론워크이다.

6-2 론워크의 시스템 특징

1. 론워트의 구성요소

론워크는 다음과 같은 형태로 구성이 되어 있다.

- 뉴론칩(Neuron Chip)과 매체간의 통신 칩인 트랜시버(Transceiver)를 탑재한 론워크 디바이스
- 론토크 프로토콜(LonTalk Protocol)
- 네트워크 관리, 통신망 운영 시스템인 LNS(론워크 Network Service)
- 네트워크 구성을 위한 사용자 어플리케이션(application) 및 HMI

론워크 시스템을 LAN 시스템과 비교를 하여보면 〈표 6-1〉과 같다.

〈표 6-1〉 론워크 시스템과 LAN 시스템 비교

론워크	LAN
뉴우런 칩	Pentium 5
트랜시버	LAN card
LNS	Windows NT
론토크	TCP/IP
윈도우용 론마크	MS-Excel

즉 론워크 시스템은 PC의 펜티움 칩과 같은 CPU를 자체 내장하고 통신 수단이 되는 트랜시버(transceiver)를 가지게 되어서 제어에 필요한 다른 요소들을 가지게 되어 디바이스 자체가 하나의 시스템을 형성해 주게 되는 장치인 것이다.

2. 론워크의 통신방식

론워크의 통신 방식은 흔히 정보 기반 통신(Information-based communication)으로 분류되고 이것은 기존의 명령 기반 통신(Command-based communication)과 차별화 된다.

[그림 6-5]와 같이 기존의 제어기(DDC, PLC)들은 기존의 센서와 커맨드 위주의 통신을 하므로 새로운 디바이스가 추가되면 제어기와 결선을 연결해 줌과 동시에 제어기의 응용 프로그램을 재수정해야 하는 불편함이 있다. 더욱이 이러한 제어기는 제조업체들 마다 고유한 독자적이고 폐쇄적인 구조로 구현된 것이므로 사용자는 제조업체에 종속적일 수밖에 없다.

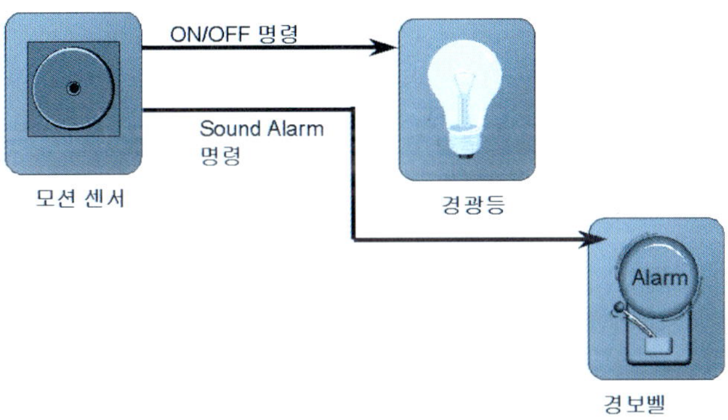

[그림 6-5] 기존의 제어 방식

이에 반하여 론워크는 네트워크 변수(Network Variable : NV)라고 불리는 특별한 형태의 입출력 오브젝트(Input/Output)를 사용하여 디바이스 간에 바인딩 정보만을 바꾸어 줌으로서 통신을 재설정하게 된다. [그림 6-6]에서와 같이 출력으로 선언된 하나의 NV 값이 갱신이 되면 자동으로 그 출력 NV와 연결된 입력 NV를 가지는 모든 노드로 해당 값이 전파되어 값이 갱신된다. 이와 같이 한 노드에서 출력 NV를 다른 노드의 입력 NV에 연결하여 동시 갱신이 되도록 하는 과정을 바인딩(Binding) 작업이라고 한다.

NV에 의한 통신의 장점은 응용프로그램에서 통신에 대한 고려 부분이 전혀 없이 통신이 되는 것이며, 따라서 응용프로그램의 변경 없이 바인딩 정보만 바꾸어 줌으로서 쉽게 네트워크 통신이 가능하다.

이것이 바로 정보기반의 통신이 가지는 장점이다.

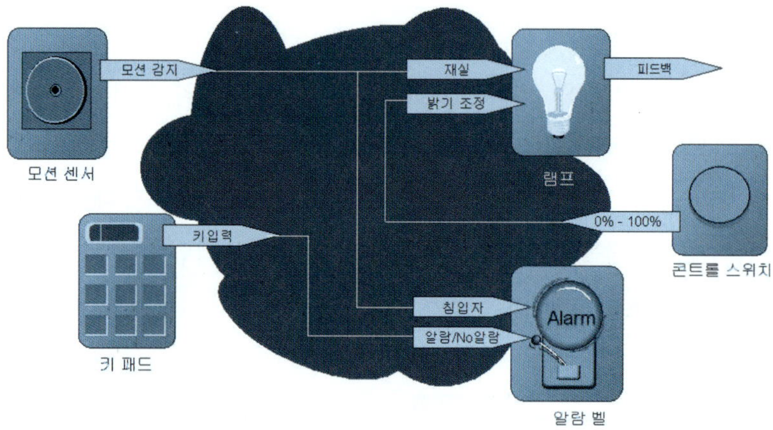

[그림 6-6] **론워크 시스템에서의 제어 방식**

〈표 6-2〉 **론워크와 일반 제어 방식과의 비교**

	론워크 통신 방식	일반적인 제어 방식
분 류	정보 기반 방식	명령 기반 방식
새로운 디바이스 추가	용이(바인딩 정보만 변경)	어려움(결선 및 프로그램 수정)
제조업체에 대한 의존성	개방적	종속적

또한 론워크는 위와 같은 이유로 인하여 상호 운용성을 갖게 되는데 이것은 센서나 각종 제어용 디바이스가 여러 시스템에 의해 공유되기 때문에 보다 적은 수의 센서나 컨트롤 디바이스가 필요해진다는 특성이다. 이에 따라 전체적인 제어 시스템 비용이 감소한다. 예를 들면, 위의 그림과 같이 빌딩 자동화 시스템에 있어서 한 개의 상호 운용 가능한 모션 센서가 해당 구역 안의 난방 시스템, 출입관리 시스템, 보안 시스템 등에 두루 사용될 수 있다. 이때 모션 센서는 여전히 같은 기능(즉 움직임을 감지하는)을 할 뿐이다. 하지만 이 정보는 여러 서브시스템에서 각자의 용도에 맞게 활용된다. 이러한 특성은 기존의 제어 방식에서 한 개의 센서가 하나의 동작을 가능하게 하는 것과 비교될 수 있다.

3. 론워크 시스템과 비교 PLC/DDC

(1) 시스템 안정성 비교

다음은 시스템 안정성면에서 PLC와 론워크 시스템은 제어방식, 프로토콜, 통신 등을 〈표 6-3〉에 비교하였고, DDC와 론워크 시스템의 비교는 〈표 6-4〉에 타 시스템과 연결방식, 시스템통합, 노드추가 등으로 비교 설명하였다.

〈표 6-3〉 PLC와 론워크 시스템 비교

	PLC 시스템	론워크 시스템
제어방식	중앙 집중 방식 오류 발생 시 하위 모든 디바이스가 영향을 받게 됨	분산 제어 방식 지능형 디바이스에 의해 하위 디바이스 이상 시에도 오류 범위 최소화
프로토콜	독자적이고 폐쇄적인 프로토콜 벤더에 따라 제품의 신뢰도가 결정	개방형 LonTalk 프로토콜 ANSI 및 EIA 표준으로 지정
통신	대부분 노이즈에 취약한 RS 485 방식의 통신	자유로운 배선 형상(Free Topology) RS485 방식에 비해 노이즈에 강함
기타		8백만 개 이상의 론 디바이스가 여러 산업 분야에 설치 전 세계적으로 4000여개의 업체가 론워크 관련 디바이스를 생산 상호 운용 가능성에 대한 보장

〈표 6-4〉 DDC와 론워크 시스템 비교

	DDC 기반의 시스템	론워크 시스템
타 시스템과 연결방식	타 시스템 / PLC와의 연결은 게이트웨이를 사용	상위별도 게이트웨이 없이 통합 (론워크로 구현된 서브시스템의 경우)
시스템통합	게이트웨이 프로그램을 일일이 재작성	구역별 제어 로직을 쉽게 구성 가능
노드 추가	배선 및 프로그래밍 변경 등의 작업이 복잡	배선 및 프로그래밍 수정 등의 작업이 용이
기 타		인터넷, ISDN 망을 사용한 원격 감시 및 제어용 라우터가 상품화

(2) 시스템 확장성 비교

다음은 시스템 확장성에 따른 비교를 [그림 6-7], {그림 6-8]에서 보는 바와 같이 DDC시스템과 론워크 시스템간의 확장성을 설비 중앙관제센터와 조명 중앙관제 센터 간을 비교하였다.

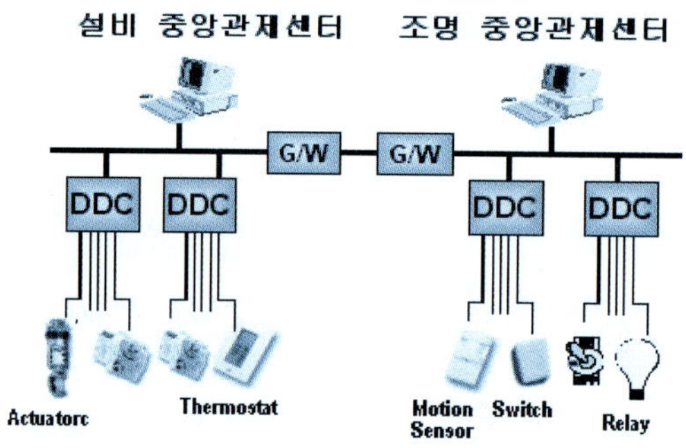

[그림 6-7] DDC 시스템에서의 시스템 확장

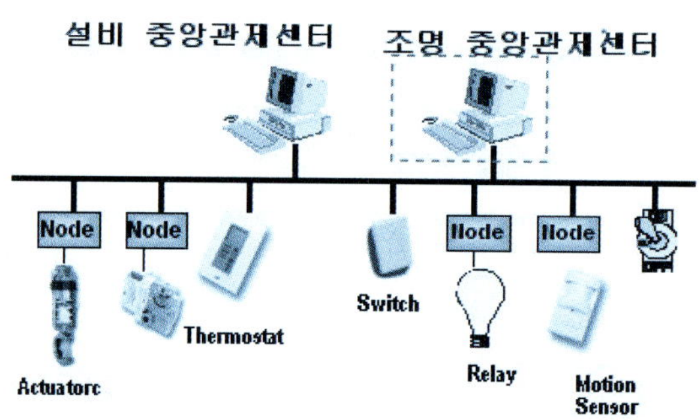

[그림 6-8] 론워크 시스템에서의 시스템 확장

(3) 기술 및 시스템 비용 비교

다음은 기술 및 시스템 비용에 의한 비교로써 〈표 6-5〉에서 DDc 기반시스템과 론워크 시스템간의 비료를 배선 배관비용, 노드추가, 타 시스템과 통합 기능 추가 등의 항목을 비교하였다.

〈표 6-5〉 DDC와 론워크 시스템간 비교

	DDC 기반의 시스템	론워크 시스템
배선/배관 비용	PLC로 집중된 배선으로 서브시스템별로 별도 배선 필요	자유로운 배선 구성으로 공정이 간단하고 비용이 적게 소요
노드 추가	고가의 PLC가 추가로 필요할 경우 발생	해당 노드 비용만 추가 근접 네트워크와 배선만 연결
타 시스템과 통합/기능 추가 시	많은 비용 소요	다양한 벤더의 최적 제품을 합리적인 가격으로 구성 가능
기 타	- 중앙 감시반 비용 고가 - 유지 보수 서비스 업체 제한적	개방형 네트워크 아키텍처

6-3 론워크 시스템의 프로토콜

1. 론토크(Lon Talk)

통신 시스템의 가장 중요한 부분은 통신 프로토콜이다. 론워크의 프로토콜인 론토크(LonTalk) 프로토콜은 반도체 칩에 내장된 펌웨어(Firmware)와 하드웨어(Hardware)를 사용하여 OSI 모델의 7개 계층을 모두 가지고 있다.

ANSI/EIA 709.1 제어 네트워크의 표준이면서 론토크 프로토콜로 알려져 있는 론웍스 프로토콜은 론웍스 시스템의 핵심이다. 이 프로토콜은 디바이스 내에 있는 어플리케이션 프로그램이 다른 디바이스의 추가적인 역할이나 이름, 어드레스, 혹은 네트워크의 형태와 같은 것들을 알아낼 필요 없이 네트워크상에서 다른 디바이스로부터 메시지를 주고받을 수 있도록 통신 서비스를 제공한다.

또한 론웍스 프로토콜은 부가적으로 메시지의 메시지 인증 및 전송 시간을 제한하는데 용이하게 사용될 수 있고, 우선권 분배(priority delivery)와 같은 것들을 부가적으로 제공해 줄 수 있다. 또한 원거리 네트워크상에서 디바이스를 상호 작용할 수 있도록 하는 네트워크 관리 서비스가 제공되는데, 이것은 디바이스 어플리케이션 프로그램의 시작/정지/리셋이나 네트워크 문제의 보고라든가, 어플리케이션 프로그램의 다운로드, 또는 네트워크 어드레스와 파라미터의 재설정을 포함한다.

즉 론토크는 다음과 같은 특징을 가지고 있다.

① 쌍꼬임선(Twisted pair)과 전력선을 포함하여 광범위한 종류의 통신 매개체를 지원한다.
② 분산 처리가 가능하도록 장치간의 동순위(peer-to-peer) 통신이 가능하다.
③ 제어용 통신을 위한 프로토콜로서 시스템 보안 문제를 포함하여 최대의 신뢰성을 보장한다.
④ 네트워크의 규모에 제약을 받지 않으면서, 시스템 반응 시간을 예측할 수 있다.
⑤ 다양한 통신 매개체와 통신 속도로 구성된 네트워크 간의 장애 없는 통신을 지원한다.
⑥ 각 노드간의 자유로운 임의의 연결이 가능하다.
⑦ 클라이언트-서버 기능을 지원한다.
⑧ 제어 노드의 연결이나 작업그룹 관리, 오류진단 등의 네트워크 관리가 프로토콜 레벨에서 이루어진다.

2. 네트워크 변수

응용 프로그램은 네트워크 변수(Network Variable : NV)이라고 불리는 특별한 형태의 입출력 오브젝트를 선언할 수 있으며, 출력으로 선언된 하나의 NV의 값을 갱신하게 되면 그 출력 NV와 연결된 입력 NV를 가지는 모든 노드로 해당 값이 전파되어 값이 갱신된다. 이와 같이 한 노드에서 출력 NV를 다른 노드의 입력 NV에 연결하여 동시 갱신이 되도록 하는 과정을 바인딩(Binding) 작업이라고 한다.

이러한 NV에 의한 통신의 장점으로는

- 응용 프로그램에서 통신에 대한 고려 부분이 없이 통신이 가능
- 응용 프로그램의 변경 없이 바인딩 정보만 바꾸어서 네트워크 통신이 가능
- 뉴런 칩을 호스트로 사용하는 노드에서 최대 64개의 NV를 선언 가능

3. 매체 액세스(Media Access)

모든 네트워크 프로토콜은 데이터 패킷을 안전하게 보낼 수 있는 시기에 맞추어서 디바이스가 받을 수 있도록 MAC(Media Access Control) 알고리즘을 사용한다. 이러한 MAC 알고리즘은 네트워크 상태의 충돌을 최소화하여 과부하 상태에서의 안정성을 갖게 해주기 위하여 사용하는데 론토크 프로토콜은 predictive p-persistent CSMA 프로토콜이라고 하는 독특한 MAC 알고리즘을 사용하여서 탁월한 효과를 발휘한다.

4. 메시지 서비스

론웍스 프로토콜은 메시지 전달 서비스에 있어서 다음과 같은 4가지 메시지 서비스를 제공한다.

- 승인(Acknowledged) 서비스
- 요구/응답(Request/Response) 서비스
- 반복(Repeated) 서비스
- 비동일(Unacknowledged) 서비스

이런 서비스는 네트워크의 신뢰성을 확보하고 네트워크 성능을 최적화시킬 수 있다.

5. 론토크 프로토콜 표준

원래 론웍스 프로토콜은 뉴런 칩에만 삽입되어 사용할 수 있었고, 이러한 것이 모든 제조업자들에 의해 일치된 어플리케이션으로 인정받았다. 지금은 많은 수의 호환 디바이스가 설치되었고, 애쉴론 업체가 론웍스 프로토콜을 발표하고, 그것을 ANSI/EIA 709.1 제어 네트워크의 표준으로 개방하였다. 그렇기 때문에 누구나 이 프로토콜을 자유롭게 사용할 수 있게 되었으며 많은 업체에서 개발을 진행하고 있다.

론토크 프로토콜은 모든 론워크 디바이스의 핵심이라고 할 수 있으며 그 스펙은 공개되어 있다. 론토크프로토콜은 OSI 7계층 모델에 준하여 구성되어 있으며, 하드웨어 또는 펌웨어(firmware) 형태로 구현되어 있다. 이러한 론토크 프로토콜 중 MAC layer부터 응용층(Application Layer)을 마이크로프로세서에 VLSI화하여 넣은 것이 뉴런 칩(Neuron chip)이고 통신 매체와의 커뮤니케이션을 위한 물리계층(Physical Layer)을 담당하는 것이 론워크 표준 트랜시버이다.

응용 계층	응용 프로그램
프리젠테이션 계층	데이터 해석
세션 계층	리모트 동작
트랜스포트 계층	양단의 신뢰성
네트워크 계층	목적지 어드레싱
데이터 링크 계층	메디아 액서스와 프래닝
물리 계층	전기적 연결

[그림 6-9] 론토크 프로토콜의 OSI 7 계층

6. 론토크 프로토콜 요약

론웍스 프로토콜에 의해서 제공되는 다양한 서비스를 통해 네트워크를 최적화시키고 신뢰도나 보안을 시켜준다. 론워크 프로토콜을 정리하여 보면 다음과 같다.

- 제어 어플리케이션을 통한 네트워크의 사용법을 좀 더 최적화하여 작은 메시지에 대한 전달을 좀 더 효과적으로 할 수 있도록 한다.
- 한 제조업체에 의해서 생산된 것에 대한 정보를 서로 공유할 수 있게 함으로써 제품에 대한 상호 운용성을 효과적으로 제공한다.

- IP 네트워크상에서의 통신뿐만이 아니라 쌍꼬임선(Twist Pair)이나 전력선(Power line)과 같은 다양한 통신 매체를 제공한다.
- 통신 속도나 매체의 타입을 서로 혼합하여 구축한 네트워크를 제공한다.
- 인증 받지 못한 시스템에 대한 사용을 막으면서 신뢰성 있는 통신을 지원한다.
- 디바이스나 툴 그리고 어플리케이션에 대한 구현 비용을 낮춰준다.
- 설치나 유지비를 최소화하고, 감가 삼각비를 줄여 준다.
- 한 포인트에 대한 오류를 제거함으로써 시스템의 신뢰도를 한 층 더 증가시킨다.
- 네트워크의 크기와는 상관없이 예상 응답시간을 제공한다.
- 수만 가지의 디바이스를 지원하되, 단지 몇 개의 디바이스를 가진 네트워크에서의 효과와 똑같다.
- 중앙 집중식이나 분산된 제어 시스템, 어디에서든지 일대일 방식을 지원한다.
- 디바이스 간에 좀 더 유동적이고도 다루기 쉽게 연결을 시킬 수 있다.

6-4 론워크 시스템의 매체와의 통신

1. 뉴런 칩

애쉴론(Echelon) 사에서 개발된 뉴런 칩(Neuron Chip)은 경제적이면서도 표준이 될 만한 구성을 가지고 있으며, 뉴런이라고 하는 명칭은 인간의 뇌 속에 있는 뉴런에서 발생된 말이다. 인간의 뇌 속에 신경 조직은 제어의 중심이 없이 각각의 수백만 개의 뉴런들이 정보를 주고받으며 기능을 수행하게 된다. 각 뉴런은 나름대로 특별한 기능을 수행하지만 어떠한 하위 뉴런이 파괴되었다하더라도 주요 제어 기능에는 이상이 없다.

이러한 뉴런 칩의 기능을 통하여서 완벽한 분산 제어의 효과, 즉 네트워크와 네트워크간의 하부 구조가 연결이 되어서 또 다른 제어 효과를 나타낼 수는 있지만 어떤 하부 구조가 오류를 발생시키거나 오동작, 또는 파괴가 되었다하더라도 그 부분만 동작이 안 되고 다른 부분에서는 영향을 받지 않을 수 있다.

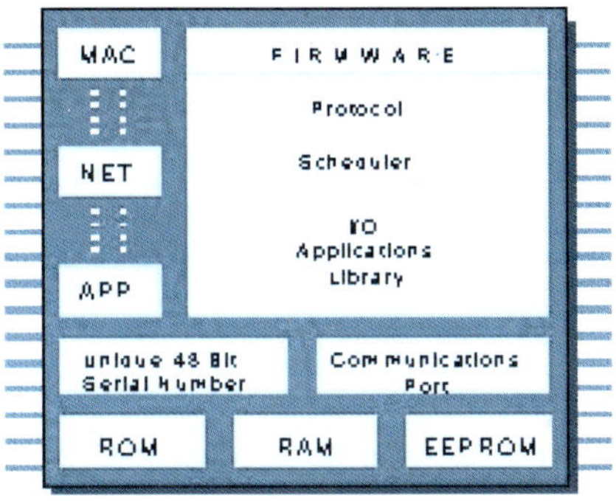

[그림 6-10] Neuron chip의 구성

뉴런칩에는 통신 및 연산을 위한 3개의 8비트 프로세서를 탑재하고 있으며, 칩 내부의 메모리 내장 유무에 따라서 3120계열과 3150계열로 나누어진다.

프로세서자체가 통신을 위한 프로토콜 내장하고 있으므로 디바이스 개발자는 디바이스의 어플리케이션 프로그램만 작성하고 네트워크 통신을 위한 프로토콜은 일일이 구현할 필요가 없다. 또한 뉴런칩에는 2개의 16비트 타이머/카운터, 20mA 싱크 포트 등 11개의 I/O 포트를 이용한 34개의 입출력 모드를 제공한다. 또한 네트워크 통신 전용포트를 갖추고 있어 여러 종류의 트랜시버와 다양한 모드로 인터페이스할 수 있다.

뉴런 칩은 최초에 애쉴론에서 설계되었지만 지금은 애쉴론의 제조 파트너에 의해서 계승되어 설계되고 제작된다. 사이프레스(Cypress) 반도체, 모토로라, 도시바는 현재 뉴런 칩을 생산해 내는 공급자이다. 이와 같이 다수의 공급자를 통해서 뉴런 칩이 경쟁적인 분위기 속에서 만들어진다. 그러한 분위기를 통해서 가격을 인하시킬 수 있으며, 칩에 대한 믿을만한 소스를 제공받을 수 있게 되었다.

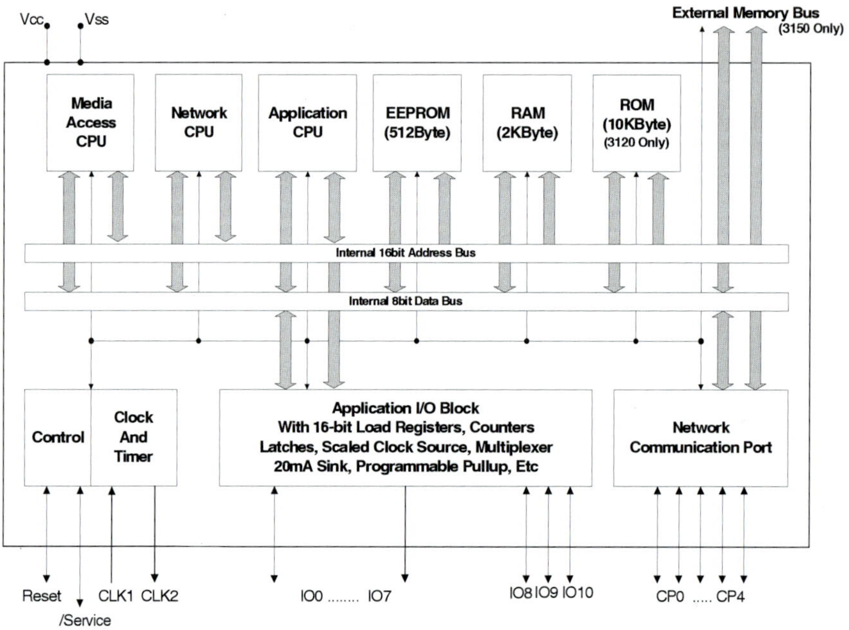

[그림 6-11] 뉴런 칩의 구성도

뉴런 칩은 통신이나 I/O 서브시스템, 롬(ROM) 혹은 램(RAM), 그리고 멀티프로세서를 가지고 있는 일종의 온칩(On-a-chip) 시스템이다. 롬에는 운영 시스템(OS)과 론웍스 프로토콜, I/O의 기능 라이브러리가 포함되어 있다. 칩에는 론웍스 네트워크상에서 다운로드 된 어플리케이션 프로그램과 구성 프로그램, 구성 데이터를 위해서 비휘발성 메모리를 사용하고 있다.

2. 트랜시버

론워크 트랜시버(Transceiver)는 매체와의 통신을 담당하는 칩으로 볼 수 있으며, OSI 7 Layer 중 1계층인 물리계층에 해당한다. 즉 뉴런 칩이 컴퓨터의 CPU라면 트랜시버는 랜 카드(Network Interface Card)로 비유될 수 있다. 론워크의 장점 중 하나는 데이터 전송 매체 선택이 자유롭다는 점에 있다. 즉 쌍 꼬임선(Twist Pair : TP), 전력선(AC100/220), 링크 전력(Link Power : DC 24V선에 데이터를 실어 보냄), 무선(RF), 동축케이블(Coaxial), 광(Fiber Optic), 적외선(Infrared) 등 다양한 매체를 지원하는 트랜시버가 여러 업체에 의해 제공되고 있다.

〈표 6-6〉 **애쉴론의 론워크 트랜시버**

구분	트랜시버 이름	Bit rate	distance
쌍 꼬임선	FTT-10A	78 Kbps	500m ~ 2.7Km
	TPT/XF-1250	1.25Mbps	130m
링크 전력	LPT-10	78 Kbps	500m ~ 2.2Km
전력선	PLT-22	5 Kbps	상황에 따라

론워크가 특정 분야가 아닌 여러 산업분야에 사용될 수 있었던 이유 중 하나는 이렇듯 매체 선택이 자유롭고 또 매체간의 연결을 라우터(Router)를 써서 간단히 구현할 수 있기 때문이다. 론워크의 라우터는 네트워크의 확장 외에도 이 이종 매체의 연결(파워라인을 TP로, TP를 Fiber Optic으로)을 위해서도 사용된다. 또한 업체들은 론토크을 이더넷(Ethernet)으로, 모뎀(Modem)으로, ISDN으로 연결시켜주는 라우터를 개발하여 판매하고 있다.

3. 론워크 시스템의 OS(LNS)

론워크가 여타 필드버스와 차별화될 수 있는 점은 일관된 네트워크 관리(Network Management) 솔루션까지 갖춘 제어용 네트워크라는 것이다. 애쉴론에서 지난 1997년 말에 발표한 LNS는 론워크 네트워크의 OS(Operating System) 또는 NMS(Network Management System)이라 할 수 있다. LNS(Lonworks Network Service)는 시스템 설치자 및 통합자가 서로 다른 벤더의 제품을 묶어서 전체 네트워크를 구성하는데 편리한 이점을 제공한다. 즉 LNS는 PC를 비롯하여 다른 마이크로프로세서나 마이크로 컨트롤러에 구현되어 론워크네트워크를 구성, 설치, 모니터링, 콘트롤할 수 있는 어플리케이션을 작성할 수 있게 해준다. 특히 LNS는 클라이언트/서버 아키텍처를 지원하므로 네트워크 관리를 관장하는 네트워크 서비스 서버(Network Service Server : NSS)에 127개까지의 네트워크 서비스 인터페이스(Network Service Interface) 도구들이 연결될 수 있다. 즉 일반 터미널 및 모뎀을 통한 원격 접속, 노트북 등 포터블한 작은 계측기, 심지어는 인터넷 상의 PC 등이 LNS의 클라이언트로 론워크 네트워크에 접속하여 네트워크를 모니터링 및 제어를 할 수 있다.

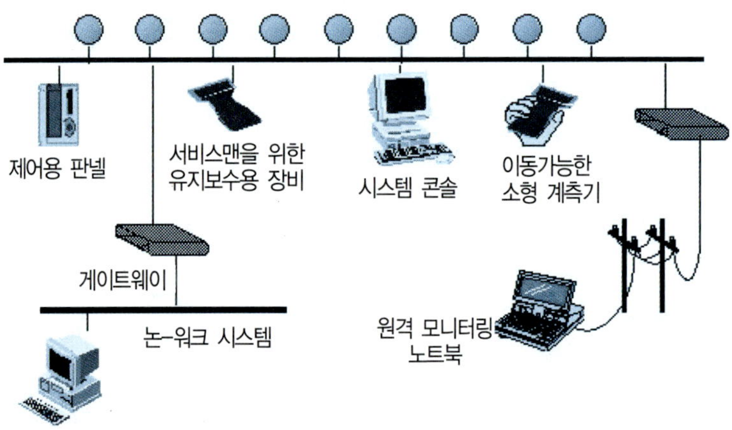

[그림 6-12] LNS 기반의 다양한 모니터링/컨트롤 장비

LNS는 네트워크 관리 프로그램을 쉽게 구현해준다는 장점만 가진 것은 아니다. 현재 많은 디바이스 제조업체가 LNS 어플리케이션에 탑재되는 디바이스 플러그인(Device Plug-in)을 개발하여 디바이스의 구성값(Parameter)을 손쉽게 조회하고 수정할 수 있게 해준다.

LNS 아키텍처는 오브젝트 중심(Object Orient Programming) 방식의 프로그래밍 가능한 도구이자 클라이언트/서버 아키텍처를 지원한다. 따라서 LNS 서버는 여러 개의(최대 255개) 클라이언트를 둘 수 있다. 즉, 중앙 관제실에 서버용 PC를 두고 각 층에는 서버에 리모트(remote) 클라이언트로 작동하는 PC를 여러 개 둘 수 있다는 뜻이다. 또한, 현재의 LNS 서버는 IP에 접속된 리모트 클라이언트를 둘 수 있으며, i-Lon 등 Lontalk-IP router를 사용하면 LNS 서버 역시 IP 네트워크상에 위치할 수 있게 된다.

또한 론워크 네트워크에서 사용되는 윈도우용 론메이커도 당연히 LNS 기반의 소프트웨어이다. LNS가 윈도우즈라면 윈도우용 론메이커는 MS-WORD 또는 엑셀과 같은 프로그램인 것이다. 윈도우용 론메이커는 하부 Lon 디바이스를 구성, 연결하는 소프트웨어로서 LNS기반의 네트워크 데이터베이스를 생성한다. 이렇게 작성된 네트워크의 구성은 각 단위 디바이스에 로딩되고, 론메이커가 만든 네트워크 데이터베이스는 상위 MMI/HMI툴에서 하위 디바이스의 구성을 참고하여 모니터링 및 콘트롤을 할 수 있도록 사용된다. 윈도우용 론메이커가 구성한 네트워크의 정보는 LNS 데이터베이스로 만들어지며, 상위 MMI나 LNS DDE Server는 이 데이터베이스의 정보를 근거로 네트워크를 모니터링/콘트롤하게 된다. LonMaker for Windows는 Visio V5.0을 내장하고 있으므로 네트워크가 구성된 상태를 CAD도면 같은 형태로 보여 주게 된다. 윈도우용 론메이커의 스텐실(stencil)에는 개별 디바이스와 해당 디바이스가 갖고 있는 론메이커 오브젝트를 표시하는 FB(Functional Block)이 있다. 사용자는 도면에 채널을 설정하고 해당 채널에 놓일 디바이스를 드래깅하여 도면에 얹고, 사용할 기능함수(Functional Block : FB)를 드래깅한 후 해당 디바이스의 플러그인(LNS Device plug-in)을 불러내어 속성값을 설정하거나 네트워크 변수를 바인딩하는 작업을 하게 된다.

6-5 전력선 통신

1. 전력선 통신 기술이란?

(1) 개 요

전력선 통신(Power Line Control) 기술은 그 자체가 갖는 엄청난 매력 때문에 오래 전부터 수많은 회사들이 이 기술 개발에 도전해 왔고 또한 그 구현 방식의 난이도와 단순하지 않은 환경을 극복하지 못하여 수많은 회사들이 포기해왔다. 이렇게 나타나서 시장에 자리 잡지 못하고 사라진 기술을 In-and-Out 기술 이라고 하는데 우리가 적용 하고 있는 에쉴론의 PLT-22라는 전력선 통신 장치는 현재 지구상에서 가장 신뢰성 있는 전력선 통신 솔루션으로 인정받고 있다.

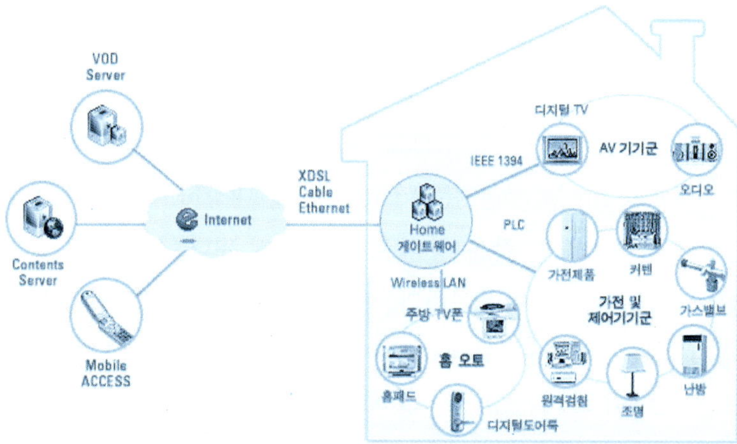

[그림 6-13] 전력선 통신 홈네트워크

그렇다면 왜 전력선 통신 기술의 원리는 무엇이며 왜 어려운 것인지를 알아보자.

전력선 통신 기술은,

- 전력선에 실리는 각종 Noise에서 유효한 데이터를 필터링하는 방법
- 현재의 전력선에 허용된 주파수 규격을 준수 하는 한계
- 용도에 따라 안정적인 통신이 지속적으로 유지 시켜야 하는 안정성 등을 어떻게 해결해야 하는가에 따라 차별화 된다.

당연한 이야기지만 전력선의 목적은 전원 공급에 있다. 즉 처음부터 데이터 통신을 고려하여 시공 설치된 것이 아니라는 점이다. 따라서 다양한 전기 기구에서 발생하는 노이즈는 그대로 전력선에 인가되어 전력선을 이용한 통신을 어렵게 하고 데이터를 구별해 내는 기술 또한 쉽지가 않다. 특히 가정 내에는 조명 밝기를 조절 하는 장치로부터 진공청소기, 세탁기, 그리고 신호의 왜곡 현상을 유발 시키는 TV, 컴퓨터 등 다양한 장치가 설치되어 있다. 또한 이러한 장치는 간헐적으로 사용하여 전력선의 품질이 시간에 따라 불특정하게 변화 한다. 이와 같이 열악한 전력선 통신 환경에서 사용하는 신호 전달을 위한 변조 기술은 다양한 모듈레이션 기법을 Narrow Band Transmission 방식과 정보 전송에 필요한 최소한의 대역폭보다 더 큰 대역폭을 갖는 케리어 주파수를 사용하는 Spread Spectrum 방식으로 나눠 볼 수 있다. 특히 Spread Spectrum 방식의 경우는 사용하는 주파수 대역 폭이 저 주파수의 무선 통신 서비스에 방해가 되지 않도록 제한 할 필요가 있으며, 이 주파수 할당 대역은 국가 마다 다르다. 미국의 경우는 FCC에서 540KHz, 일본의 경우는 MPT에서 450KHz 유럽은 CENELEC(EN-50065-1)에서 150KHz이하로 규정 하고 있으며 우리나라는 전파법 시행령에 의해 9-450KHz로 규정되어 있다.

최근에는 위의 두 가지 방법에 국한 하지 않고 DSP(Digital Signal Processing) 기술과 마이크로프로세서의 기술 발달에 힘입어 Narrow Band Transmission, Spread Spectrum 방식에 이 기술을 융합하여 여러 가지 노이즈에 대한 성능 저하를 극복 하는 방법을 사용하고 있다.

(2) 특 징

전력선 통신(PLC)의 가장 큰 특징은 통신 액세스(Communication Access)측면에서 추가적인 통신 인트라망 설비 없이 기존의 전력선과 가정 내 전력 설비에 전력선(Power line), 분전반(distribution panel), 차단기(Circuit breaker), 소켓(Socket) 등 추가적인 장비를 설치하는 것만으로도 음성 통신과 초고속 데이터 통신이 가능하다는 것이다. 따라서 이러한 특징의 PLC가 마지막 1마일 해결책(Last-mile Solution)으로 도입이 되면 B-WLL(Broadband Wireless Local Loop)과 더불어 망 설비에 소요되는 막대한 비용을 크게 절감시킬 수 있게 된다. 또 다른 측면은 네트워킹 응용 측면으로 이 기술을 응용할 경우 홈네트워킹, 홈자동화, 자동 제어(Automatic Control), 원격 검침(Automatic Meter Reading) 등이 가능해 관련 업계는 신규 서비스와 잠재 시장을 활성화 할 수 있을 것으로 기대하고 있다.

1) PLC의 분류

PLC는 전력선 통신(Power Line Communication)을 말하는 것으로 전기가 공급되는 전력선을 매체로 사용하는 통신 기술을 의미한다. PLC기술은 크게 통신 액세스(Communication Access)기술과 네트워킹 응용(Networking Application) 기술로 나눌 수 있다.

이 가운데 통신 액세스 기술은

- 22KV급 이상의 고압 전선을 이용한 고전압 수준과
- 22KV급의 고압 전선을 이용한 중간 전압 수준
- 일반 가정용 220/110V급 저 전압 수준의 기술로 구분할 수 있다.

고압선을 이용한 전송 기술은 현재 한국 전자 통신 연구원(ETRI)에서 개발을 추진하고 있으며, 중전압과 저전압 기술 개발은 국내 PLC업체들을 통해 이미 진행 중 이다. 특히 이 가운데 저 전압 수준의 액세스기술 분야가 최근 많은 관심을 끌며 마지막 마일(또는 로컬 루프)의 수용가 망에 대한 연구 개발이 활발

히 진행되고 있다. 네트워킹 응용 기술은 홈네트워킹, 홈 자동화, 자동 제어(Automatic Control), 원격 감시 및 보안(Security), 원격 검침(Automatic Meter Reading) 등 주로 저속의 인-하우스(In-house) 기술을 말한다.

PCL기술은 데이터 전송 속도에 따라서

- 저속 60bps~10Kbps
- 중속 10Kbps~1Mbps
- 고속 1Mbps~10Mbps로 구분할 수 있는데 중 · 고속은 데이터 통신용으로 저속은 제어용으로 통신 목적을 나눌 수 있다. 이와 같이 전력선 통신 기술은 다양한 전압과 환경 그리고 목적에 따라 그 접근 하는 방식도 다를 수밖에 없다. 다음 장에서는 우리가 목적으로 하고 있는 홈네트워크를 위한 가정내의 전기, 즉 220V의 상대적 저 전압의 저속 제어 통신 기술에 대해서 설명하고자 한다.

2. 전력선 통신의 원리

(1) 개 요

전력선을 이용해서 통신을 한다는 것은 가정 내의 상용 전원을 이용해서 제어 및 관리가 필요한 장치들 간의 정보 공유 및 제어를 위한 정보교환이 이루어짐을 의미한다. 이와 같이 전력선 통신의 범위와 사용하는 용도를 압축하여 한 가정이라는 장소로 한정할 때에 여러 가지 고려해야 할 요소들을 생각해 보자. 우선 전력선 통신을 하게 될 상용 전원의 상태에 관하여 기술하고자 한다.

① 노이즈(Noise)

② 신호감쇠

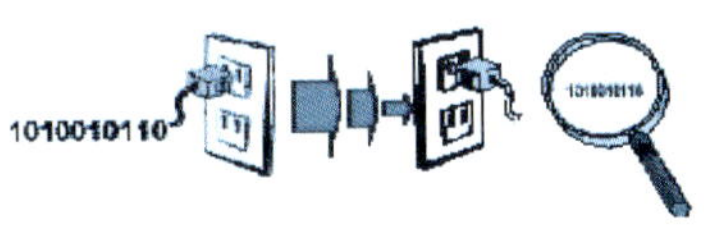

③ 신호왜곡

[그림 6-14] 전력선에서 발생할 수 있는 장애

위와 같이 전력선 통신의 경우 크게 3가지의 장애물을 만나게 된다. 결국 어떤 업체이든 전력선 통신을 원활하게 하는 기술을 개발하기 위해서는 이 장벽을 넘을 수 있는 기술을 개발 하지 않으면 안 된다. 또 하나 중요한 것은 전력선 통신 기술은 디지털 기술이 아니고 아날로그 기술이라는 점이다(이에 대해서는 아래의 설명을 보면 쉽게 이해할 수 있다).

(2) 장애 요인

1) 노이즈(Noise)

노이즈란 전력선에 걸려 있는 전압과 전류의 파형이 일정한 사인파(60Hz)를 유지 하지 못하고 변형되거나 다른 주파수의 신호가 걸려 있음을 의미 한다. 가정 내에서의 노이즈 발생원은 다양하다.

① 조명기-노이즈

조명의 밝기를 조절하는 조명기는 트라이액이라는 반도체 소자를 이용해서 조명의 밝기를 조절하며, 100Hz에서 120hz의 노이즈를 발생시킨다.

다음 [그림 6-15]는 조명기에서 발생하는 노이즈가 전원 주파수에 어떻게 나타나는지를 보여 주고 있다.

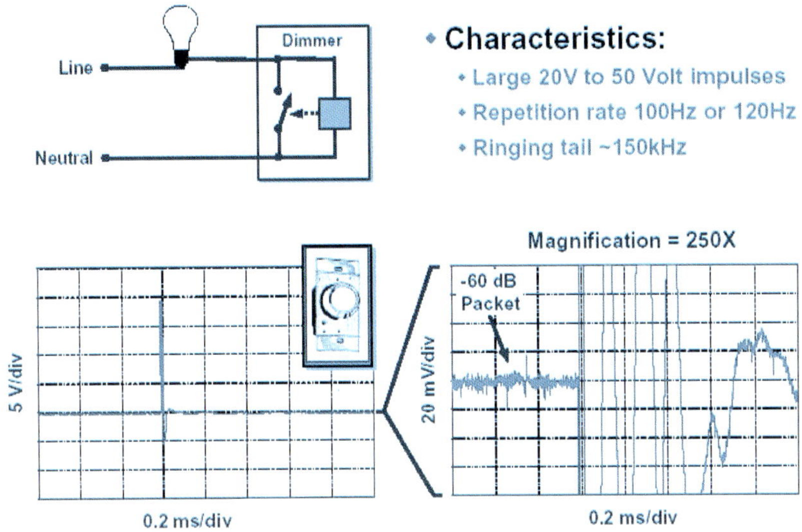

[그림 6-15] 조명기가 발생하는 노이즈

② 스위칭 전원 장치(Switching Power Supply)

컴퓨터 등의 전원 장치(Switching Power Supply)에서 발생 하는 노이즈이다. 컴퓨터의 전원 장치 등은 교류 전압을 일단 직류로 바꾼 후에 다시 교류로 만드는 방식을 사용하며 이때에 많은 노이즈가 발생한다. 20KHz에서 〉1MHz

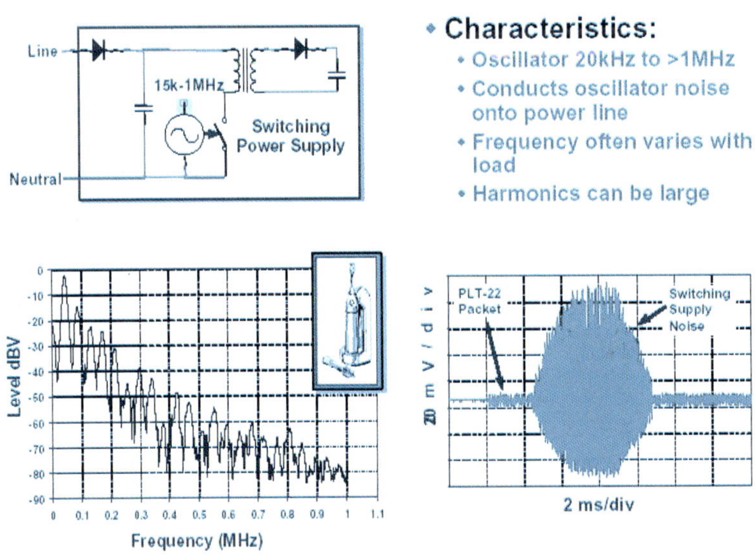

[그림 6-16] 스위칭 전원장치의 노이즈

[그림 6-16]은 스위칭 파워에서 발생하는 노이즈가 전원 주파수에 어떻게 나타나는지를 보여 주고 있다.

③ 인터콤 노이즈

전력선을 이용한 인터콤에서 발생하는 노이즈이다. 전력선에 음성 데이터를 올리게 되므로 어떤 면에서는 전력선을 이용한 제어 네트워크와 통신 에러가 발생할 확률이 가장 높다고 할 수 있다. 150KHz ~ 500KHz

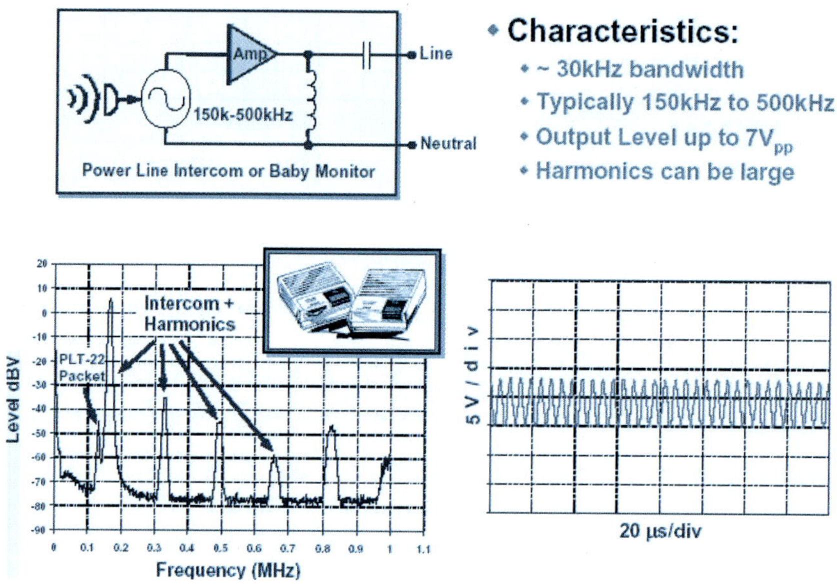

[그림 6-17] 전력선을 이용한 intercom 노이즈

④ 모터 부하의 노이즈

가정에서 사용하는 모터는 다양하다, 예를 들고 있는 진공청소기를 비롯해서 믹서, 세탁기, 냉장고등 다양한 모터가 가정 내에서 사용 되고 있다. 수Hz ~ 수KHz

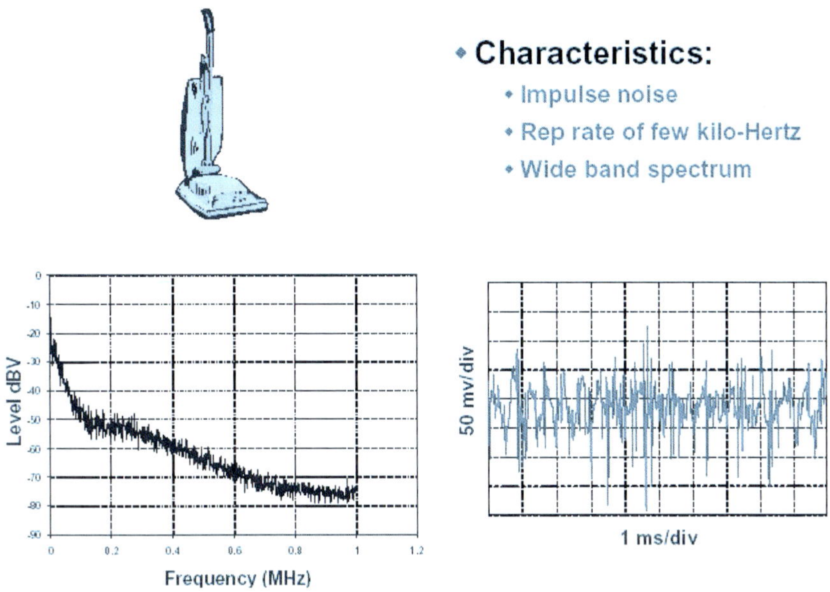

[그림 6-18] 모터부하 노이즈

⑤ 신호의 왜곡

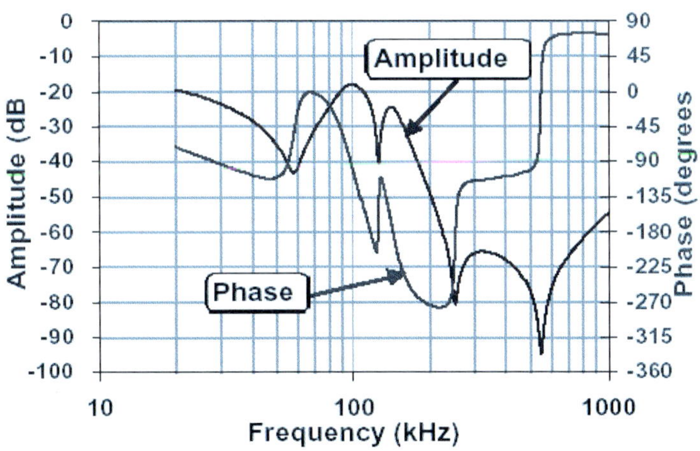

[그림 6-19] 신호 왜곡

- 신호의 왜곡은 3가지로 분류할 수 있다.
  - 일정하지 않은 주파수 응답
  - 일정하지 않은 위상의 응답
  - 시간에 따라 변하는 임피던스(Impedance)

⑥ 신호의 감쇠

- 감쇠의 원인은

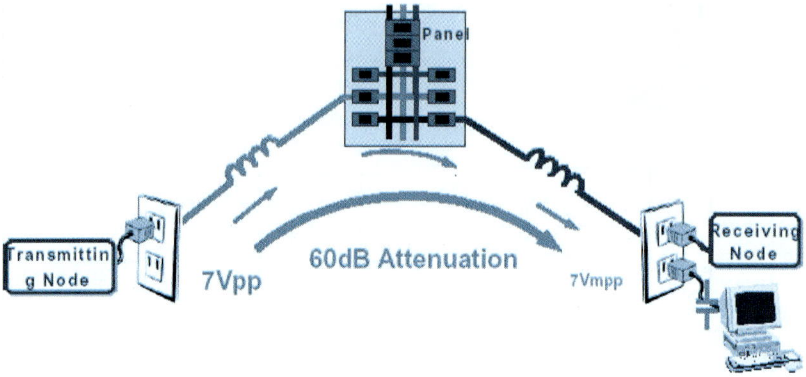

[그림 6-20] **신호 감쇠**

- 전압의 분배
- 배선에 의한 인덕턴스
- 부하의 변동
- 판넬 로드
- EMC용 콘덴서 상 Coupling 손실(R,S,T 상의 이동 시 발생)
- 전력선 통신을 위한 기술

위에서 언급 한 바와 같이 전력선 통신을 구현을 방해하는 요소들을 극복하고 신뢰성 있는 통신을 하기 위해서는 기술적인 어려움 외에도 많은 경험을 필요로 할 수밖에 없다. 왜냐 하면 각 가정에서 갖고 있는 전기 기기의 형식과 소비 전력 개수 등이 모두 다를 수밖에 없기 때문이다. 그러면 지금부터 전력선 통신에 사용되는 기술에 대해서 알아보자. 우선 전력선 통신은 기존의 주파수(60Hz)에 어떤 데이터를 실어서 보내는 형식이 아니고 별도의 주파수를 발생시켜 이 주파수에 데이터를 실어 보내는 형식을 취한다. 따라서 전력선에 전기가 흐르지 않아도 각 기기에 별도의 전원만 공급 된다면 통신을 할 수 있다.

전력선 통신에 사용되는 기술은 크게 3가지로 나누어 생각할 수 있다.

① **PLL(Phase Locked Loop)** : Based Narrow Band(좁은 대역폭을 기반으로 한 위상 고정)

- ASK(Amplitude Shift keying : 진폭의 변화를 이용)

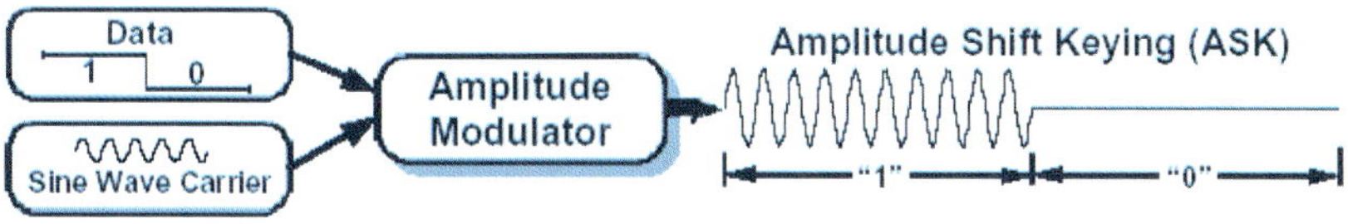

- FSK(Frequency Shift Keying : 주파수의 변화를 이용)

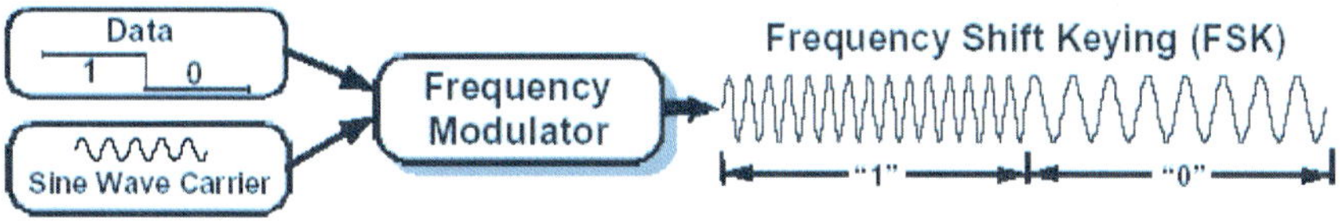

- PSK(Phase Shift Keying : 위상의 변화를 이용)

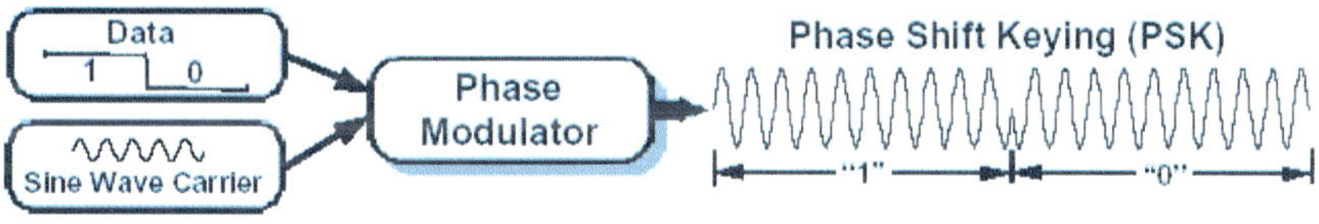

② **Correlator** : Based Spread Spectrum(넓은 대역을 기반으로 한 연동기)

- Direct Sequence - 직접적인 순차 신호 방식

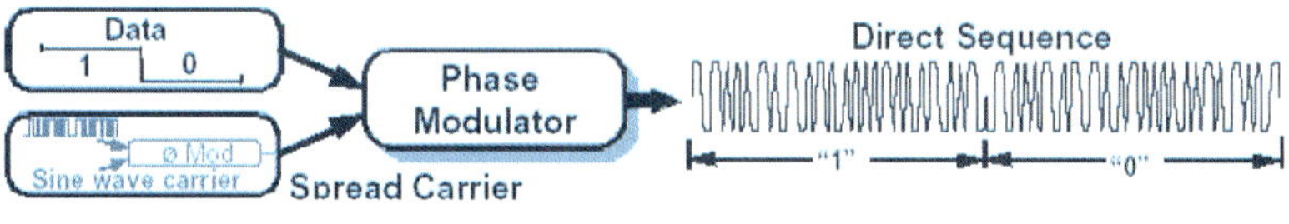

- Chirp

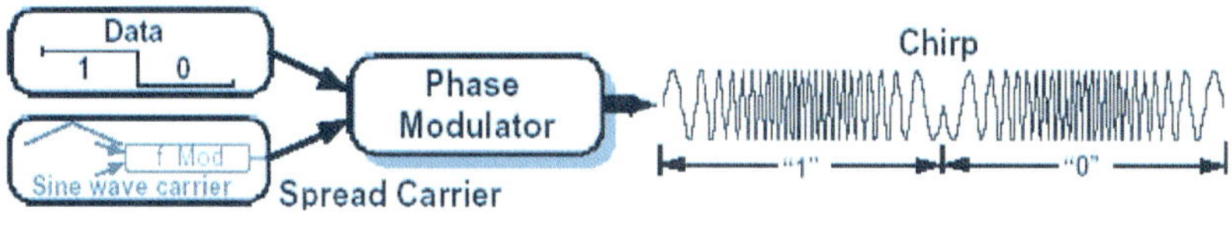

■ Frequency Hop - 주파수 변화 방식

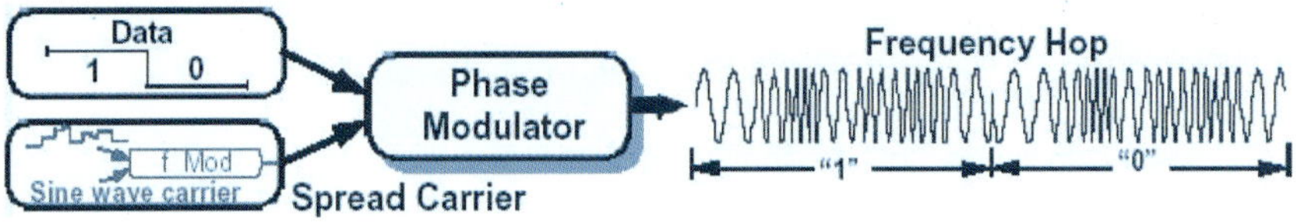

Spread Spectrum 방식은 확산 신호에 의해 사용된 Carrier 주파수의 대역폭이 저 주파수의 무선 통신 서비스 방해가 되지 않도록 제한 할 필요가 있는데 이 주파수 할당 대역은 국가마다 다르다. 미국의 경우는 FCC에서 540KHz, 일본의 경우는 MPT에서 450KHz, 유럽의 경우는 CENELEC(EN-50065-1)에서 150KHz 이하로 규정짓고 있으면 우리나라는 전파법 시행령에 의해서 9-450KHz로 정해져 있다.

③ **디지털 신호 처리** : Based BPSK(Narrow Band의 위상 변화를 이용한 DSP)

■ 2개의 캐리어 주파수 운용 : 2개의 주파수를 이용한다.

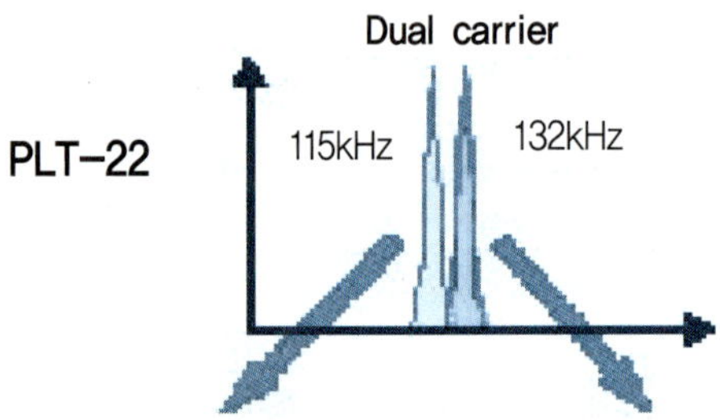

임펄스 노이즈 소거 왜곡 교정이 가능

좀더 깊은 내용에 대해서는 별도의 과정을 통해 공부 할 필요가 있겠지만 전력선 통신을 응용하고자 하는 입장에서는 이 정도만 이해해도 충분하리라 생각된다. 즉 이와 같은 전력선 통신 전송 방법의 고민은 원하는 곳까지 신호를 정확 하게 전달할 수 있는 수단을 고려하는 과정에서 나온 것이므로 우리가 이용하고자 하는 기술이 무엇인지 아는 것이 더 중요하다고 할 수 있다.

위의 설명을 통해서 우리가 사용하고 있는 기술이 무엇인지는 쉽게 알 수 있었을 것으로 생각된다. 즉 DSP를 이용한 듀얼 밴드 통신 기술이다.

3. 고속 전력선 통신

최근 DSP(Digital Signal Processing) 기술과 마이크로프로세서 기술이 비약적으로 개선됨으로 인해 이를 Narrow Band 방식이나 Spread Spectrum방식에 복합 사용하여 여러 가지 노이즈에 의한 성능 저하를 극복하는 방법으로 사용하고 있다. 1장에서도 언급 하였지만 전력선 통신의 응용 분야는 전송 속도에 따라 다르다고 할 수 있다. 즉 전송속도가 1Mbps-10Mbps 이상인 고속 전력선 통신 기술은 주로 인터넷/데이터 네트워크용으로 저속인 60bps-1Mbps 사이는 제어, 계측(검침)용이나 홈 오토의 용도를 목표로 하고 있다. 현재 많은 업체가 고속 전력선 통신 기술을 개발하기 위해 노력 하고 있지만 아직은 그 갈 길이 멀어 보인다. 왜냐하면 고속 통신에 적합한 대역폭을 갖기 위해서는 적어도 [1.10.100+]MHz 단위의 주파수를 사용해야 하는데 이는 앞서 말 한 바와 같이 각국의 주파수 제한 규정을 훨씬 뛰어 넘는 주파수를 사용하게 되는 것이며, 고속 전력선 통신 개발 회사였던 Nortel이 영국에서 테스트를 하다가 국방성 헬기를 떨어뜨릴 뻔한 적이 있었고(Nortel사는 구 후 전력선 통신 사업을 포기했다), 독일의 전력 회사인 RWE가 시범 사업으로 구축한 고속 전력선 통신 테스트 베드 지역의 아마추어 무선 햄(HAM) 사용자 그룹과 지역의 단파 라디오 방송사가 고속 전력선 통신이 자신들의 주파수를 오염시키는 주범으로 반대 서명 운동을 벌였다는 사실은 고속 전력선 통신의 환경적 한계를 잘 말해주고 있는 사건이라 할 수 있다. 또 다른 고속 전력선 통신 기술 회사인 독일의 지멘스(Siemens)는 2001년 3월 기술적 한계보다는 "마케팅적인 한계"를 느껴서 고속 전력선 통신 사업을 포기한다고 발표하였다.

6-6 론워크 시스템 적용 사례

1. 국외 사례

① 미국, 유럽 등에서는 론워크 네트워크로 공조, 전력, 조명, 출입 통제 시스템을 구축하고 통합하는 것이 일반화되어 있음.

② 하니웰, 존슨, 랜디스, CSI 같은 대형 DDC 벤더도 론워크용 센서 및 모듈을 생산하고 있음.

③ 영국 항공의 경우, 6개동 3만여 포인트의 공조, 전력, 조명, 출입통제, CCTV 시스템을 론워크 네트워크로 통합하였는데, 여기에는 하니웰, 존슨, 애쉴론, TAC, Philips 등의 론워크 디바이스가 사용되었다고 함.

④ 미국, 북유럽의 가정에 각종 검침기 및 출입 통제 장비가 론워크 네트워크로 구성되어 보급된 사례가 있음.

⑤ 유럽의 가전사에서는 파워라인(전력선)을 이용하여 론워크 통신이 가능한 냉장고, 에어콘, 전자레인지, 오븐 등의 가전 제품을 생산 중

⑥ 홈 게이트웨이 개발을 위한 컴퓨터, 통신 업체의 모임인 OSGI(Open System Gateway Initiative : 썬, IBM, 루슨트, Erricson, 애쉴론 등이 참가)에서 하부 디바이스간의 통신은 론워크로 지정

(1) 미국 대륙 횡단 열차의 브레이킹 시스템

크노르(Knorr) 브레이크사에서 개발한 브레이크 제어 디바이스 쌍꼬임선 FT-10 네트워크를 사용 차량의 완전 정지에 걸리는 시간 및 거리를 단축시켜줌과 동시에 퍼포먼스 및 신뢰도 향상

(2) 뉴욕시 지하철 차량 개보수

뉴욕시 지하철 공사는 1080개의 차량 개보수에 있어 차량 내의 제어 시스템으로 론워크 규정 공조, propulsion, signage, 도어 관리, 상태 모니터링 제어 네트워크 등에 적용

(3) 말레이지아 쿠알라룸푸르 지하철

여러 업체의 디바이스를 통합한 사례로 유명하다.

크노르사의 브레이크 시스템, Thermo-King사의 냉방 시스템, GEC Alsthom사의 추진(Propulsion)시스템, 롤스로이스사의 백업 파워 시스템이 모두 LonWorks로 구현되어 사용 되었다. 차량의 주변 시스템(wayside system)과의 연계에 관한 LonWorks 네트워크의 확장 적용이 많이 개발되고 있다고 한다.

(4) 교통 신호 자동 제어 시스템 (ITS)

미국 루이지애나 주립대에서 휴스턴시 전체의 교통 제어 시스템을 LonWorks로 구축한 예이다.

파워라인과 TP네트워크를 사용하여 교통 흐름 제어 및 통행료 징수, 중앙 모니터링 시스템이 있다.

(5) 여객선 위험 경보 시스템

2. 국내 사례

(1) 빌딩 · 건물 자동제어

–빌딩 자동화 시스템

–공조, 조명, 전력, 시큐리티, 주차설비 통합

–아파트 설비 및 원격검침

(2) 홈네트워크

- 삼성전자, 타워팰리스
- 론웍스 기반의 홈게이트웨이 산업 자동제어
- 수처리, 공장
- 선박 자동화 시스템
- 교통, 차량
- SDS, 에스원에서도 Lon 기반의 출입 통제 시스템을 개발.
- 국내 건설 업체에서 지능형 주거 공간(아파트 및 주상 복합)의 구성을 위해 LonWorks 도입 검토. (대림 아크로빌의 경우는 전력제어가 Lon으로 구축됨)
- 국내 가전사에서도 LonWorks 통신 기능을 탑재한 가전 제품의 개발을 도입중.
- 부산 월드컵 경기장 : 전력, 조명 시스템에 경기장과 연습장 2개를 통합해서 총 3000여 포인트의 론웍스 기술을 사용하였다.
- 이천 현대전자 : 공장 · 건물의 공조 시스템 개보수 공사에서 2,800여 포인트와 101대의 공조기 제어에 론웍스 기술을 사용하였다.
- D&T Motors의 렉서스 사옥 : 공조, 전력, 조명, 출입 통제, 주차 설비 등 2,000여 포인트에 론웍스 기술을 사용하였다.
- KT 여의도 사옥 : 5,000여 포인트에 론웍스 기술을 사용하도록 설계 반영됨
- SBS 목동 사옥 : 론웍스 기술을 15,000여 포인트에 사용하도록 설계 반영됨

제7장

유비쿼터스 홈네트워크 소프트웨어 설정

7-1 론 메이커의 설치

7-1 론 메이커의 설치

론 메이커(LonMaker) CD의 내용물

- LNS 서버
- Lon-Point Plug-in과 어플리케이션
- 마이크로소프트 Visio 2000
- Technical Edition
- LNS 드라이버
- Adobe Acrobat Reader

론 메이커 통합 툴을 실행하기 위해서는 다음과 같은 것을 갖춘 PC가 필요하다.

- Microsoft Windows XP, Microsoft Windows 2000, Windows NT 4.0 (권장 운영체제 : Windows XP)
- 펜티엄 133 이상의 프로세서(추천사항은 펜티엄 5 350 이상)
- 하드 디스크에 빈 공간이 225MB 이상
- RAM이 최소 64MB(추천사항 128MB)
- CD-ROM 드라이브
- 마우스나 기타 호환 가능한 입력 디바이스

① 실행중인 모든 윈도우 어플리케이션을 닫는다. 만약 16비트 어플리케이션(배경 어플리케이션을 포함하여)이 실행중이라면, 론메이커 소프트웨어는 적절히 설치되지 않을 것이다.

② 먼저 CD-ROM 드라이브에 론메이커 CD를 넣는다.

③ 만약 론메이커 설정 어플리케이션이 바로 실행되지 않으면, 윈도우의 시

작 메뉴를 열고 RUN을 선택하다. 론메이커 CD에 LMWSetup 어플리케이션을 찾은 후에 Open을 클릭한다. 그러면 론메이커 설정 윈도우가 나타나게 된다.

④ Select Components 윈도우의 체크 박스에 설치하고자 하는 컴포넌트를 선택한다.

- (마이크로소프트웨어 Visio와 에쉴론 론 메이커만 선택한다)

⑤ Install 버튼을 클릭하면 설치를 시작하게 된다.

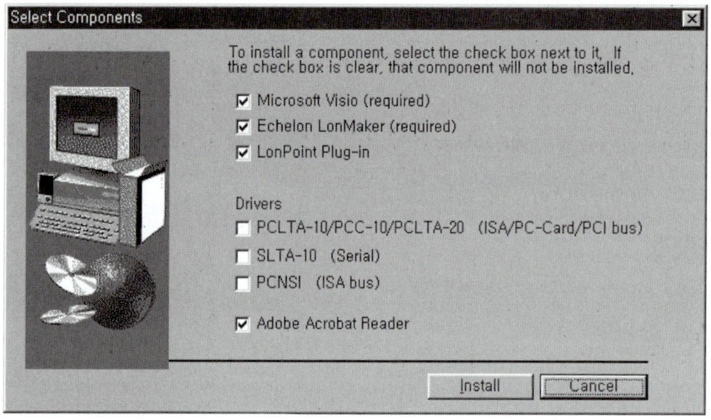

⑥ Visio를 설치하기 이전에 시스템 업데이트를 해야 할 컴포넌트가 존재한다면 이 윈도우가 뜰 것이다. Next를 클릭하여 업데이트를 한다.

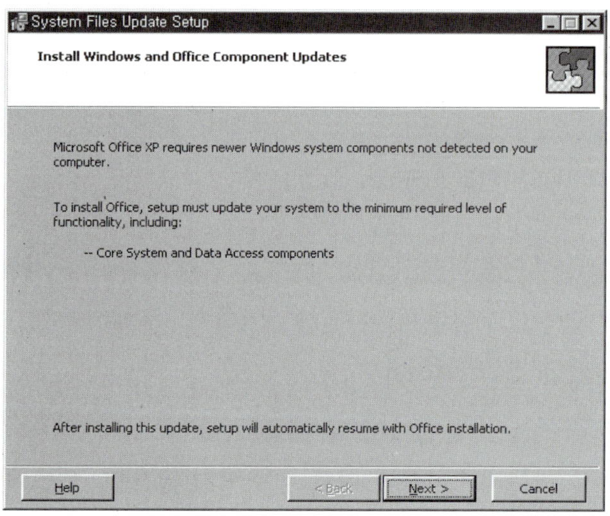

⑦ Update에 대한 라이센스 동의를 묻는 윈도우에서 라이센스 내용을 읽은 후 I accept the terms……의 체크박스에 체크한 후 Install을 클릭한다.

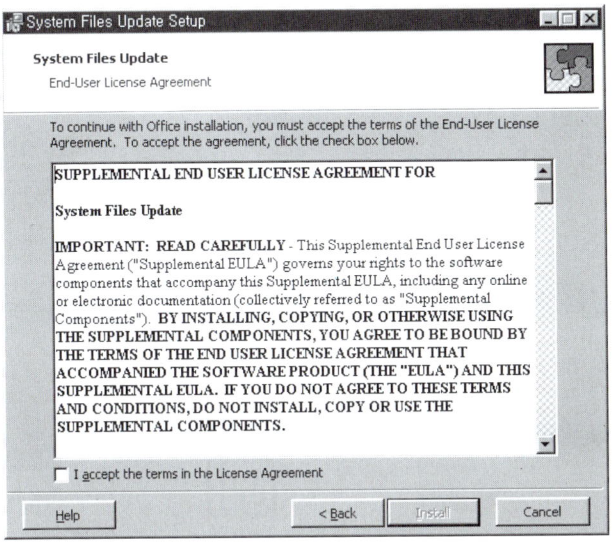

⑧ Update 도중 이전 버전 파일을 저장할 것인지를 묻는 윈도우가 생기면 예(Y)를 클릭하면서 Update를 진행한다.

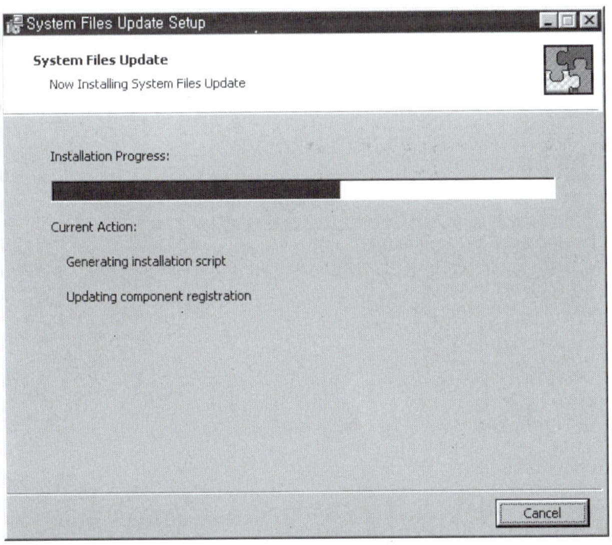

⑨ Update가 완료되면 시스템을 다시 시작해야만 한다.

- 예(Y)를 클릭한 후 재부팅을 한다.

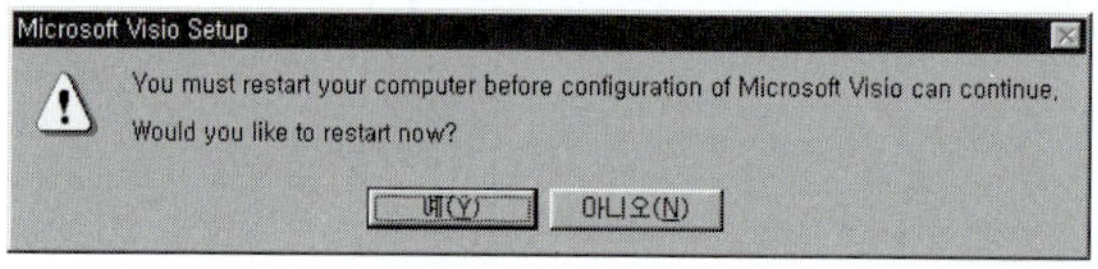

⑩ 재부팅 후 Visio의 설치가 진행된다.

⑪ Product Key를 입력하는 윈도우가 열리면 CD 케이스에 적혀있는 Key를 입력한 후 Next를 클릭한다.

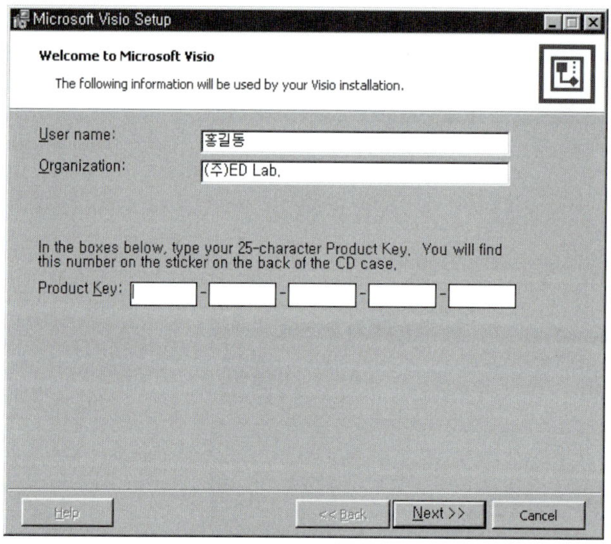

⑫ Visio의 라이센스 동의를 묻는 윈도우에서 라이센스를 읽어 본 후 동의하면 I accept the terms……의 체크박스에 체크한 후 Next를 클릭한다.

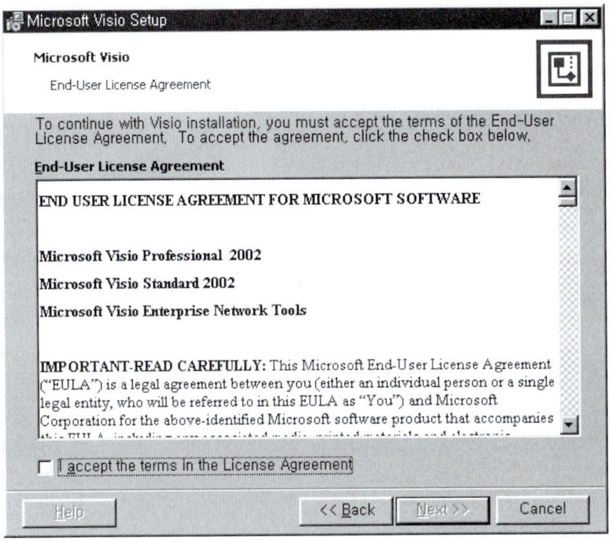

⑬ Install Now를 클릭하면 Visio의 설치가 진행된다.

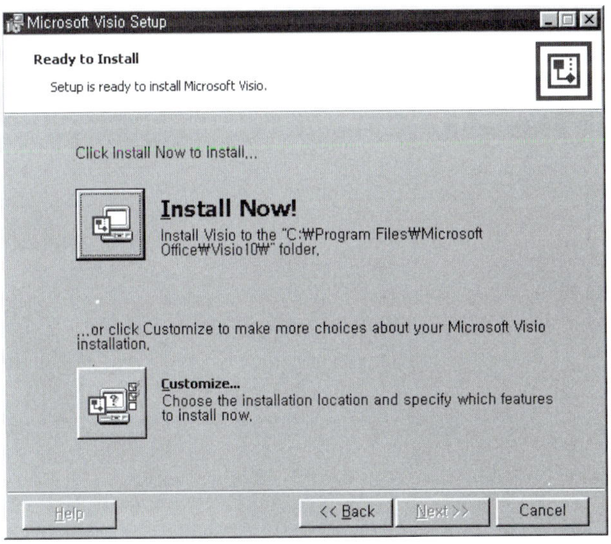

⑭ Visio가 올바르게 설치되면 또다시 시스템을 재부팅해야 한다.

- 예(Y)를 클릭한 후 다시 부팅한다.

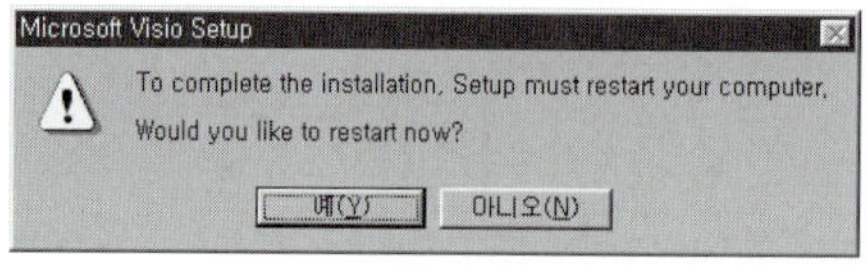

⑮ 재부팅을 하면 론마커 셋업 프로그램이 자동적으로 시작한다.

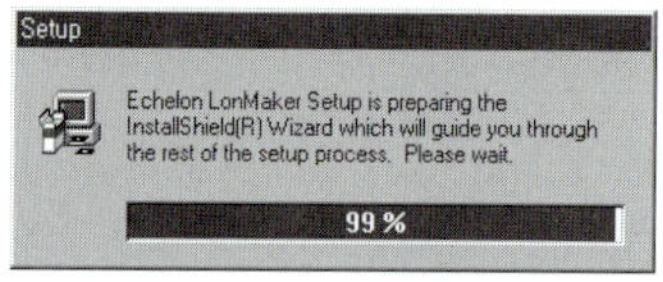

⑯ Welcome이라는 창에서 나타난 사항들을 읽고, Next를 클릭한다.

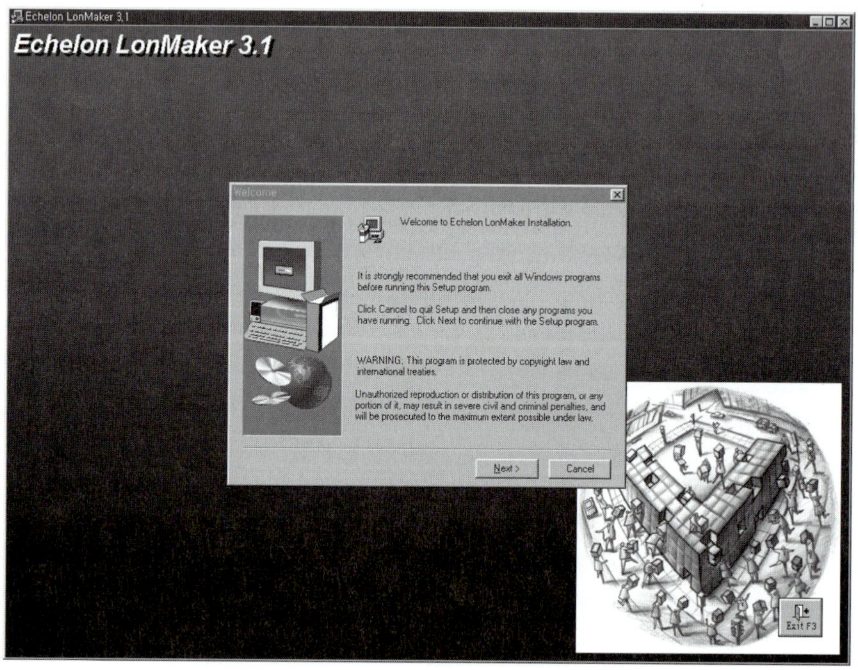

⑰ 소프트웨어 라이센스에 동의하는지를 묻는 창에서 동의하면 Yes를 클릭 한다.

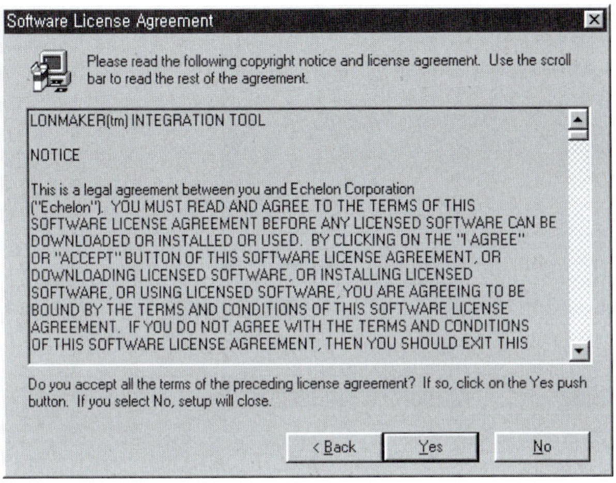

⑱ 프로그램 등록창이 나타나며 이름과 소속을 이력하고 CD 케이스에 적혀 있는 Serial Number를 입력하고 Next를 클릭한다.

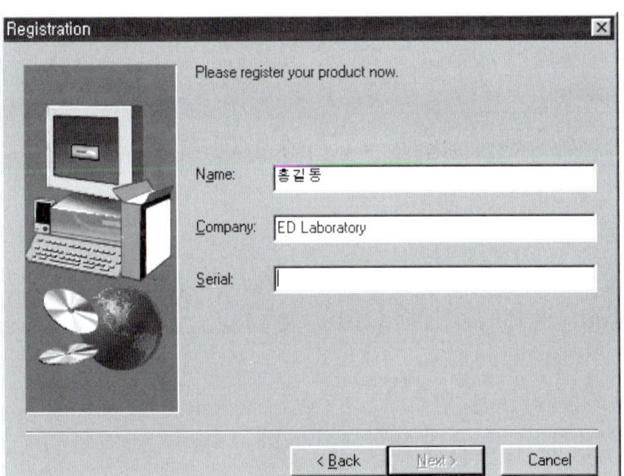

⑲ 프로그램이 설치될 경로를 선택하고 Next를 클릭한다.

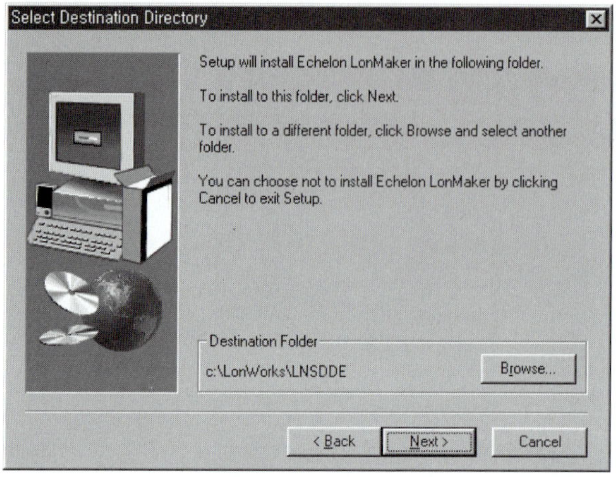

⑳ 프로그램 폴더 이름을 선택하고 Next를 클릭한다.

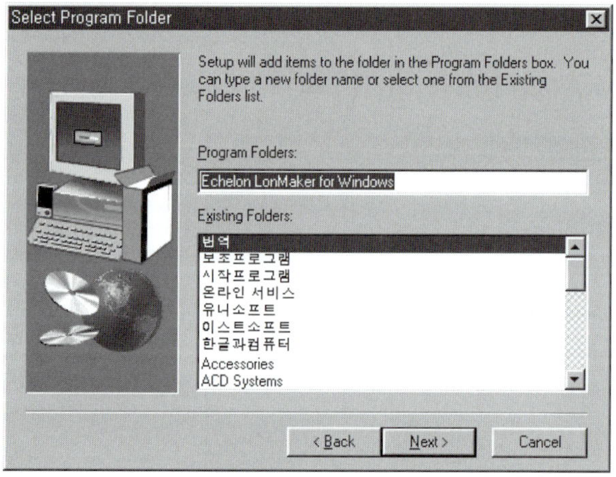

X LNS 프로그램이 설치된다.

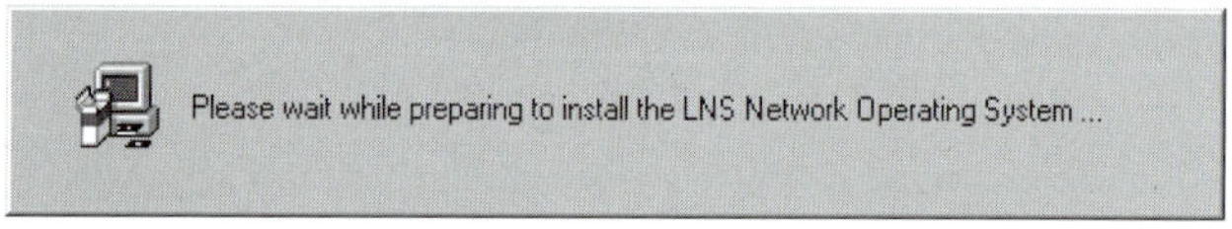

X 윈도우용 론마커 및 LNS 유틸리티의 시작 메뉴 등록이 완료되었음을 알려주는 윈도우에서 확인 버튼을 누르면 프로그램 설치가 완료된다.

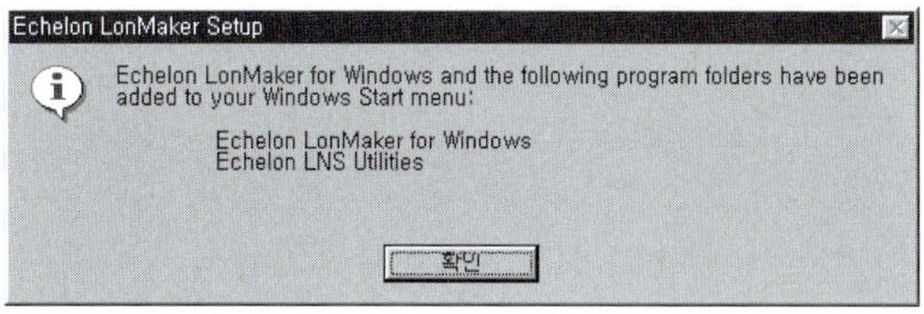

X Finish 버튼을 클릭하여 설치를 완료한다.

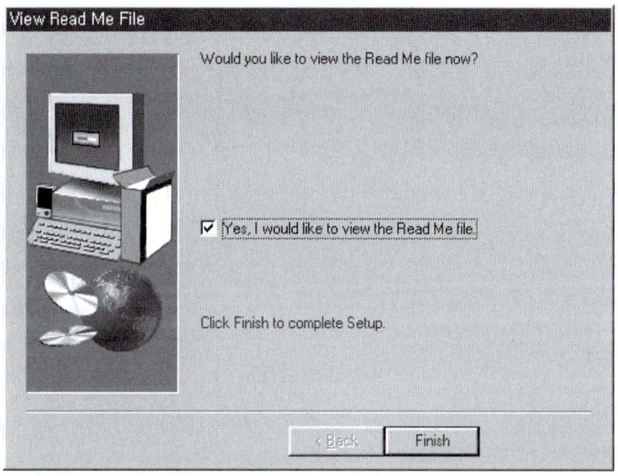

(1) Plug-In의 설치

제공된 ED-5963 CD를 CD-Rom에 넣은 후 내용을 확인한 후 Plug-In이라는 폴더에 네 종류의 컨트롤러에 대한 Plug-in이 있으며 AIF_Rev1을 제외한 나머지 Plug-in을 설치한다. (AIF_Rev1은 리모콘 모듈 실습시에 사용하게 된다)

Plug-In이란 제어기(controller) 내부의 기능 함수들을 사용하고 구현하기 위하여 설치하는 부분으로 자세한 내용은 실습을 통하여 알아본다.

① 먼저 Plug-in 폴더의 DI4DO4 폴더를 열고 Setup을 실행한다.

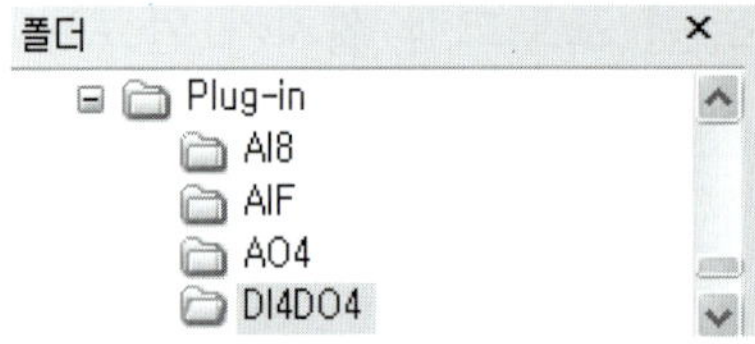

② 실행이 되면 Setup 화면이 진행된다.

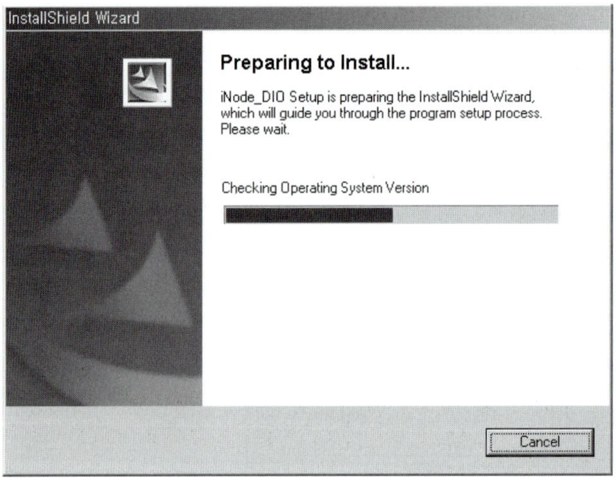

③ 설치가 진행될 경로는 C:₩ProgramFiles₩Adic₩iNode_DIO_beta₩로 지정된다.

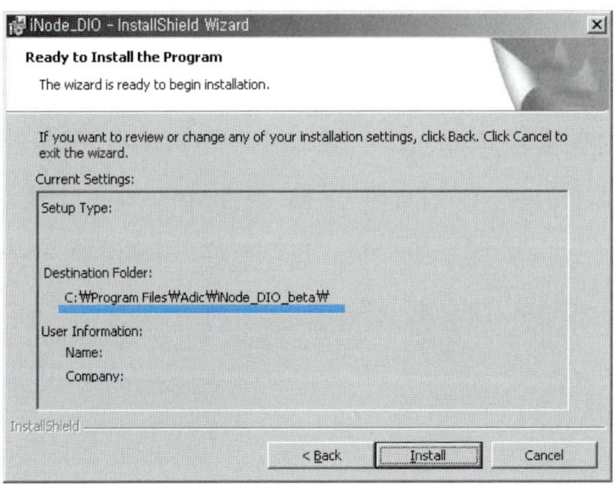

④ Plug-in을 설치하기 위해서는 install을 누르면 프로그램 설치가 완료된다.

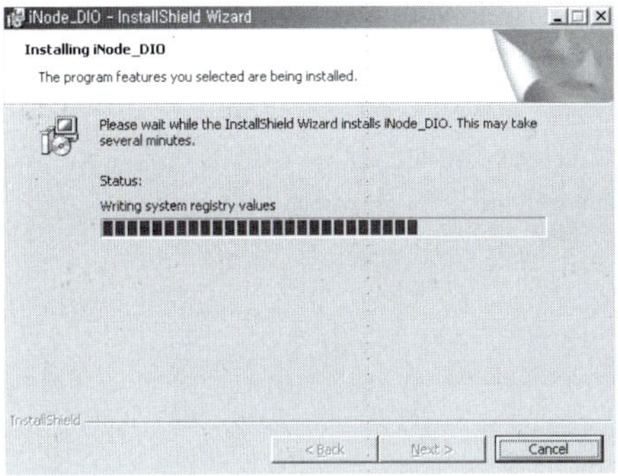

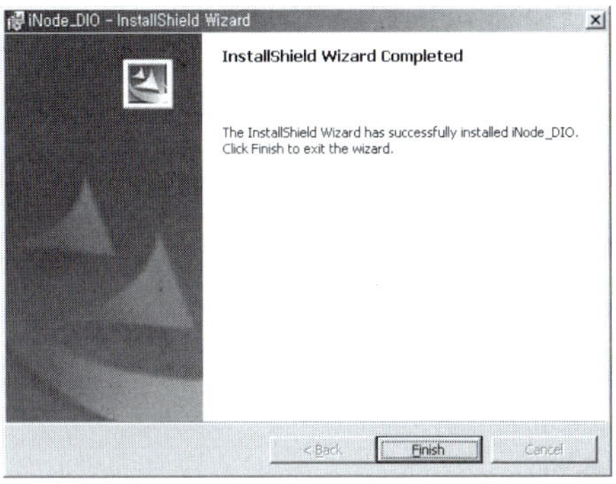

⑤ 새롭게 C:₩ProgramFiles₩Adic₩iNode_DIO_beta 폴더가 생성된 것을 확인할 수 있다.

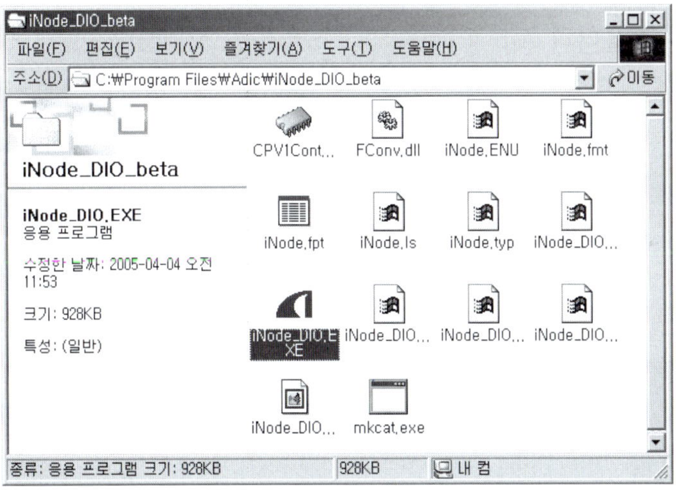

제 7 장

⑥ C:₩ProgramFiles₩Adic₩iNode_DIO_beta 폴더에서 "iNode_DIDO.EXE" 프로그램을 클릭하면 다음과 같은 화면이 뜨고 "Register Plug-in" 버튼을 클릭한다.

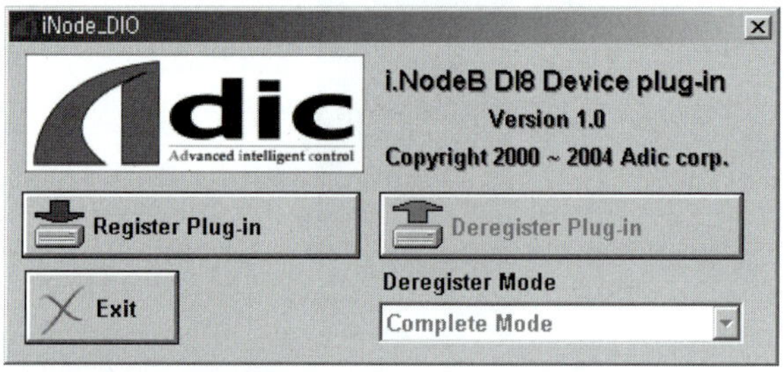

⑦ 먼저 Plug-in 폴더의 AI8 폴더를 열고 Setup을 실행한다.

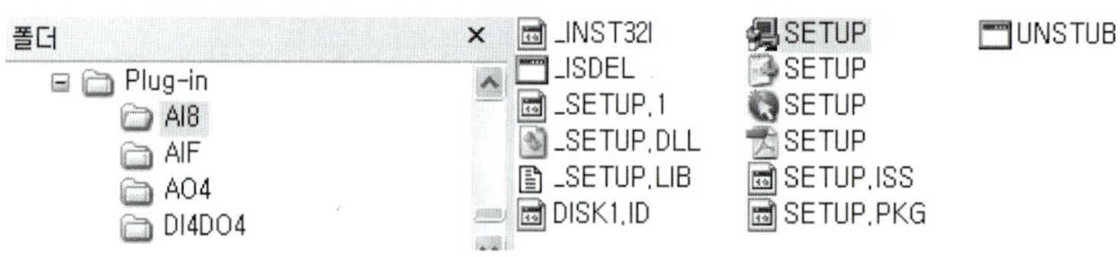

⑧ 실행이 되면 Setup 화면이 진행된다. Next 버튼을 클릭한다.

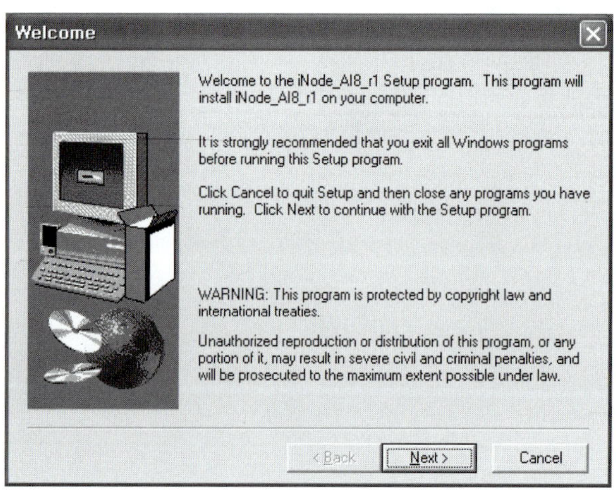

⑨ 설치가 진행될 경로는 C:₩ProgramFiles₩Adic₩iNode_AI8_r1₩로 지정된다.

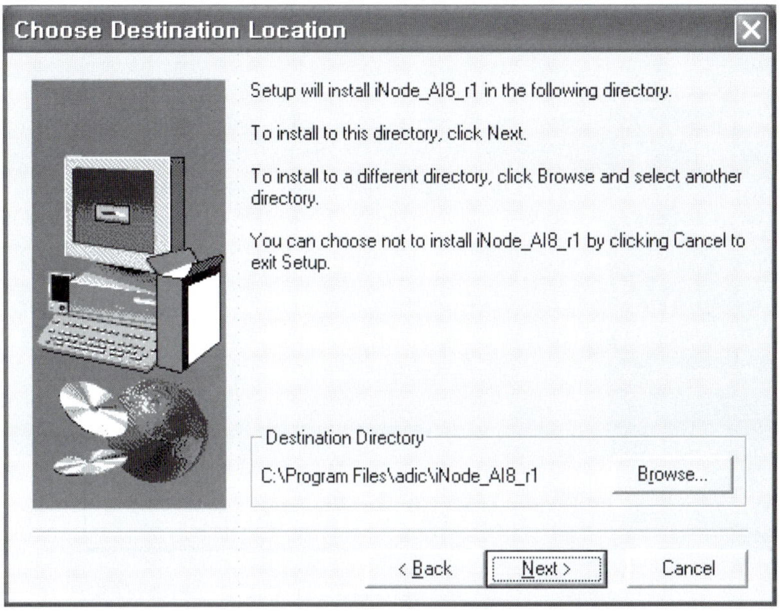

⑩ Next 버튼을 클릭한다.

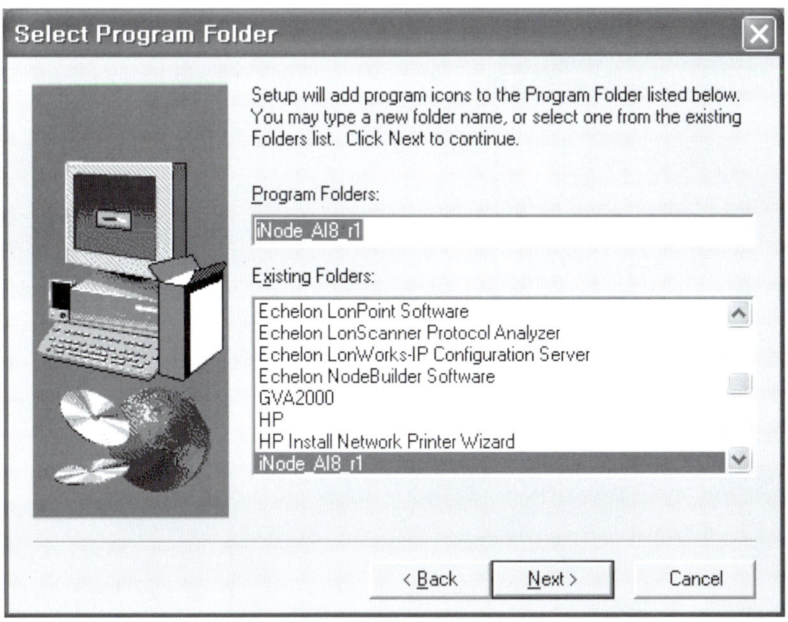

⑪ 새롭게 C:₩ProgramFiles₩Adic₩iNode_AI8_r1 폴더가 생성된 것을 확인할 수 있다.

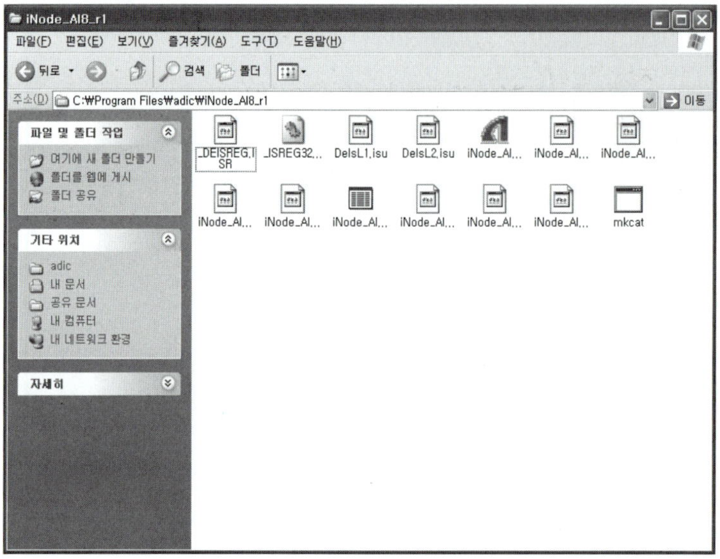

⑫ C:₩ProgramFiles₩Adic₩iNode_AI8_r1 폴더에서 "iNode_AI8_r1.EXE" 프로그램을 클릭하면 다음과 같은 화면이 뜨고 "Register Plug-in" 버튼을 클릭한다.

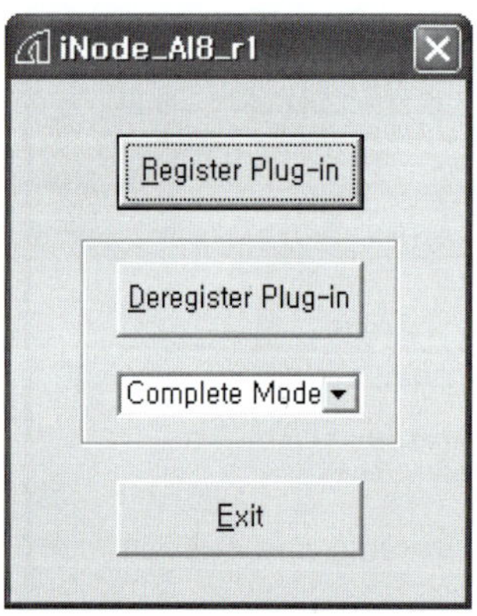

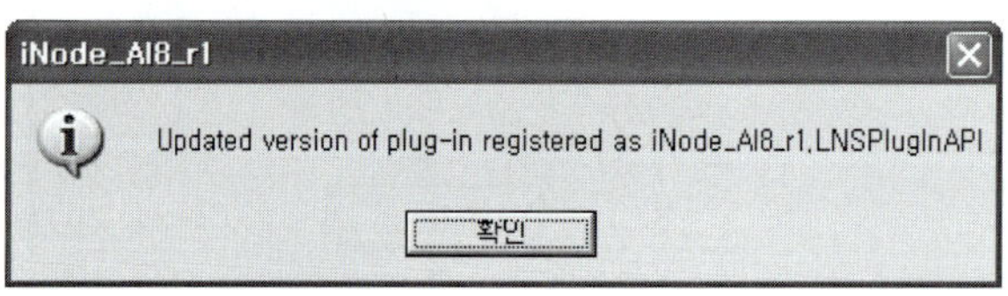

⑬ 먼저 Plug-in 폴더의 AO4 폴더를 열고 Setup을 실행한다.

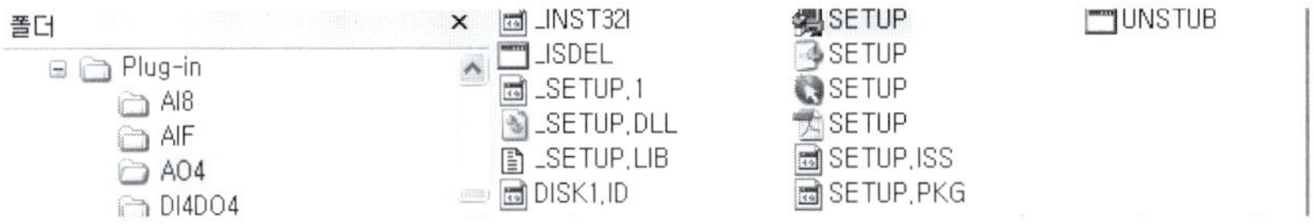

⑭ 실행이 되면 Setup 화면이 진행된다. Next 버튼을 클릭한다.

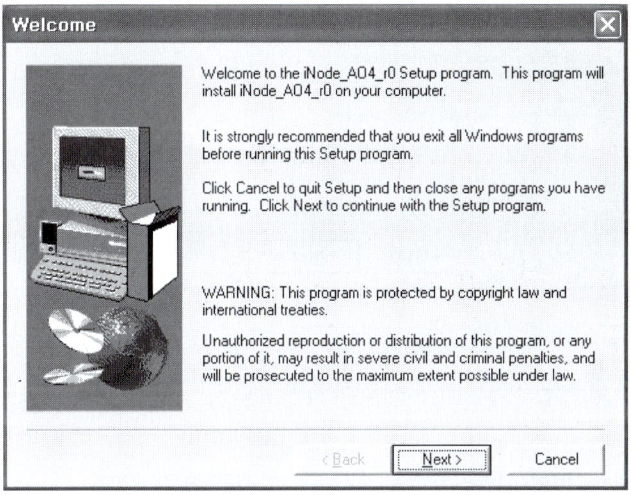

⑮ 설치가 진행될 경로는 C:₩ProgramFiles₩Adic₩iNode_AO4_r0₩로 지정 된다.

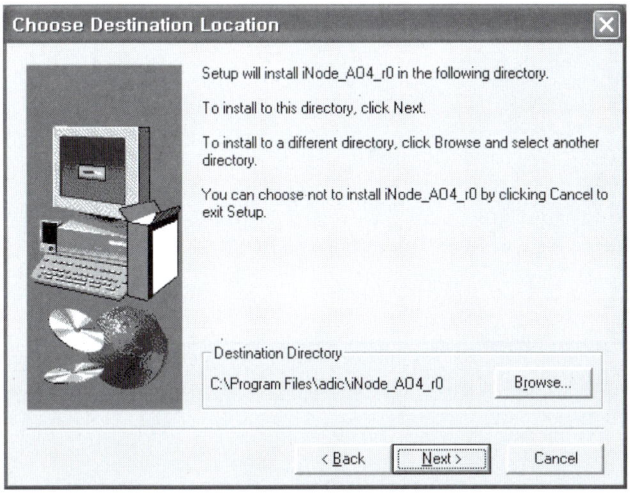

⑯ Next 버튼을 클릭한다.

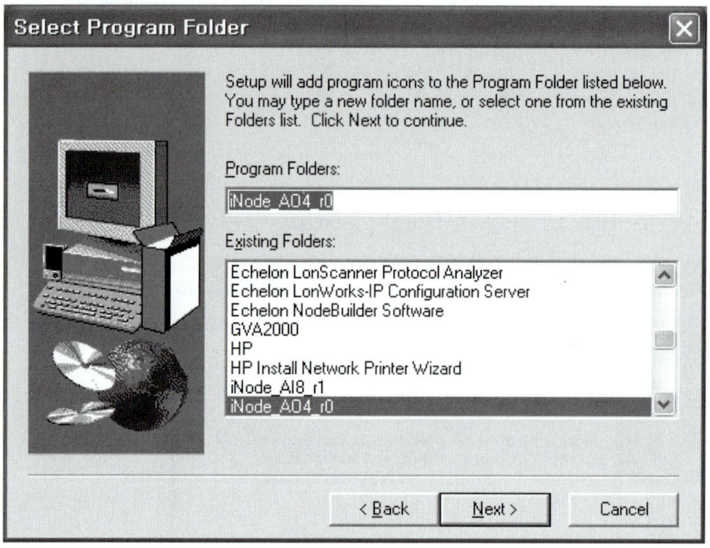

⑰ 새롭게 C:₩ProgramFiles₩Adic₩iNode_AO4_r0 폴더가 생성된 것을 확인할 수 있다.

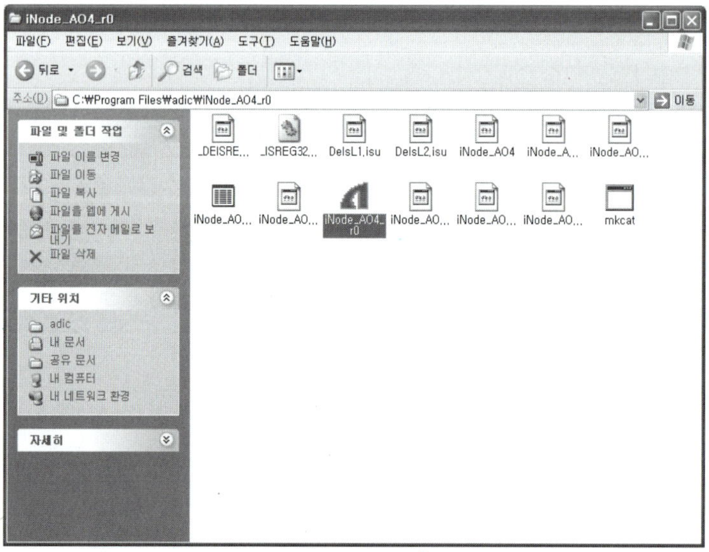

⑱ C:₩ProgramFiles₩Adic₩iNode_AO4_r0 폴더에서 "iNode_AO4_r0.EXE" 프로그램을 클릭하면 다음과 같은 화면이 뜨고 "Register Plug-in" 버튼을 클릭한다.

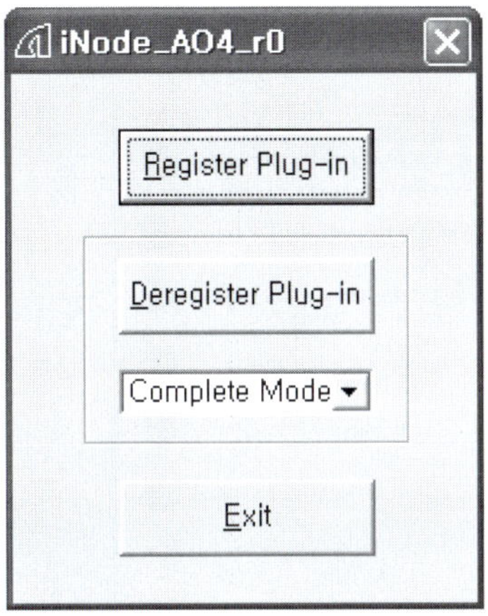

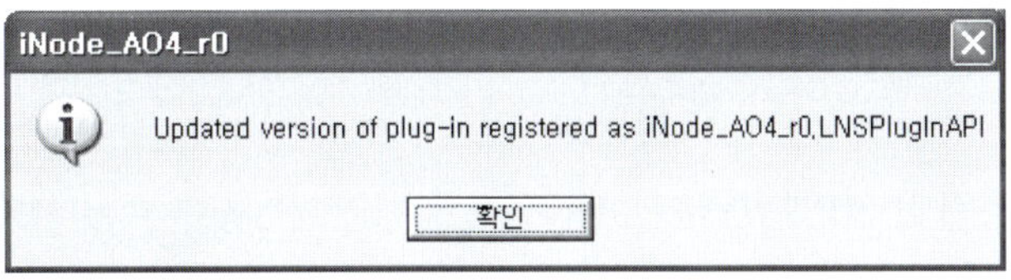

⑲ CD-ROM에 iLON100 CD를 넣는다. Install Products 버튼을 클릭한다.

⑳ Echelon i.LON 100 e3 Software 버튼을 클릭한다.

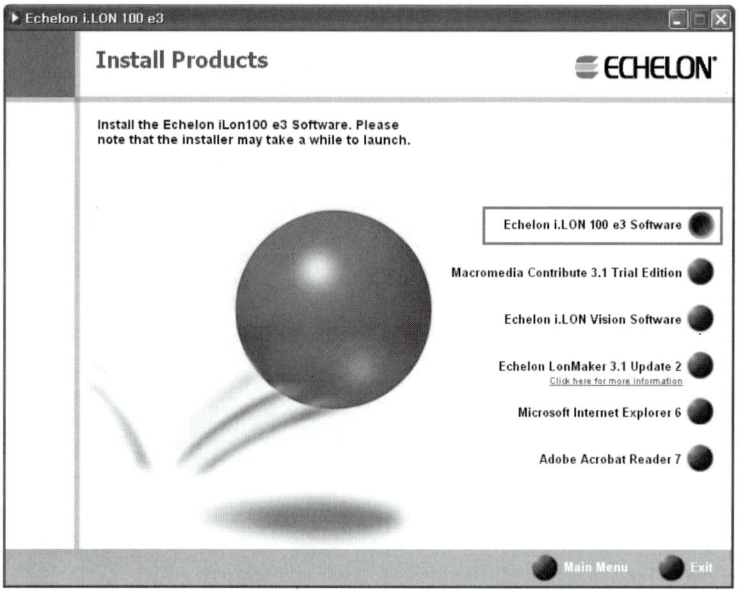

X Next를 눌러서 설치를 진행한다.

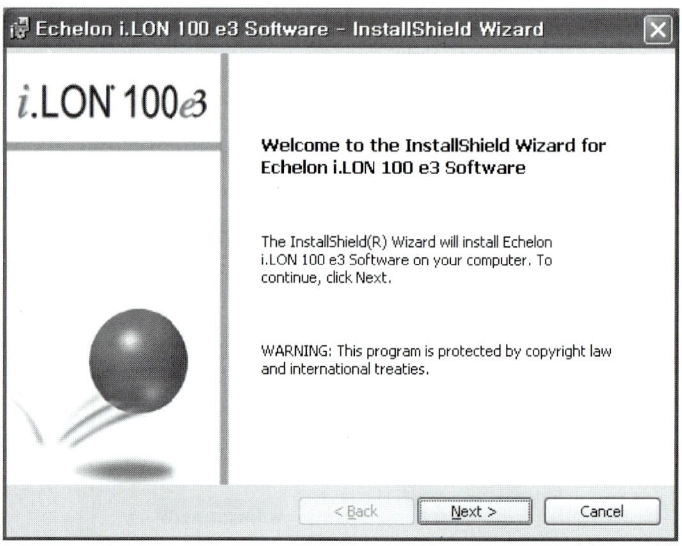

X I accept the terms in the licence agreement를 체크한 후 Next를 눌러서 설치를 진행한다.

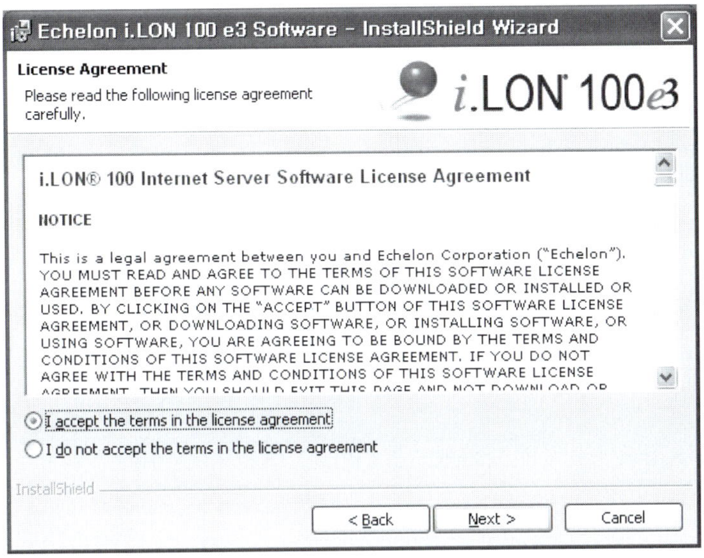

X User Name과 Organization 정보를 넣어준 후 Next를 눌러서 설치를 진행한다.

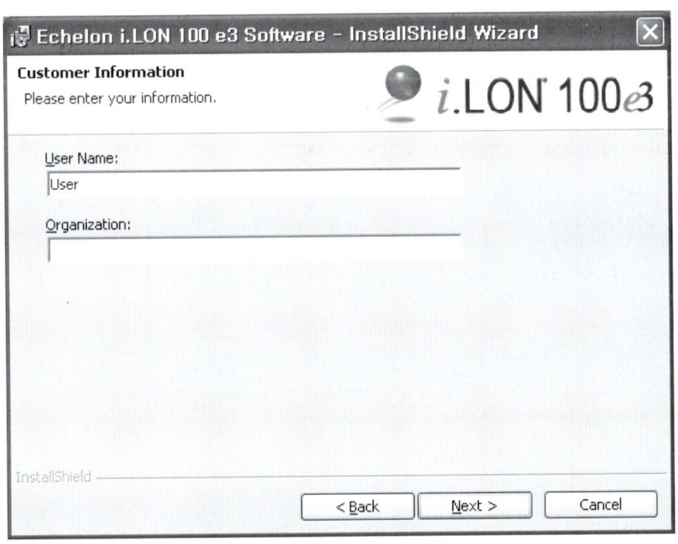

X Program Group을 선택하여 준 후 Next를 눌러서 설치를 진행한다.

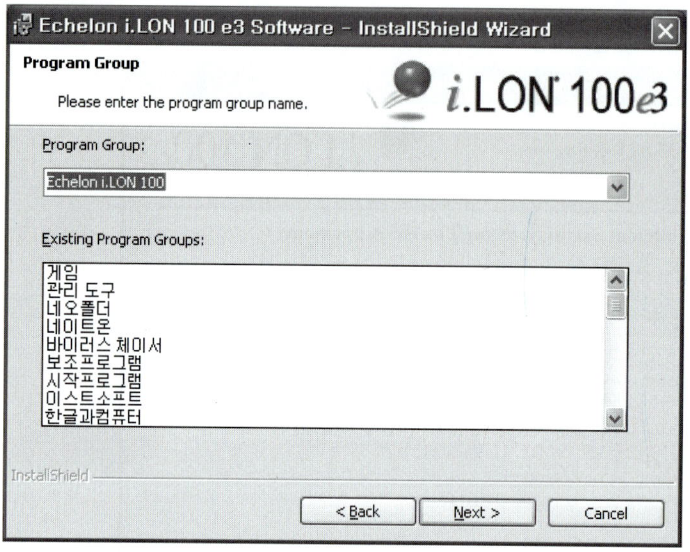

X Setup Type을 선택하여 준 후 Next를 눌러서 설치를 진행한다.

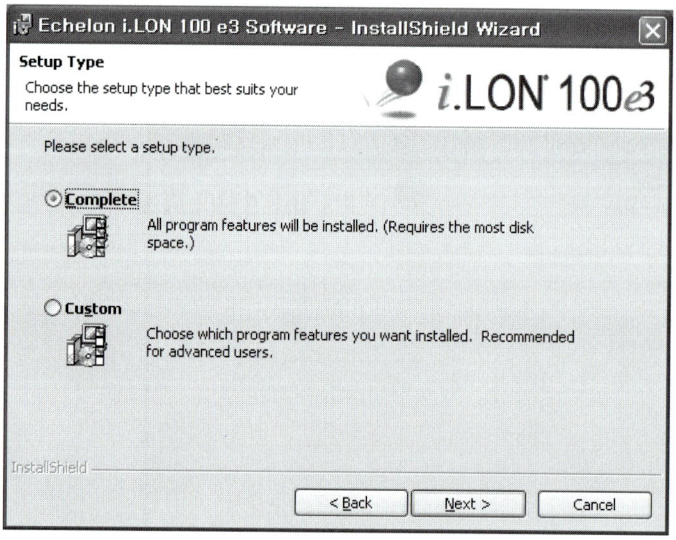

X 설치를 시작할 준비가 되었다는 메시지 창과 함께 Install을 클릭하게 되면 설치가 시작된다.

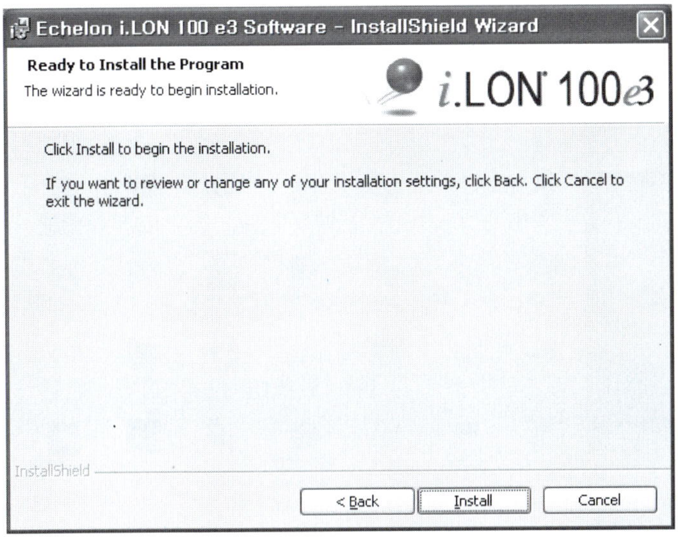

X 설치가 마무리 되면 다음과 같은 메시지 창이 뜨고 Finish를 눌러서 설치를 완료한다.

X LonWorks Interfaces를 더블클릭한다.

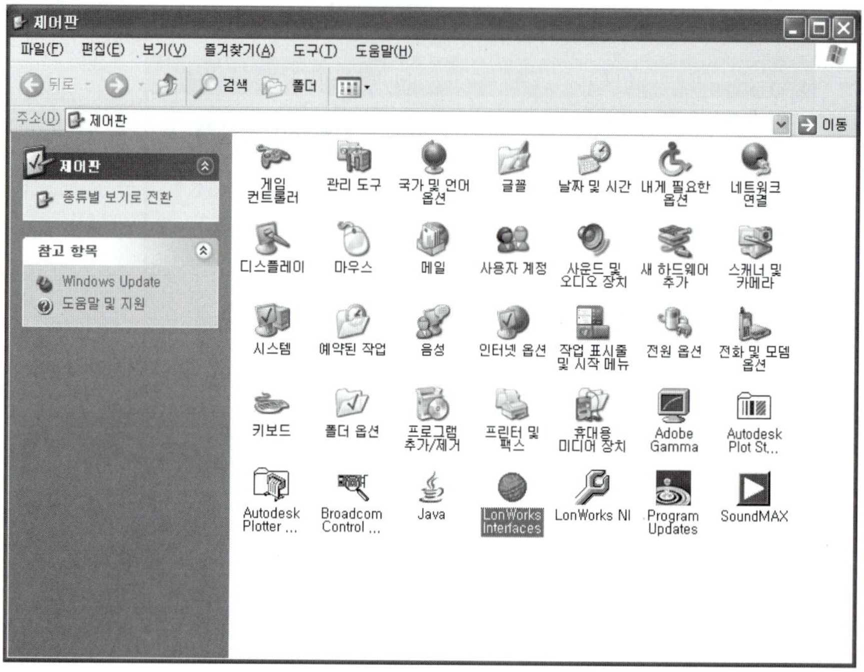

X 오른쪽에 있는 Add 버튼을 클릭하여 네트워크 인터페이스를 생성해준다.

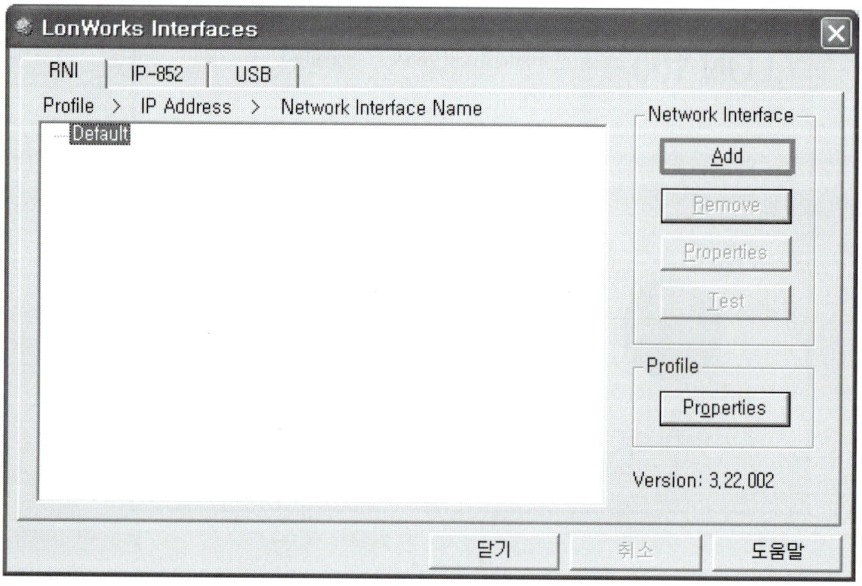

X New Remote Network Interface의 이름을 설정해준다. 이 이름은 차후에 사용되게 될 론마커 for Windows Network Interface의 이름으로 사용된다.

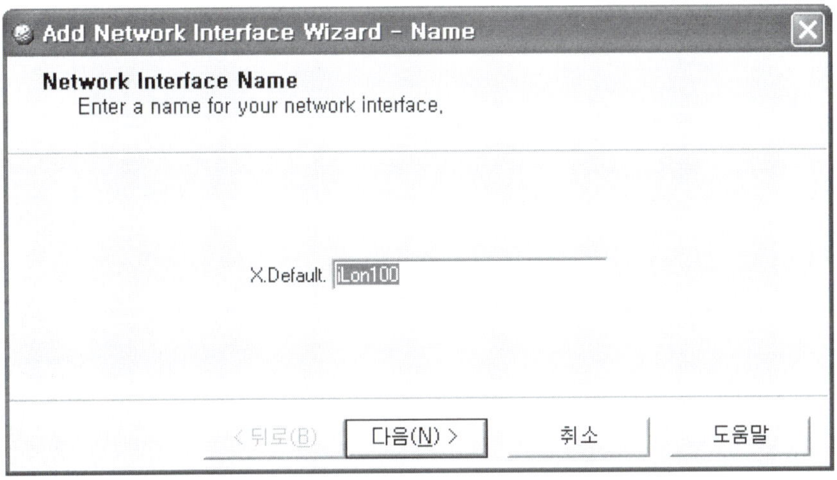

X Other를 클릭하고 다음 > 버튼을 클릭한다. LonScanner는 네트워크에 아날라이저 프로그램이다.

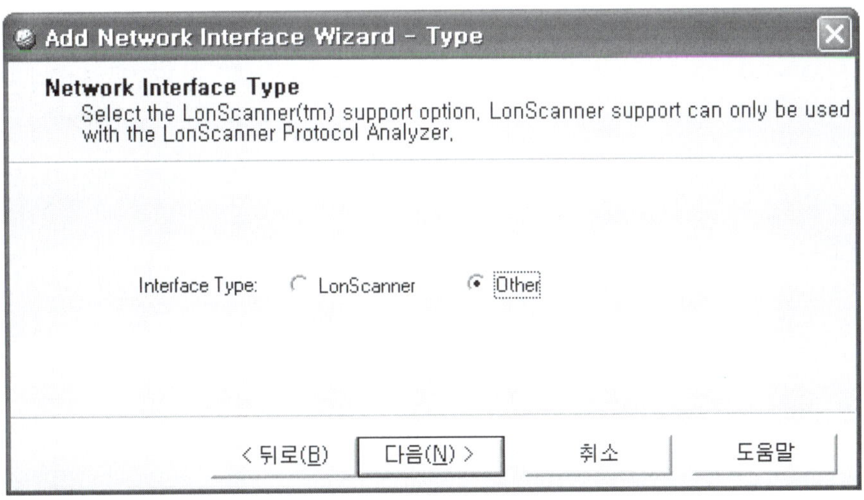

X iLON100에 설정된 IP를 넣어준다.

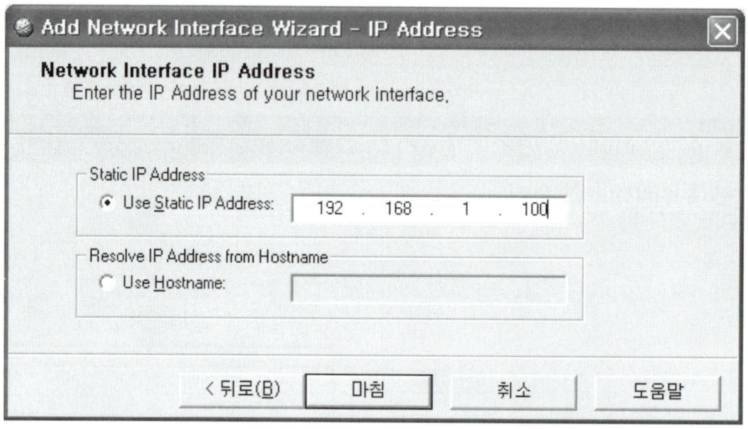

X 네트워크 인터페이스가 생성되었다. 닫기 버튼을 클릭한다. 네트워크 인터페이스는 추가적으로 다수의 인터페이스를 구성할 수 있다.

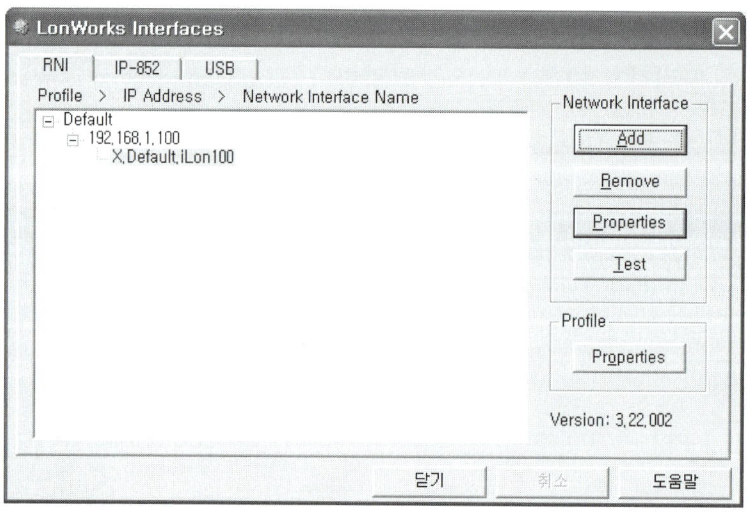

(2) 웹진(Webgen)의 설치

ED-5963 CD 내에 웹진이라는 폴더에 WebGen8_1_033.exe라는 파일을 실행하면 웹 프로그래밍 툴인 웹진을 설치할 수 있다(버전은 업데이트됨에 따라 변화될 수 있음).

① 파일을 더블클릭하면 다음과 같은 그림이 나타난다.

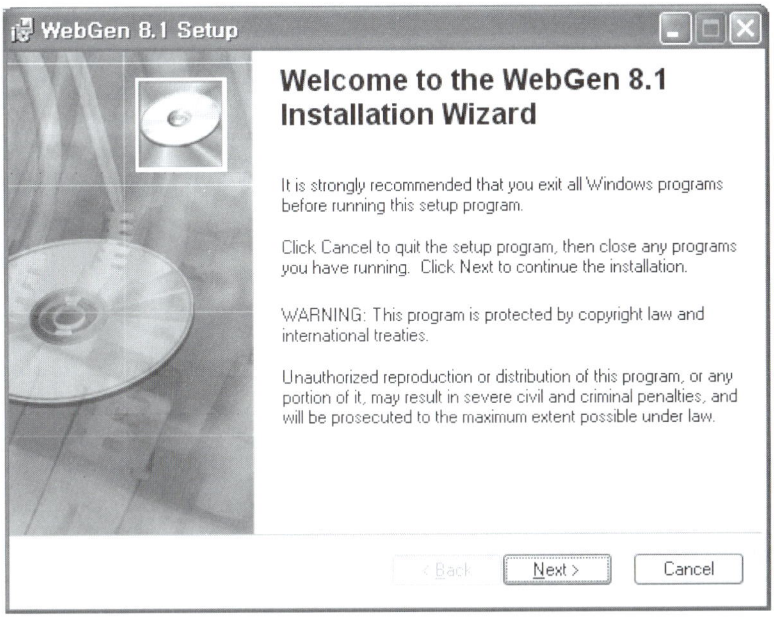

② 다음 그림이 나오면 NEXT를 클릭한다.

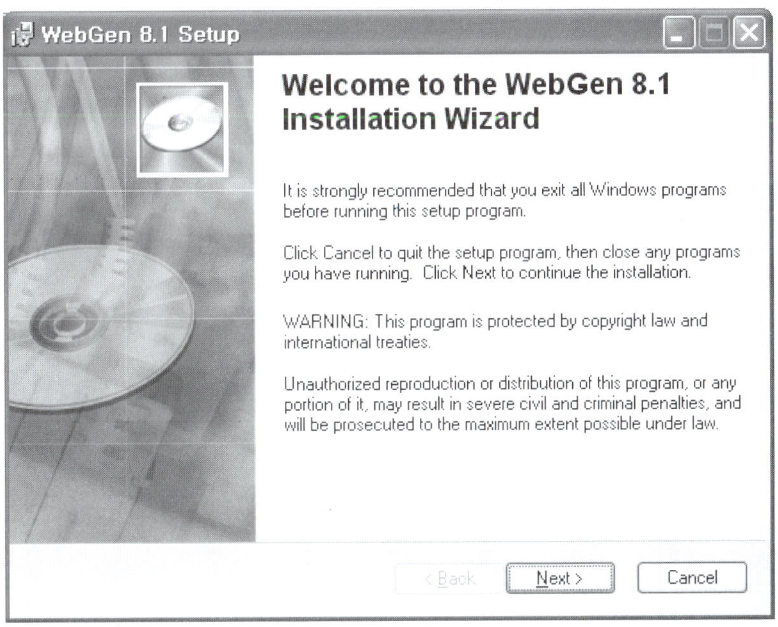

③ 소프트웨어 사용권에 대한 동의를 묻는 그림이 나오면 위쪽의 버튼을 클릭하고 NEXT를 클릭한다

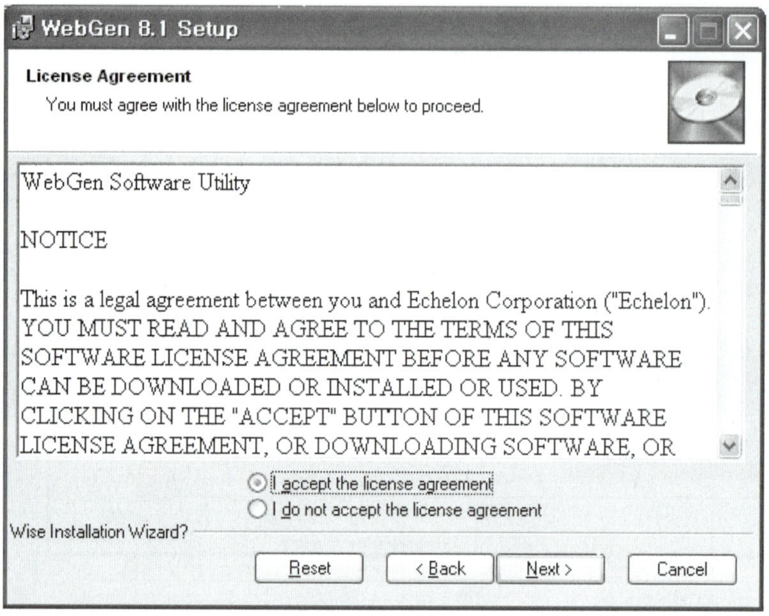

④ 설치할 폴더에 대한 경로를 확인한 후 NEXT를 클릭한다.

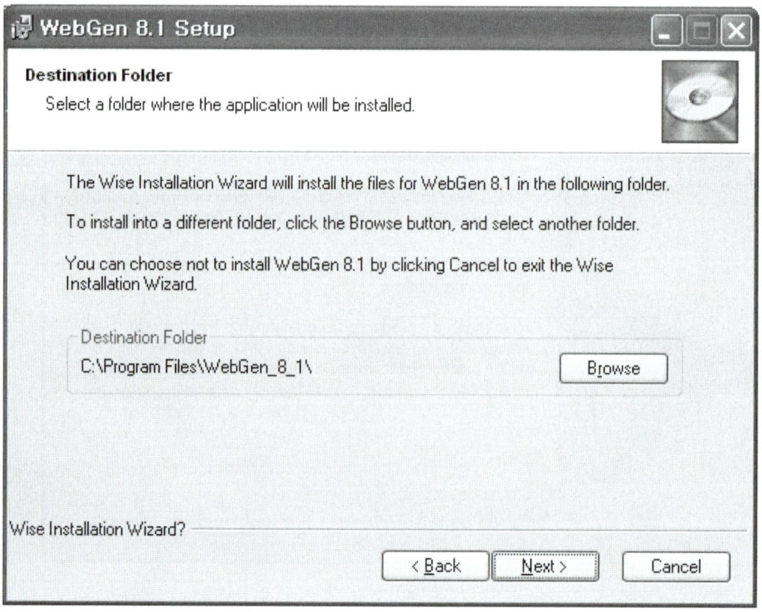

⑤ 다음 그림이 나오면 NEXT버튼을 클릭한다.

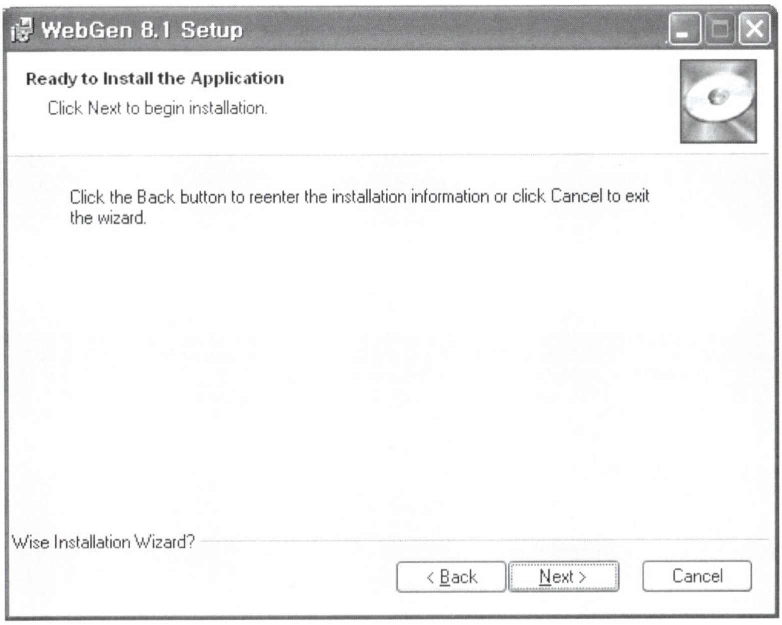

⑥ 인스톨이 진행된 후 다음과 같은 그림이 나오면 Finish 버튼을 클릭하면 설치가 종료된다.

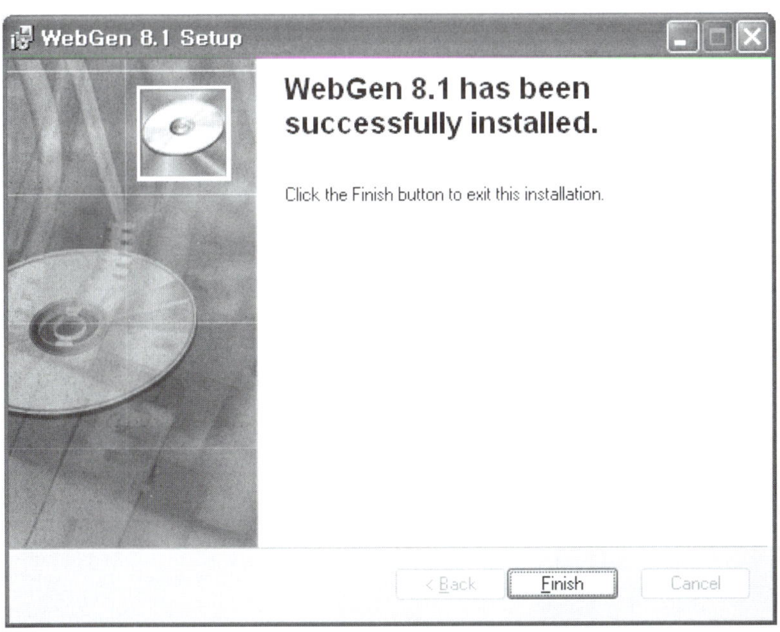

⑦ 프로그램 파일에 Echelon WebGen에 WebGen 8.1이 생성되었다.

⑧ 웹진을 실행시킨 모습이다.

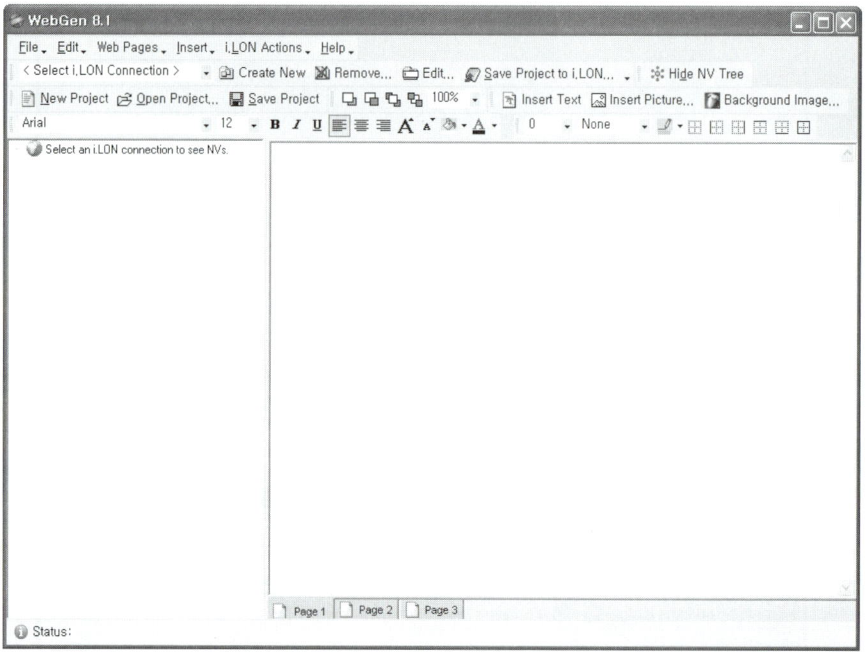

(3) NET Framework 설치하기

① 제공된 CD의 dotnet 폴더에서 dotnetfx.exe를 더블클릭한다.

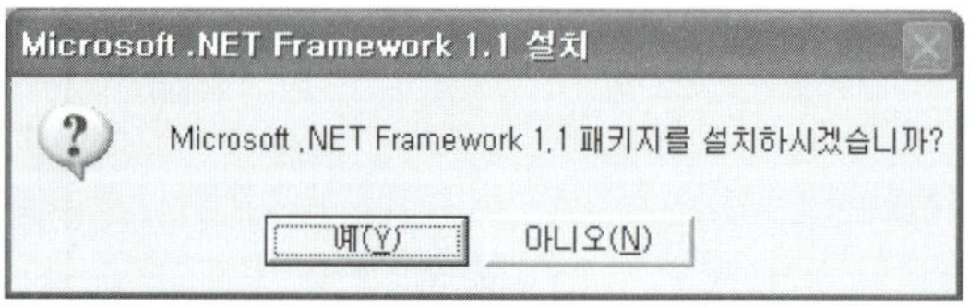

② 위와 같은 메시지 창이 나오면 예를 클릭한다.

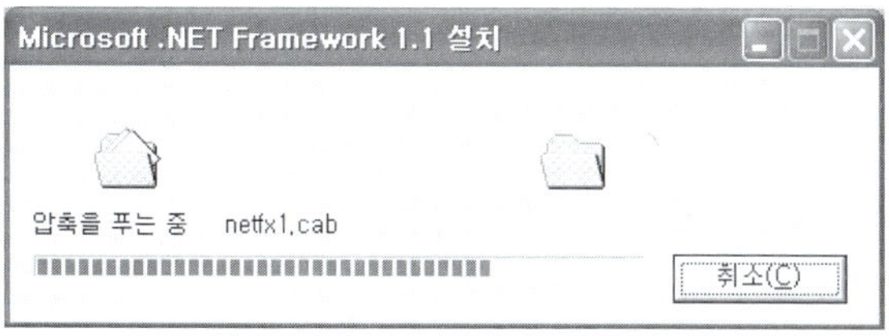

③ 사용권 계약에 대한 부분이다. 동의함에 체크하고 설치를 클릭한다.

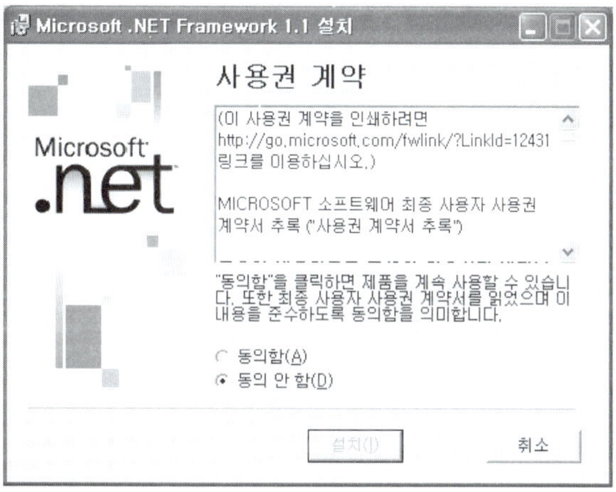

④ 설치가 종료되었다. 확인버튼을 클릭한다.

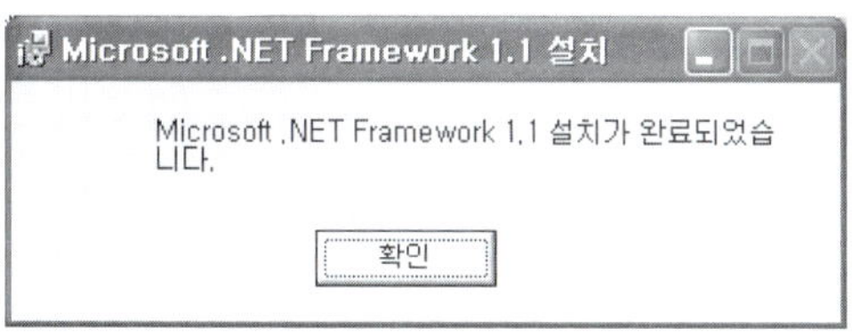

(4) 언어팩 설치하기

① 제공된 CD에 langpack 폴더에 langpack.exe 파일을 더블클릭한다.

② 예를 클릭한다.

③ 동의를 클릭한 후 확인한다.

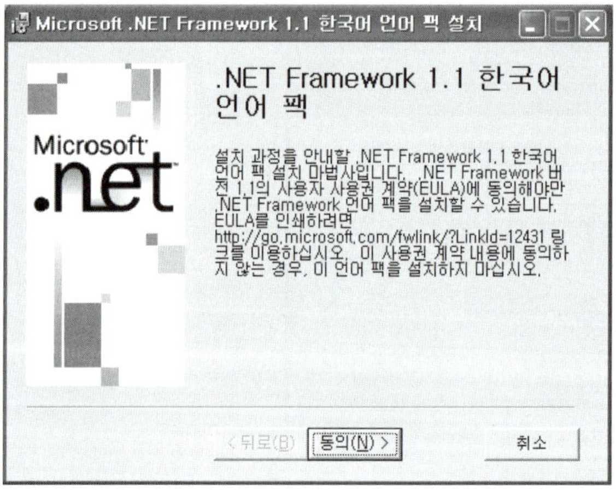

제8장

유비쿼터스 홈네트워크 개발환경 설정

8-1 웹 서버 환경설정

웹서버 i-Lon100은 TCP/IP 네트워크와 론워크 네트워크를 연결시켜 주는 역할을 하는 장치로서 프로그램 및 실습을 하기 전에 선행하여 설정을 해주어야만 모든 실습이 진행될 수 있다.

① 익스플로러 창에 IP를 192.168.1.222(디폴트)로 써 넣으신 후 엔터키를 누른다(단, 기존에 i-Lon100이 설치되어 있는 경우 현재 i-Lon100에 설정된 IP를 써 넣으시기 바란다).

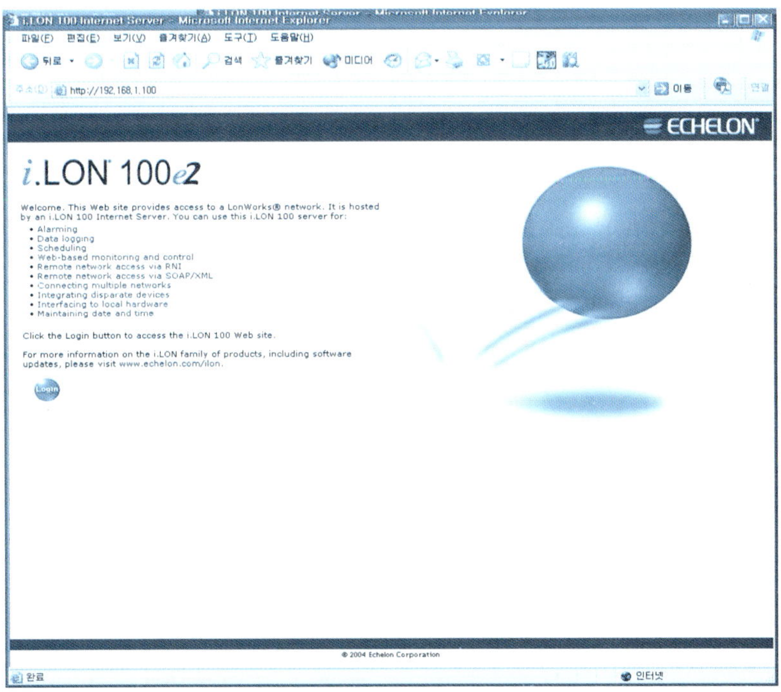

[그림 8-1] 웹서버 i-Lon 100

② 위와 같은 iLON100 기본창이 뜨면 이제부터 IP 세팅에 들어간다. iLON100에 디폴트 IP는 192.168.1.222이다.

③ SETUP메뉴에 TCP/IP를 클릭하면 암호를 넣으라는 메시지 창이 뜬다. 기본 ID는 ilon 비밀번호도 ilon이다.

④ 로그인 창이 나타나면 사용자 이름에 ilon 암호에 ilon을 넣는다.

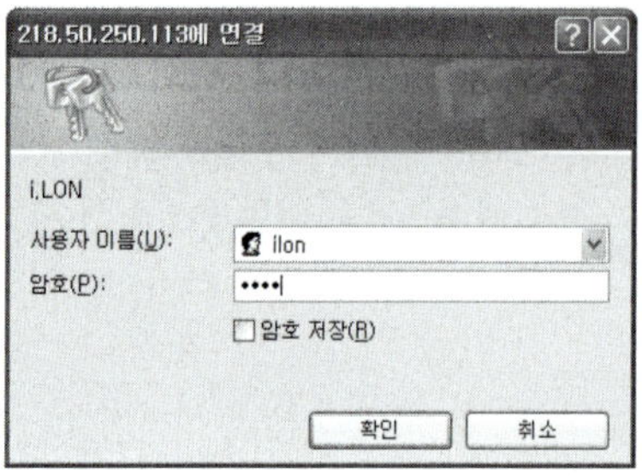

확인버튼 클릭한다.

⑤ IP 어드레스에 사용자가 사용하고자하는 IP를 써넣는다(예 218.50.250.113).

Subnet mask 사용자가 임의로 정해준 IP에 맞는 Subnet Mask를 넣는다. 예와 같이 IP를 정해주셨다면 Subnet Mask는 255.255.255.0이다.

Default gateway도 사용자 임의로 써 넣는다. 예와 같이 IP를 설정해 주었다면 Default gateway를 218.50.250.1로 써 넣는다. Web server port는 웹서비스의 접속포트를 설정하는 부분이다. 일반적인 웹서비스 포트는 80번이다. DNS부분은 세팅을 하지 않아도 된다.

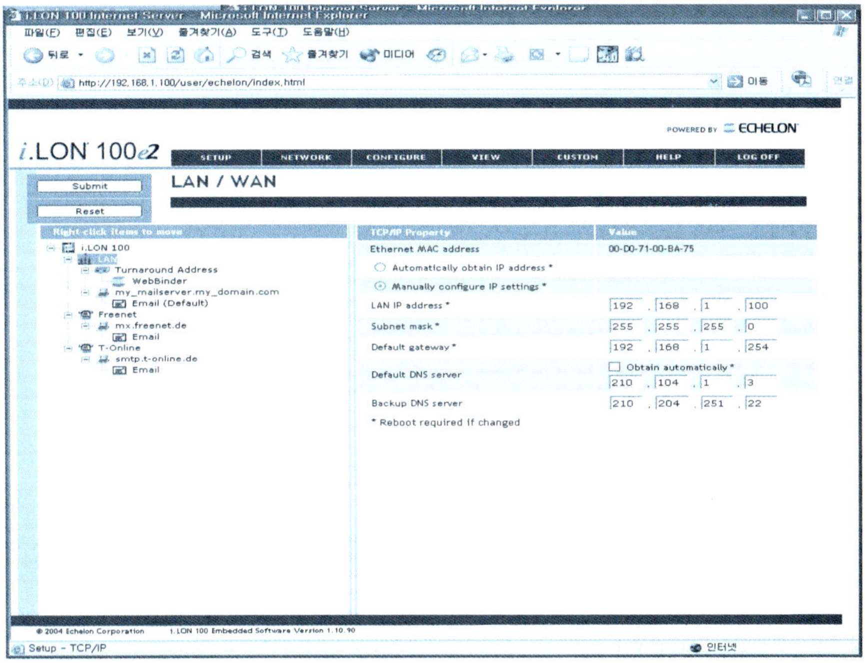

⑥ 입력을 마쳤다면 아래 있는 Submit 버튼을 클릭한다.

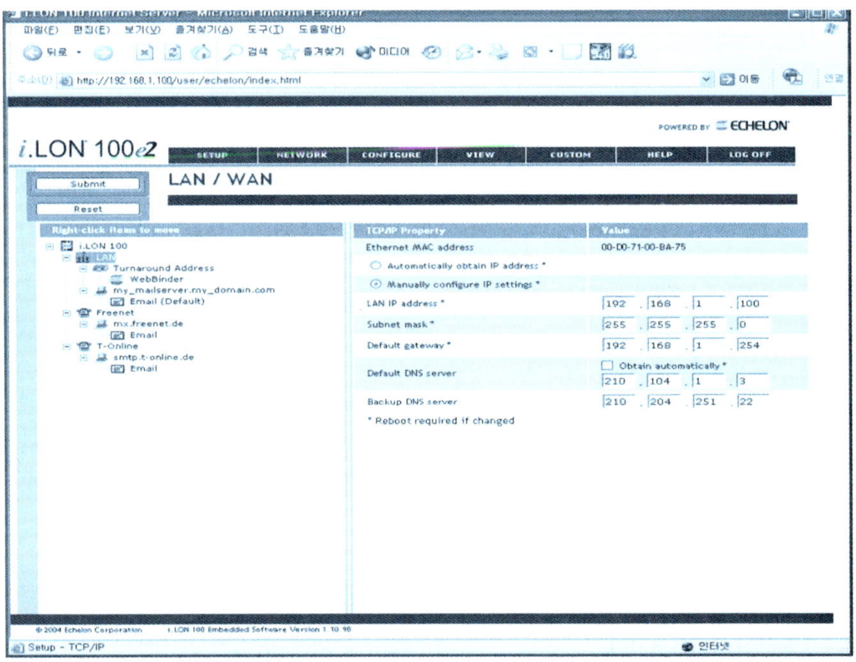

제 8 장

⑦ 왼쪽 메뉴에 있는 Reboot 버튼을 클릭한다.

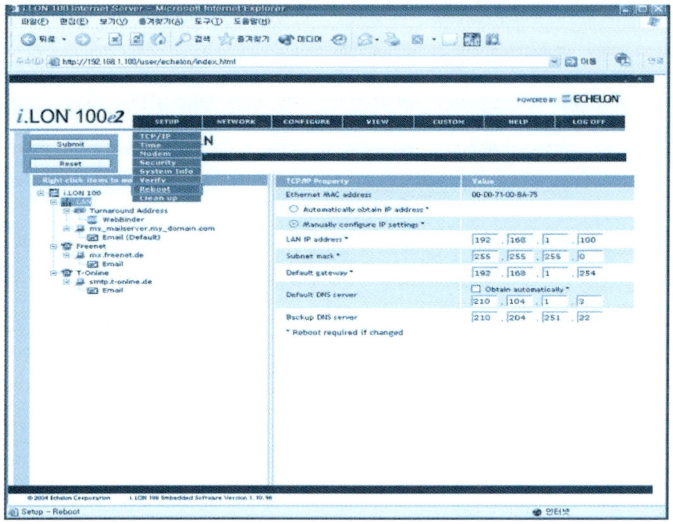

⑧ 아래쪽에 있는 Reboot 버튼을 클릭하면 다음과 같은 메시지 창이 뜨고 Reboot를 누른다.

iLon100은 Reboot 다음에 설정한 IP가 적용된다.

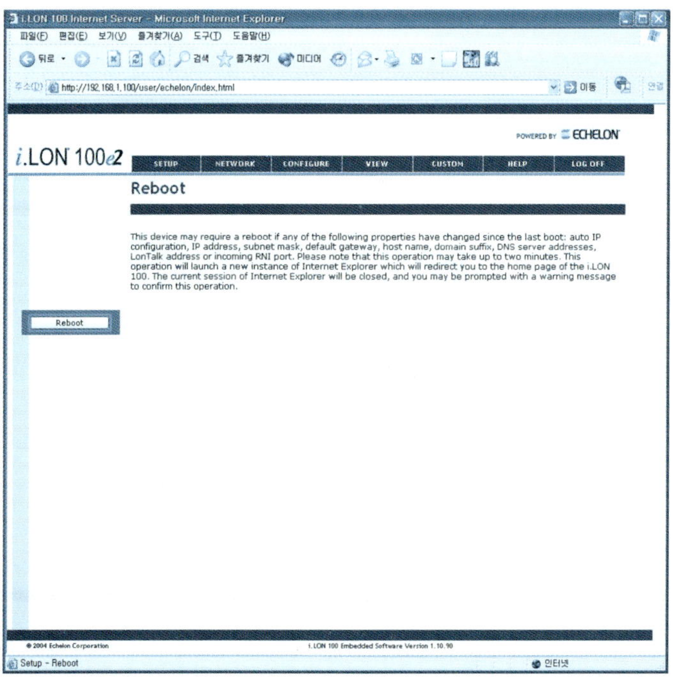

⑨ 다음과 같은 창이 뜨면 확인을 눌러서 Reboot 명령을 확인합니다.

⑩ Rebooting 메시지가 나오면 재부팅이 시작된다.

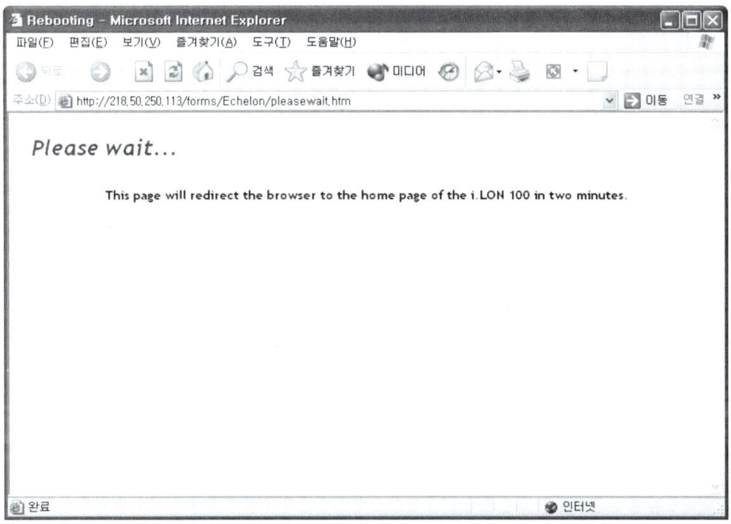

Note

- iLON100 세팅시 주의할 점

  iLON100에 기본 IP는 192.168.1.222이다. 사용자가 IP를 임의로 바꾸어 주신 뒤에는 사용자가 설정한 IP를 바뀌게 된다. 사용자는 바뀐 IP를 기억하고 있어야 다음에 접속하실 수 있다. IP를 설정하신 다음에는 바뀐 IP를 메모하시기 바란다.

  사용자 PC의 IP도 iLON100과 같은 클래스의 IP로 세팅해주셔야 한다.

	iLON100	사용자 PC
IP address	192.168.1.100	192.168.1.*(1~254)
Subnet Mask	255.255.255.0	255.255.255.0
Default gateway	192.168.1.1	192.168.1.1

위와 같이 사용자 PC의 IP는 iLON100의 IP를 제외한 1~254까지의 범위에서 설정해 주어야 한다.

8-2 웹 서버 기능 및 구조

1. 기 능

iLON100 인터넷 서버는 크게 3가지의 기능을 포함하고 있다.

첫 번째 기능은 **네트워크 인터페이스 카드의 역할**이다.

네트워크 인터페이스 카드란 사용자가 론 메이커와 같은 프로그램에서 사용자의 컴퓨터와 LON 네트워크간을 연결해 주는 기능을 말한다. 일반적으로 Lon(Local Operating Network)을 론 토크(LonTalk)라 부른다.

두 번째 기능은 **웹 서버의 기능**이다. iLON100은 웹 서버를 포함하고 있어서 웹진(Webgen)이라는 전용 에디터를 통하여 웹 페이지를 작성하고 하부 디바이스를 제어할 수 있는 웹 서버의 기능을 가지고 있다. 물론 다른 웹 에디터(나모, 드림위버)로도 웹 페이지를 작성할 수 있다.

세 번째 기능은 **웹 서비스(WebService)의 기능**을 포함하고 있다. 웹 서비스는 SOAP(Simple Object Access Protocol)를 지원하며 XML/SOAP를 이용하여 개발툴 Visual Studio.net(Visual Basic.net, Visual C++.net, Visual C#.net)이나 델파이 같은 SOAP를 지원하는 개발 프로그램을 이용하여 응용 프로그램을 작성할 수 있다.

2. 구 조

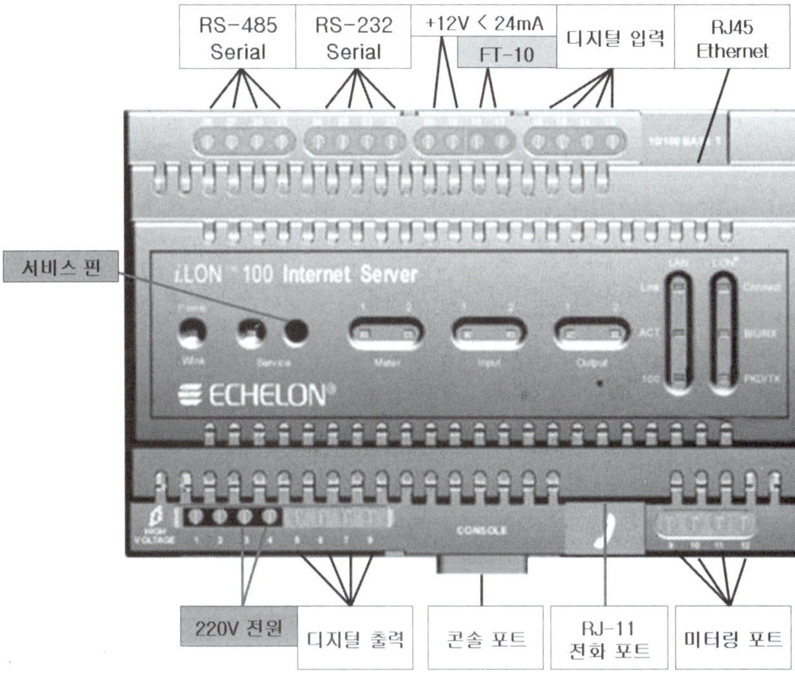

[그림 8-2] iLon 100 구조모형

위 그림에서 보는 것과 같이 iLON100은 RS-485, RS-232, Ethernet, RJ-11과 같은 포트를 지원하고 있다. 또한 12V 또는 24mA의 출력 포트도 같이 제공하고 있다.

(1) 서비스 핀

서비스 핀은 LonMark(론워크 표준화 협회)에서 제공하는 가이드라인에 적합한 모든 제품에는 서비스 핀이 존재하며 서비스 핀의 기능은 LON 제품마다 가지고 있는 고유의 ID 번호를 네트워크에 보내주는 단자이다. 서비스 핀을 누르게 되면 디바이스의 고유 ID가 네트워크로 송출되며 이를 인식하게 된다. LON 제품은 고유의 ID 때문에 같은 종류의 제품을 여러개 사용하여도 무방하게 된다.

(2) 론워크 = 분산제어

론워크는 분산 제어 방식이다. 분산 제어란 제어에 대한 알로리즘은 모두 디바이스안에 내장되며 각 디바이스는 자신과 관련되 사항만 다운로드 받게 된다. 각 디바이스는 사용자에 의하여 다운로드 된 알고리즘과 연결된 디바이스의 정보를 이용하여 다른 디바이스와 통신을 하게 되고 이를 통하여 사용자가 구성한 알고리즘이 완성되게 된다.

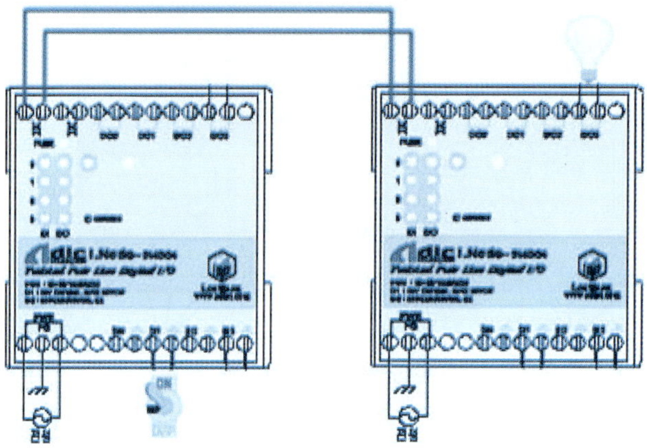

[그림 8-3] 하드웨어 구성

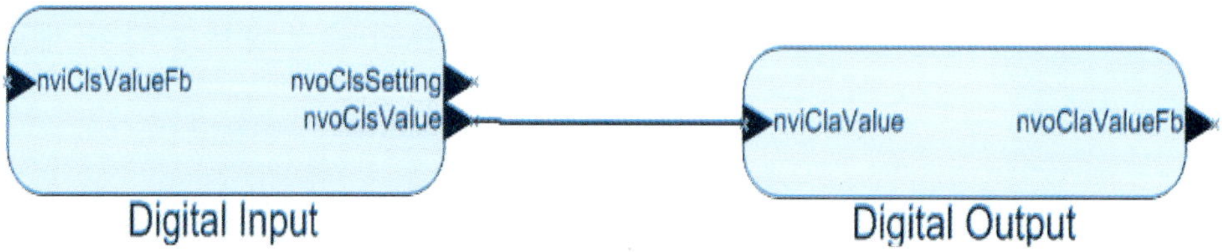

[그림 8-4] 소프트웨어 구성

위 그림과 같이 디바이스1에 스위치를 연결하고 디바이스2에 램프를 연결하여 스위치의 입력이 ON이 되면 램프가 ON이 되고 스위치가 OFF가 되면 램프도 OFF가 되는 프로그램이다. [그림 8-3]과 같이 하드웨어적인 구성을 하고 [그림 8-4]와 같은 소프트웨어적인 구성을 하게 되면 디바이스1에는 스위치 입력에 관한 부분과 통신을 통하여 연결될 디바이스 2의 어드레스가 저장된다.

디바이스 2에는 자신과 연결될 디바이스의 주소와 램프의 출력이 저장된다. 이렇게 각각의 디바이스는 자신에게 할당된 정보를 다운로드 받게되며, 각각의 디바이스가 네트워크로 연결되어 마치 하나의 디바이스가 움직이는 것처럼 보여지게 되면 사용자가 만들어 놓은 제어 알고리즘으로 동작하게 된다.

제 8 장

8-3 매체간의 통신

1. 파워라인 라우터

파워라인 라우터는 전력선 통신 방식과 FT-10A 통신방식의 매체간에 서로 통신이 가능하도록 다리 역할을 하는 장치이다. 즉 전력선 통신(PL-20N) 프로토콜과 FT-10A 프로토콜을 서로 연결 시켜주는 장치이다.

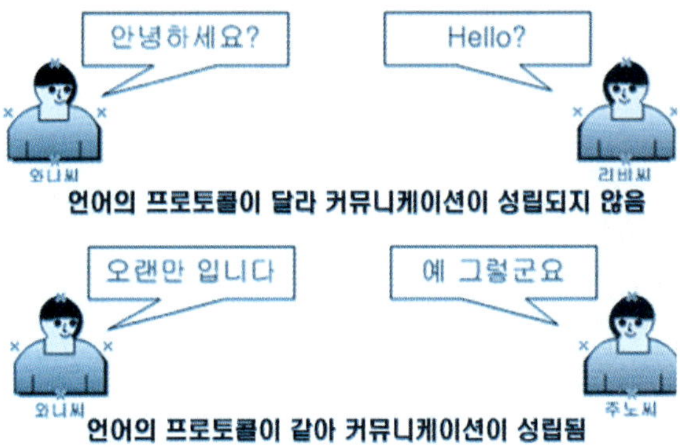

[그림 8-5] 언어의 프로토콜 예제

[그림 8-5]는 같은 언어의 프로토콜을 쓰는 사람끼리는 서로 얘기를 할 수 있지만 서로 다른 언어의 프로토콜을 쓰는 사람들은 서로 얘기를 할 수 없다는 것을 보여주고 있다. 그럼 서로 다른 프로토콜을 쓰는 사람들은 얘기를 전혀 할 수 없는 것일까? 아니다. 중간에 서로 다른 프로토콜을 같은 프로토콜로 변환해서 얘기를 해주는 통역사같은 사람이 있다면 둘 간의 얘기는 가능해진다.

[그림 8-6] 서로 다른언어 프로토콜 예제

[그림 8-6]에 통역사처럼 중간에서 서로 다른 프로토콜이 서로 통신할 수 있도록 해주는 장치가 파워라인 라우터이다.

(1) 파워라인 라우터의 구조

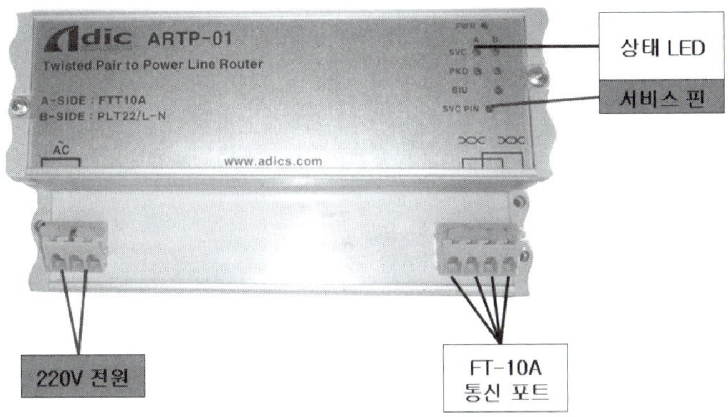

[그림 8-7] 파워라인 라우터 구조

1) 서비스 핀

서비스 핀은 LonMark(론워크 표준화 협회)에서 제공하는 가이드라인에 적합한 모든 제품에는 서비스 핀이 존재하며 서비스 핀의 기능은 LON 제품마다 가지고 있는 고유의 ID 번호를 네트워크에 보내주는 단자이다. 서비스 핀을 누르게 되면 디바이스의 고유 ID가 네트워크로 송출되며 이를 인식하게 된다. LON 제품은 고유의 ID 때문에 같은 종류의 제품을 여러개 사용하여도 무방하게 된다.

2) 상태 LED

상태 LED는 라우터가 서로 다른 프로토콜을 변화시켜줄 때 LED가 깜빡거린다.

I/O 디바이스(DI4DO4, AI8, AO4)

DI4DO4(Digital Input * 4, Digita Output * 4) 모양

DI4DO4는 4채널의 디지털 입력 포트와 4채널의 디지털 출력 포트로 구성이 되어 있다. DI4DO4는 FT-X1 트랜시버를 장착해 쌍꼬임선(TP) 론워크 채널을 통해 통신을 수행하는 범용 입출력 디바이스이다.

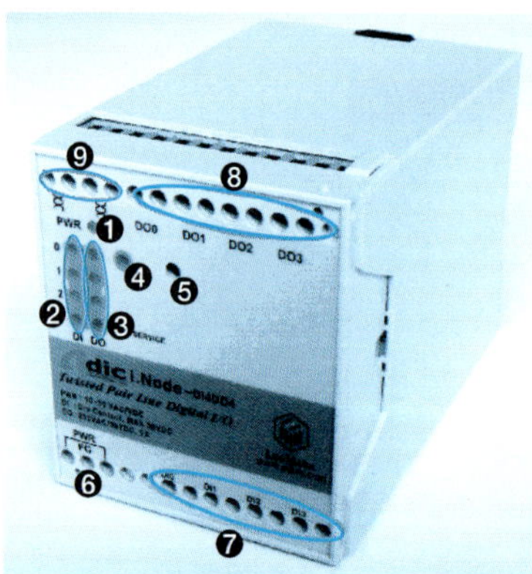

[그림 8-8] DI4D04 구조

DI4DO4의 외형에 대한 설명과 의미하는 바는 다음과 같다.

1. 전원 LED	2. 디지털 입력 LED	3. 디지털 출력 LED
4. 서비스 핀 LED	5. 서비스 핀	6. 전원 입력 단자
7. 디지털 입력 단자	8. 디지털 출력 단자	9. Twisted Pair 통신선 연결 단자

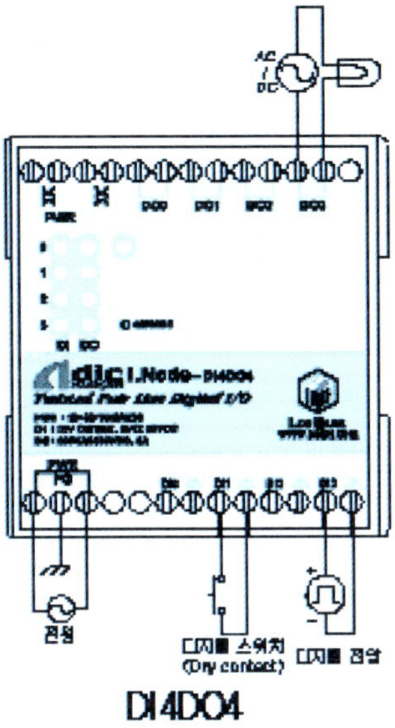

[그림 8-9] DI4DO4의 외형

3) 디지털 입력 단자의 배선

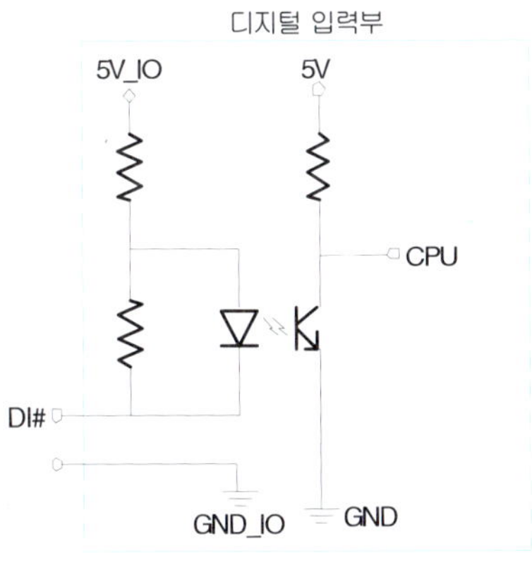

[그림 8-10] **DI04DO4의 디지털 입력단자 회로도**

DI4DO4의 디지털 입력 단자는 접점 입력(Dry contact-디지털 스위치, 디지털 저항) 또는 전압 입력을 받는다. 전압 입력은 최대 30V 직류 전압을 인가 받을 수 있고 On/Off를 정의하는 기준은 TTL 소자의 기준(High : 2V 이상, Low : 0.8V 이하, 0.8V~2V 사이의 전압이 인가될 경우 High일 가능성이 높음)을 따른다. 디지털 전압을 입력할 경우 DI# 표기가 된 쪽에 '+'극성을, 그라운드 표기된 된 쪽에 '-'극성을 인가해야 한다.

4) 디지털 출력 단자

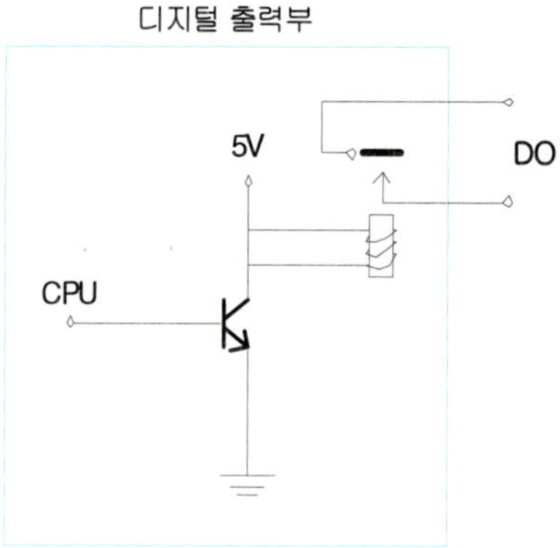

[그림 8-11] DI4DO4 디지털 출력단자 회로도

DI4DO4의 디지털 출력 단자는 [그림 8-11]과 같이 30V 직류 전압 또는 250V 교류 전압을 5A까지 흘려줄 수 있는 접점 릴레이가 장착되어 있다. 접점 출력을 내보내기 때문에 디지털 출력 단자를 전원 공급용 스위치 용도로 사용할 경우 그림과 같이 외부 전원을 별도로 공급해야 한다.

5) 기능블럭

LON 디바이스는 오브젝트 단위의 기능 블록으로 구성되어 있으면 기능 블록에 대한 정의는 디바이스 개발자에 의하여 이루어진다. [그림 8-12]은 DI4DO4 디바이스가 가지고 있는 기능 블록이다.

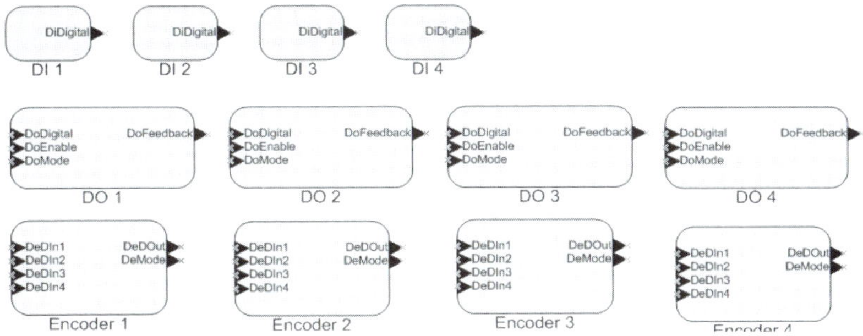

[그림 8-12] DI04DO4 기능블럭

디지털 입력(4개) : 디지털 입력 블록은 하드웨어서 읽어들인 값을 소프트웨어에서 나타내주는 블록이다. 디지털 입력은 ON/OFF의 스위치 타입이며 ON 상태는 100.0 1로 OFF의 상태는 0.0 0으로 나타내어 준다. DI[0]은 하드웨어에서의 첫 번째 블록을 나타낸다. 그러므로 하드웨어적인 배선과 소프트웨어적인 프로그램이 일치 하여야 정상적인 제어 로직이 완성된다.

(1) SNVT_switch

SNVT(Standard Network Variable Type) : 론워크는 이미 표준화가 되어있는 프로토콜(ANSI/EIA 709.1) 이다. 그리하여 이미 네트워크 변수에 대한 정의가 되어 있다. SNVT란 표준화 협회(LonMark)에서 인정된 표준화된 타입을 의미한다. http : //types.lonmark.org 웹 사이트를 방문하여 보시면 표준화된 Network Variable, Configuration Properties, Functional Profiles 등을 보실 수 있다. switch 타입은 디지털 입출력에 널리 사용되는 네트워크 변수로써, 100.0이라는 Value 값과 1 또는0 인 State 값을 가지게 된다. 스위치 타입에서의 Value값은 주로 조명의 밝기조절값으로 많이 쓰이게 되며, State값은 ON/OFF를 결정하게 된다. 예를들어, 밝기 조절이 되는 조명이 있다고 할 때 100.0 1이라는 명령을 주게되면 조명이 최대 밝기로 켜지게 되며, 50.0 1 이라고 명령을 주면 조명의 50%의 밝기로 켜지게 된다. 하지만 100.0 0 또는 50.0 0처럼 State 값을 0으로 주게 되면 조명은 켜지지 않는다. 물론 이 예는 밝기 조절이 되는 디바이스이여야만 가능한 것이며, 디바이스가 ON/OFF 타입이라면 Value 값에 상관없이 State값에 의해서만 동작된다. 일반적인 디지털 명령의 값은 ON/OFF 타입이라도 100.0 1 또는 0.0 0으로 명령은 내려주는 것이 일반적인 방법이다.

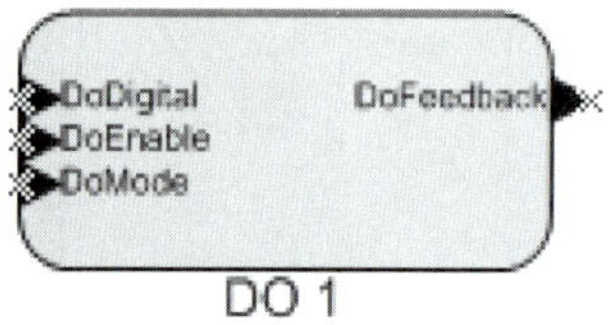

[그림 8-14] 인코더 블록도

- Digital Output(4개) : 디지털 출력 블록은 DoDigital 변수로 입력을 받아 하드웨어상의 릴레이 출력을 내보내는 블록이다. 디지털 출력 블록은 4개의 네트워크 변수를 가지고 있다.
- DoDigital : 네트워크 입력변수로 릴레이 출력에 관한 입력을 받는 변수이다.
- DoEnable : 네트워크 입력변수로 릴레이 출력에 관한 Lock 기능을 하는 변수이다.
- DoMode : 네트워크 입력 변수로 SNVT_switch 타입이 아닌 SNVT_havc_mode 타입의 변수이다. SNVT_havc_mode 타입은 16개의 모드기능을 가지고 있다. 모드 기능은 Switch와는 다른 16개의 다른 모드 입력에 관한 출력을 할 수 있도록 해주는 기능이다.
- DoFeedback : 네트워크 출력변수로 디바이스의 출력 상태를 나타내주는 변수이다.

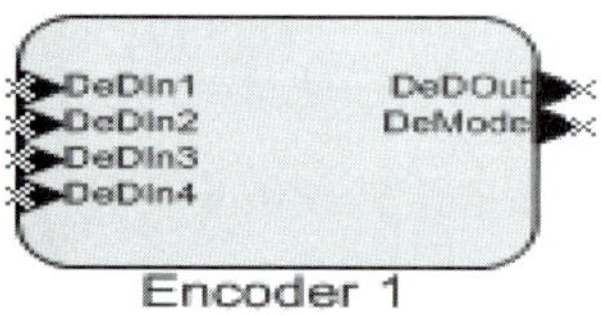

- Encoder(4개) : 엔코더 블록은 4개의 디지털 입력을 받아 한개의 출력을 내보내는 블록이다. 4개의 입력 변수에 대한 설정을 Plug-in 통하여 설정해 주면 입력값에 대한 출력이 발생한다. 이 블록은 하드웨어적인 부분은 없으며, 오직 소프트웨어적으로만 존재하는 기능 블록이다.

- DeDIn1~4 : 네트워크 입력 변수이다.
- DeDOut : 네트워크 출력 변수로 4개의 입력 변수에 의하여 만들어지는 출력 변수이다.
- DeMode : 네트워크 출력 변수로 4개의 입력 변수에 의하여 만들어지는 16개의 모드 출력 변수이다.

* 기능블록에 대한 자세한 설명은 참조하시기 바란다.

2. AI8(Analog Input*8) 형태

AI8은 8채널의 아날로그 입력 포트로 구성이 되어 있다. AI8은 FT-X1 트랜시버를 장착해 쌍꼬임선(TP) 론워크 채널을 통해 통신을 수행하는 범용 입출력 디바이스이다.

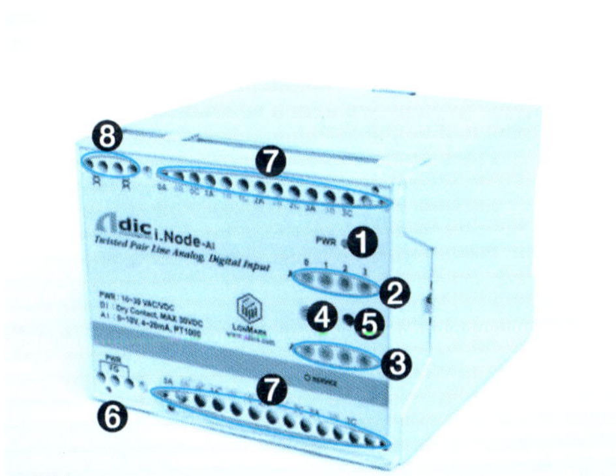

[그림 8-15] AI8 구조

AI8의 외형에 대한 설명과 의미하는 바는 다음과 같다.

1. 전원 LED	2. 아날로그 입력 LED	3. 아날로그 입력 LED
4. 서비스 핀 LED	5. 서비스 핀	6. 전원 입력 단자
7. 아날로그 입력 단자	8. Twisted Pair 통신선 연결 단자	

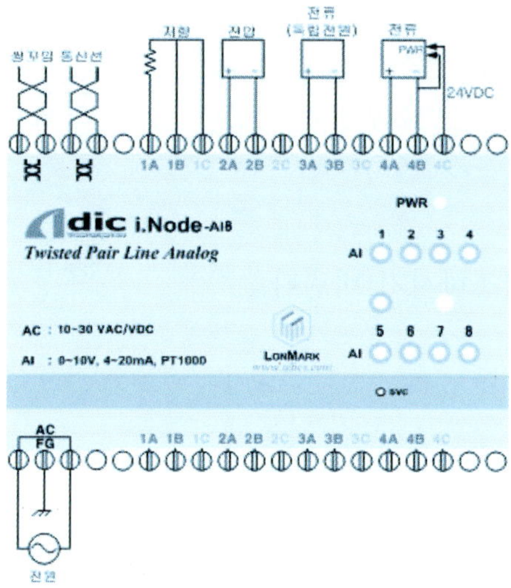

[그림 8-16] AI8의 외형

(1) 아날로그 입력 단자의 배선

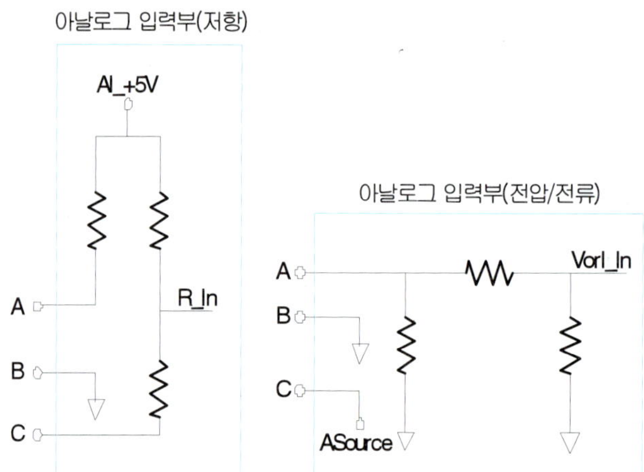

[그림 8-17] AI8의 아날로그 입력단자 회로도

AI8의 아날로그 입력 단자는 전압, 전류 또는 저항 입력을 받는다. 전압 입력은 0~10V 직류 전압까지 입력이 가능하고, 전류 입력은 4~20mA까지 입력이 가능하다. 그리고 저항 입력은 PT1000 기준으로 입력이 가능한데 저항값으로 범위를 정하면 820~1620Ohm까지 입력이 가능하다.

전압이나 전류를 입력 받을 경우 A단자에 '+'극성을, B단자에 '-'극성을 연결해야 한다. 저항을 입력 받을 경우 센서의 가변 저항 양단을 A와 B단자에 연결하고, 도선저항 보정용 선을 C단자에 연결한다. 만약 센서에 도선저항 보정용 선이 없을 경우 B와 C단자를 일반 전선으로 단락시켜 주어야 한다.

(2) AI8의 기능블럭

LON 디바이스는 Object 단위의 기능 블록으로 구성되어 있으면 기능 블록에 대한정의는 디바이스 개발자에 의하여 이루어진다. 아래 그림은 AI8 디바이스가 가지고 있는 기능 블록이다.

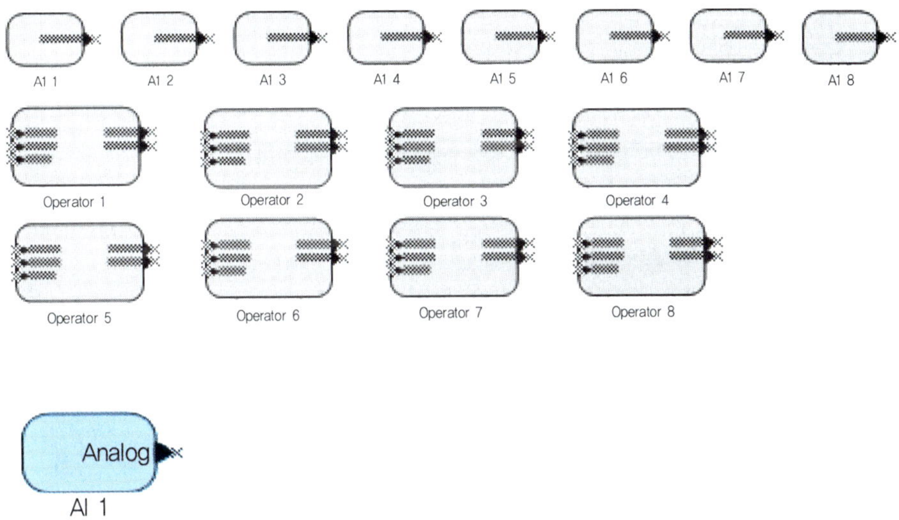

[그림 8-18] AI8의 기능블럭

① Analog Input(8개)

아날로그 입력 블록은 하드웨어서 읽어들인 값을 소프트웨어에서 나타내주는 블록이다. 아날로그 입력은 SNVT_temp_f 타입이며-273.17~3.40282e+038까지의 수를 나타낼 수 있는 타입이다. 일반적으로 아날로그 타입에서 가장 많이 사용되고 있는 아날로그 변수 타입이다. AI[0]은 하드웨어에서의 첫 번째 블록을 나타낸다. 그러므로 하드웨어적인 배선과 소프트웨어적인 프로그램이 일치 하여야 정상적인 제어 로직이 완성된다. 아날로그 입력은 전압 · 전류 · 저항의 값을 입력으로 받을 수 있기 때문에 온도센서, 습도센서 등을 연결하여 모니터링하고 제어의 요소로 쓰고자 할 때 많이 사용된다.

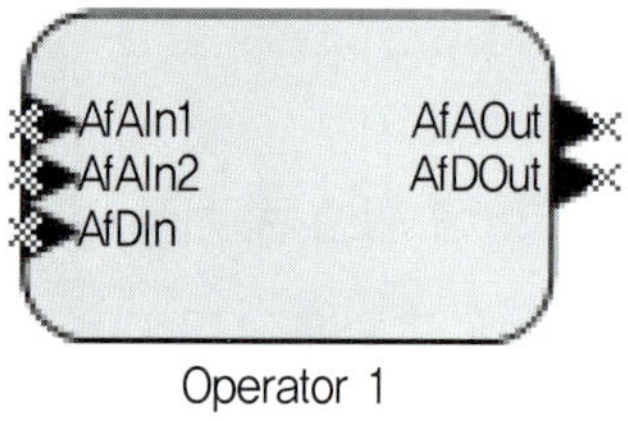

[그림 8-19] AI8의 아날로그 입력

② Operator(8개)

오퍼레이터 블록은 2개의 아날로그 입력과 1개의 디지털 입력을 받아 1개의 아날로그 출력과 1개의 디지털 출력을 내보내는 블록이다. 3개의 입력 변수(아날로그입력 2, 디지털 입력 1)에 대한 설정을 Plug-in 통하여 설정해 주면 입력값에 대한 출력이 발생한다. 이 블록은 하드웨어적인 부분은 없으며, 오직 소프트웨어적으로만 존재하는 기능 블록이다.

- AfAIn1~2 : 아날로그 네트워크 입력 변수이다.
- AfDIn : 디지털 네트워크 입력 변수이다.
- AfAOut : 입력 네트워크 변수에 사용자의 설정에 의하여 만들어지는 아날로그 출력 변수이다.
- AfDOut : 입력 네트워크 변수에 사용자의 설정에 의하여 만들어지는 디지털 출력 변수이다.

3. AO4(Analog Output*4) 형태

(1) AO4은 4채널의 아날로그 출력 포트로 구성

AO4은 FT-X1 트랜시버를 장착해 쌍꼬임선(TP) 론워크 채널을 통해 통신을 수행하는 범용 입출력 디바이스이다.

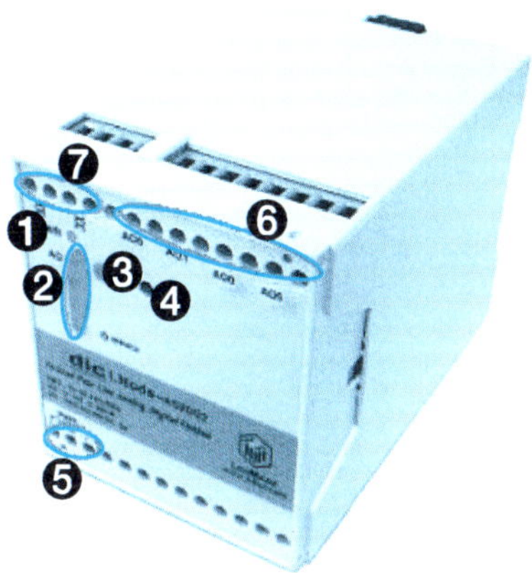

[그림 8-20] AO4의 구조

AO4의 외형에 대한 설명과 의미하는 바는 다음과 같다.

1. 전원 LED	2. 아날로그 출력 LED	3. 서비스 핀 LED
4. 서비스 핀	5. 전원 입력 단자	6. 아날로그 출력 단자
7. Twisted Pair 통신선 연결 단자		

제 8 장

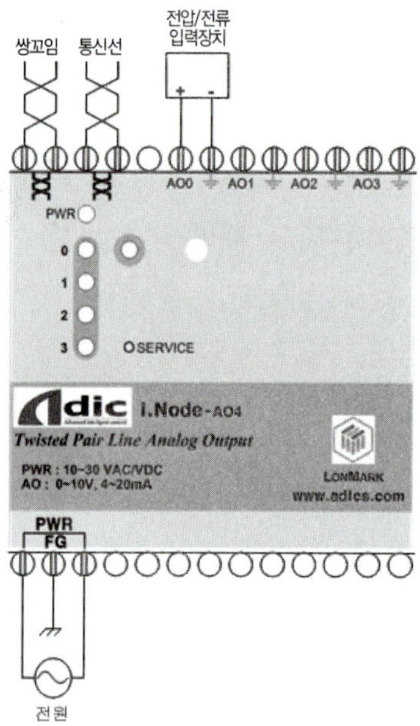

[그림 8-21] AO4의 외형

(2) 아날로그 입력 단자의 배선

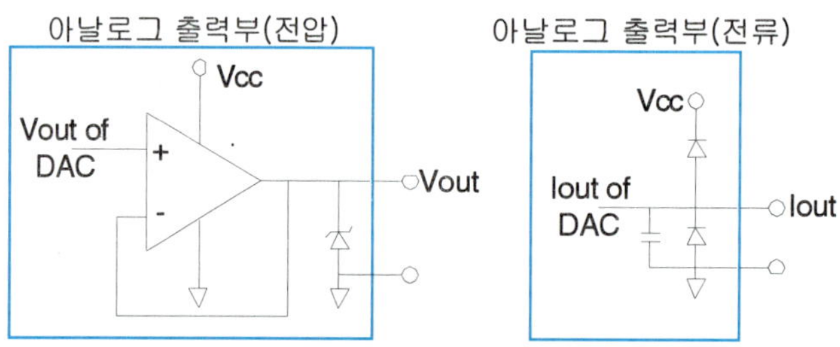

[그림 8-22] AO4의 아날로르크 입력단자 회로도

AO4의 아날로그 출력 단자는 전압 또는 전류를 출력한다. 전압 출력은 0~10V 직류 전압까지 출력이 가능하고, 전류 출력은 4~20mA까지 출력이 가능하다. 외부에 엑추에이터를 연결할 경우 AO# 표기가 된 단자에 '+'극성을, 그라운드 표기가 된 단자에 '−'극성을 인가해야 한다. 아날로그 출력 단자의 회로를 결선시 참고하기 바란다.

(3) 기능블록(Functional Block)

LON 디바이스는 Object 단위의 기능 블록으로 구성되어 있으면 기능 블록에 대한 정의는 디바이스 개발자에 의하여 이루어진다. 아래 그림은 AO4 디바이스가 가지고 있는 기능 블록이다.

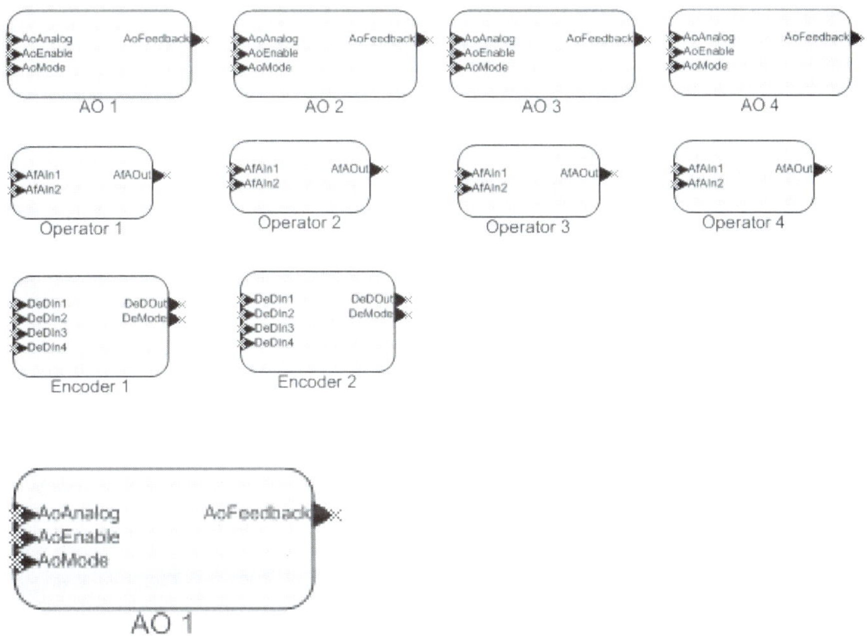

[그림 8-23] AO4의 기능블록

① 아날로그 출력(Analong Output)(4개)

아날로그 출력 블록은 소프트웨어에서 입력받은 값을 하드웨어로 출력해 주는 블록이다. 아날로그 출력은 전압 출력은 0~10V 직류 전압까지 출력이 가능하고, 전류 출력은 4~20mA까지 출력이 가능하다. 아날로그 출력 블록은 엑츄레이터 제어에 많이 사용되는 블록이다. 예를 들면 공조기(AHU)의 Demper 제어 냉난방 밸브, 형광등 디밍제어, 모터의 속도제어 등등 많은 아날로그 제어 요소에 사용된다.

② Operator(4개)

오퍼레이터 블록은 2개의 아날로그 입력과 1개의 디지털 입력을 받아 1개의 아날로그 출력과 1개의 디지털 출력을 내보내는 블록이다. 3개의 입력 변수(아날로그입력 2, 디지털 입력 1)에 대한 설정을 Plug-in 통하여 설정해 주면 입력값에 대한 출력이 발생한다. 이 블록은 하드웨어적인 부분은 없으며, 오직 소프트웨어적으로만 존재하는 기능 블록이다.

- AfAIn1~2 : 아날로그 네트워크 입력 변수이다.
- AfDIn : 디지털 네트워크 입력 변수이다.
- AfAOut : 입력 네트워크 변수에 사용자의 설정에 의하여 만들어지는 아날로그 출력 변수이다.
- AfDOut : 입력 네트워크 변수에 사용자의 설정에 의하여 만들어지는 디지털 출력 변수이다.

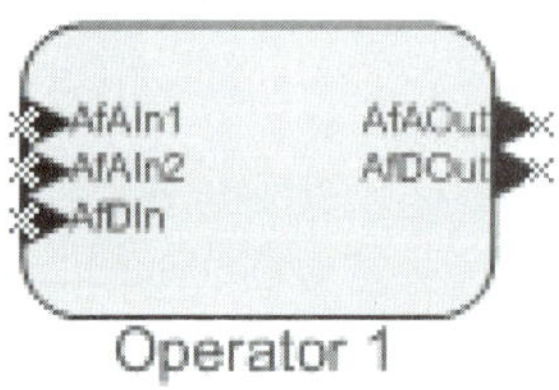

[그림 8-24] AO4의 오퍼레이터 블록

③ Encoder(4개)

엔코더 블록은 4개의 디지털 입력을 받아 한개의 출력을 내보내는 블록이다. 4개의 입력 변수에 대한 설정을 Plug-in 통하여 설정해 주면 입력값에 대한 출력이 발생한다. 이 블록은 하드웨어적인 부분은 없으며, 오직 소프트웨어적으로만 존재하는 기능 블록이다.

- DeDIn1~4 : 네트워크 입력 변수이다.
- DeDOut : 네트워크 출력 변수로 4개의 입력 변수에 의하여 만들어지는 출력 변수이다.
- DeMode : 네트워크 출력 변수로 4개의 입력 변수에 의하여 만들어지는 16개의 모드 출력 변수이다.

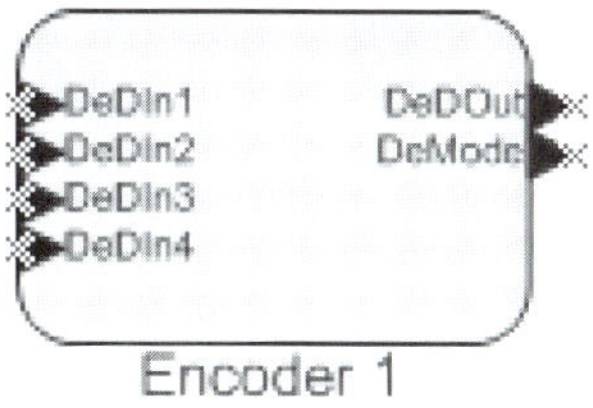

[그림 8-24] AO4의 엔코더 블록

4. 바인딩

바인딩이란 두 네트워크 변수 NVI(Network Variable Input)와 NVO(Network Variable Output)를 연결해 주는 것을 말한다. 이것은 단순히 변수들을 연결해 주는 것이 아니라 네트워크를 통하여 A 디바이스에 B 기능블록(functional block)에 C 네트워크 변수와 D 디바이스에 E 기능블록에 F 네트워크 변수가 서로 연결되었다는 정보를 디바이스에 다운로드 하는 것도 포함된다. 론 메이커에서는 특별한 다운로드가 있는 것이 아니라 커넥터(connector)를 이용하여 바인딩 되는 순간 자동으로 다운로드가 된다.

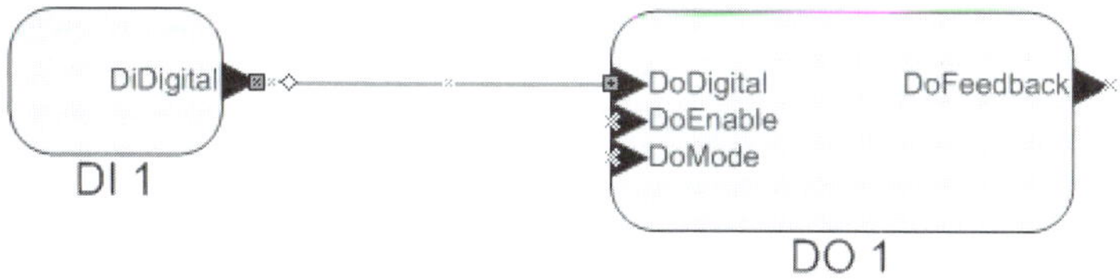

[그림 8-25] 바인딩의 연결

바인딩을 하려면 같은 타입의 NVI와 NVO를 바인딩하여야 한다. 예를들어, 디지털 입력(SNVT_switch)과 아날로그 출력(SNVT_temp_f)를 바인딩하려고 하면 서로의 네트워크 변수의 타입이 틀려 에러가 발생한다.

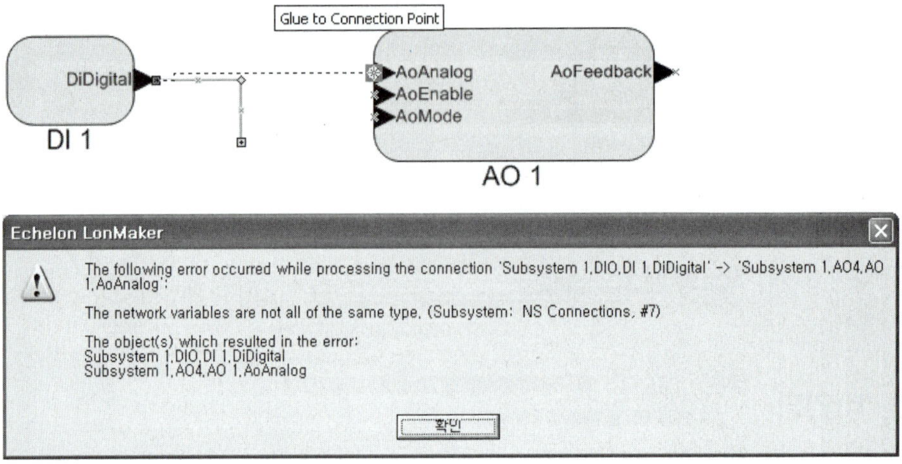

[그림 8-26] 바인딩 에러

(1) 팬인(Fan-in)

론웍스 디바이스는 팬-인 기능을 지원한다. 팬-인란 하나의 NVO 변수에 여러 개의 NVI 변수가 바인딩 되는 것을 말한다.

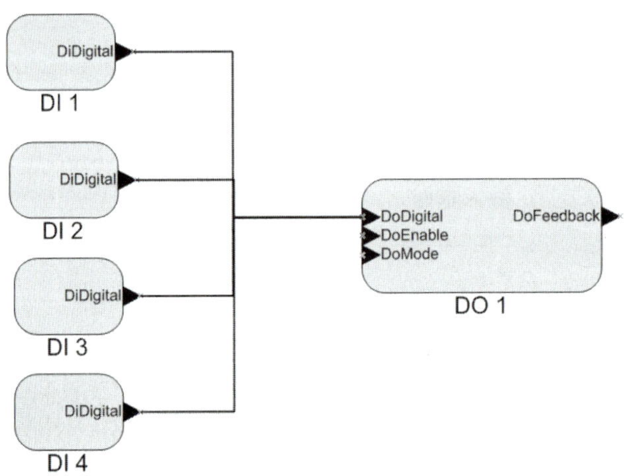

[그림 8-27] 팬인 구조

4개의 디지털 입력으로 1개의 디지털 출력을 제어할 때 디지털 출력의 제어 동작은 마지막 디지털 입력의 값을 따른다.

(2) 팬아웃(Fan-out)

론웍스 디바이스는 팬아웃 기능을 지원한다. 팬아웃이란 하나의 NVI 변수에 여러 개의 NVO 변수가 바인딩되는 것을 말한다.

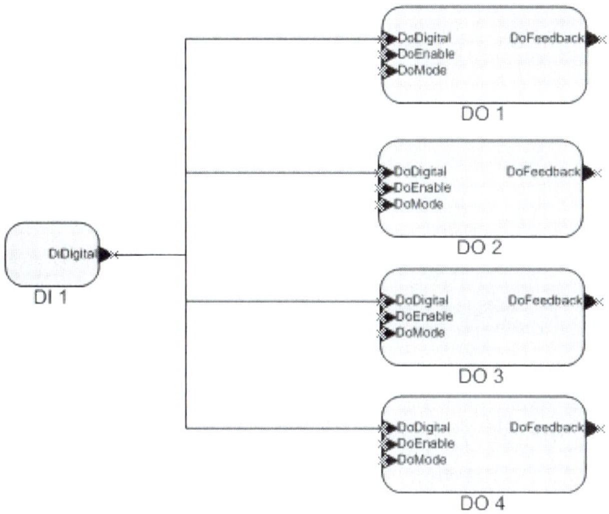

[그림 8-28] 팬아웃 구조

1개의 디지털 입력으로 4개의 디지털 출력을 제어할 때의 모습이다. 디지털 입력에 따라 4개의 디지털 출력이 동시에 제어된다.

제8장

8-4 론워크 네트워크 프로그램

1. 론메이커 설정

론메이커(LonMaker)는 론워크 네트워크 프로그래밍을 하기 위한 기본 프로그램으로서 각종 론워크 디바이스들을 도면상에 등록을 시킨 후 마이크로소프트사의 Visio 기반에서 Graphical 한 방식으로 프로그래밍을 하게 된다.

윈도우 화면 아래쪽 트레이의 시작 → 프로그램에서 LonMaker for Windows를 실행한다.

① New Network 버튼을 클릭하여 새로운 프로젝트를 작성한다.

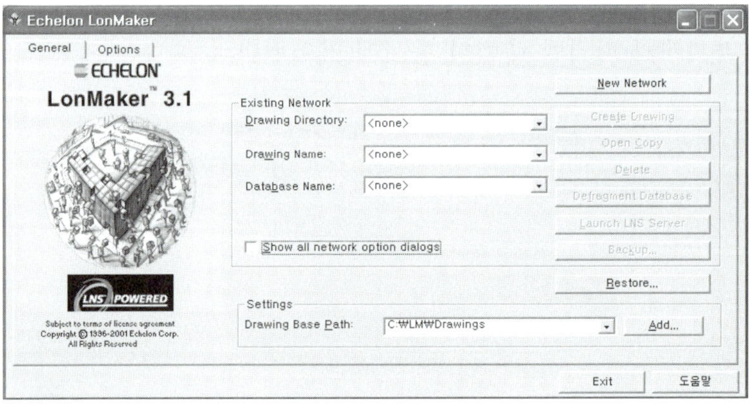

② Enable Macros를 눌러서 Network 생성을 시작한다.

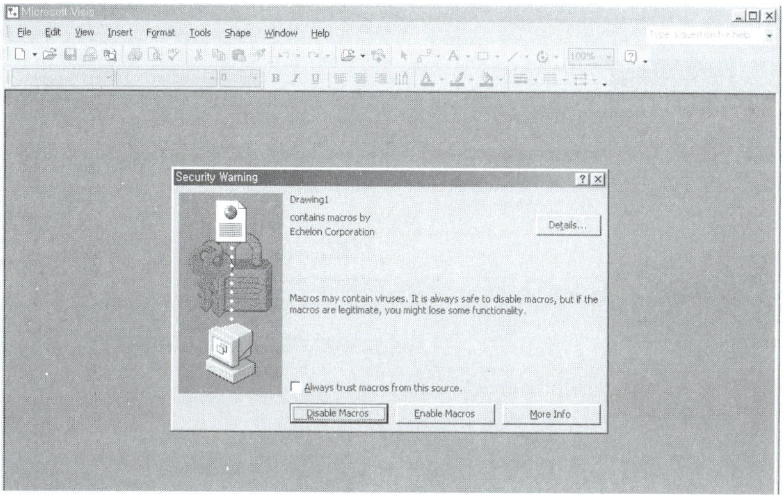

③ Network Name 창에 새로운 프로젝트의 이름을 넣어준다.

- 만들고자 하는 Network의 이름을 임의로 설정해서 써준다.
  (본 장비에서는 ED5963이라는 이름을 사용하도록 한다)

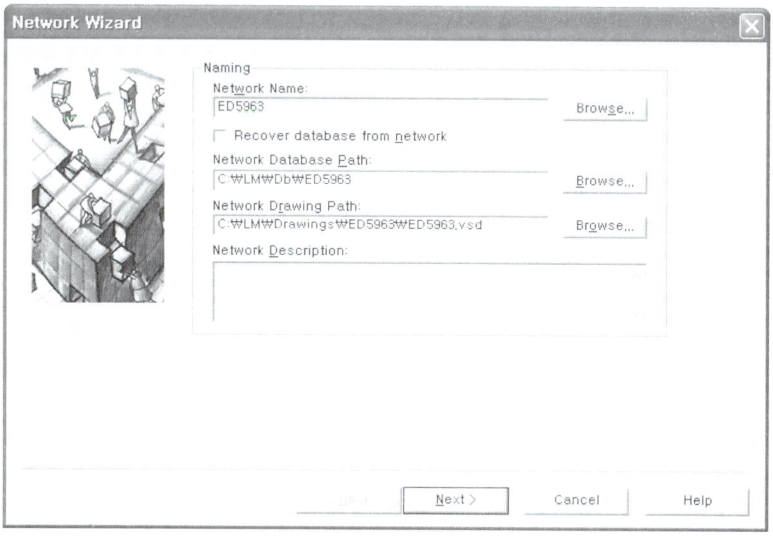

④ Network Attached란 이름의 라디오 버튼과 Network Interface Name을 X.Default.iLON100을 선택하고 Next를 클릭한다.

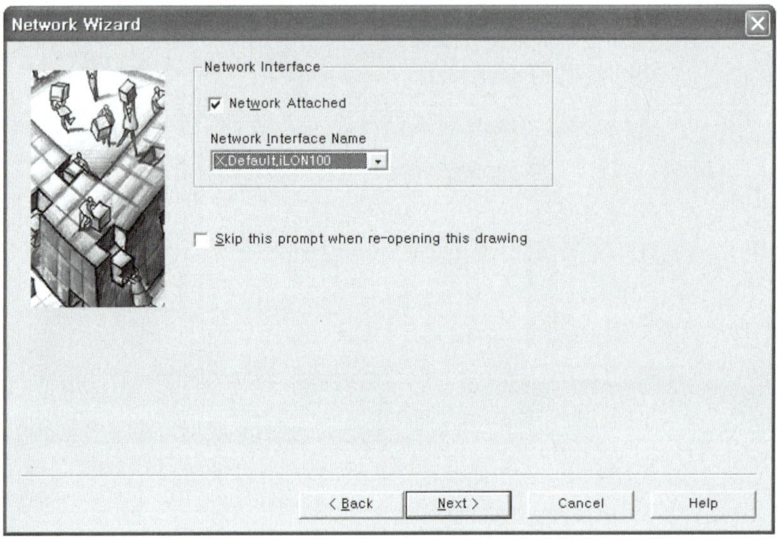

⑤ Management Mode를 설정한다. 장비와 연결되어져 있는 상태에서 작업을 할 경우에 onnet을 선택한 후 Next를 클릭한다.

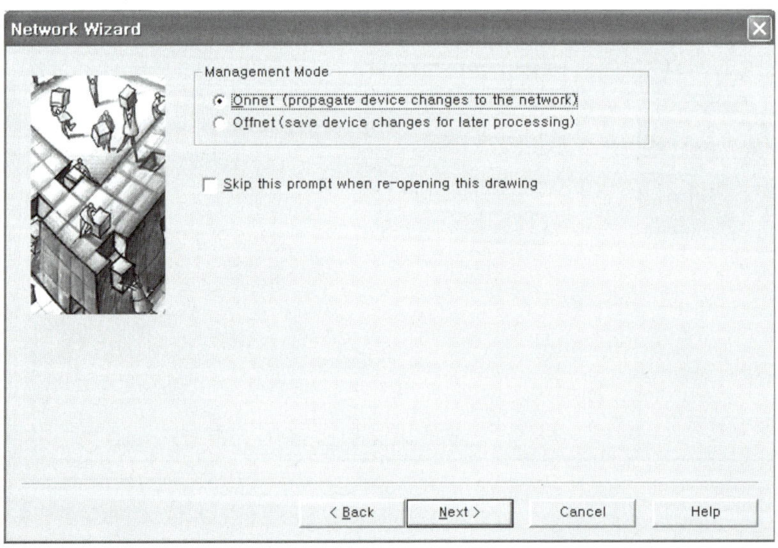

⑥ 작업할 Plug-in을 등록하기 위한 창이다. Finish를 눌러서 다음으로 진행한다.

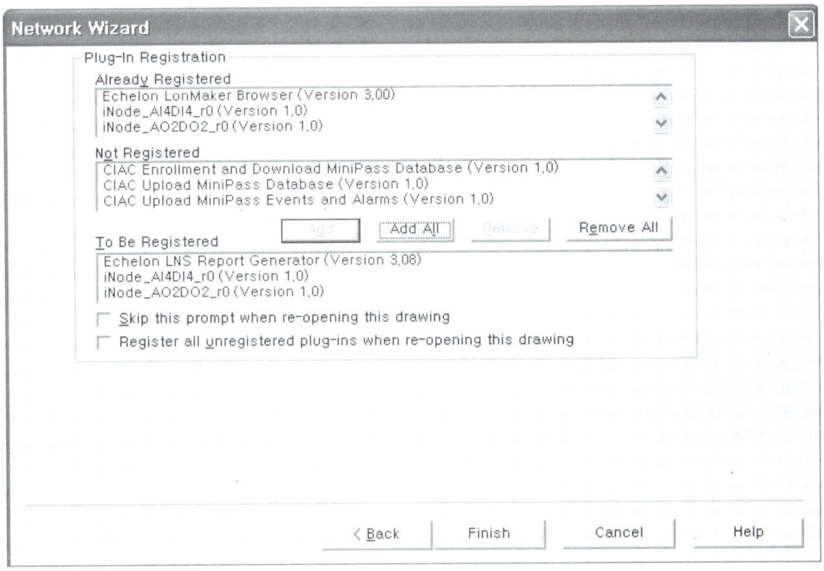

⑦ Network 생성이 이루어지고 있으면 다음과 같은 진행 화면과 함께 진행된다.

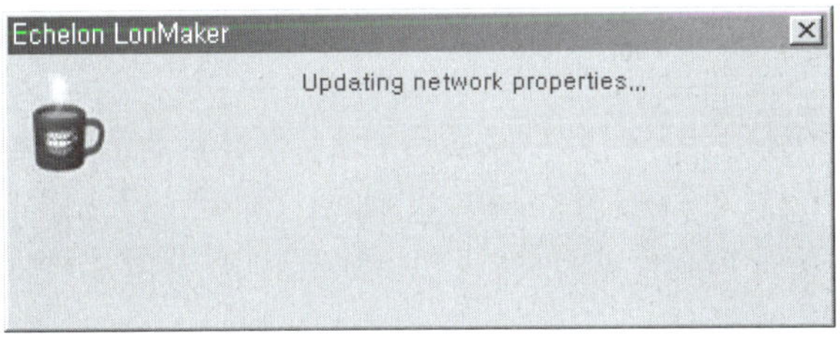

⑧ 완료가 되면 다음과 같은 Network Interface가 생성된다.

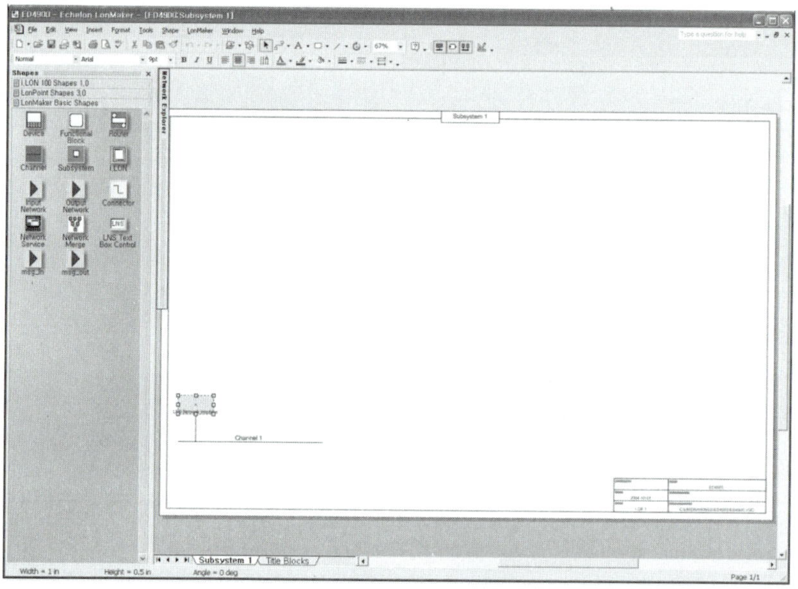

⑨ 먼저 i-Lon 100을 작업창에 등록하기 위해 오른쪽 Shapes에서 iLON 100 Shapes 1.0을 선택한 후 I.LON 100 FTT 아이콘을 드래그 앤 드롭하여 작업 화면에 갖다 놓는다.

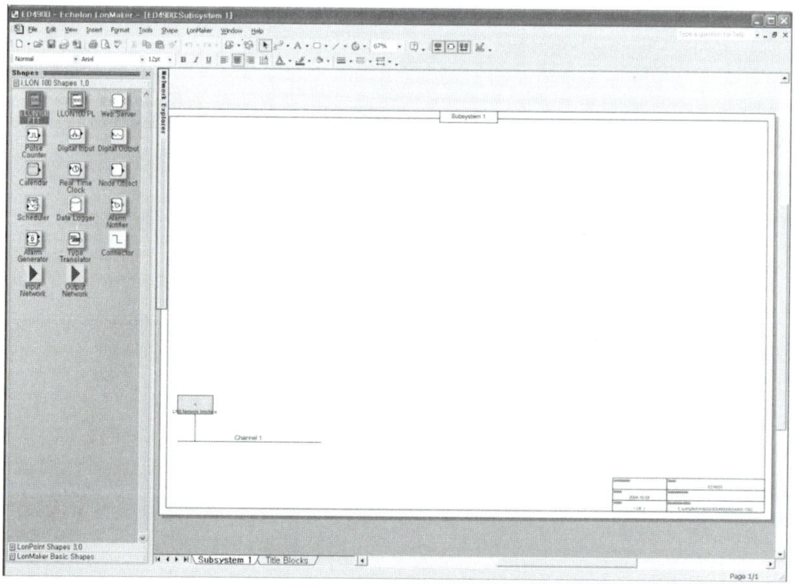

⑩ 다음과 같은 창이 생성되고 i-Lon 100의 이름을 iLON100으로 결정한 다음 commission Device에 체크를 한 후 Next를 클릭한다.

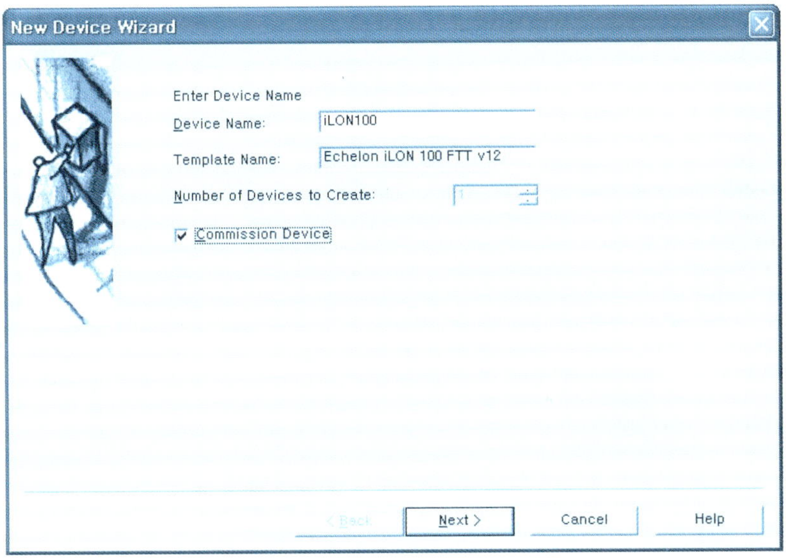

⑪ i-Lon 100의 채널을 선택하는 창으로 TP/FT-10, Channel 1을 선택하고 Next를 클릭한다.

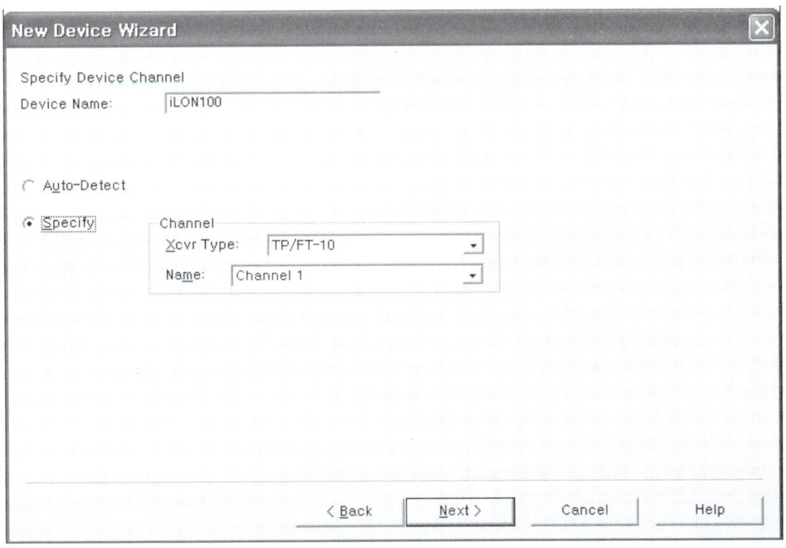

⑫ i-Lon 100의 Property와 설명을 써주고 싶으면 써준 후 Next를 눌러준다.

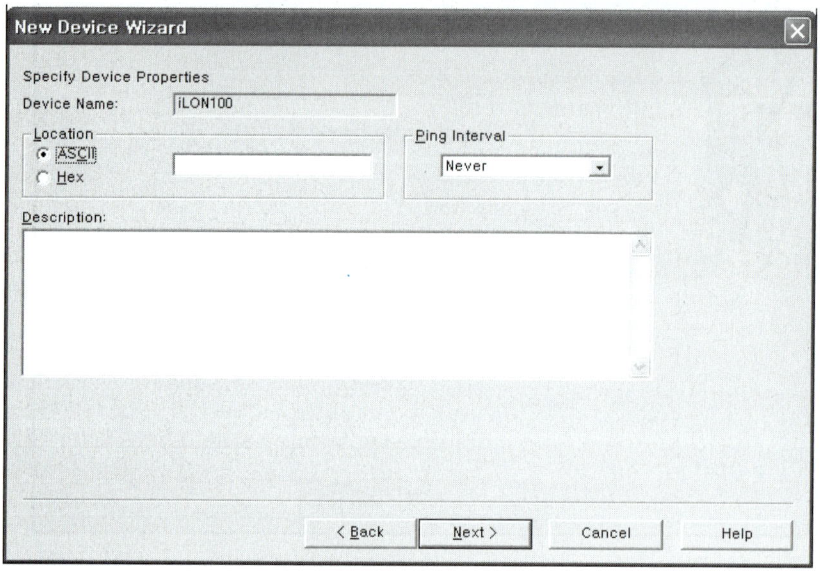

⑬ i-Lon 100을 인식시키는 방법에 대한 선택으로 Service Pin 방식으로 설정한 후 Next를 눌러준다.

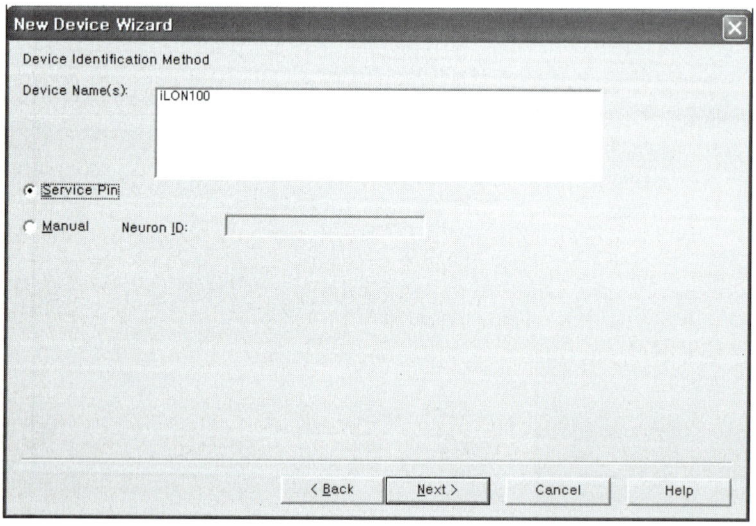

⑭ i-Lon 100의 상태를 Online으로 체크해 준 후 Finish를 눌러준다.

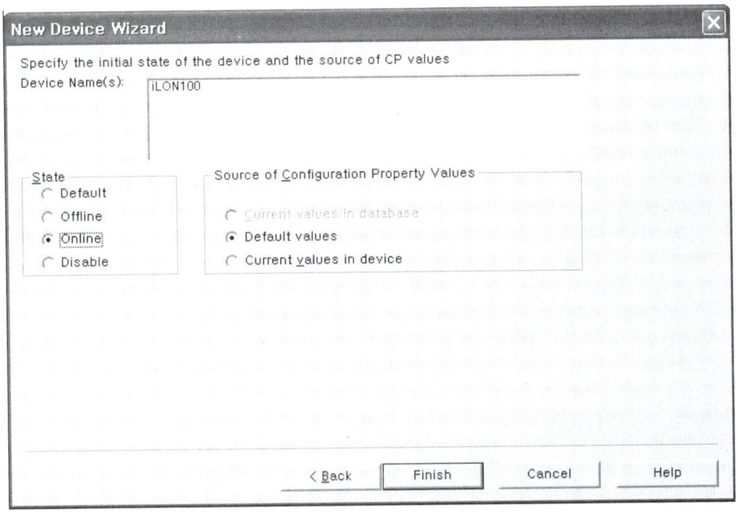

⑮ Service Pin 대기 상태가 되면 다음과 같은 창이 뜨게 되고 Service Pin 입력이 들어올 때까지 대기한다.

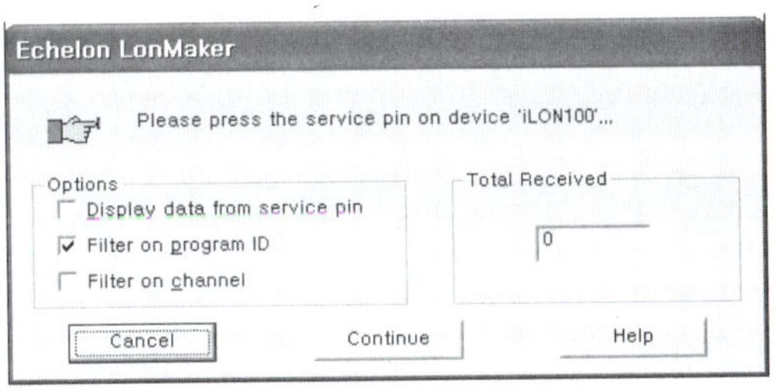

⑯ i-Lon 100의 Service Pin을 뾰족한 것으로 눌러주면 다음과 같은 대기화면이 생성되고 Device의 생성이 이루어진다.

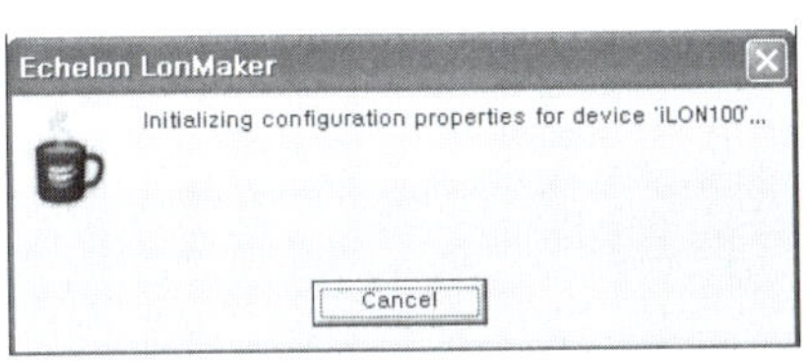

⑰ 다음과 같이 작업창에 i-Lon 100이 생성된 것을 확인할 수 있다.

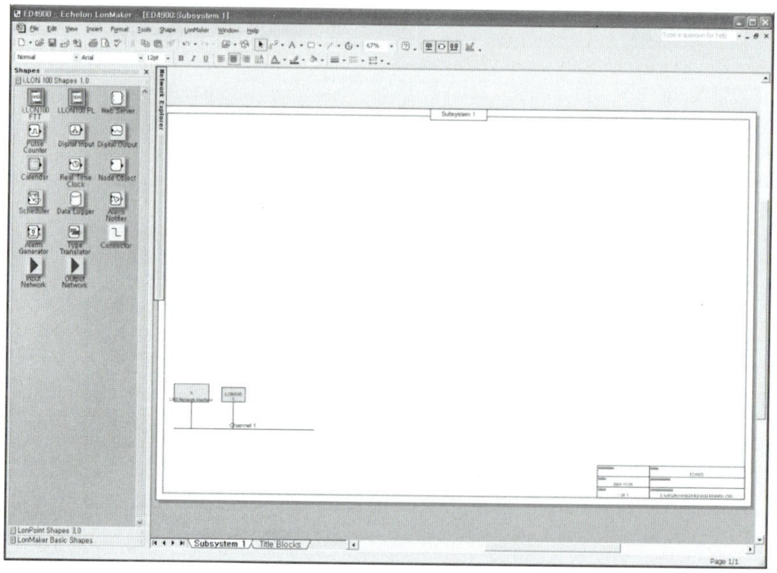

⑱ I-Lon 100이 등록되었으면 Control 디바이스를 등록해 보기로 한다. 왼쪽 LonMaker Basic Shapes에서 Device를 클릭하고 Device 아이콘을 드래그 앤 드롭으로 작업 화면에 갖다 놓으면 다음과 같은 창이 생긴다.

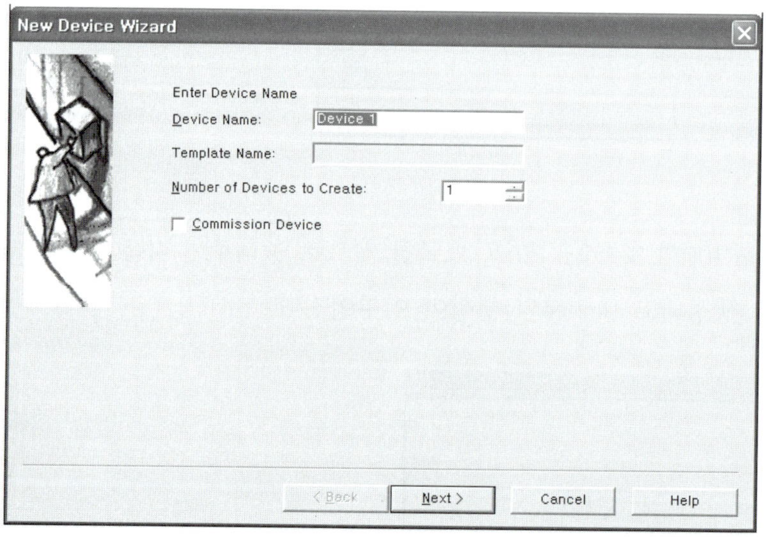

⑲ Device의 이름을 결정한 다음 commission Device에 체크를 한 후 Next를 눌러준다.

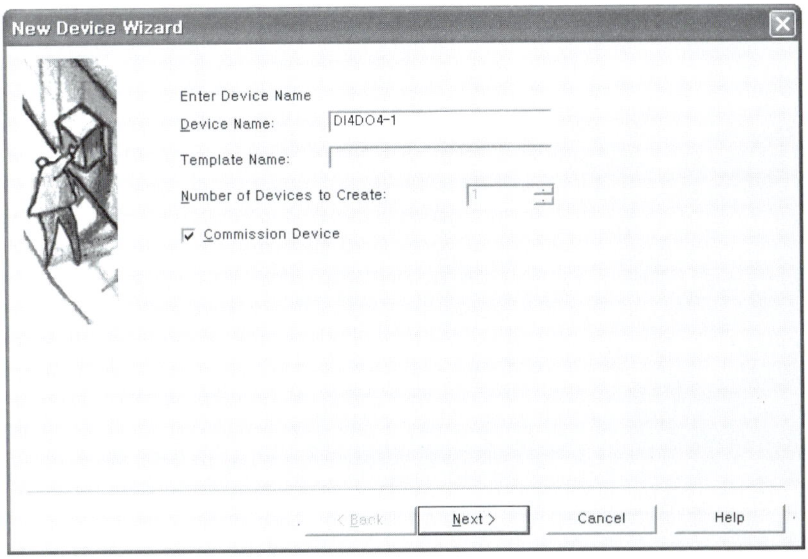

⑳ 디바이스에 대한 속성을 결정해주기 위하여 Existing Template에서 iNode_DIO을 선택한 후 Next를 눌러준다.

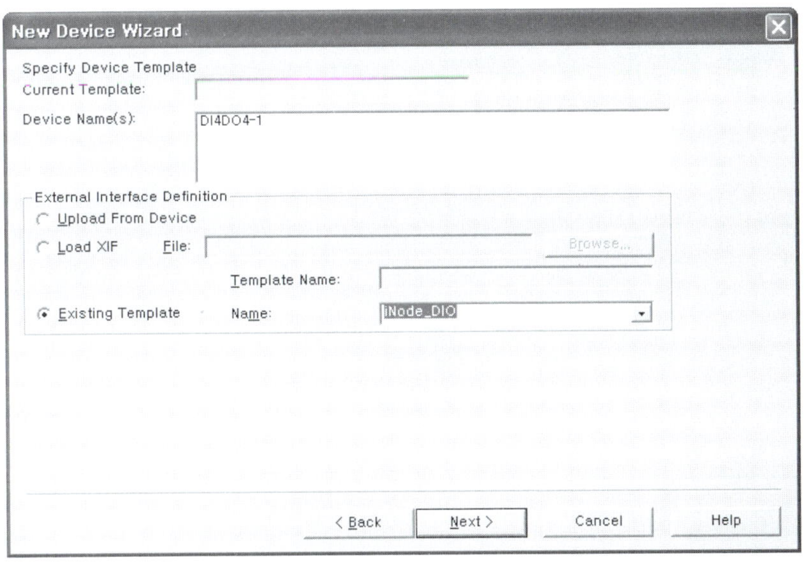

X Device의 Channel을 선택해 준 다음 Next를 눌러준다.

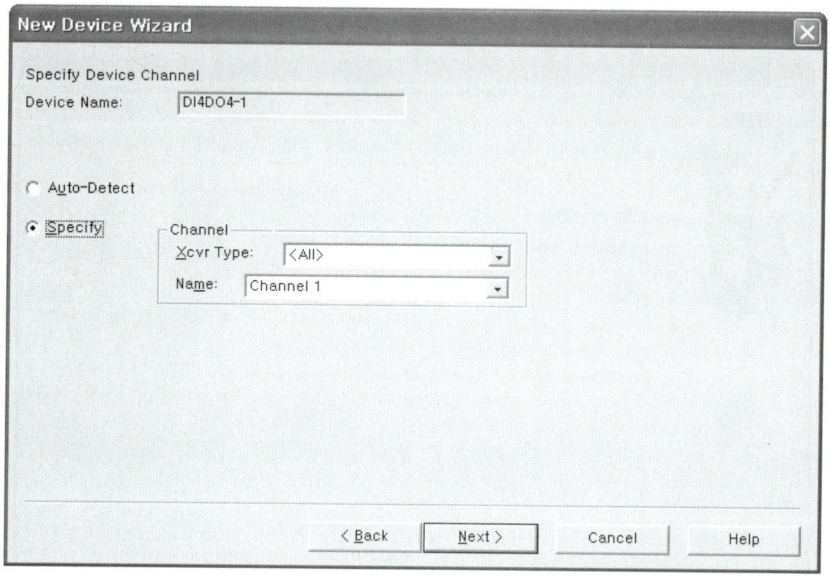

X Device의 Property와 설명을 써주고 싶으면 써준 후 Next를 눌러준다.

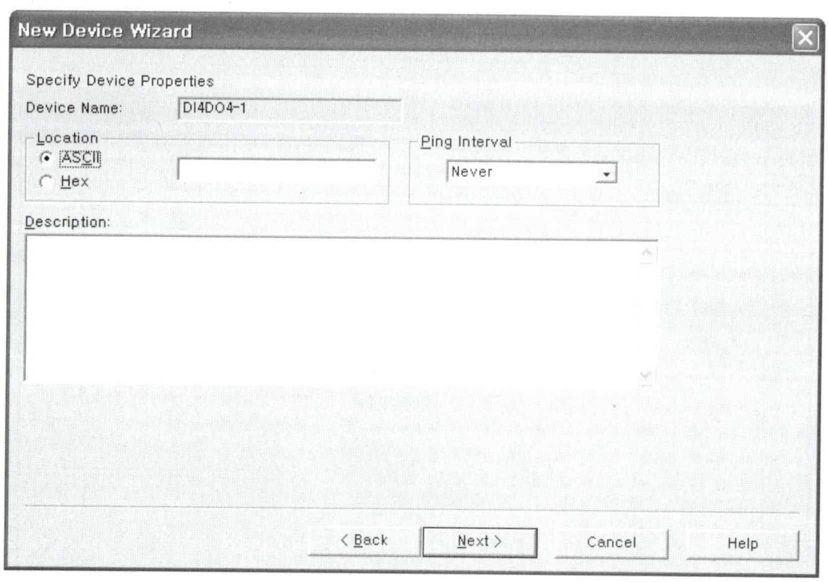

X Device를 인식시키는 방법에 대한 선택으로 Service Pin 방식으로 설정한 후 Next를 눌러준다.

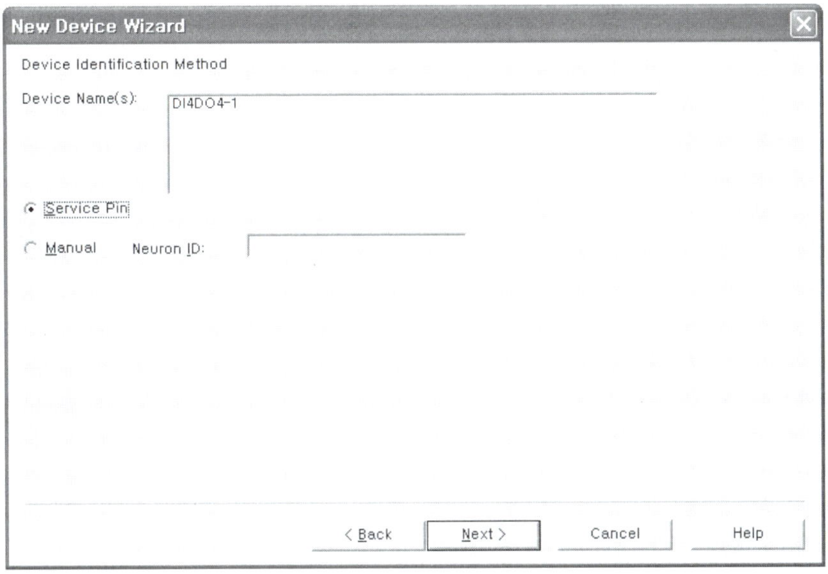

X Device의 Application Image를 설정해주는 부분으로 Next를 눌러준다.

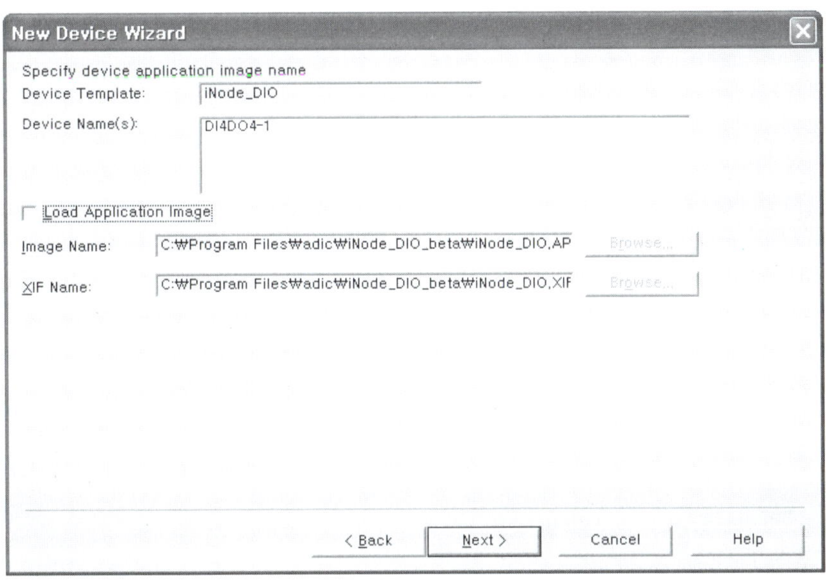

X Device의 상태를 Online으로 체크해 준 후 Finish를 눌러준다.

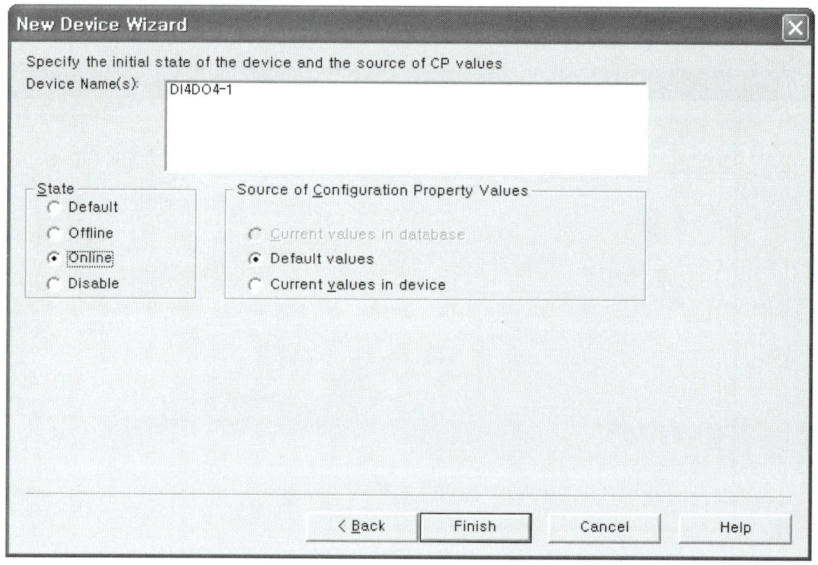

X Service Pin 대기 상태가 되면 다음과 같은 창이 뜨게 되고 Service Pin 입력이 들어올 때까지 대기한다.

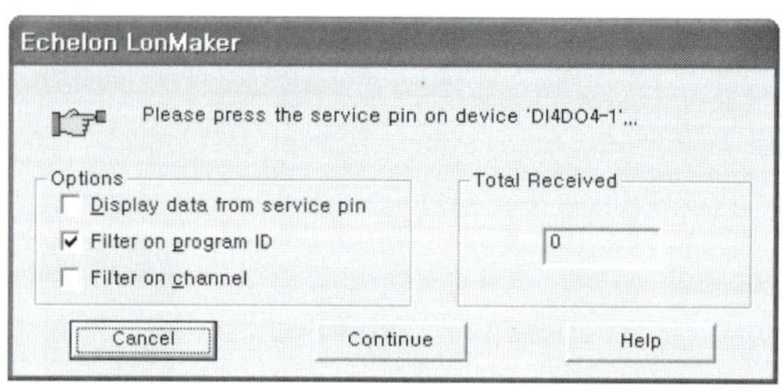

X 디바이스의 Service Pin을 뾰족한 것으로 눌러주면 다음과 같은 대기화면이 생성되고 Device의 생성이 이루어진다.

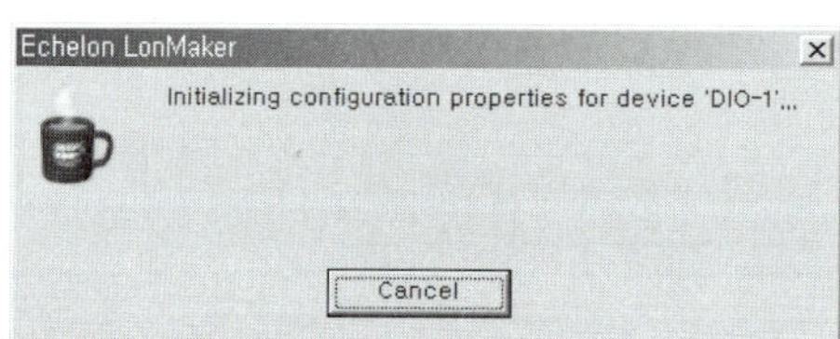

X 다음과 같이 작업창에 DI4DO4-1이 생성된 것을 확인할 수 있다.

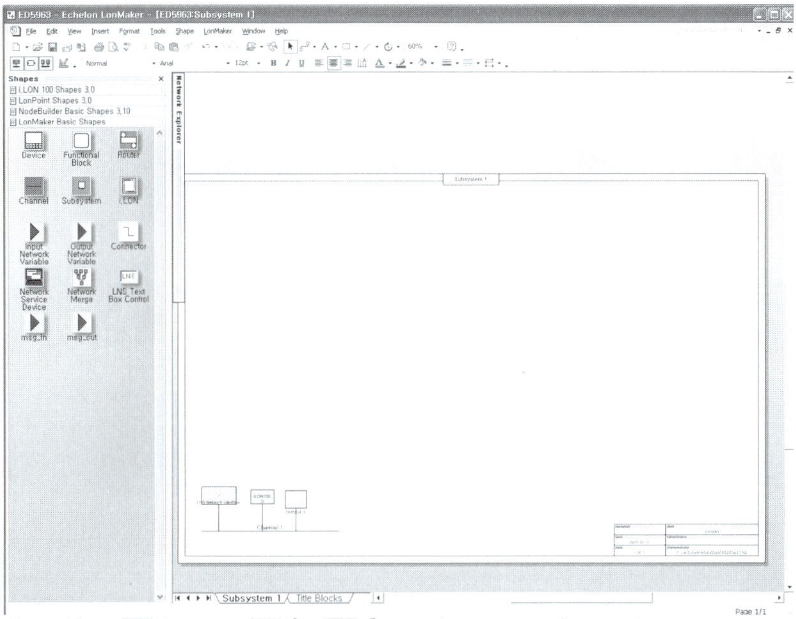

X 왼쪽 LonMaker Basic Shapes에서 Device를 클릭하고 Device 아이콘을 드래그 앤 드롭으로 작업 화면에 갖다 놓으면 다음과 같은 창이 생긴다.

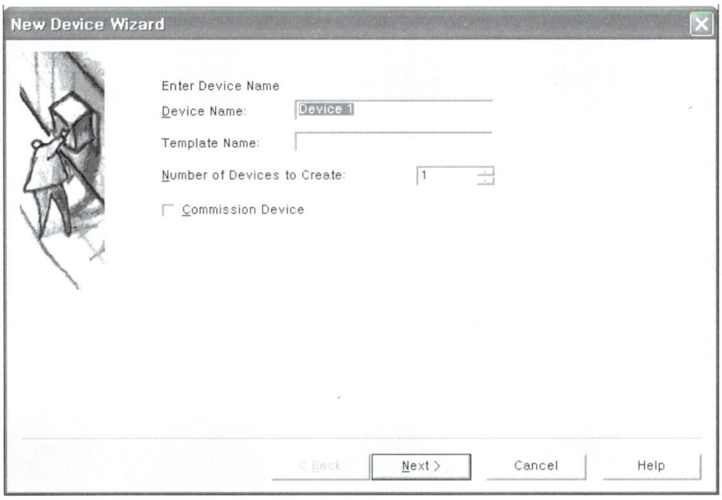

제 8 장

X Device의 이름을 결정한 다음 commission Device에 체크를 한 후 Next를 눌러준다.

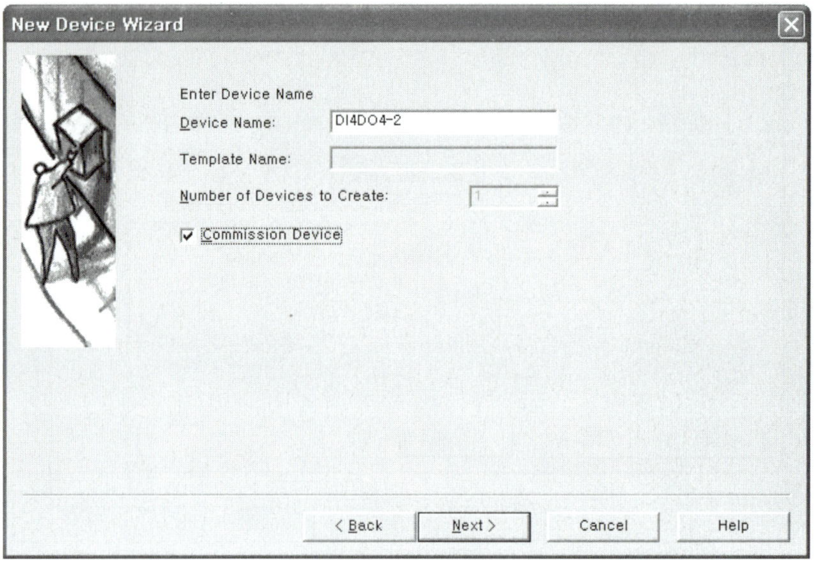

X 디바이스에 대한 속성을 결정해주기 위하여 Existing Template에서 iNode_DIO을 선택한 후 Next를 눌러준다.

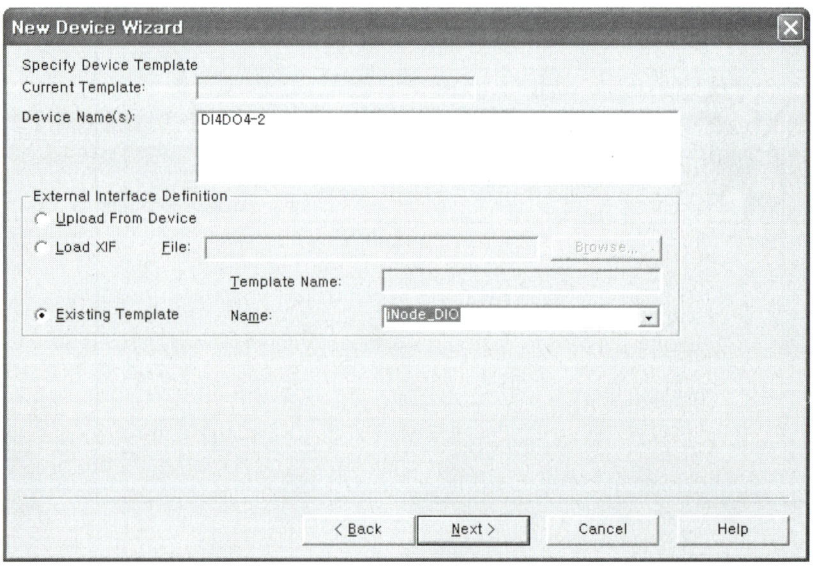

X Device의 Channel을 선택해 준 다음 Next를 눌러준다.

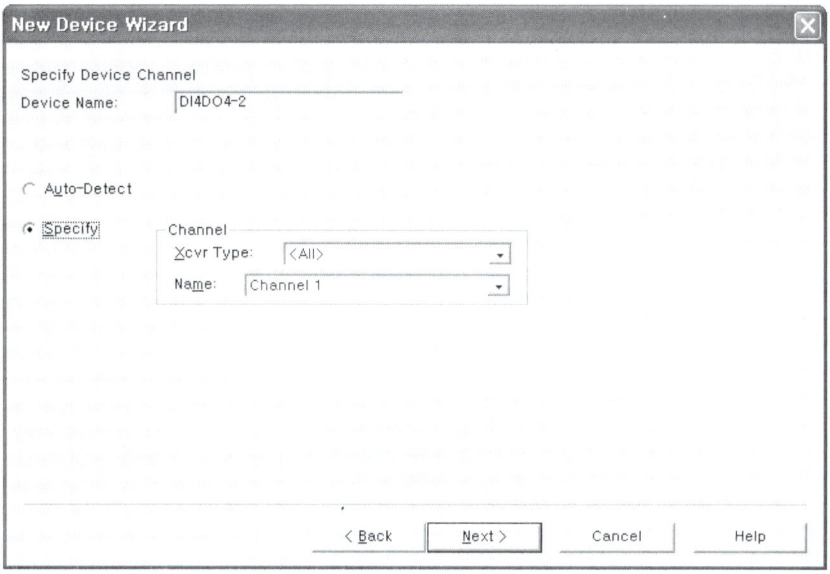

X Device의 Property와 설명을 써주고 싶으면 써준 후 Next를 눌러준다.

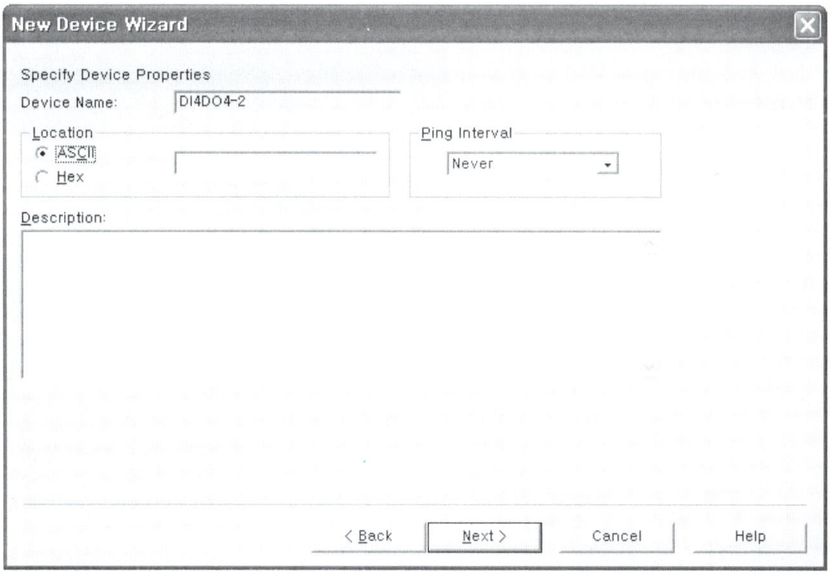

제 8 장

- Device를 인식시키는 방법에 대한 선택으로 Service Pin 방식으로 설정한 후 Next를 눌러준다.

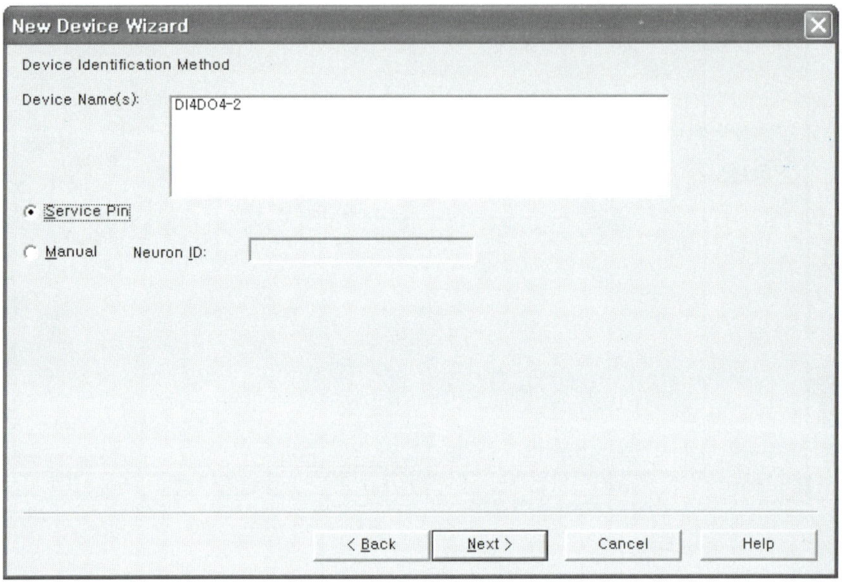

- Device의 Application Image를 설정해주는 부분으로 Next를 눌러준다.

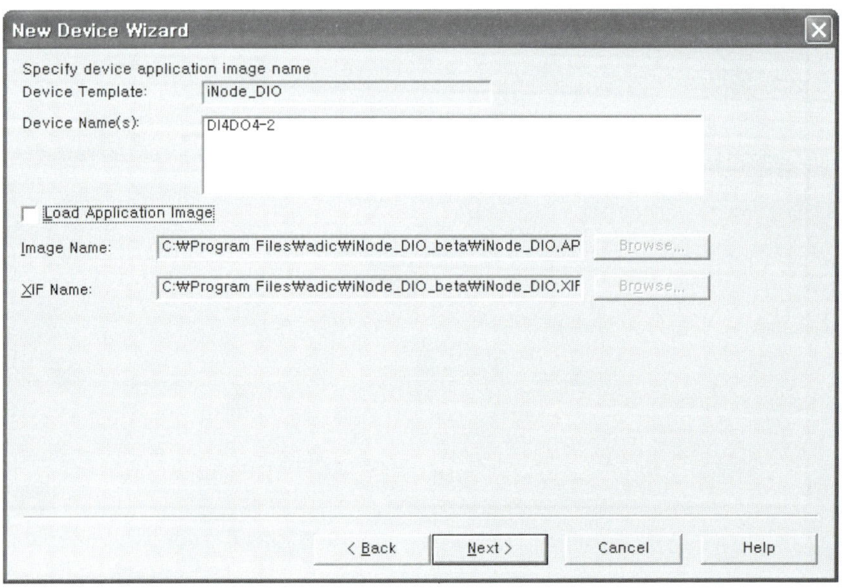

X Device의 상태를 Online으로 체크해 준 후 Finish를 눌러준다.

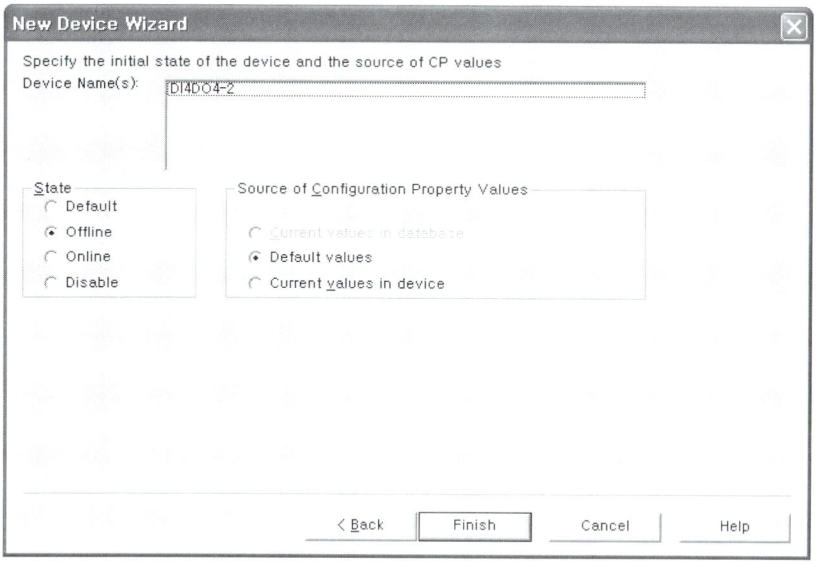

X Service Pin 대기 상태가 되면 다음과 같은 창이 뜨게 되고 Service Pin 입력이 들어올 때까지 대기한다.

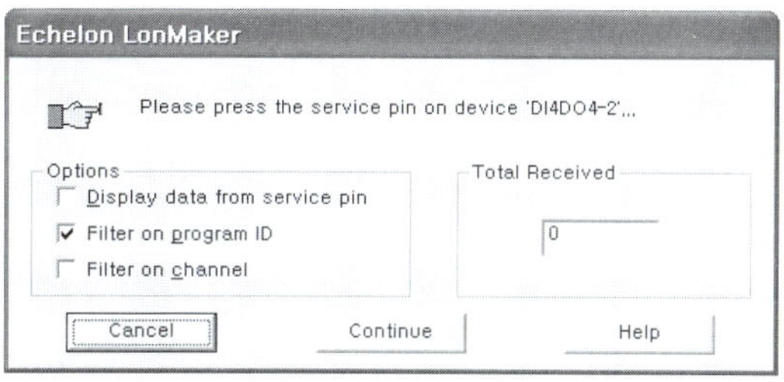

X 디바이스의 Service Pin을 뾰족한 것으로 눌러주면 다음과 같은 대기화면이 생성되고 Device의 생성이 이루어진다.

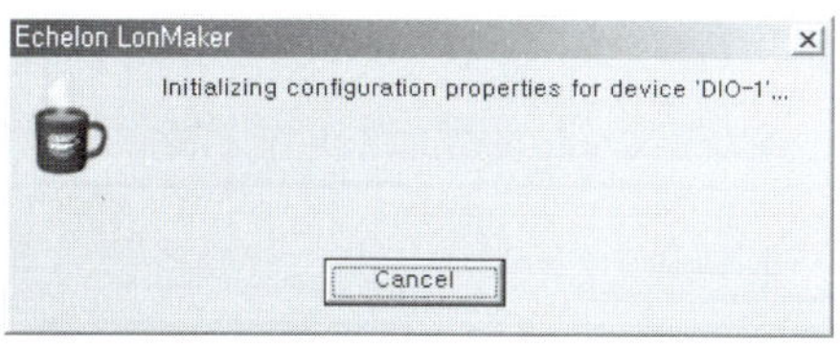

Ⅹ 다음과 같이 작업창에 DI4DO4-2이 생성된 것을 확인할 수 있다.

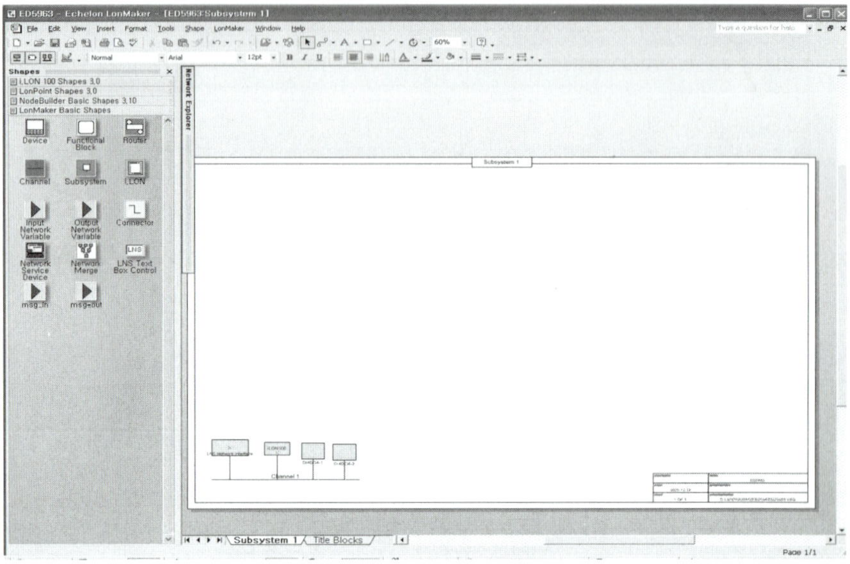

Ⅹ 왼쪽 LonMaker Basic Shapes에서 Device를 클릭하고 Device 아이콘을 드래그 앤 드롭으로 작업 화면에 갖다 놓으면 다음과 같은 창이 생긴다.

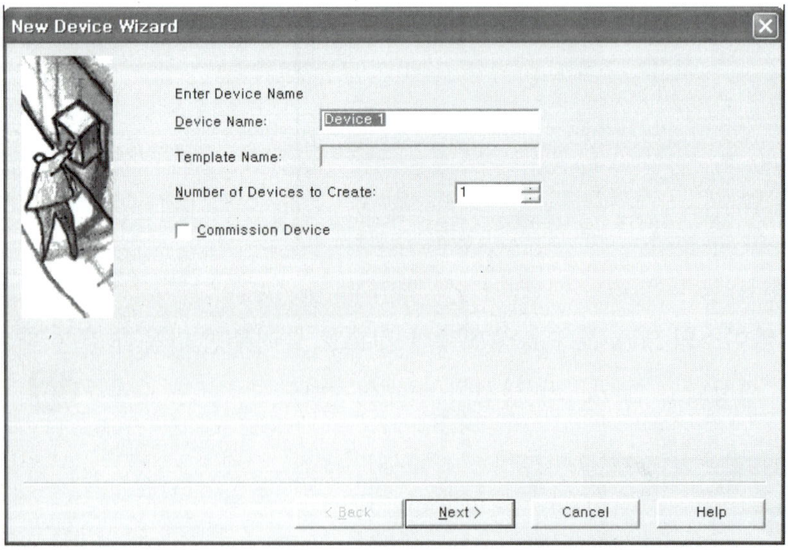

X Device의 이름을 결정한 다음 commission Device에 체크를 한 후 Next를 눌러준다.

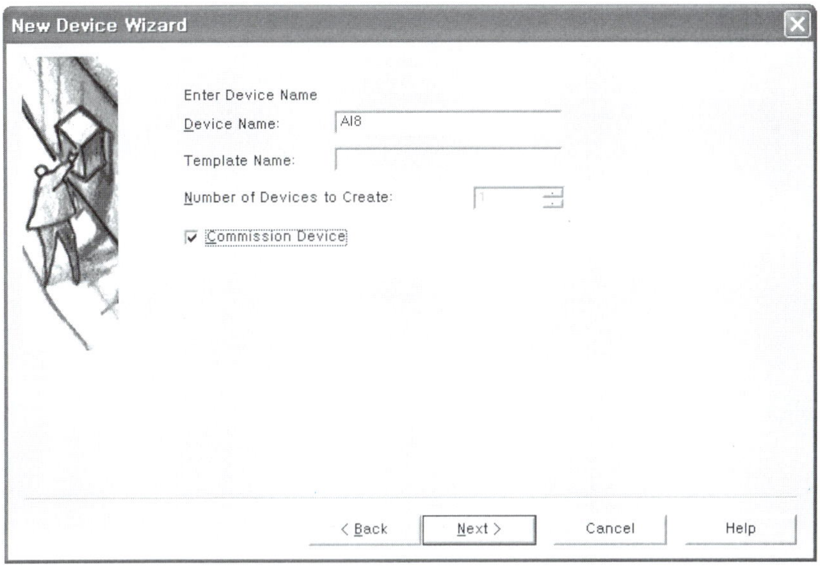

X 디바이스에 대한 속성을 결정해주기 위하여 Existing Template에서 iNode_AI8_r1을 선택한 후 Next를 눌러준다.

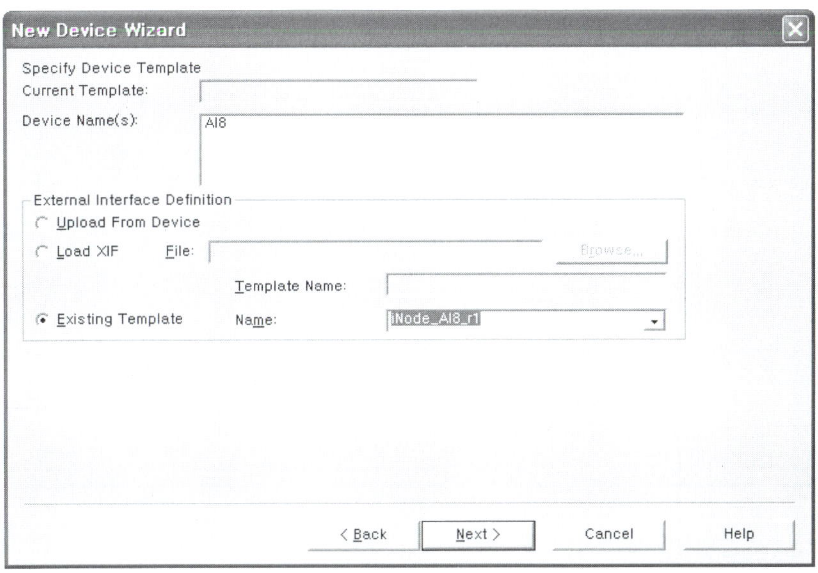

제 8 장

X Device의 Channel을 선택해 준 다음 Next를 눌러준다.

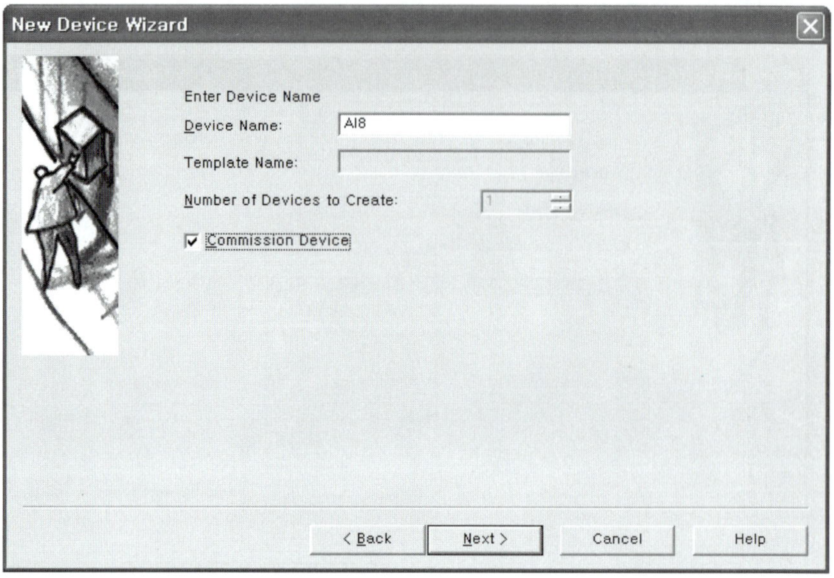

X Device의 Property와 설명을 써주고 싶으면 써준 후 Next를 눌러준다.

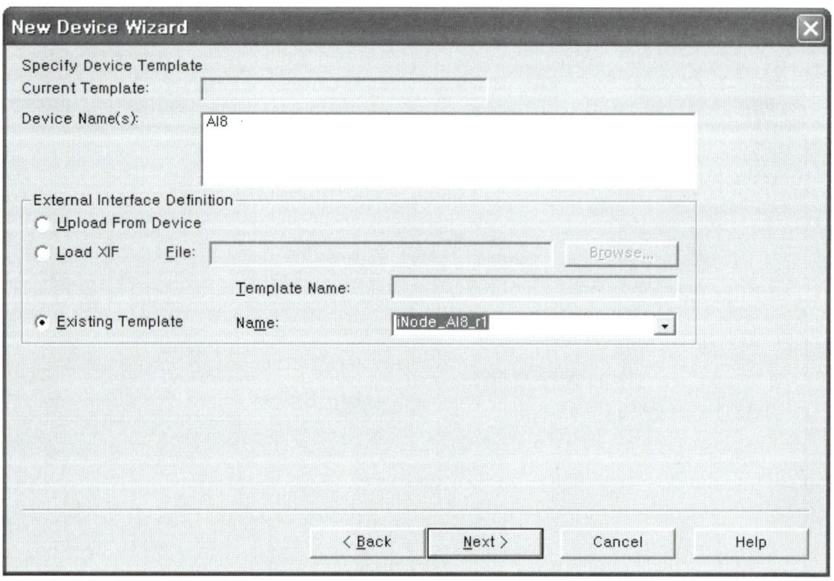

X Device를 인식시키는 방법에 대한 선택으로 Service Pin 방식으로 설정한 후 Next를 눌러준다.

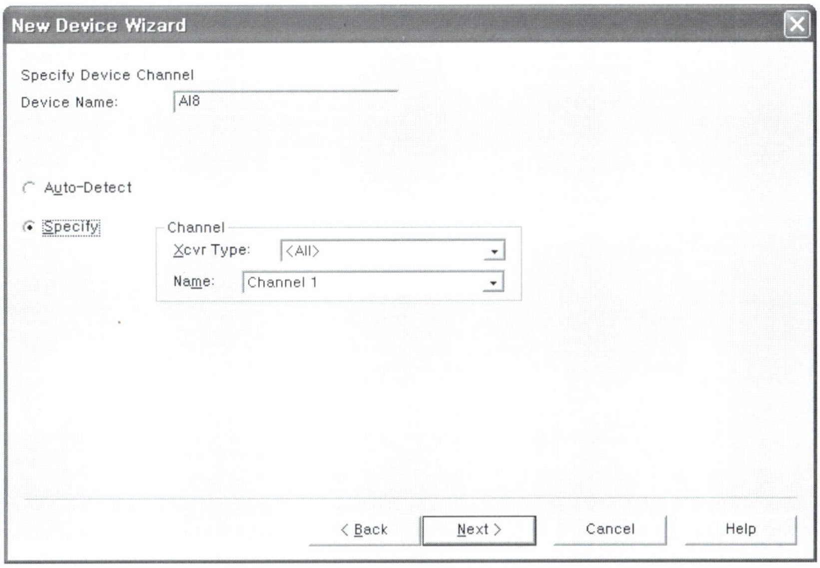

X Device의 Application Image를 설정해주는 부분으로 Next를 눌러준다.

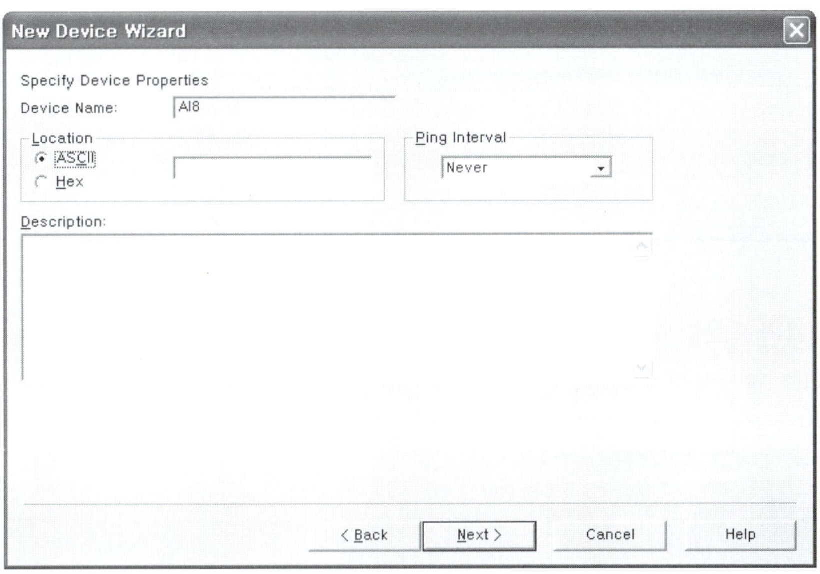

X Device의 상태를 Online으로 체크해 준 후 Finish를 눌러준다.

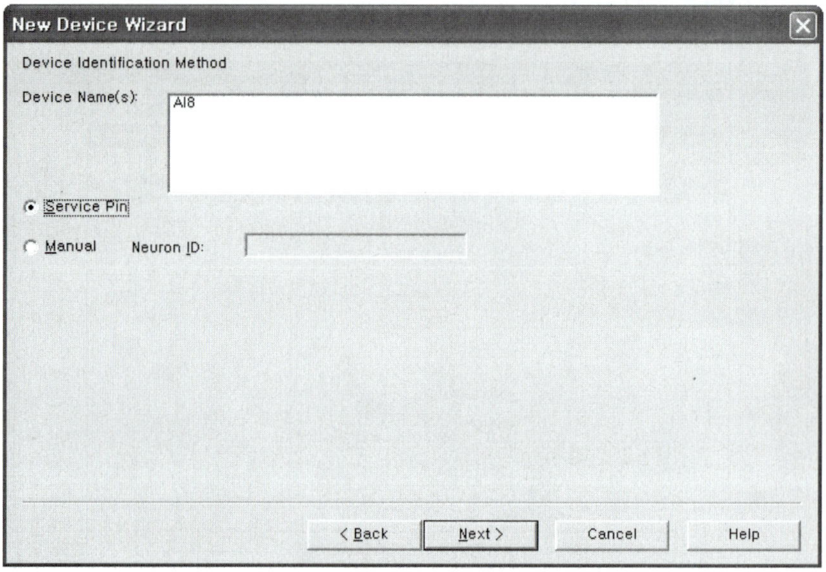

X Service Pin 대기 상태가 되면 다음과 같은 창이 뜨게 되고 Service Pin 입력이 들어올 때까지 대기한다.

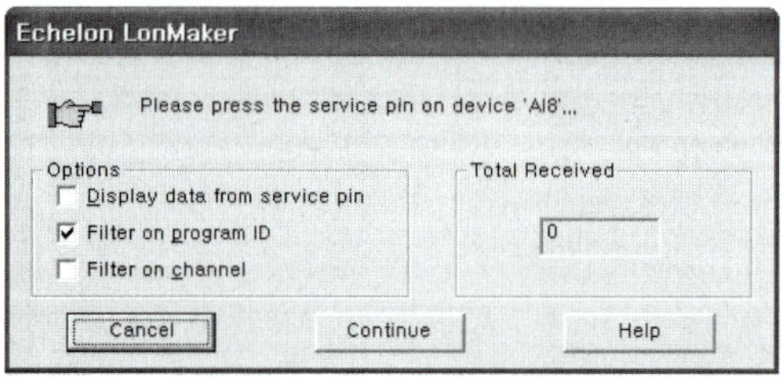

X 디바이스의 Service Pin을 뾰족한 것으로 눌러주면 다음과 같은 대기화면이 생성되고 Device의 생성이 이루어진다.

X 다음과 같이 작업창에 AI8 이 생성된 것을 확인할 수 있다.

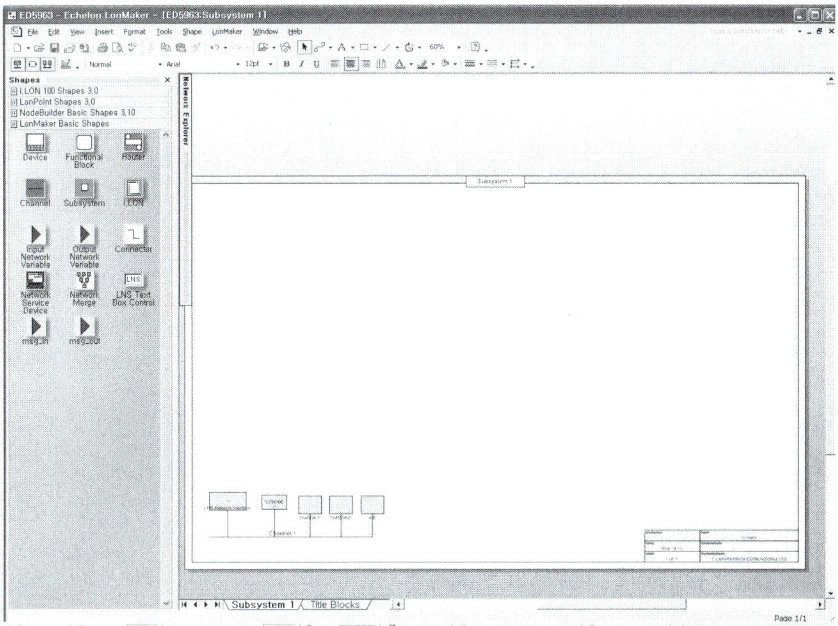

X 왼쪽 LonMaker Basic Shapes에서 Device를 클릭하고 Device 아이콘을 드래그 앤 드롭으로 작업 화면에 갖다 놓으면 다음과 같은 창이 생긴다.

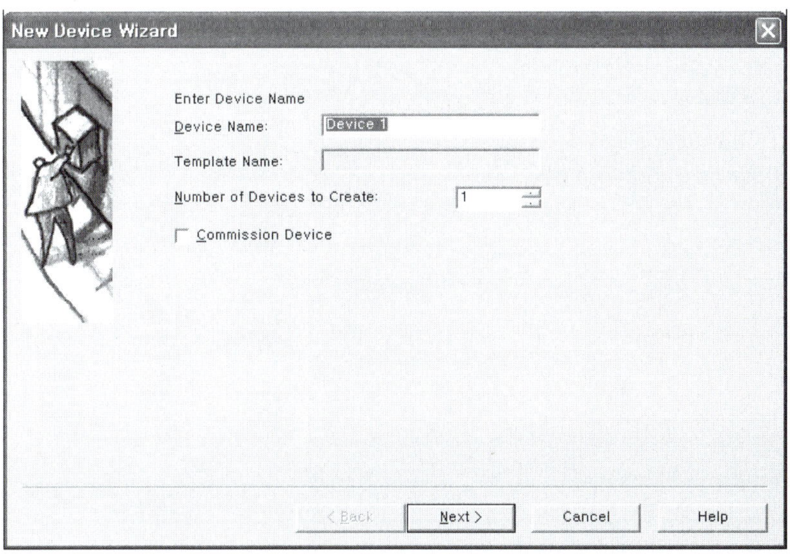

제 8 장

X Device의 이름을 결정한 다음 commission Device에 체크를 한 후 Next를 눌러준다.

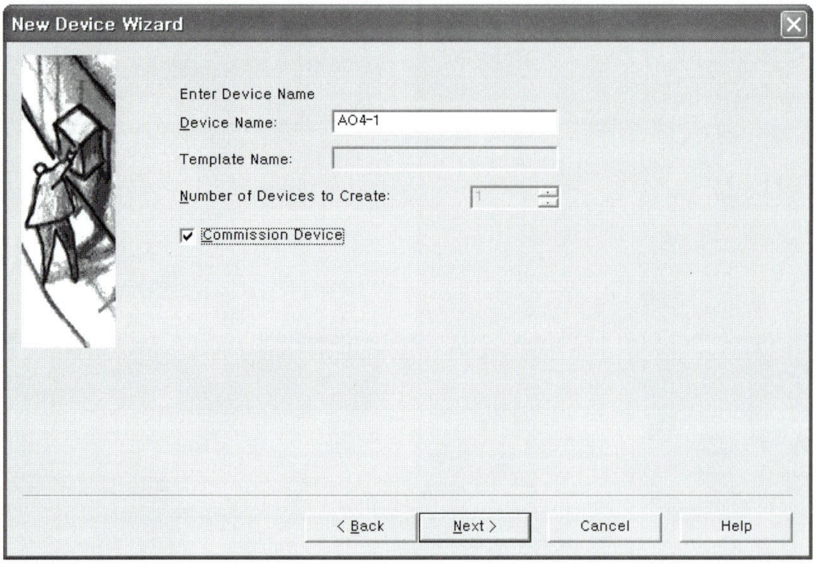

X 디바이스에 대한 속성을 결정해주기 위하여 Existing Template에서 iNode_A04_r0을 선택한 후 Next를 눌러준다.

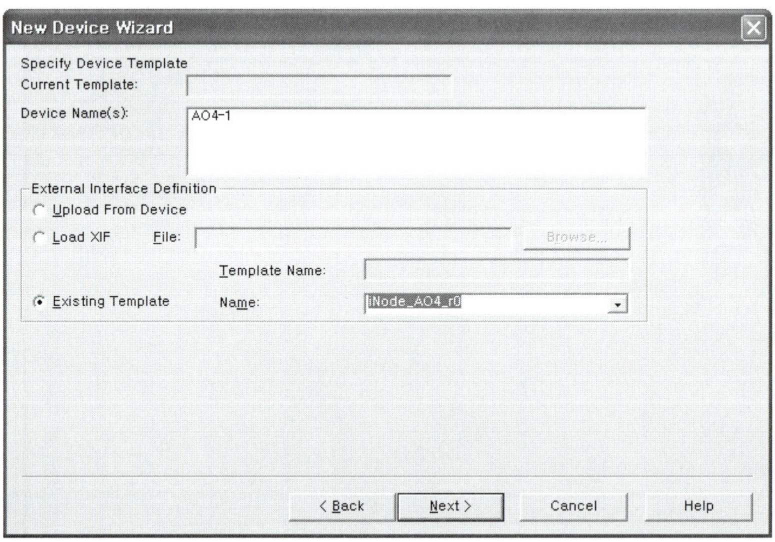

X Device의 Channel을 선택해 준 다음 Next를 눌러준다.

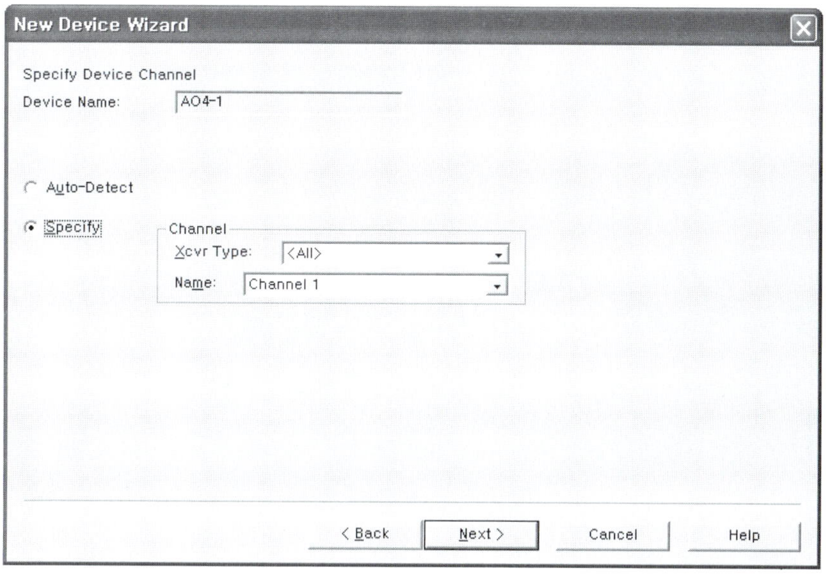

X Device의 Property와 설명을 써주고 싶으면 써준 후 Next를 눌러준다.

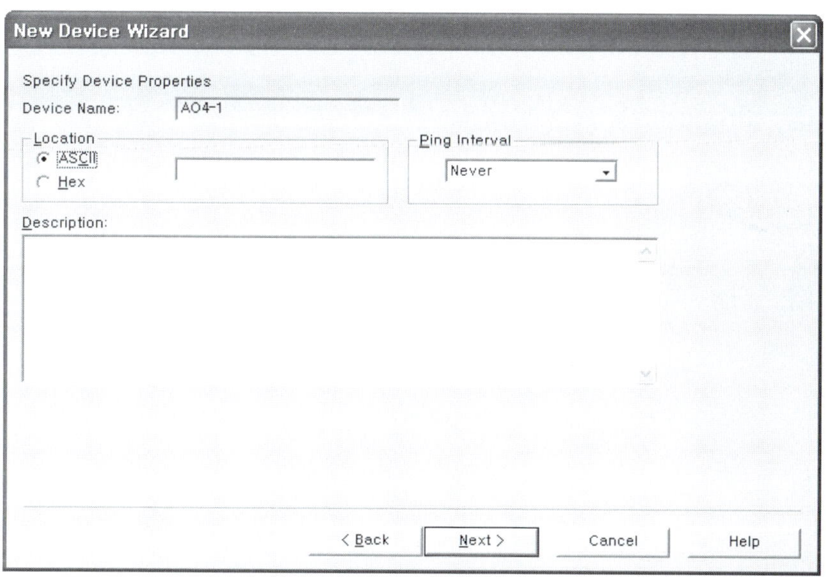

X Device를 인식시키는 방법에 대한 선택으로 Service Pin 방식으로 설정한 후 Next를 눌러준다.

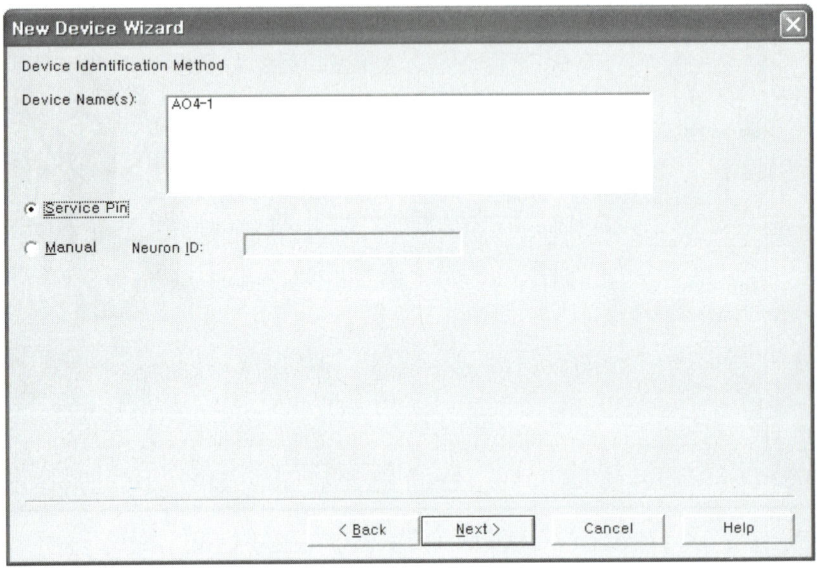

X Device의 Application Image를 설정해주는 부분으로 Next를 눌러준다.

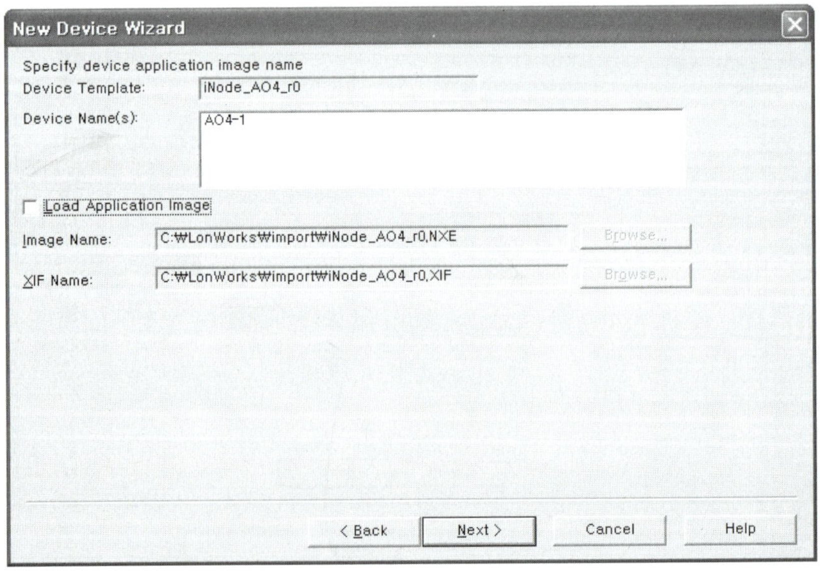

X Device의 상태를 Online으로 체크해 준 후 Finish를 눌러준다.

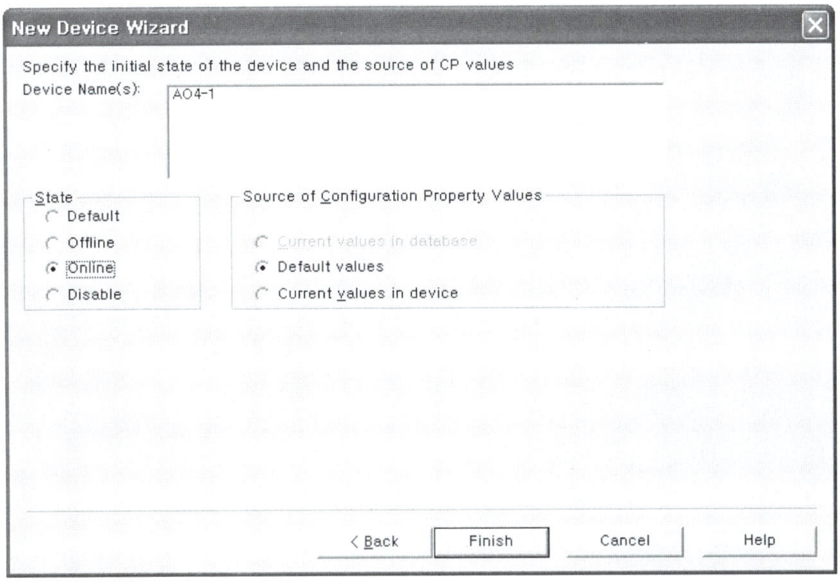

X Service Pin 대기 상태가 되면 다음과 같은 창이 뜨게 되고 Service Pin 입력이 들어올 때까지 대기한다.

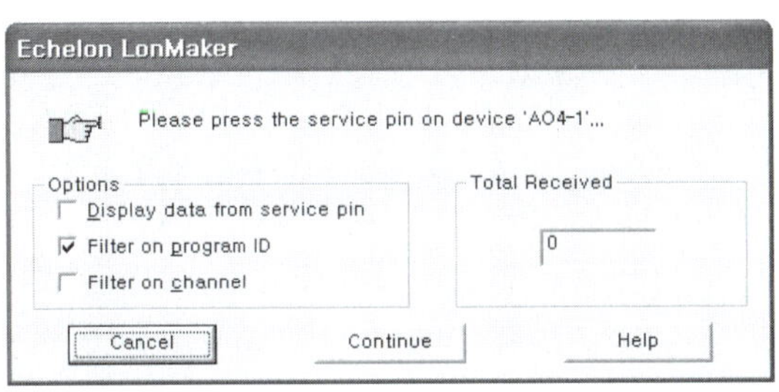

X 디바이스의 Service Pin을 뾰족한 것으로 눌러주면 다음과 같은 대기화면이 생성되고 Device의 생성이 이루어진다.

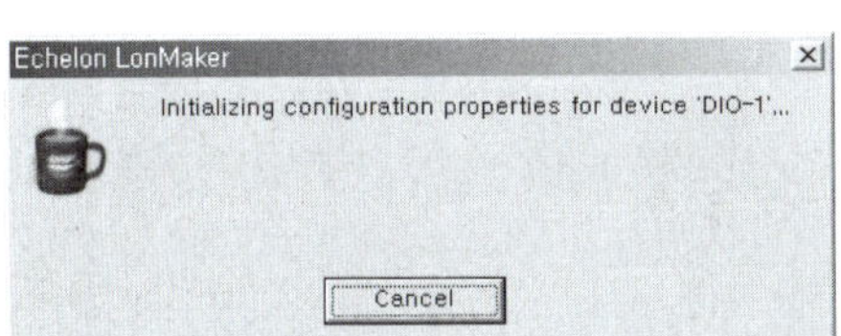

X 다음과 같이 작업창에 AO4-1이 생성된 것을 확인할 수 있다.

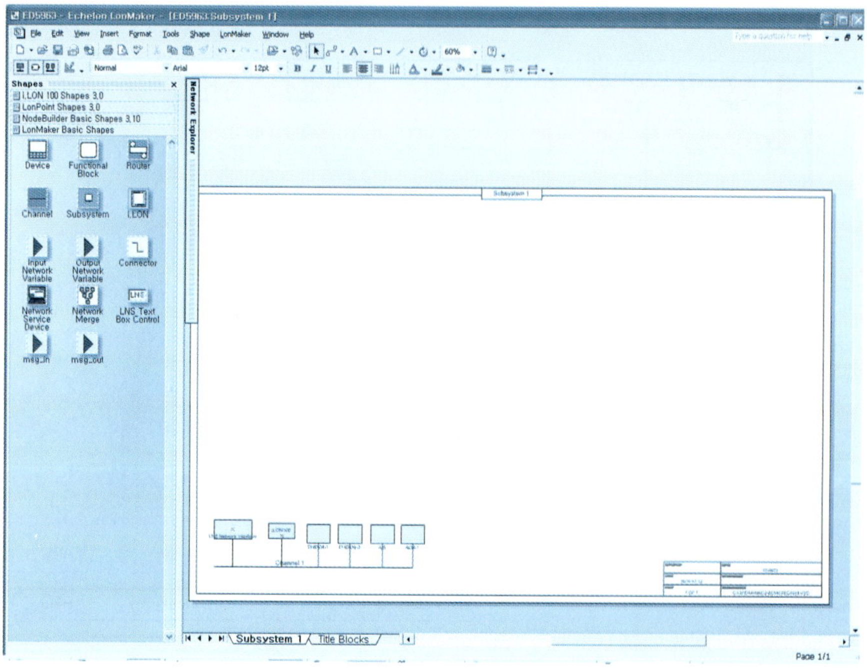

X 왼쪽 LonMaker Basic Shapes에서 Device를 클릭하고 Device 아이콘을 드래그 앤 드롭으로 작업 화면에 갖다 놓으면 다음과 같은 창이 생긴다.

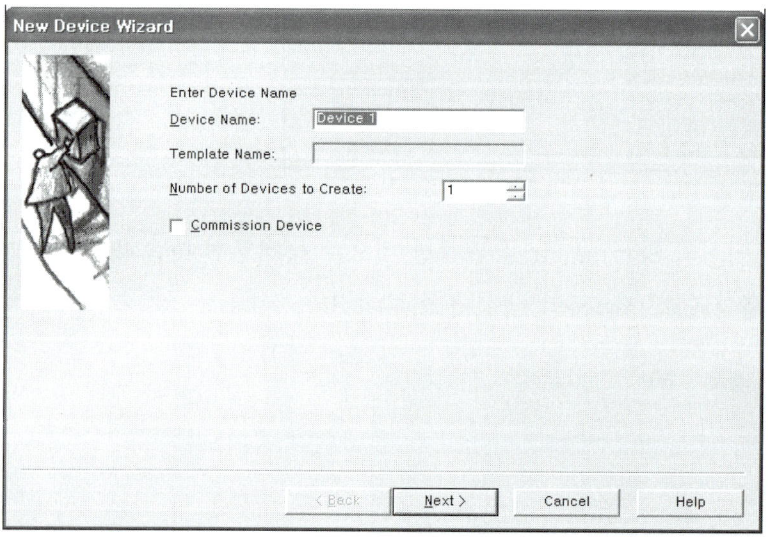

X Device의 이름을 결정한 다음 commission Device에 체크를 한 후 Next를 눌러준다.

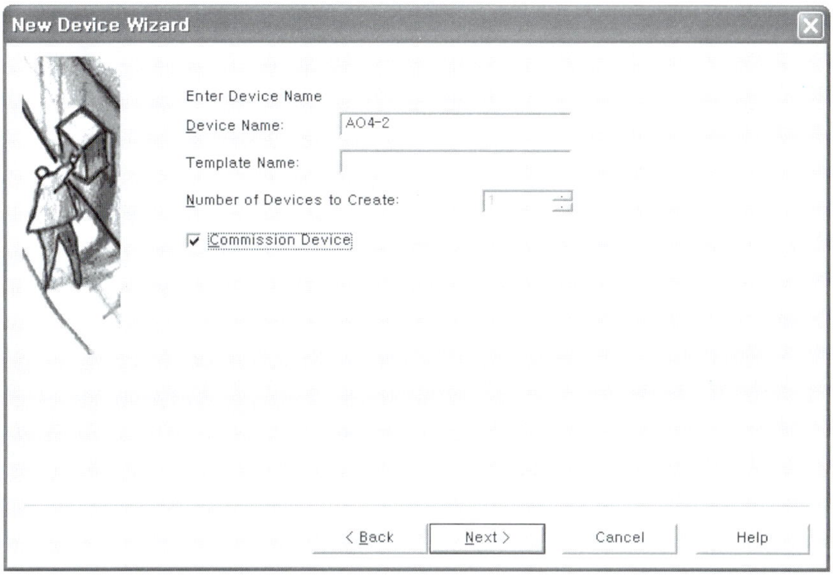

X 디바이스에 대한 속성을 결정해주기 위하여 Existing Template에서 iNode_AO4_r0을 선택한 후 Next를 눌러준다.

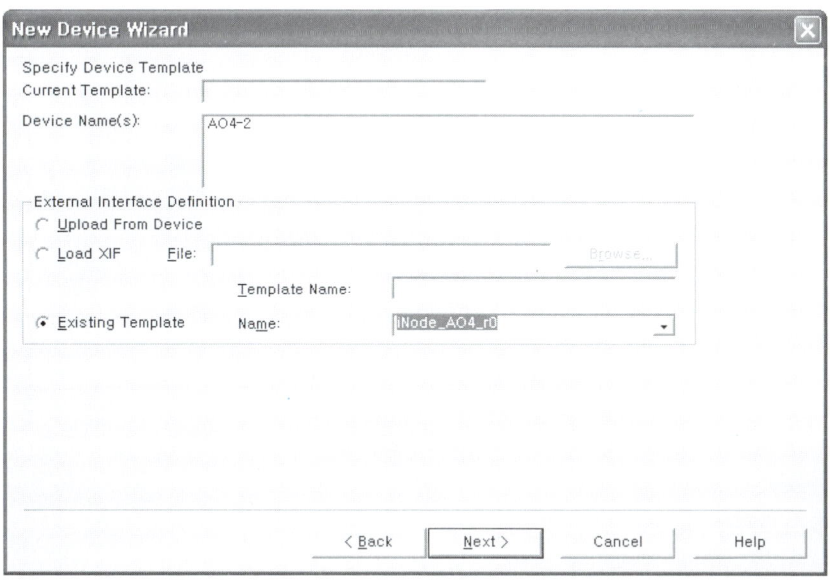

X Device의 Channel을 선택해 준 다음 Next를 눌러준다.

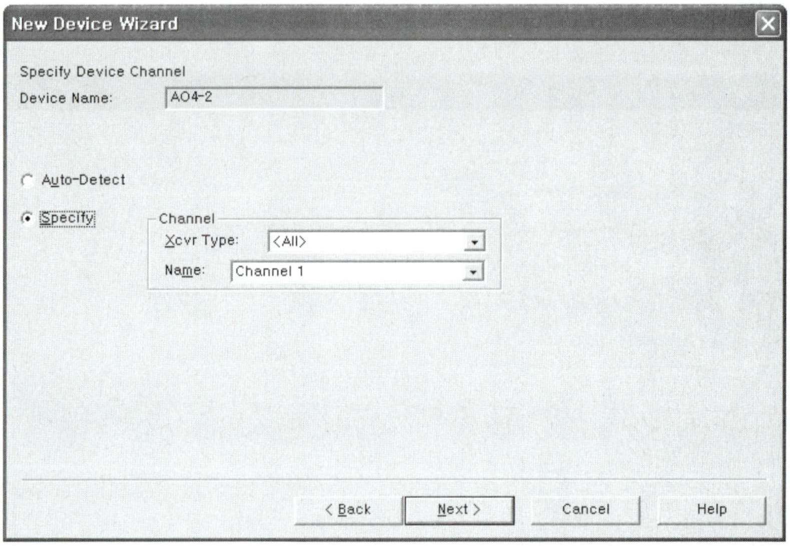

X Device의 Property와 설명을 써주고 싶으면 써준 후 Next를 눌러준다.

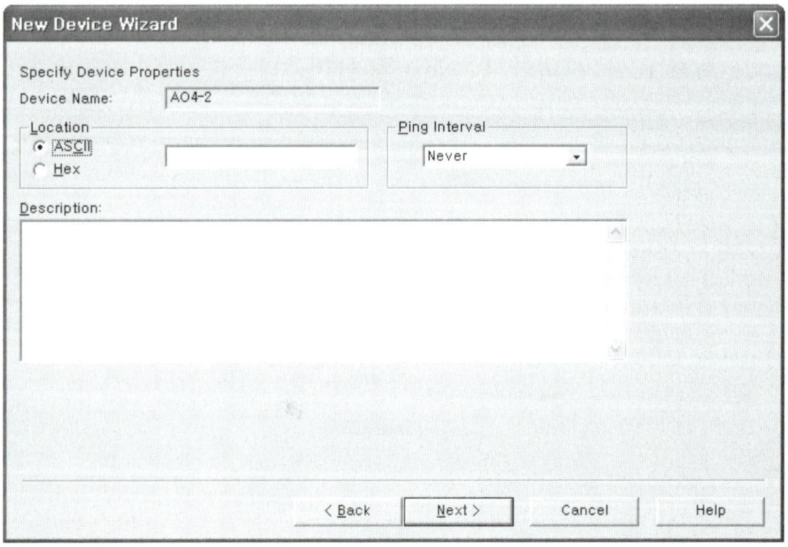

X Device를 인식시키는 방법에 대한 선택으로 Service Pin 방식으로 설정한 후 Next를 눌러준다.

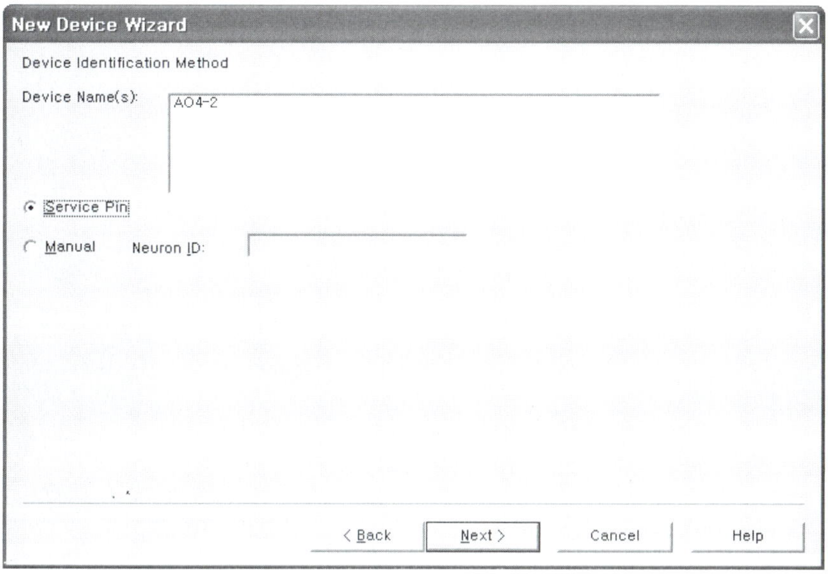

X Device의 Application Image를 설정해주는 부분으로 Next를 눌러준다.

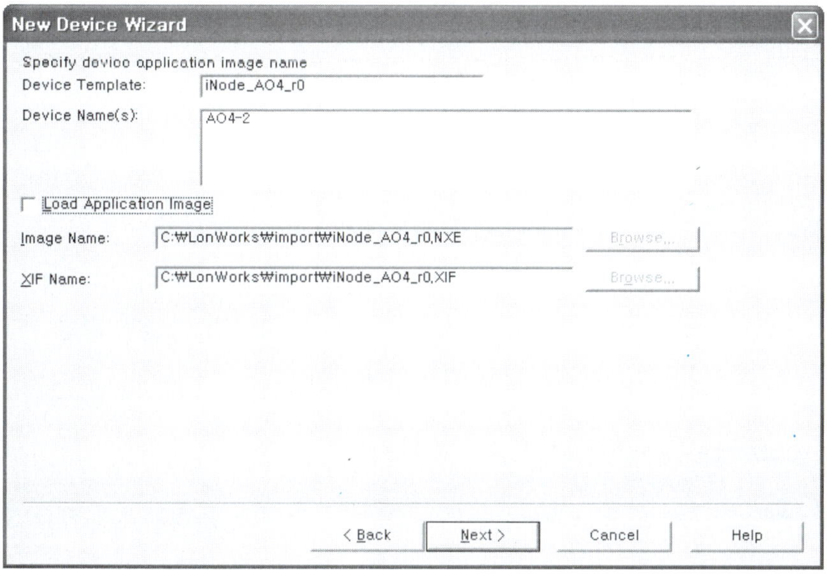

X Device의 상태를 Online으로 체크해 준 후 Finish를 눌러준다.

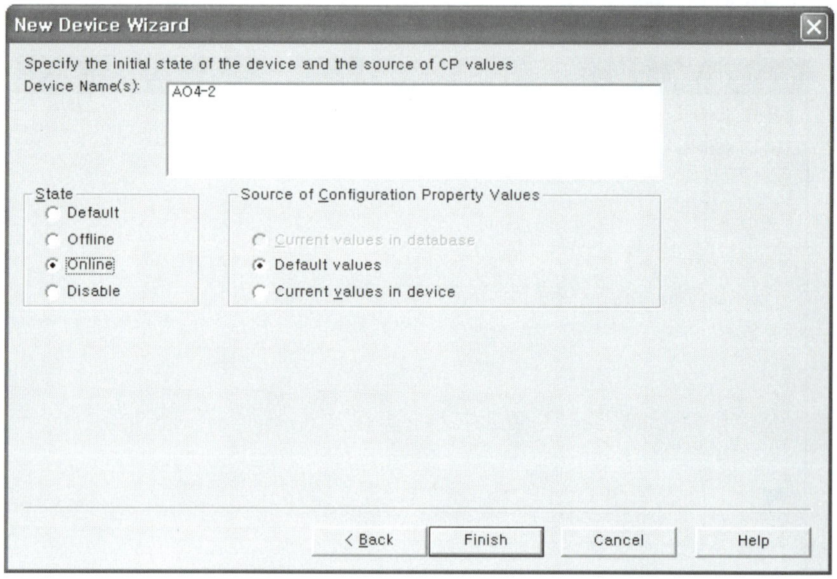

X Service Pin 대기 상태가 되면 다음과 같은 창이 뜨게 되고 Service Pin 입력이 들어올 때까지 대기한다.

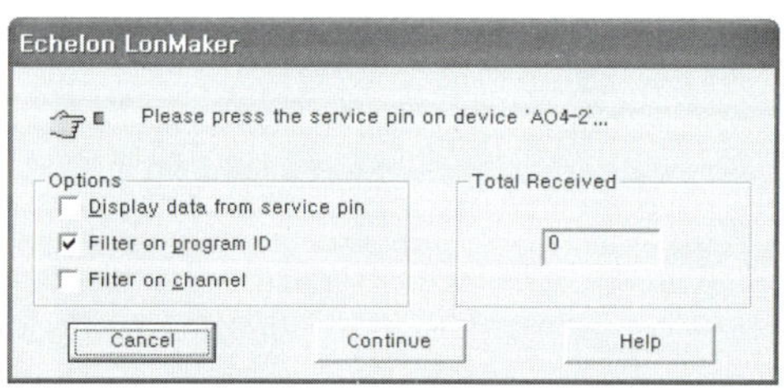

X 디바이스의 Service Pin을 뾰족한 것으로 눌러주면 다음과 같은 대기화면이 생성되고 Device의 생성이 이루어진다.

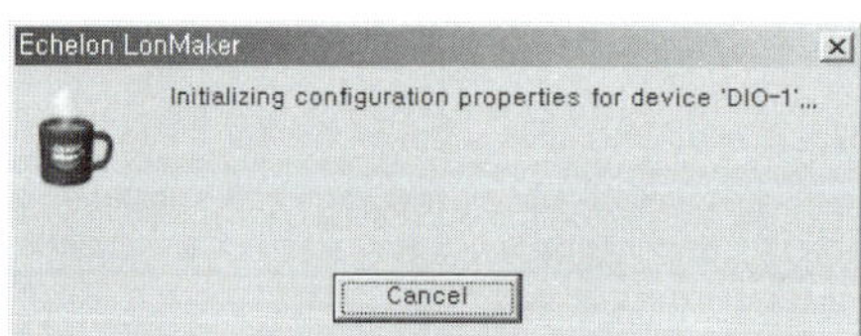

X 다음과 같이 작업창에 AO4-2이 생성된 것을 확인할 수 있다.

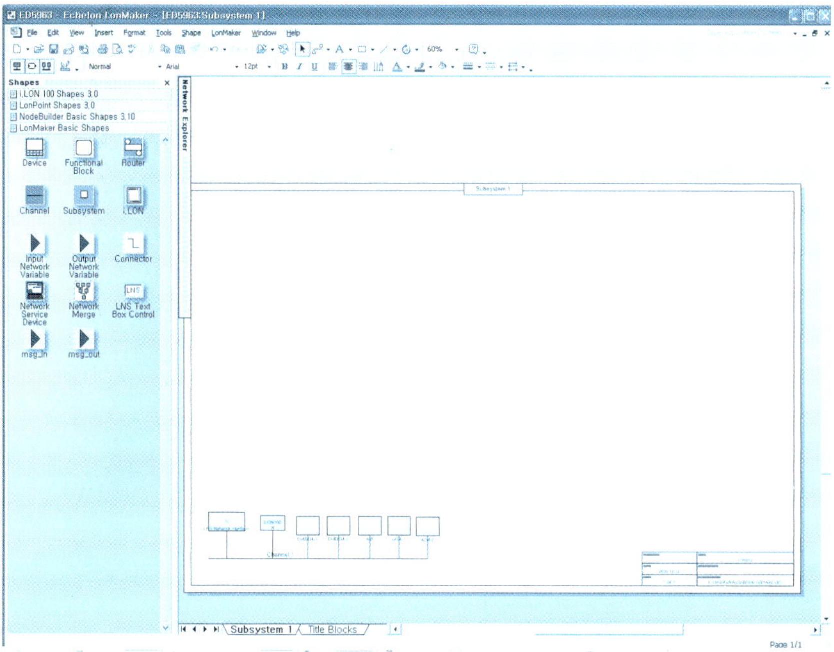

X 왼쪽 LonMaker Basic Shapes에서 Device를 클릭하고 Device 아이콘을 드래그 앤 드롭으로 작업 화면에 갖다 놓으면 다음과 같은 창이 생긴다.

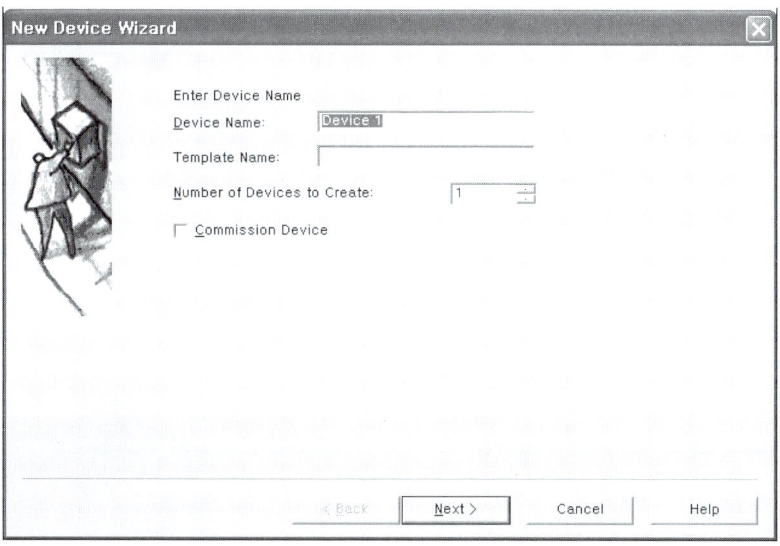

X Device의 이름을 결정한 다음 commission Device에 체크를 한 후 Next를 눌러준다.

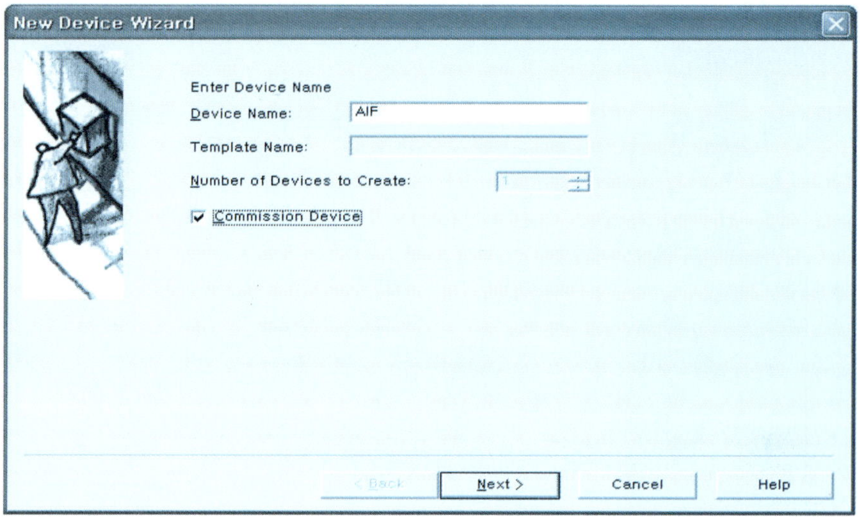

X 디바이스에 대한 속성을 결정해주기 위하여 Load XIF에서 Browse를 선택하여 준다.

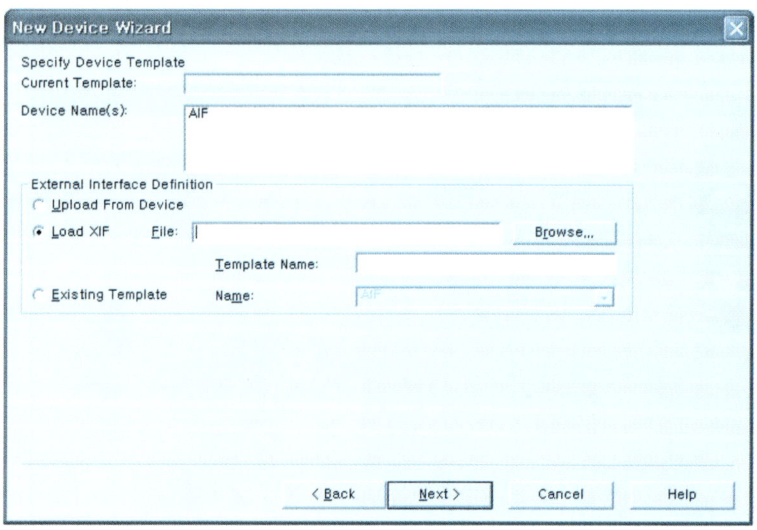

X 홈네트워크 XIF 폴더를 선택한다. 폴더가 없으면 제공된 CD에 폴더를 C : /론워크/Import/에 복사를 한다.

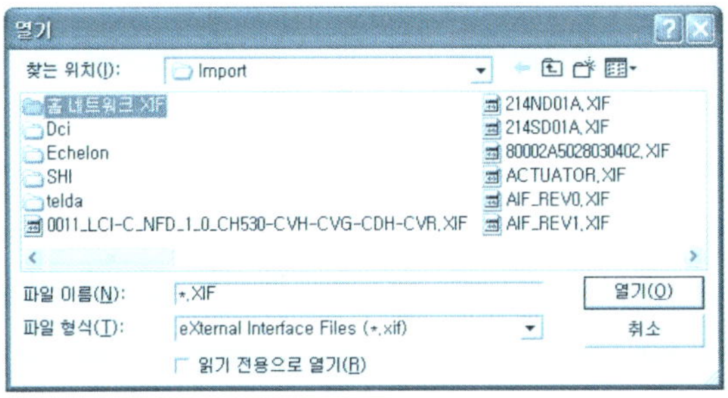

X AIF_REV1.XIF 파일을 선택한 후 열기 버튼을 클릭한다.

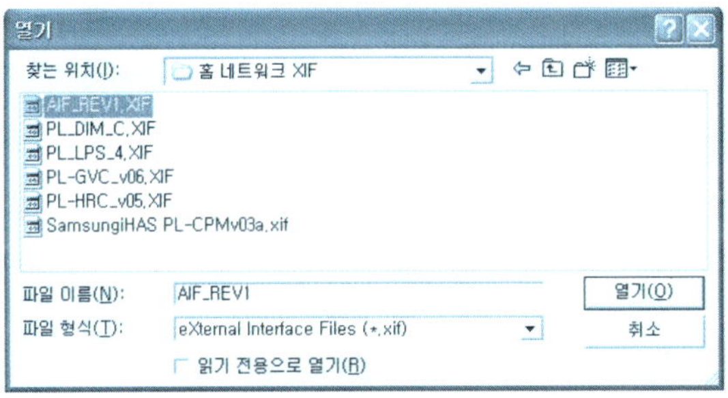

X Next 버튼을 클릭하여 준다.

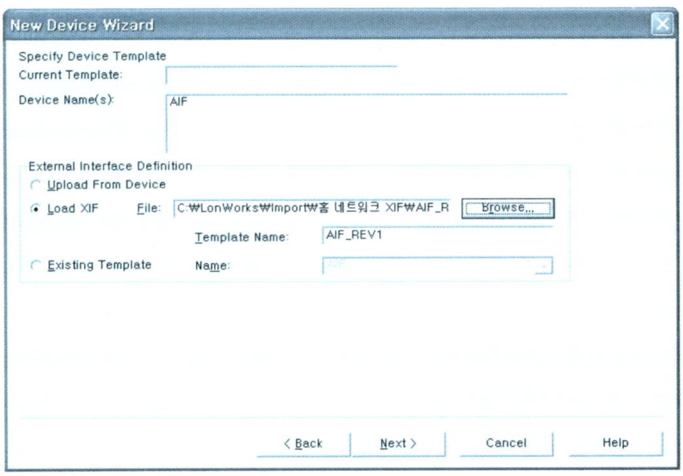

제 8 장

X Device가 연결된 채널을 설정해 주는 창이다. 리모컨 모듈은 FT 채널이므로 Channel 1을 선택한 후 Next 버튼을 클릭한다.

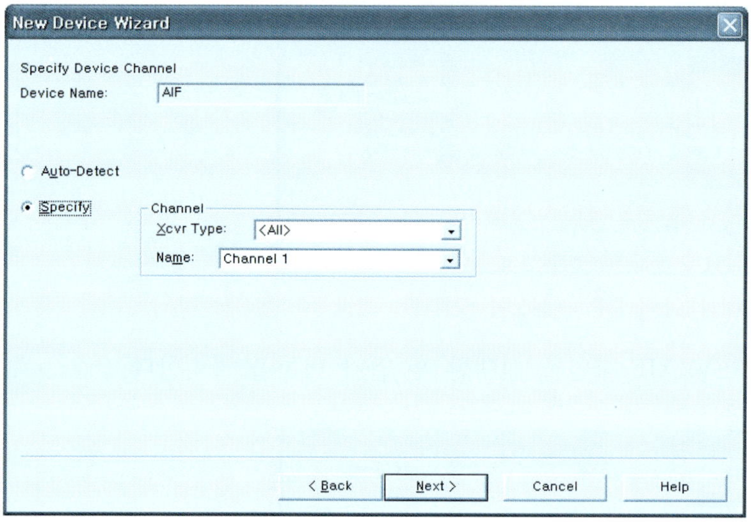

X Device의 Property와 설명을 써주고 싶으면 써준 후 Next를 눌러준다.

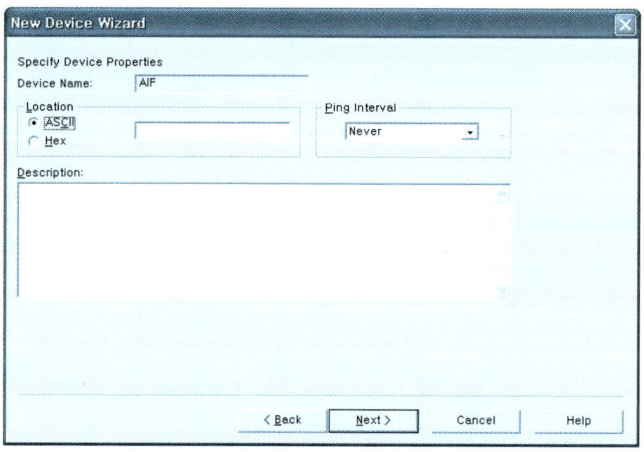

X Device를 인식시키는 방법에 대한 선택으로 Service Pin 방식으로 설정한 후 Next를 눌러준다.

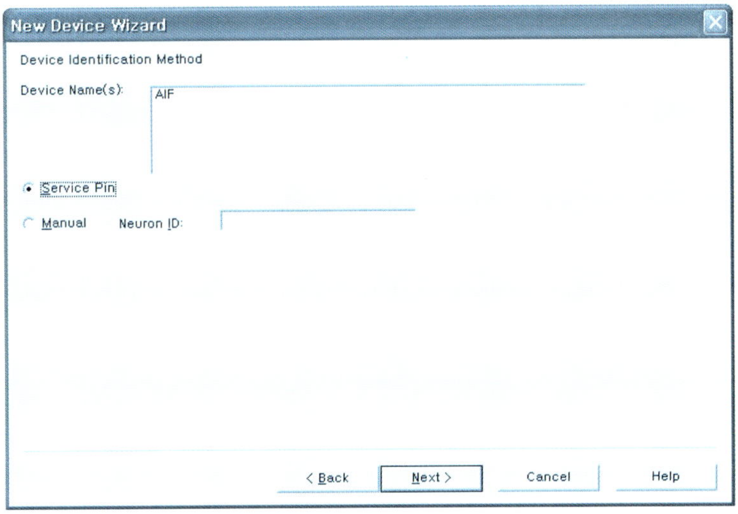

X Device의 Application Image를 설정해주는 부분으로 Next를 눌러준다.

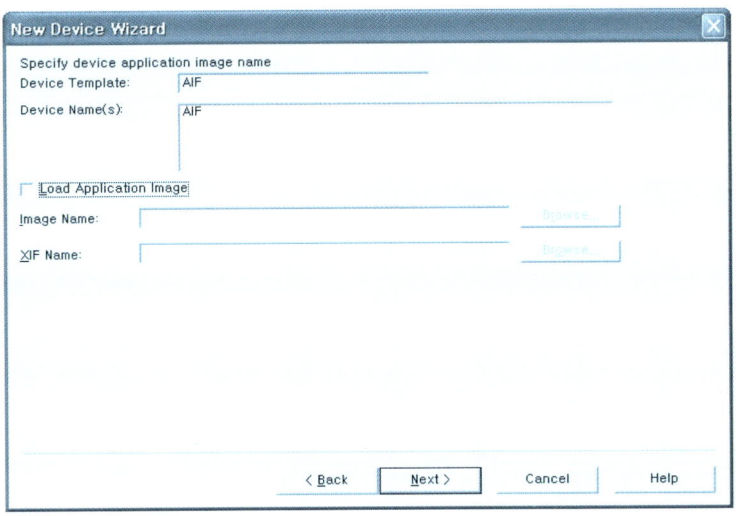

X Device의 상태를 Online으로 체크해 준 후 Finish를 눌러준다.

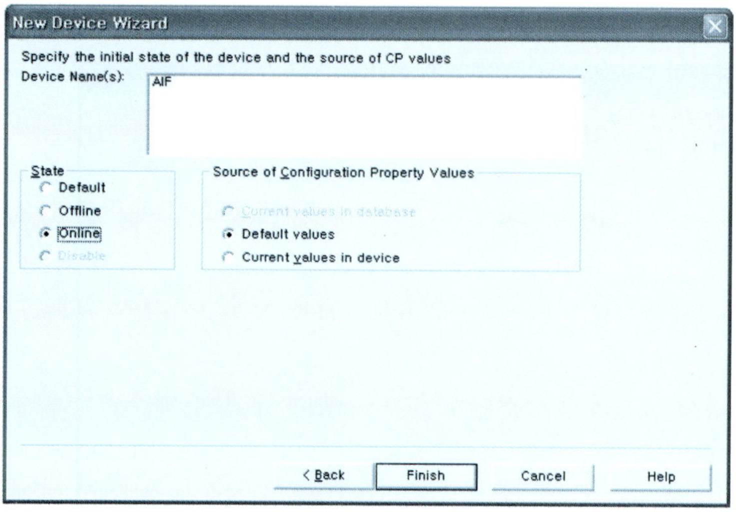

X Service Pin 대기 상태가 되면 다음과 같은 창이 뜨게 되고 Service Pin 입력이 들어올 때까지 대기한다.

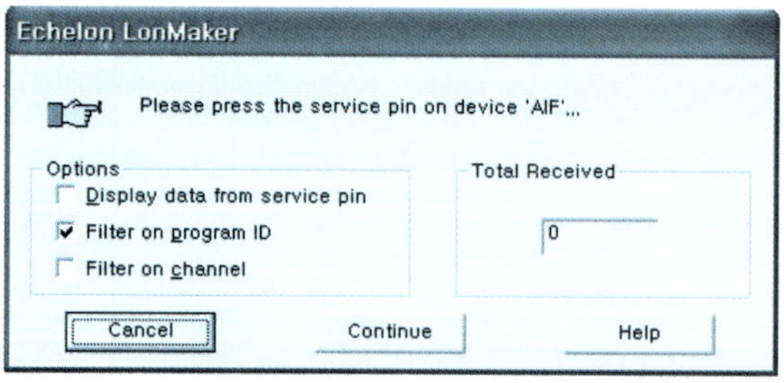

X AIF의 Service Pin을 뾰족한 것으로 눌러주면 다음과 같은 대기화면이 생성되고 Device의 생성이 이루어진다.

X 다음과 같이 작업창에 AIF가 생성된 것을 확인할 수 있다.

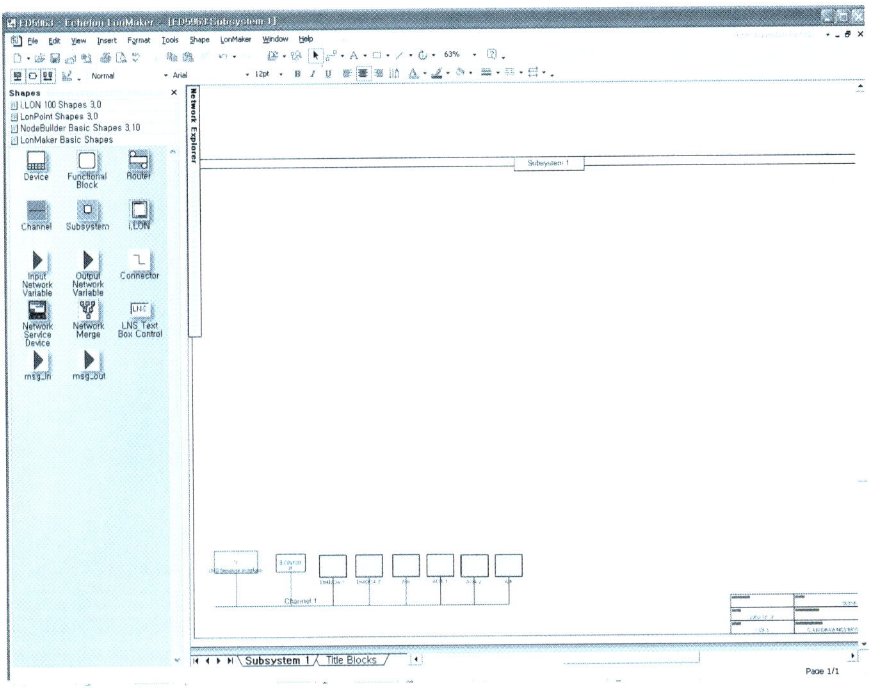

X 스텐실 창에 아래와 같은 채널을 드래그앤 드롭으로 작업창에 올려놓는다.

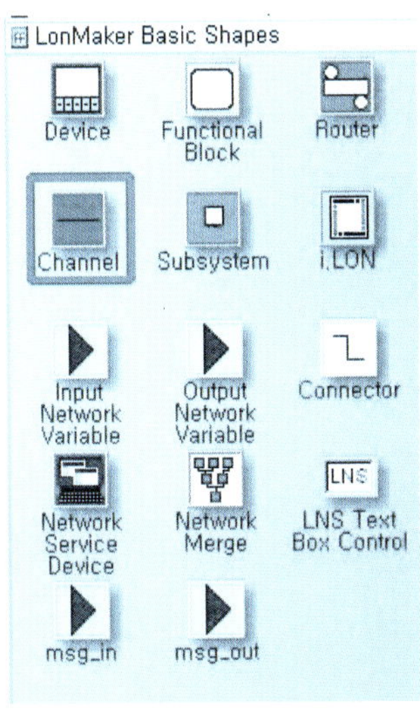

X 새로 생성한 채널의 이름과 트랜시버 타입을 선택한다.

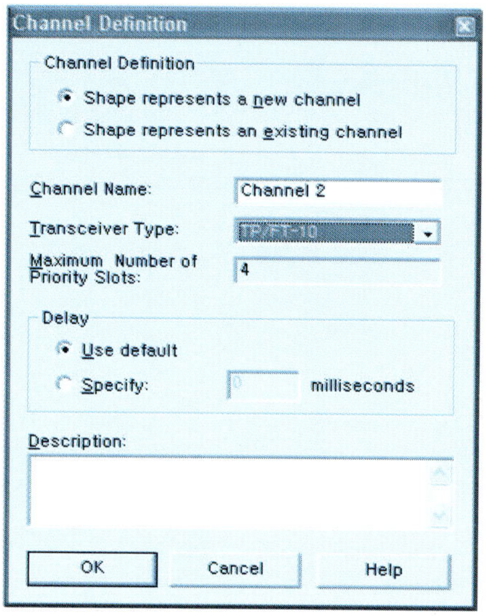

X 트랜시버 타입을 PL-20N으로 설정한 후 OK버튼을 클릭한다(PL-20N은 전력선을 의미한다).

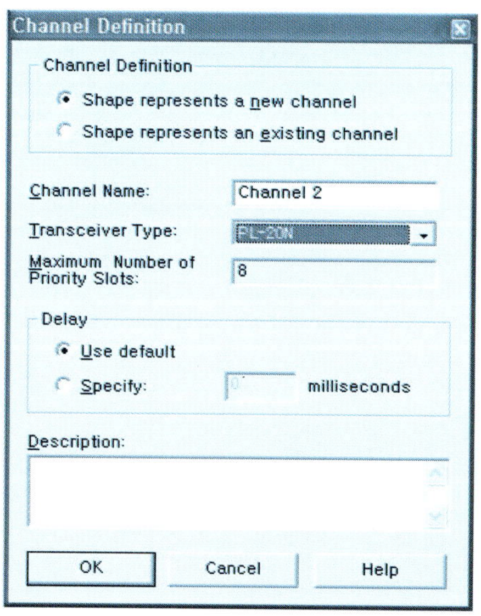

X 새로운 채널이 생성되었다.

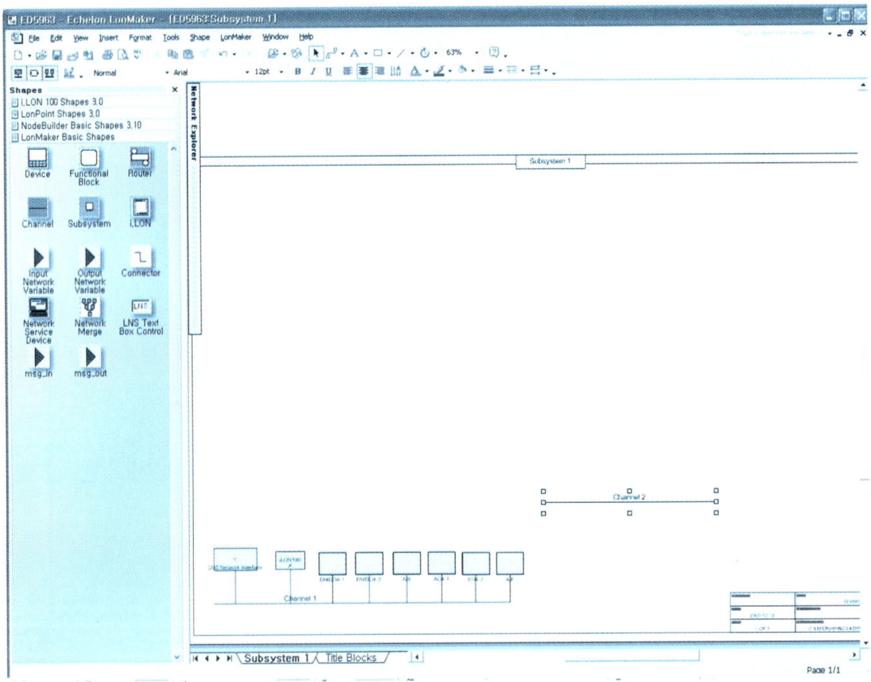

X 스텐실 창에 아래와 같은 채널을 드래그앤 드롭으로 작업창에 올려놓는다.

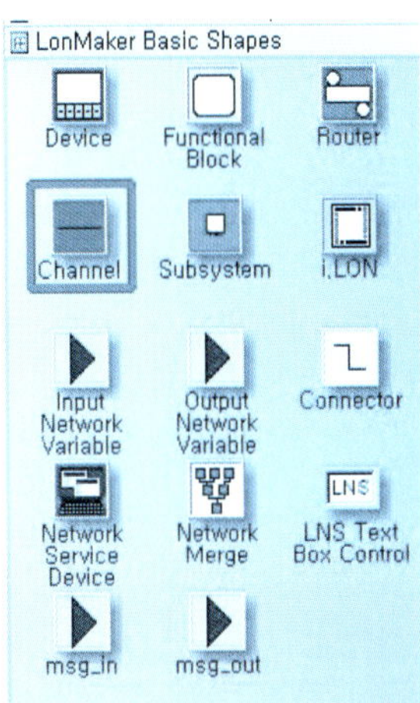

제8장

X 채널과 채널을 연결하는 라우터의 이름을 넣어주고 다음과 같이 설정한다.

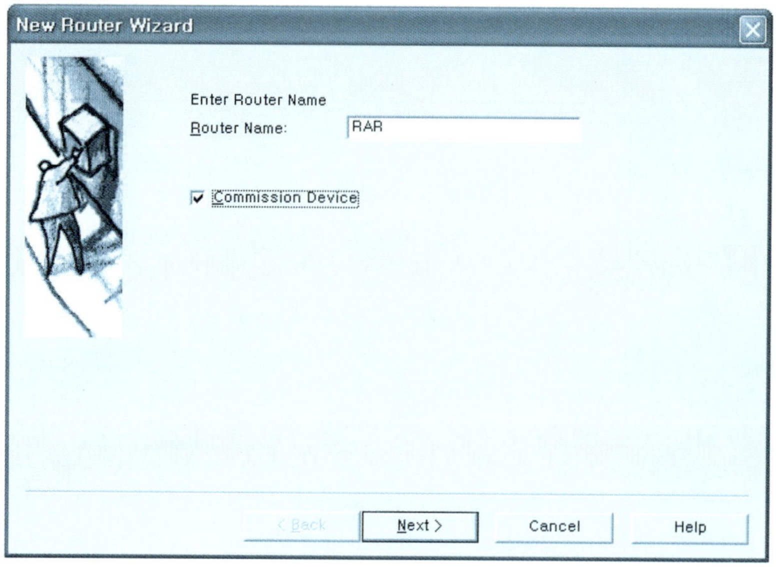

X 자동으로 채널1과 채널2를 연결합니다. Next 버튼을 클릭한다.

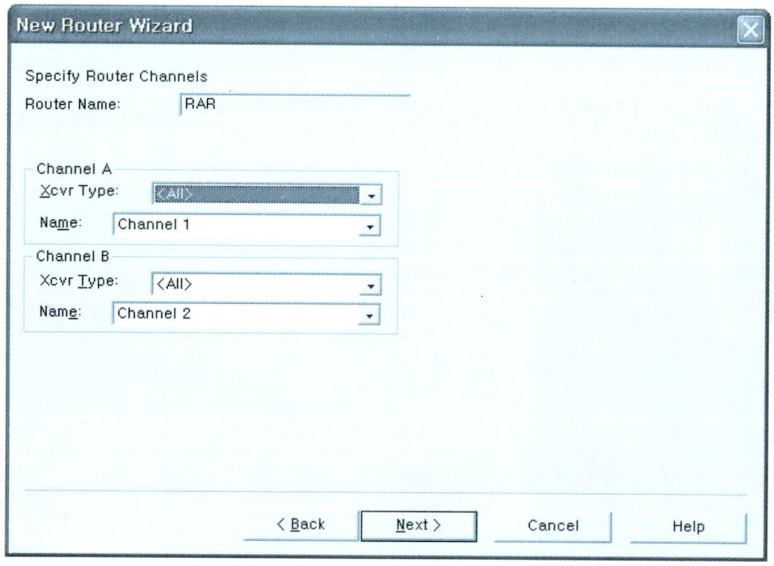

X Device의 Property와 설명을 써주고 싶으면 써준 후 Next를 눌러준다.

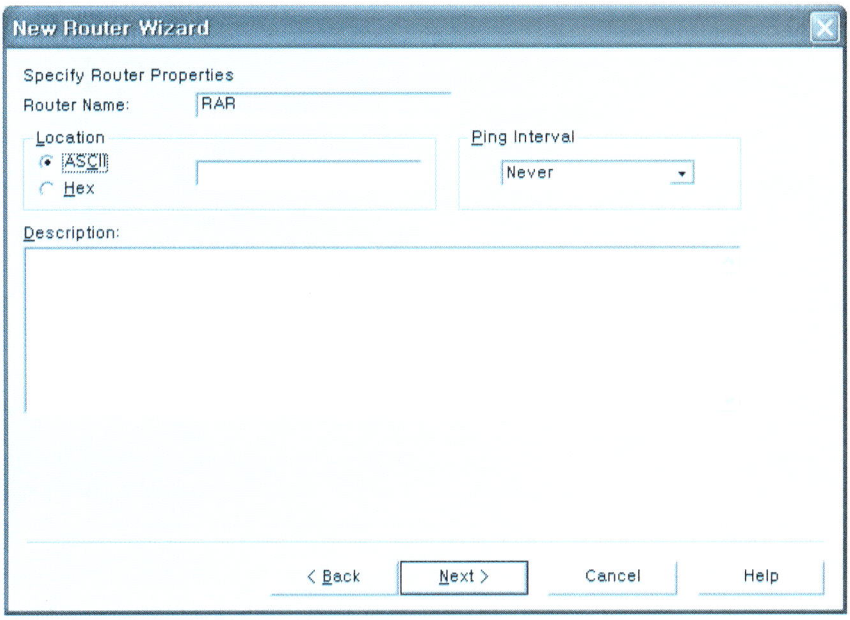

X 라우터의 환경설정 창이다. Next를 눌러준다.

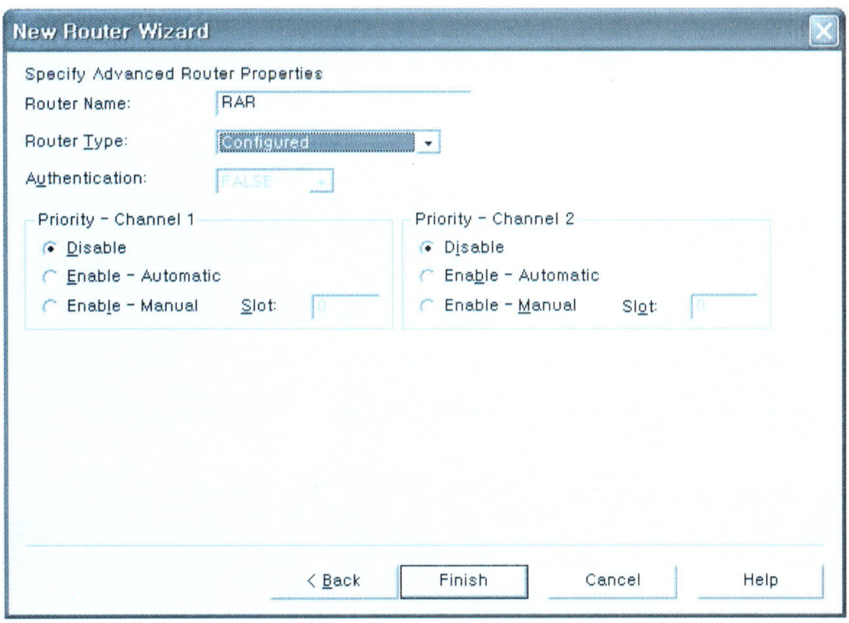

X 라우터의 환경설정 창이다. Next를 눌러준다.

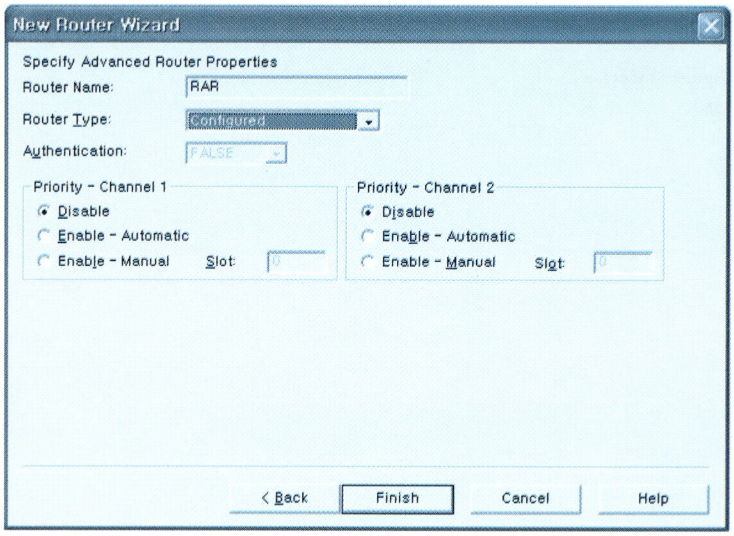

X 채널과 채널을 연결하는 라우터의 설정이 끝났다.

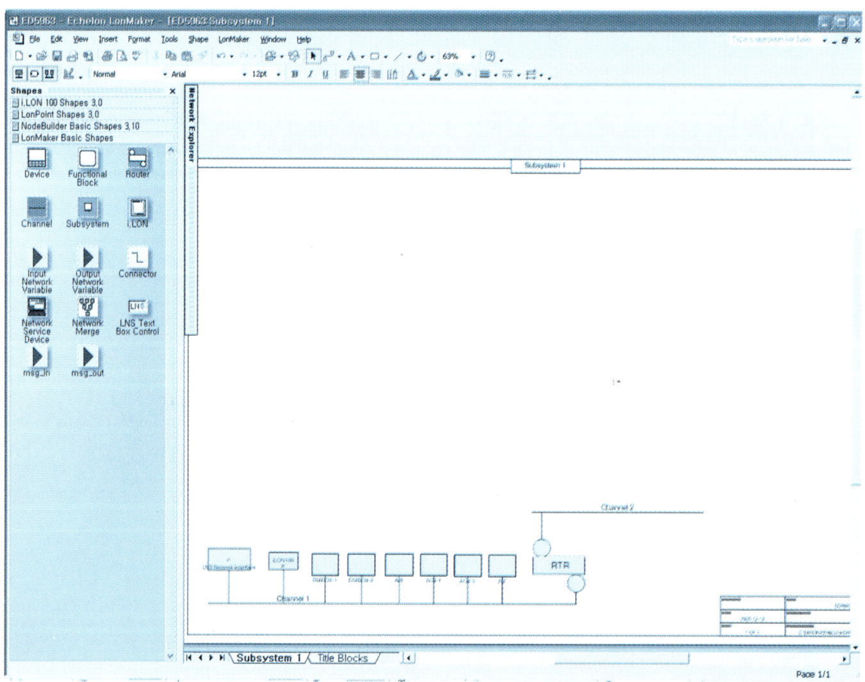

X 왼쪽 LonMaker Basic Shapes에서 Device를 클릭하고 Device 아이콘을 드래그 앤 드롭으로 작업 화면에 갖다 놓으면 다음과 같은 창이 생긴다.

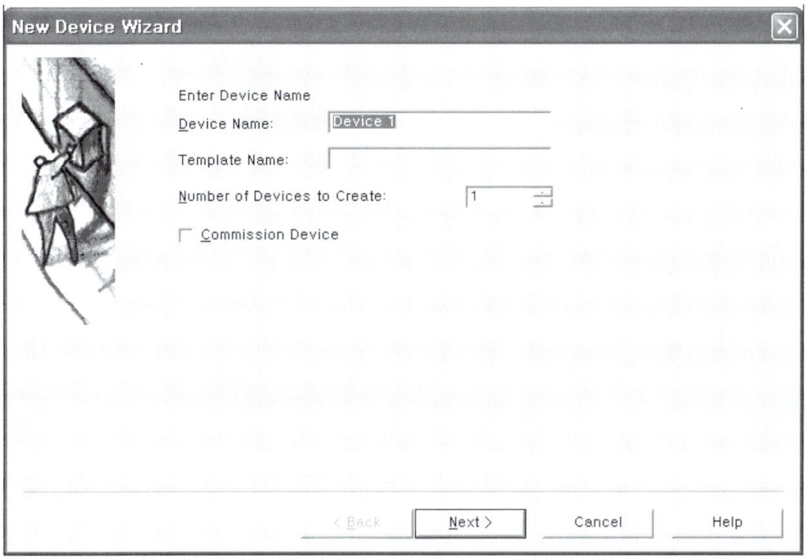

X Device의 이름을 결정한 다음 commission Device에 체크를 한 후 Next를 눌러준다.

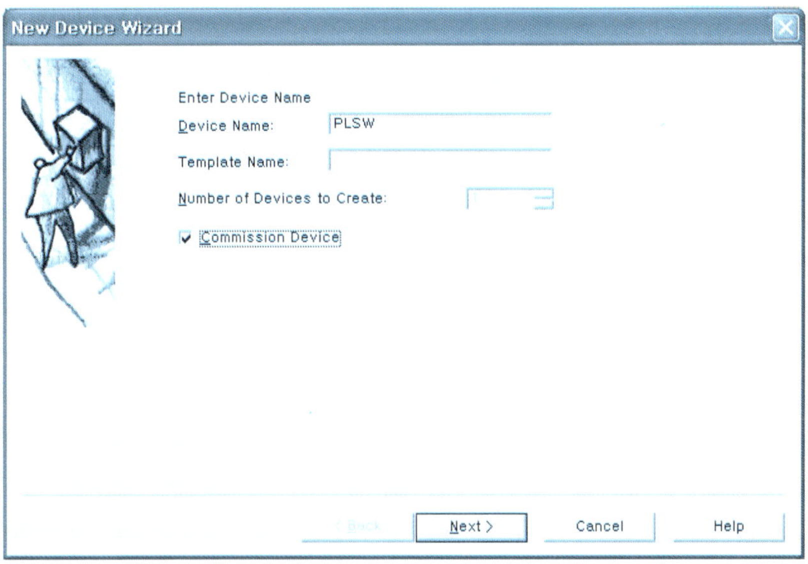

⑩⓪ 디바이스에 대한 속성을 결정해주기 위하여 Load XIF에서 Browse를 선택하여 준다.

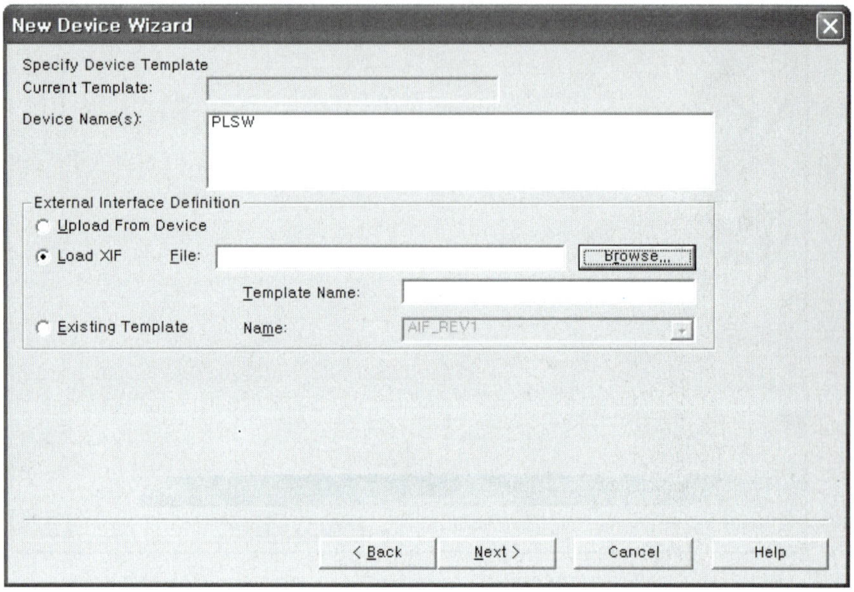

⑩① 홈네트워크 XIF 폴더를 선택한다. 폴더가 없으면 제공된 CD에 폴더를 C : /론워크/Import/에 복사를 한다.

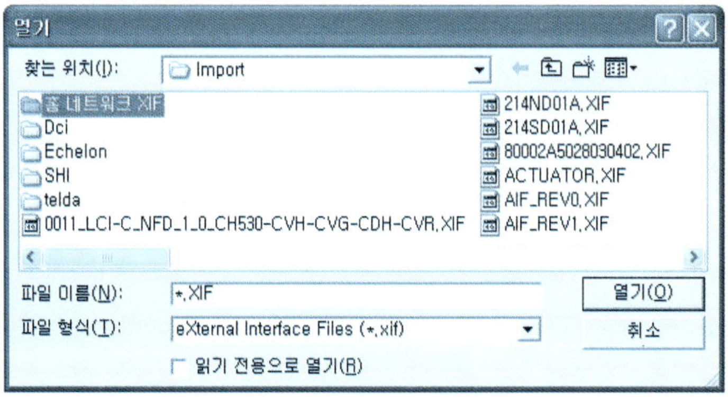

⑩② PL_LPS_4.XIF 파일을 선택한 후 열기 버튼을 클릭한다.

⑩③ Next 버튼을 클릭하여 준다.

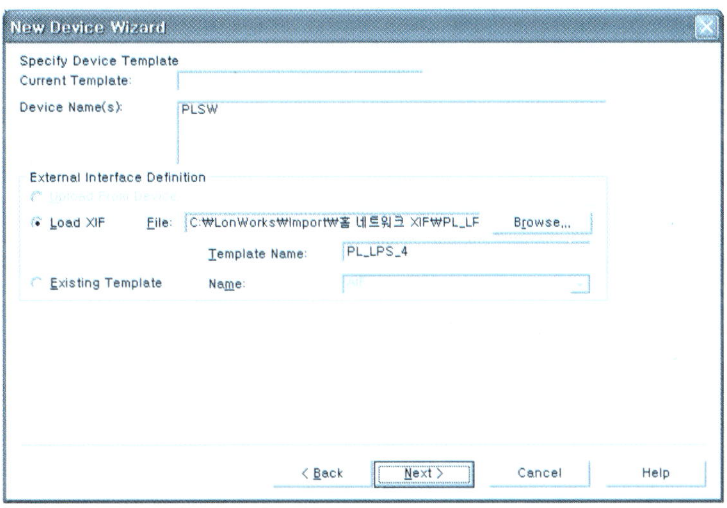

⑩④ Device가 연결된 채널을 설정해 주는 창이다. 조명 스위치 채널이 파워라인 채널이므로 Channel 2을 선택한 후 Next 버튼을 클릭한다.

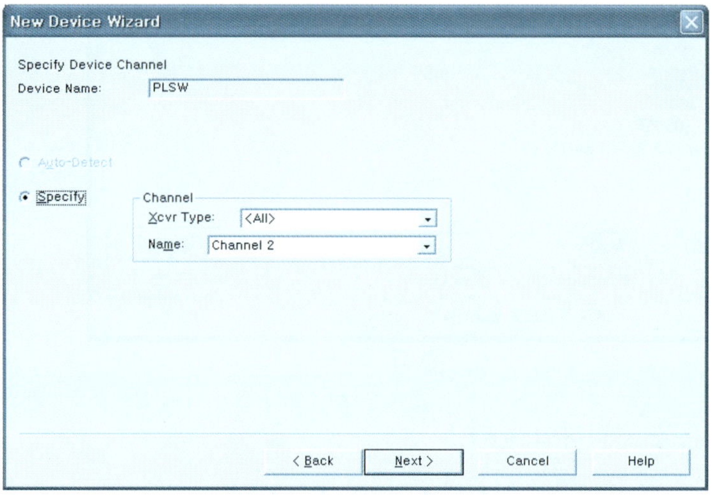

⑩⑤ Device의 Property와 설명을 써주고 싶으면 써준 후 Next를 눌러준다.

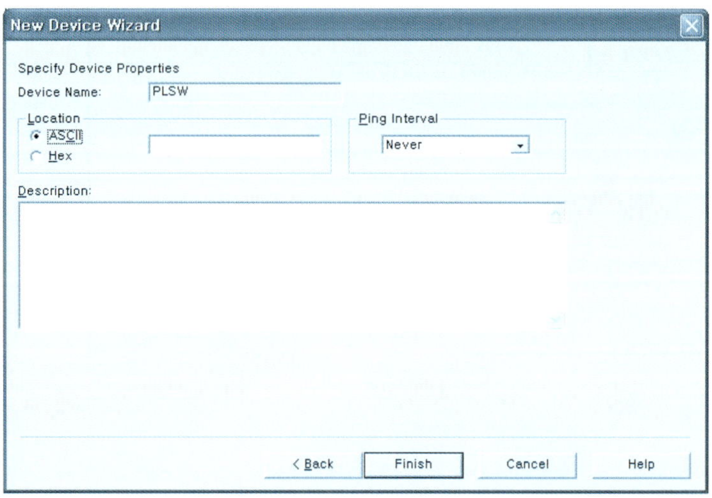

⑩⑥ Device를 인식시키는 방법에 대한 선택으로 Service Pin 방식으로 설정한 후 Next를 눌러준다.

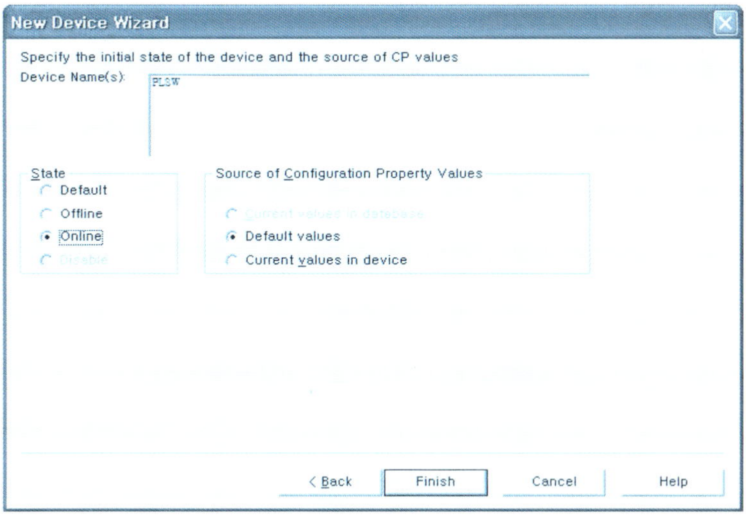

⑩⑦ Device의 Application Image를 설정해주는 부분으로 Next를 눌러준다.

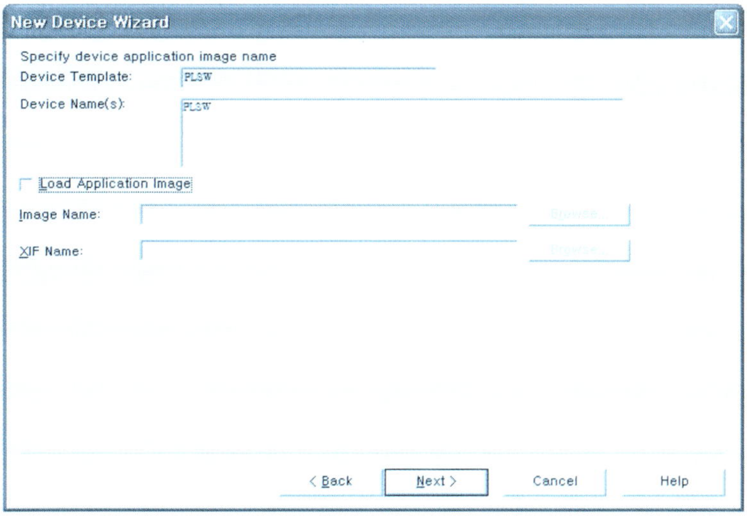

(108) Device의 상태를 Online으로 체크해 준 후 Finish를 눌러준다.

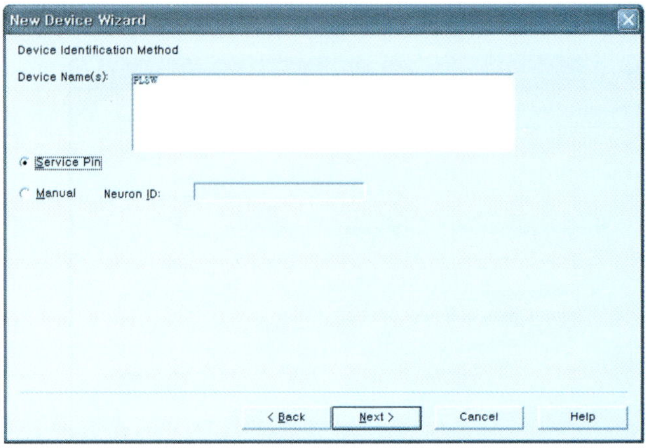

(109) Service Pin 대기 상태가 되면 다음과 같은 창이 뜨게 되고 Service Pin 입력이 들어올 때까지 대기한다.

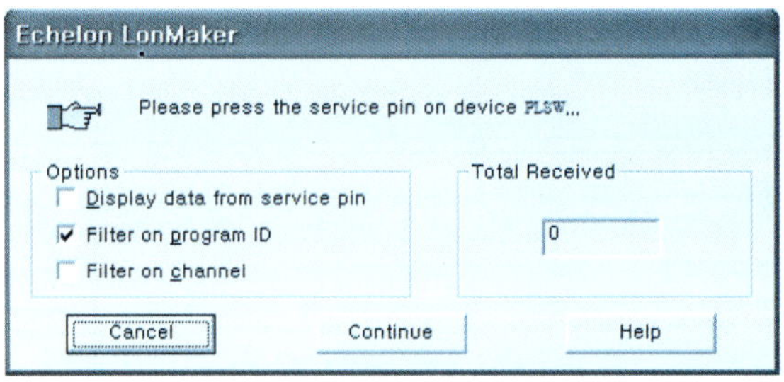

(110) 조명 스위치의 위쪽 스위치를 누르고 있으면 서비스 핀이 인식된다.

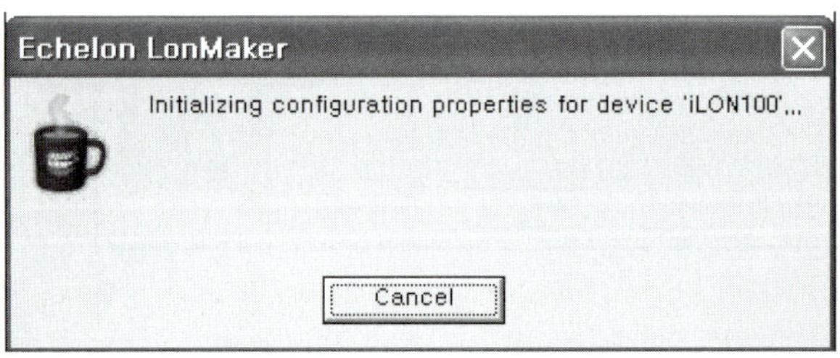

⑪ 파워 라인 채널에 조명 스위치가 커미션되었다.

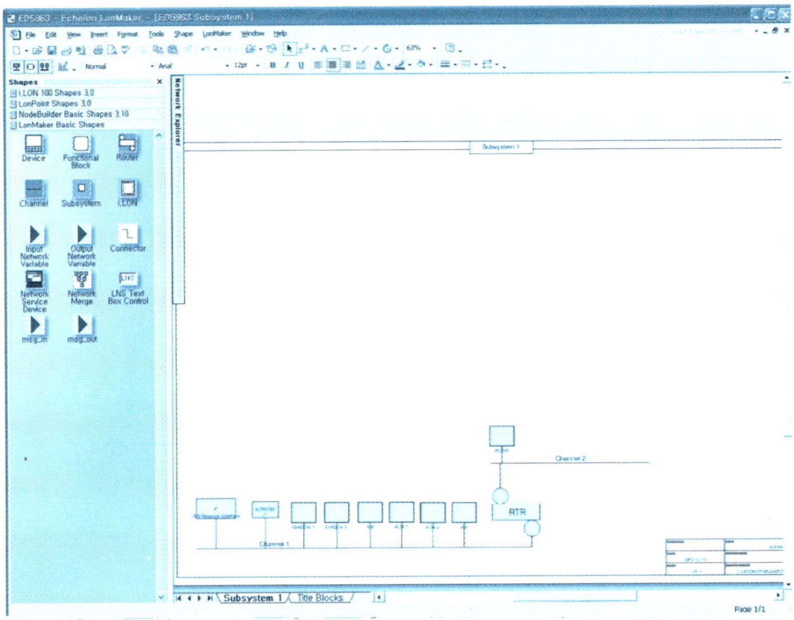

⑫ 위와 같은 방법으로 다른 디바이스도 커미션해 준다.

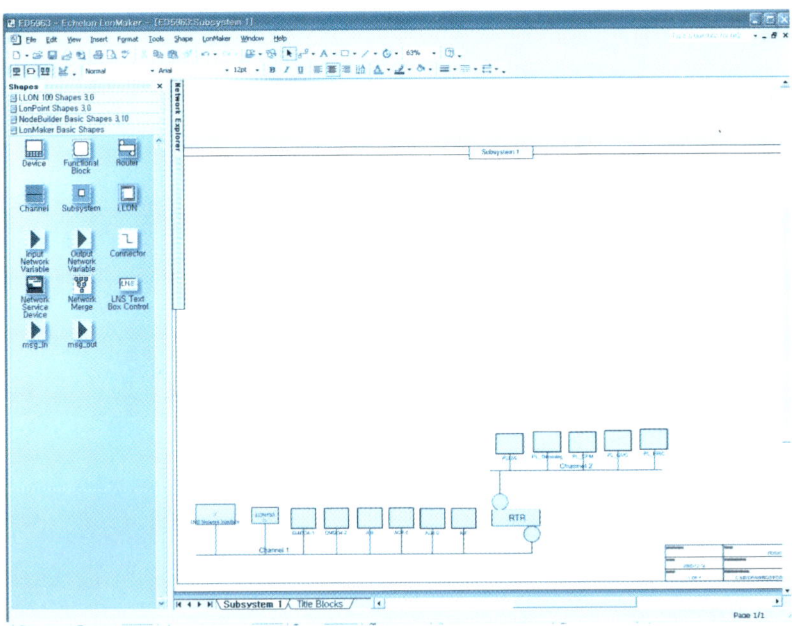

디바이스	LonMaker 이 름	XIF 이 름
조명스위치 (ON/OFF)	PL_SW	PL_LPS_4
조명스위치 (디밍)	PL_Dimming	PL_DIM_C
가스 제어기	PL_GVC	PL_GVC_v06
파워라인 콘센트	PL_CPM	PL_CPMv03a
난방 제어기	PL_HRC	PL_HRC

제9장

유비쿼터스 홈네트워크 응용(1)

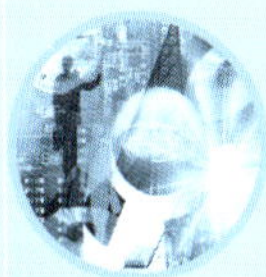

9-1 토글스위치를 사용한 조명제어 응용

■ **실습 내용 |** 토글스위치 사용하여 조명 ON/OFF 제어

- **조명 제어 목적** : 불필요한 전력 소비를 줄이고, 사용 장소, 시간, 상황에 맞게 조명을 제어하는 데 목적이 있다.
- **조명 제어 방법** : ON/OFF 제어, 조명(밝기조절) 제어, 그룹 제어, 스케줄 제어 외부 조도에 의한 조명제어 등 사용자에 의한 제어가 있다.

① **ON/OFF 제어** : 조명을 켜고, 끄는 방식의 제어 일반적으로 사용되는 방식이며 웹, 모바일(핸드폰, PDA) 등을 이용하여 불필요한 조명의 소등 및 필요에 의한 조명의 점등을 하는 제어 방식을 말한다.

② **조명 제어** : 조명의 밝기 조절 제어 방식으로써, 간접 조명등에 많이 사용되며, 영화 감상 등의 일정 밝기의 조명을 필요로 할 때 많이 쓰이는 조명 제어 방식이다.

③ **그룹 제어** : 조명의 그룹 제어는 IBS(Intelligent Building System)에 많이 사용되는 조명 제어 방법으로 일정 개수의 조명을 그룹으로 묶어 제어하는 방식이다. 예를 들면, 1개의 층에 80개의 조명이 있다고 하면 A, B, C, D의 4개의 그룹으로 묶어 구역별로 제어하는 방식이다.

④ **스케줄 제어** : 스케줄 제어는 가로등 같은 일정시간에 켜지고 일정시간에 꺼지는 조명을 제어하는 방식으로써, 스케줄러에 의하여 시간에 의하여 조명의 ON/OFF가 제어되는 방식을 말한다.

⑤ **기타 조명제어** : 기타 조명 제어 방식에는 사용자의 편의에 의하여 만들어진 조명 방식 등이 있다. 예를 들면, 커튼이 닫히고 조도가 일정량 이하일 때 조명을 ON이 되는 제어 방식 등이 있다고 할 수 있으며, 조명 제어 방식의 사용자의 편의에 의하여 만들어진다.

1. 실습 내용

① ON/OFF용 조명스위치의 하드웨어적 구성과 소프트웨어적인 구성을 알아본다.

② 윈도우용 론메이커의 브라우저(Browser)의 사용법을 알아본다.

③ 브라우저(Browser)를 이용하여 ON/OFF 제어를 해본다.

2. 하드웨어 구성

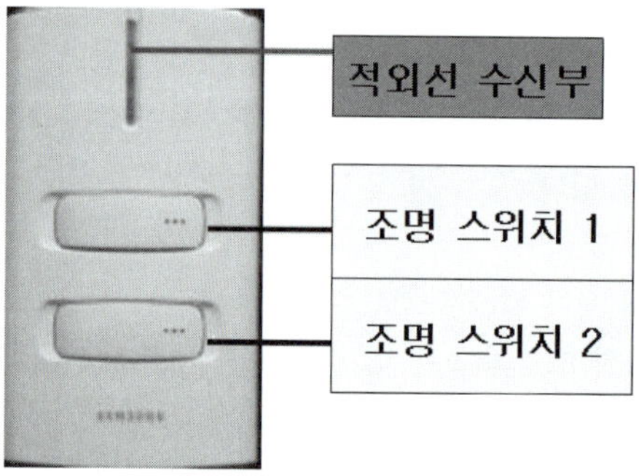

[그림 9-1] 조명스위치 구조

① 적외선 수신부 : 통합 리모컨의 적외선 신호를 수신하는 곳

② 조명 스위치 1 : 조명 1의 ON/OFF 토글(toggle) 스위치이다. 윈도우용 론메이커에서 프로그램시 디바이스의 서비스 핀(Service Pin)의 역할도 한다.

3. 배선도

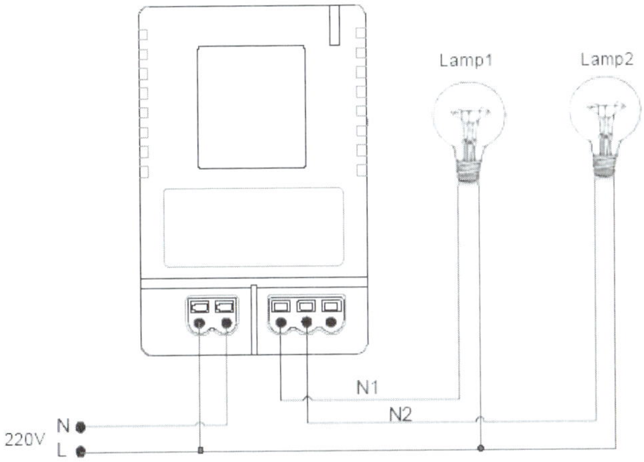

[그림 9-2] 조명스위치 배선도

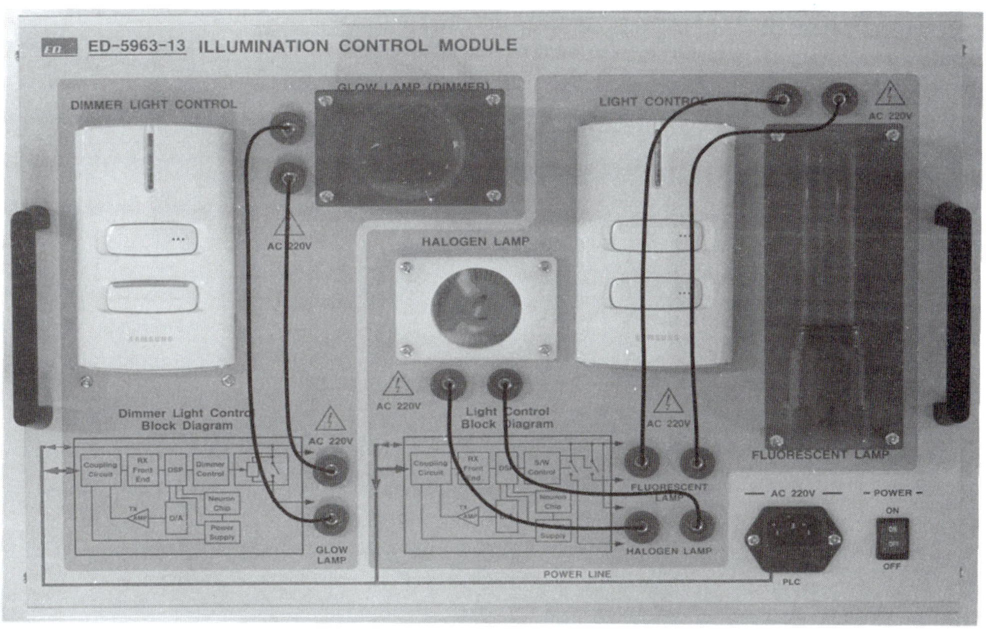

[그림 9-3] 조명제어 모듈(ED-5963-13)결선도

제 9 장

(1) 서비스 핀

서비스 핀(Service Pin)은 론워크에서 존재하는 특별한 IO이다.

모든 론워크 디바이스는 서비스 핀을 가지고 있으며, 서비스 핀을 누름으로써 디바이스가 가지고 있는 고유의 ID가 네트워크로 전송된다. 디바이스의 고유 ID는 13자리로 되어있으며, 론 메이커에서 디바이스의 고유 ID를 인식 하므로 디바이스의 물리적인 어드레스를 인식하게 된다. 이로써 통신이 개통된다. 모든 디바이스에 고유의 ID가 존재 하므로 여러 개의 같은 디바이스를 사용하여도 지정된 디바이스로 명령을 내려주고 또한 디바이스의 상태를 가져올 수 있다.

① 윈도우 화면 아래쪽 트레이의 시작 → 프로그램에서 LonMaker for Windows를 실행한다.

② Open Network 버튼을 클릭하여 기존에 생성된 프로젝트를 연다.

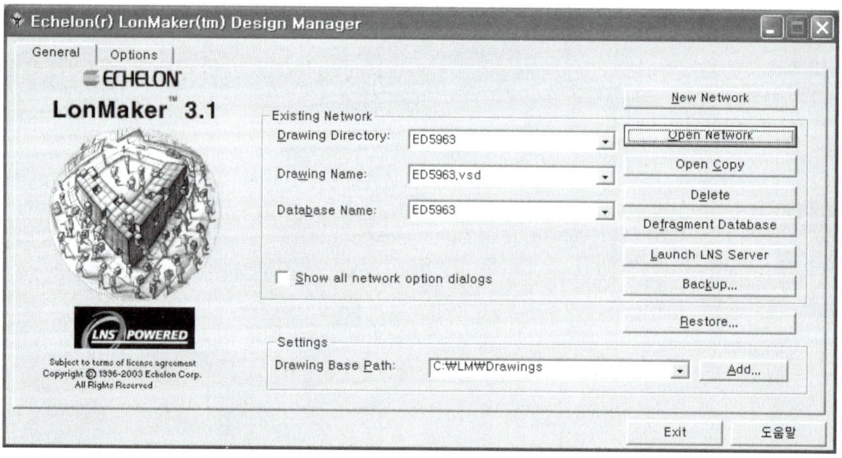

③ Enable Macros를 눌러서 Network 생성을 시작한다.

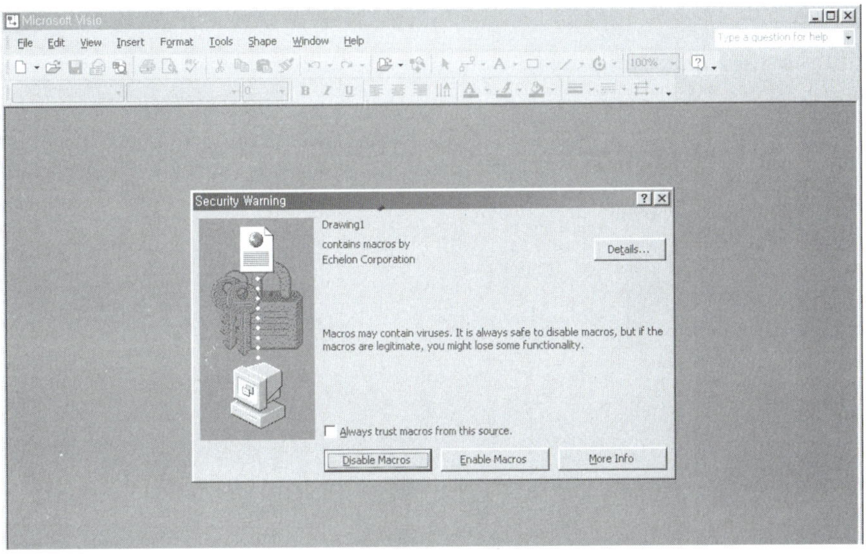

④ Network Attached를 클릭하고 iLON 인터페이스를 선택한다.

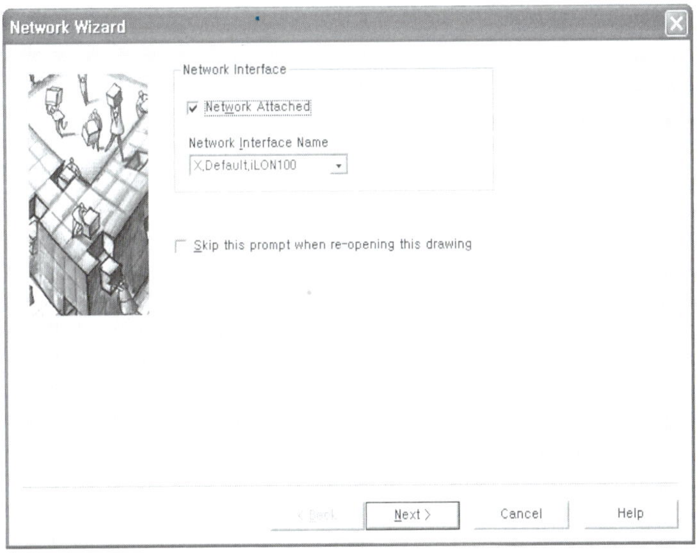

⑤ Management Mode를 설정한다. 장비와 연결되어져 있는 상태에서 작업을 할 경우에 onnet을 선택한 후 Next를 클릭한다.

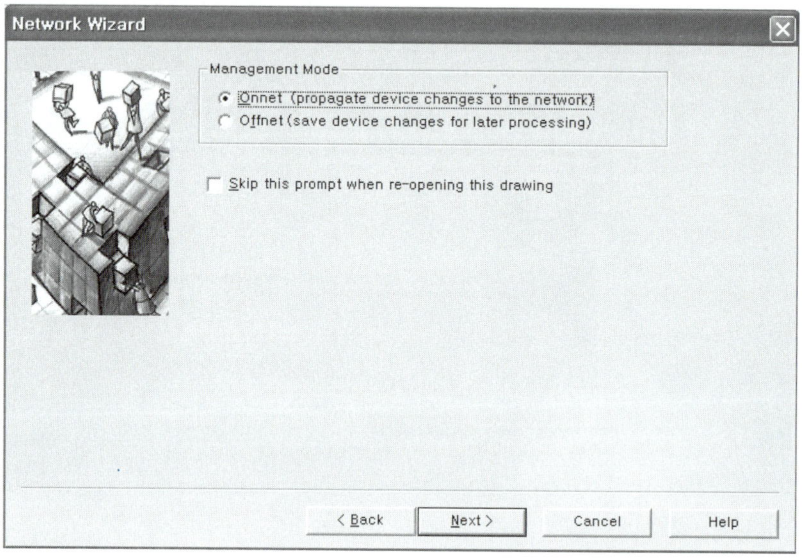

⑥ 작업할 Plug-in을 등록하기 위한 창이다. Finish를 눌러서 다음으로 진행한다.

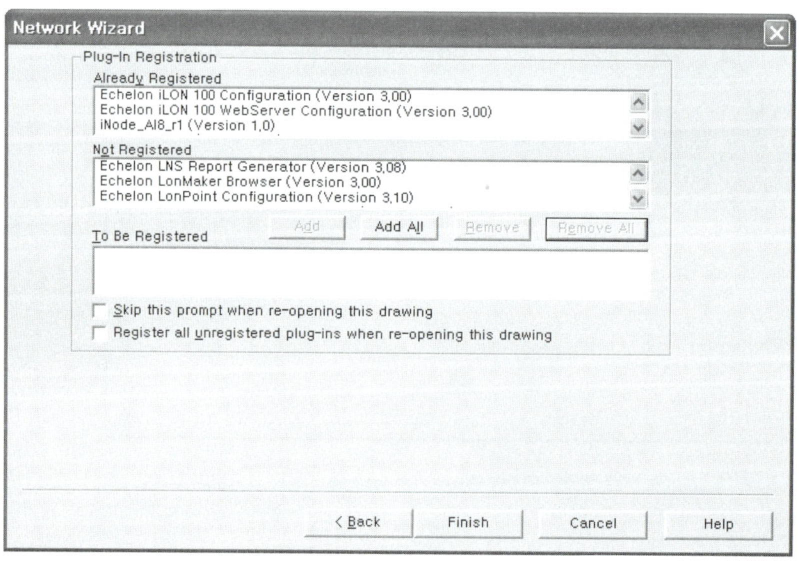

⑦ 디바이스가 커미션된 상태인 LonMaker DataBase가 나타난다.

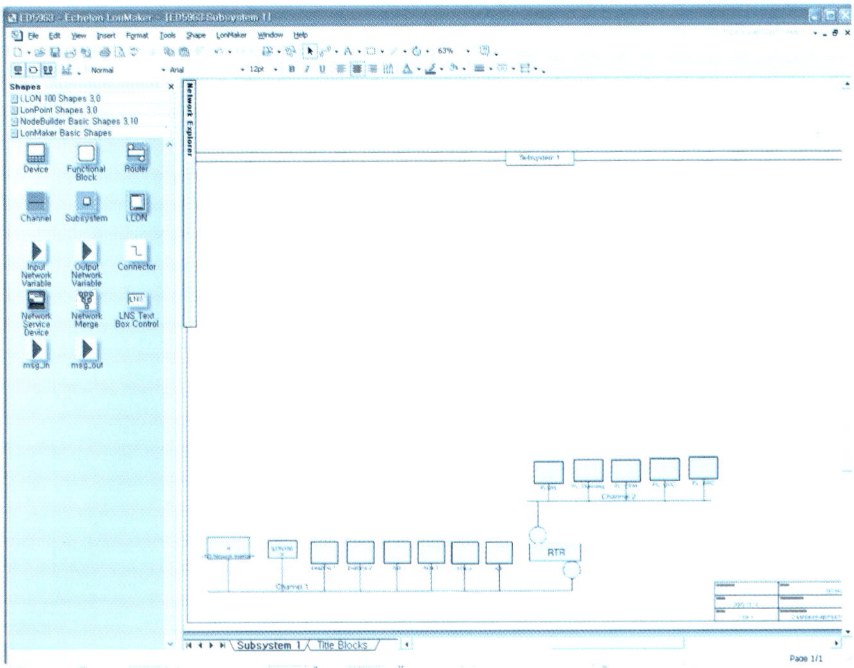

⑧ Functional Block 아이콘을 작업 창으로 드래그 앤 드롭으로 가져다 놓는다.

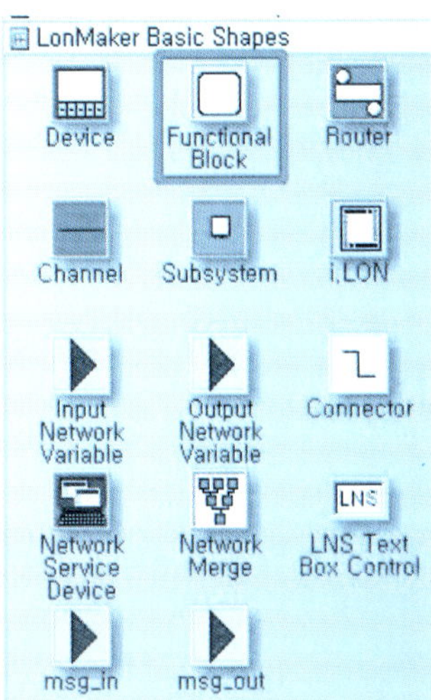

⑨ 다음과 같이 설정해 준다. 아래의 설정은 PLSW라는 디바이스에 Lamp-Actuetor[0](첫번째 램프)를 생성하라는 설정이다.

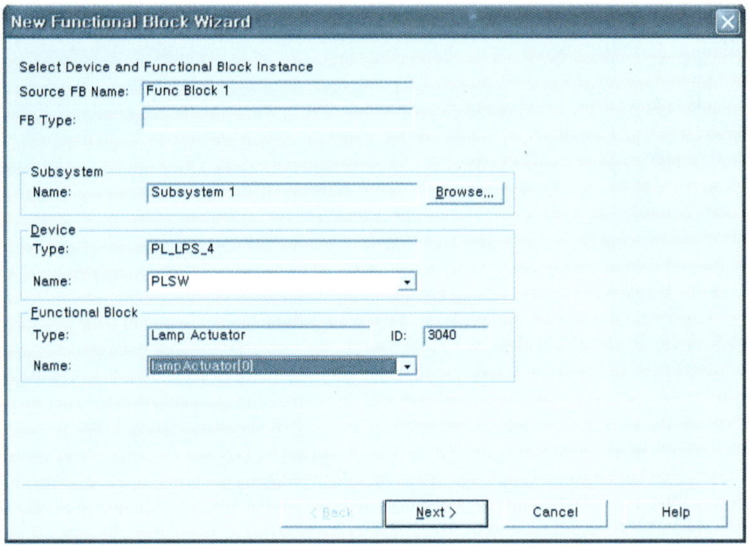

⑩ FB Name에 Functional Block의 이름을 정해준다. Create……를 클릭하여 모든 네트워크 변수를 생성한다.

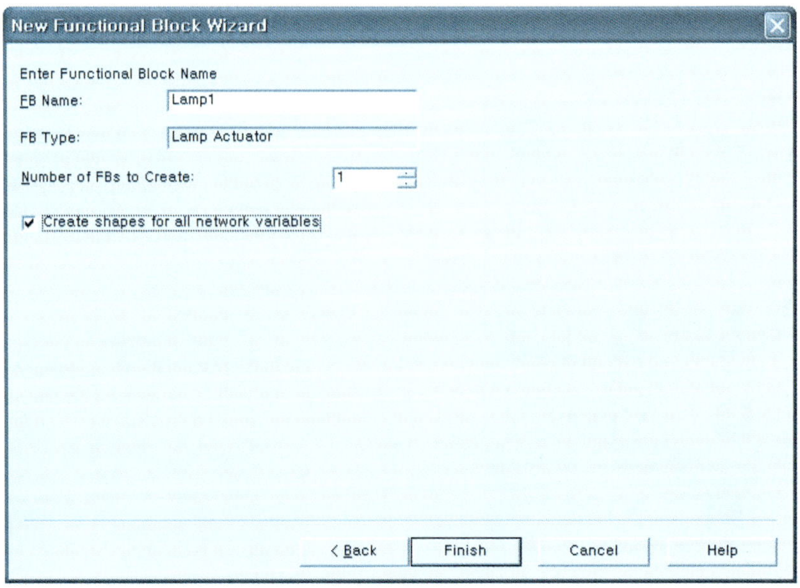

⑪ 조명 스위치에 연결된 Lamp1 블록이 생성된다.

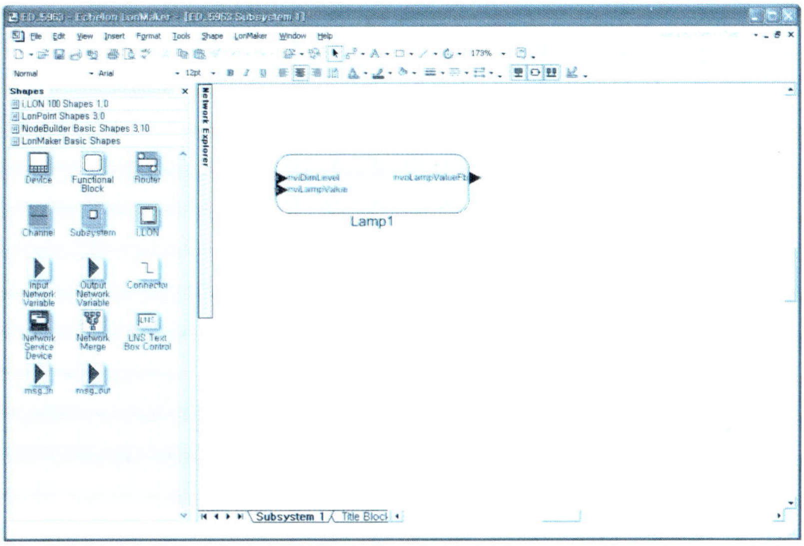

⑫ 이제 론메이커의 브라우저 메뉴를 통하여 Lamp1을 ON/OFF 동작을 시켜보도록 하겠다. 브라우저는 론 메이커의 기본적인 플러그인 기능으로 Funtional Block의 상태를 모니터링하고 명령을 내려줄 수 있는 플러그인이다.

(2) 플러그 인

론 메이커에서는 플러그 인(Plug-in)이라는 보조 소프트웨어가 존재한다. 론 메이커에서 기본적으로 제공하는 플러그 인은 브라우저라는 플러그 인으로 론 메이커의 Setup 과정에서 같이 Setup되며, 브라우저를 통하여 Functional Block의 상태 모니터링 및 제어 명령을 내려줄 수 있다. 플러그 인은 디바이스 개발자(즉 디바이스 판매회사)가 제공하는 보조 소프트웨어이며, 개발자에 의해 제공될 수도 안 될 수도 있는 프로그램이다. 본 장비에서는 DI4DO4,AI8, AO4,iLON100에 플러그인이 제공되고 있으며, 다른 디바이스는 플러그 인을 제공하지 않는다. 플러그 인이 제공되지 않는 디바이스는 브라우저를 통하여 모니터링 및 제어 명령을 내려줄 수 있다.

⑬ Functional Block를 클릭하고 마우스 오른쪽 버튼을 클릭하면 다음과 같은 메뉴가 나타난다.

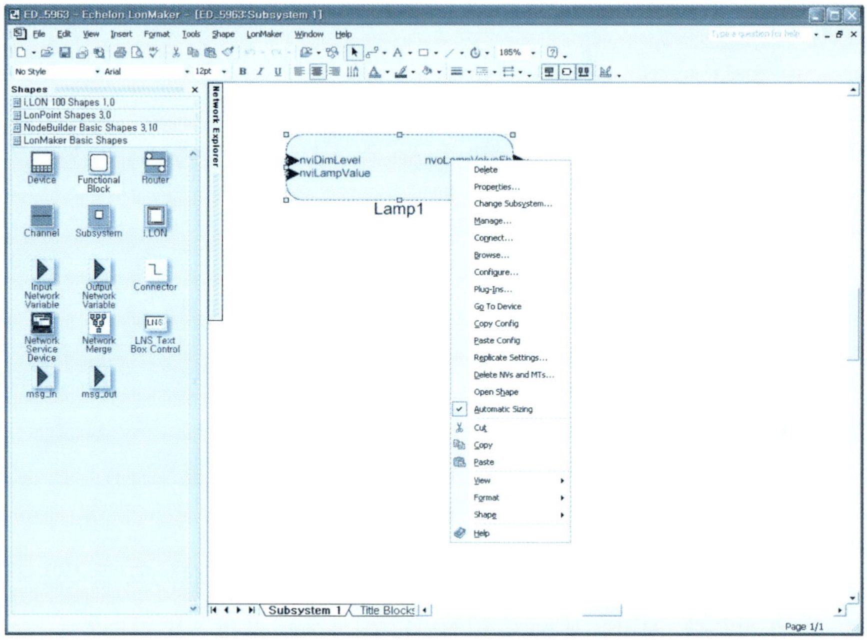

⑭ 나타난 메뉴에서 Browser를 클릭한다.

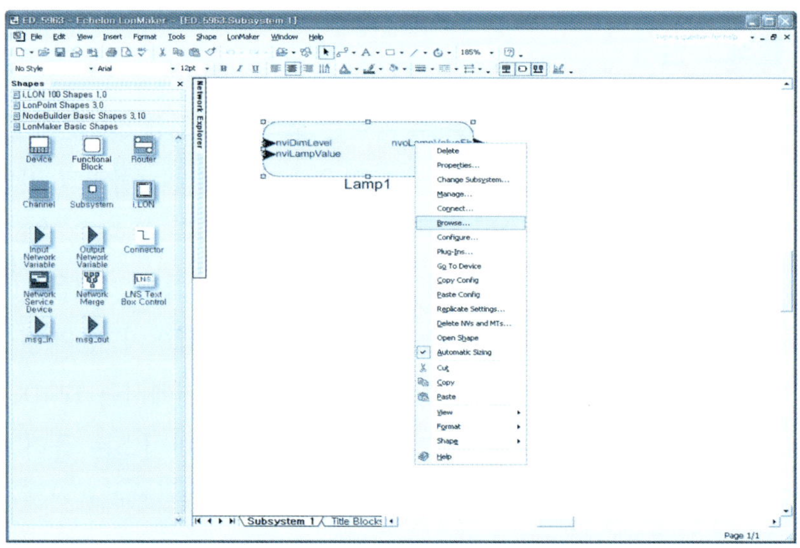

⑮ 브라우저 창에서 nviLampValue를 클릭한다(그림변경).

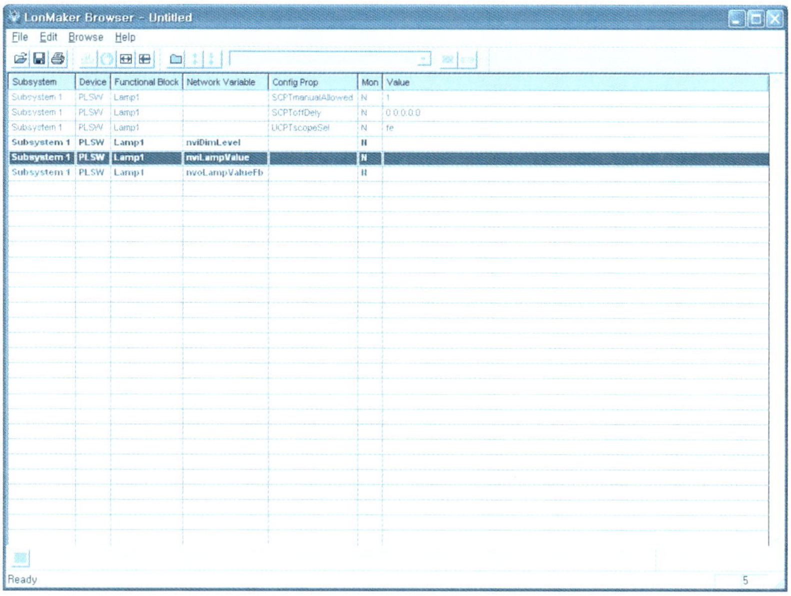

⑯ 아래 창에 ON/OFF 명령을 넣어준다.

(0.0 0은 OFF 상태를, 100.0 1은 ON 상태를 표시한다.)

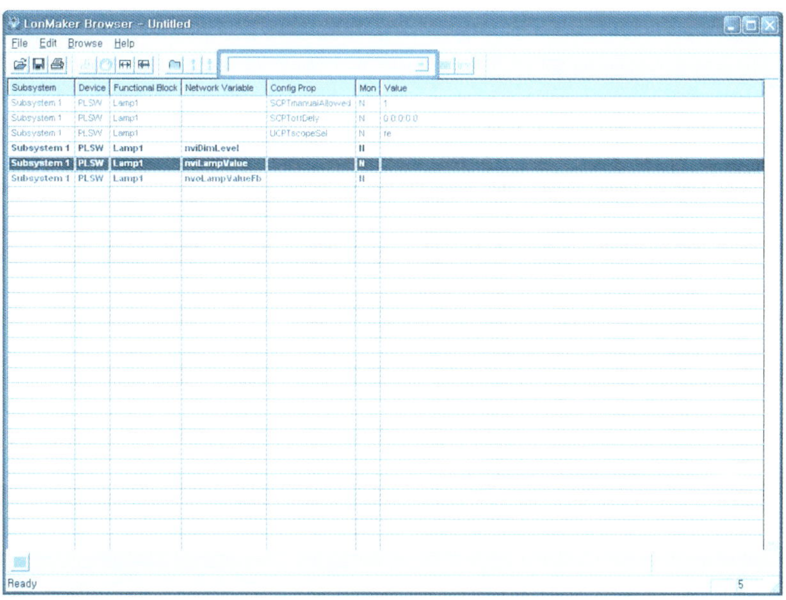

제 9 장

⑰ Functional Block 아이콘을 작업창에 드래그 앤 드롭으로 가져다 놓은 뒤 아래와 같이 설정해준다.

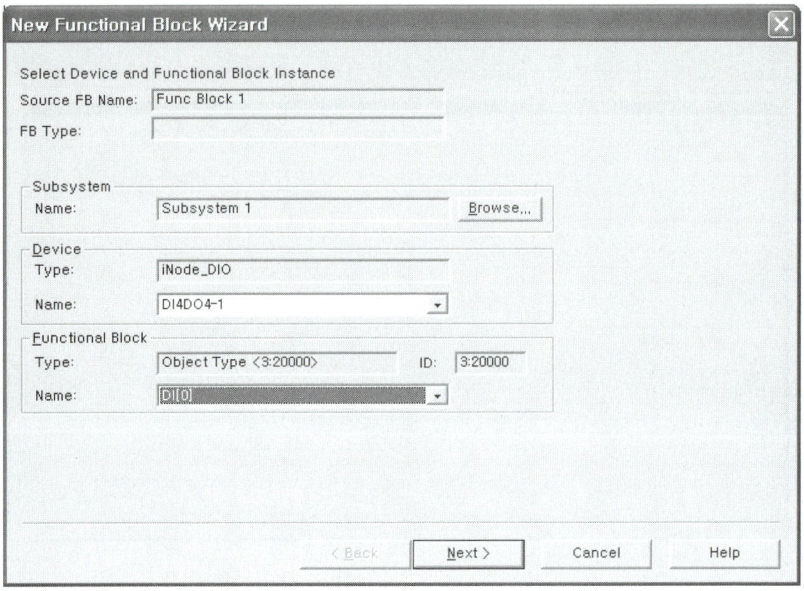

⑱ Functional Block의 이름을 DI라 주고 모든 네트워크 변수를 생성시킨다.

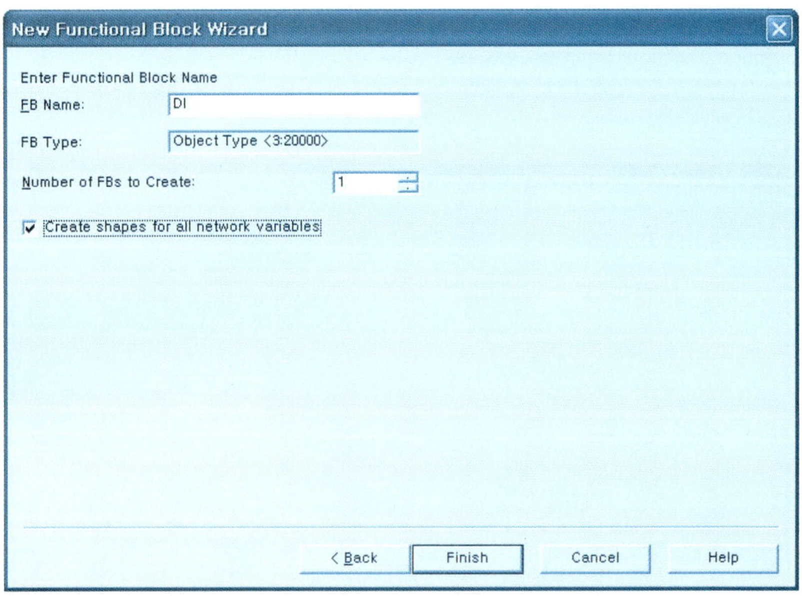

⑲ DI블록과 Lamp1 블록이 생성된다.

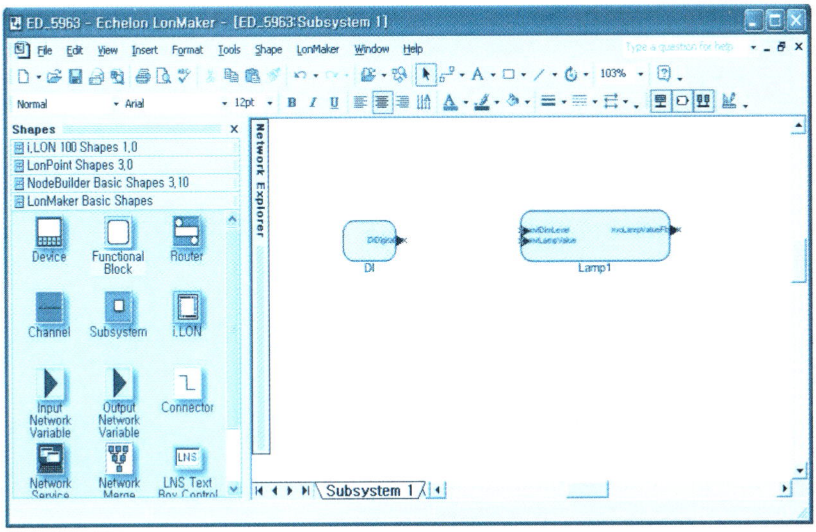

⑳ 커넥터 아이콘을 드래그하여 DI 블록에 NVO(Network Variable Output)에 가져다 놓는다.

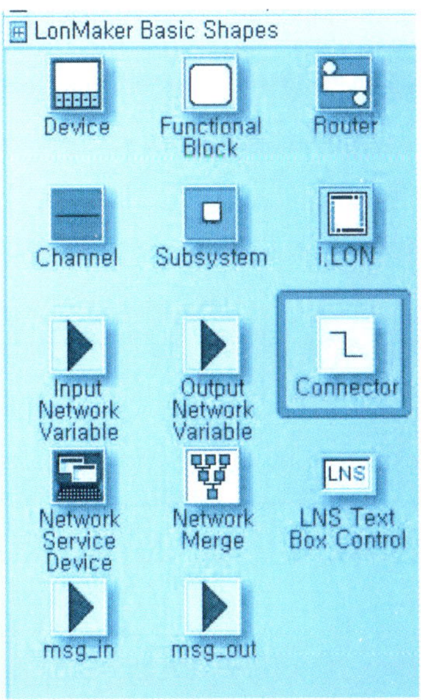

Ⅹ 커넥터를 DI 블록에 NVO에 올려놓은 모습이다.

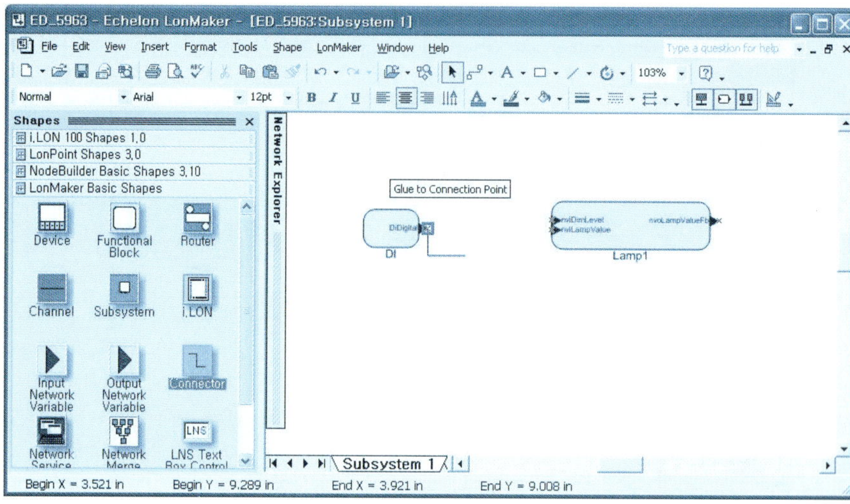

Ⅹ 커넥터의 한쪽 끝을 Lamp1 블록에 nviLampValue에 연결한다.

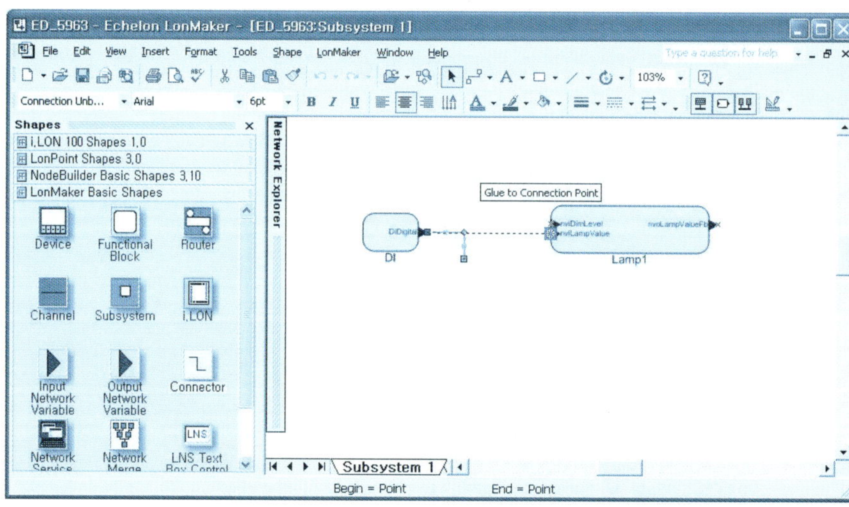

X 이제 DI이 변화함에 따라 조명이 ON/OFF된다.

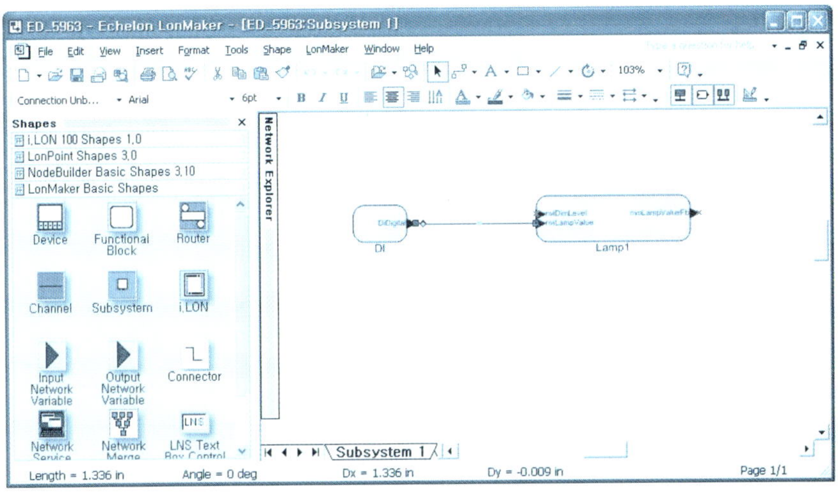

Functional Block 간에 커넥터를 통하여 연결하는 과정을 바인딩이라 한다. 바인딩은 단순히 Functioal Block 간을 연결하는 것이 아니라 네트워크상 다른 디바이스의 다른 블록간에 통신을 연결해주는 과정이다. 여러분은 어떤 명령어 없이 쉽게 디바이스 간 Functional Block 간에 통신을 개통하여 이를 연결하는 일을 한 것이다.

〈하드웨어 결선도〉

- DI4DO4에 DI[0] 두 단자를 토글 스위치1로 배선

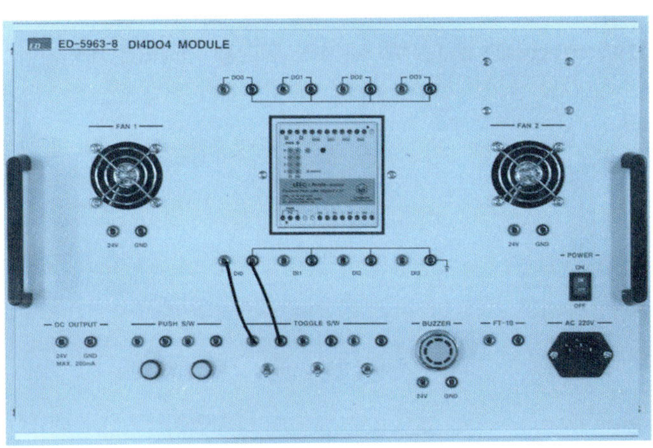

문제 토글 스위치 2개와 Lamp 2개를 사용하여 각각 토글 스위치의 입력이 ON(100.0 1)이면 각각의 조명이 ON/OFF되도록 프로그램하시오.

》 정답화면

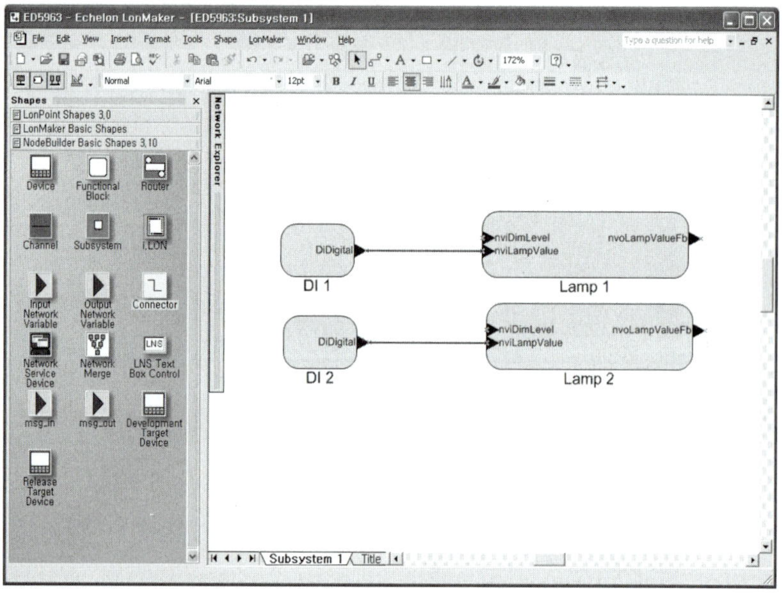

① DI4DO4에 DI[0],DI[1]에 각각 토글 스위치를 연결한다.

② 론 메이커에서 DI4DO4-1 디바이스에 DI[0],DI[1]의 Functional Block를 생성한다.

③ 론 메이커에서 PLSW 디바이스에 lampActuator[0],lampActuator[1]의 Functional Block를 생성한다.

④ DI[0]에 DiDigital과 Lamp1에 nviLampValue를 커넥터로 바인딩한다.

⑤ DI[1]에 DiDigital과 Lamp2에 nviLampValue를 커넥터로 바인딩한다.

〈하드웨어 결선도〉

- DI4DO4에 DI[0] 두 단자를 토글 스위치1로 배선
- DI4DO4에 DI[1] 두 단자를 토글 스위치2로 배선

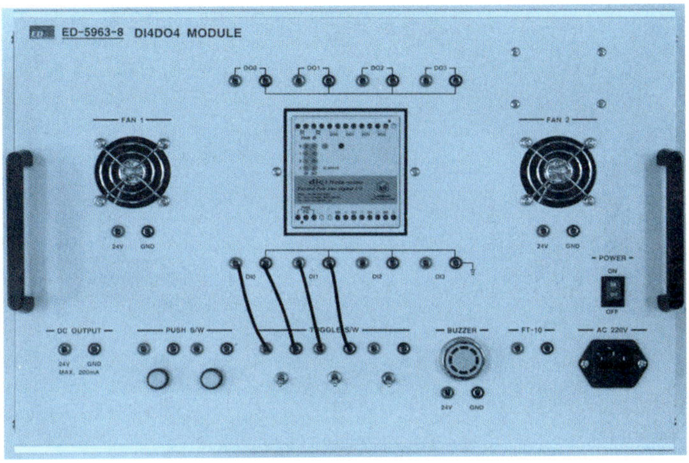

9-2 토글스위치와 디지털 엔코더를 이용한 조명제어응용

■ 실습 내용 | 토글 스위치와 디지털 엔코더 사용하여 상황에 맞는 로직 만들기

① 윈도우 화면 아래쪽 트레이의 시작 → 프로그램에서 LonMaker for Windows를 실행한다.

② Open Network 버튼을 클릭하여 기존에 생성된 프로젝트를 연다.

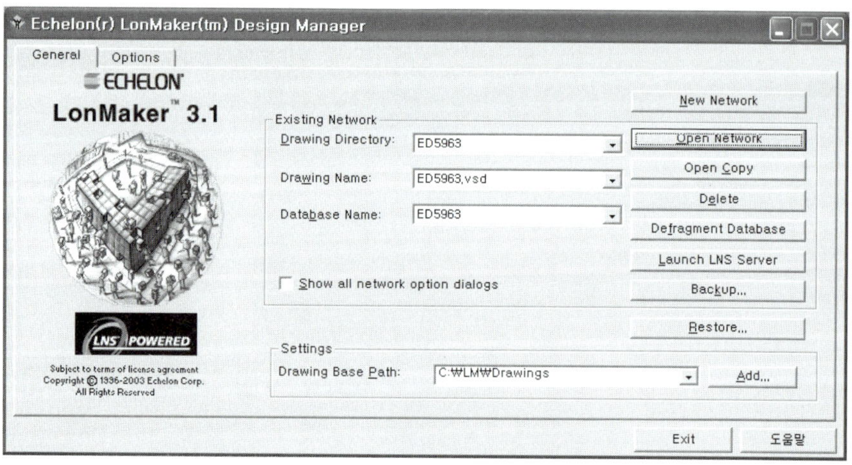

③ Enable Macros를 눌러서 Network 생성을 시작한다.

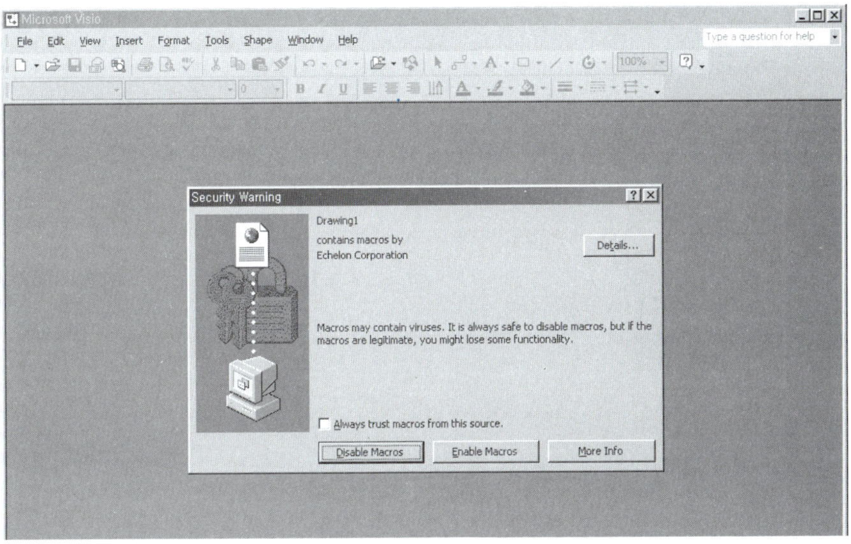

④ Network Attached를 클릭하고 iLON 인터페이스를 선택한다.

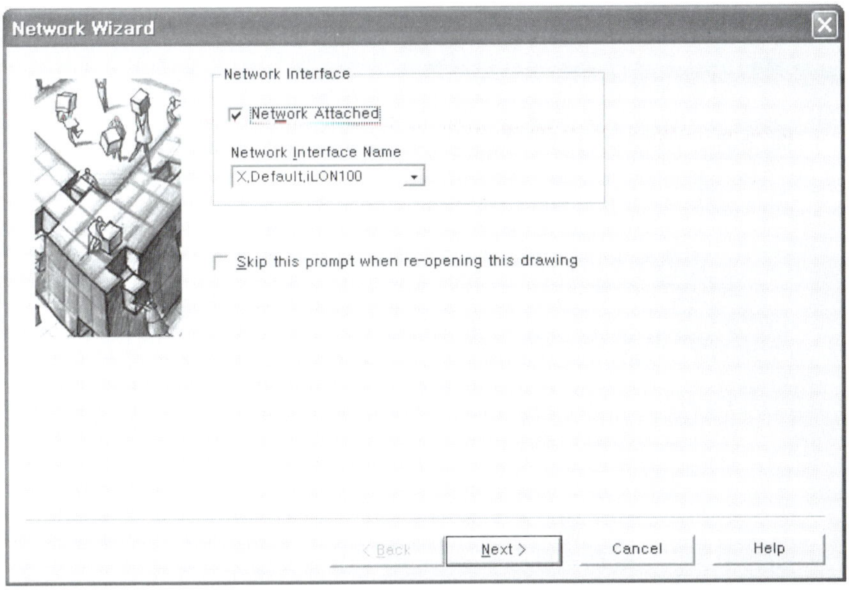

⑤ Management Mode를 설정한다. 장비와 연결되어져 있는 상태에서 작업을 할 경우에 onnet을 선택한 후 Next를 클릭한다.

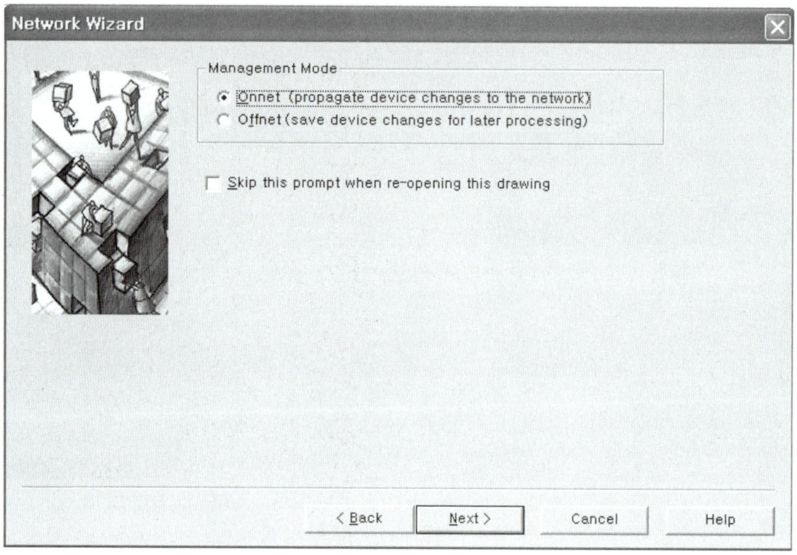

⑥ 작업할 Plug-in을 등록하기 위한 창이다. Finish를 눌러서 다음으로 진행한다.

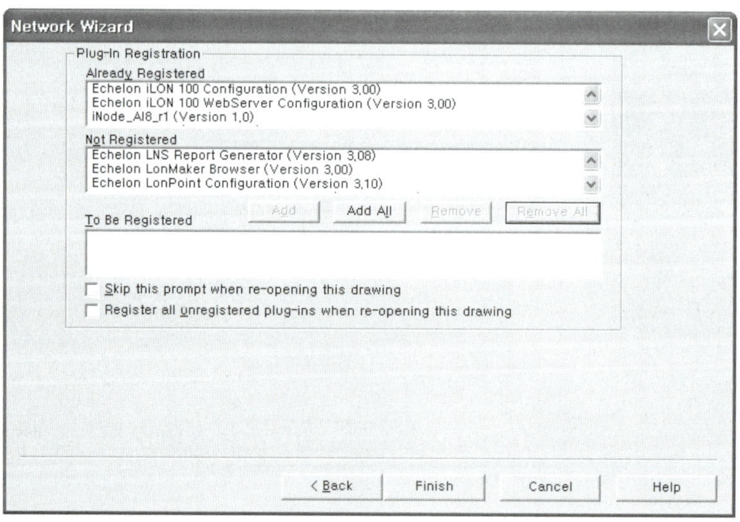

⑦ 디바이스가 커미션된 상태인 LonMaker DataBase 가 나타난다.

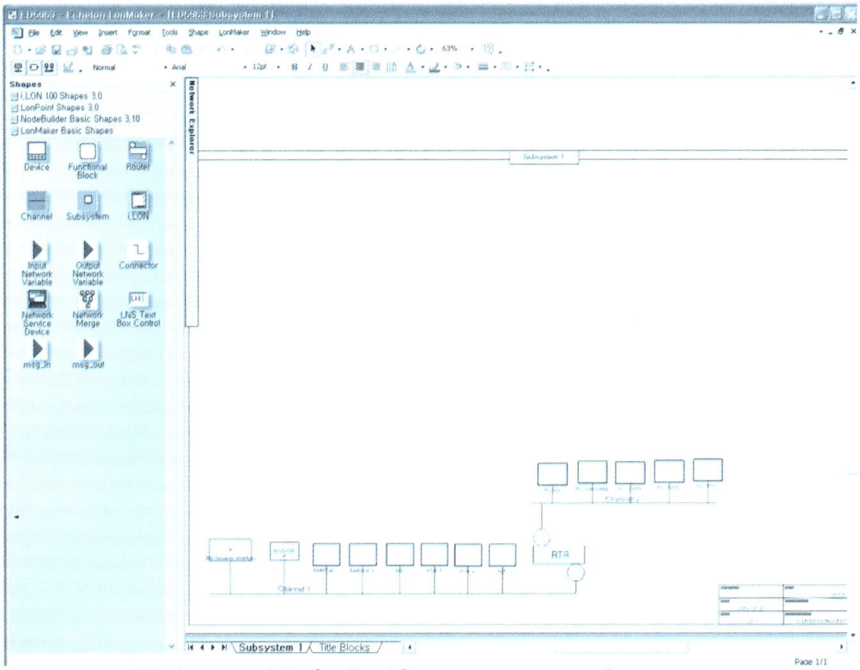

⑧ Functional Block 아이콘을 작업 창으로 드래그 앤 드롭으로 가져다 놓는다.

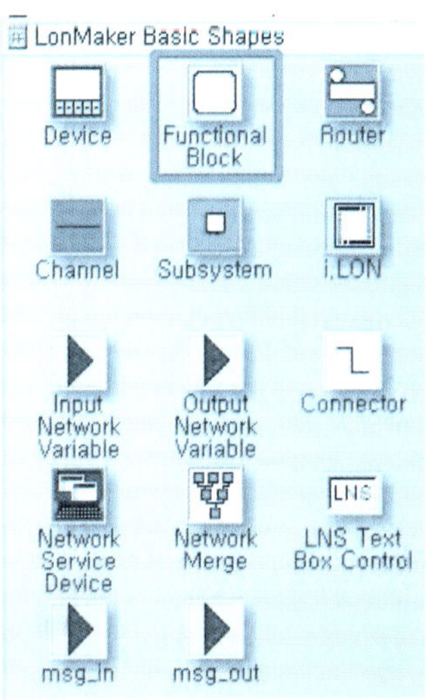

⑨ 다음과 같이 설정해 준다.

아래의 설정은 PLSW라는 디바이스에 LampActuetor [0](첫번째 램프)를 생성하라는 설정이다.

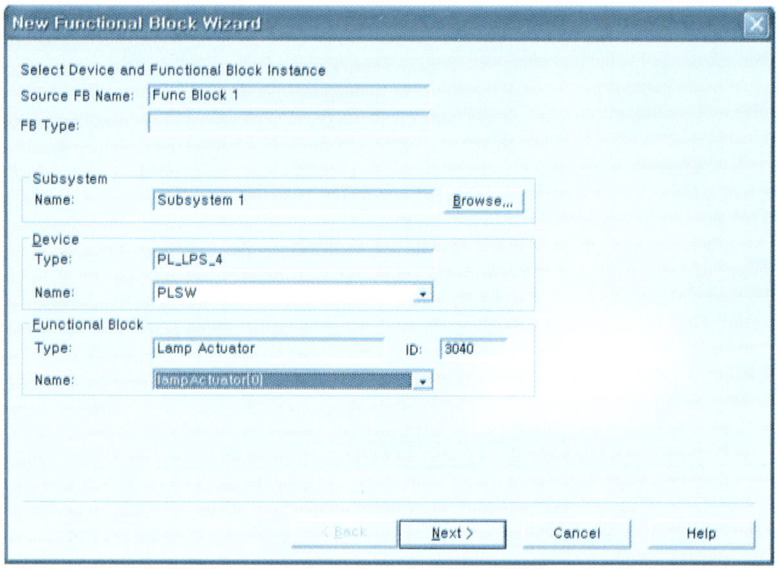

⑩ FB Name에 Functional Block의 이름을 정해준다. Create...를 클릭하여 모든 네트워크 변수를 생성한다.

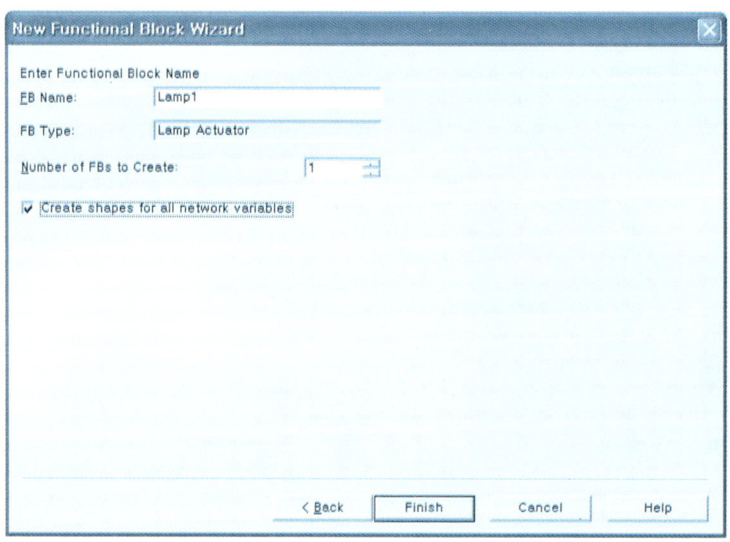

⑪ 조명 스위치에 연결된 Lamp1 블록이 생성된다.

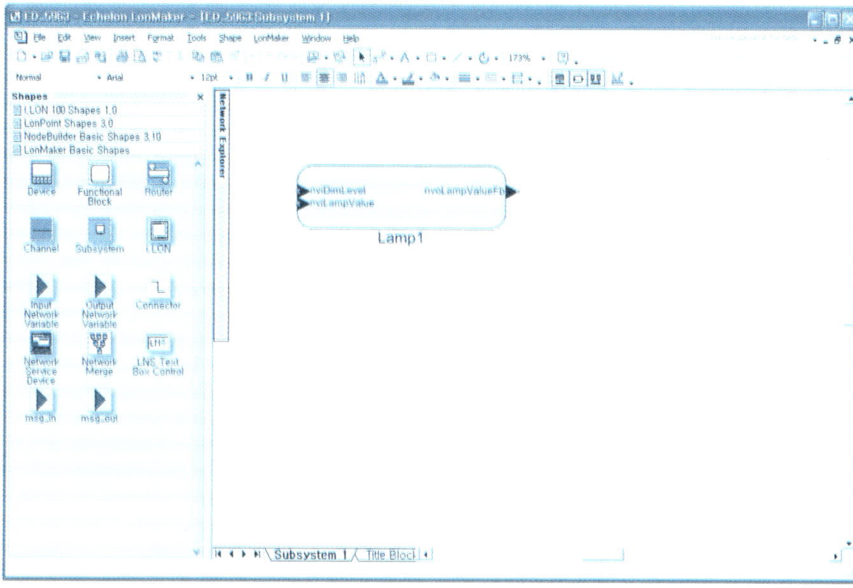

⑫ Functional Block 아이콘을 작업 창으로 드래그 앤 드롭으로 가져다 놓는다.

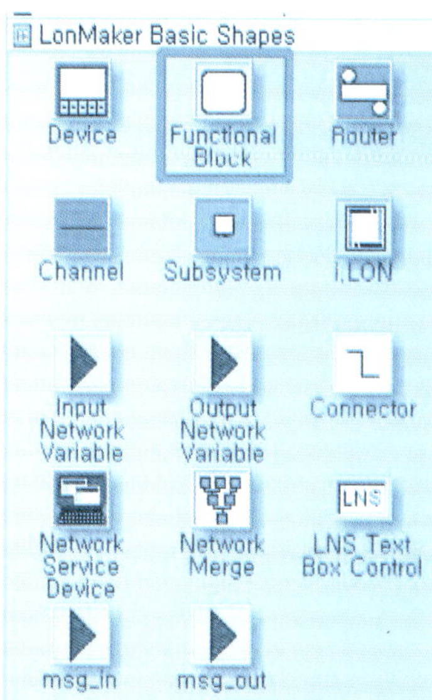

⑬ 다음과 같이 설정해 준다. 아래의 설정은 PLSW라는 디바이스에 Lamp Actuetor[1](두번째 램프)를 생성하라는 설정이다.

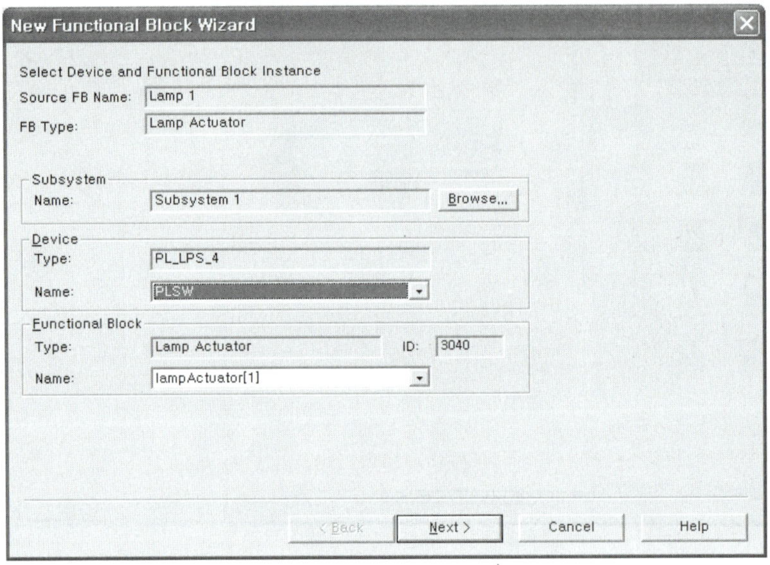

⑭ FB Name에 Functional Block의 이름을 정해준다. Create...를 클릭하여 모든 네트워크 변수를 생성한다.

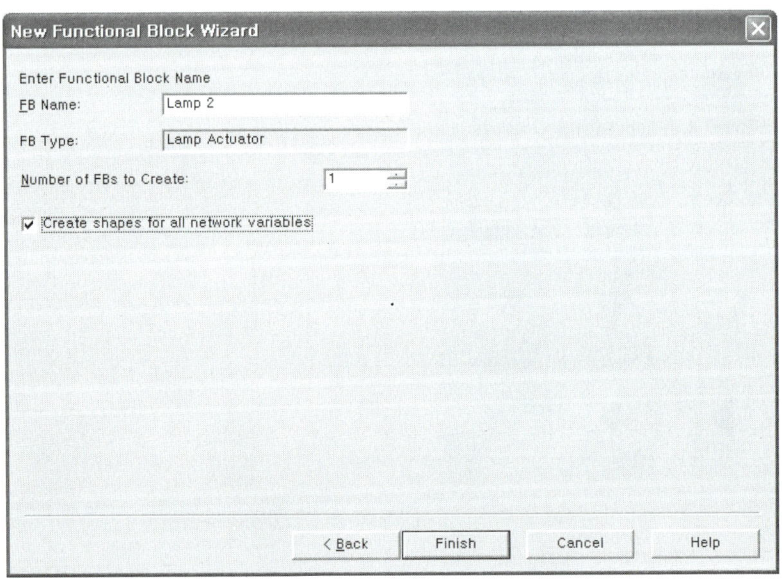

⑮ 조명 스위치에 연결된 Lamp2 블록이 생성된다.

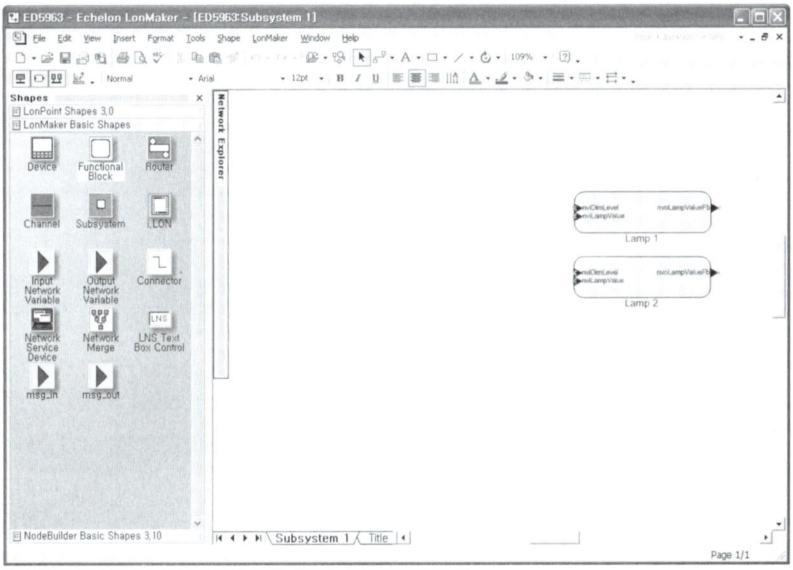

⑯ Functional Block 아이콘을 작업 창으로 드래그 앤 드롭으로 가져다 놓는다.

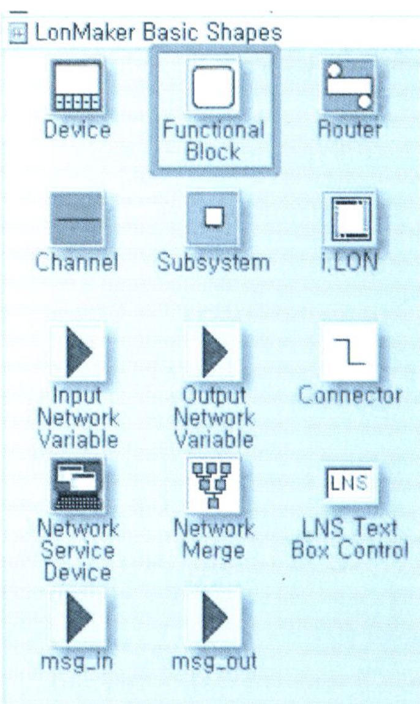

⑰ 다음과 같이 설정해 준다. 아래의 설정은 DI4DO4-1라는 디바이스에 DI[0](첫번째 디지털 입력)를 생성하라는 설정이다.

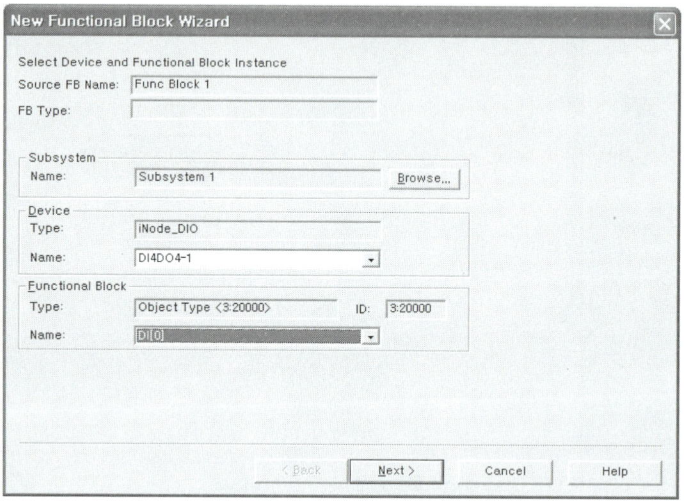

⑱ FB Name에 Functional Block의 이름을 정해준다. Create...를 클릭하여 모든 네트워크 변수를 생성한다. Number of FBs to Create를 2로 설정하여 2개를 생성한다.

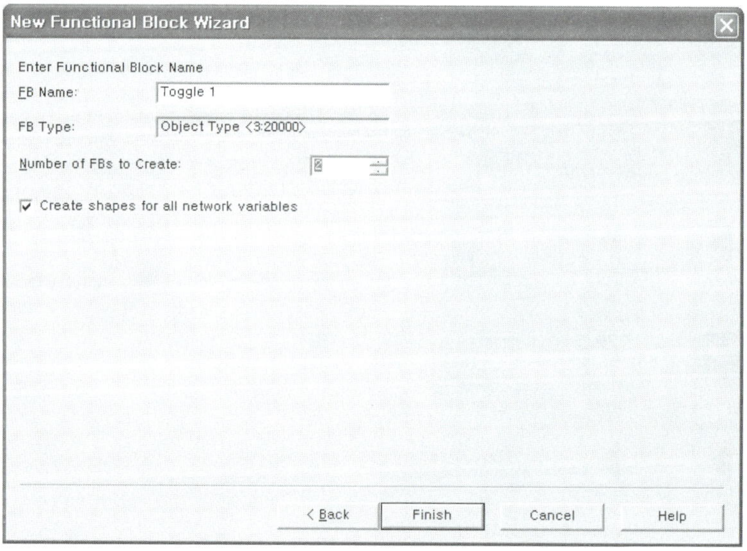

⑲ 다음과 같이 설정해 준다. 아래의 설정은 DI4DO4-1라는 디바이스에 DI[1](두번째 디지털 입력)를 생성하라는 설정이다.

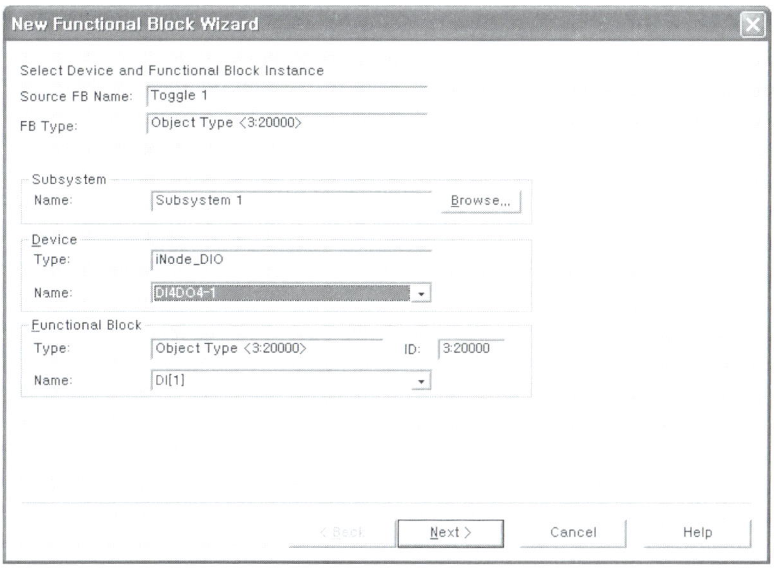

⑳ FB Name에 Functional Block의 이름을 정해준다. Create...를 클릭하여 모든 네트워크 변수를 생성한다.

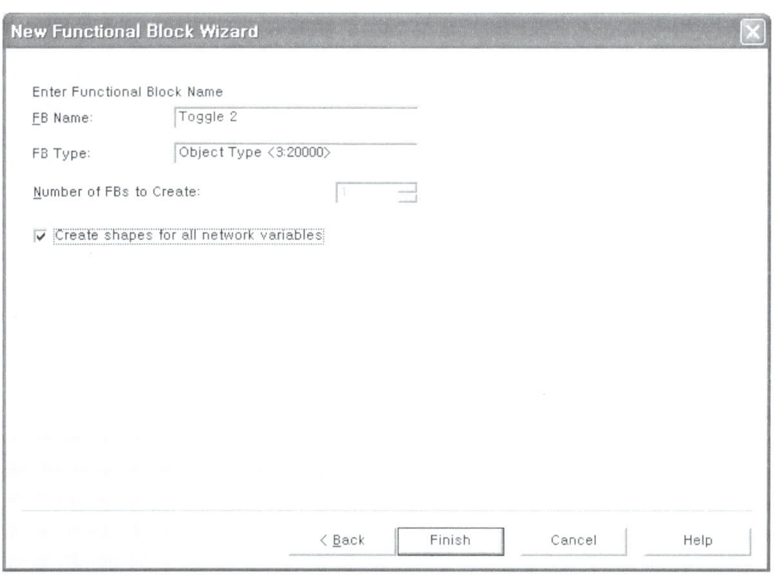

X DI4DO4-1에 연결된 DI 블록이 생성된다.

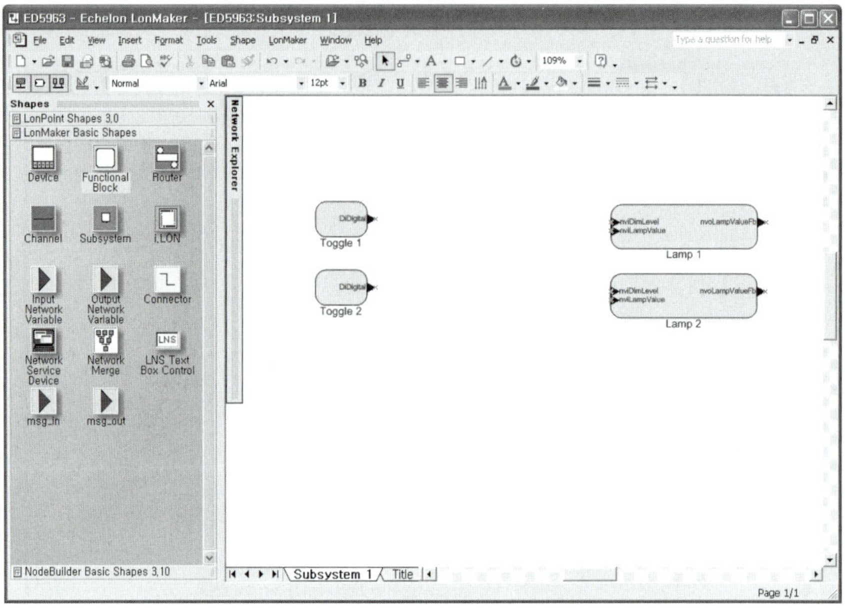

X Functional Block 아이콘을 작업 창으로 드래그 앤 드롭으로 가져다 놓는다.

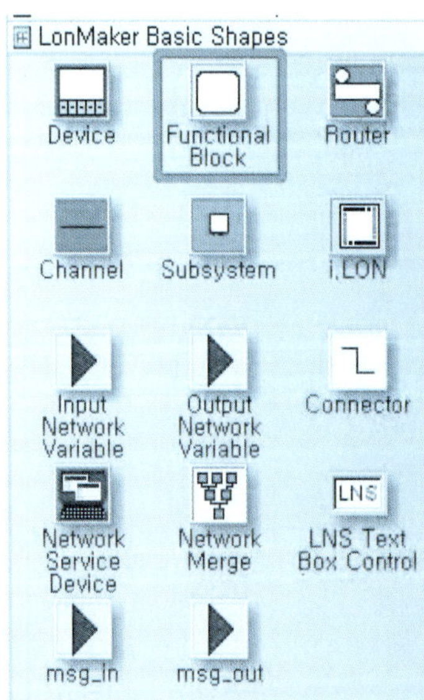

X 다음과 같이 설정해 준다. 아래의 설정은 DI4DO4-1라는 디바이스에 D똧[0](첫번째 디지털 엔코더)를 생성하라는 설정이다.

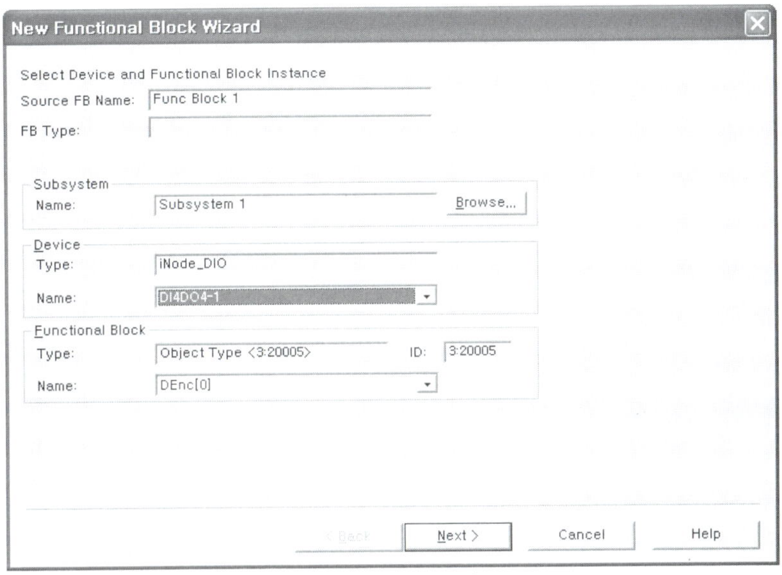

X FB Name에 Functional Block의 이름을 정해준다. Create...를 클릭하여 모든 네트워크 변수를 생성한다.

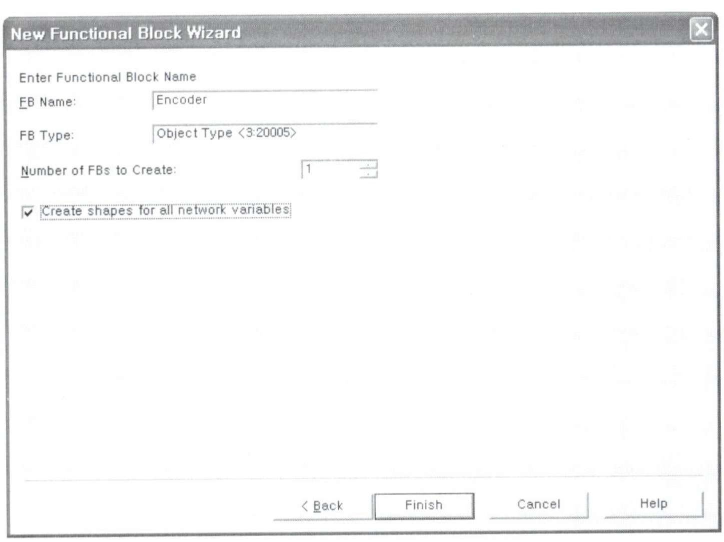

X DI4DO4-1에 연결된 Encoder 블록이 생성된다.

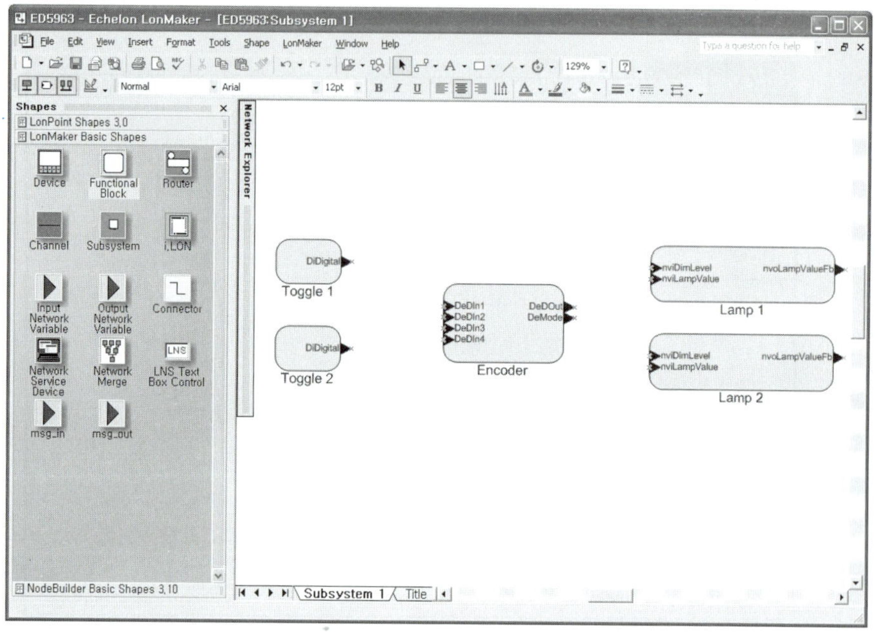

X 아래와 같이 커넥터를 이용하여 바인딩 한다.

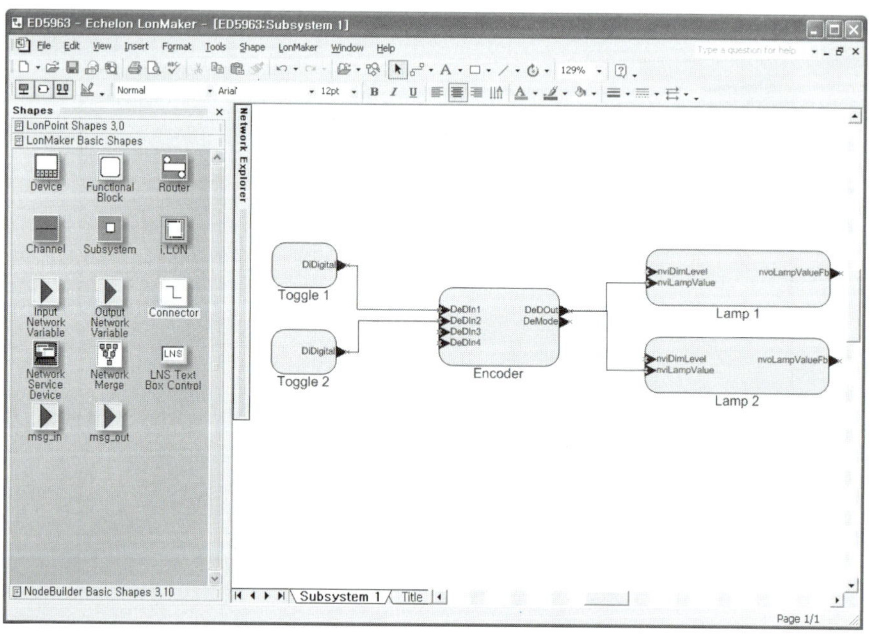

FB	NV 이름
Toggle1	DiDigital
Toggle2	DiDigital
Encoder	DeDOut
Encoder	DeDOut

FB	NV 이름
Encoder	DeDIn1
Encoder	DeDIn2
Lamp1	nviLampValue
Lamp2	nviLampValue

X Toggle 스위치 1과 Toggle 스위치 2가 모두 ON(100.0 1)일 경우 Lamp가 ON이 되는 설정을 해보도록 하겠다. Encoder 블록을 클릭한 뒤 마우스 오른쪽 버튼을 누른다.

아래와 같은 메뉴가 나타나면 Configure...을 클릭한다.

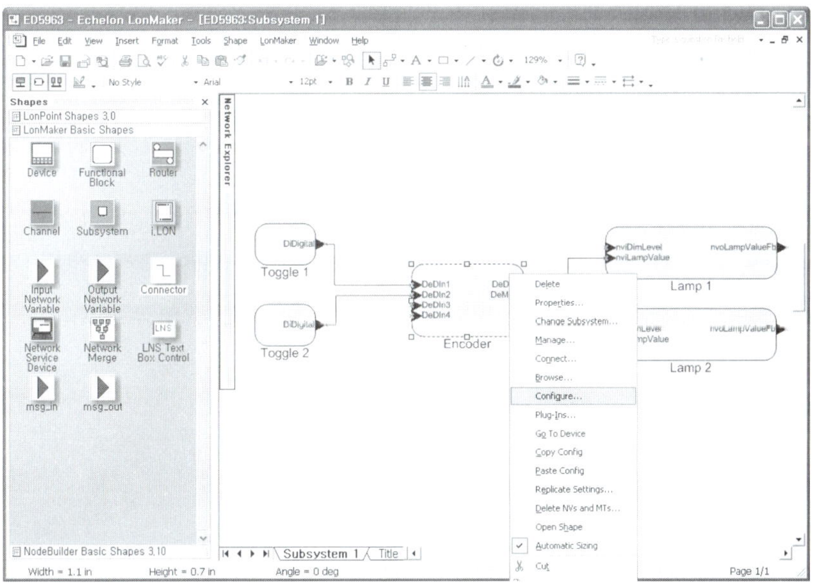

Configure...는 디바이스 업체에서 제공한 플러그 인 소프트웨어를 실행시키는 명령이다.

X 디지털 엔코더의 플러그 인 화면이다. 설정을 하기 위해서 Setting 버튼을 클릭한다.

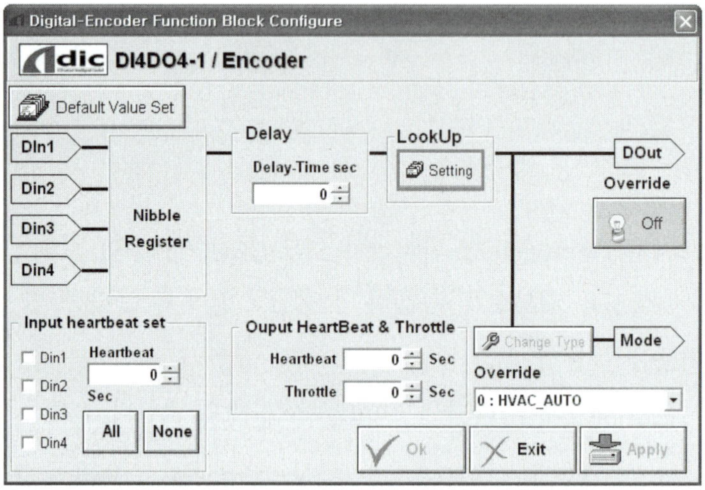

(1) Encoder 플러그 인 설명

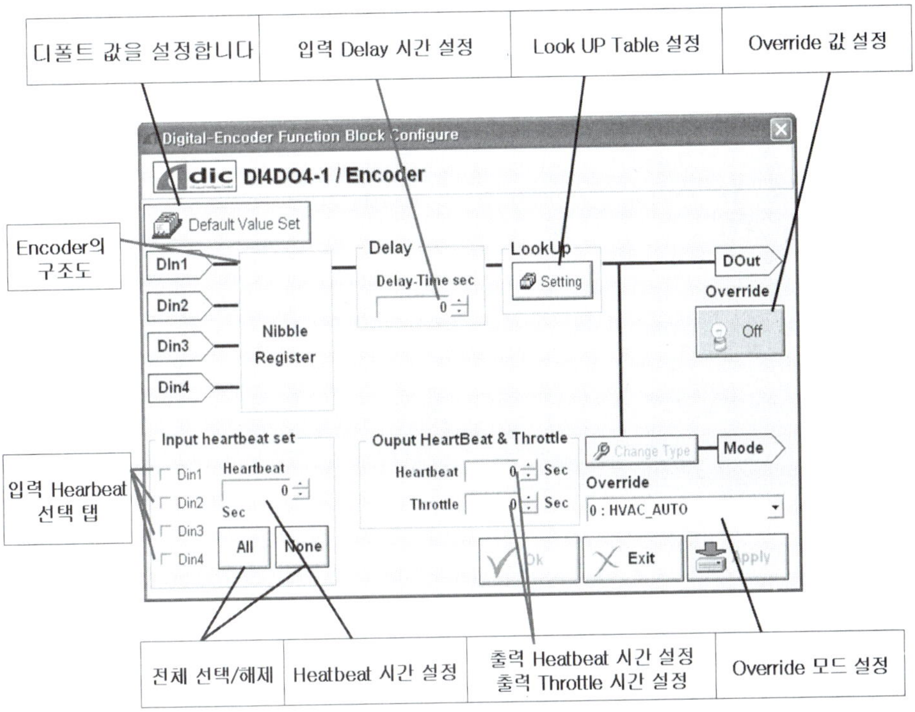

① Encoder 구조도 : 디지털 엔코더의 프로세싱 구조를 나타낸다. 4개의 디지털 입력을 받아 Delay 프로세서를 거치고 Look Up Table에 의해서 출력이 결정된다.

② Default Value Set : 디폴트 상태에서의 값을 설정한다.

③ Delay : 프로세싱의 지연 시간을 준다. Look Up Look Up Table을 설정한다. Look Up Table은 4개의 입력에 관한 출력의 설정을 나타낸 표를 말한다. Setting 버튼을 클릭하시면 Look Up Table이 나타난다.

④ Override : Override란 디바이스의 시험 또는 로직의 시험을 위하여 강제적인 ON/OFF 또는 Mode 값을 출력해 주는 것을 말한다.

⑤ Heatbeat : Heatbeat 이란 네트워크 상에 아무런 변화가 없을 때 일정 시간 간격으로 패킷을 발생시켜 Functional Block와 연결된 다른 Functional Block의 상태를 가져오는 것을 말한다. Heatbeat 시간을 짧게 주면 네트워크상에 트래픽이 증가하여 전체 네트워크가 좋지 못한 상황이 될 수 있다. Heatbeat 시간은 Throttle 시간의 4배를 주는 것이 좋다.

⑥ Throttle : Throttle는 네트워크로 보내줄 값이 수시로 변하여도 일정시간 동안 만에 한번씩 네트워크에 패킷을 발생시키는 기능이다. 예를 들어, Throttle 시간이 4초라도 설정했을 때, 네트워크 변수의 값이 1초 마다 변화하여 패킷을 1초 마다 발생시켜야 할지라도 Throttle 시간에 의하여 4초 만에 1번의 패킷을 발생시킨다.

Ⅹ Lookup Table이 나타난다. 아래 색으로 표시된 부분은 D1,D2,D3,D4의 입력의 값의 상태를 보는 방법이다.

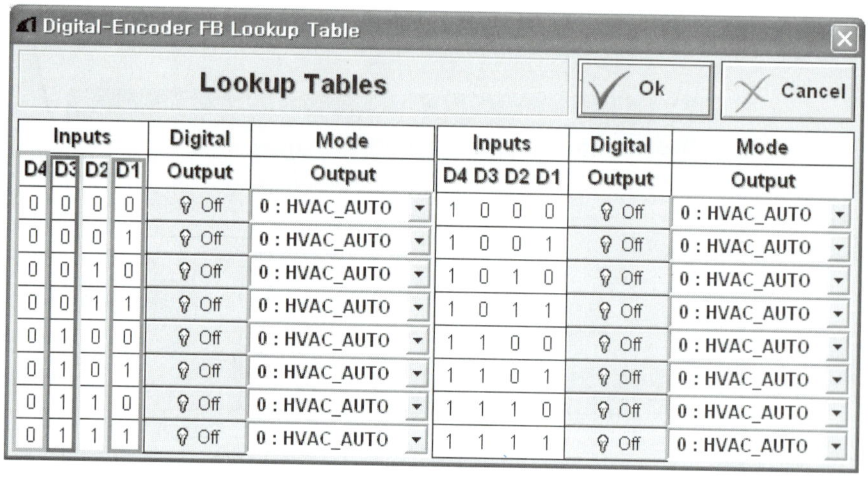
Digital-Encoder FB Lookup Table

Lookup Tables　Ok　Cancel

Inputs D4 D3 D2 D1	Digital Output	Mode Output	Inputs D4 D3 D2 D1	Digital Output	Mode Output
0 0 0 0	Off	0 : HVAC_AUTO	1 0 0 0	Off	0 : HVAC_AUTO
0 0 0 1	Off	0 : HVAC_AUTO	1 0 0 1	Off	0 : HVAC_AUTO
0 0 1 0	Off	0 : HVAC_AUTO	1 0 1 0	Off	0 : HVAC_AUTO
0 0 1 1	Off	0 : HVAC_AUTO	1 0 1 1	Off	0 : HVAC_AUTO
0 1 0 0	Off	0 : HVAC_AUTO	1 1 0 0	Off	0 : HVAC_AUTO
0 1 0 1	Off	0 : HVAC_AUTO	1 1 0 1	Off	0 : HVAC_AUTO
0 1 1 0	Off	0 : HVAC_AUTO	1 1 1 0	Off	0 : HVAC_AUTO
0 1 1 1	Off	0 : HVAC_AUTO	1 1 1 1	Off	0 : HVAC_AUTO

Ⅹ D1,D2가 모두 ON일 때 출력이 ON이여야 하므로 아래 붉은 색으로 표시된 버튼을 클릭하여 ON으로 상태를 바꾸어 주면 된다.

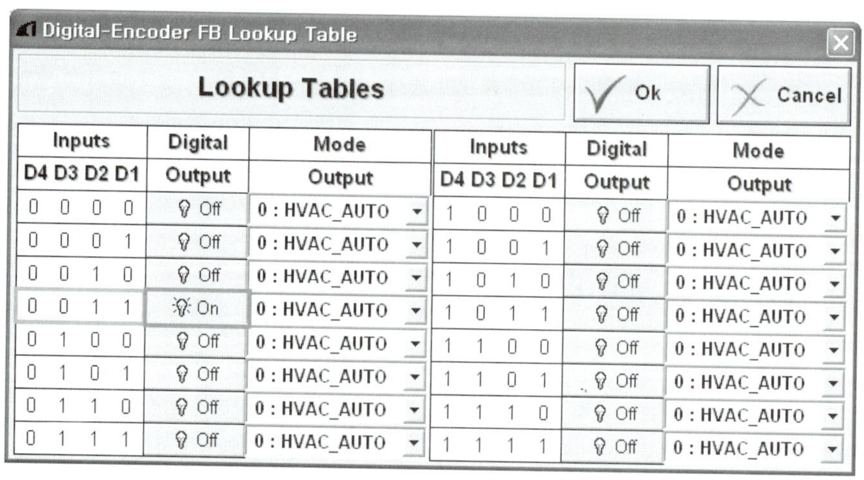
Digital-Encoder FB Lookup Table

Lookup Tables　Ok　Cancel

Inputs D4 D3 D2 D1	Digital Output	Mode Output	Inputs D4 D3 D2 D1	Digital Output	Mode Output
0 0 0 0	Off	0 : HVAC_AUTO	1 0 0 0	Off	0 : HVAC_AUTO
0 0 0 1	Off	0 : HVAC_AUTO	1 0 0 1	Off	0 : HVAC_AUTO
0 0 1 0	Off	0 : HVAC_AUTO	1 0 1 0	Off	0 : HVAC_AUTO
0 0 1 1	On	0 : HVAC_AUTO	1 0 1 1	Off	0 : HVAC_AUTO
0 1 0 0	Off	0 : HVAC_AUTO	1 1 0 0	Off	0 : HVAC_AUTO
0 1 0 1	Off	0 : HVAC_AUTO	1 1 0 1	Off	0 : HVAC_AUTO
0 1 1 0	Off	0 : HVAC_AUTO	1 1 1 0	Off	0 : HVAC_AUTO
0 1 1 1	Off	0 : HVAC_AUTO	1 1 1 1	Off	0 : HVAC_AUTO

X 설정을 완료하기 위해서 Apply 버튼과 OK 버튼을 클릭한다.

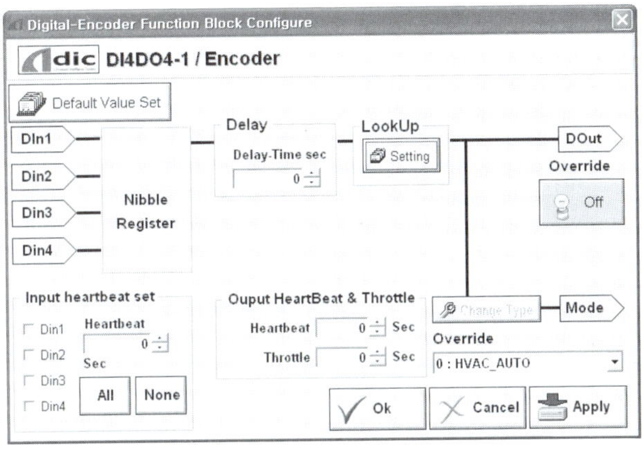

〈하드웨어 결선도〉

- DI4DO4에 DI[0] 두 단자를 토글 스위치1로 배선
- DI4DO4에 DI[1] 두 단자를 토글 스위치2로 배선

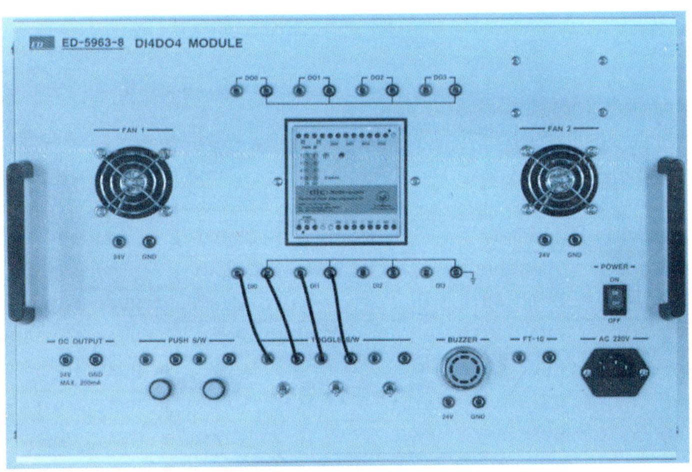

제 9 장

문제 토글 스위치 2개, Lamp 2개, 디지털 엔코더 1개를 이용하여 토글스위치1 만 ON일 때와 토글 스위치 2만 ON일 때 Lamp가 ON이 되는 로직을 구성하시오

》 정답화면

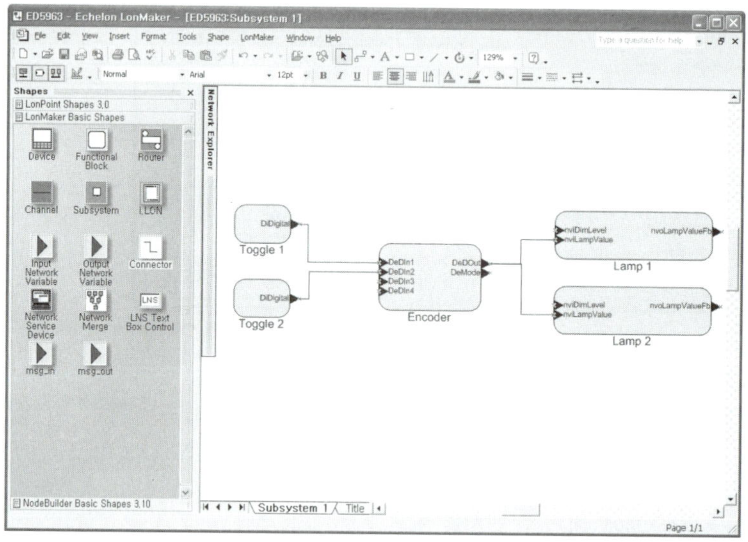

〈LookUp Table 설정〉

Digital-Encoder FB Lookup Table

Lookup Tables — Ok / Cancel

Inputs D4 D3 D2 D1	Digital Output	Mode Output	Inputs D4 D3 D2 D1	Digital Output	Mode Output
0 0 0 0	Off	0 : HVAC_AUTO	1 0 0 0	Off	0 : HVAC_AUTO
0 0 0 1	On	0 : HVAC_AUTO	1 0 0 1	Off	0 : HVAC_AUTO
0 0 1 0	On	0 : HVAC_AUTO	1 0 1 0	Off	0 : HVAC_AUTO
0 0 1 1	Off	0 : HVAC_AUTO	1 0 1 1	Off	0 : HVAC_AUTO
0 1 0 0	Off	0 : HVAC_AUTO	1 1 0 0	Off	0 : HVAC_AUTO
0 1 0 1	Off	0 : HVAC_AUTO	1 1 0 1	Off	0 : HVAC_AUTO
0 1 1 0	Off	0 : HVAC_AUTO	1 1 1 0	Off	0 : HVAC_AUTO
0 1 1 1	Off	0 : HVAC_AUTO	1 1 1 1	Off	0 : HVAC_AUTO

① DI4DO4에 DI[0],DI[1]에 각각 토글 스위치를 연결한다.

② 론 메이커에서 DI4DO4-1 디바이스에 DI[0],DI[1]의 Functional Block를

생성한다.

③ 론 메이커에서 DI4DO4-1 디바이스에 DEnc[0]의 Functional Block를 생성한다.

④ 론 메이커에서 PLSW 디바이스에 lampActuator[0],lampActuator[1]의 Functional Block를 생성한다.

FB	NV 이름
Toggle1	DiDigital
Toggle2	DiDigital
Encoder	DeDOut
Encoder	DeDOut

⇨

FB	NV 이름
Encoder	DeDIn1
Encoder	DeDIn2
Lamp1	nviLampValue
Lamp2	nviLampValue

〈하드웨어 결선도〉

- DI4DO4에 DI[0] 두 단자를 토글 스위치1로 배선
- DI4DO4에 DI[1] 두 단자를 토글 스위치2로 배선

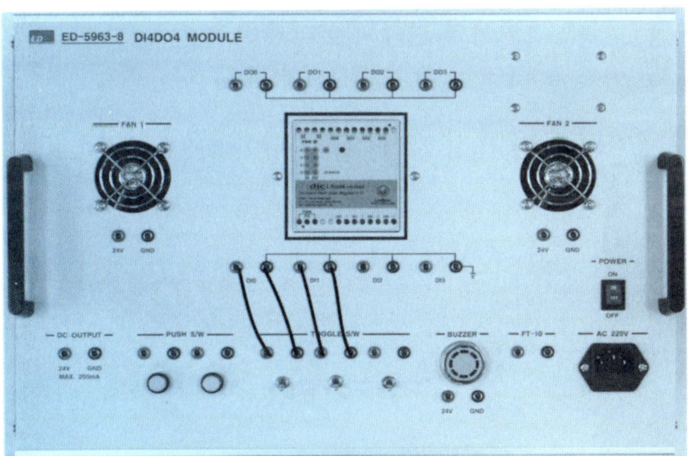

9-3 볼륨을 이용한 조명 밝기 조절 제어응용

■ **실습 내용** | 볼륨을 이용한 조명 밝기 조절 제어

• **Dimming 제어** : 조명의 밝기 조절 제어 방식으로써, 간접 조명등에 많이 사용되며, 영화 감상 등의 일정 밝기의 조명을 필요로 할 때 많이 쓰이는 조명 제어 방식이다.

1. 실습 내용

① Dimming용 조명스위치의 하드웨어적 구성과 소프트웨어적인 구성을 알아본다.

② 볼륨을 이용하여 밝기 조절 제어를 해본다.

2. 하드웨어 구성

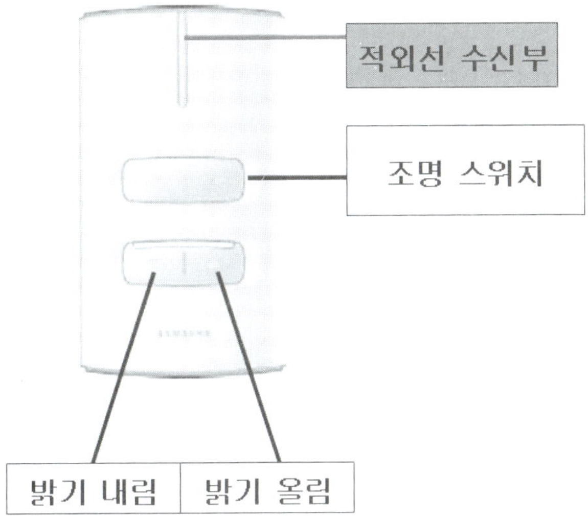

(1) 적외선 수신부

통합 리모컨의 적외선 신호를 수신하는 곳

① 조명 스위치

조명의 ON/OFF 토글(toggle)스위치이다.

LonMaker for Window에서 프로그램시 디바이스의 서비스 핀(Service Pin)의 역할도 한다.

② 밝기 내림

조명의 밝기를 조절하는 버튼으로 한번 누를때 마다 조명의 밝기가 12.5%씩 감소한다.

③ 밝기 올림

조명의 밝기를 조절하는 버튼으로 한번 누를 때 마다 조명의 밝기가 12.5%씩 증가한다.

3. 배선도

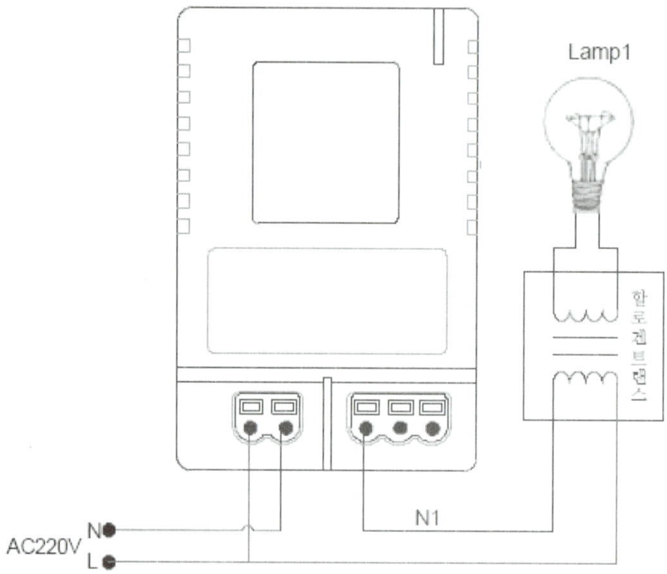

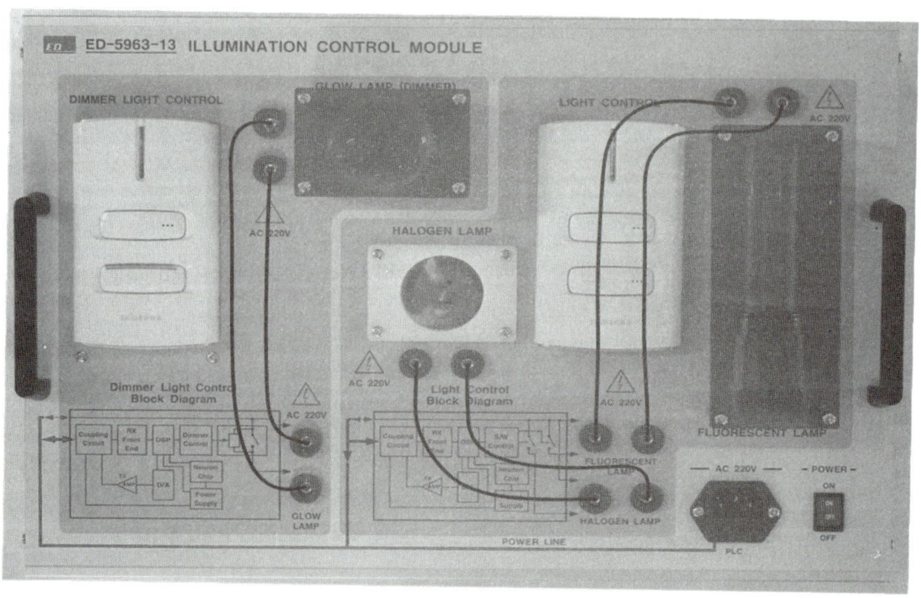

[그림 9-4] 조명제어 결선도

(1) 서비스 핀(Service Pin)

서비스 핀(Service Pin)은 론워크에서 존재하는 특별한 IO이다.

모든 론워크 디바이스는 서비스 핀을 가지고 있으며, 서비스 핀을 누름으로써 디바이스가 가지고 있는 고유의 ID가 네트워크로 전송된다. 디바이스의 고유 ID는 13자리로 되어있으며, 론 메이커에서 디바이스의 고유 ID를 인식하므로써 디바이스의 물리적인 어드레스를 인식하게 된다. 이로써 통신이 개통된다. 모든 디바이스에 고유의 ID가 존재하므로써 여러개의 같은 디바이스를 사용하여도 지정된 디바이스로 명령을 내려주고 또한 디바이스의 상태를 가져올 수 있다.

① 윈도우 화면 아래쪽 트레이의 시작 → 프로그램에서 LonMaker for Windows를 실행한다.

② Open Network 버튼을 클릭하여 기존에 생성된 프로젝트를 연다.

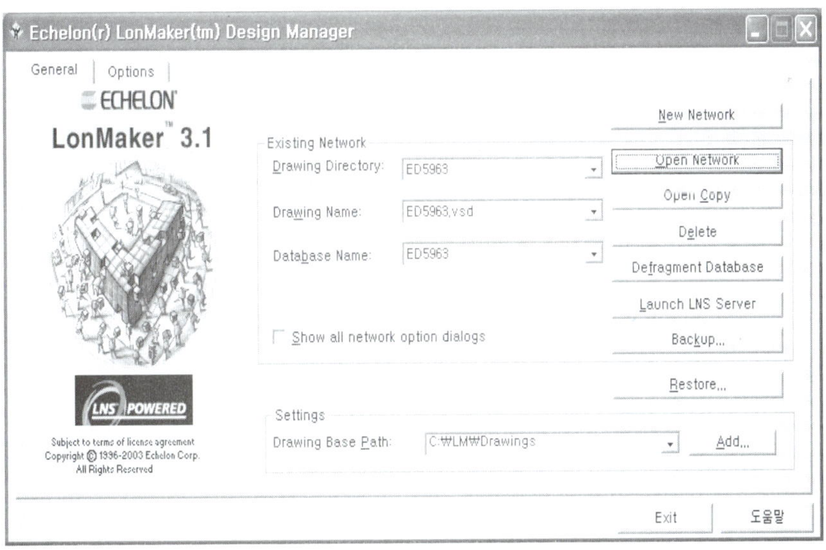

③ Enable Macros를 눌러서 Network 생성을 시작한다.

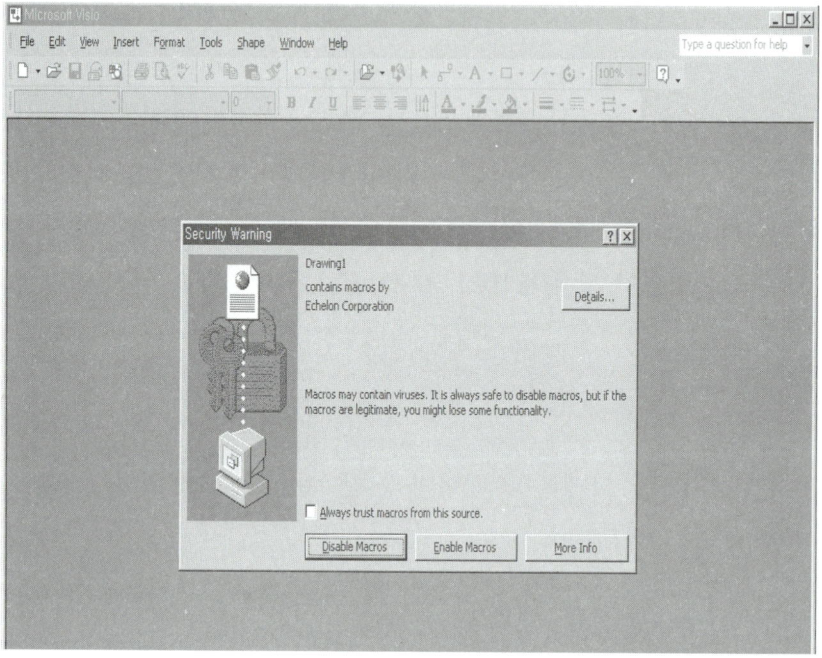

④ Network Attached를 클릭하고 iLON 인터페이스를 선택한다.

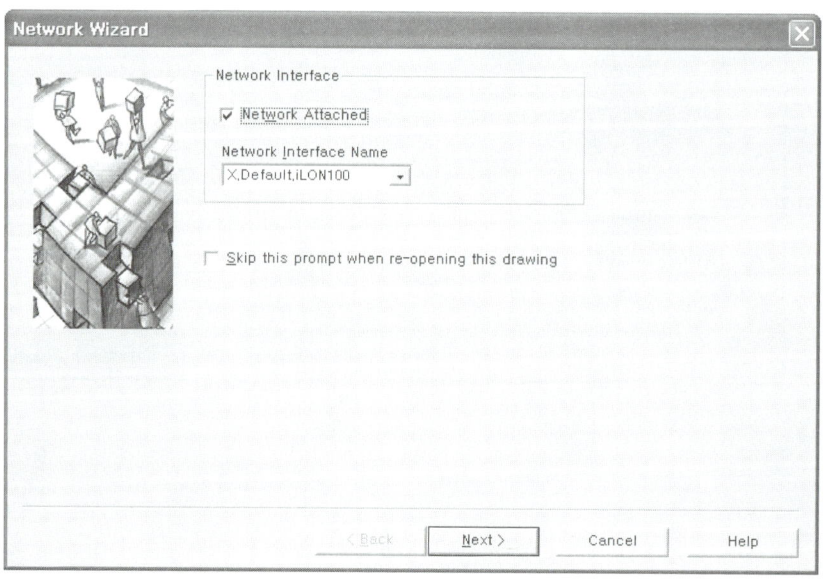

⑤ Management Mode를 설정한다. 장비와 연결되어져 있는 상태에서 작업을 할 경우에 onnet을 선택한 후 Next를 클릭한다.

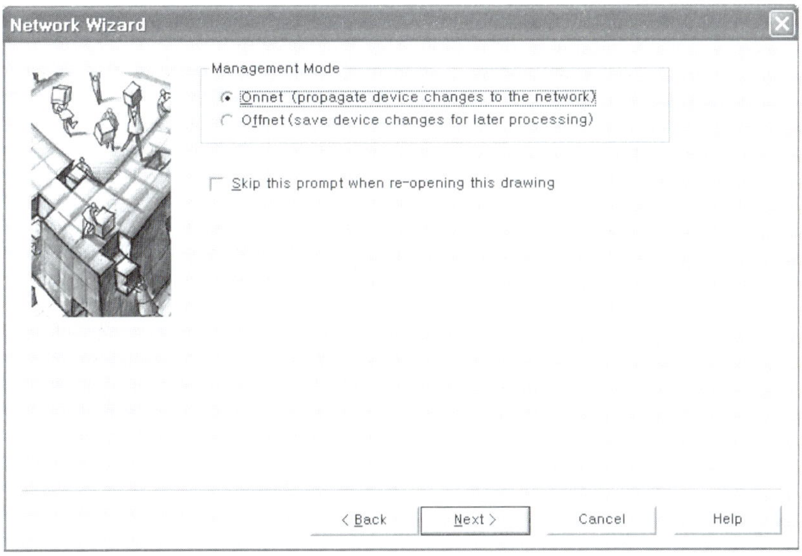

⑥ 작업할 Plug-in을 등록하기 위한 창이다. Finish를 눌러서 다음으로 진행한다.

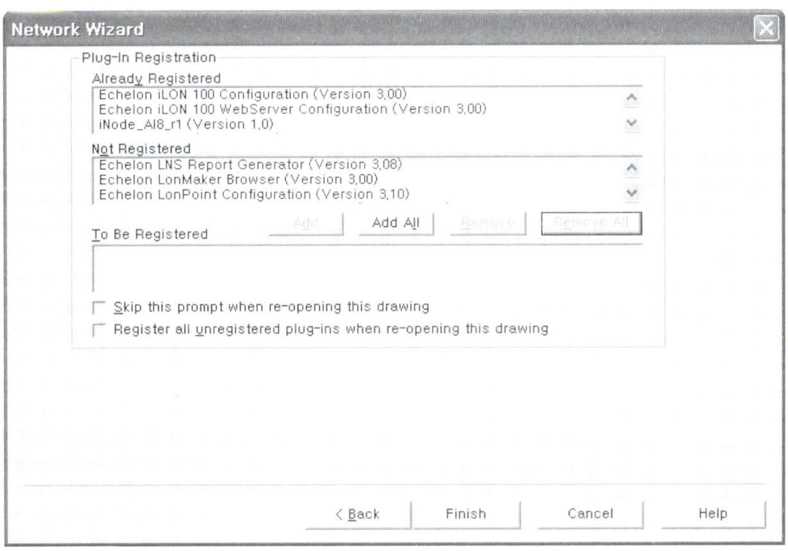

⑦ 디바이스가 커미션된 상태인 LonMaker DataBase가 나타난다.

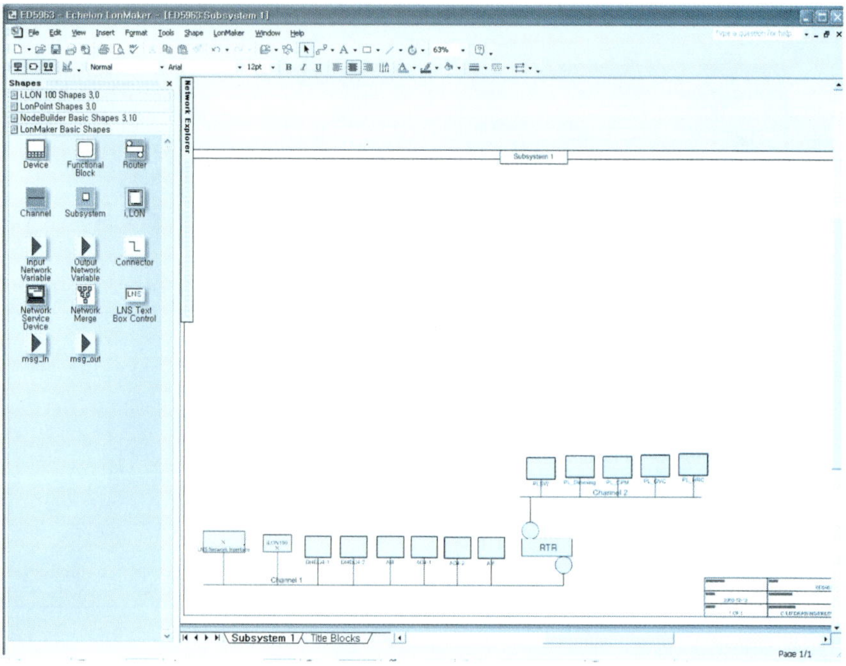

⑧ Functional Block 아이콘을 작업 창으로 드래그 앤 드롭으로 가져다 놓는다.

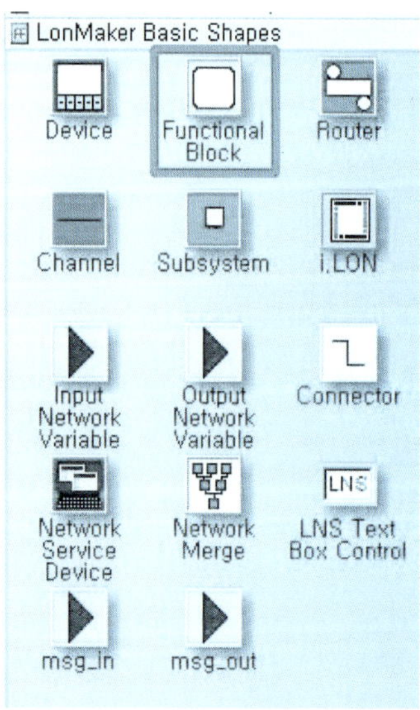

⑨ 다음과 같이 설정해 준다. 아래의 설정은 PL_Dimming라는 디바이스에 LampActuetor를 생성하라는 설정이다.

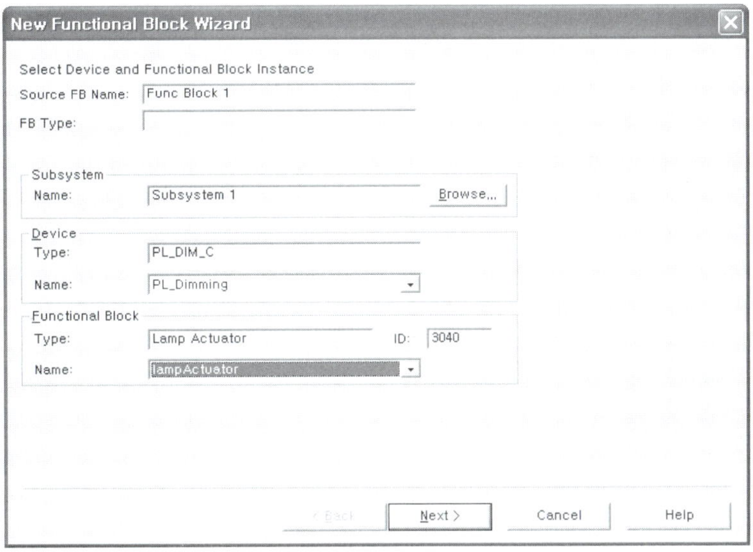

⑩ FB Name에 Functional Block의 이름을 정해준다. Create...를 클릭하여 모든 네트워크 변수를 생성한다.

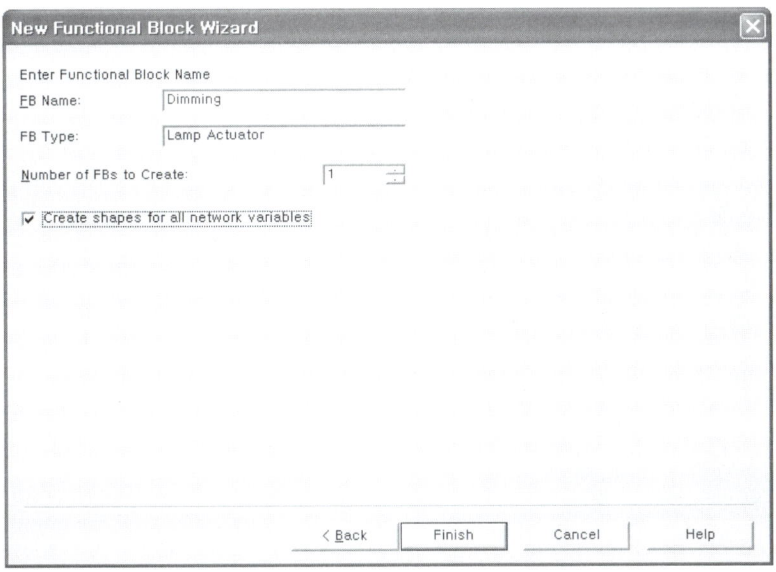

⑪ 디밍 스위치에 연결된 Dimming 블록이 생성된다.

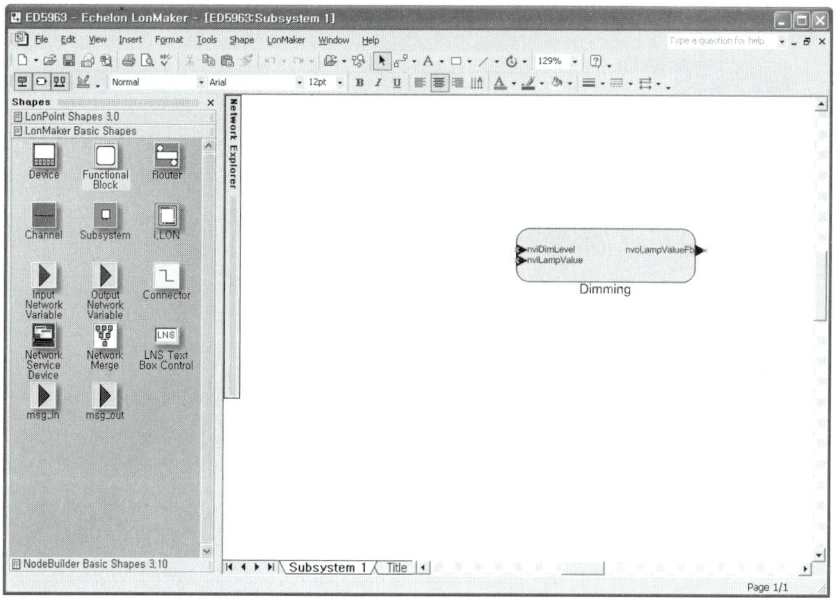

⑫ Functional Block 아이콘을 작업 창으로 드래그 앤 드롭으로 가져다 놓는다.

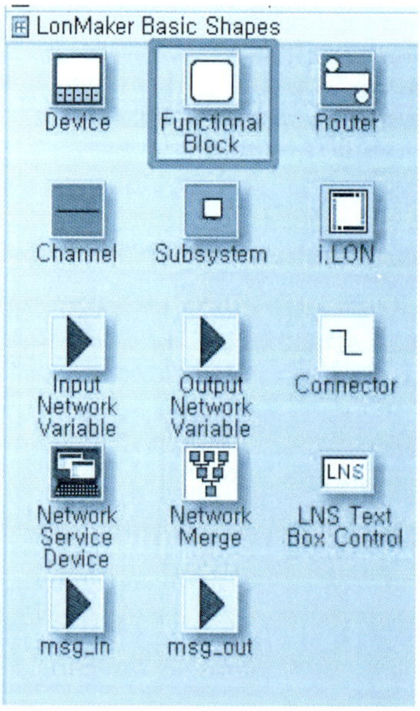

⑬ 다음과 같이 설정해 준다. 아래의 설정은AI8라는 디바이스에 AI[0](첫번째 아날로그 입력)를 생성하라는 설정이다.

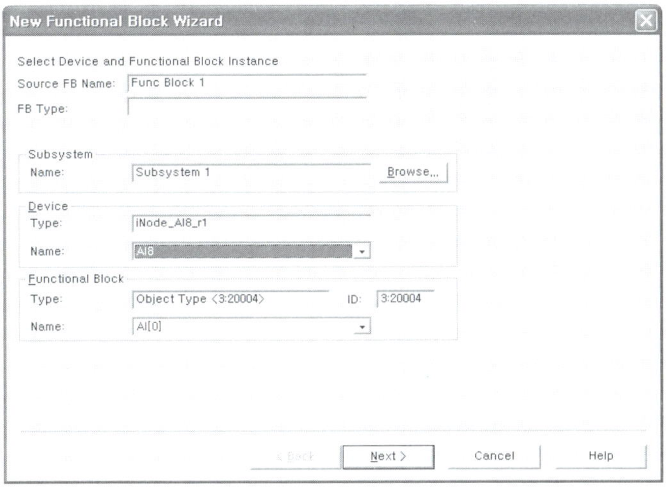

⑭ FB Name에 Functional Block의 이름을 정해준다. Create...를 클릭하여 모든 네트워크 변수를 생성한다.

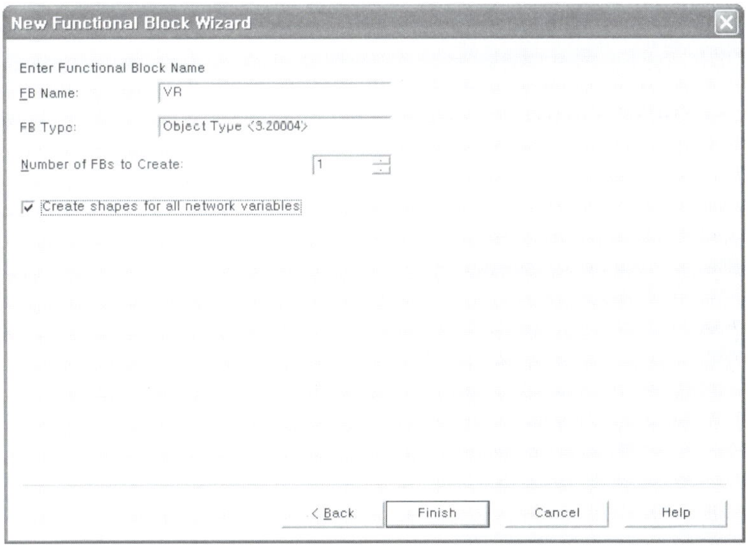

⑮ AI8 디바이스에 연결된 VR 블록이 생성된다.

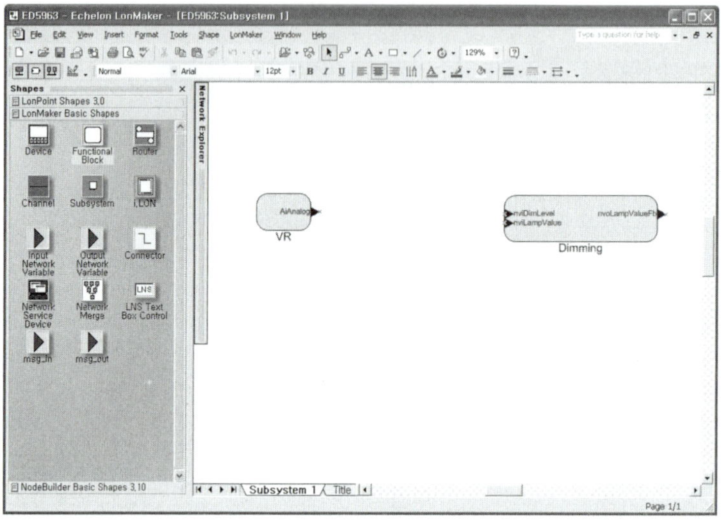

⑯ Functional Block 아이콘을 작업 창으로 드래그 앤 드롭으로 가져다 놓는다.

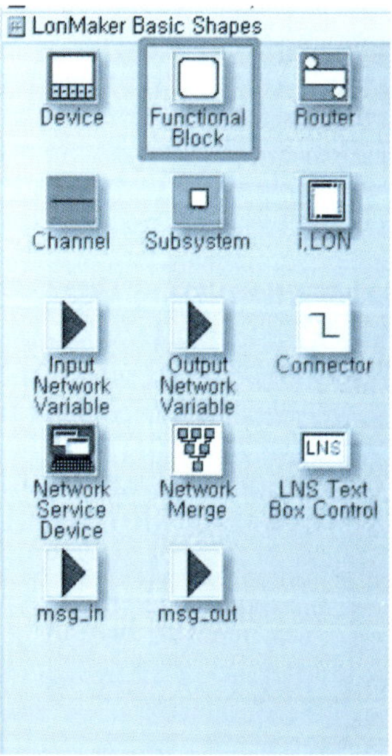

⑰ 다음과 같이 설정해 준다. 아래의 설정은DI4DO4-1라는 디바이스에 DI[0](첫번째 디지털 입력)를 생성하라는 설정이다.

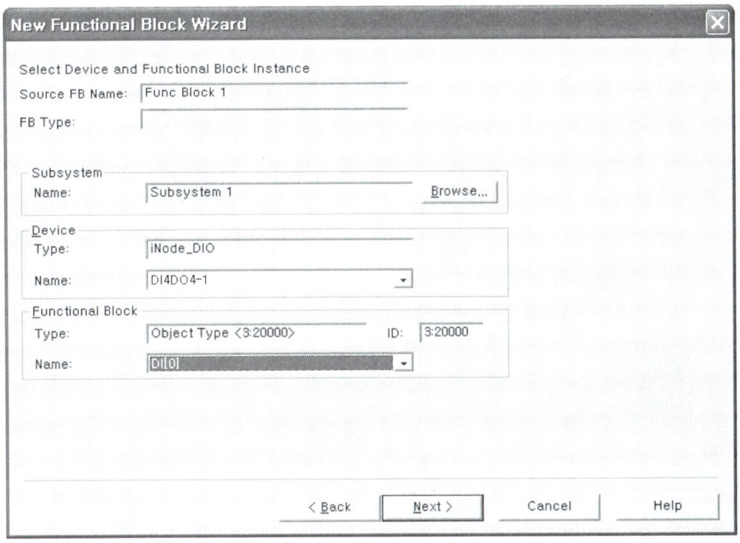

⑱ FB Name에 Functional Block의 이름을 정해준다. Create...를 클릭하여 모든 네트워크 변수를 생성한다.

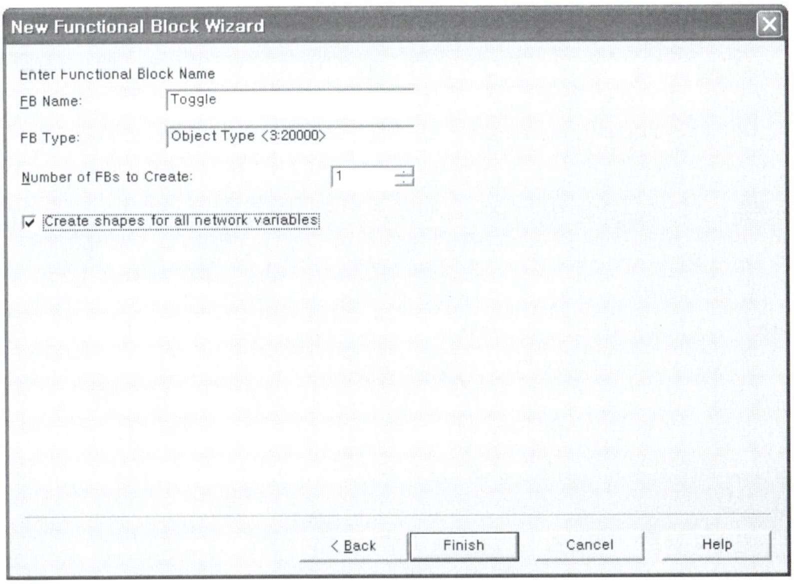

⑲ DI4DO4-1 디바이스에 연결된 Toggle 블록이 생성된다.

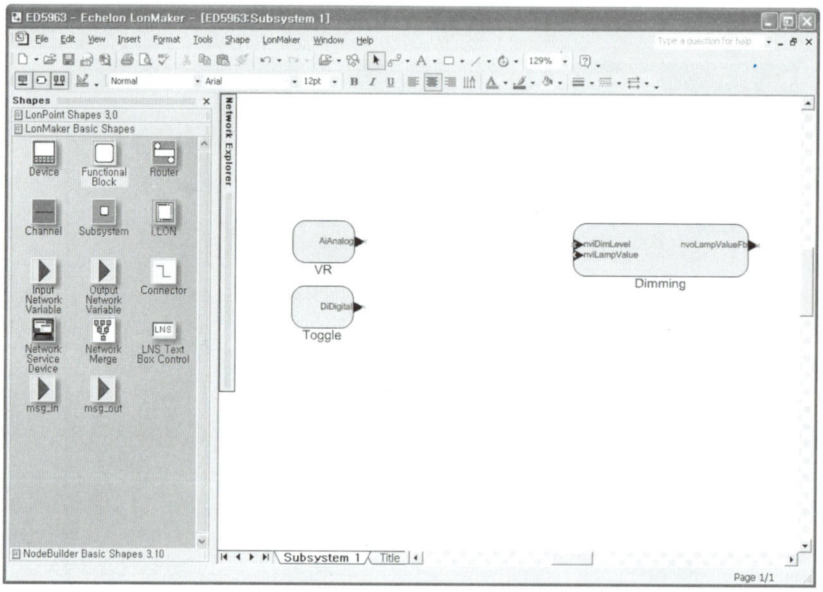

⑳ 커넥터를 이용하여 VR에 AiAnalog와 Dimming에 nviDimLevel을 연결한다.

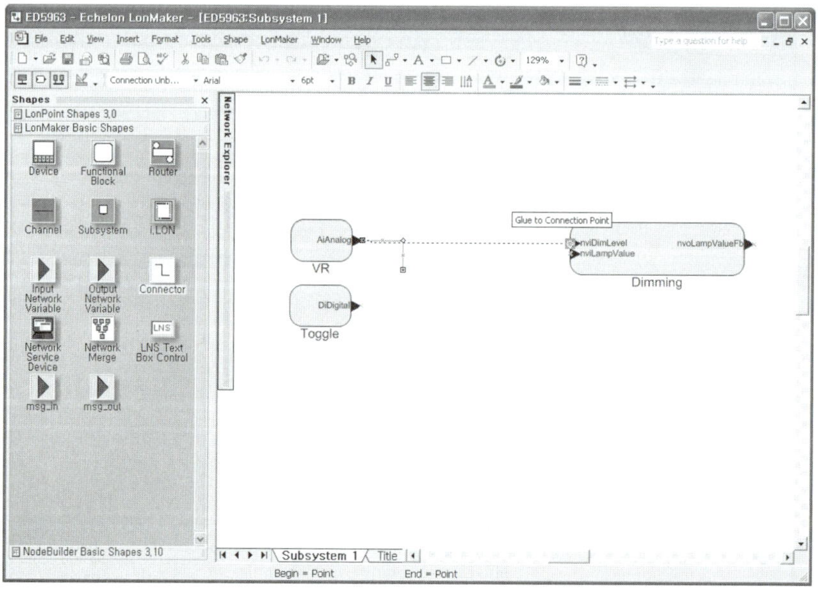

X VR에 AiAnalog와 Dimming에 nviDimLevel은 바인딩이 되지 않고 다음 과 같은 에러 메시지가 나타난다.

이는 서로 바인딩하려고 하는 NV(Network Variable)의 타입이 서로 틀려서 발생되는 에러이다.

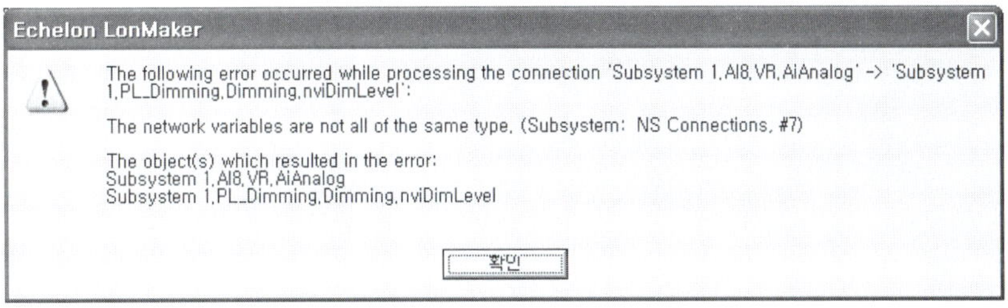

X 아래와 같이 VR에 NV ▶를 클릭하고 마우스 오른쪽 버튼을 클릭하여 Properties...를 클릭한다.

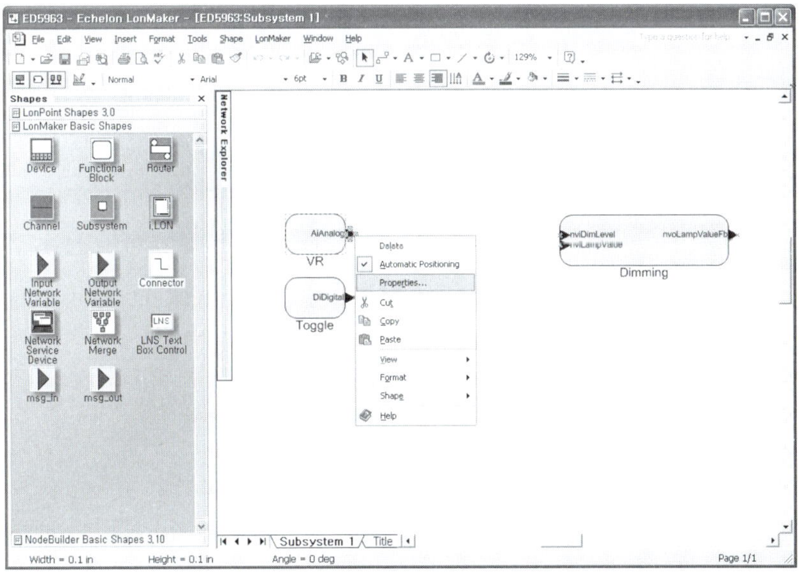

X 아래와 같이 NV의 타입이 SNVT_temp_f로 되어있는 것을 확인할 수 있다.

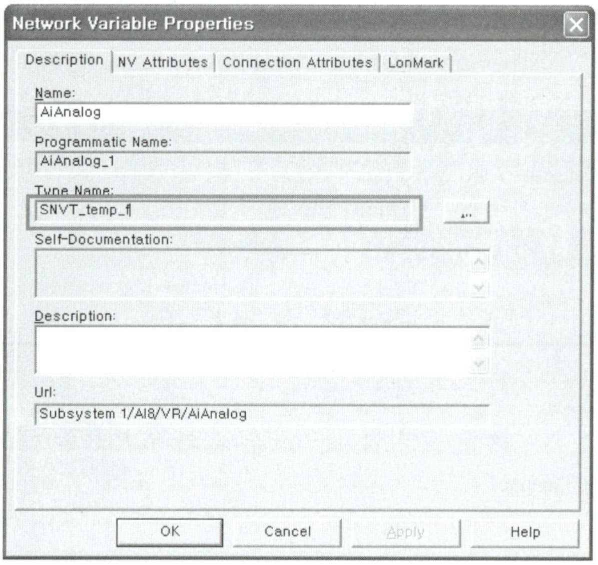

X 아래와 같이 Dimming에 NV ▶를 클릭하고 마우스 오른쪽 버튼을 클릭하여 Properties...를 클릭한다.

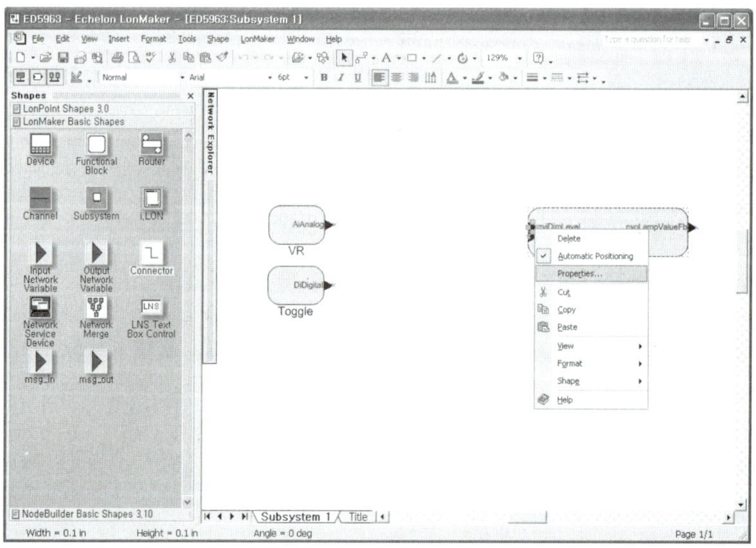

X 아래와 같이 NV의 타입이 SNVT_lev_cont_f로 되어 있는 것을 확인할 수 있다. 서로 다른 타입의 NV끼리는 바인딩될 수 없다.

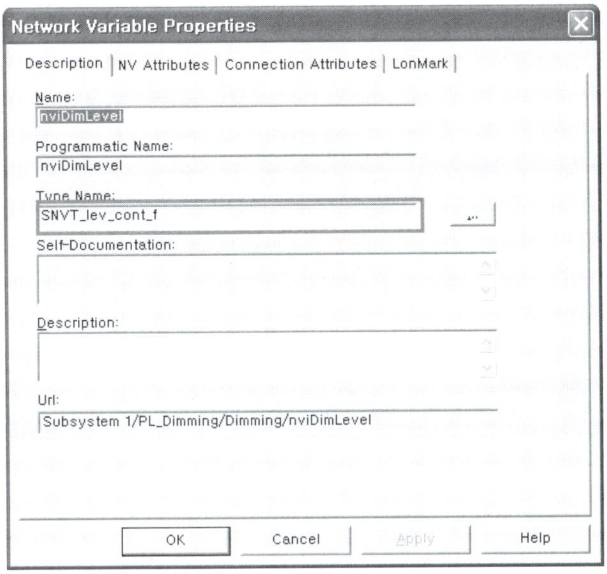

X 아래 보이는 것과 같이 … 버튼을 클릭한다.

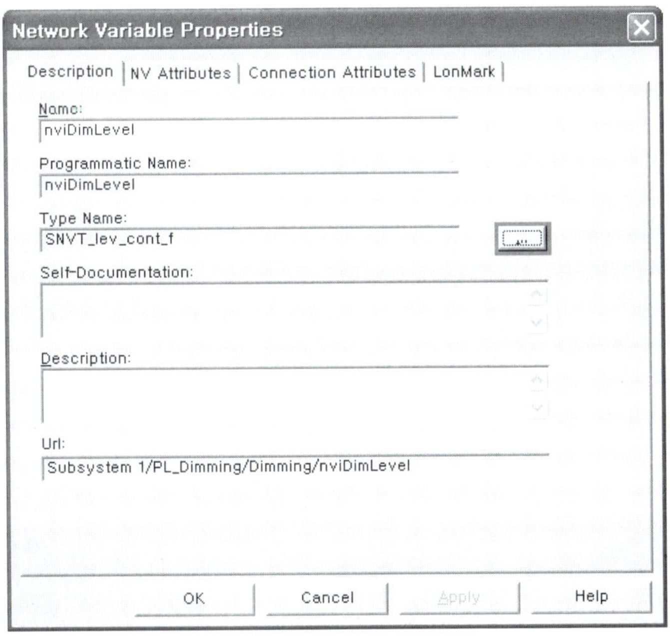

X 아래 보이는 타입 리스트에 있는 타입으로 NV타입을 변경할 수 있다. 아래 타입리스트에서 SNVT_temp_f 타입을 찾는다.

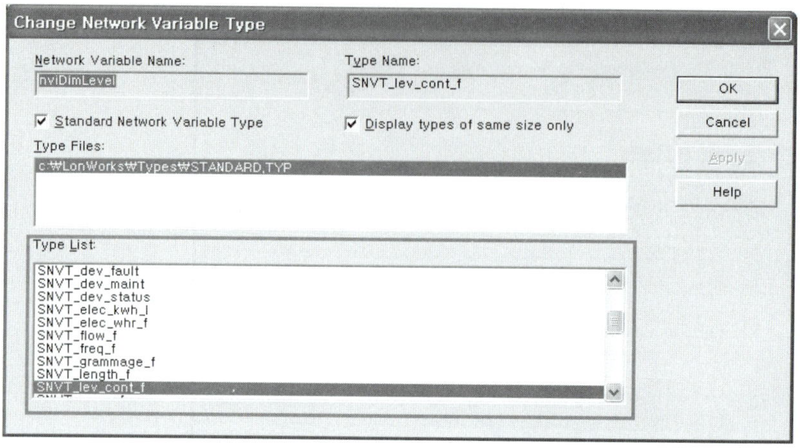

X SNVT_temp_f를 클릭하고 OK 버튼을 클릭한다.

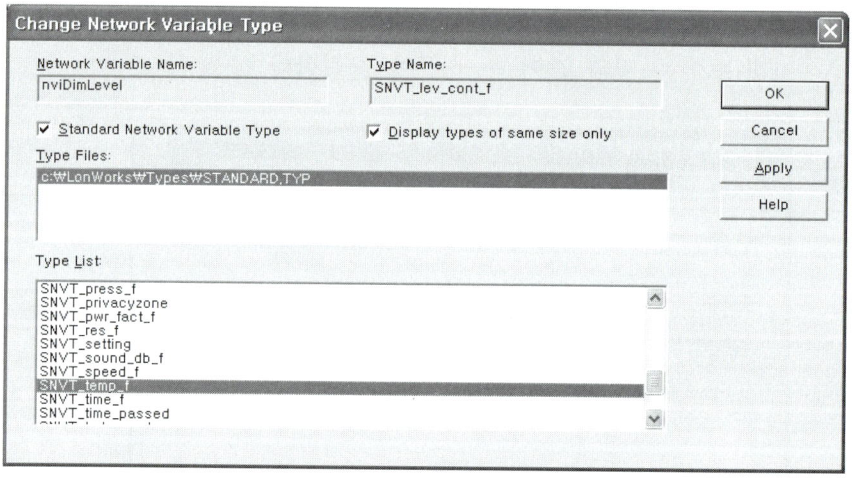

X 아래 보이는 것과 같이 SNVT_temp_f 타입으로 타입이 변경 되었으면 OK 버튼을 클릭한다.

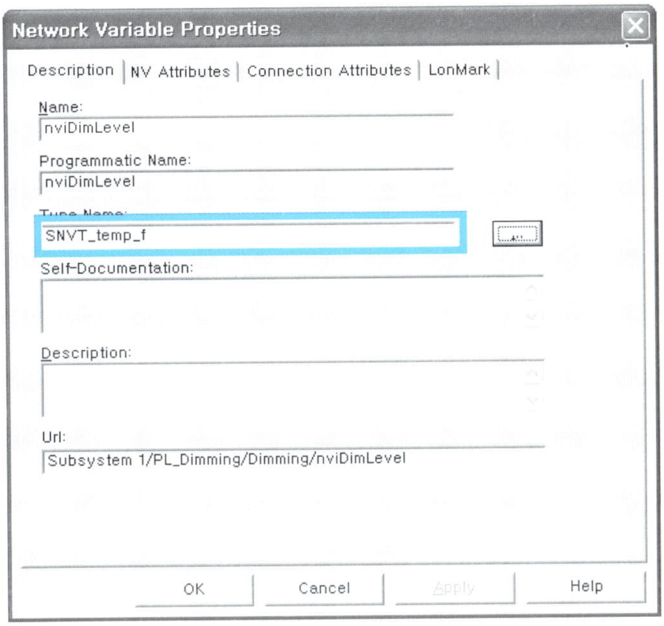

X 아래와 같이 바인딩을 한다.

FB	NV 이름		FB	NV 이름
VR	DiDigital	⇨	Dimming	nviDimLevel
Toggle	DiDigital		Dimming	nviLampValue

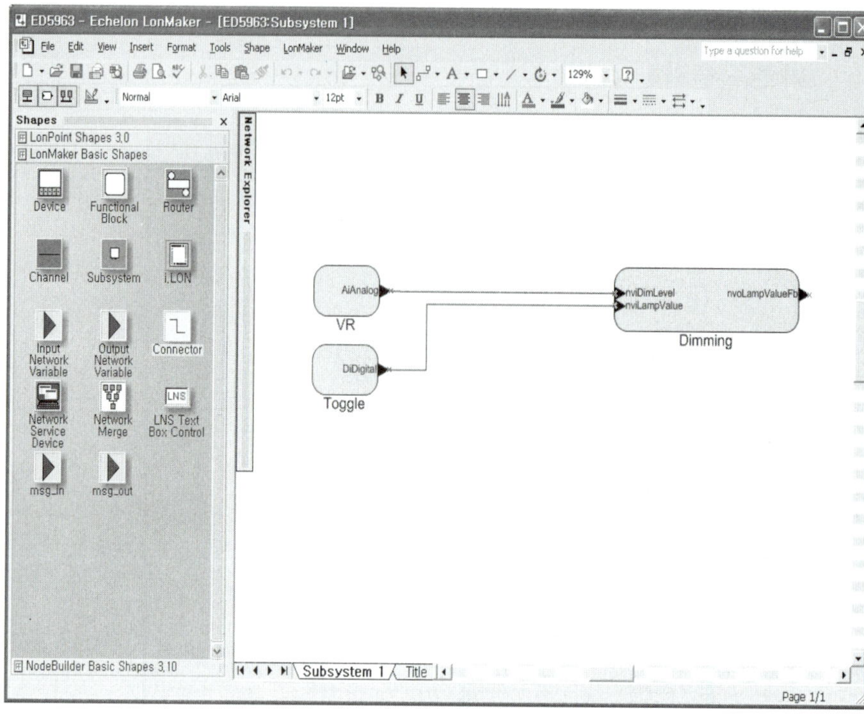

X VR 블록을 클릭한 뒤 마우스 오른쪽 버튼을 누른다.
아래와 같은 메뉴가 나타나면 Configure...을 클릭한다.

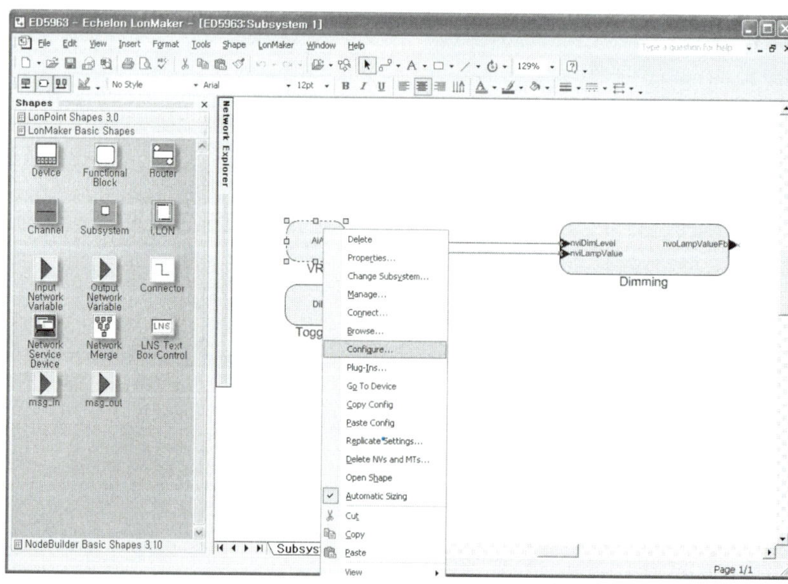

X 아래와 같이 Input type를 Resister(저항)로 설정하고 Transiation Table에 Enabled를 체크한다. Input Min에 820 Input Max에 1620을 넣어주고 Output A에 0을 Output B에 100을 넣어준다. Transiation Table을 설정하면 저항값이 820이 들어왔을 때 NV를 0으로 표시하고 1620이 들어왔을 때 NV를 100으로 표시한다. 이렇게 설정해주는 이유는 밝기 조절 값은 % 단위로 표시하기 때문에 NV를 0~100으로 출력해줘야 한다. 저항입력을 받을 때 저항의 범위는 최소 820Ω~최대 1620Ω이다.

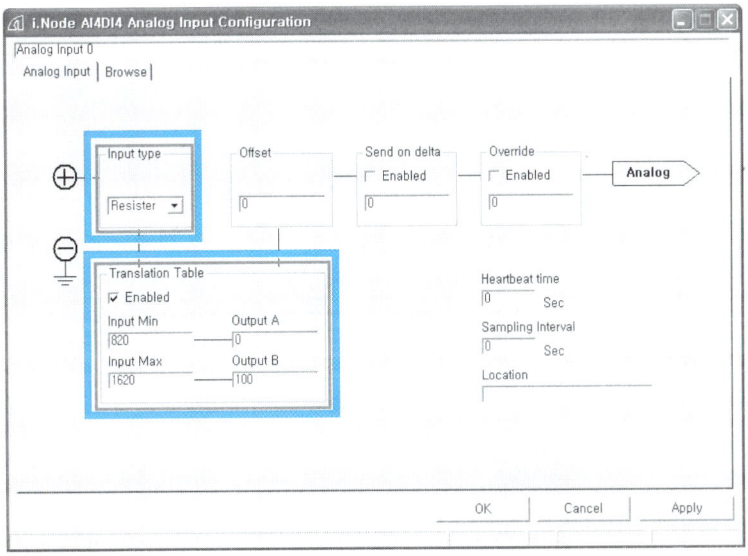

이제 가변저항의 다이얼을 돌리면 조명의 밝기가 변하고 Toggle 스위치를 ON/OFF 시키면 조명이 ON/OFF 된다.

〈하드웨어 결선도〉

- AI8에 AI[0] 두 단자를 가변저항으로 배선
- DI4DO41에 DI[0] 두 단자를 토글스위치로 배선

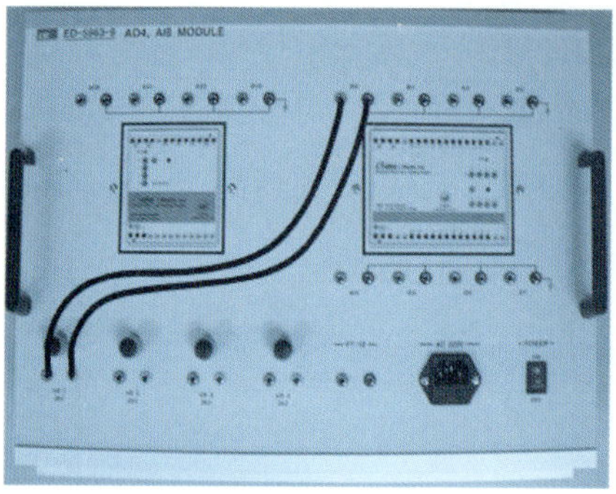

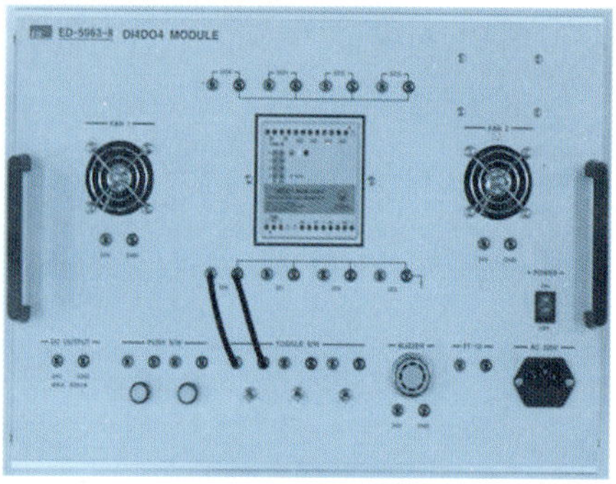

문제

- DI4DO4에 DI[0], DI[1]에 각각 토글 스위치를 연결한다.
- 론 메이커에서 DI4DO4-1 디바이스에 DI[0],DI[1]의 Functional Block를 생성한다.
- 론 메이커에서 PLSW 디바이스에 lampActuator[0],lampActuator[1]의 Functional Block 를 생성한다.
- DI[0]에 DiDigital과 Lamp1에 nviLampValue를 커넥터로 바인딩한다.
- DI[1]에 DiDigital과 Lamp2에 nviLampValue를 커넥터로 바인딩한다.

〈하드웨어 결선도〉

- DI4DO4에 DI[0] 두 단자를 토글 스위치1로 배선
- DI4DO4에 DI[1] 두 단자를 토글 스위치2로 배선

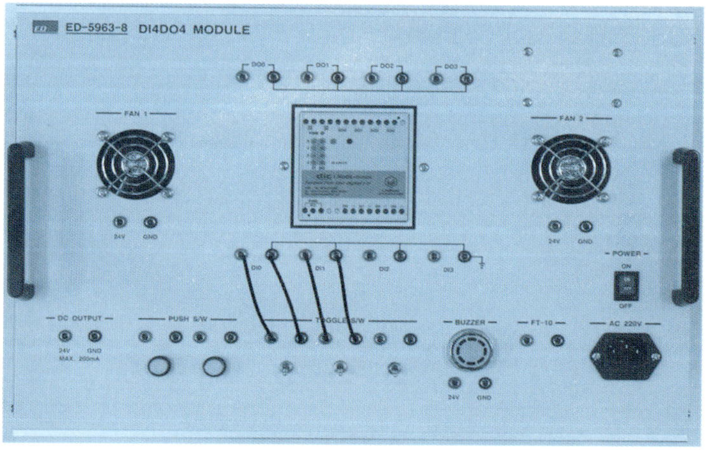

제10장

유비쿼터스 홈네트워크 응용(2)

- 10-1 웹진 사용법(iLON100 전용웹에디터)
- 10-2 웹진을 이용한 웹페이지 작성
- 10-3 웹진을 이용하여 웹페이지 작성과 웹제어 응용
- 10-4 리모컨을 이용한 가스제어 응용
- 10-5 가변저항과 스위치를 이용한 난방제어 응용
- 10-6 무선 리모컨을 이용한 커튼제어 응용

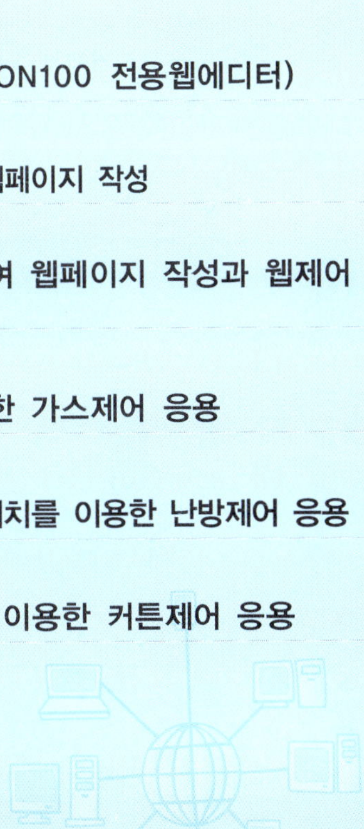

10-1 웹진 사용법(iLON100 전용 웹에디터)

■ 실습 내용 | iLON100의 전용 웹에디터인 Webgen 사용법을 익힌다

① 에쉴론 웹진 폴더에 Webgen8.1을 클릭한다.

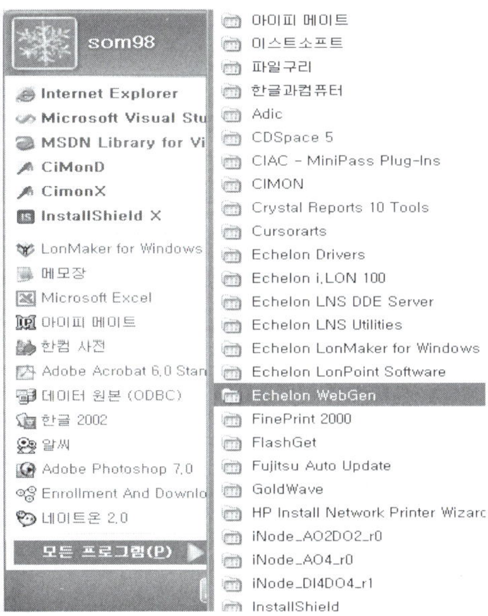

② 다음과 같은 화면이 보인다.

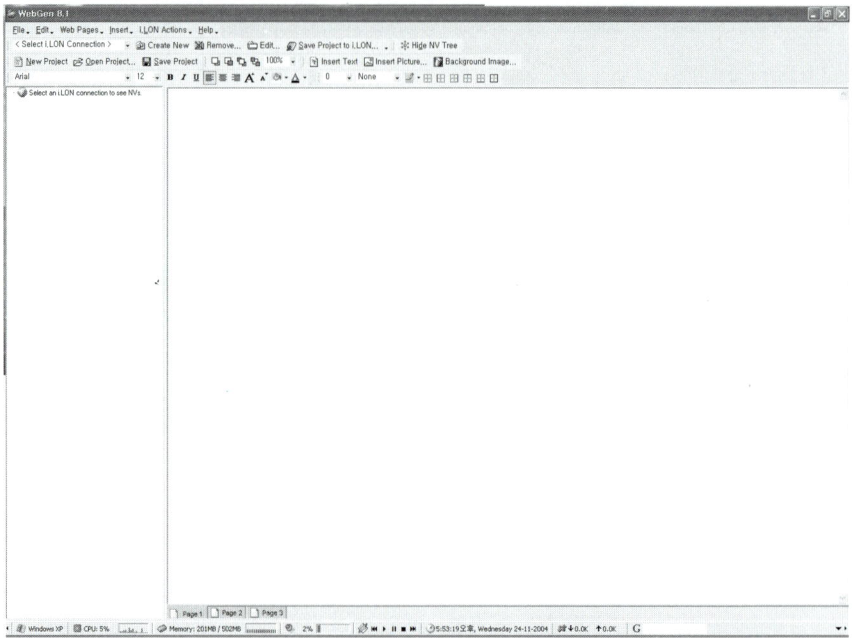

③ 웹진에 메뉴를 설명하겠다.

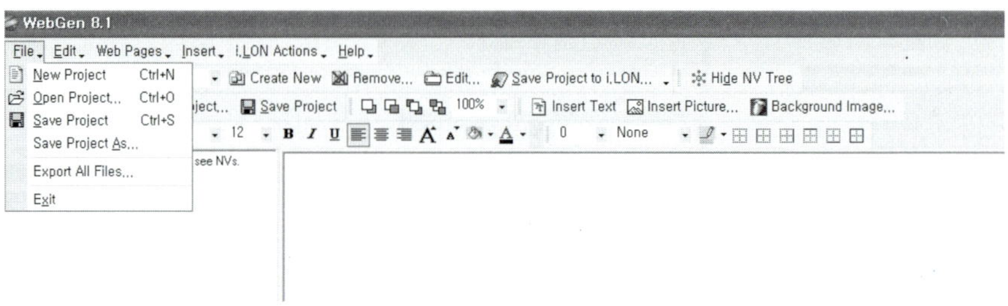

- New Project : 새로운 프로젝트를 열 때 사용한다.
- Open Project : 기존에 만들어진 프로젝트를 열 때 사용한다.
- Save Project : 작업한 프로젝트를 저장한다.
- Save Project As : 작업한 프로젝트를 새로운 이름으로 저장한다.
- Exit : 프로그램을 종료시킨다.

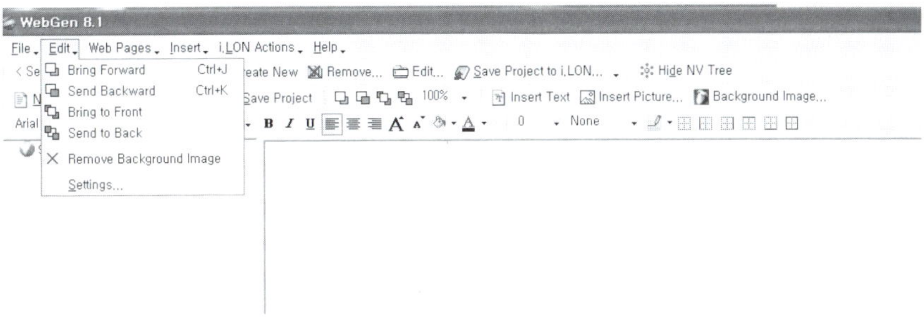

- Bring Forward : 선택된 글자나 텍스트 박스, 그림 등을 맨입으로 가져온다.
- Send BackWard : 선택된 글자나 텍스트 박스, 그림 등을 맨 뒤로 보낸다.
- Bring to Front : 선택된 글자나 텍스트 박스, 그림 등을 한 *레이어 앞으로 가져온다.
- Send to Back : 선택된 글자나 텍스트 박스, 그림 등을 한 *레이어 뒤로 보낸다.
- Remove Background Image : 배경 그림을 삭제한다.

Note

- 레이어

  웹진에서는 레이어 개념이 사용된다. 포토샵이나 파워포인트 등에서 사용된 레이어 개념은 여러 장의 종이를 놓고 어느 종이를 앞으로 가져오고 어떤 종이를 뒤로 보내어 어떻게 겹쳐진 모양을 볼 것인지 정하는 것이다. 예를 들어 청색 큰 종이가 앞에 있고 검은색 작은 종이가 뒤에 있으면 검은색 종이는 보이지 않다. 하지만 검은색 종이가 앞에 있으면 청색 바탕에 검은색 점이 있는 모양과 같다.

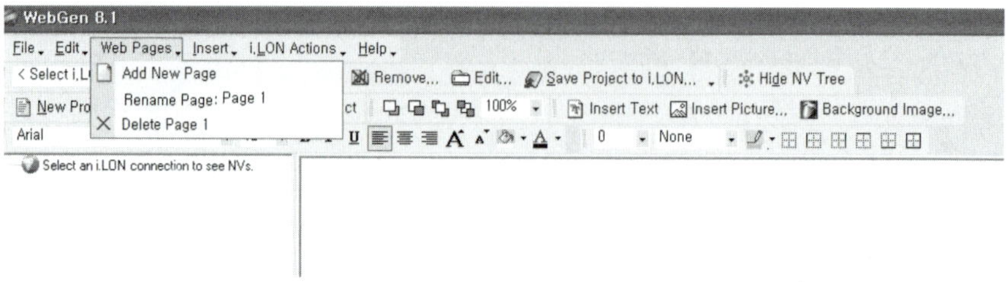

- Add New Page : 웹페이지를 추가 한다. 기본적으로 3개의 웹 페이지가 만들어진다.
- Rename Page1 : 현재 작업하고 있는 페이지의 이름을 바꿔준다.
- Delete Page1 : 현재 작업하고 있는 페이지를 지운다.

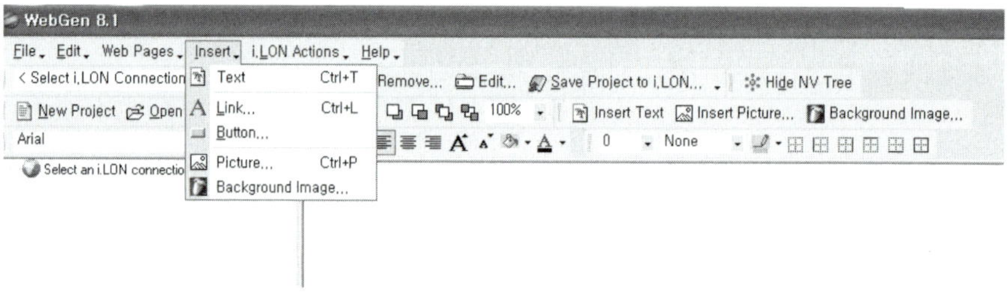

- Text : 현재 페이지에 글자를 넣는다.
- Link : 현재 페이지에 링크를 만들어 준다.
- Button : 현재 페이지에 버튼을 만든다.
- Picture : 현재 페이지에 그림을 넣는다.
- Background Image : 현재 페이지에 배경 그림을 넣는다.

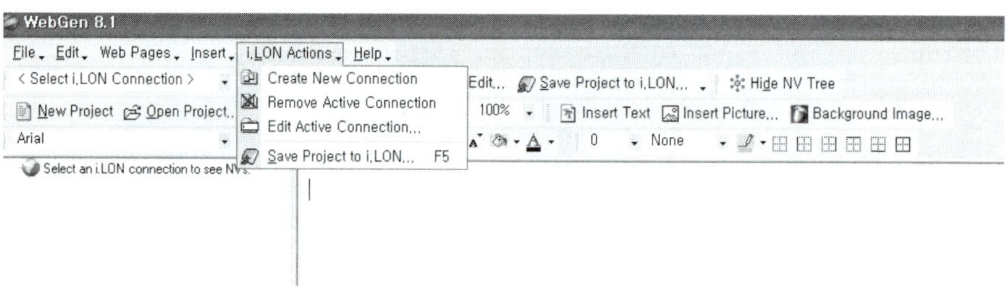

- Create New Connection : 새로운 접속을 만든다.
- Remove Active Connection : 현재 활성되어 있는 접속을 제거한다.
- Edit Active Connection : 활성상태의 접속을 만든다.

■ Save Project to i.LON : 현재 작업된 페이지를 저장하고 iLON100으로 전송한다.

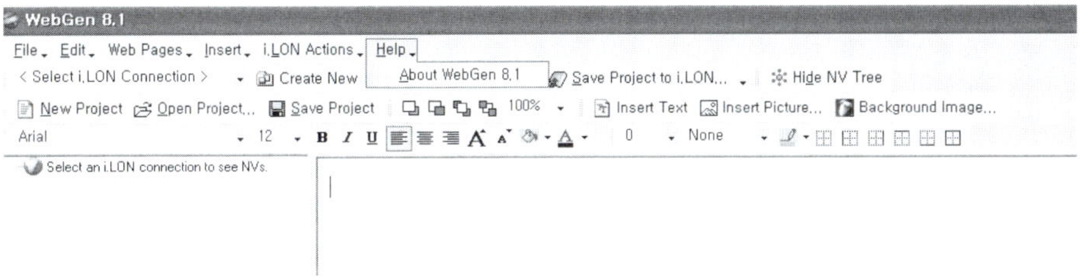

■ About WebGen8.1 : 웹진8.1에 대한 도움말 파일을 연다.

10-2 웹진으로 웹페이지 작성

1) 론메이커(LONMAKER)를 이용하여 웹서버 블록에 대한 작업을 한다.

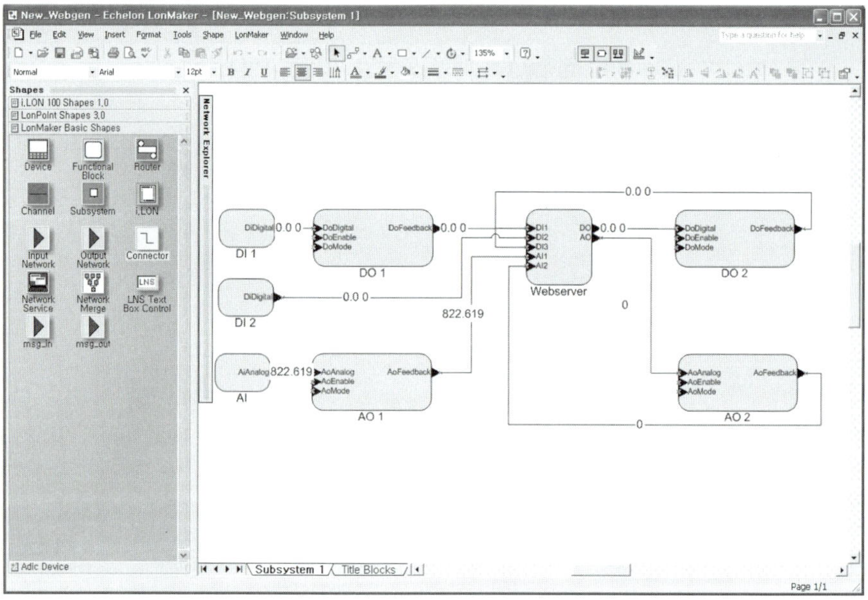

론메이커에 관한 부분은 론메이커 매뉴얼을 참조하시기 바란다.
이 장에서는 웹진에 관한 부분만 예를 들어 설명하겠다.

2) 론메이커 작업을 마치고 웹진을 실행시킨다.

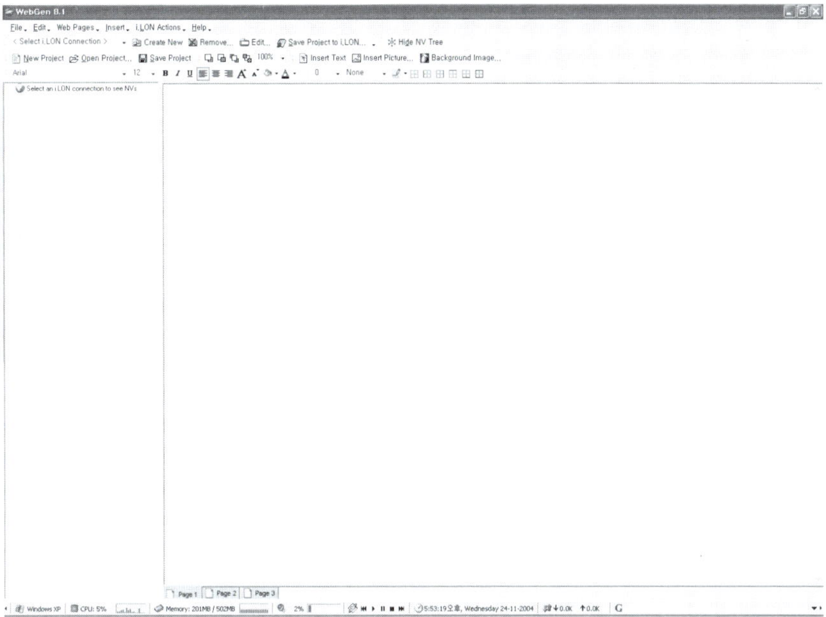

3) 우선 iLON에 접속할 수 있도록 환경 설정을 해준다.

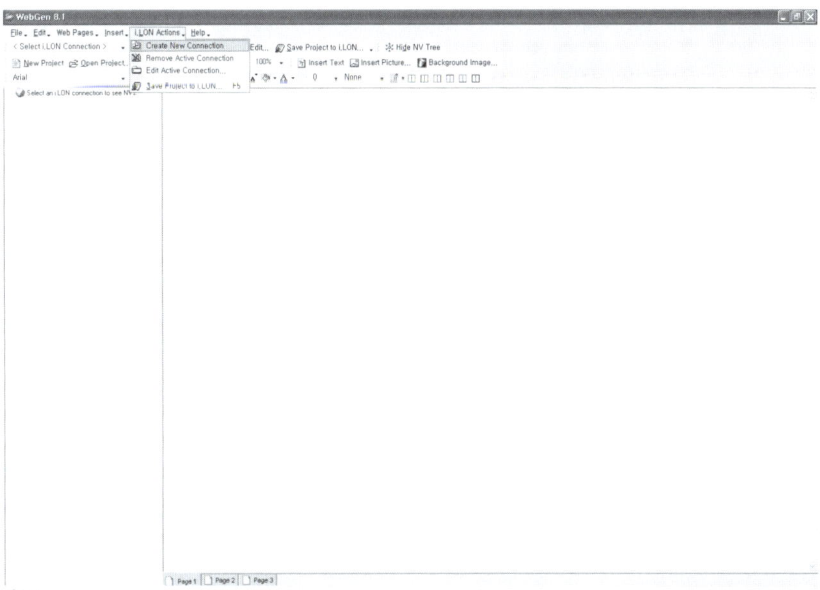

- Create New Connection : 버튼을 눌러 새로운 접속을 만든다.
- Create New Connection 버튼을 누른 후 다음과 같은 창이 생기면 Profile Name에 사용자가 이름을 입력한다.

  ex) Name : iLON100_1

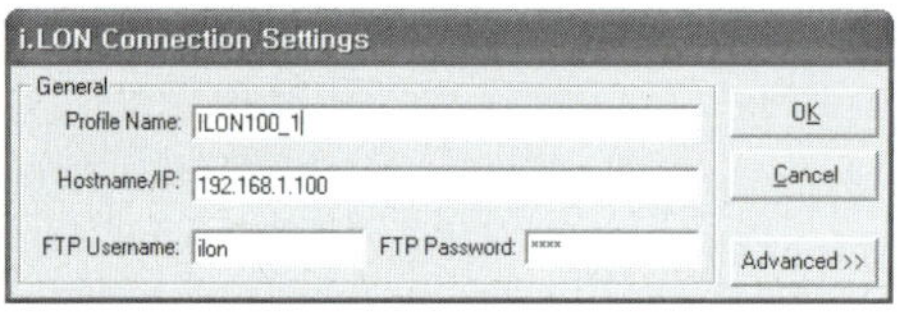

FTP는 사용자가 작업한 내용을 iLON100에 보낼 때 사용되는 FTP주소를 적어줘야 한다.

- Hostname/IP : iLON100에 IP주소를 적어준다. ex) 192.168.1.100
- Username : iLON100에 FTP유저에 사용계정을 적어준다. 기본값은 ilon이다.
- Password : iLON100에 FTP유저의 비밀번호를 넣어준다. 기본값은 ilon이다.

4) 접속하기

설정을 마치고 접속을 하면 다음과 같은 화면이 나타난다.

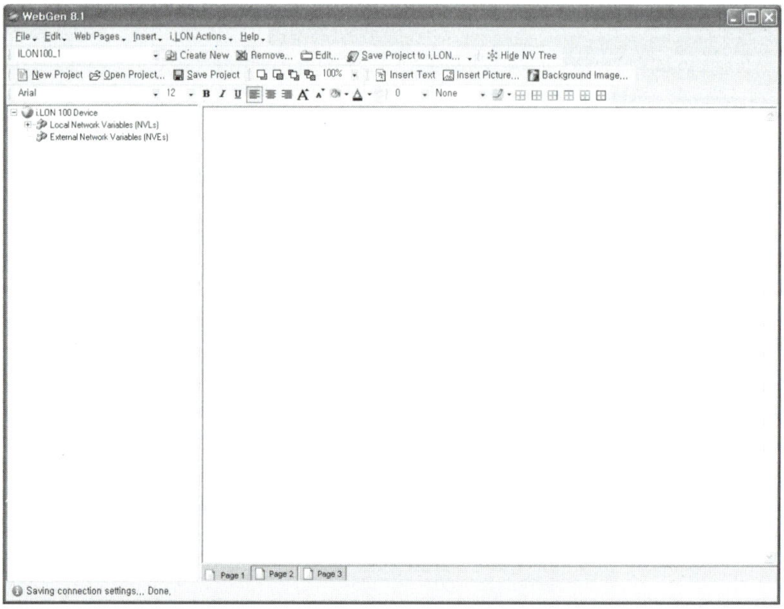

5) 태그 만들기

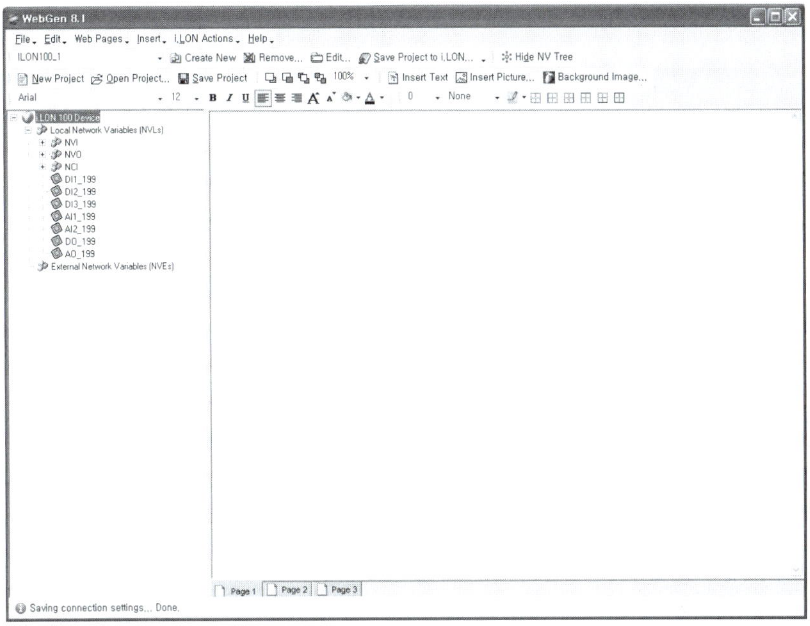

① 우측하단부에 Local Network variables[NVLs]에 +모양을 클릭하면 론메이커에서 작업한 네트워크 변수들(Network variables)이 나타나게 된다.

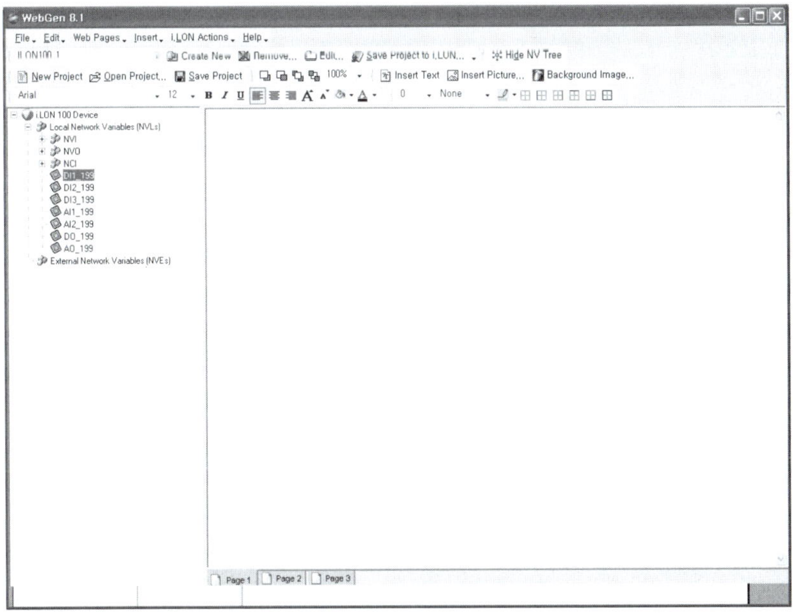

② 모니터링 또는 명령을 주고자하는 태그를 드래그 앤 드롭하면 다음과 같은 작은 창이 나타나게 된다.

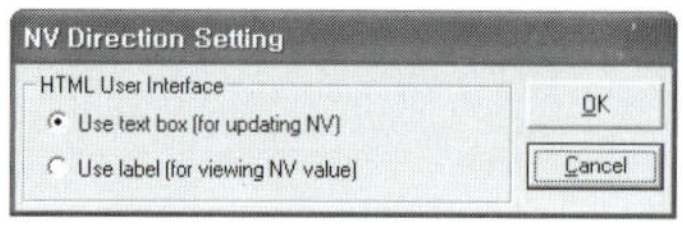

나타난 창은 드래그 앤 드롭한 태그를 어떤 형식으로 쓸 것인지를 묻고 있다. Use text box[for updating NV]를 선택하면 명령 값을 줄 수도 있고 모니터링도 할 수 있다. 하지만 두 번째 Use label[for viewing NV value]체크박스를 선택하시면 오직 모니터링만 가능하다. 원하는 타입을 골라 체크하신 뒤 OK 버튼을 누르면 된다.

③ Save Project to i.LON 버튼을 누르면 아래와 같은 창이 나타난다. 생성한 웹 페이지를 보겠냐는 물음이다. '예'를 클릭한다.

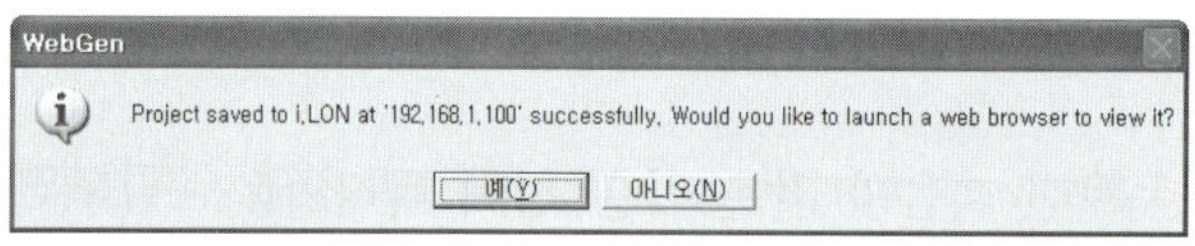

④ 브라우저에 작업한 페이지가 나타난다. Page1을 선택한다.

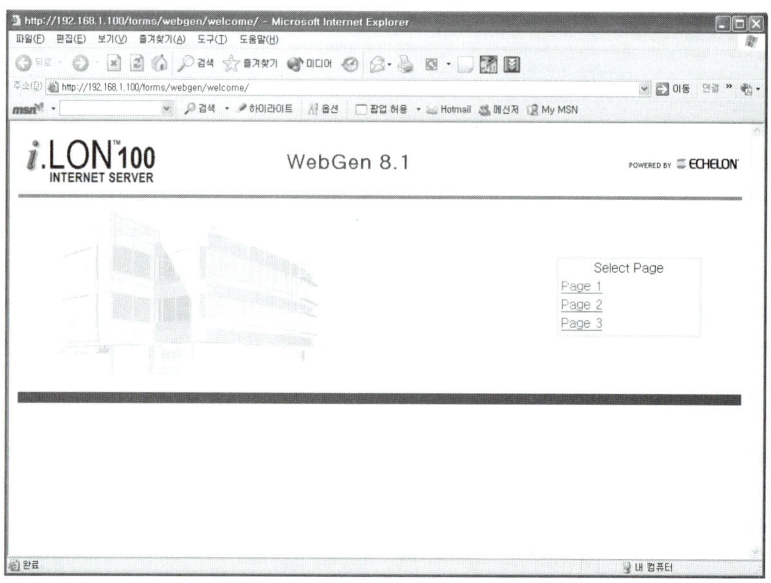

⑤ 웹진에서 작업했던 태그를 읽어왔다.

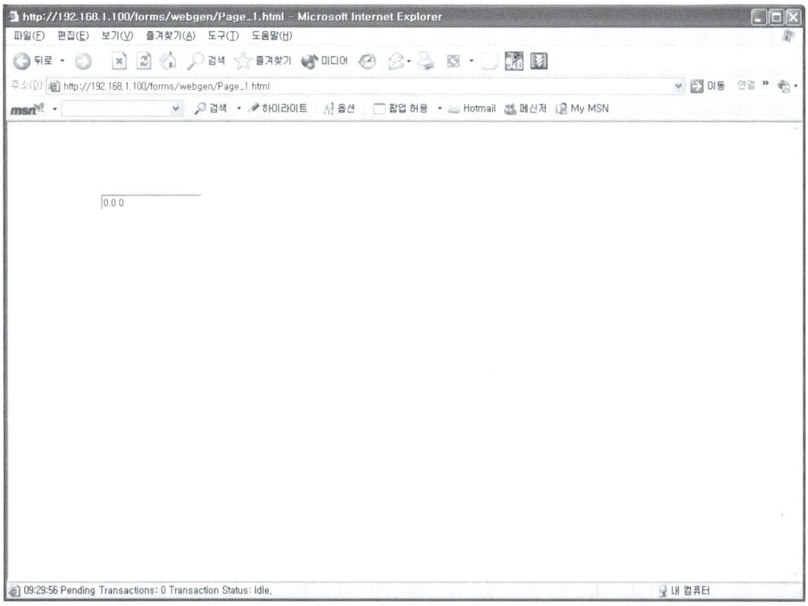

6) 그림 넣기

① Insert Picture를 누르면 다음과 같은 작은 창이 나타난다. 배경그림으로 사용될 그림을 아래폴더에 넣은 후 그림을 클릭하고 열기 버튼을 클릭한다.

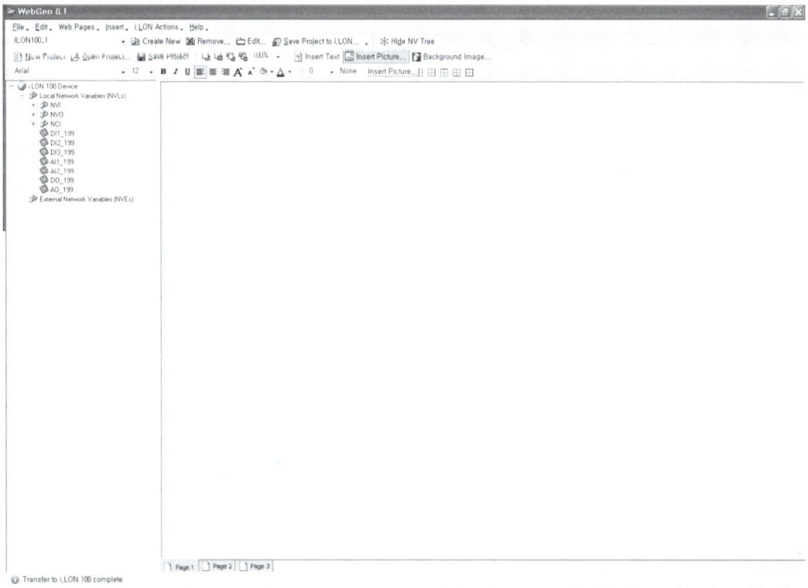

② 그림이 있는 폴더에서 그림 파일을 선택한다.

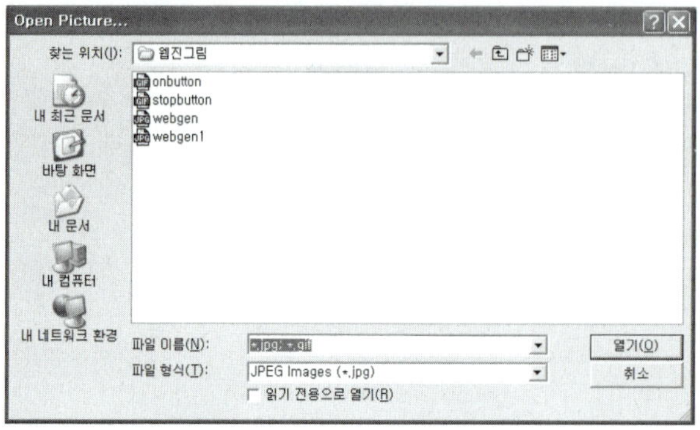

③ 오른쪽 작업 창에 나타난 그림을 한번 클릭하면 활성이 되고 그림크기와 위치를 조절할 수 있다.

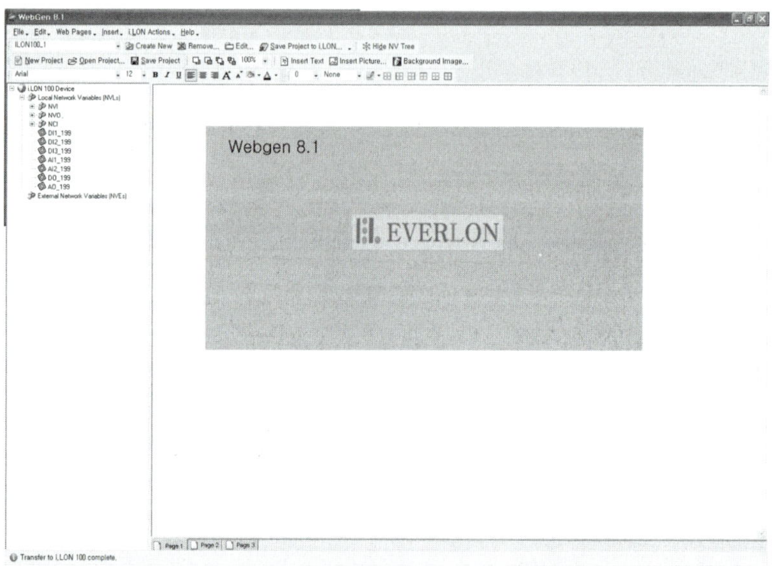

7) 배경그림 위에 태그 올리기

배경그림 위에 모니터링 하고자 태그를 드래그 앤 드롭으로 올려놓는다.

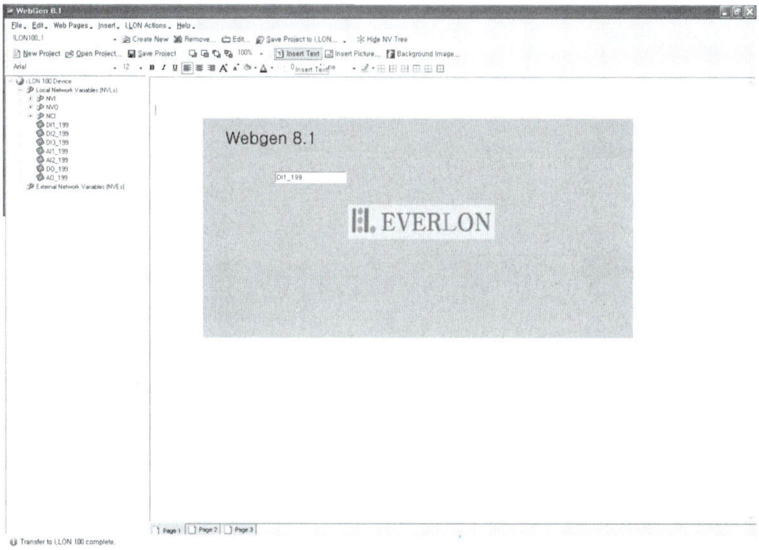

8) 모니터링과 버튼 만들기

① 배경 그림 위에 태그들을 올려놓았다.

모니터링 값들은 Use label[for viewing NV value] 형식으로 만들었고, 명령을 내려주는 DO나 AO는 Use text box[for updating NV] 형식으로 만들었다.

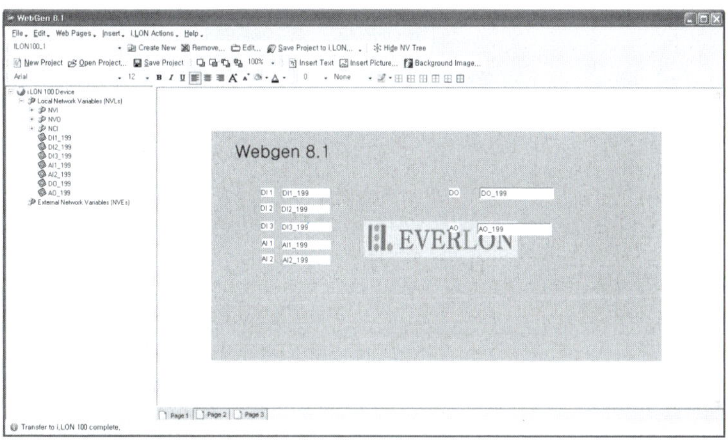

② Save Project to i.LON 버튼을 눌러 iLON100에 전송하고 브라우저를 통해 본 화면이다.

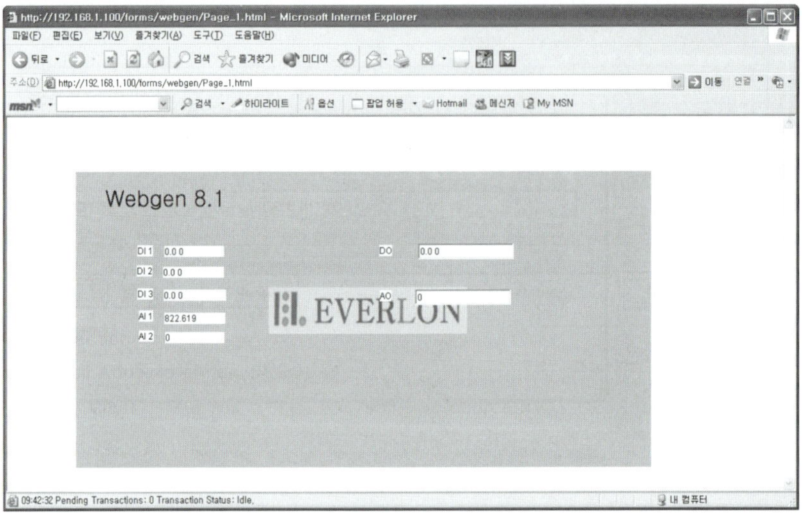

③ DI 1과 DI 2 입력 값을 On으로 만들었을 때 DI 1과 DI 2에 변화된 값으로 변화하는 것을 확인할 수 있다.

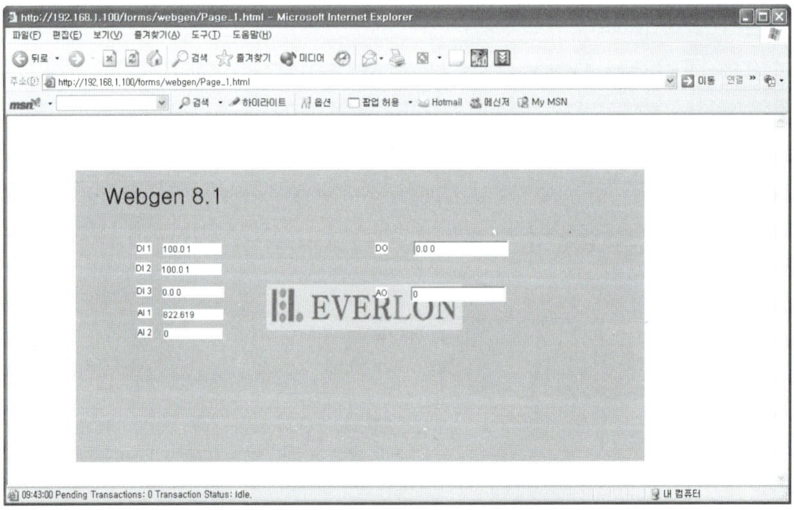

④ DO 창에 100.0 1을 넣고 Enter 키를 눌러 DI 3의 값을 변화시켜준다.

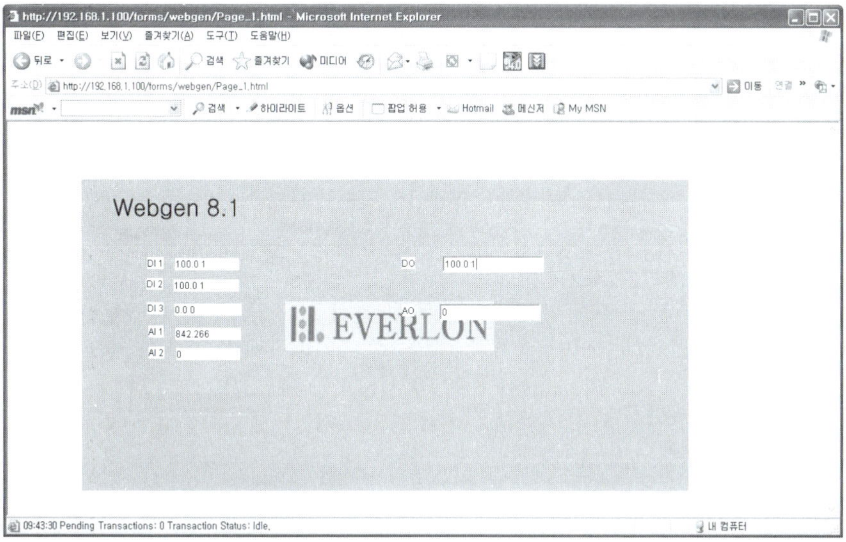

⑤ DO에서 내려 보낸 명령으로 DI 3 값이 변화하였음을 확인할 수 있다.

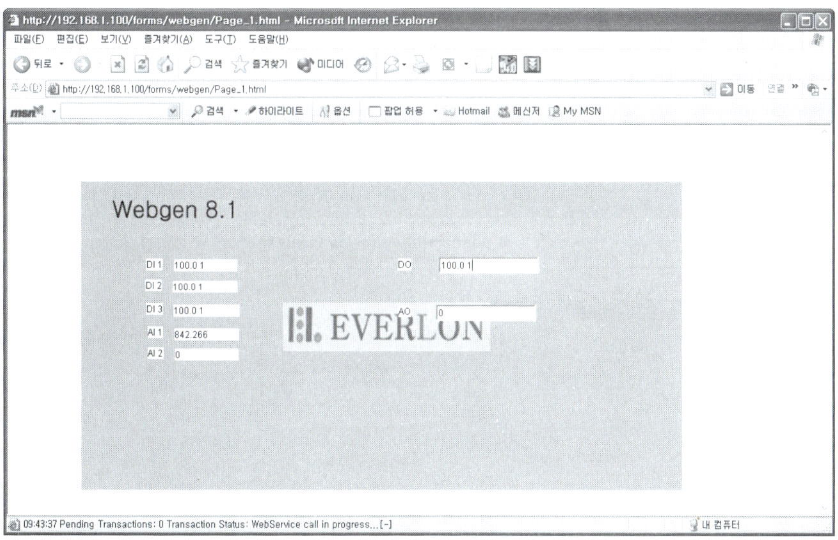

⑥ DO에 다시 0.0 0(Off) 값을 내려 준다.

DI 3의 상태 값이 0.0 0으로 변화된 것을 확인할 수 있다.

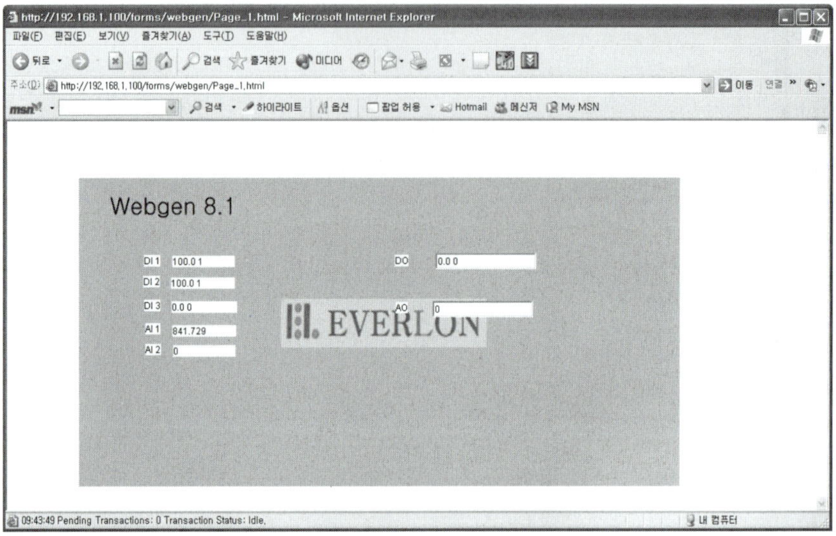

⑦ 이제는 DI값을 100.0 1은 On으로 0.0 0은 Off로 표시하게 하기 위하여 DI1_199를 클릭한 뒤 마우스 오른쪽 버튼을 눌러 On NV Change를 클릭한다.

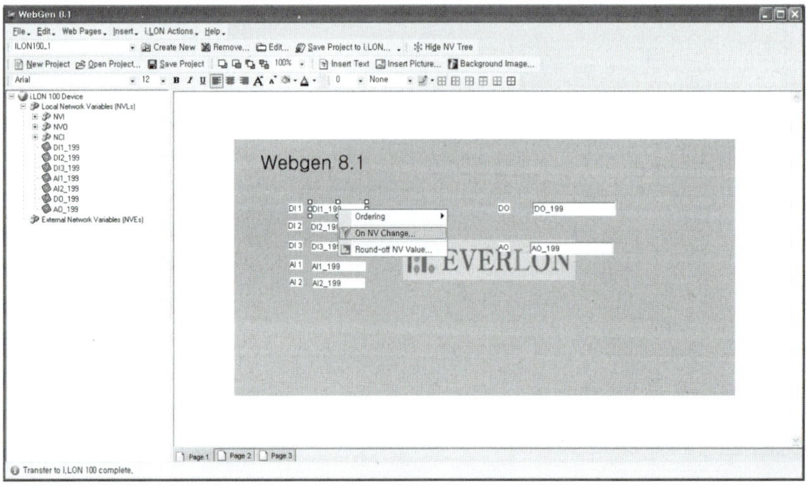

⑧ 새로운 창이 나타난다. 하단에 있는 New 버튼을 클릭한다.

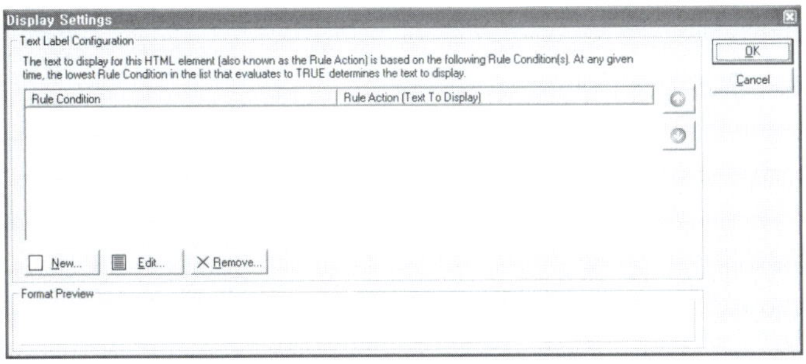

⑨ 새로운 창이 나타난다. if에는 비교되는 태그의 이름을 선택한다.

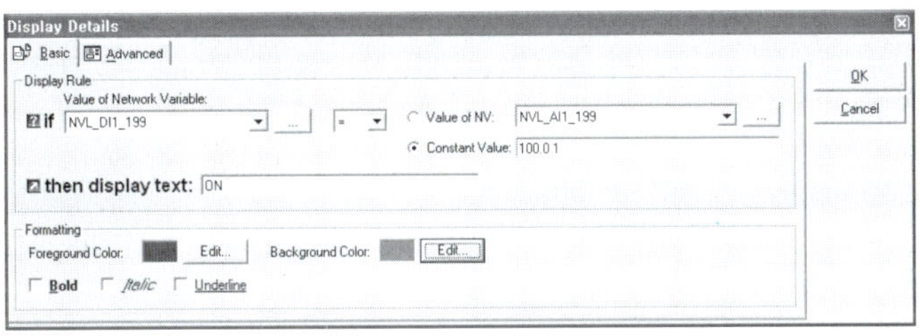

- Value of NV : 다른 태그와 비교할 때 사용한다.
- Constant Value : 고정값과 태그 값을 비교한다.
- then display text : 값이 True가 될 때 나타낼 문자를 입력하여 준다.
  - if에 NVL_DI1_199 태그를 선택하고 '='을 선택하고 Constant Value에 100.0 1을 넣어 준다.
  - then display text에는 On이라고 적어준다.
- Foreground Color : 글자색이다.
- Background Color : 버튼색이다.
  - Edit 버튼을 눌러 색을 지정해준다. 지정하지 않아도 무방하다.

OK 버튼을 클릭한다.

⑩ 다시 New 버튼을 눌러 Off를 지정해준다.

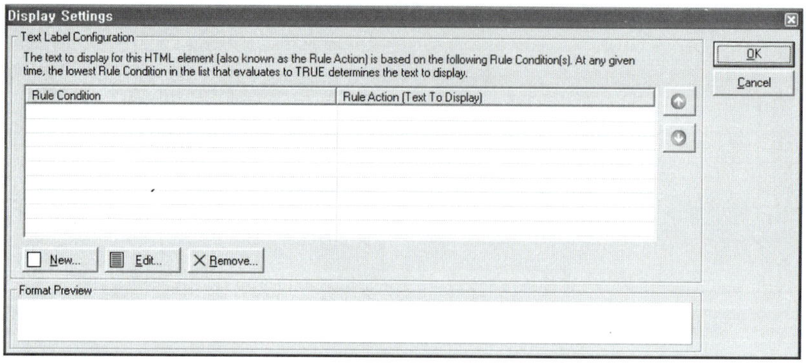

⑪ Constant Value에 0.0 0을 넣어주고 배경색과 글자색을 설정한 뒤 OK 버튼을 클릭한다.

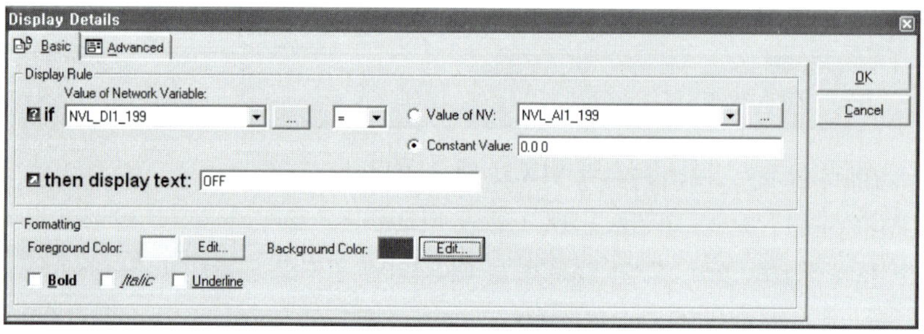

⑫ 나머지 DI 2, DI 3도 같은 방법으로 설정해 주었다. 물론 태그의 이름은 틀리게 설정해야 다른 태그 값을 가져온다.

⑬ 설정이 끝난 뒤 Save Project to i.LON 버튼을 눌러 ILON100에 전송하고 웹 브라우저를 통하여 본 모습이다. 100.0 1은 On으로 0.0 0은 Off로 표시되고 있다.

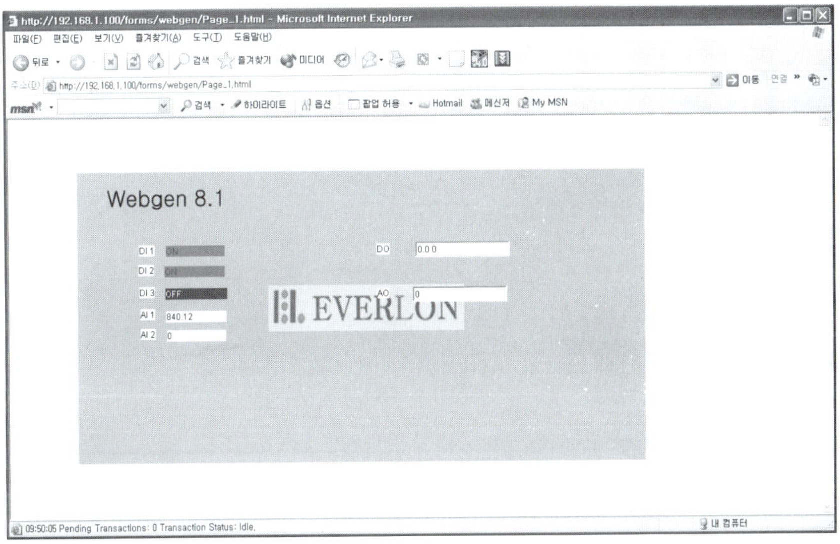

⑭ DO에 100.0 1을 넣어주고 Enter를 눌러 DI 3에 상태 값을 변화시켜보겠다.

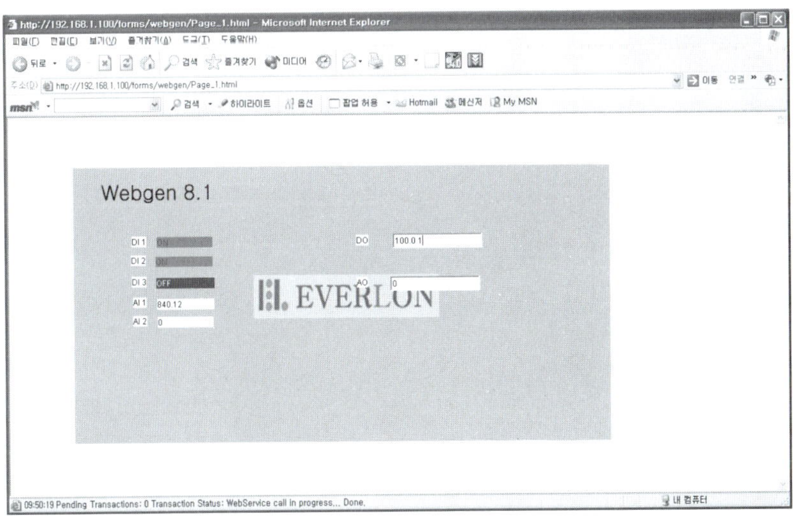

제10장

⑮ 100.0 1을 넣어주었더니 DI 3이 On으로 변화하였다.

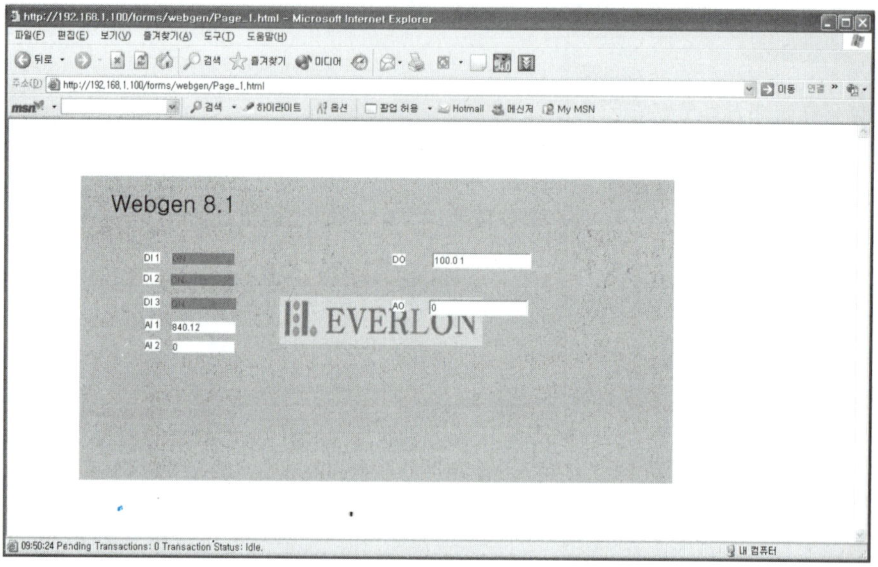

⑯ DI 1,2,3을 상태에 따라서 그림파일 변화되어 보여주는 것을 실습하겠다.

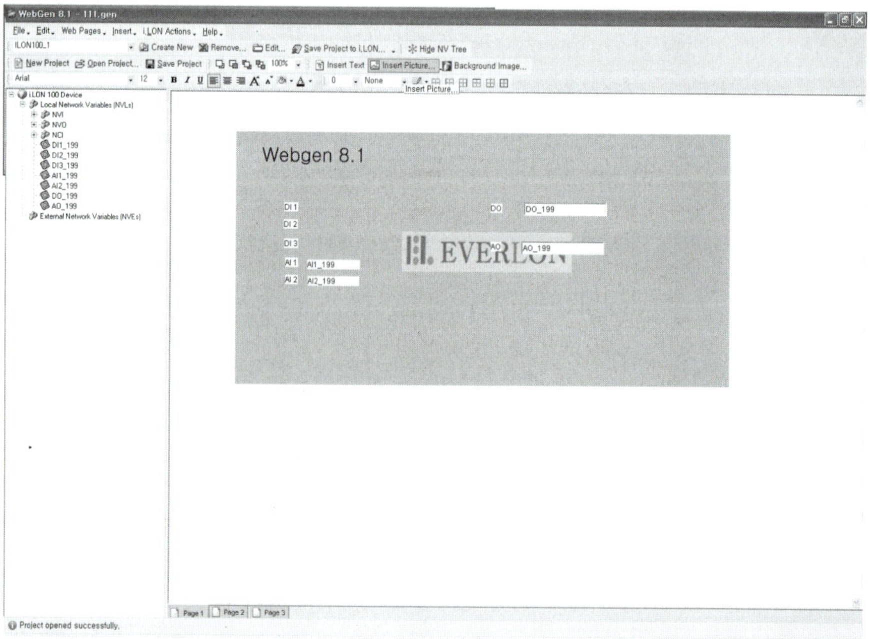

⑰ Insert Picture 버튼을 눌러 그림파일을 불러온 뒤 마우스 오른쪽 버튼을 눌러 On Nv Change를 클릭한다.

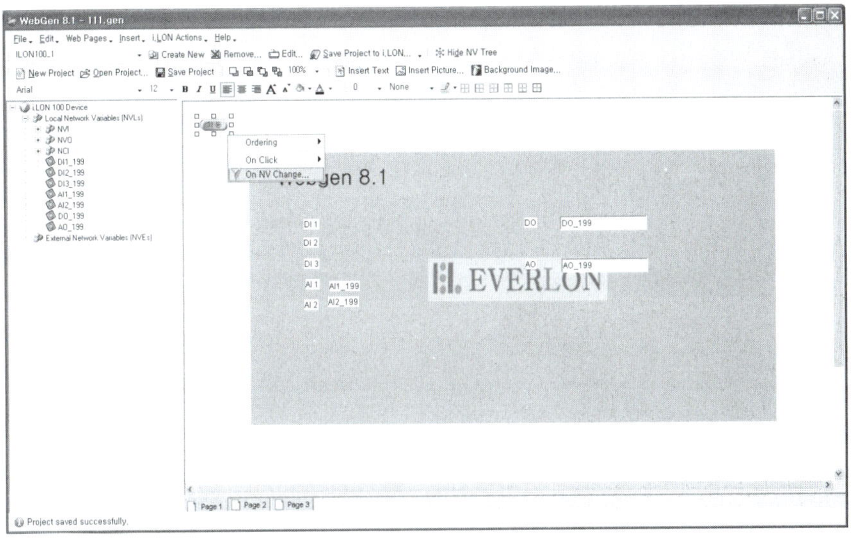

⑱ 새로운 창이 나타난다. 하단에 New 버튼을 클릭한다.

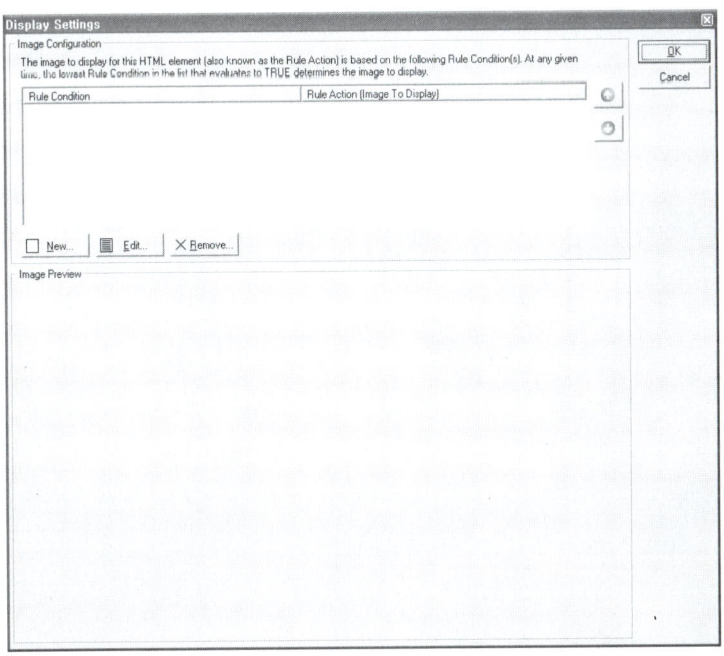

⑲ 새로운 창이 열린다. 전에 보았던 창과 거의 유사한다. 단지 then display text가 then display image로 변화됐다. if에는 비교되는 태그 값을 선택하고 Constant Value에 100.0 1을 넣어준다. then display image에 있는 Browes 버튼을 눌러 그림에 경로를 입력해 준다. OK 버튼을 클릭한다.

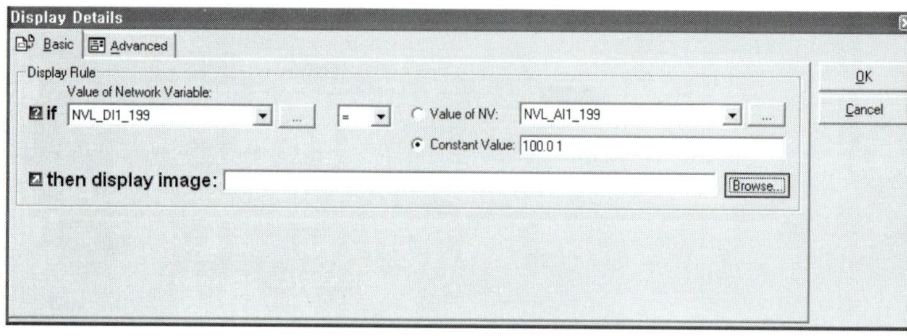

⑳ 100.0 1에 대한 설정이 끝난다. 다시 New를 클릭한다.

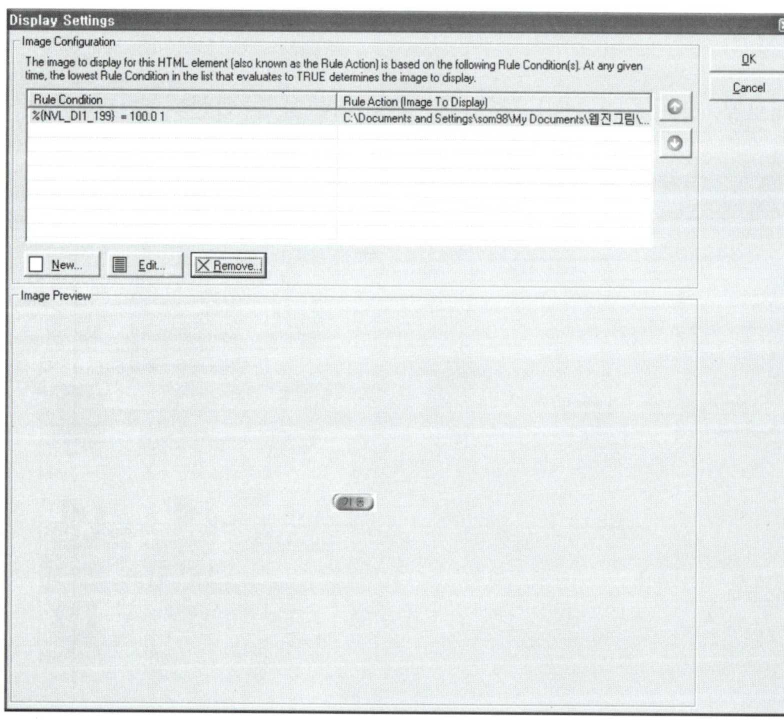

X 0.0 0에 대한 설정을 한다. 설정이 끝나면 OK 버튼을 클릭한다. 나머지 DI 2, 3도 같은 방법으로 세팅해 준다.

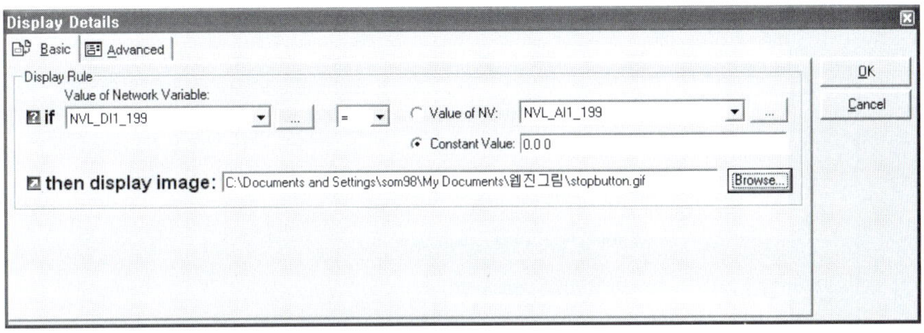

X 설정을 끝낸 다음에 모습이다.

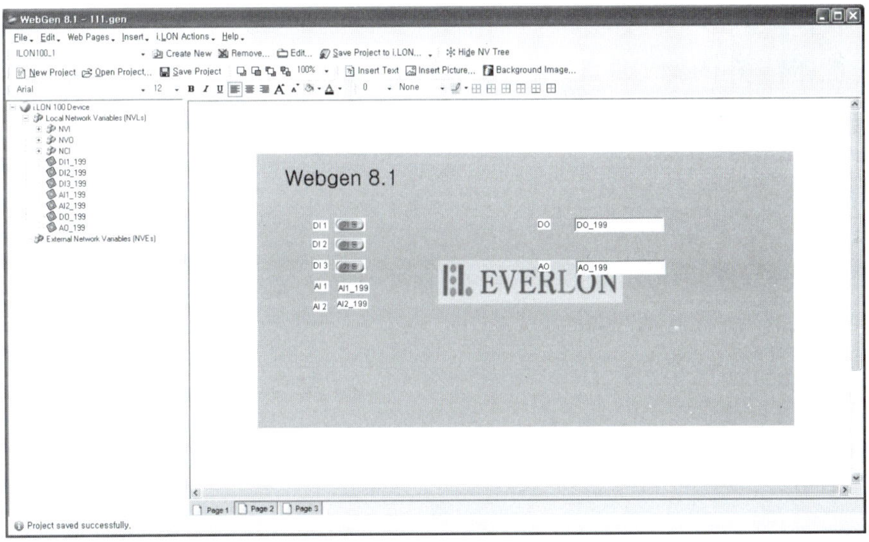

X Insert Picture 버튼을 눌러 그림을 불러온다. 마우스 오른쪽 버튼을 클릭하여 On NV Change를 클릭한다. 이번에는 스크립트를 써서 AI 1 값의 변화에 따라 변화하는 그림을 만든다.

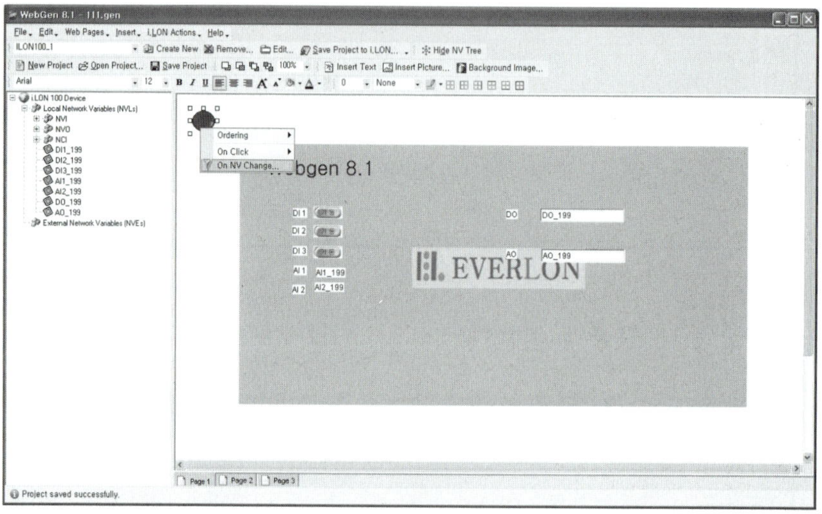

X New 버튼을 클릭한다.

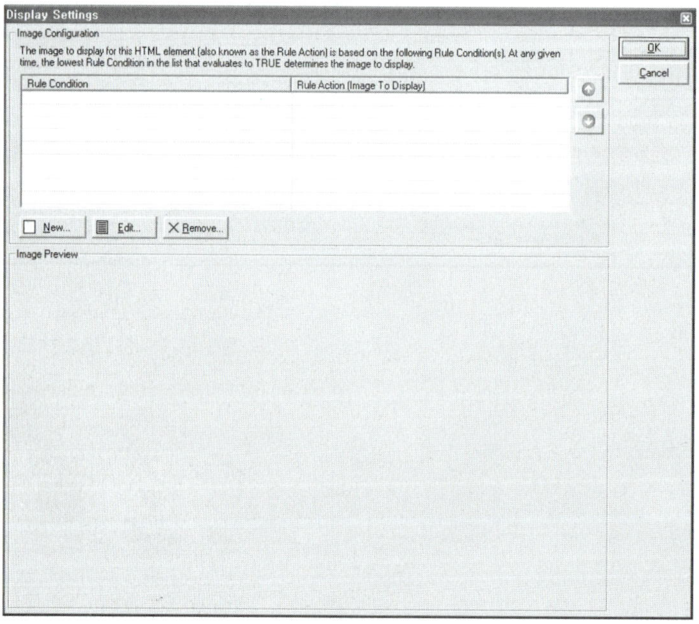

X 비교 태그인 AI 태그를 선택하고 〉를 선택한다. Constant Value 값을 넣어준다.

then display image에 비교 값이 True 일 때 보일 이미지를 선택한다. Advanced 탭을 선택한다.

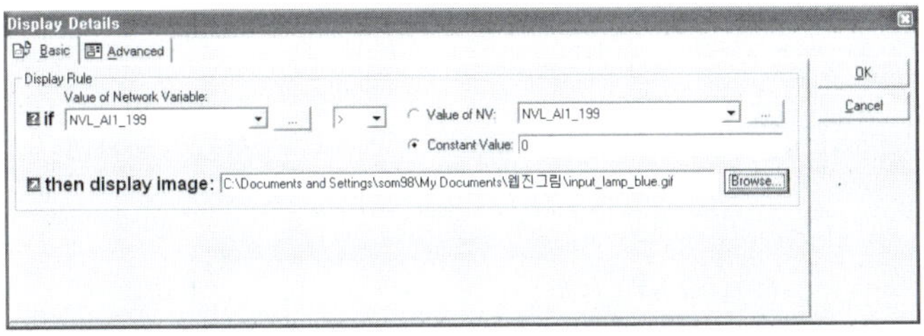

X if 밑에 있는 텍스트 박스에 들어가는 내용은 자바 스크립트이다.

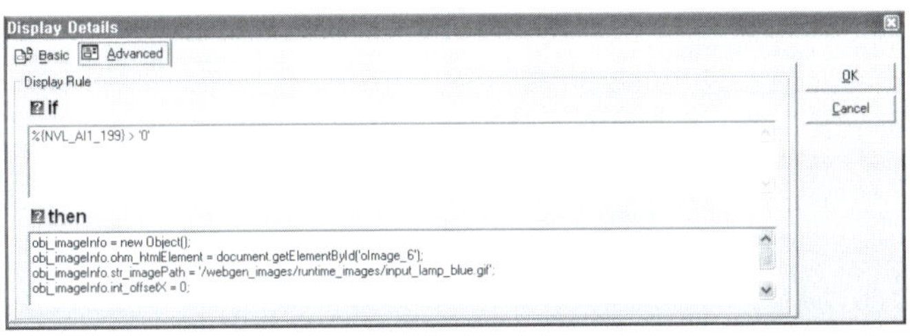

%{NVL_AI1_199} 〉 '0'은 비교태그인 AI 1의 값이 고정값인 0보다 클 때 참이 되는 것이다.

%{NVL_AI1_199} 〉 '0' & 〉 %{NVL_AI1_199} 〈 '60'이라고 작성하면 비교 값이 0보다는 크고 60보다 작을 때 참이 되는 것이다.

X 스크립트 창을 이용하여 많은 조건들을 만들어줄 수 있겠죠. AND, OR, NOT 등등 설정이 끝나면 OK 버튼을 클릭한다. 그리고 다시 New 버튼을 클릭하여 다른 조건에서 보일 그림을 만들어준다.

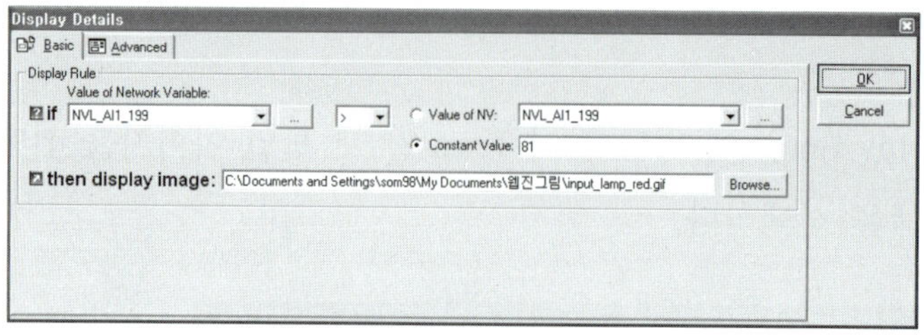

X 비교 태그의 값이 80보다 작을 때 보일 그림을 설정해 주었다.

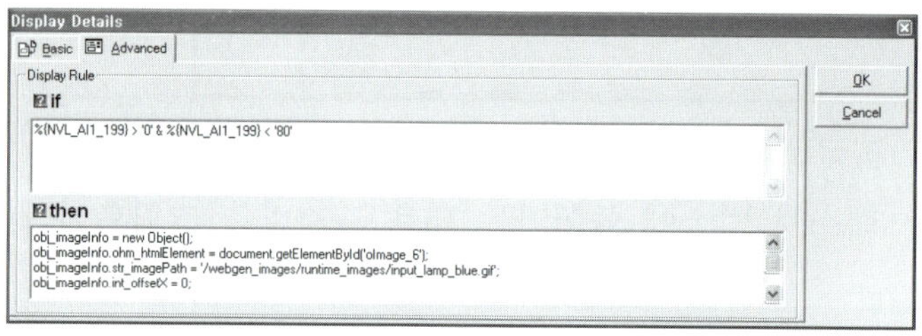

X 조건에 대한 보일 그림을 설정한 뒤 OK 버튼을 클릭한다.

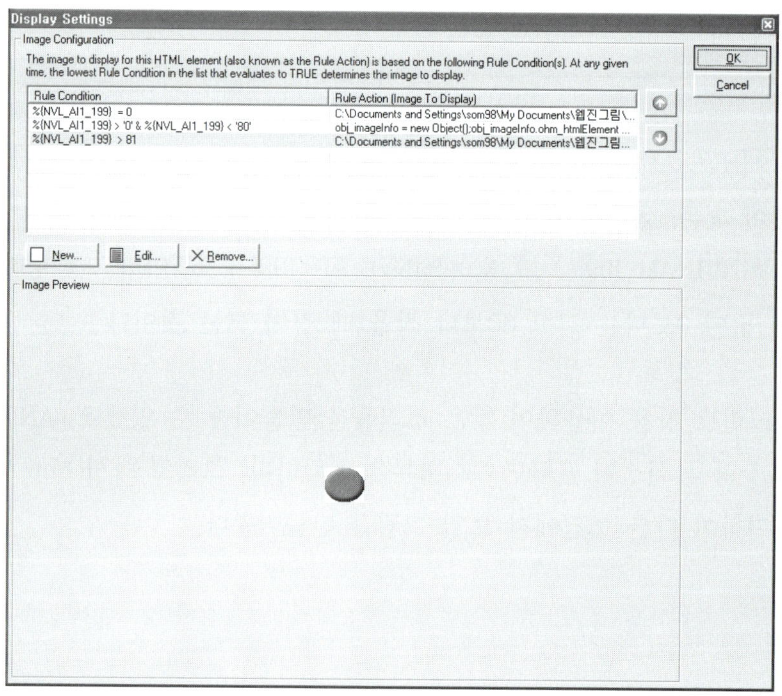

X Save Project to i.LON 버튼을 클릭하여 ILON100에 전송한 뒤 웹브라우저를 통하여 본 모습이다.

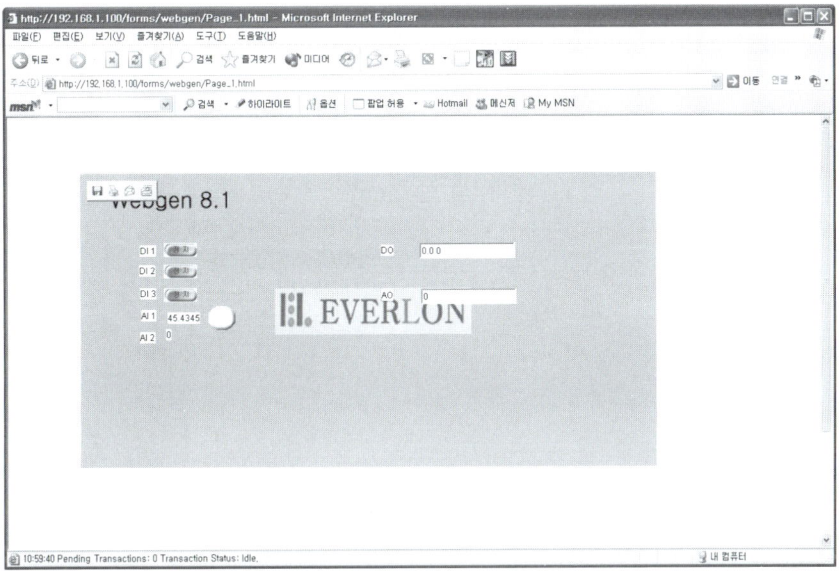

X 론메이커의 본 모습이다.

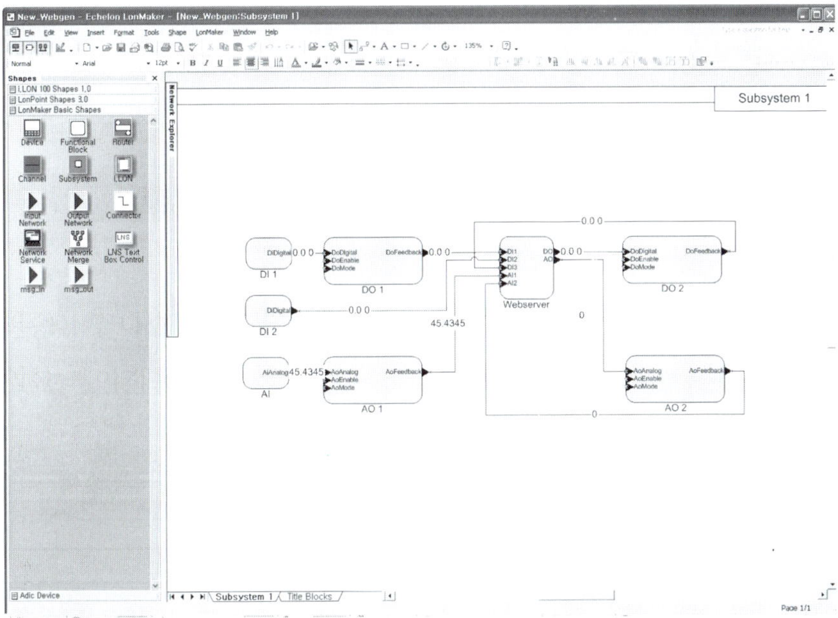

X 상태를 변화시킨 뒤 웹 브라우저에서 본 모습이다.

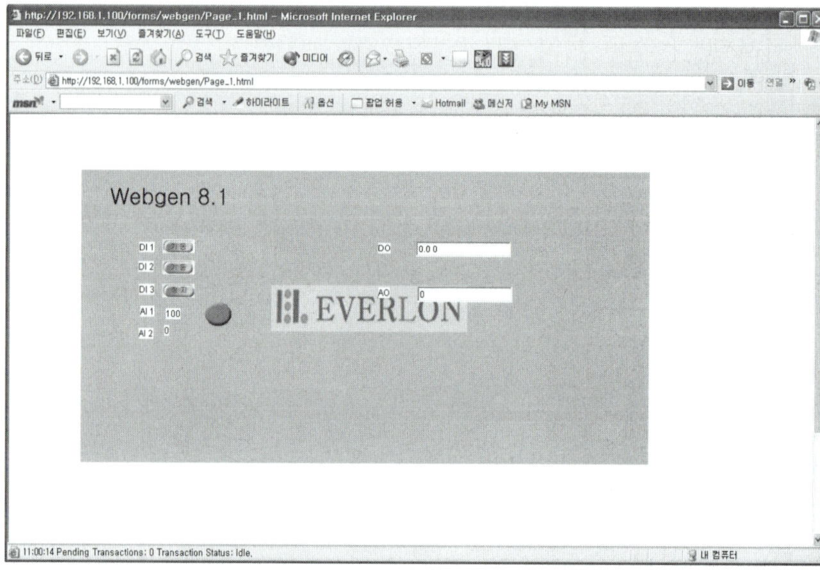

X 론 메이커에서 본 모습이다.

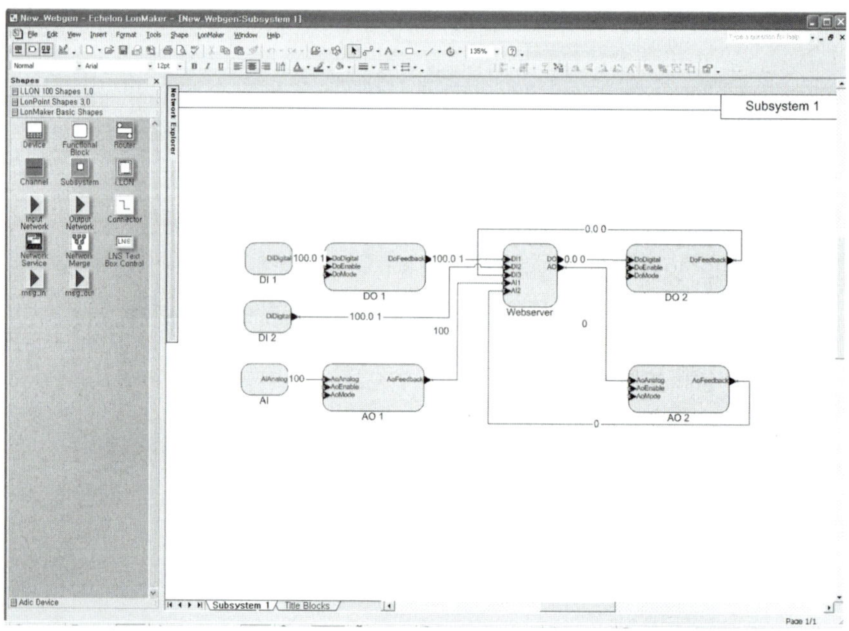

X 이번에는 버튼을 만들어서 명령을 내려 보내는 실습을 하겠다. Insert 메뉴에 Button을 클릭한다.

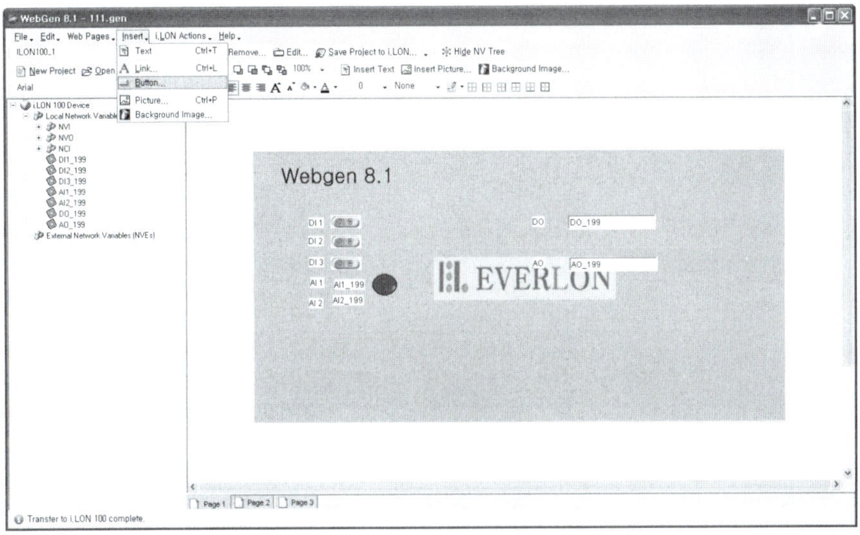

X 버튼에서 마우스 오른쪽 클릭을 한 뒤 On Click에 Write Output NV를 클릭한다.

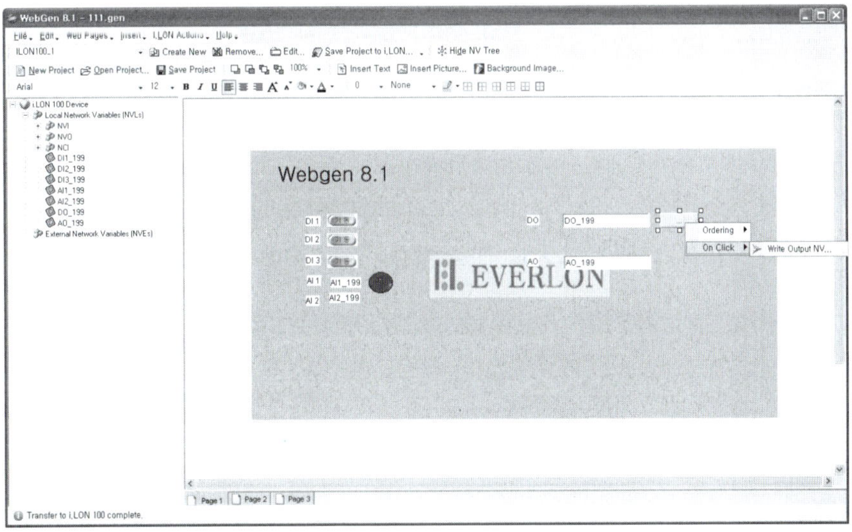

X 새 창이 열린다. On button click, write to NV에 있는 태그에 명령을 보낸다. 하단에 New 버튼을 클릭한다.

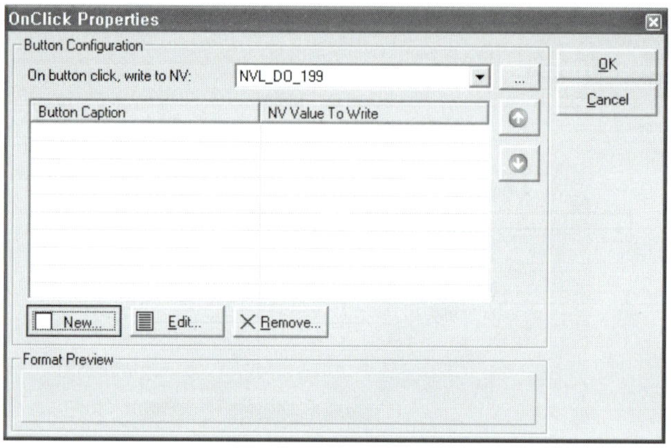

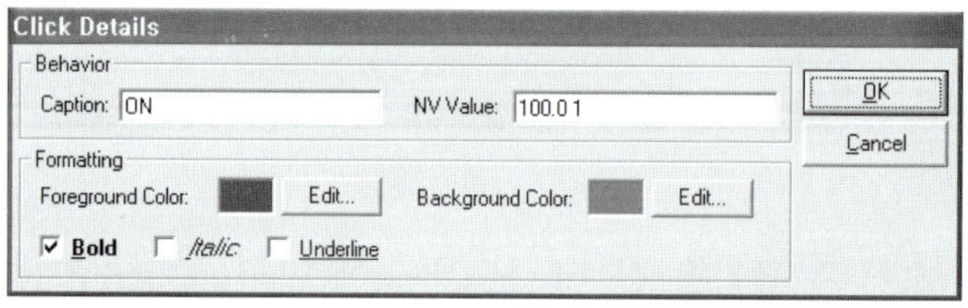

- Caption : 버튼의 나타낼 글자이다.
- NV Value : 명령을 내려 보낼 값이다.
  ex) 100.0 1 : On   0.0 0 : Off
- Foreground Color : 글자색이다.
- Background Color : 버튼의 배경색이다.

X 위와 같은 방법으로 Off 버튼에 대한 정의도 만들어 준다.

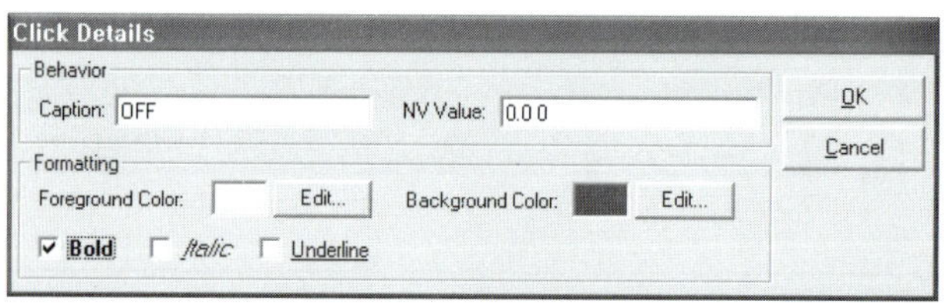

X Save Project to i.LON 버튼을 눌러 ILON100에 전송한 뒤 웹 브라우저를 통해 본 모습이다.

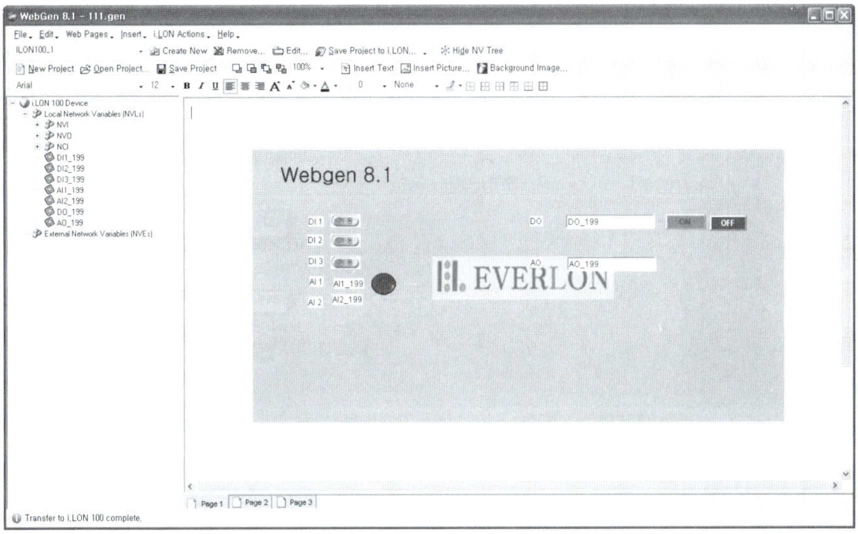

X OFF 버튼을 클릭했을 때 DI 3에 상태가 Off로 변화하는 것을 볼 수 있다.

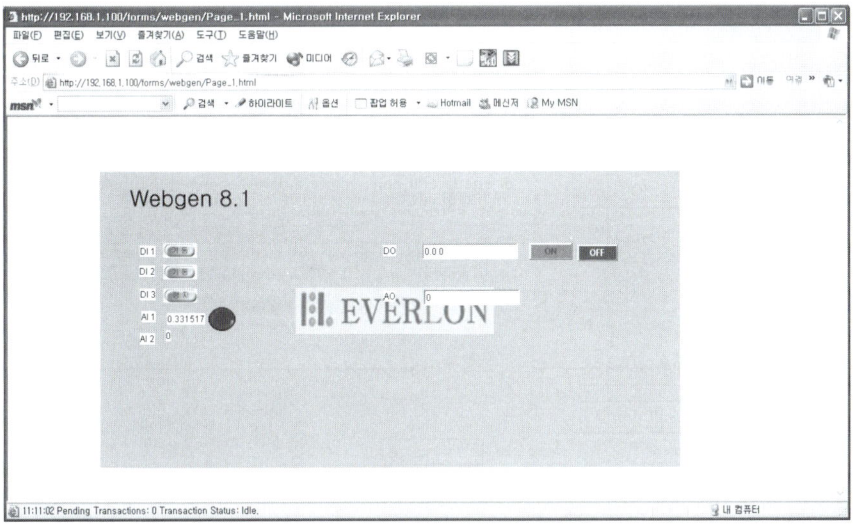

제 10 장

X 론메이커에서 본 모습이다.

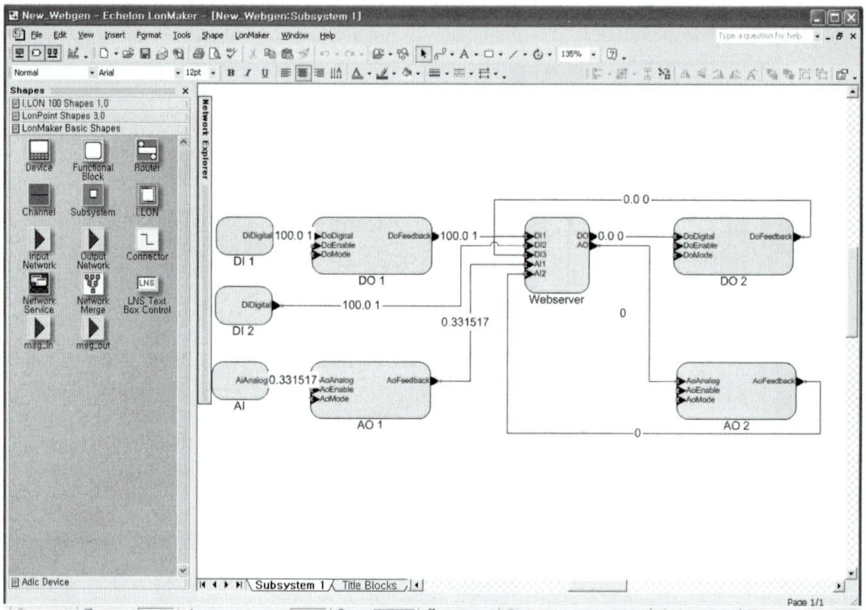

X ON 버튼을 클릭하였을 때 DI 3의 상태가 On이 된 것을 볼 수 있다.

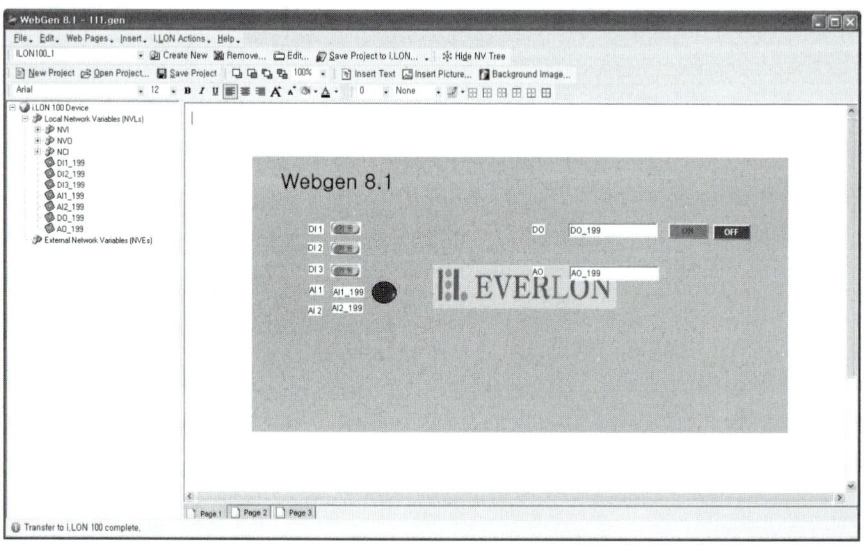

X 론메이커에서 본 모습이다.

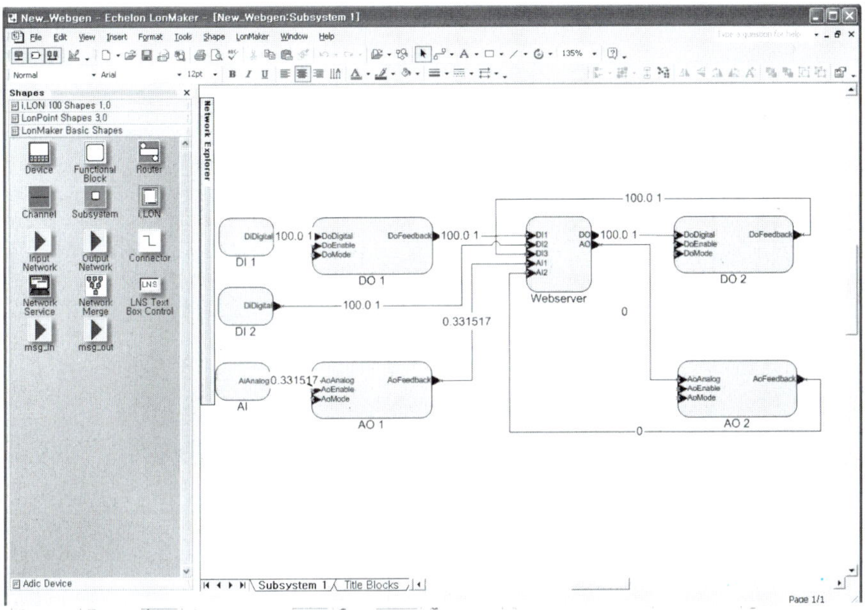

X 버튼 하나에서 2개의 명령을 보내는 버튼을 생성하는 법을 실습한다. Insert Button을 눌러 버튼하나를 생성한 뒤에 New 버튼을 클릭한다.

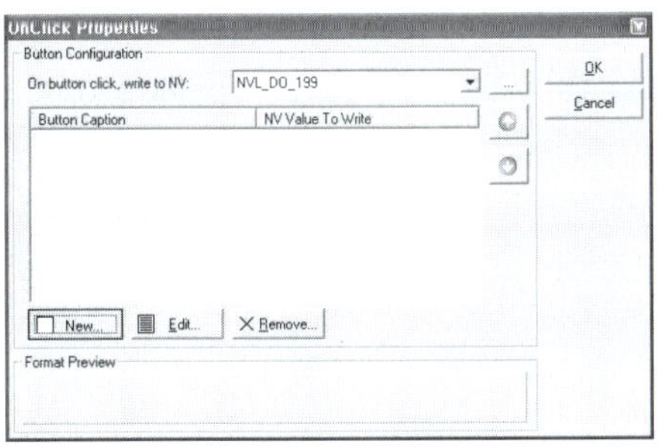

X ON 버튼을 대한 정의를 만들어 준다.

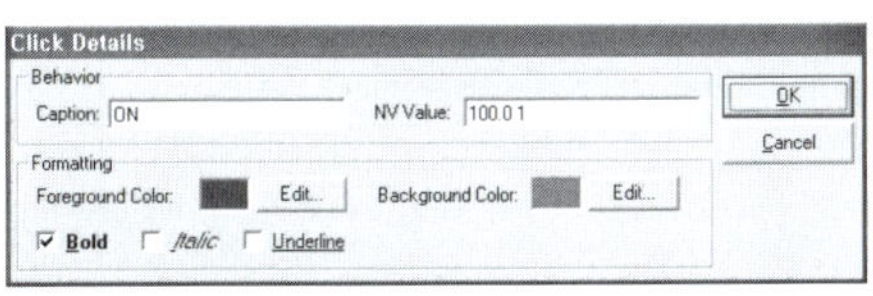

제 10 장

X OFF 버튼을 대한 정의를 만들어 준다.

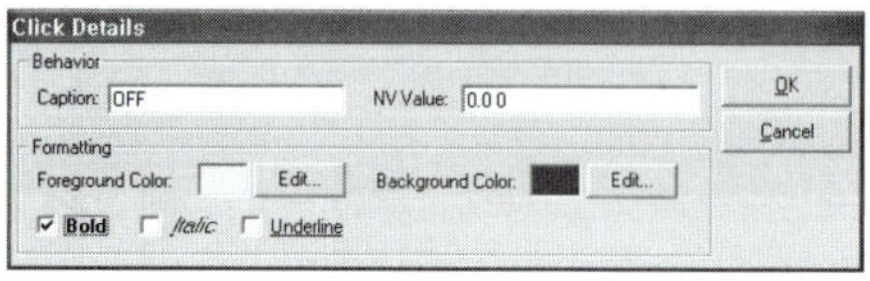

X 버튼에 대한 설정을 마친 뒤 OK 버튼을 클릭한다.

Save Project to i.LON 버튼을 클릭하여 ILON100에 전송한 뒤 웹 브라우저를 통하여 본 모습이다.

On 명령이 내려간 상태에서는 OFF 버튼이 나타난다.

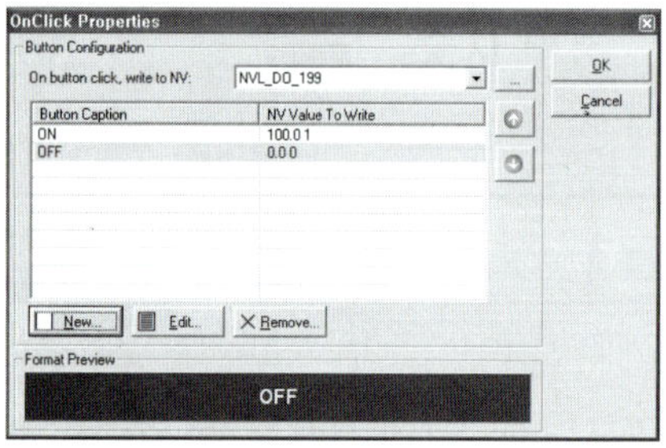

X Off 명령이 내려간 상태에서는 ON 버튼이 나타난다.

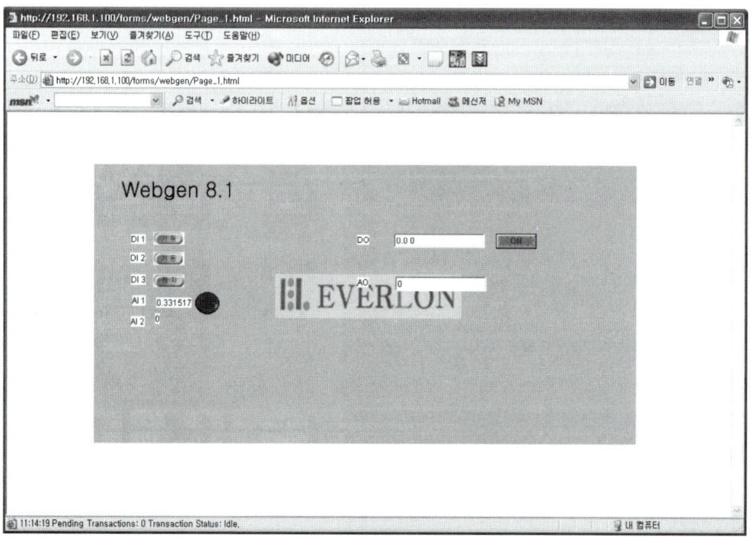

10-3 웹진을 이용하여 웹제어 응용

1. 조명 제어(Dimming)

■ **실습 내용** | 웹진을 이용하여 웹 페이지 작성하고 웹 제어를 실습한다

- **조명 제어** : 조명의 밝기 조절 제어 방식으로써, 간접 조명등에 많이 사용되며, 영화 감상 등의 일정 밝기의 조명을 필요로 할 때 많이 쓰이는 조명 제어 방식이다.

2. 실습 내용

① 조명용 조명스위치의 하드웨어적 구성과 소프트웨어적인 구성을 알아본다.

② 볼륨을 이용하여 밝기 조절 제어를 해본다.

3. 하드웨어 구성

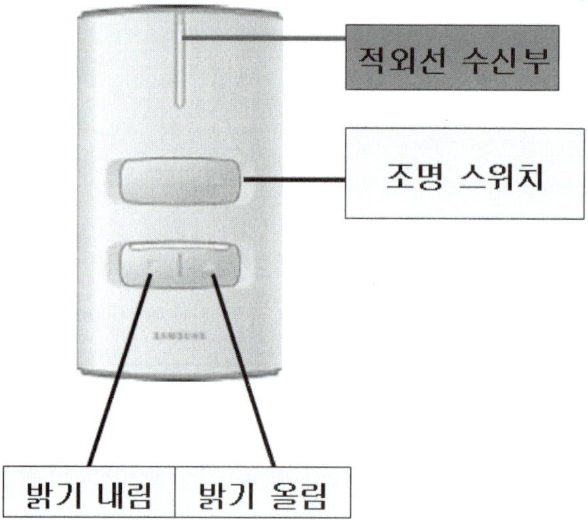

① 적외선 수신부 : 통합 리모컨의 적외선 신호를 수신하는 곳

② 조명 스위치 : 조명의 ON/OFF 토글(toggle)스위치 이다. LonMaker for Window에서 프로디바이스의 서비스 핀(Service Pin)의 역할도 한다.

③ 밝기 내림 : 조명의 밝기를 조절하는 버튼으로 한번 누를때마다 조명의 밝기가 12.5%씩 감소한다.

④ 밝기 올림 : 조명의 밝기를 조절하는 버튼으로 한번 누를때마다 조명의 밝기가 12.5%씩 증가한다.

4. 배선도

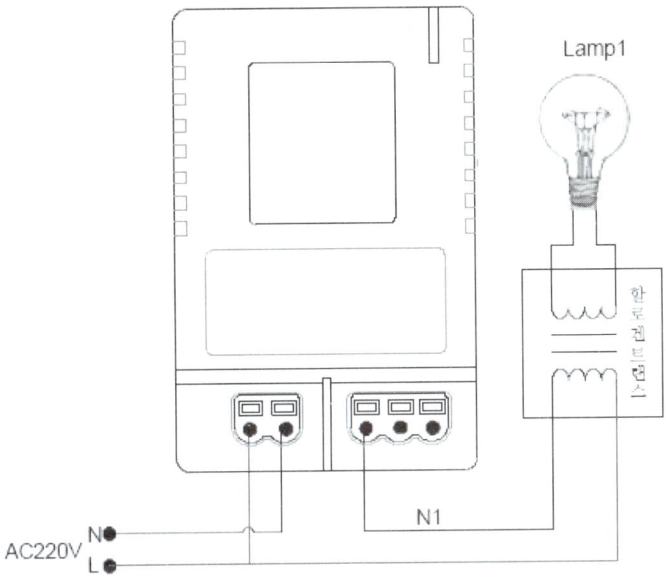
Lamp1
할로겐트랜스
N1
AC220V
N
L

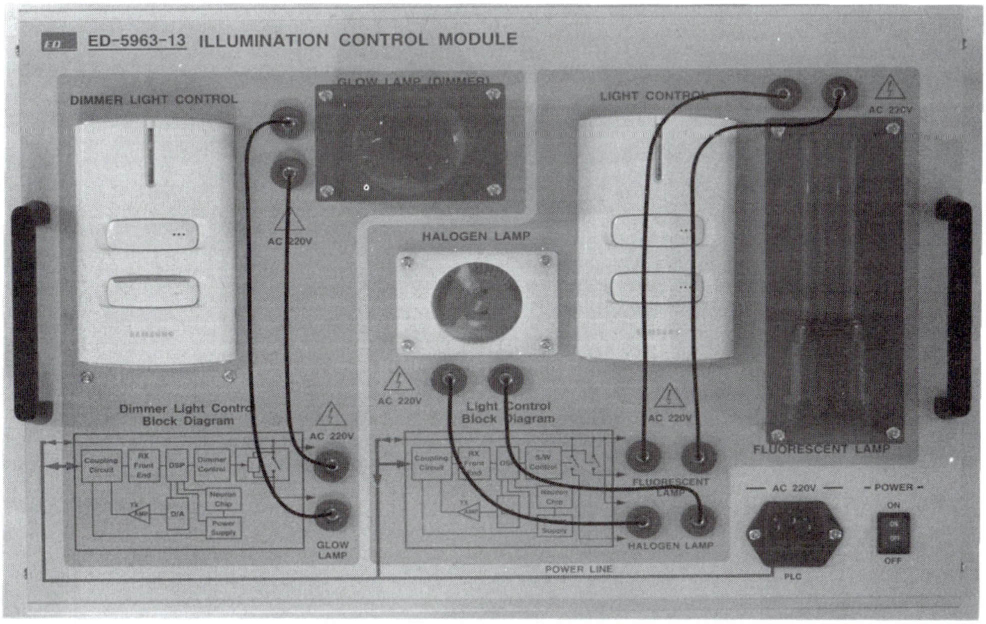
ED-5963-13 ILLUMINATION CONTROL MODULE
DIMMER LIGHT CONTROL
GLOW LAMP (DIMMER)
LIGHT CONTROL
AC 220V
HALOGEN LAMP
Dimmer Light Control Block Diagram
Light Control Block Diagram
GLOW LAMP
FLUORESCENT LAMP
HALOGEN LAMP
POWER LINE
POWER
ON
OFF
PLC

① 디바이스가 커미션된 상태인 LonMaker DataBase가 나타났다.

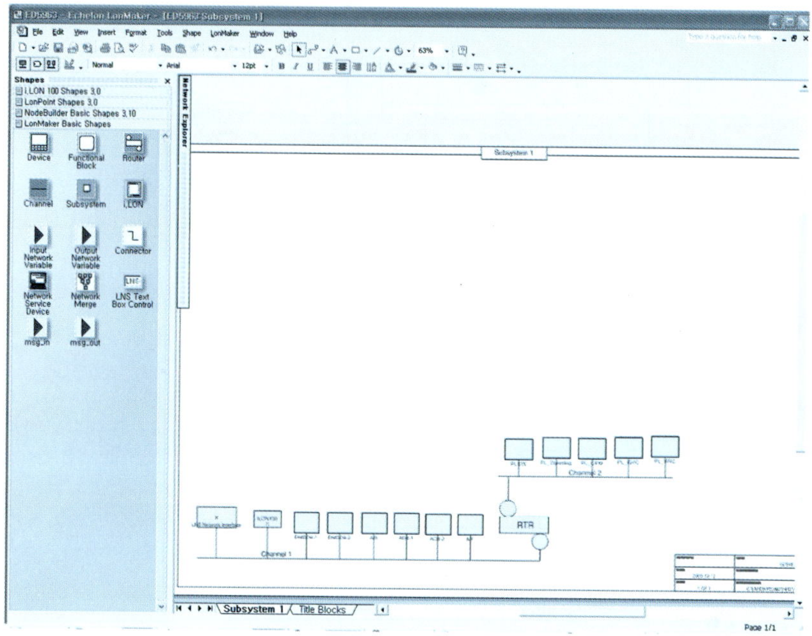

② Functional Block 아이콘을 작업 창으로 드래그 앤 드롭으로 가져다 놓는다.

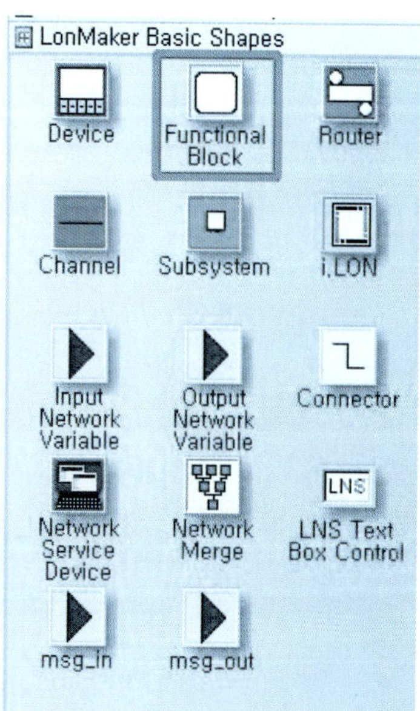

③ 다음과 같이 설정해 준다. 아래의 설정은 PL_Dimmer라는 디바이스에 LampActuetor[0](첫번째 램프)를 생성하라는 설정이다.

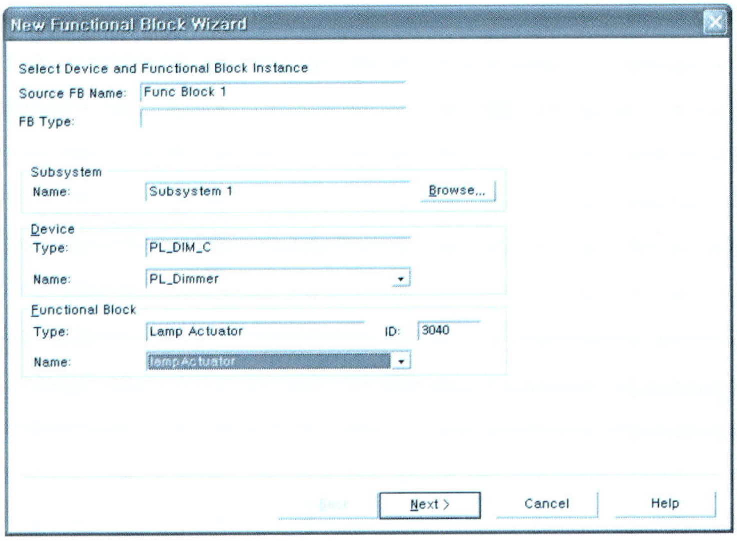

④ FB Name에 Functional Block의 이름을 정해준다. Create...를 클릭하여 모든 네트워크 변수를 생성한다.

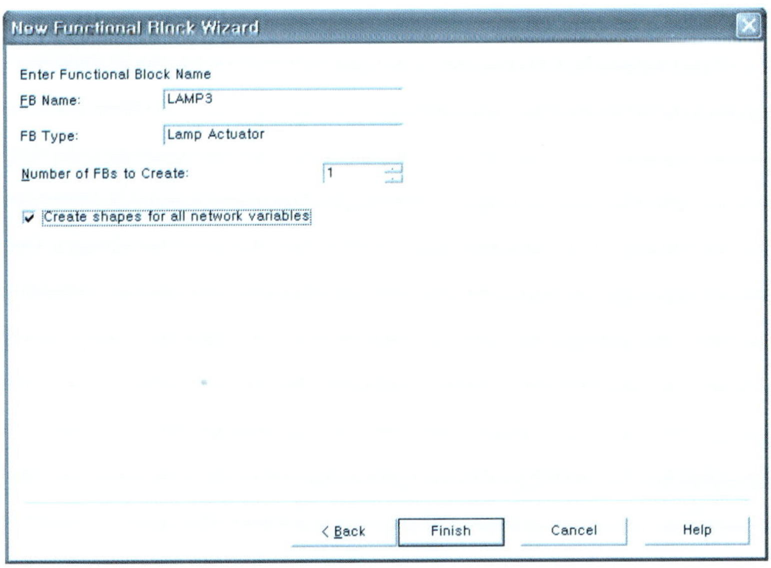

제 10 장

⑤ 조명 스위치에 연결된 Lamp3 블록이 생성되었다.

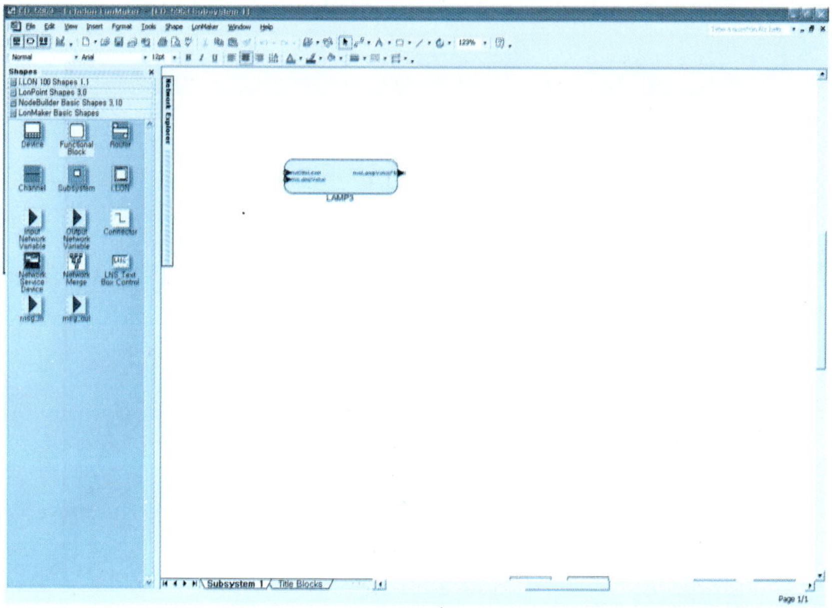

⑥ 이제 론메이커의 브라우저 메뉴를 통하여 Lamp3을 ON/OFF 동작 및 램프의 밝기를 조절해 보도록 하겠다. 브라우저는 론 메이커의 기본적인 플러그인 기능으로 Funtional Block 의 상태를 모니터링 하고 명령을 내려 줄 수 있는 플러그인이다.

⑦ Functional Block를 클릭하고 마우스 오른쪽 버튼을 클릭하면 다음과 같은 메뉴가 나타난다. Browser를 클릭한다.

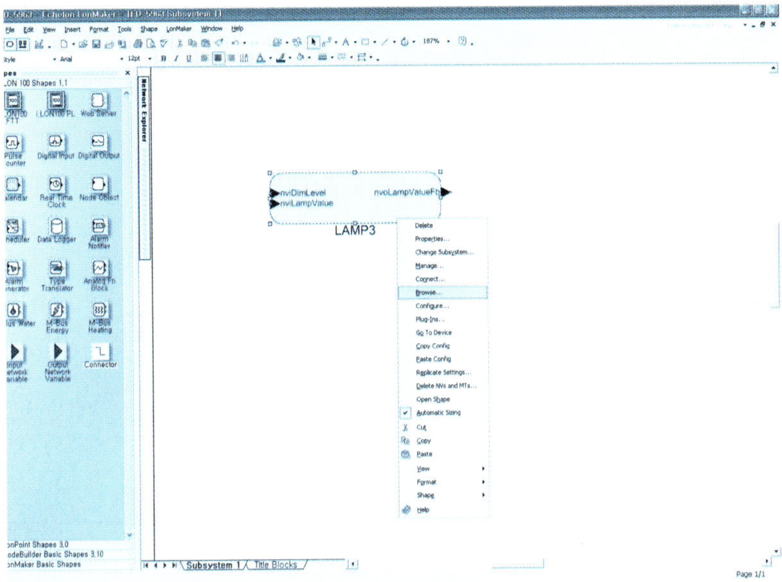

⑧ ON/OFF 명령을 내려준다. (0.0 0은 OFF 상태를, 100.0 1은 ON 상태를 의미한다)

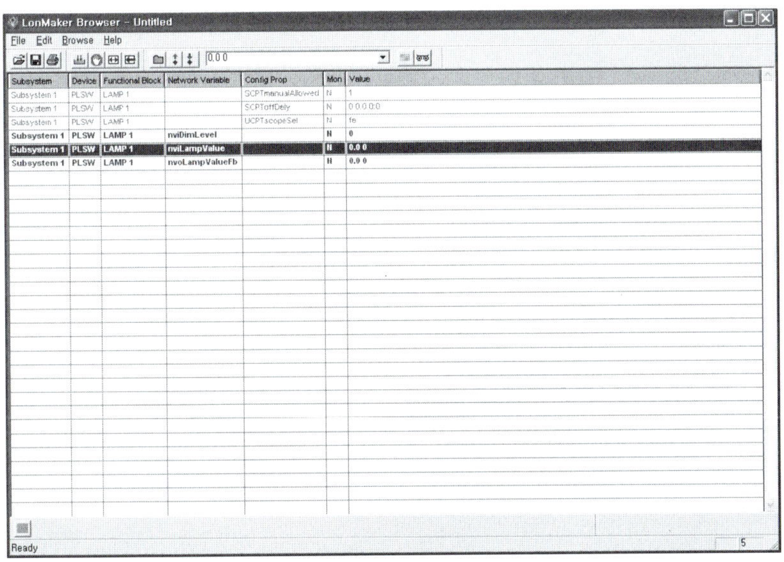

⑨ 명령창에 램프의 밝기를 넣어본다(밝기값은 0 ~ 100 사이의 값이다).

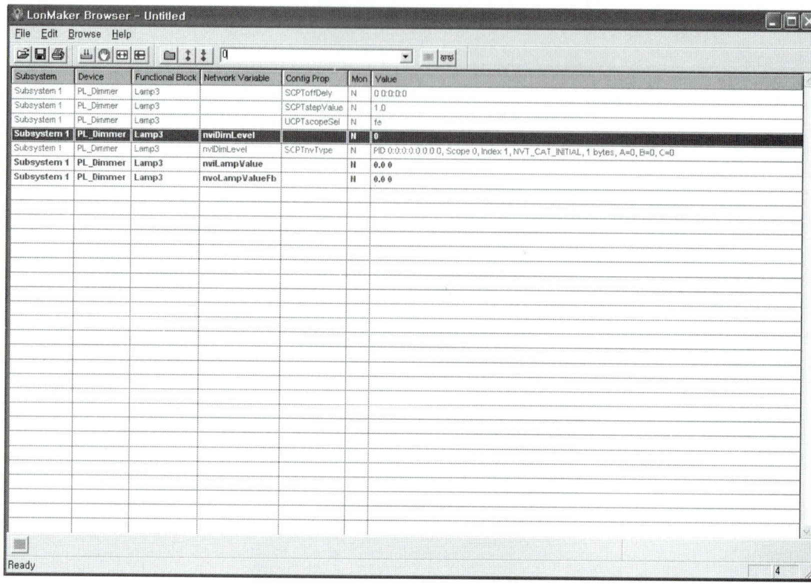

⑩ i.LON 100 스텐실에서 웹서버 아이콘을 작업창으로 드래그 앤 드롭으로 올려놓는다.

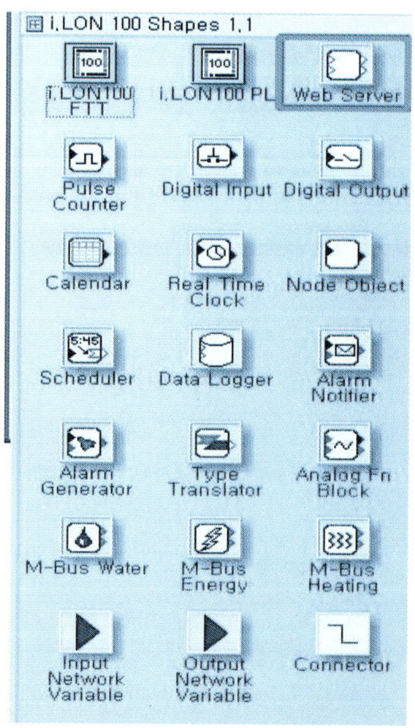

⑪ Functional Block 아이콘을 작업창에 드래그 앤 드롭으로 가져다 놓은 뒤 아래와 같이 설정해준다.

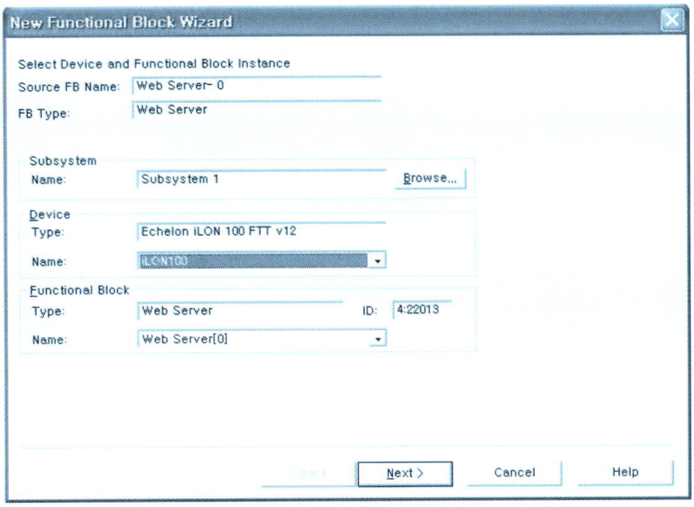

⑫ Functional Block의 이름을 Web Server라 주고 모든 네트워크 변수를 생성시킨다.

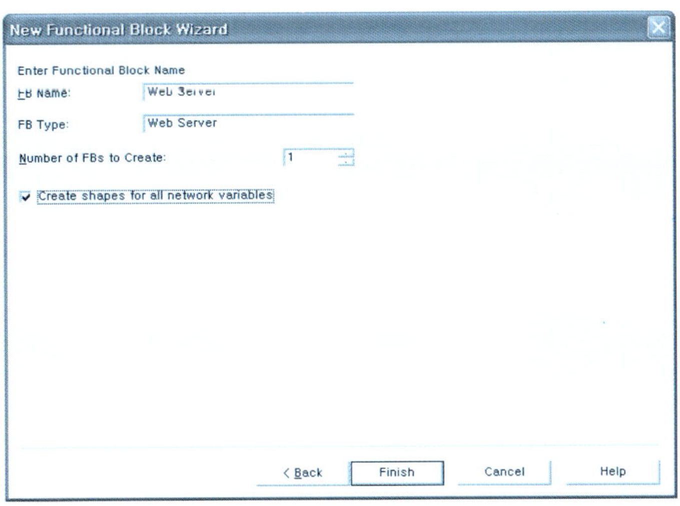

⑬ Web Server 블록에 아무런 네트워크 변수도 생성되지 않았다. 웹 서버 블록은 사용자가 필요에 의해서 네트워크 변수를 만드는 타입이다. 그래서 Functional Block를 생성하여도 아무런 네트워크 변수가 생성되지 않는다.

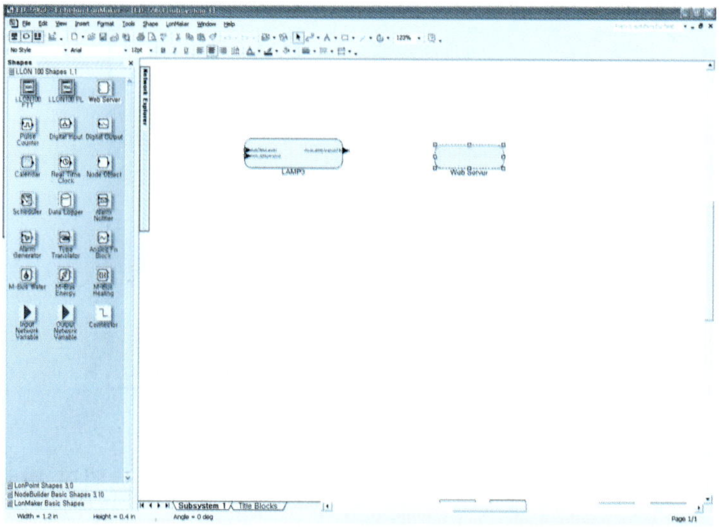

⑭ 입력 네트워크 변수 아이콘을 드래그 하여 Web Server 블록에 NVI (Network Variable Intput)에 가져다 놓는다.

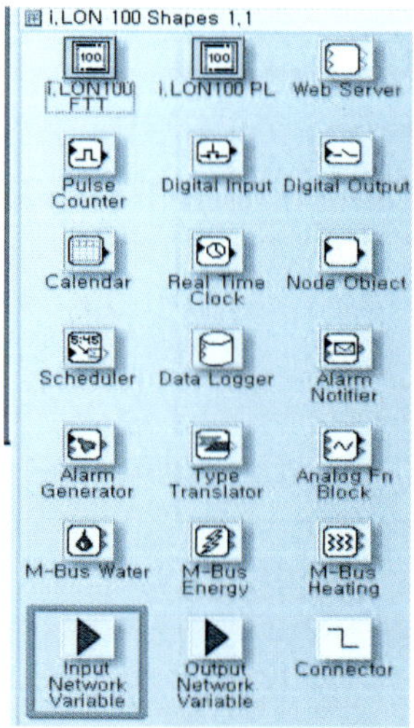

⑮ 네트워크 변수를 Web Server 블록에 올려놓은 모습이다.

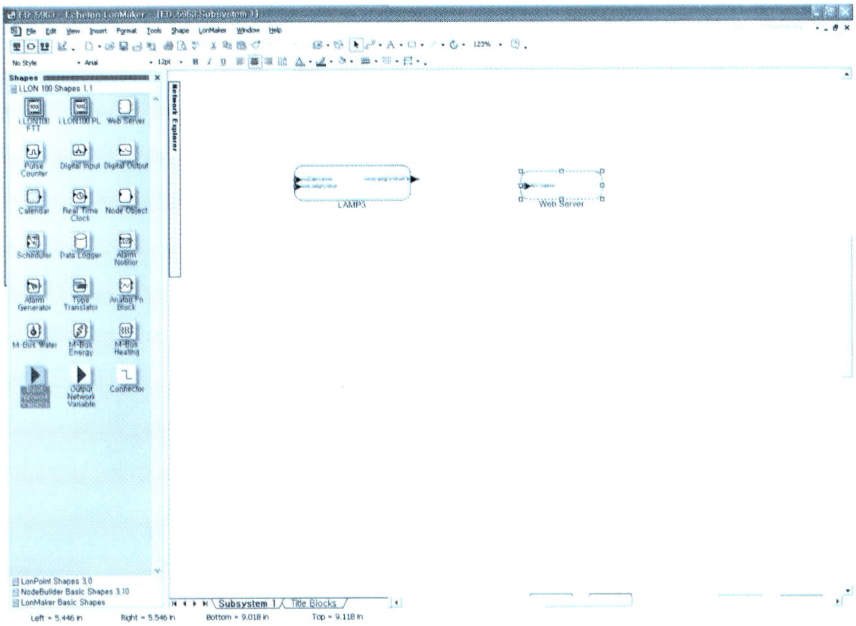

⑯ Web Server 블록에 변수를 올려 놓으면 아래와 같은 창이 나타난다. 이 창은 네트워크 변수를 생성하는 창이다. Create NV...를 클릭한다.

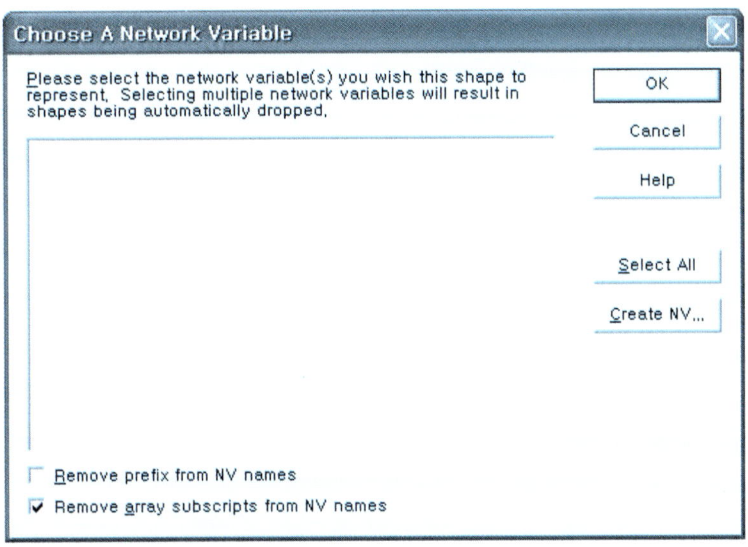

⑰ New NV Name 창에 변수의 이름을 임의로 넣어준다. 그리고 Source NV에 Browser 버튼을 클릭한다.

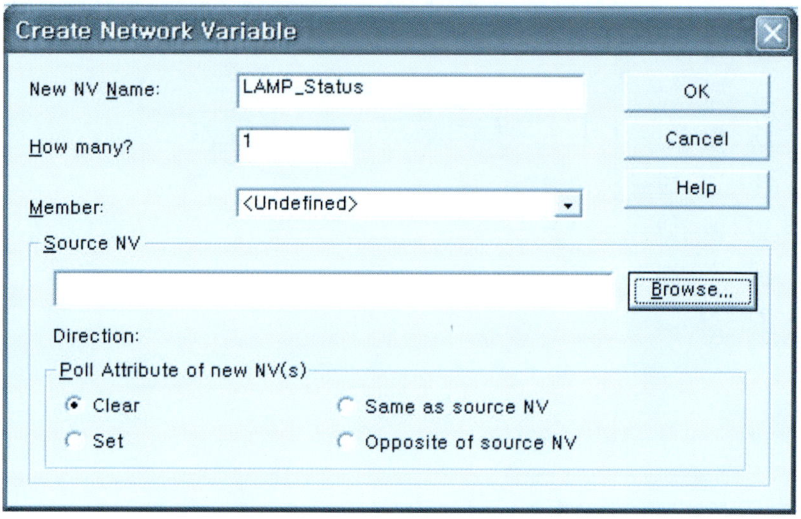

⑱ Source NV에 Browser 버튼을 클릭하면 아래와 같은 창이 나타난다. Subsystem1에 앞에 있는 '+' 기호를 클릭한다. 지금부터 새로 생성하게 될 웹서버 블록과 바인딩될 소스를 찾아간다.

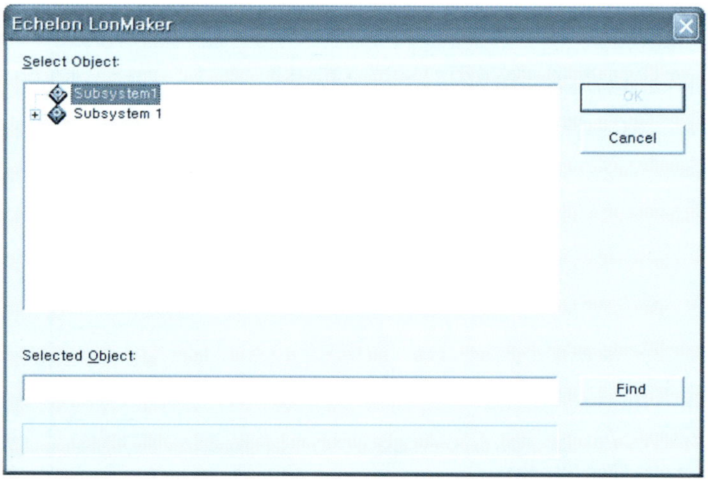

⑲ 웹서버의 입력값으로 받을 변수가 PL_Dimmer라는 디바이스에 LAMP3이라는 Functional Block에 있는 nvoLampValueFb 이다. 즉 램프의 피드백 값을 웹서버에 입력으로 받아들여 모니터링을 하고자 한다. 아래와 같이 설정하고 OK 버튼을 클릭한다.

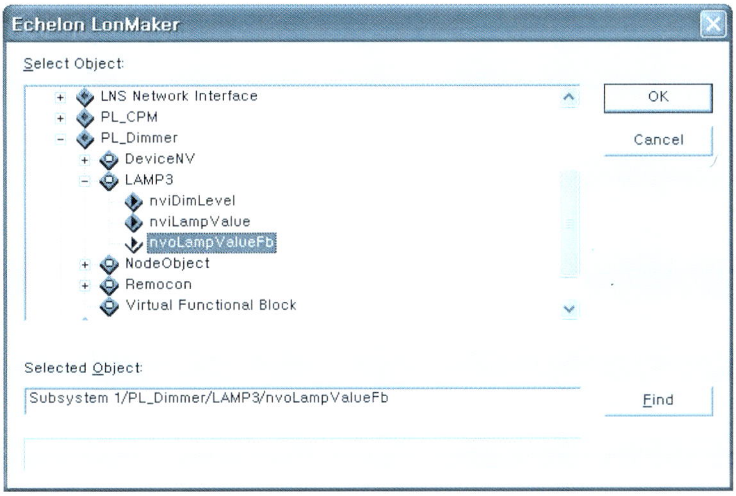

⑳ Lamp_Status라는 네트워크 변수가 생성하려고 한다. OK 버튼을 클릭하면 네트워크 변수가 생성된다.

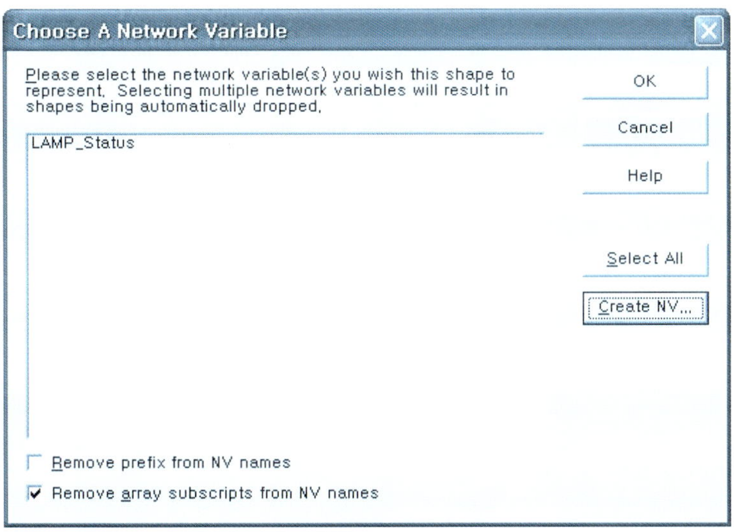

X 이번에는 Web Server 블록에 네트워크 출력변수를 생성해 보겠다. 아래와 같이 Output Network Variable 아이콘을 웹서버 블록 위에 올려놓는다.

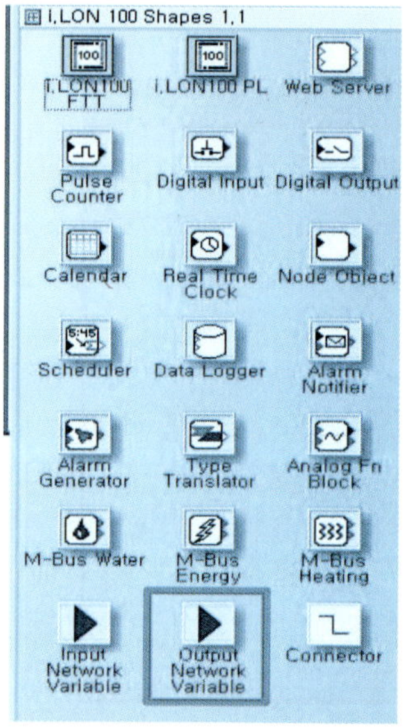

X 다시 입력변수를 만들 때 나타났던 창이 나타난다. Create NV...을 클릭한다.

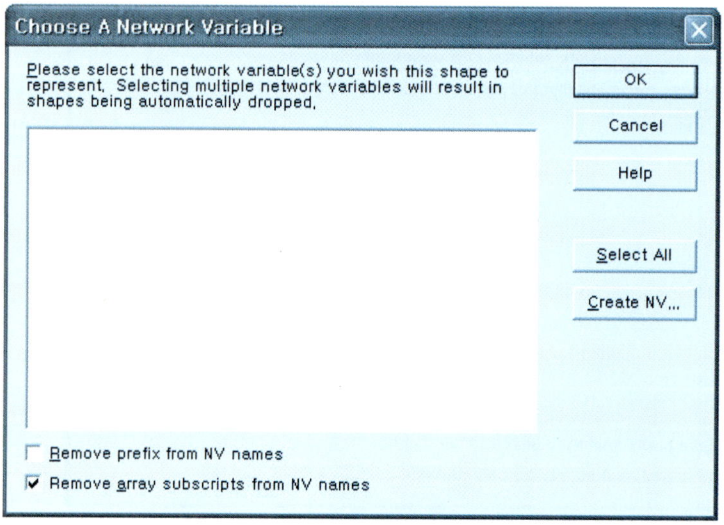

X New NV Name 창에 변수의 이름을 임의로 넣어준다. 그리고 Source NV에 Browser 버튼을 클릭한다.

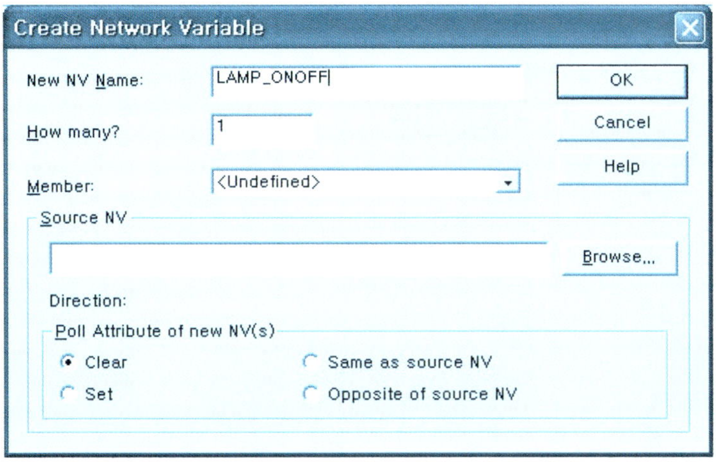

X Source NV에 Browser 버튼을 클릭하면 아래와 같은 창이 나타난다. Subsystem1에 앞에 있는 '+' 기호를 클릭한다. 지금부터 새로 생성하게될 웹서버 블록과 바인딩 될 소스를 찾아간다. 웹서버의 출력 값을 받을 변수가 PL_ Dimmer라는 디바이스에 LAMP3이라는 Functional Block에 있는 nviLampValue이다. 즉 웹서버에서 명령을 내려주어 램프를 ON/OFF 하려고 한다.

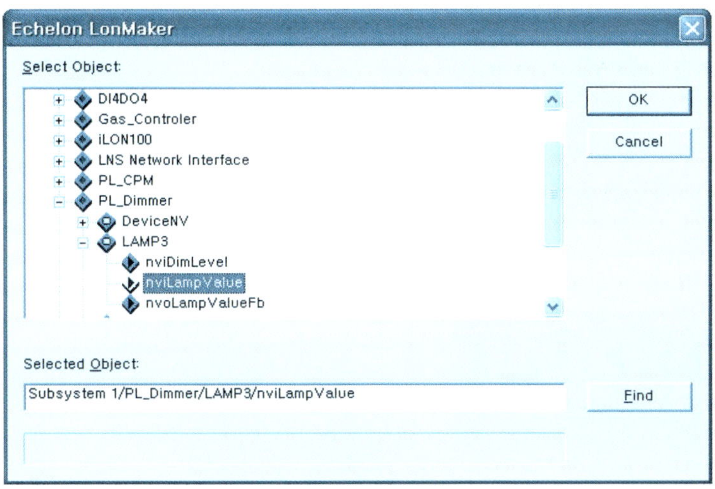

X 웹서버의 출력 변수가 생성되었다.

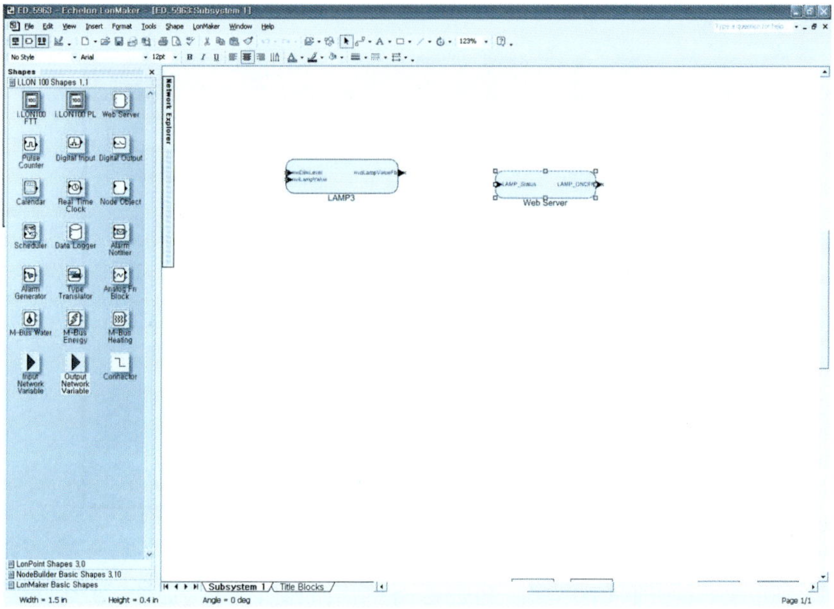

X 같은 방법으로 밝기 값을 출력해주는 변수를 생성하겠다.

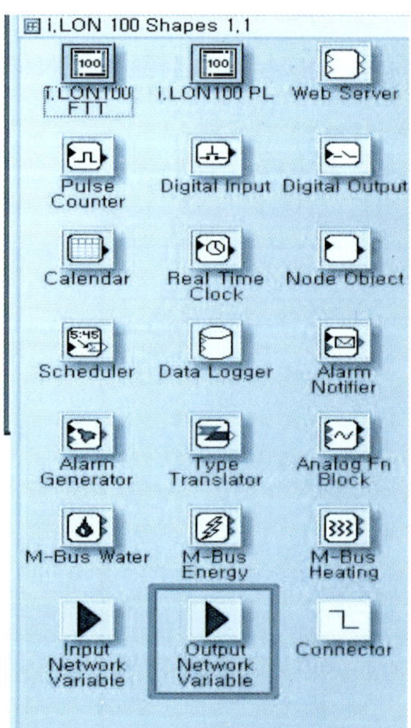

X New NV Name 창에 변수의 이름을 임의로 넣어준다. 그리고 Source NV에 Browser 버튼을 클릭한다.

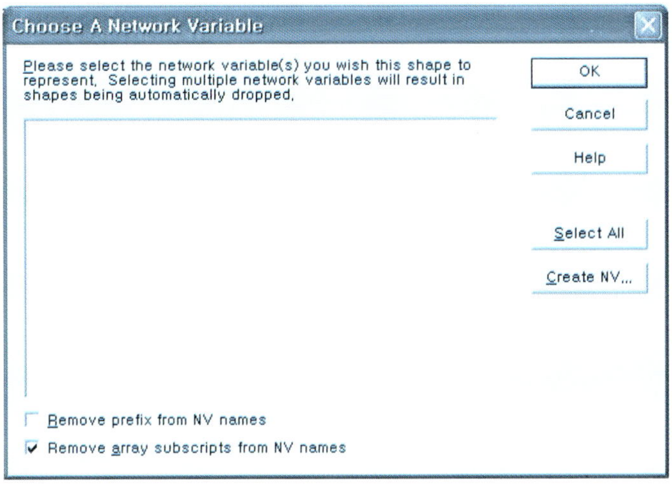

X Source NV에 Browser 버튼을 클릭하면 아래와 같은 창이 나타난다. Subsystem1에 앞에 있는 '+' 기호를 클릭한다. 지금부터 새로 생성하게 될 웹서버 블록과 바인딩될 소스를 찾아간다. 웹서버의 출력값을 받을 변수가 PL_ Dimmer라는 디바이스에 LAMP3이라는 Functional Block에 있는 nviDimLevel이다. 즉 웹서버에서 명령을 내려주이 램프의 밝기를 조절하려 한다.

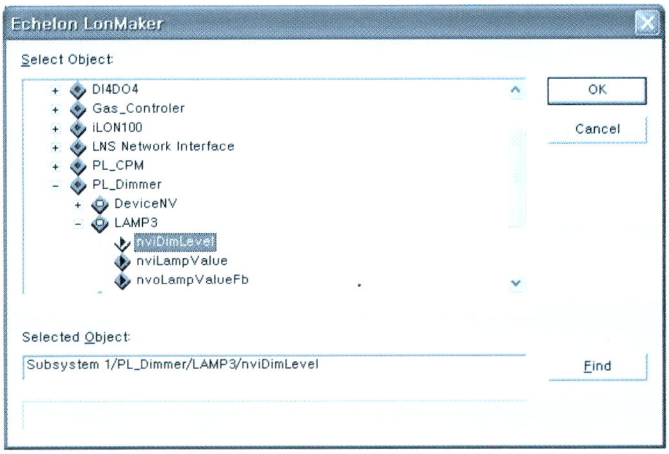

X OK 버튼을 클릭하여 변수를 생성한다.

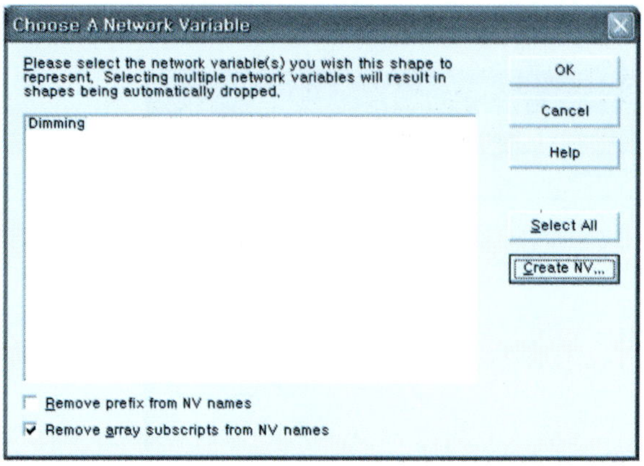

LAMP3 블록과 Web Server 블록을 아래와 같이 바인딩한다.

번호	LAMP 3 블록	Web Server 블록
1	nvoLampValueFb	LAMP_Status
2	nviLampValue	LAMP_ONOFF
3	nviDimLevel	Dimming

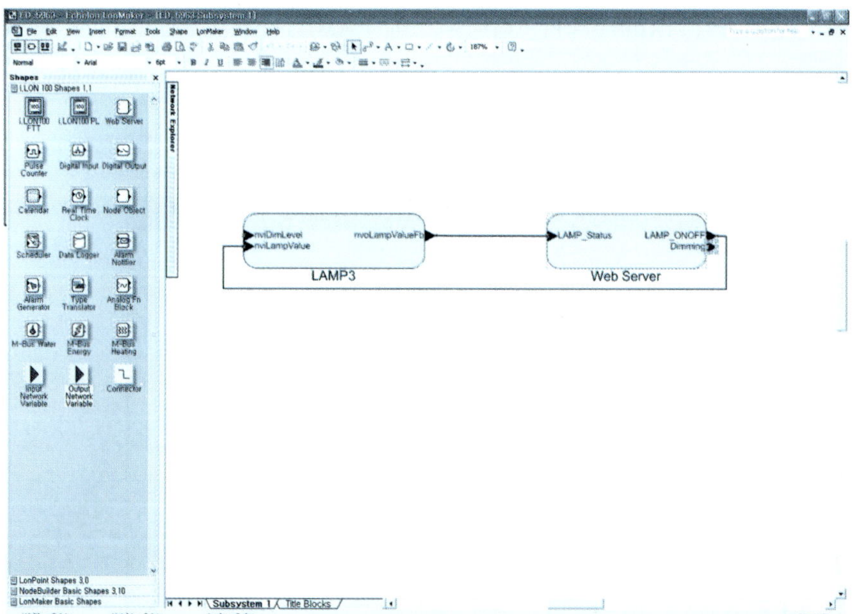

X 바인딩 정보 3번에서 에러가 발생 했을 것이다. 그 에러는 서로 바인딩 하려고 하는 변수 간에 변수의 타입이 일치하지 않아서 발생하는 에러이다. 이제 변수의 타입을 변경해 보도록 하겠다. 우선 Web Server 블록에 Dimming 변수를 클릭한다. 그리고 마우스 오른쪽 버튼을 클릭하여 Properties를 클릭한다.

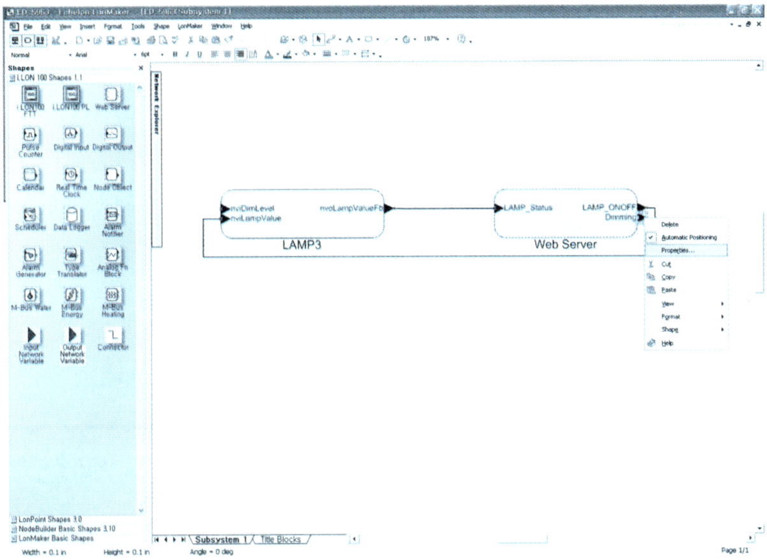

X 아래와 같은 창이 나타났다면 Type Name에 ... 버튼을 클릭한다.

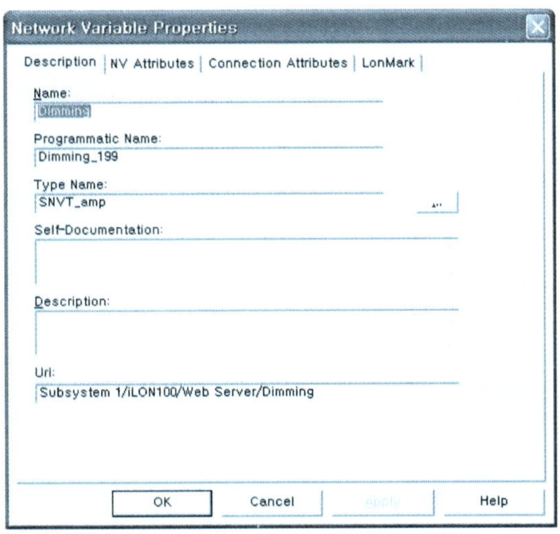

제 10 장

X 지금 설정되어 있는 타입은 SNVT_amp이다. 이 타입을 SNVT_lev_cont_f 타입으로 변경해 준다. SNVT란(Standard Network Variable Type)에 약자로 LonMark(LonWorks 표준협회)에서 표준화한 타입이다. 자세한 내용은 http://types.lonmark.org를 참조하시기 바란다.

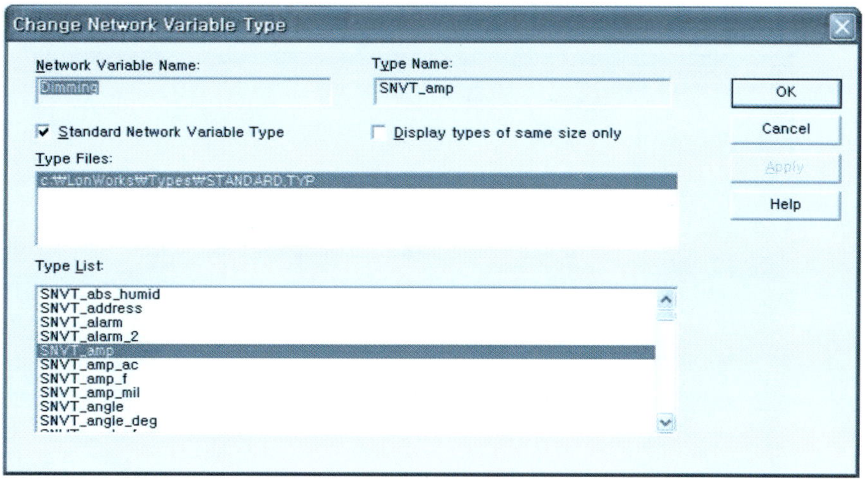

X 화면 하단 우측에 있는 화살표 버튼을 클릭하여 SNVT_lev_cont_f를 찾아 클릭한 뒤 OK 버튼을 클릭한다.

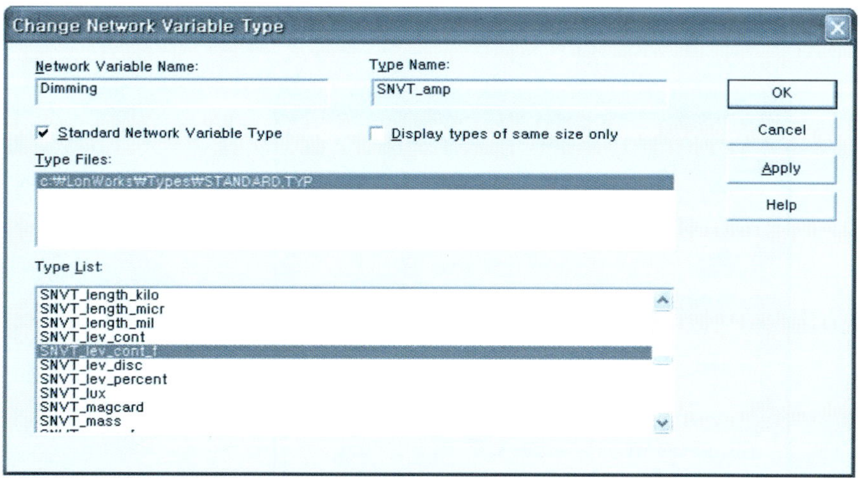

X 이제 완전하게 LAMP3 블록과 Web Server 블록이 바인딩된다. 이제부터 Webgen8.1을 이용하여 웹 페이지를 작성해 보겠다. Webgen8.1에 대한 자세한 내용을 Webgen 부분을 참조하기 바란다.

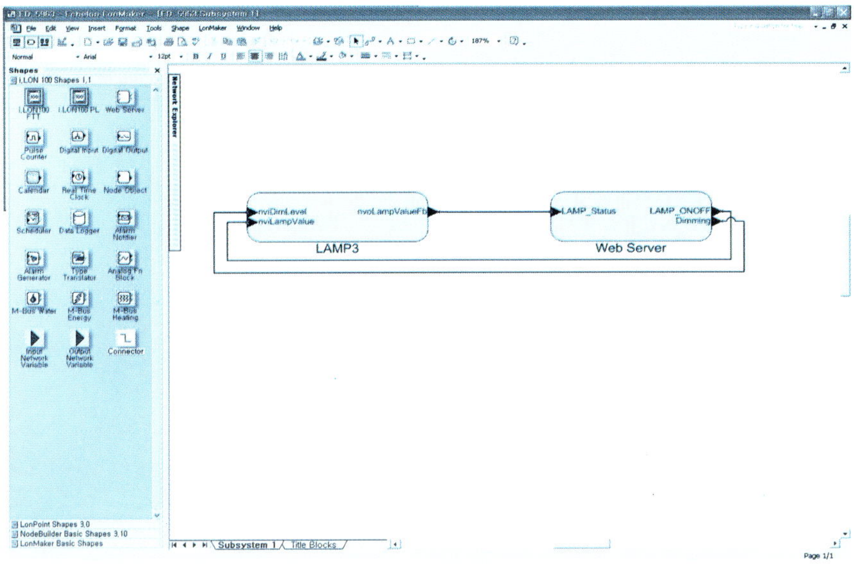

X Webgen을 실행시키고 iLON100에 접속한다.

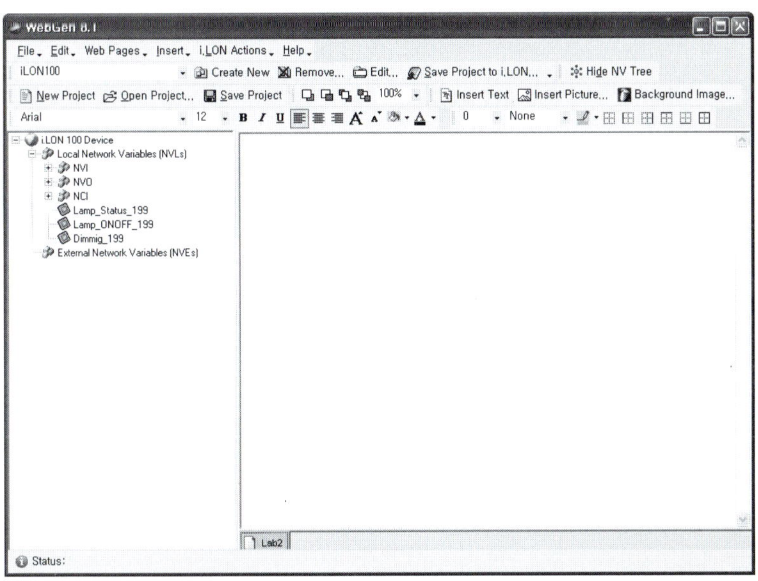

X 왼쪽에 생성된 태그를 오른쪽 작업창에 옮겨놓는다. Lamp_Status 태그를 옮겨 놓는다.

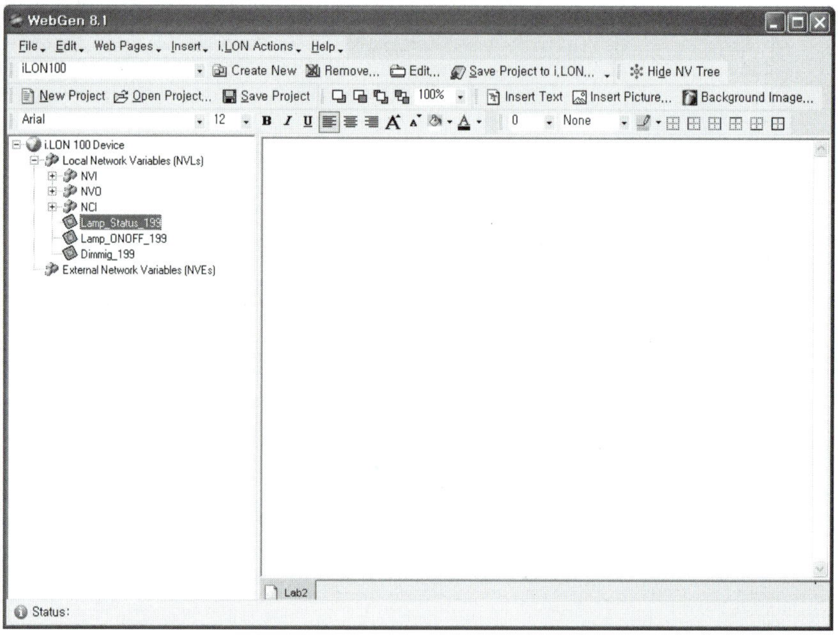

X 아래와 같은 창이 나타난다. Use text box 는 모니터링과 명령을 내려줄 수 있다.

Use lable...은 모니터링만 가능한 방식이다. 우린 Lamp3의 상태를 모니터링 하기 위해서 Use lable..를 선택하고 OK 버튼을 클릭한다.

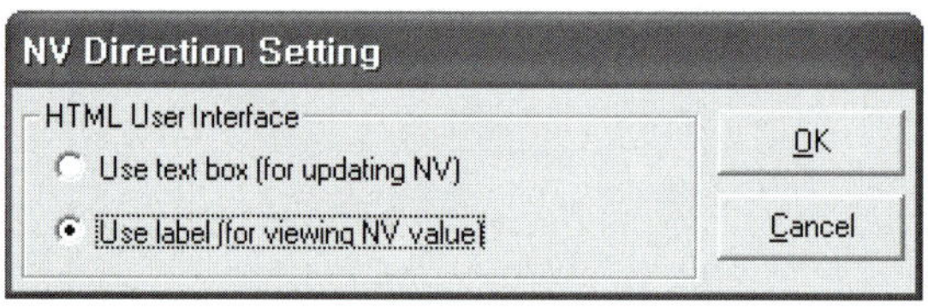

X Lamp_ONOFF 태그도 작업창에 옮겨 놓는다.

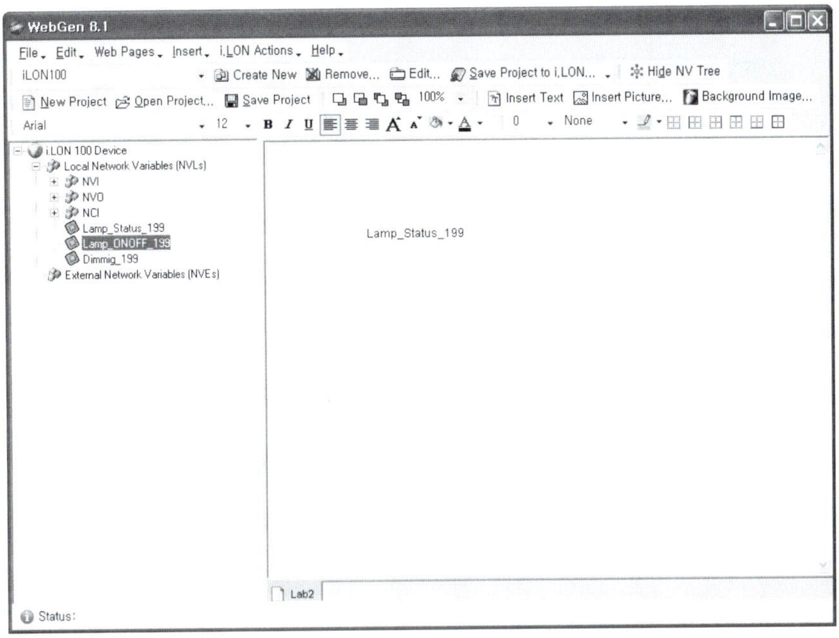

X Lamp_ONOFF 태그는 램프의 ON/OFF 명령을 내려주기 위한 것이므로 Use Textbox를 선택한다.

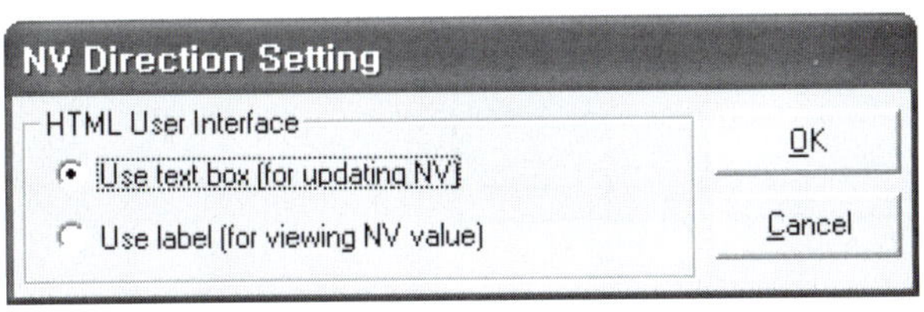

X Dimming 태그도 작업창에 옮겨 놓는다. Dimming 태그는 램프의 밝기 값을 넣어주는 태그이다.

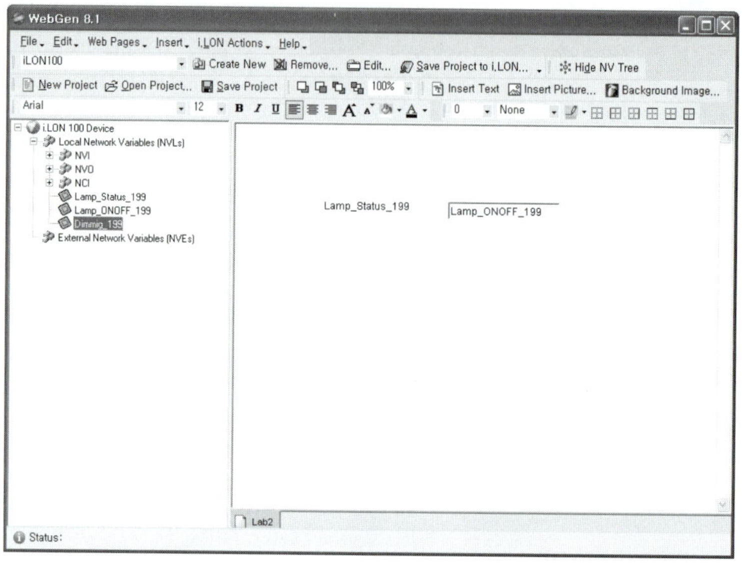

X Dimming 태그는 램프의 밝기 값을 내려주기 위한 것이므로 Use text box를 선택한다.

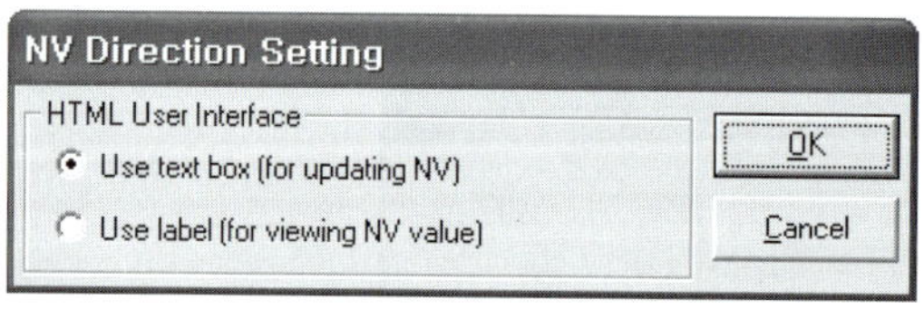

X 작업한 내용을 웹서버에 저장하기 위해서 Save Project to iLON 버튼을 클릭한다.

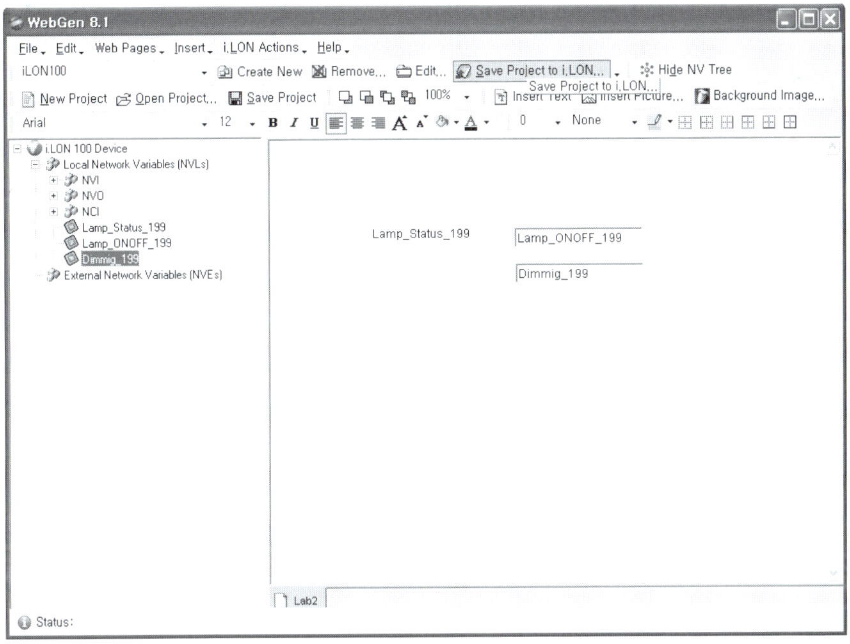

X 작업한 내용이 전송된다.

X 전송이 끝나면 아래와 같은 메시지가 나타난다. '예' 버튼을 클릭하면 작업한 페이지를 열게 된다.

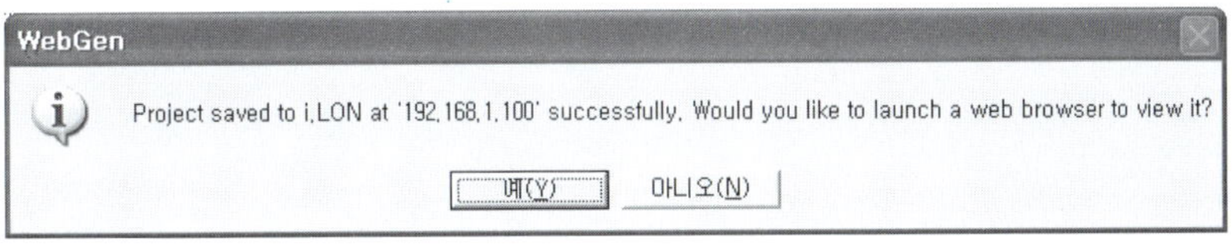

X Select Page에 Lab2를 클릭한다.

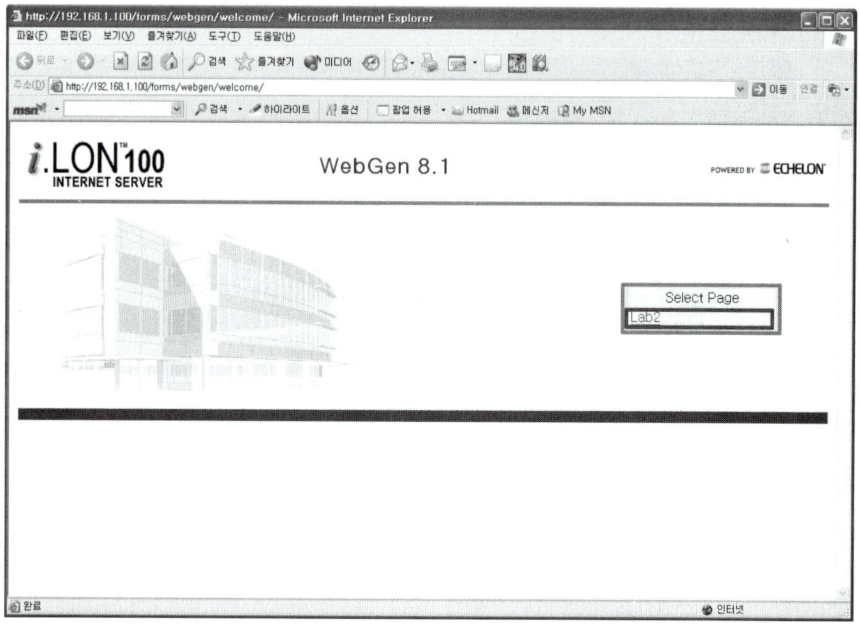

X 아래와 같이 웹 페이지가 나타난다.

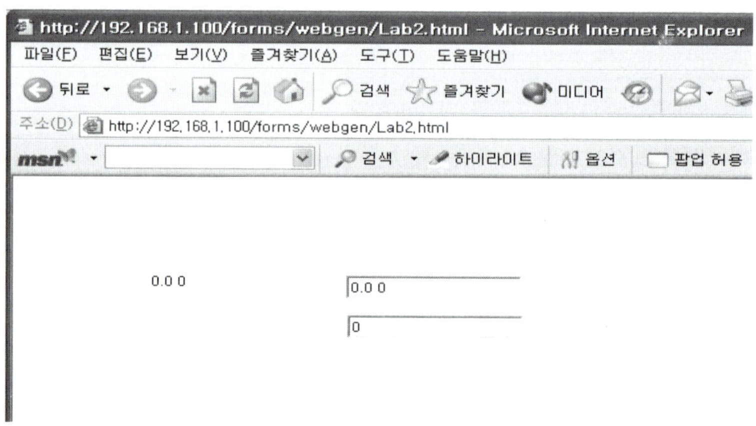

X 아래와 같이 오른쪽 텍스트 박스에 명령을 넣어주고 엔터키를 누르면 명령이 수행되고 모니터링 값이 변화 되는 것을 볼 수 있다. 100.0 1과 0.0 0은 디지털 입출력의 Format으로써 100.0 1은 ON을 의미하며 0.0 0은 OFF를 의미한다.

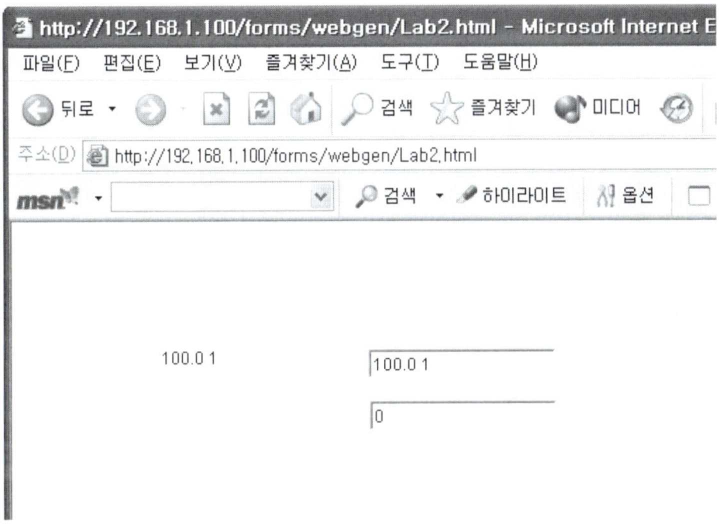

X 아래와 같이 두 번째 텍스트 박스에는 밝기 값을 숫자로 넣어준다. (0~100 사이 값을 넣어준다.)

이 값은 램프의 밝기 %를 의미한다.

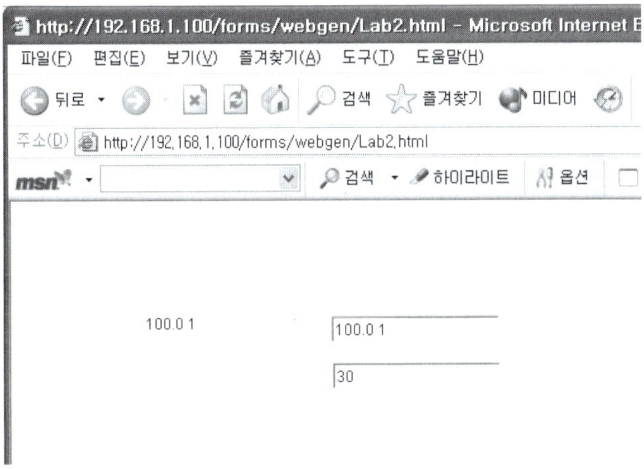

제 10 장

X 이제 태그마다 이름을 넣어주어 어떤 태그가 어떤 값을 의미하는 알게하기 위하여 텍스트를 넣겠다. 메뉴바의 Insert에 Text 메뉴를 선택한다.

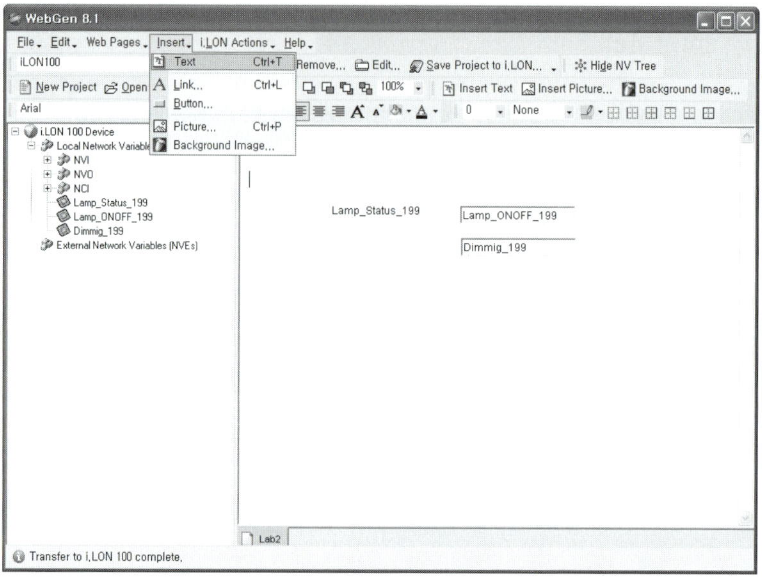

X 아래 그림과 같이 텍스트를 넣어준 다음 글자색 및 글자 크기 등을 설정해 준다.

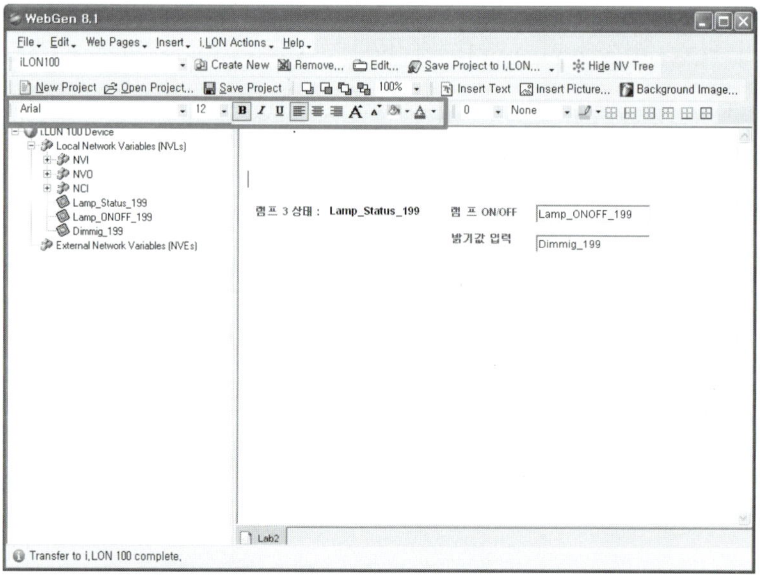

X 아래 그림은 웹페이지로 전송한 화면이다.

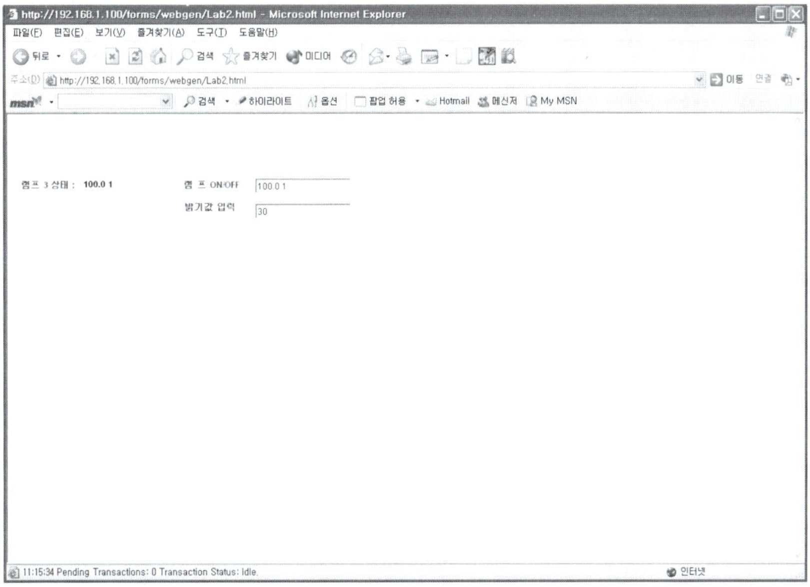

X 이제 Lamp_ONOFF 태그를 클릭하고 Delete 키를 눌러 태그를 삭제한다.

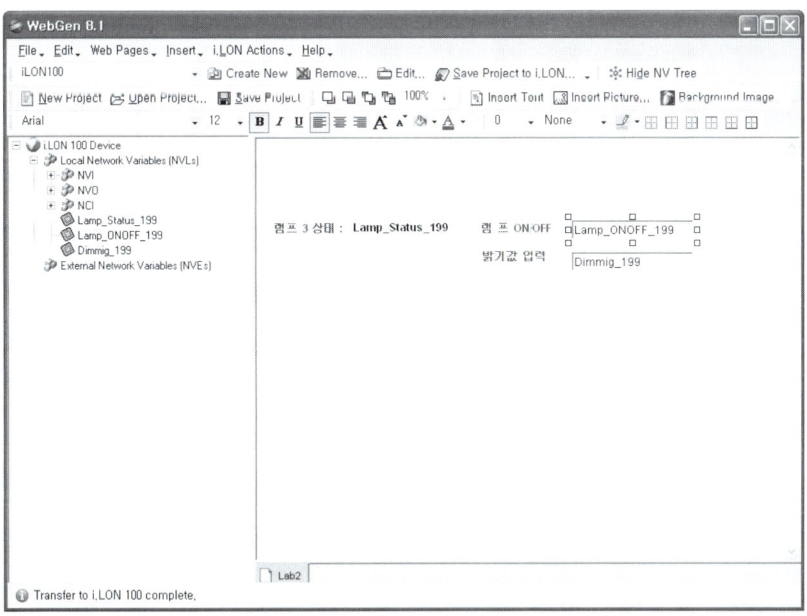

X 그림과 같이 Insert 메뉴에서 Button을 클릭한다. 이제부터는 버튼을 이용하여 ON/OFF 제어명령을 내려주도록 해보겠다.

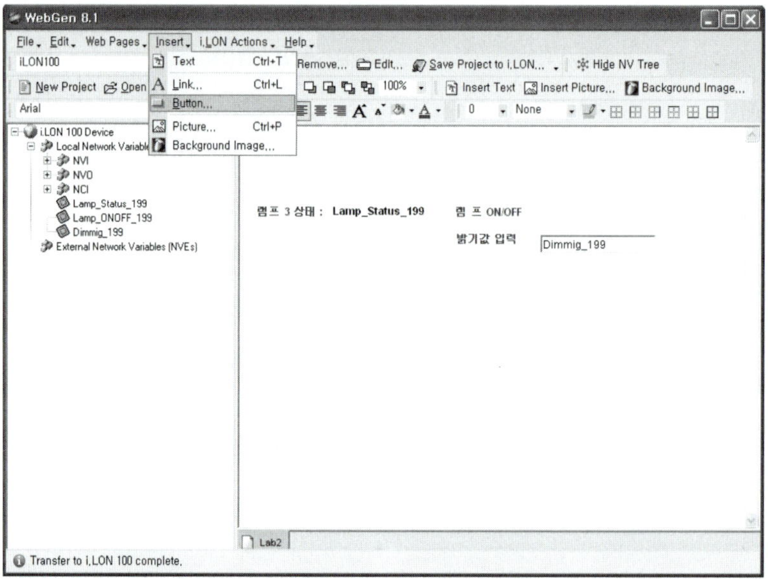

X 아래와 같이 버튼이 생성되면 버튼을 클릭하고 마우스 오른쪽 버튼을 클릭하여 OnClick 메뉴에서 Write Output NV...을 클릭한다.

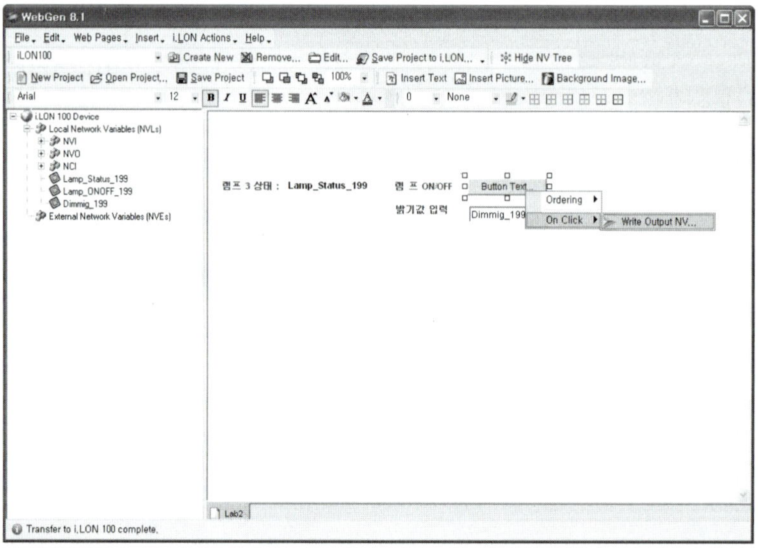

X 아래 그림과 같이 ... 버튼을 클릭한다.

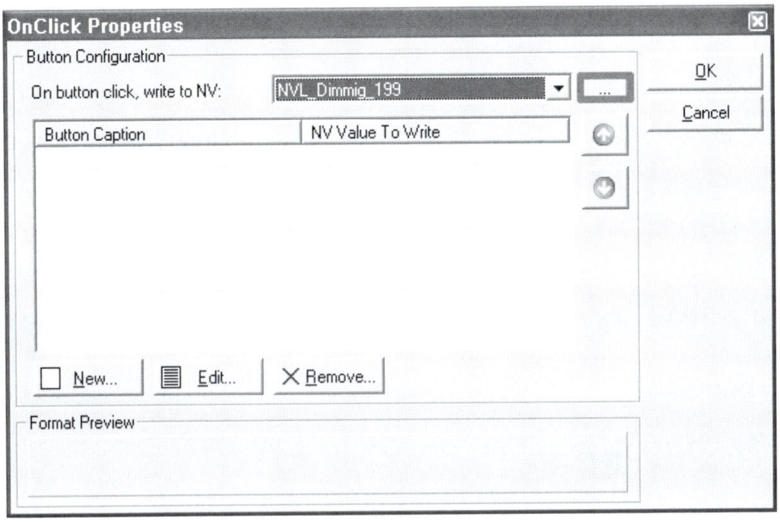

X 아래 그림처럼 Lamp_ONOFF_199를 선택한뒤 OK 버튼을 클릭한다.

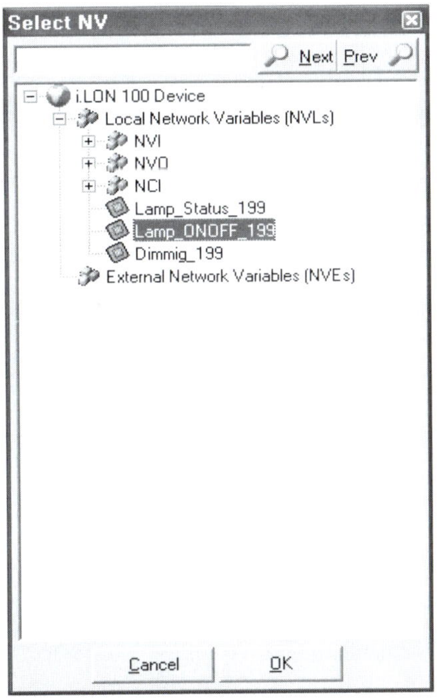

X 아래 그림은 버튼의 모양과 색깔 그리고 명령의 수행을 설정하기위한 창이다. 설정을 마친 뒤 OK 버튼을 클릭한다.

- Caption : 버튼의 표시될 이름을 설정해준다.
- NV Value : 명령 값을 입력해 준다. 이 버튼은 ON 버튼이므로 100.0 1을 넣어준다.
- Foreground Color : 글자색을 설정해 준다.
- Background Color : 배경색을 설정해 준다.

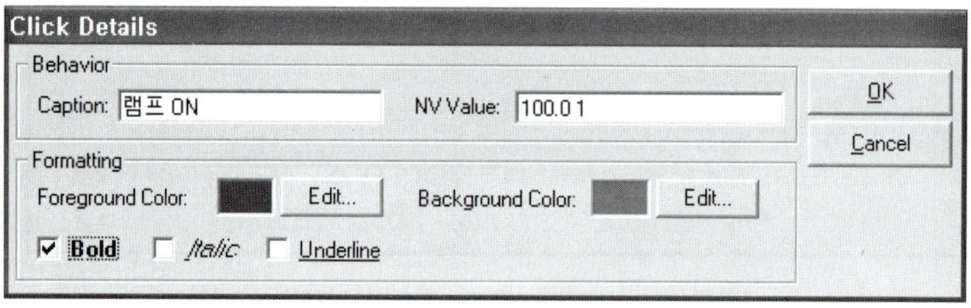

X 앞에서 설정해 준 것과 같이 아래 Format Preview에 나타난다. 설정이 맞게 되었는지 확인한 뒤 OK 버튼을 클릭한다.

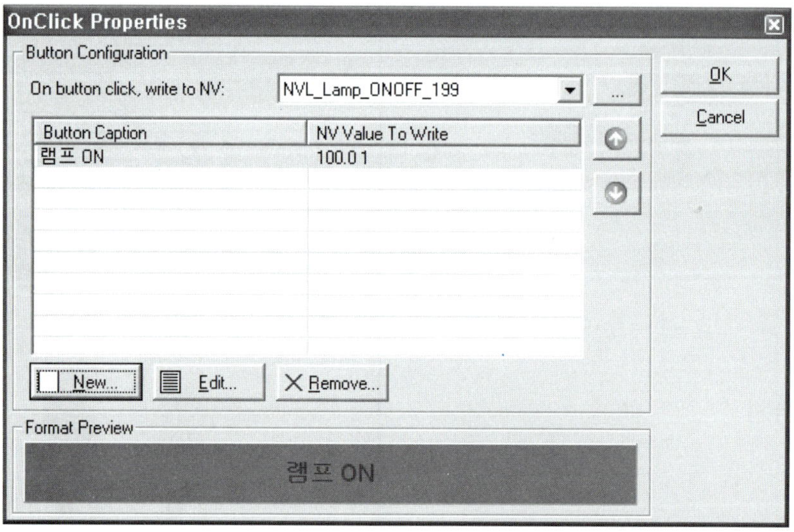

X 이제 OFF 버튼을 만들어 보겠다. ON 버튼을 만들 때와 마찬가지로 Insert 메뉴에서 Button을 클릭한다.

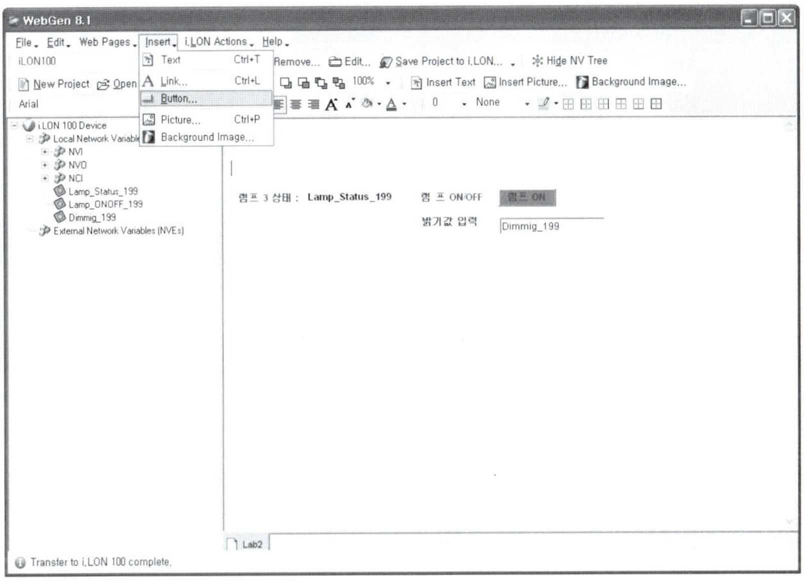

X 아래와 같이 버튼이 생성되면 버튼을 클릭하고 마우스 오른쪽 버튼을 클릭하여 OnClick 메뉴에서 Write Output NV...을 클릭한다.

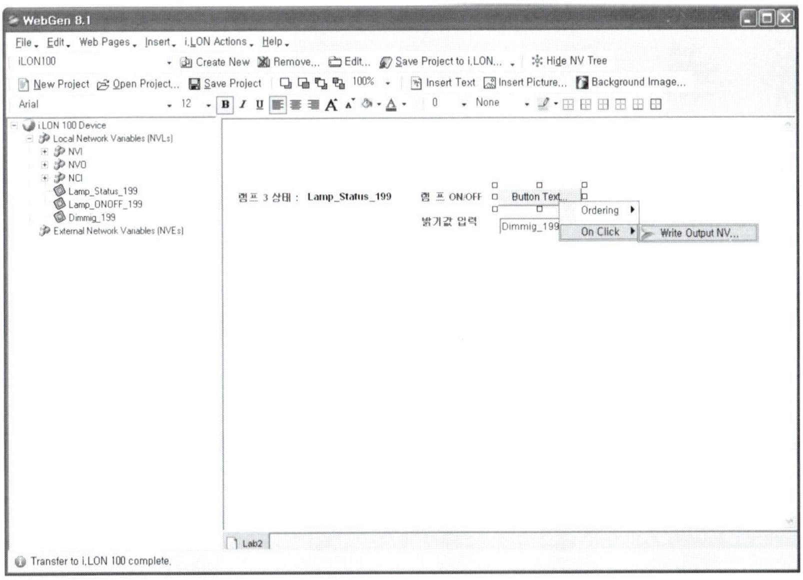

X 아래 그림과 같이 ... 버튼을 클릭한다.

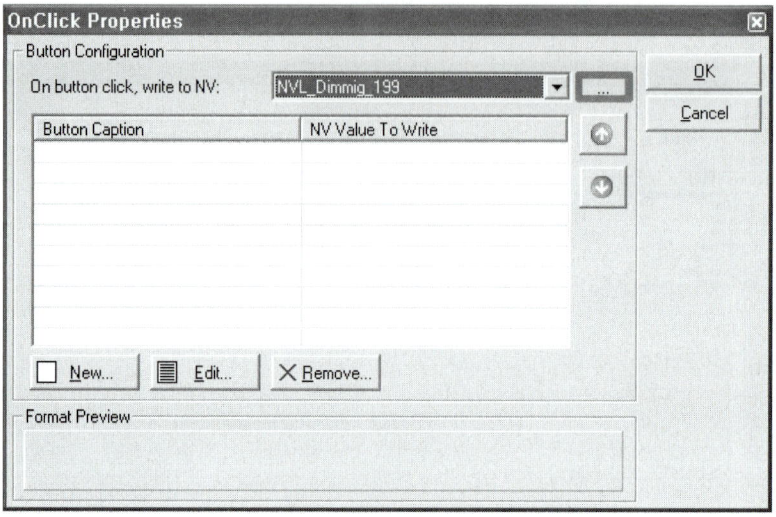

X 아래 그림처럼 Lamp_ONOFF_199를 선택한 뒤 OK 버튼을 클릭한다.

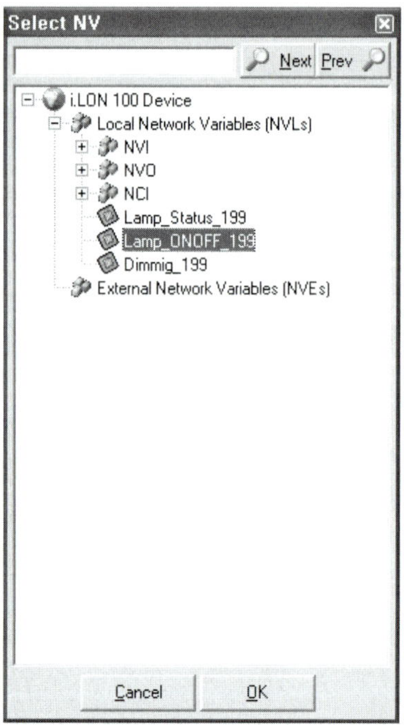

X 아래 그림은 버튼의 모양과 색깔 그리고 명령의 수행을 설정하기 위한 창이다. 설정을 마친 뒤 OK 버튼을 클릭한다.

- Caption : 버튼의 표시될 이름을 설정해준다.
- NV Value : 명령 값을 입력해 준다. 이 버튼은 OFF 버튼이므로 0.0 0을 넣어준다.
- Foreground Color : 글자색을 설정해 준다.
- Background Color : 배경색을 설정해 준다.

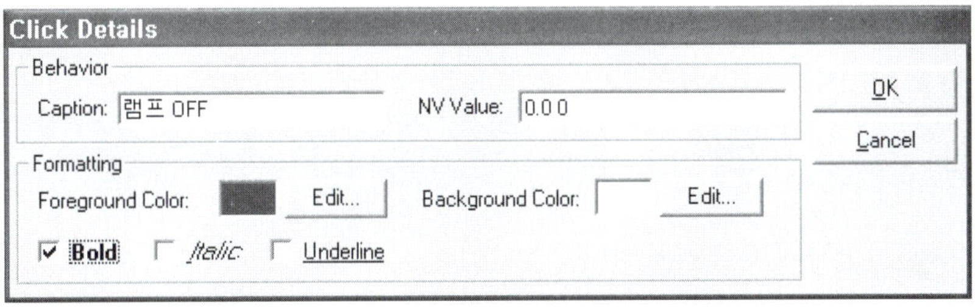

X 앞에서 설정해 준 것과 같이 아래 Format Preview에 나타난다. 설정이 맞게 되었는지 확인한 뒤 OK 버튼을 클릭한다.

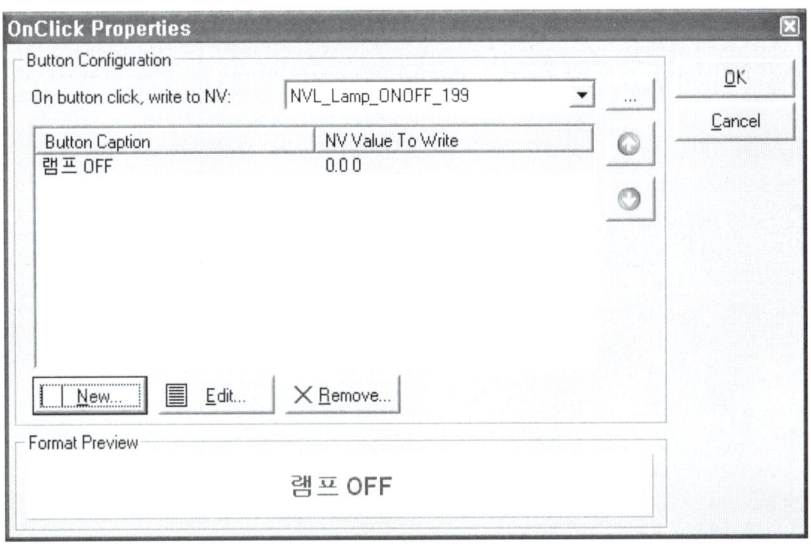

X 이제 ON/OFF 버튼이 모두 만들어졌다. Save Project to iLON 버튼을 클릭하여 iLON100에 전송한다.

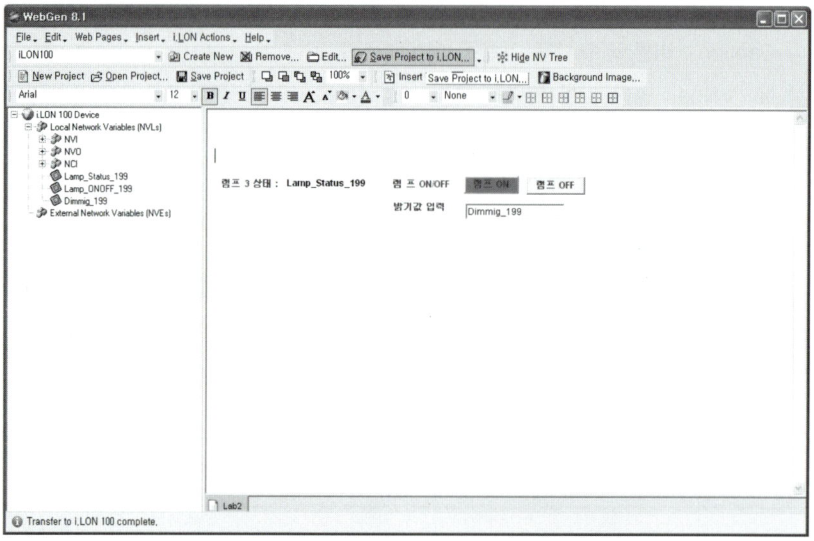

X ON 버튼을 누르면 램프가 켜지고 상태 모니터링 값이 100.0 1 즉, ON 상태로 변하게 된다.

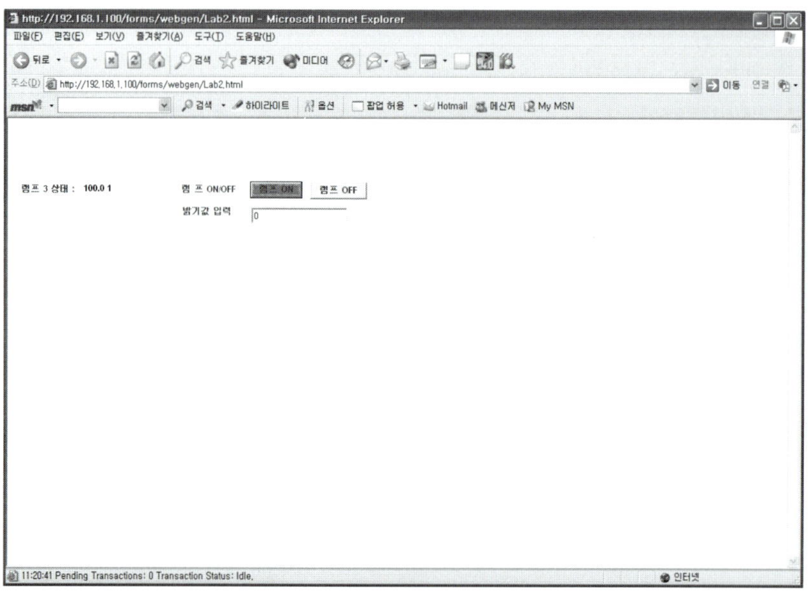

X OFF 버튼을 누르면 램프가 꺼지고 상태 모니터링 값이 0.0 0 즉, OFF 상태로 변하게 된다.

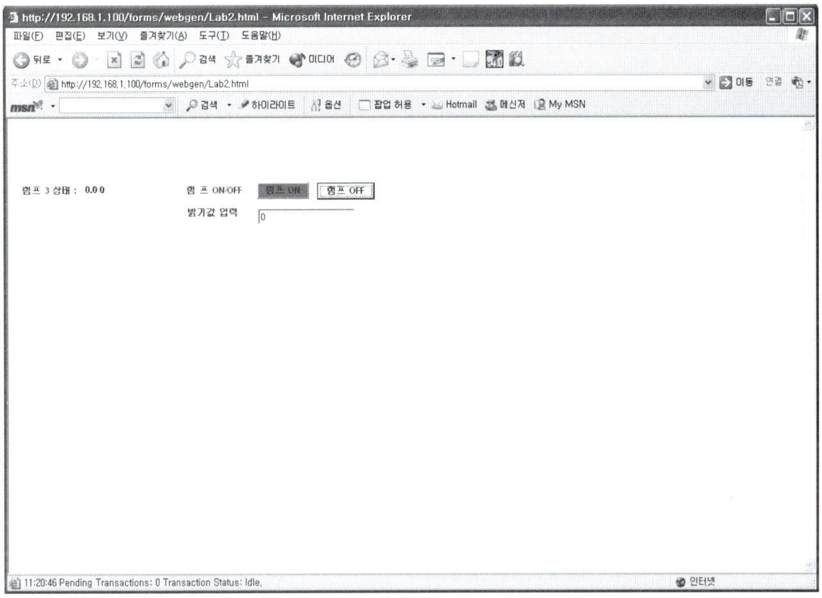

10-4 리모컨을 이용한 가스제어 응용

■ **실습 내용** | 리모컨을 이용한 가스제어

- **가스 제어** : 홈네트워크에서 많이 사용되는 제어 아이템이다. 가스제어는 가정내 가스를 이용한 조리기구, 난방 기구 등에서 장애 발생 시 자동으로 가스를 차단해주어 안전을 보장해주는 장치이다. 일반적인 가스제어 기구는 메인 콘트롤러와 가스 감지기 그리고 밸브를 잠그는 밸브 구동기로 구성된다. 소방법상 홈네트워크의 가스 제어는 구동기의 열림은 하지 못하도록 하고 있다. 구동기의 열림 기능은 외부의 사람으로 인하여 범죄의 도구로 사용될 소지가 있으므로 법으로 금지하고 있다.

1. 실습 내용

① 가스 제어기의 구성과 하드웨어적인 사용법을 알아본다.

② 무선 리모컨을 이용한 가스 잠금제어를 실습해 본다.

2. 하드웨어 구성

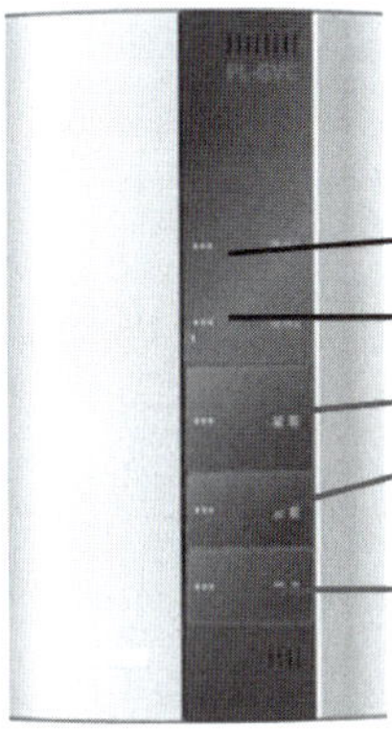

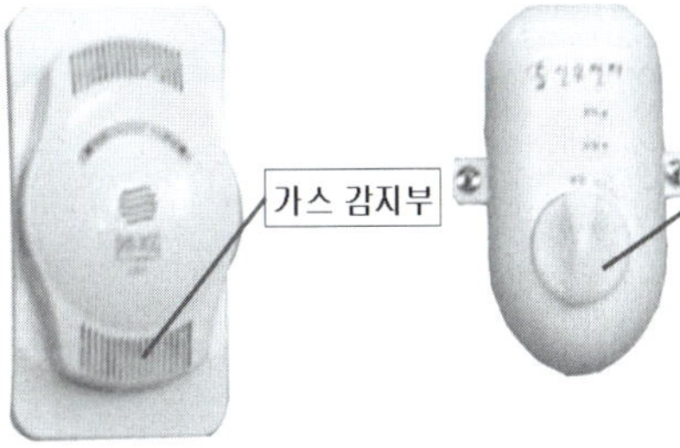

- 센서 1 LED : 가스 감시센서의 가스 검출 상태 표시 LED
- 센서 2 LED : 가스 감시센서의 가스 검출 상태 표시 LED
- 닫힘 버튼 : 밸브 구동기를 구동시켜 밸브를 닫는다.
- 복귀 버튼 : 가스 누출 감지시 알람이 발생하며, 알람은 사용자가 복귀 버튼을 누를때까지 지속적으로 발생한다.
  –복귀 버튼을 4초이상 지속적으로 누르고 있으면 서비스 핀 메시지가 발생한다.
- 가스 감지부 : 가스 감지부는 가스 누출시 가스를 감지하여 메인 콘트롤러로 신호를 발생시킨다.
- 밸브 구동부 : 메인 콘트롤러의 신호에 의하여 휴즈콕을 닫는다. OPEN은 구동부가 닫힌 상태에서 구동부를 누르면서 열림쪽으로 돌리면 된다.

3. 배선도

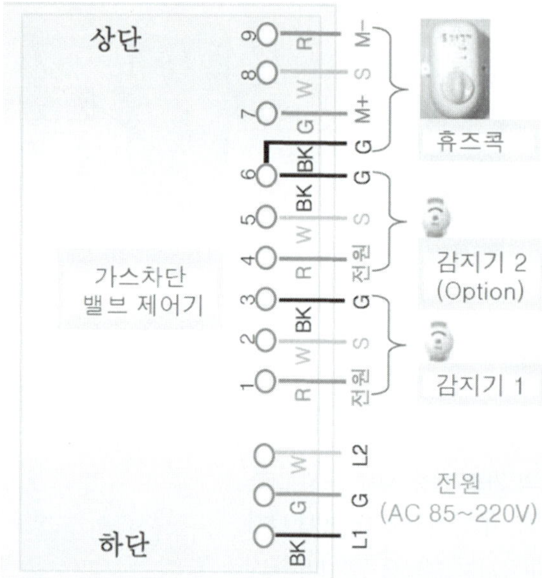
상단
하단
가스차단
밸브 제어기
휴즈콕
감지기 2
(Option)
감지기 1
전원
(AC 85~220V)

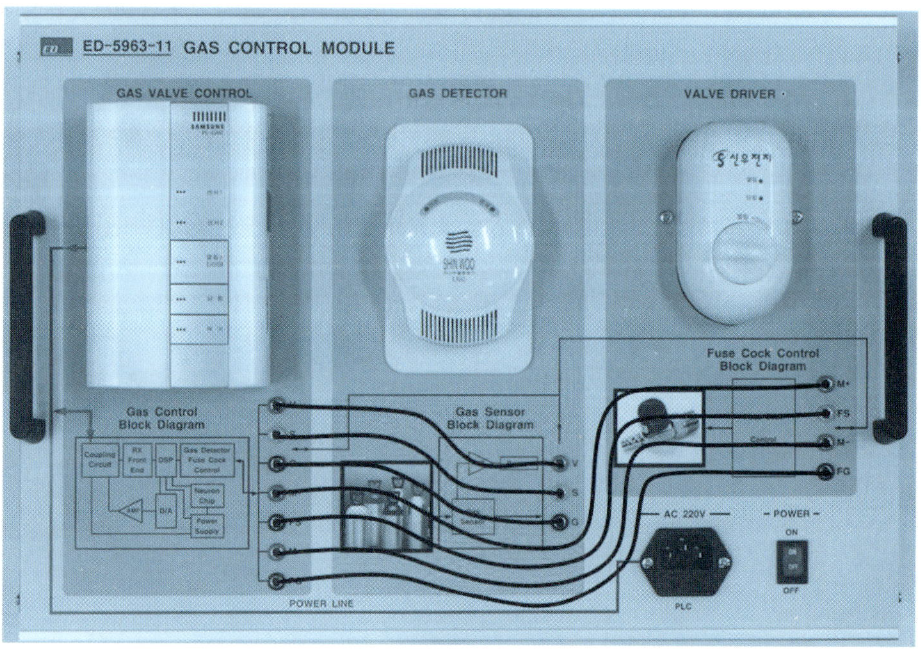
ED-5963-11 GAS CONTROL MODULE
GAS VALVE CONTROL
GAS DETECTOR
VALVE DRIVER
Gas Control
Block Diagram
Gas Sensor
Block Diagram
Fuse Cock Control
Block Diagram
AC 220V
POWER
ON
OFF
POWER LINE

4. 하드웨어 구성

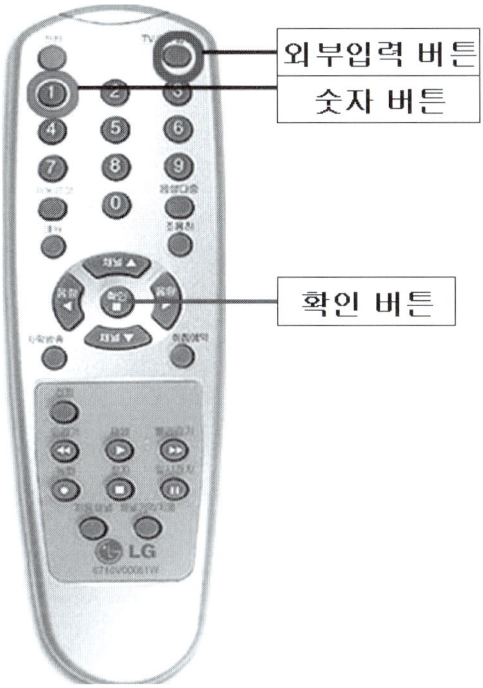

- 외부입력 버튼 : 명령을 수행할 때 사용한다. 예를 들어 1번을 ON 시키려면 숫자 1 → 외부입력 버튼, OFF 시키려면 숫자 1 → 외부입력 버튼
- 숫자 버튼 : 명령을 내릴 NV의 숫자를 입력한다.
- 확인 버튼 : 페이지를 전환한다.

Note

- 리모컨 작동 방법에 대한 설명
  AIF rev.1은 40개의 SNVT_switch type의 output network variable을 가지고 있으며 각 network variable 표현은 아래와 같다.

1. 리모컨 조작법
   1) 리모컨의 확인키를 누르면 Network Variable에 대한 Page가 전환된다.
      (0 -> 1 -> 2 -> 3 -> 0)
      선택된 Page는 AF-01 모듈의 우측하단의 F1과 F2의 LED의 표시상태로 확인할 수 있다.
      여기서, Page 0 : nvoSwitch[0] ~ nvoSwitch[9] (F1 LED Off, F2 LED Off)
      Page 1 : nvoSwitch[10] ~ nvoSwitch[19] (F1 LED On , F2 LED Off)
      Page 2 : nvoSwitch[20] ~ nvoSwitch[29] (F1 LED Off, F2 LED On)
      Page 3 : nvoSwitch[30] ~ nvoSwitch[39] (F1 LED On , F2 LED On)

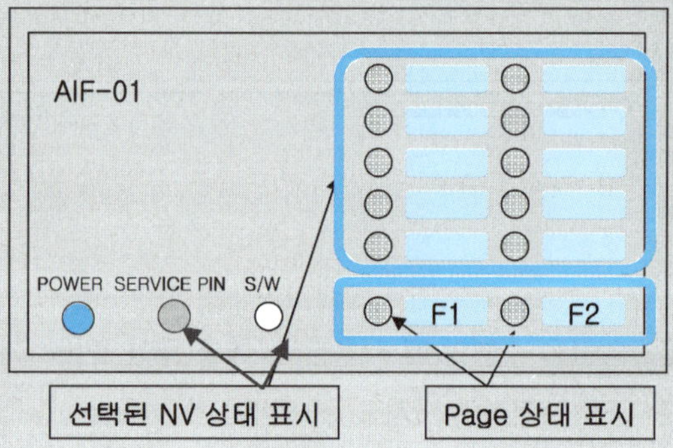

2) Network Variable 출력(Toggle)
해당 번호(1.2.3.4.5.6.7.8.9.0)를 누른 후 1초 이내에 리모컨 우측 상단의 "외부입력" 버튼을 누르면 해당 번호가 동작한다. 예를 들어, nvoSwitch[3]을 작동시키기 위해서는 리모컨의 확인키를 눌러 Page 0(F1 LED Off, F2 LED Off)으로 선택한 후 4번을 누른 후 1초 이내에 리모컨 우측 상단의 "외부입력" 버튼을 누르면 해당 번호가 동작한다.
리모컨에 의한 Network Variable 출력은 토글 방식으로 제공 되므로 작동을 해제시키기 위해서는 동일한 방법으로 한 번 더 수행하면 된다.

LED가 On되면 network variable value "100.0 1"을 출력한다.
LED가 Off이면 network varialbe value "0.0 0"을 출력한다.

① 디바이스가 커미션된 상태인 LonMaker DataBase 가 나타난다.

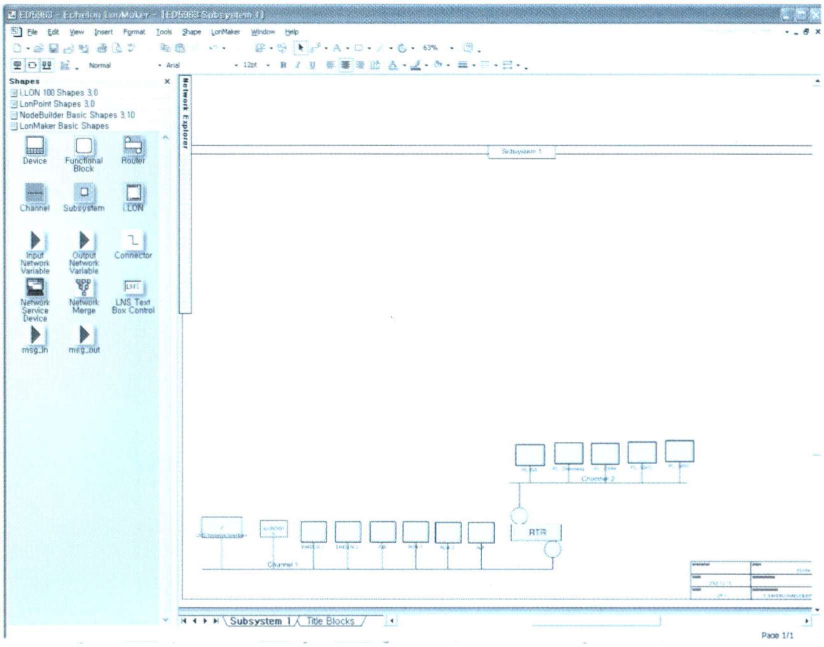

② Functional Block 아이콘을 작업 창으로 드래그 앤 드롭으로 가져다 놓는다.

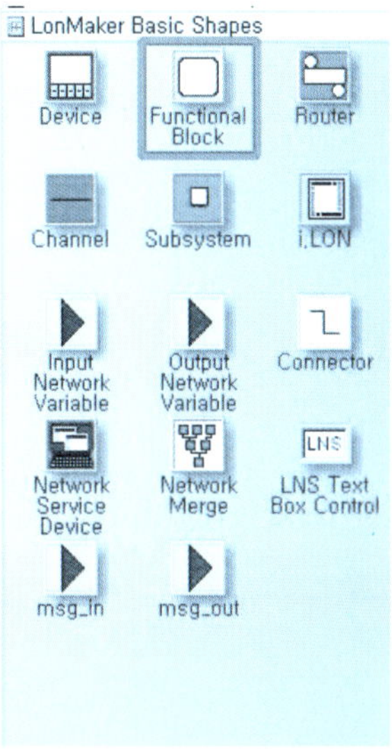

제 10 장

③ 다음과 같이 설정해 준다.

아래의 설정은 PL_GVC라는 디바이스에 GasController를 생성하라는 설정이다.

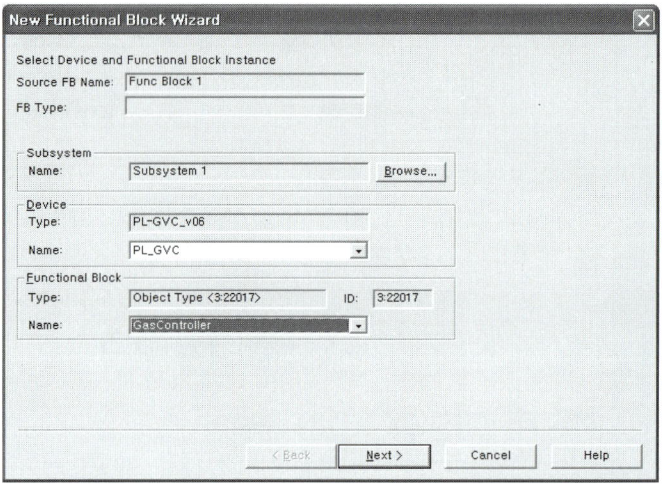

④ FB Name에 Functional Block의 이름을 정해준다. Create...를 클릭하여 모든 네트워크 변수를 생성한다.

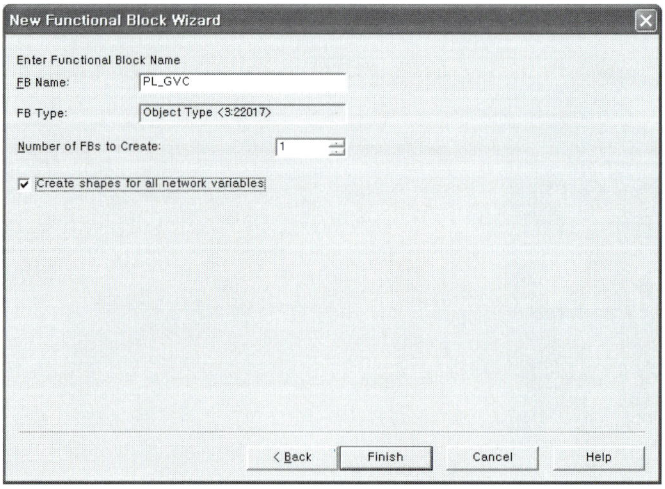

⑤ 가스 컨트롤러에 연결된 PL_GVC 블록이 생성되었다.

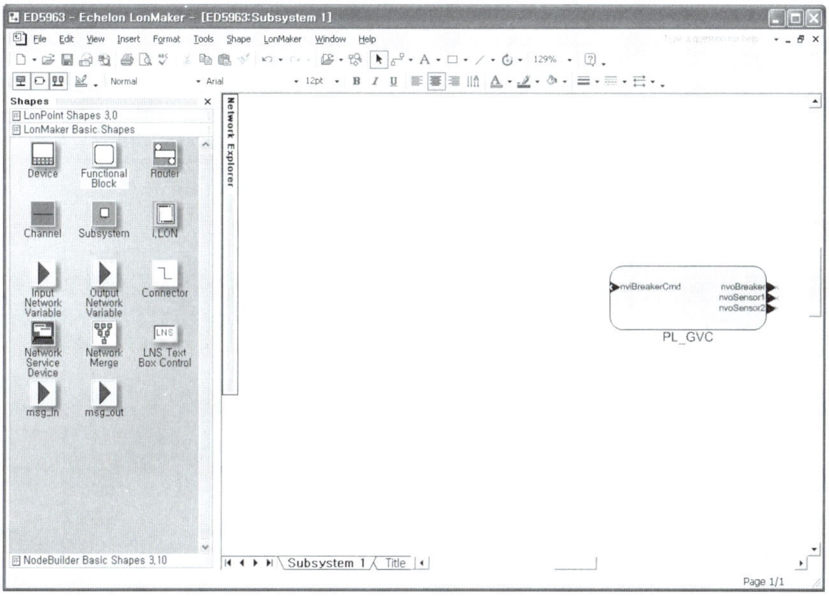

⑥ Functional Block 아이콘을 작업 창으로 드래그 앤 드롭으로 가져다 놓는다.

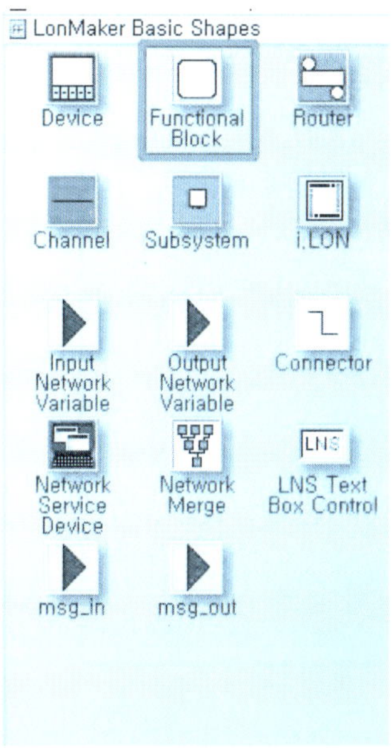

⑦ 다음과 같이 설정해 준다. 아래의 설정은 AIF라는 디바이스에 Virtual Functional Block를 생성하라는 설정이다.

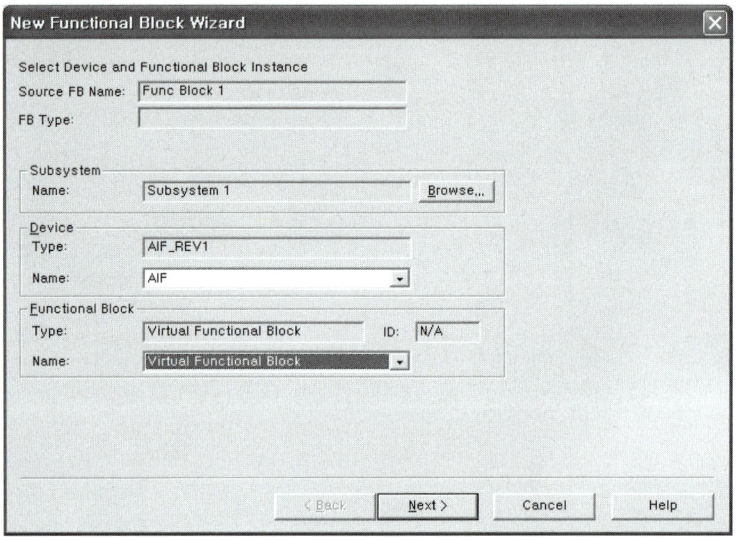

⑧ FB Name에 Functional Block의 이름을 정해준다. Create...를 클릭하여 모든 네트워크 변수를 생성한다.

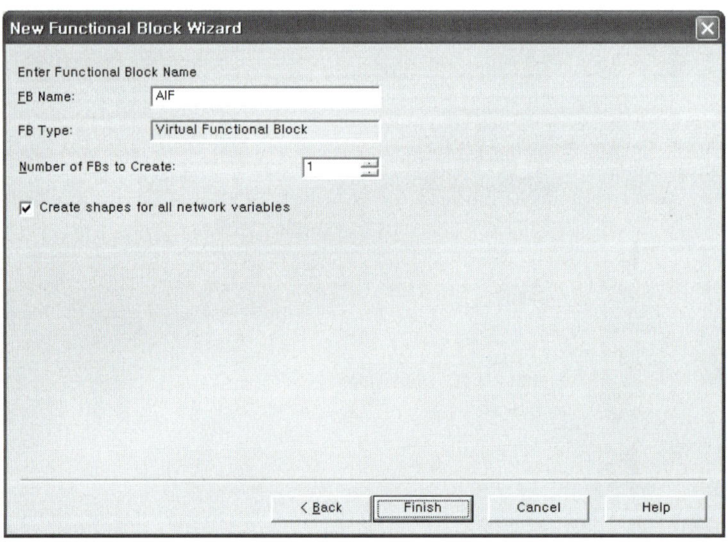

⑨ AIF 디바이스에 연결된 AIF 블록이 생성되었다.

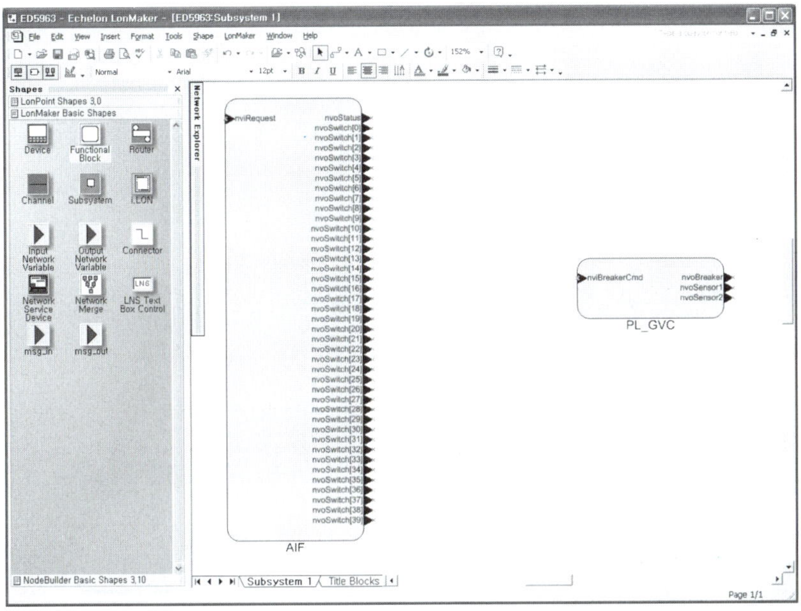

⑩ 아래 표와 같이 바인딩한다.

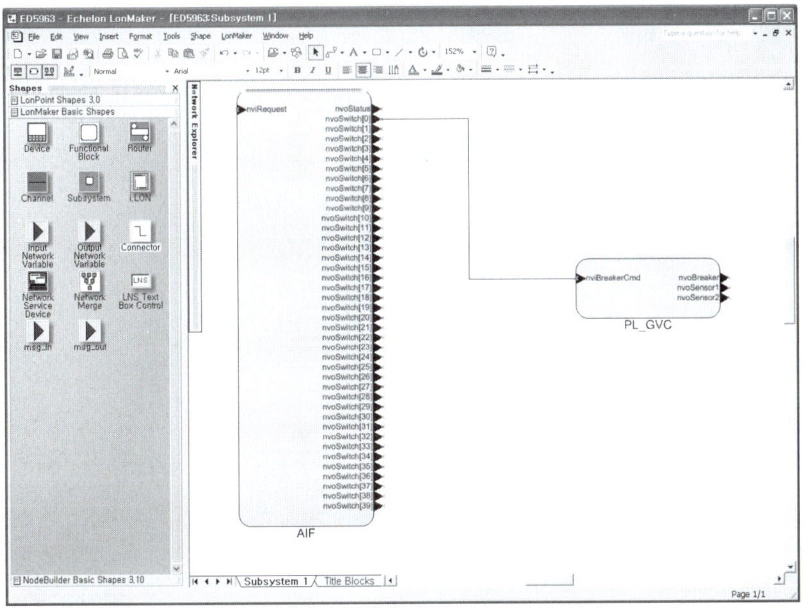

FB	NV 이름
AIF	nvoSwitch[0]

FB	NV 이름
PL_GVC	nviBreakerCmd

⑪ 숫자 1번 버튼과 외부입력 버튼을 누른다.

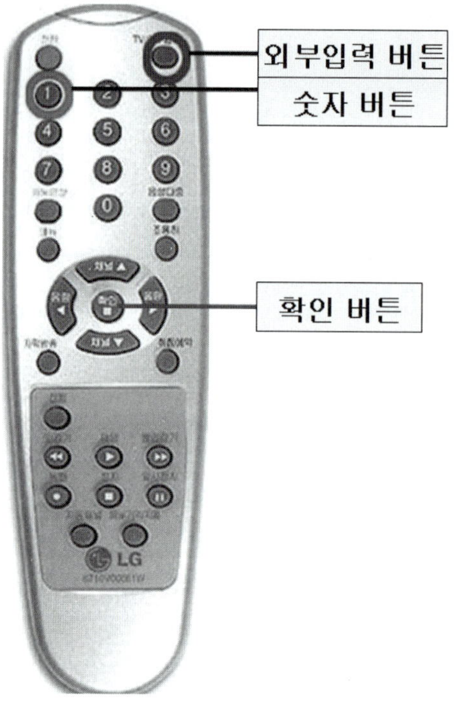

10-5 가변저항과 스위치를 이용한 난방제어 응용

■ **실습 내용 |** ① 가변 저항을 이용한 온도 설정
② 스위치를 이용한 온도 설정

- **난방 제어**

난방 제어는 쾌적한 실내온도를 유지하고, 연료비의 감소에 의의가 있다.

난방 제어 방식에는 ON/OFF 제어 방식과 비례 제어 방식이 있다.

ON/OFF 제어 방식은 현재 실내 온도와 설정온도에 의한 난방 밸브의 ON/OFF 결정하는 방식이다. ON/OFF 제어 방식은 설정한 온도의 지속적인 유지가 힘들며, 연료의 소비가 많다. 이에 반해 비례 제어 방식은 온수량의 조절이 가능해 지속적인 온도 유지가 가능하며, ON/OFF 제어 방식에 비하여 연료 소비가 적다.

1. 실습 내용

① 난방 제어기의 구성과 하드웨어적인 사용법을 알아본다.

② 가변 저항을 이용한 온도 설정을 실습한다.

③ 스위치를 이용한 온도 설정 방법을 실습한다.

2. 하드웨어 구성

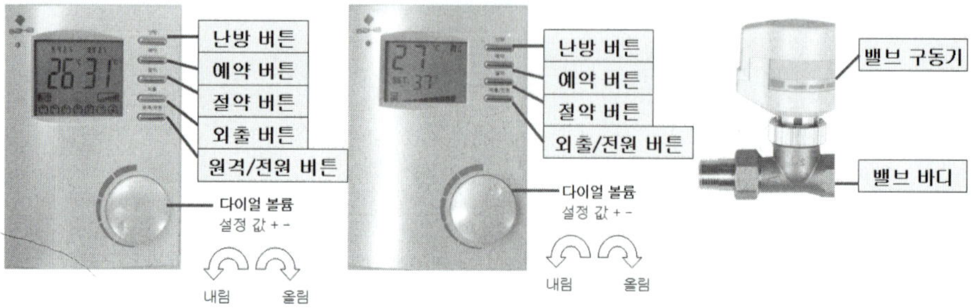

① 난방 버튼 : 난방 모드로 전환한다.

- 현재 온도와 설정 온도를 비교하여 밸브를 제어한다.

② 예약 버튼 : 예약 모드로 전환한다.

- 0시에서 23시까지 각 시간대별로 난방 시간(분)을 설정하면 설정시간 동안 난방온도를 유지하고 설정 시간 후에는 동파방지 온도를 유지한다.(5℃)

③ 절약 버튼 : 절약 모드로 전환한다.

④ 외출 버튼 : 외출 모드로 전환한다. 현재온도와 동파방지 온도(5℃)를 비교하여 제어

⑤ 원격 버튼 : 원격 버튼을 누르면 멀티 조절기로 개별온도 조절기 상태 확인 및 설정값을 변경 할 수 있다.

⑥ 다이얼 볼륨 : 좌 · 우로 돌려 설정값을 조정한다.

3. 배선도

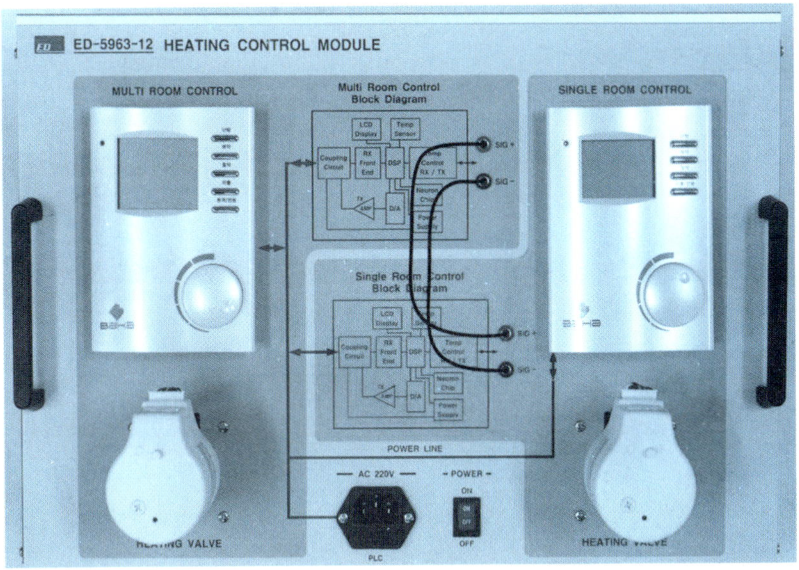

② 디바이스가 커미션된 상태인 LonMaker DataBase가 나타났다.

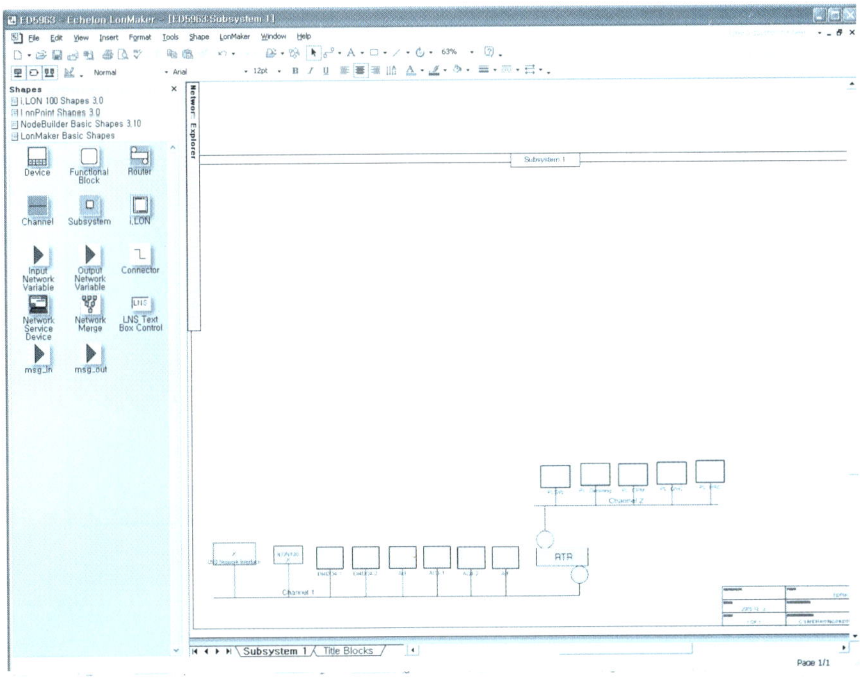

② Functional Block 아이콘을 작업 창으로 드래그 앤 드롭으로 가져다 놓는다.

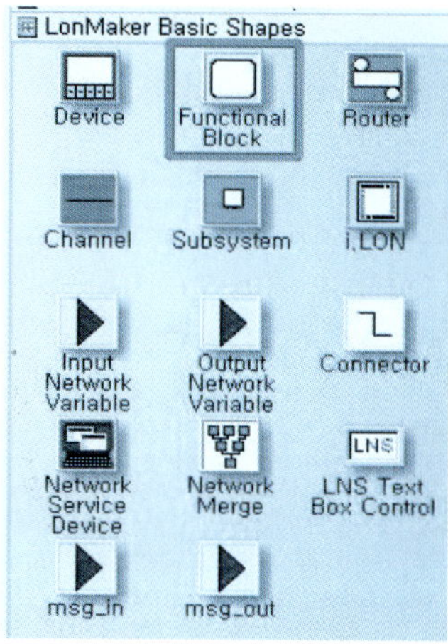

③ 다음과 같이 설정해 준다. 아래의 설정은 PL_HRC 라는 디바이스에 HRC_Serial을 생성하라는 설정이다.

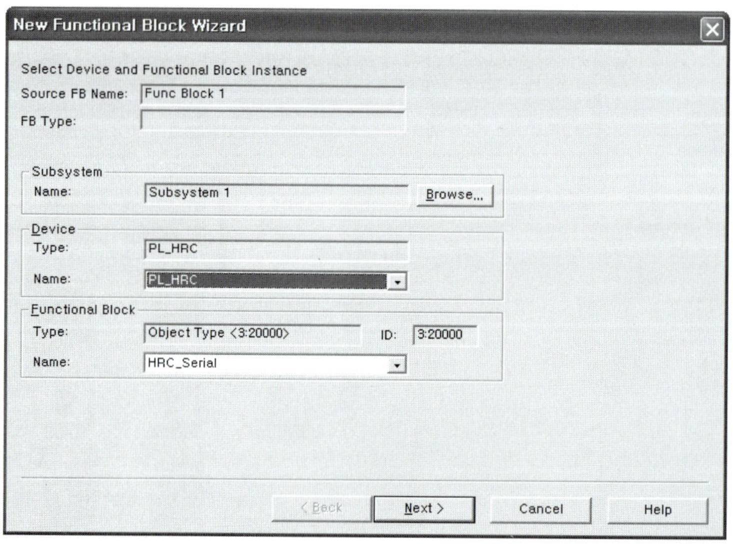

④ FB Name에 Functional Block의 이름을 정해준다. Create...를 클릭하여 모든 네트워크 변수를 생성한다.

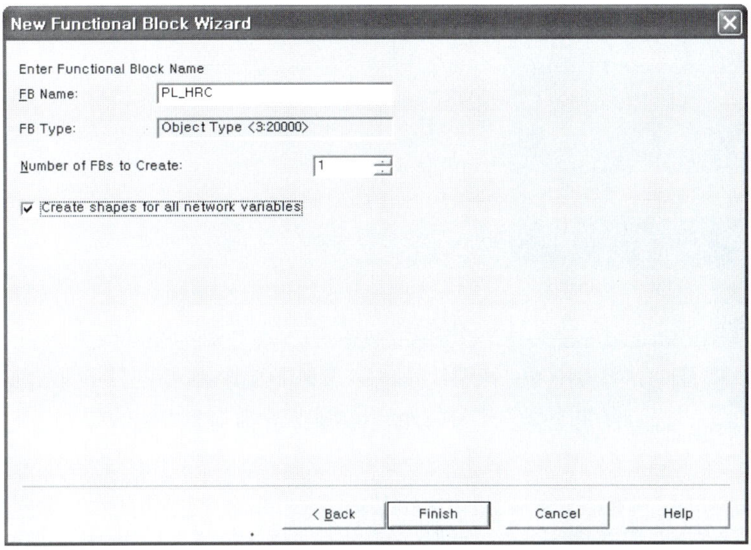

⑤ 난방 제어 컨트롤러에 연결된 PL_HRC 블록이 생성되었다.

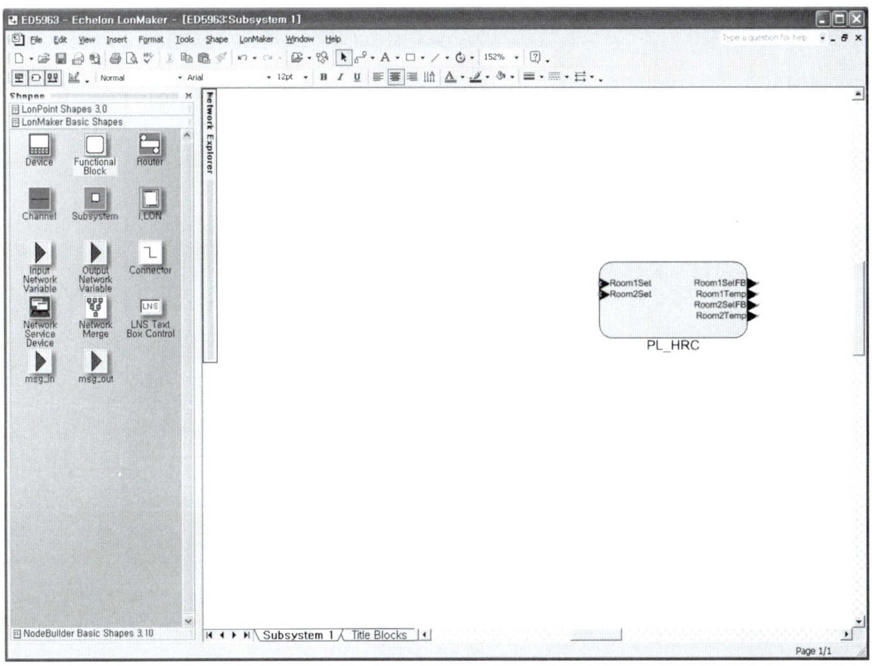

⑥ Functional Block 아이콘을 작업 창으로 드래그 앤 드롭으로 가져다 놓는다.

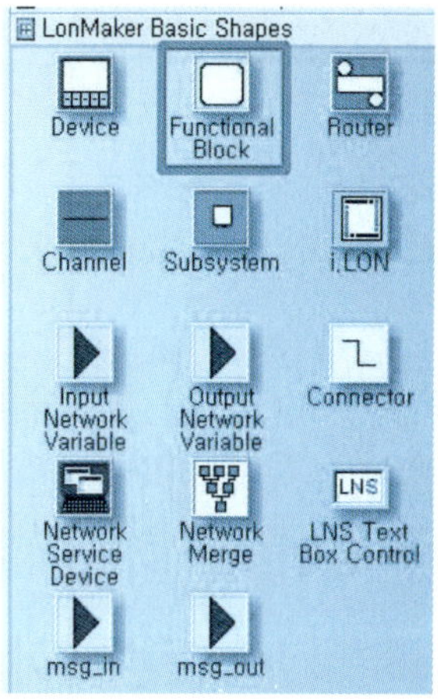

⑦ 다음과 같이 설정해 준다. 아래의 설정은 AI8 이라는 디바이스에 AI[0](첫 번째 아날로그입력)를 생성하라는 설정이다.

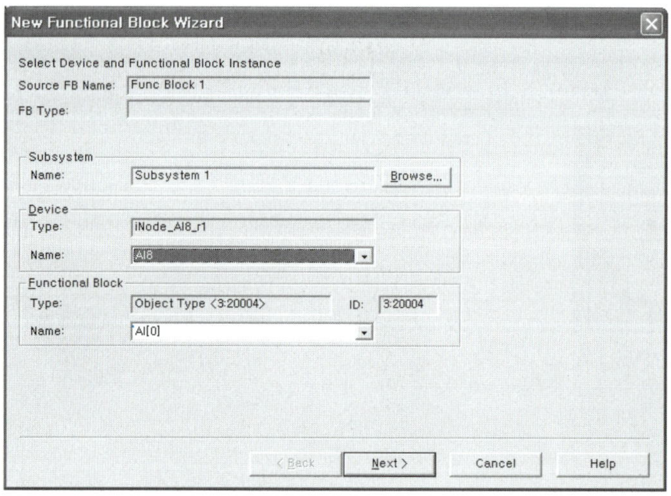

⑧ FB Name에 Functional Block의 이름을 정해준다. Create...를 클릭하여 모든 네트워크 변수를 생성한다.

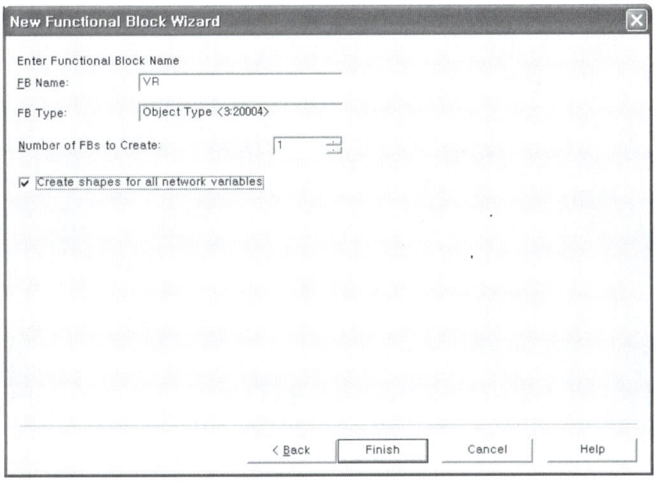

⑨ AI8 디바이스에 연결된 AI[0] 블록이 생성되었다.

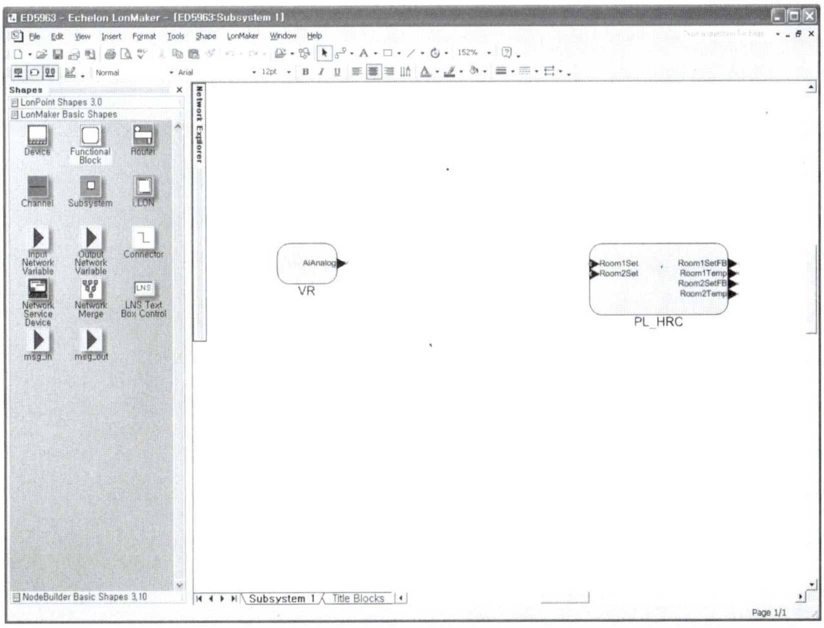

⑩ 아래 표와 같이 바인딩한다.

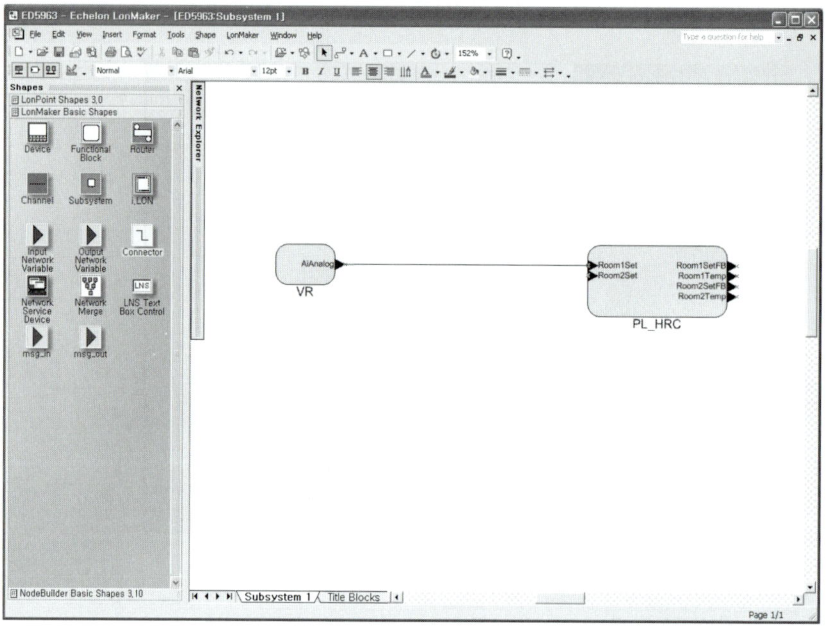

FB	NV 이름
VR	AiAnalog

⇨

FB	NV 이름
PL_HRC	Room1Set

⑪ VR를 클릭하고 마우스 오른쪽 버튼을 클릭하여 Configure... 메뉴를 클릭한다.

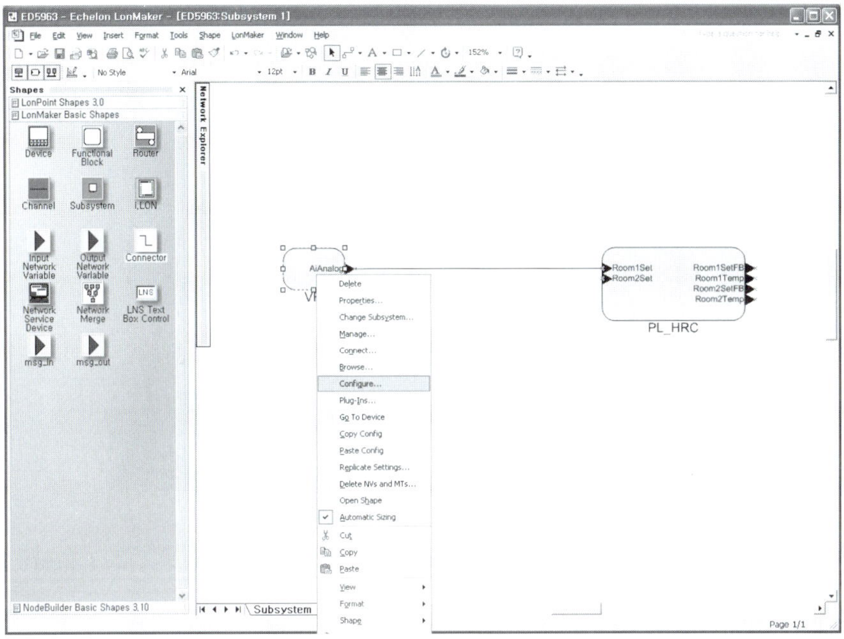

⑫ 아래와 같이 설정해 준다. VR은 저항이고, 온도 설정값의 범위는 10℃~50℃까지이므로 저항값의 변화에 따라 적절한 온도를 설정할 수 있도록 해준다.

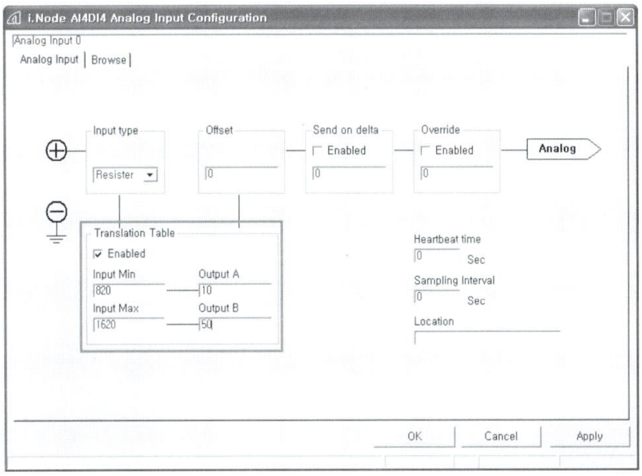

〈하드웨어 결선도〉

- AI8에 AI[0] 두 단자를 가변저항으로 배선

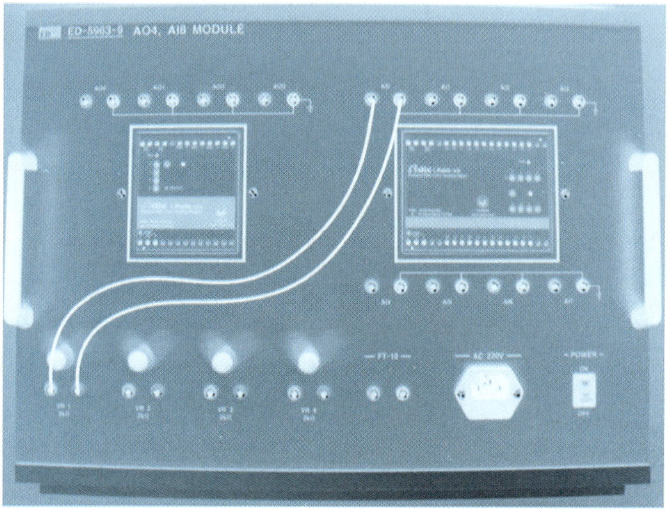

〈스위치를 이용한 온도 설정〉

⑬ 디바이스가 커미션된 상태인 LonMaker DataBase가 나타난다.

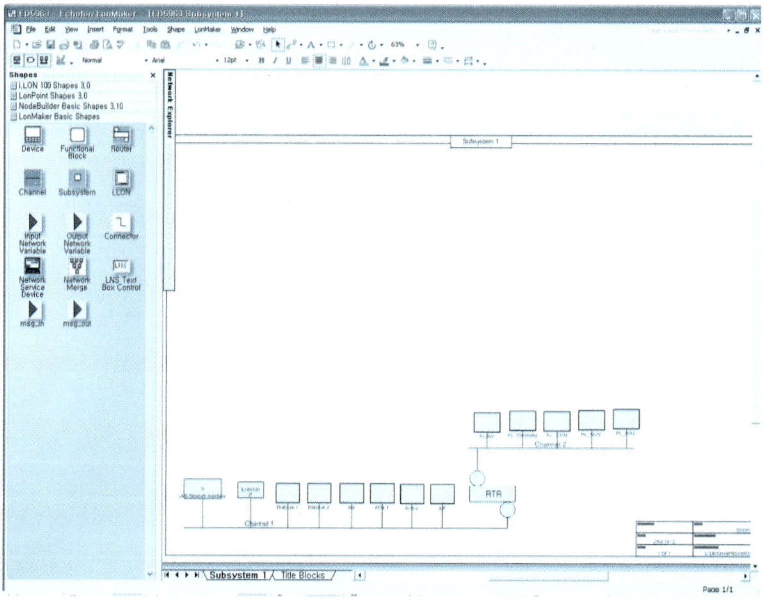

⑭ Functional Block 아이콘을 작업 창으로 드래그 앤 드롭으로 가져다 놓는다.

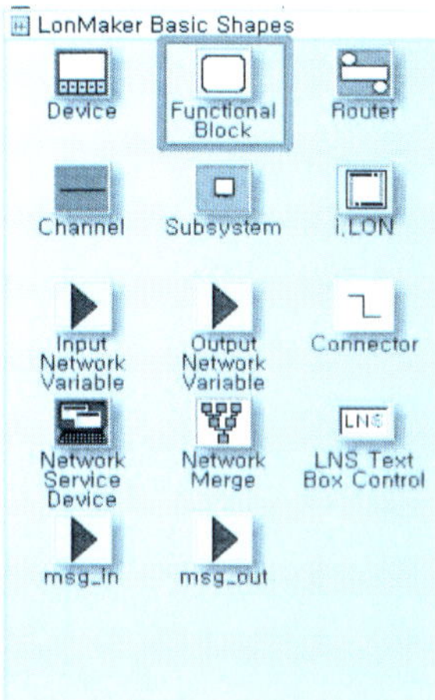

⑮ 다음과 같이 설정해 준다. 아래의 설정은 PL_HRC라는 디바이스에 HRC_Serial을 생성하라는 설정이다.

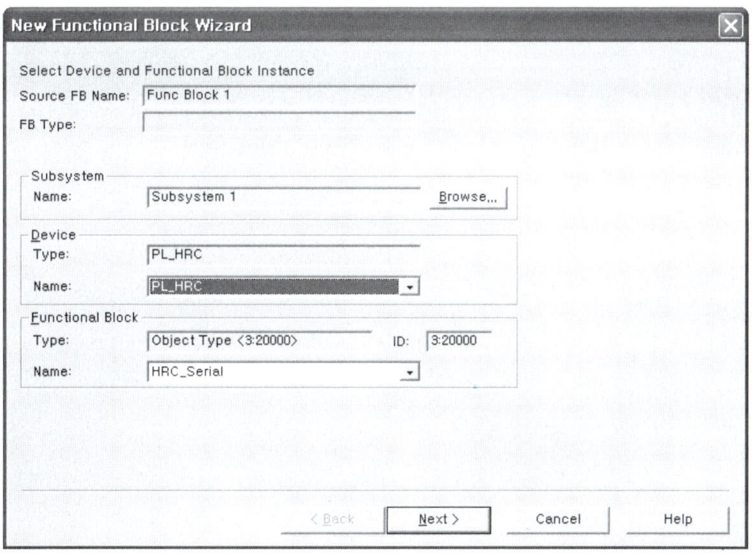

⑯ FB Name에 Functional Block의 이름을 정해준다. Create...를 클릭하여 모든 네트워크 변수를 생성한다.

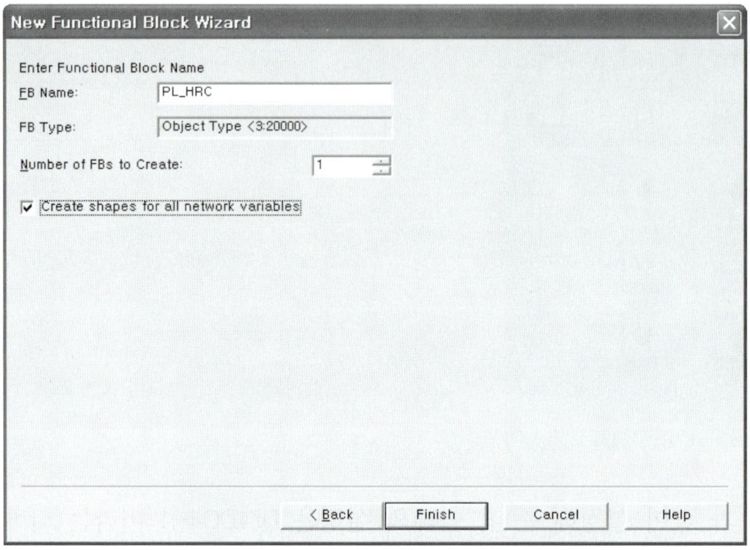

⑰ 난방 제어 컨트롤러에 연결된 PL_HRC 블록이 생성된다.

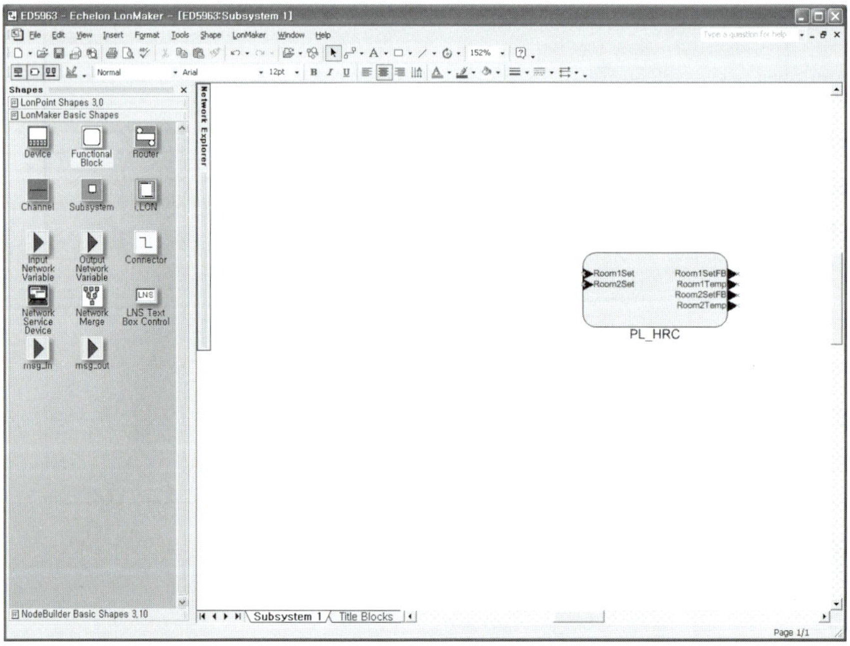

⑱ Functional Block 아이콘을 작업 창으로 드래그 앤 드롭으로 가져다 놓는다.

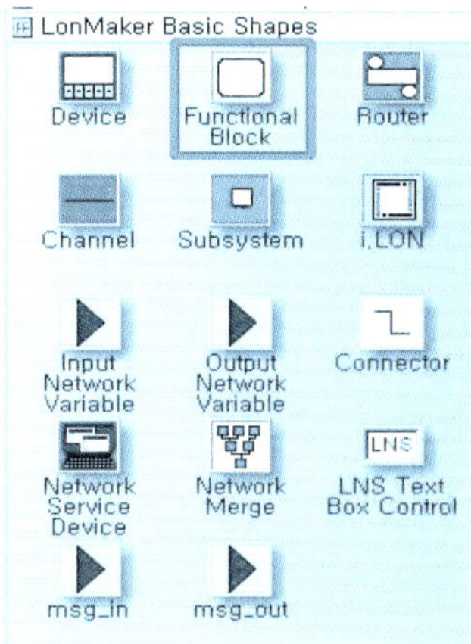

⑲ 다음과 같이 설정해 준다. 아래의 설정은 DI4DO4-1 이라는 디바이스에 DI[0](첫번째 디지털 입력)를 생성하라는 설정이다.

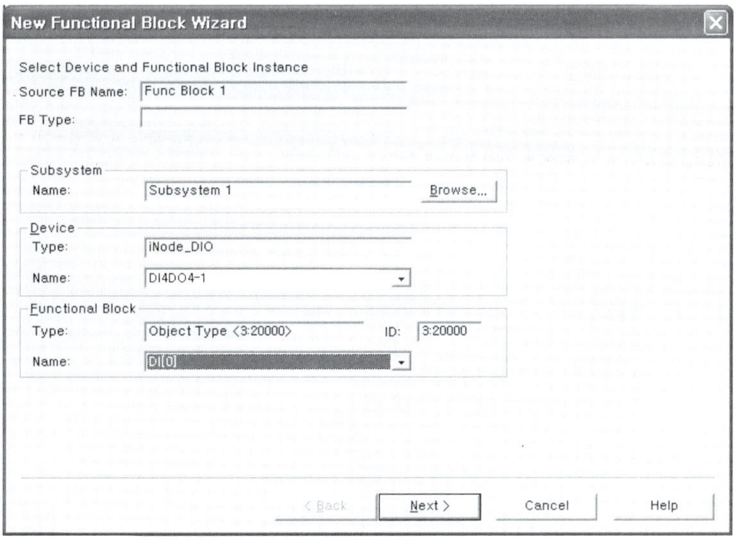

⑳ FB Name에 Functional Block의 이름을 정해준다. Create...를 클릭하여 모든 네트워크 변수를 생성한다.

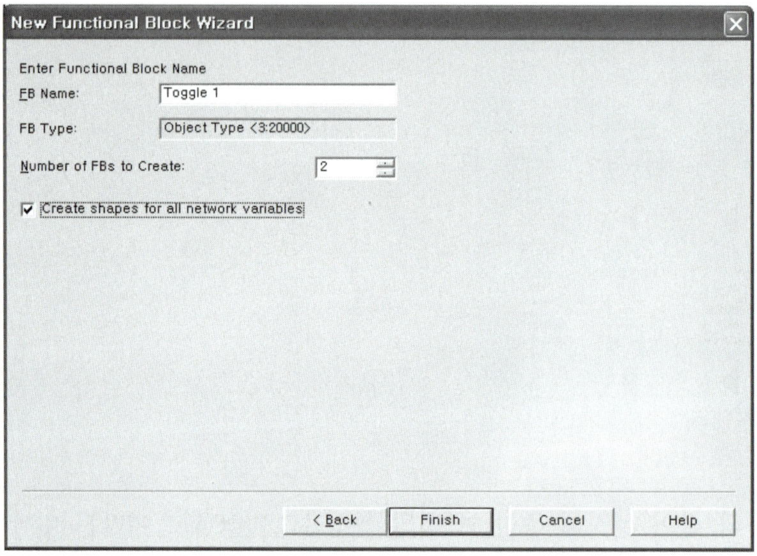

X 다음과 같이 설정해 준다. 아래의 설정은 DI4DO4-1이라는 디바이스에 DI[1](두번째 디지털입력)를 생성하라는 설정이다.

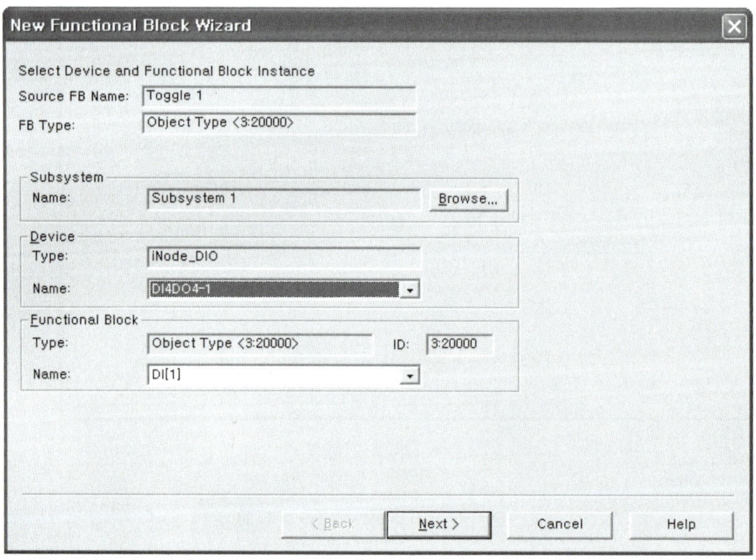

X FB Name에 Functional Block의 이름을 정해준다. Create...를 클릭하여 모든 네트워크 변수를 생성한다.

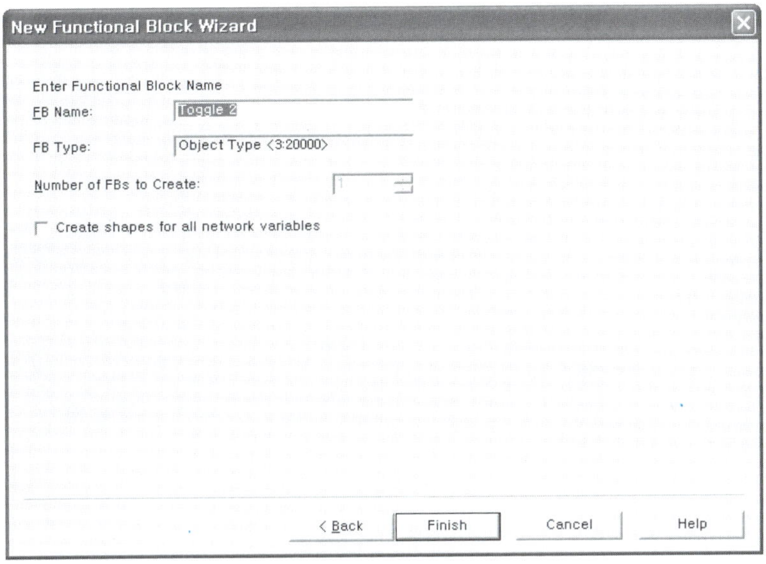

X DI4DO4-1 디바이스에 연결된 Toggle 1, Toggle 2 블록이 생성된다.

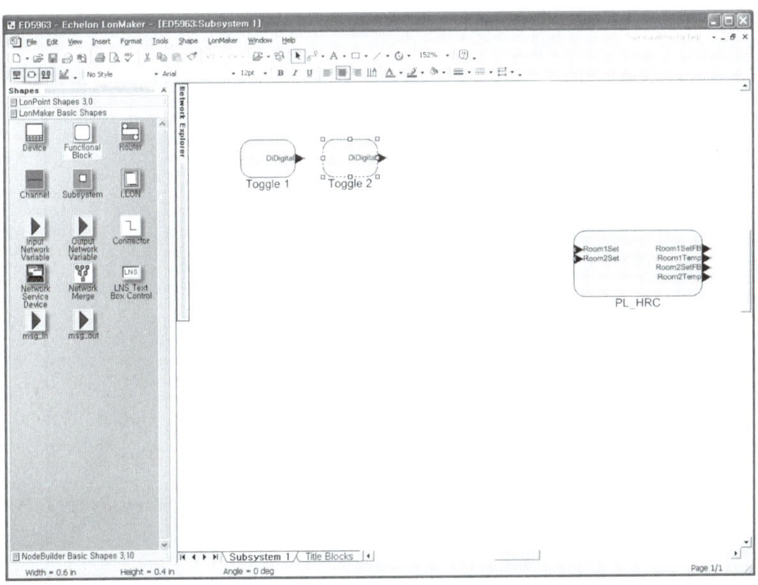

X 다음과 같이 설정해 준다. 아래의 설정은 DI4DO4-1 이라는 디바이스에 DI[2](세번째 디지털입력)를 생성하라는 설정이다.

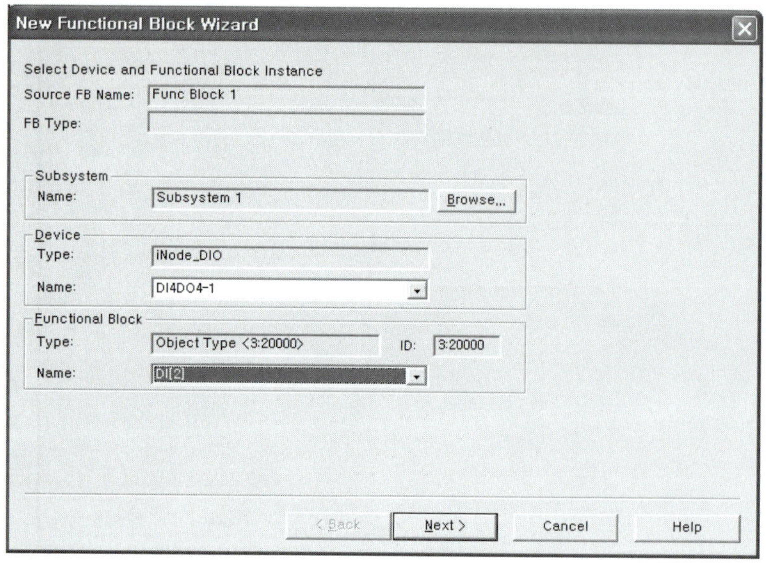

X FB Name에 Functional Block의 이름을 정해준다. Create...를 클릭하여 모든 네트워크 변수를 생성한다.

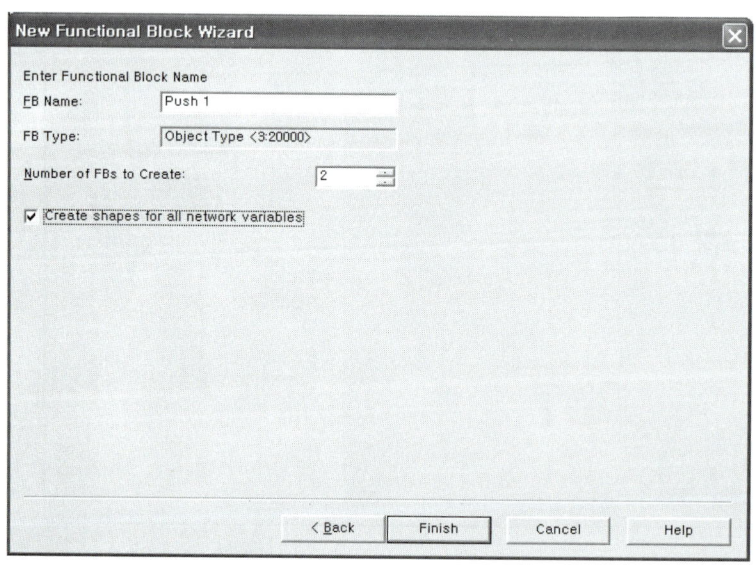

X 다음과 같이 설정해 준다. 아래의 설정은 DI4DO4-1 이라는 디바이스에 DI[3](네번째 디지털입력)를 생성하라는 설정이다.

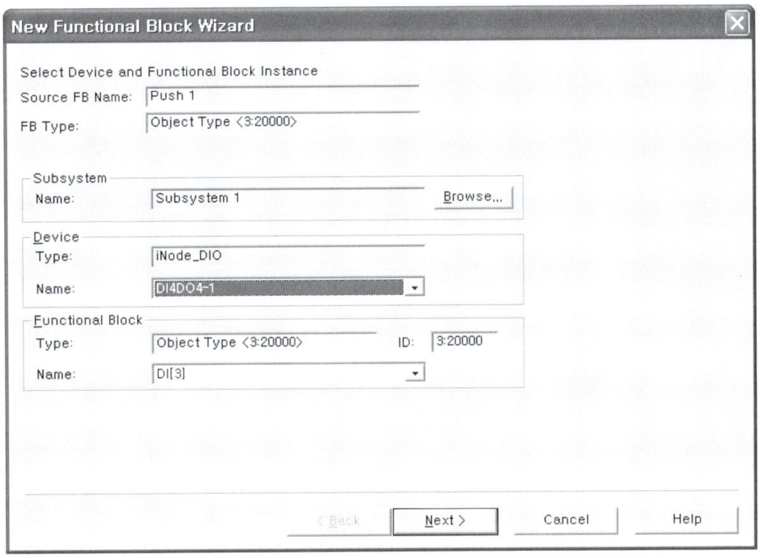

X FB Name에 Functional Block의 이름을 정해준다. Create...를 클릭하여 모든 네트워크 변수를 생성한다.

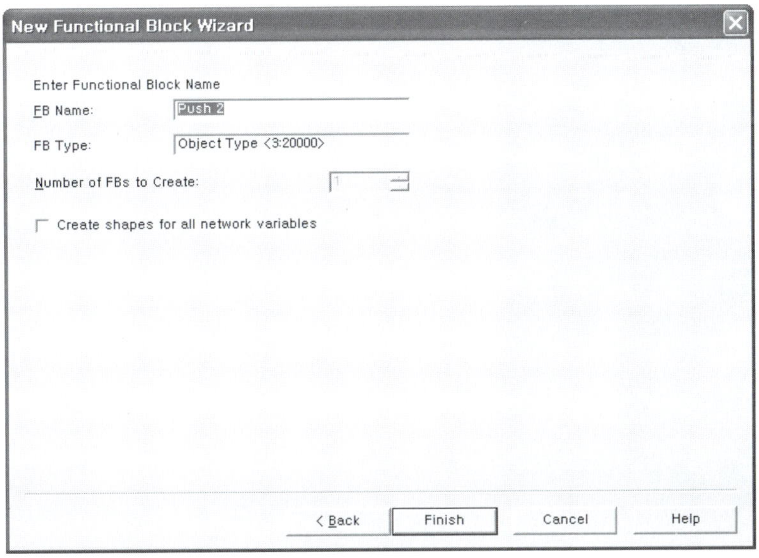

X DI4DO4-1 디바이스에 연결된 Push 1, Push 2 블록이 생성된다.

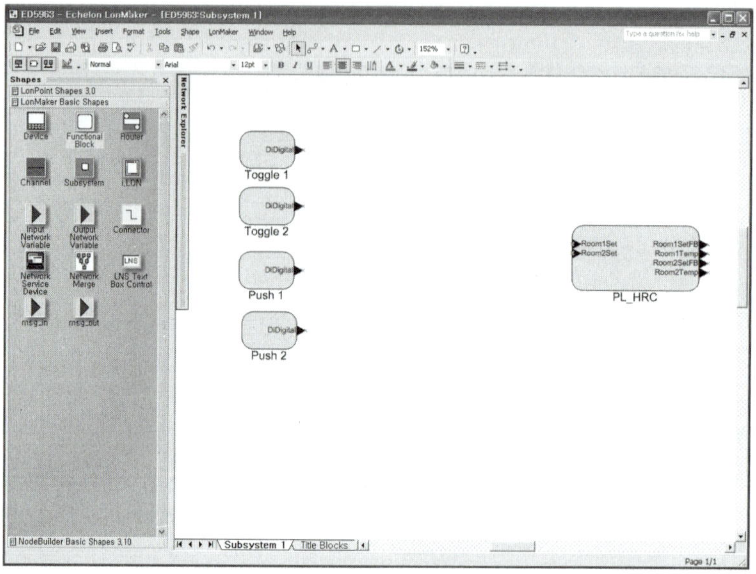

X Functional Block 아이콘을 작업 창으로 드래그 앤 드롭으로 가져다 놓는다.

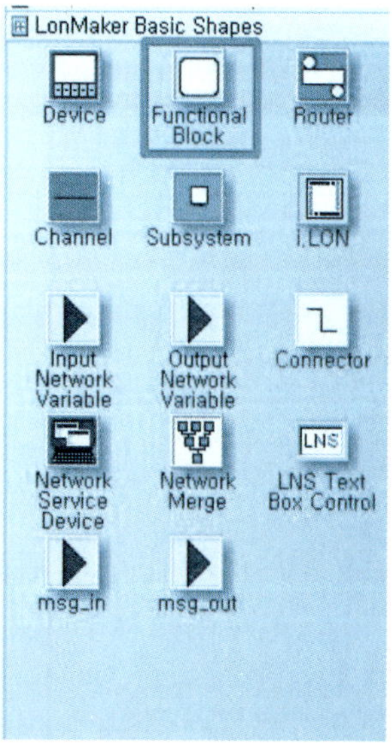

X 다음과 같이 설정해 준다. 아래의 설정은 DI4DO4-1 라는 디바이스에 DEnc를 생성하라는 설정이다.

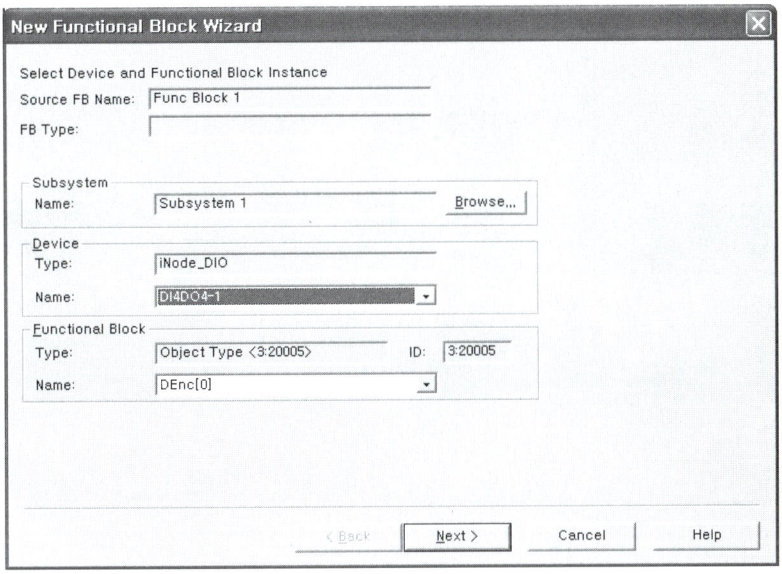

X FB Name에 Functional Block의 이름을 정해준다. Create...를 클릭하여 모든 네트워크 변수를 생성한다.

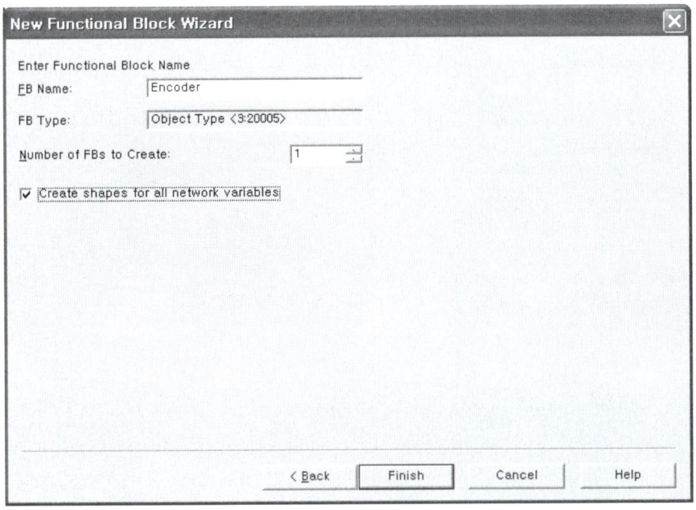

X DI4DO4-1 디바이스에 연결된 Encoder 블록이 생성된다.

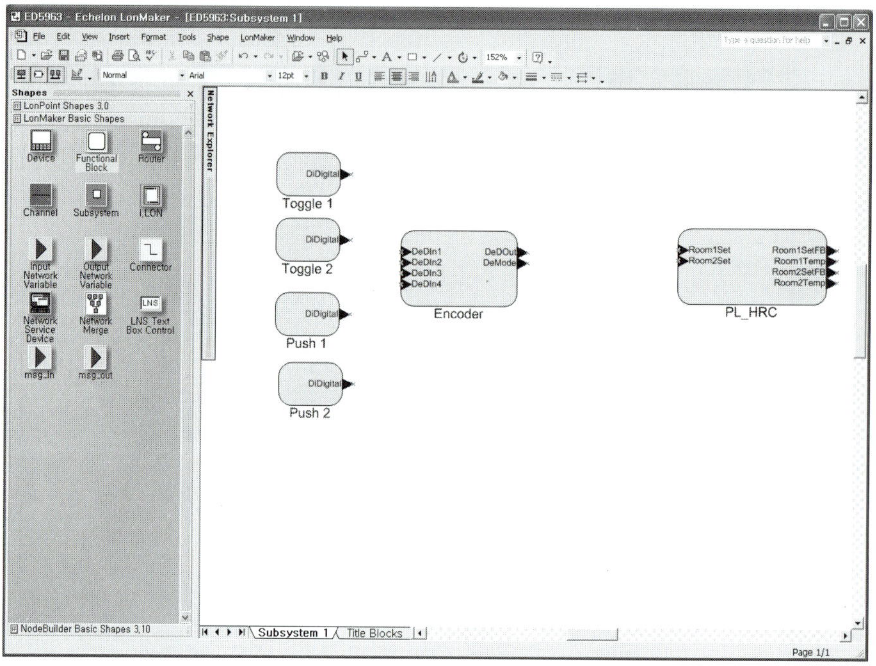

X Functional Block 아이콘을 작업 창으로 드래그 앤 드롭으로 가져다 놓는다.

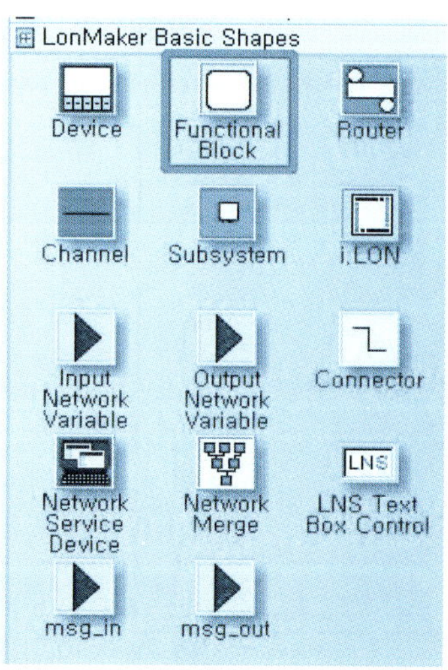

X 다음과 같이 설정해 준다. 아래의 설정은 AO4-1 라는 디바이스에 AO[0] (첫번째 아날로그 출력)를 생성하라는 설정이다.

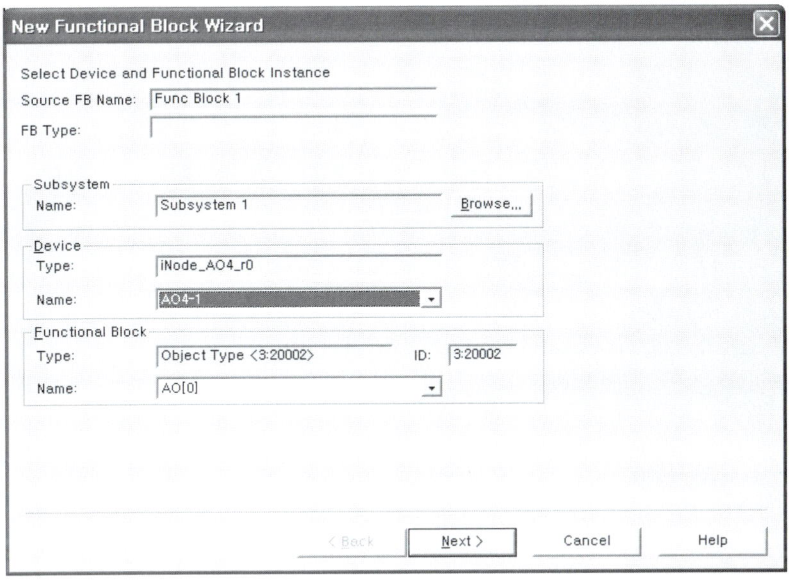

X FB Name에 Functional Block의 이름을 정해준다. Create...를 클릭하여 모든 네트워크 변수를 생성한다.

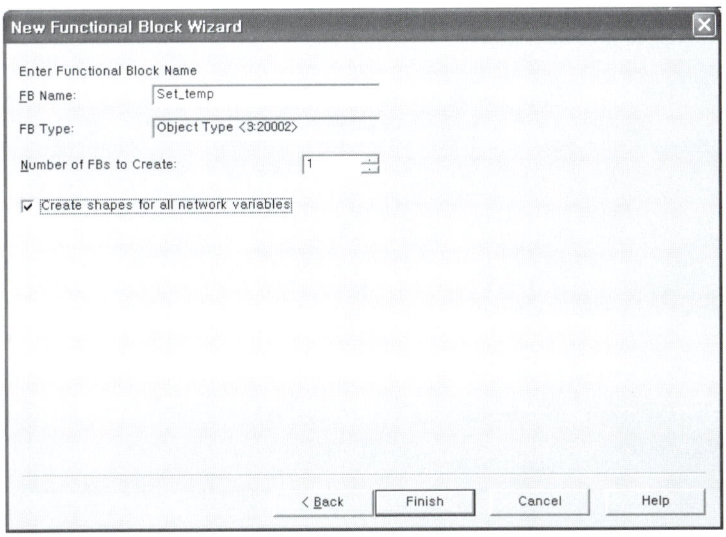

X AO4-1 디바이스에 연결된 Set_temp 블록이 생성된다.

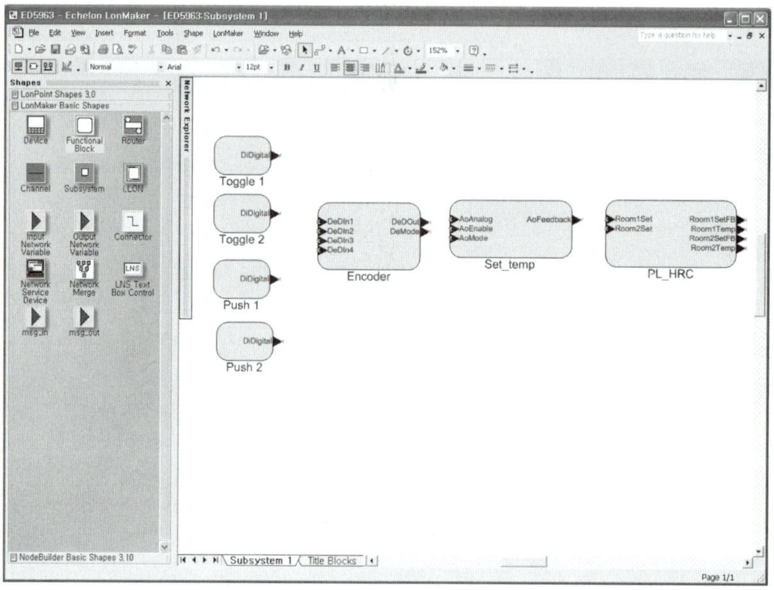

X 아래 표와 같이 바인딩한다.

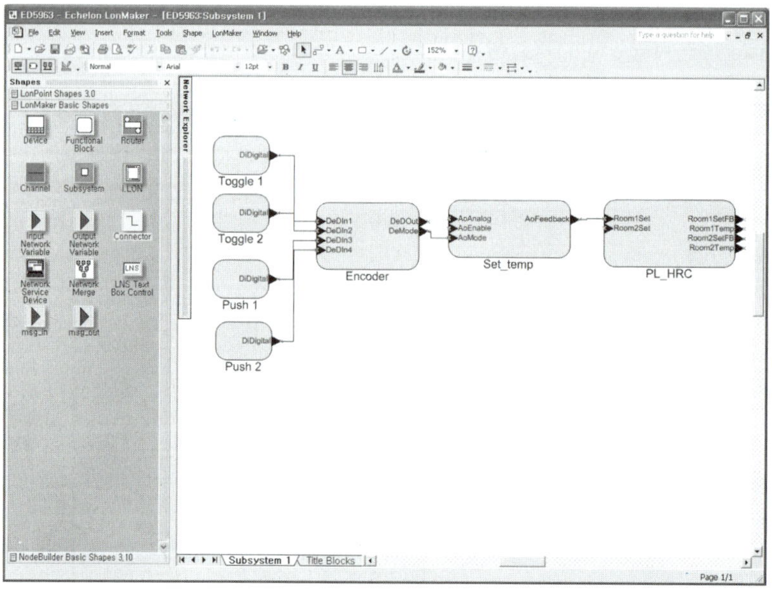

FB	NV 이름
Toggle 1	DiDigital
Toggle 2	DiDigital
Push 1	DiDigital
Push 2	DiDigital
Encoder	DeMode
Set_temp	AoFeedback

FB	NV 이름
Encoder	DeDIn1
Encoder	DeDIn2
Encoder	DeDIn3
Encoder	DeDIn4
Set_temp	AoMode
PL_HRC	Room1Set

X Encoder를 클릭한 뒤 마우스 오른쪽 버튼을 클릭하여 Configure... 메뉴를 클릭한다.

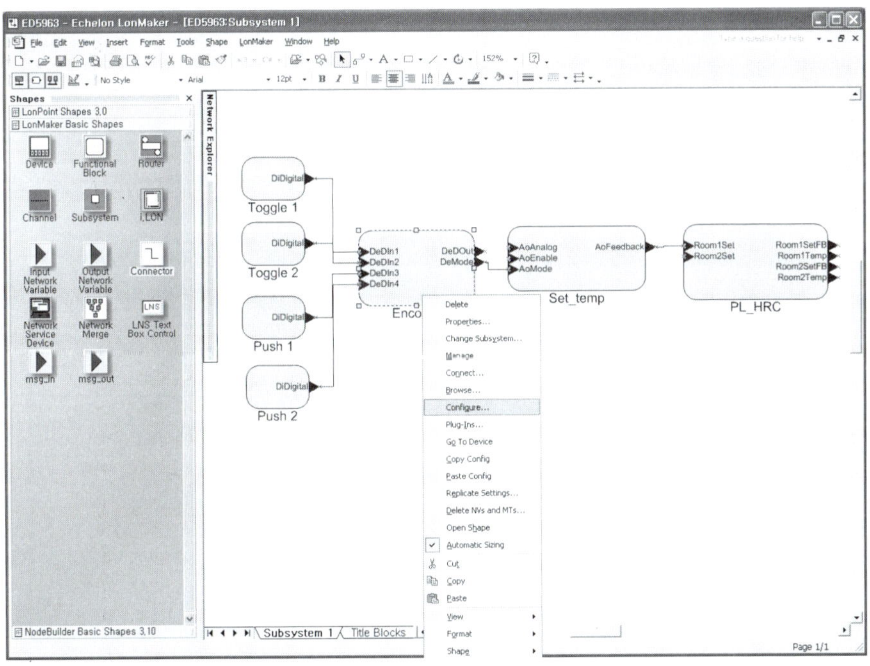

X Setting 버튼을 클릭한다.

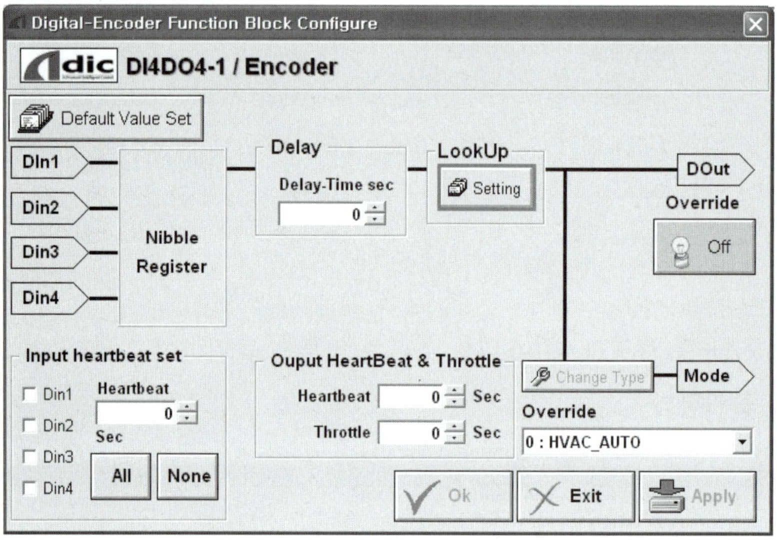

X Lookup Table 설정한다.

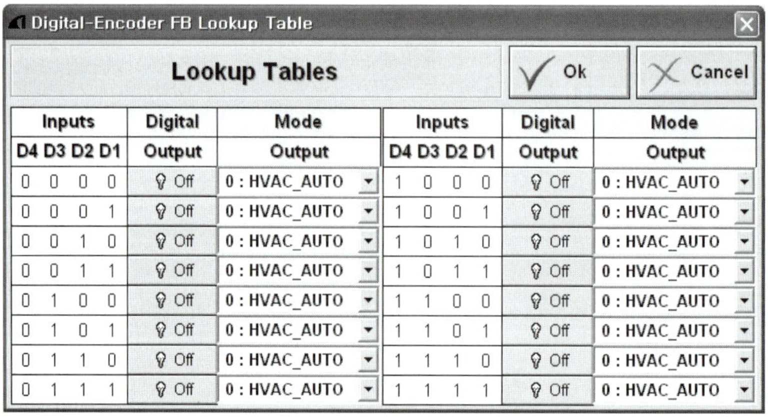

Inputs	Digital	Mode	Inputs	Digital	Mode
D4 D3 D2 D1	Output	Output	D4 D3 D2 D1	Output	Output
0 0 0 0	Off	0 : HVAC_AUTO	1 0 0 0	Off	0 : HVAC_AUTO
0 0 0 1	Off	0 : HVAC_AUTO	1 0 0 1	Off	0 : HVAC_AUTO
0 0 1 0	Off	0 : HVAC_AUTO	1 0 1 0	Off	0 : HVAC_AUTO
0 0 1 1	Off	0 : HVAC_AUTO	1 0 1 1	Off	0 : HVAC_AUTO
0 1 0 0	Off	0 : HVAC_AUTO	1 1 0 0	Off	0 : HVAC_AUTO
0 1 0 1	Off	0 : HVAC_AUTO	1 1 0 1	Off	0 : HVAC_AUTO
0 1 1 0	Off	0 : HVAC_AUTO	1 1 1 0	Off	0 : HVAC_AUTO
0 1 1 1	Off	0 : HVAC_AUTO	1 1 1 1	Off	0 : HVAC_AUTO

X 아래 표와 같이 모드 출력을 설정하고 OK 버튼을 클릭한다.

모드는 4개의 입력으로 16개의 출력을 내보낼 수 있는 기능이다.

- 디지털 입력 1 : ON 일때 HVAC_HEAT
- 디지털 입력 2 : ON 일때 HVAC_COOL

- 디지털 입력 3 : ON 일때 HVAC_OFF
- 디지털 입력 4 : ON 일때 HVAC_TEST 로 설정한다.

모드의 이름은 임의로 정해진 것이며, 특별한 의미는 가지지 않는다.

Digital-Encoder FB Lookup Table

Lookup Tables　Ok　Cancel

Inputs D4 D3 D2 D1	Digital Output	Mode Output	Inputs D4 D3 D2 D1	Digital Output	Mode Output
0 0 0 0	Off	0 : HVAC_AUTO	1 0 0 0	Off	7 : HVAC_TEST
0 0 0 1	Off	1 : HVAC_HEAT	1 0 0 1	Off	0 : HVAC_AUTO
0 0 1 0	Off	3 : HVAC_COOL	1 0 1 0	Off	0 : HVAC_AUTO
0 0 1 1	Off	0 : HVAC_AUTO	1 0 1 1	Off	0 : HVAC_AUTO
0 1 0 0	Off	6 : HVAC_OFF	1 1 0 0	Off	0 : HVAC_AUTO
0 1 0 1	Off	0 : HVAC_AUTO	1 1 0 1	Off	0 : HVAC_AUTO
0 1 1 0	Off	0 : HVAC_AUTO	1 1 1 0	Off	0 : HVAC_AUTO
0 1 1 1	Off	0 : HVAC_AUTO	1 1 1 1	Off	0 : HVAC_AUTO

X Set_temp를 클릭한 뒤 마우스 오른쪽 버튼을 클릭하여 Configure... 메뉴를 클릭한다.

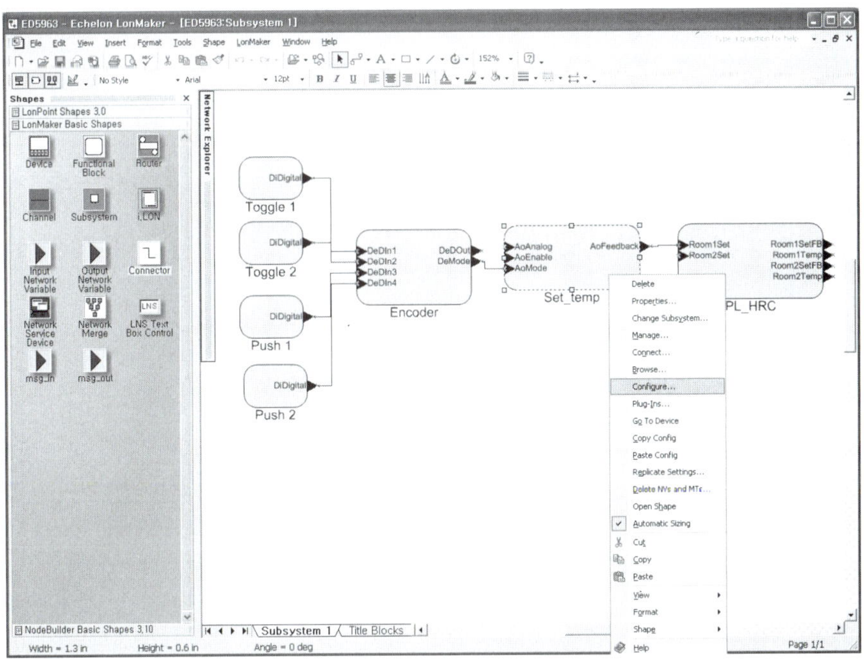

X Preset Table 탭을 클릭한다.

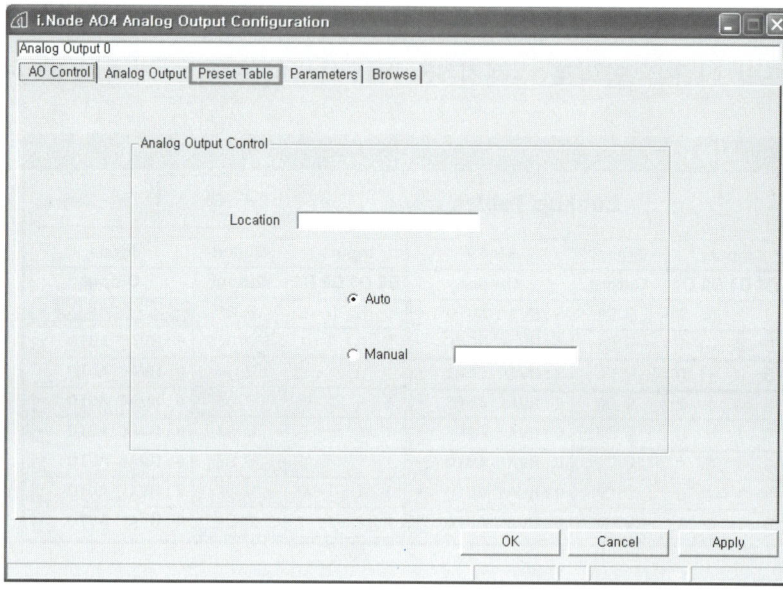

X Preset Table의 모습이다.

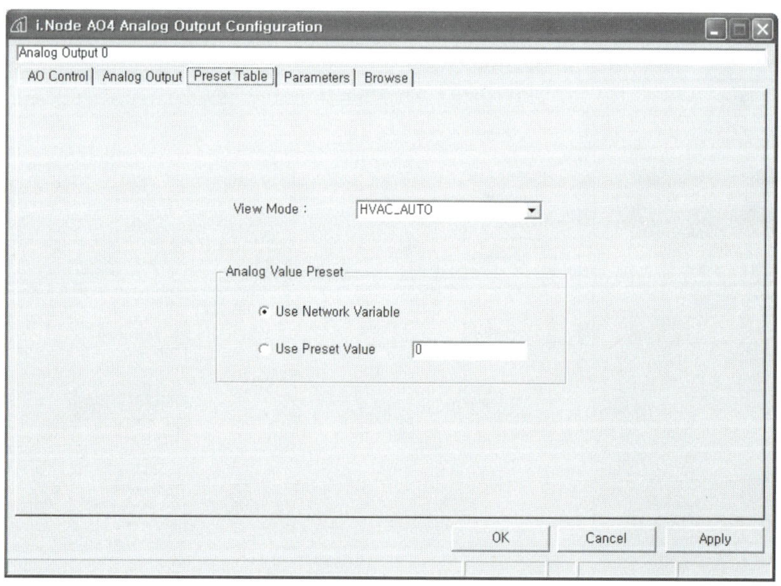

X HVAC_AUTO일 때 설정값이 출력되도록 아래와 같이 설정한다.

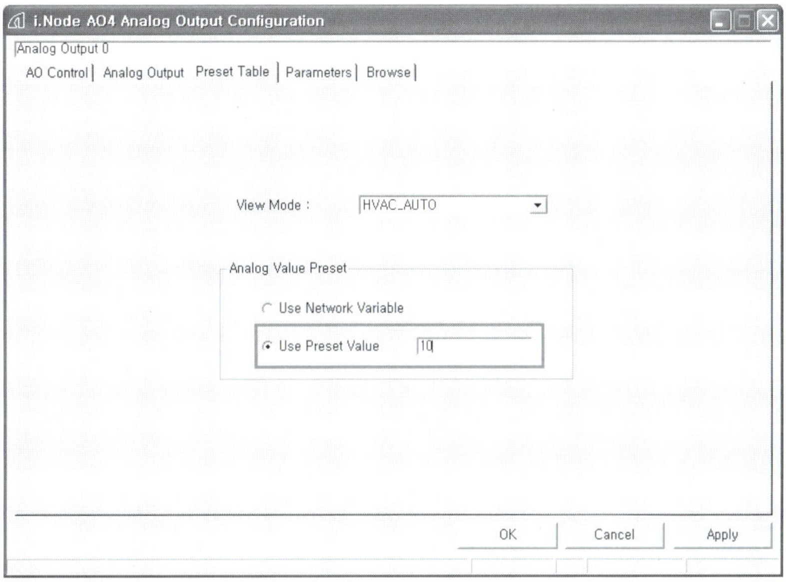

X HVAC_HEAT일 때 설정값이 출력되도록 아래와 같이 설정한다.

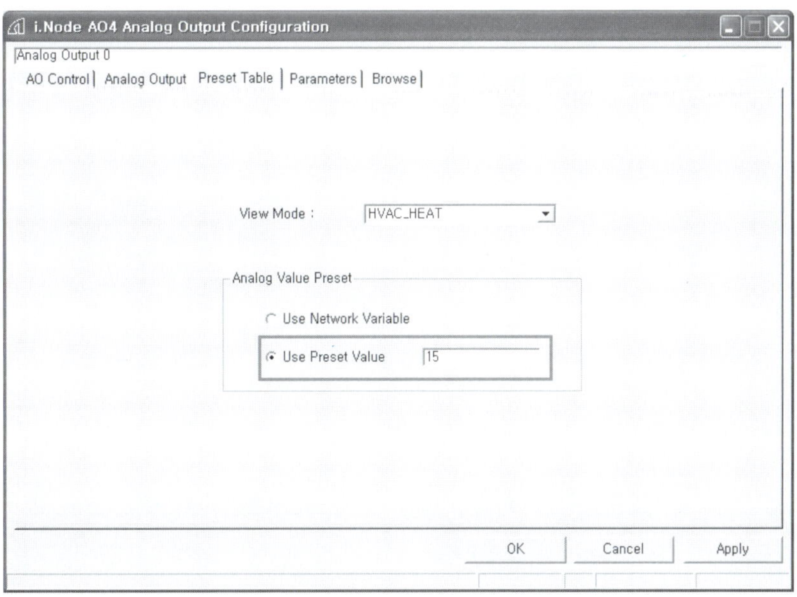

X HVAC_COOL일 때 설정값이 출력되도록 아래와 같이 설정한다.

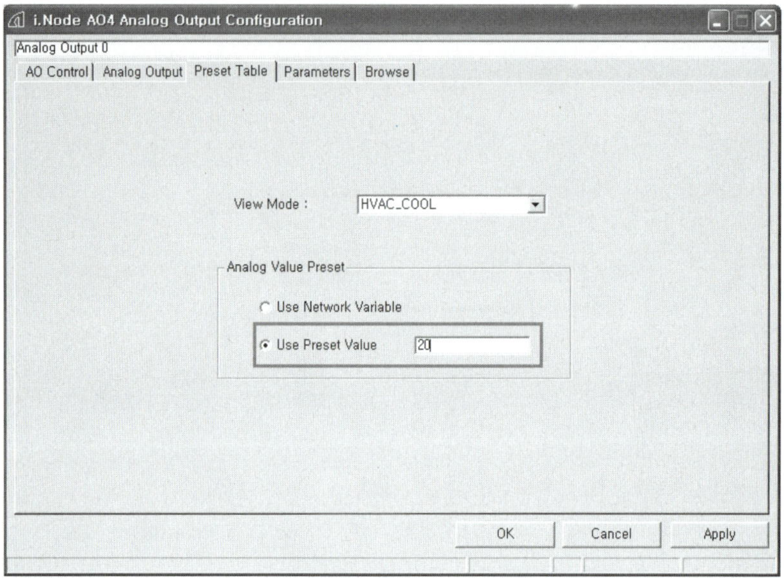

X HVAC_OFF일 때 설정값이 출력되도록 아래와 같이 설정한다.

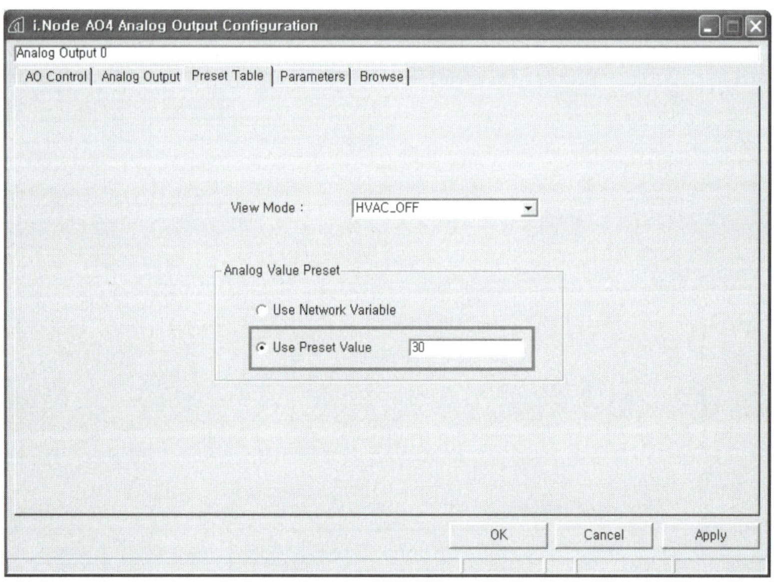

X HVAC_TEST일 때 설정값이 출력되도록 아래와 같이 설정한다.

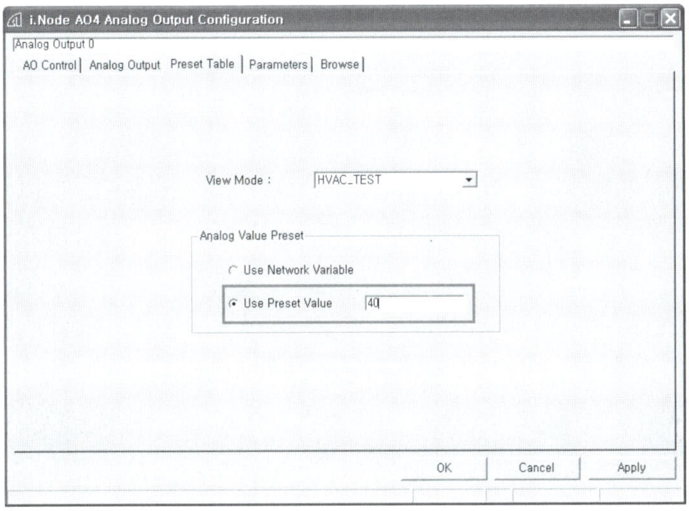

위와 같은 설정은 디지털 입력을 받아 모드 출력으로 바꾸고 아날로그 출력 모듈에서 모드 입력을 받아드려 미리 정해진 출력을 내보내는 설정이다. 위와 같은 방법은 디지털 입력을 이용하여 아날로그 출력을 내보낼때 자주 쓰이는 방법이다.

〈스위치 입력별 온도 설정〉

FB	모 드	온도 설정
Toggle 1	HVAC_HEAT	15℃
Toggle 2	HVAC_COOL	20℃
Push 1	HVAC_OFF	30℃
Push 2	HVAC_TEST	40℃
입력없음	HVAC_AUTO	10℃

〈하드웨어 결선도〉

- DI4DO4-1에 DI[0] 두 단자를 토글스위치1로 배선
- DI4DO4-1에 DI[1] 두 단자를 토글스위치2로 배선
- DI4DO4-1에 DI[2] 두 단자를 Push Button 1로 배선
- DI4DO4-1에 DI[3] 두 단자를 Push Button 2로 배선

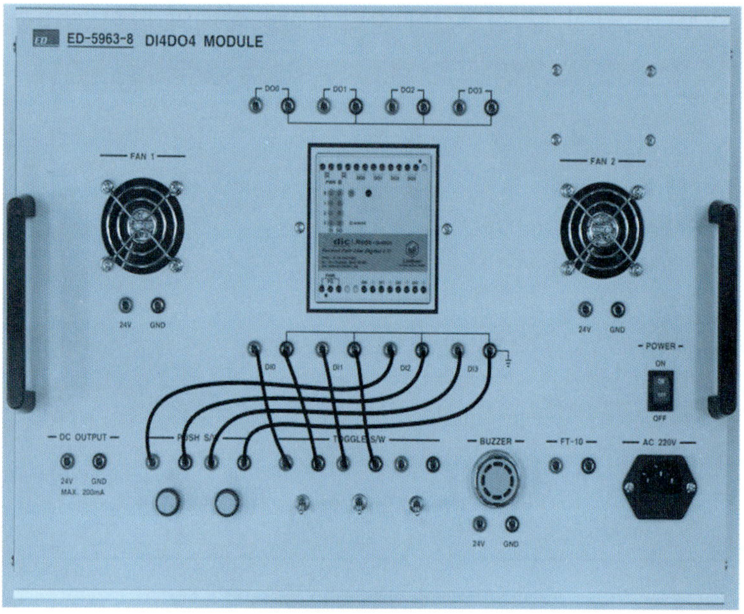
ED-5963-8 DI4DO4 MODULE
DO0
DO1
DO2
DO3
FAN 1
FAN 2
24V
GND
POWER
ON
OFF
DI0
DI1
DI2
DI3
DC OUTPUT
MAX. 200mA
BUZZER
FT-10
AC 220V

10-6 무선 리모컨을 이용한 커튼제어 응용

■ **실습 내용** | 무선 리모컨을 이용한 커튼제어

• **커튼 제어** : 커튼 제어는 가정내 채광, 실내 환기를 하는데 이용된다. 커튼 제어는 버티컬 제어와 롤 블라인드 제어 두가지 방식이 있다.

버티컬 제어는 버티컬의 OPEN/CLOSE 및 버티컬의 각도 조절이 제어 대상이 되며, 롤 블라인드 제어는 롤 블라인드의 OPEN/CLOSE를 제어 대상으로 한다. 홈네트워크에서 커튼 제어는 채광 및 실내 환기뿐만 아니라 영화 감상할 때의 실내 조도를 낮추는 등 모드 제어와 연계되어 동작하는 제어 아이템이다.

1. 실습 내용

① 커튼의 하드웨어적인 구성을 알아본다.

② 무선 리모컨을 이용한 커튼 제어를 실습해 본다.

2. 하드웨어 구성

① Limit Switch(좌) : 좌측 Limit Switch 스위치의 상태.

② Limit Switch(우) : 우측 Limit Switch 스위치의 상태.

③ OPEN : OPEN 전원 입력.

④ CLOSE : CLOSE 전원 입력.

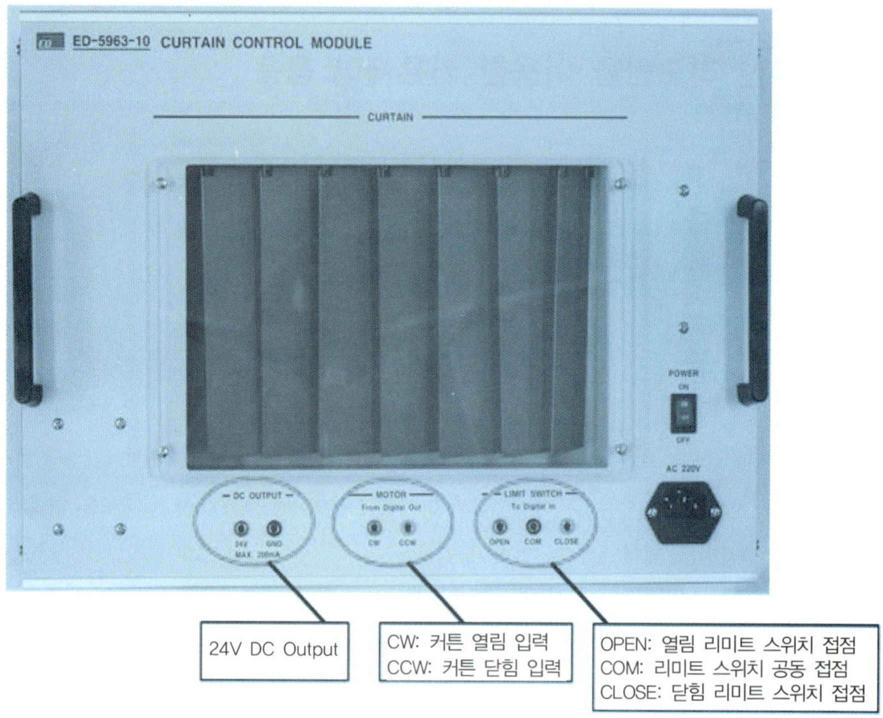
ED-5963-10 CURTAIN CONTROL MODULE
CURTAIN
POWER
ON
OFF
AC 220V
DC OUTPUT
24V GND
MAX 200mA
MOTOR
From Digital Out
CW CCW
LIMIT SWITCH
To Digital In
OPEN COM CLOSE
24V DC Output
CW: 커튼 열림 입력
CCW: 커튼 닫힘 입력
OPEN: 열림 리미트 스위치 접점
COM: 리미트 스위치 공동 접점
CLOSE: 닫힘 리미트 스위치 접점

3. 배선도

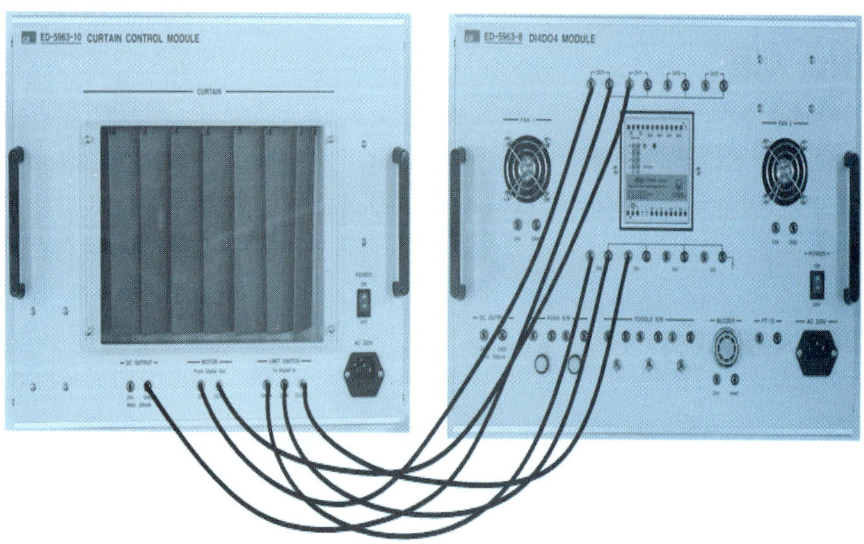
ED-5963-10 CURTAIN CONTROL MODULE
ED-5963-8 DI4DO4 MODULE

① 디바이스가 커미션된 상태인 LonMaker DataBase가 나타났다.

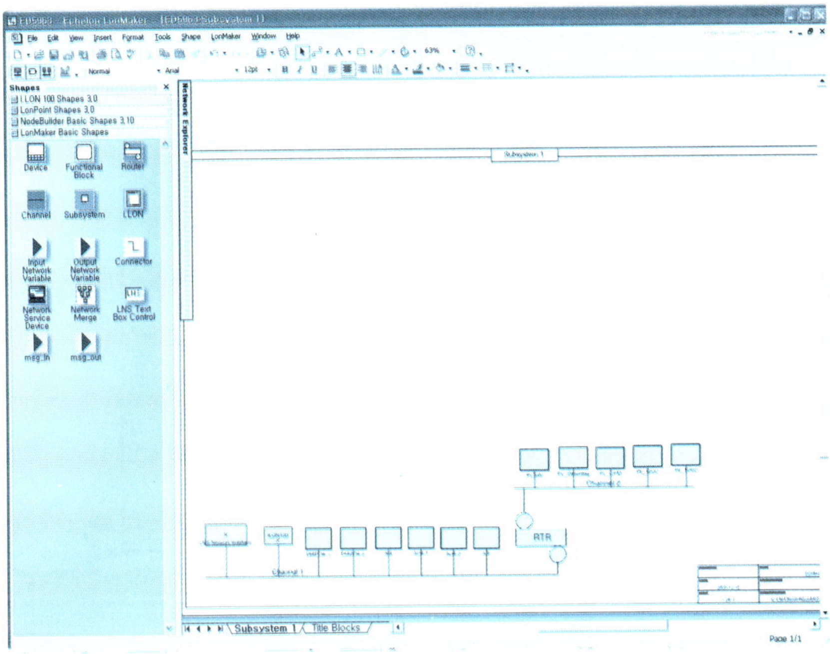

② Functional Block 아이콘을 작업 창으로 드래그 앤 드롭으로 가져다 놓는다.

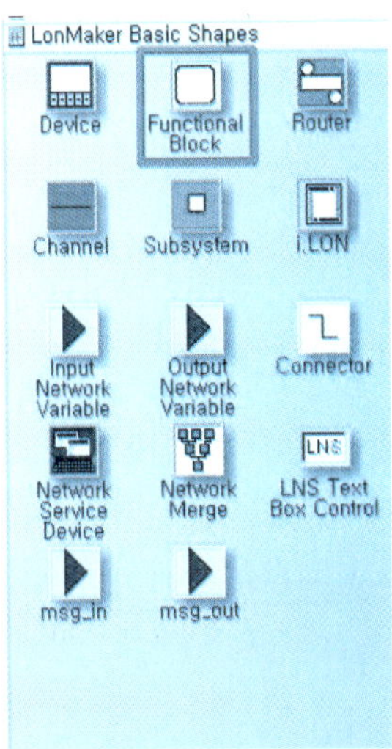

③ 다음과 같이 설정해 준다. 아래의 설정은 AIF 라는 디바이스에 Virtual Functional Block를 생성하라는 설정이다.

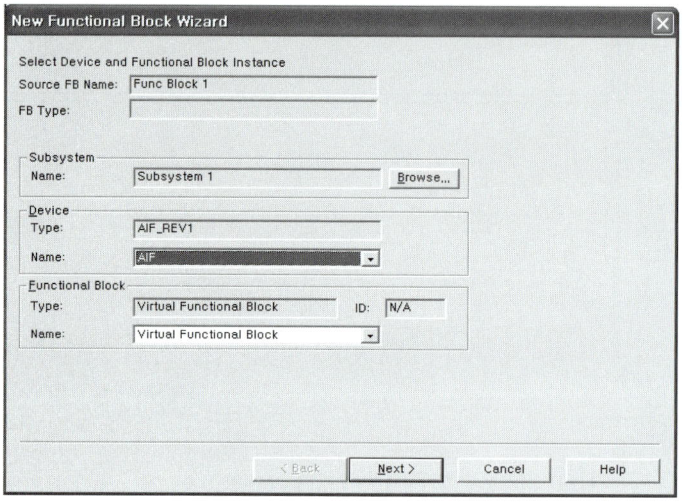

④ FB Name에 Functional Block의 이름을 정해준다. Create...를 클릭하여 모든 네트워크 변수를 생성한다.

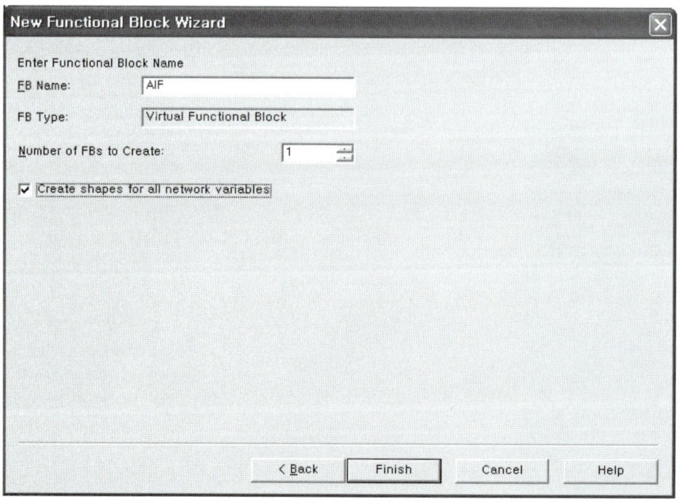

⑤ AIF에 연결된 AIF 블록이 생성되었다.

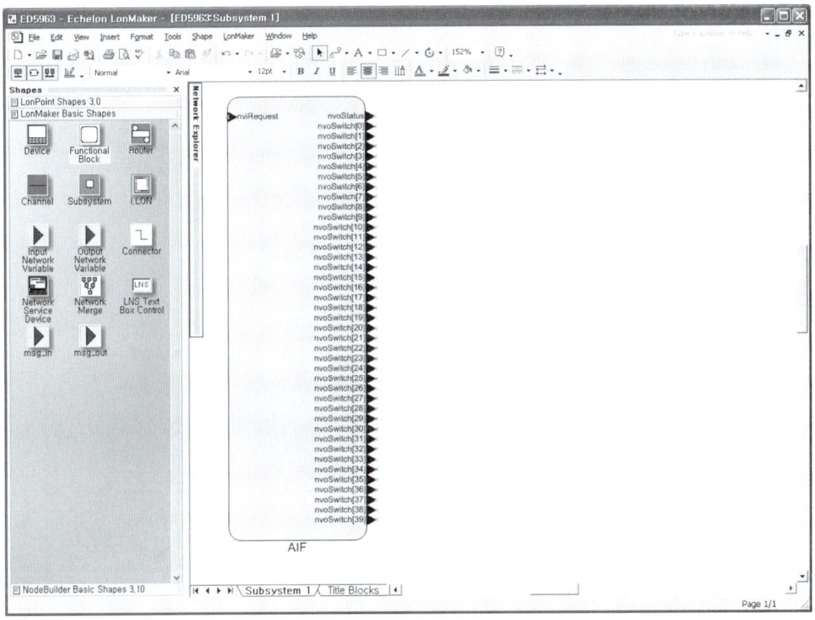

⑥ Functional Block 아이콘을 작업 창으로 드래그 앤 드롭으로 가져다 놓는다.

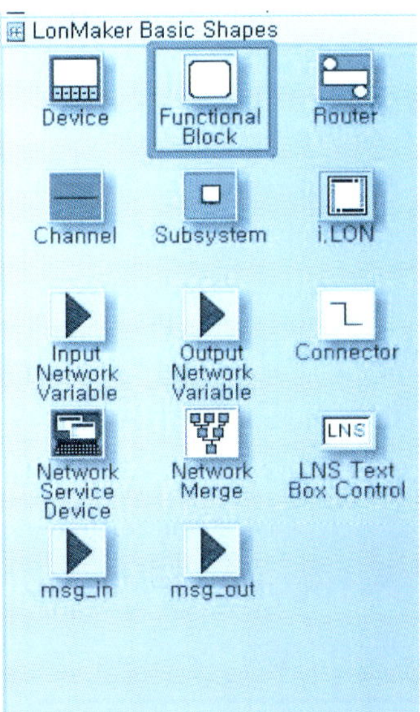

⑦ 다음과 같이 설정해 준다. 아래의 설정은 DI4DO4-1라는 디바이스에 DI[0](첫번째 디지털입력)를 생성하라는 설정이다.

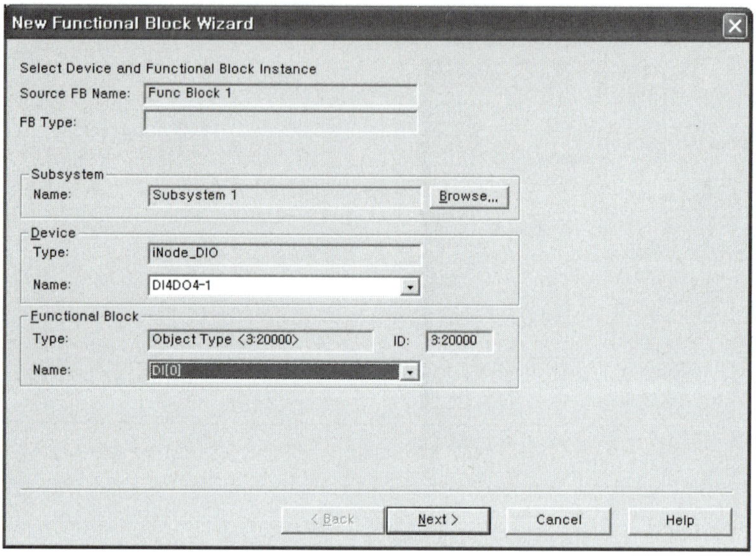

⑧ FB Name에 Functional Block의 이름을 정해준다. Create...를 클릭하여 모든 네트워크 변수를 생성한다.

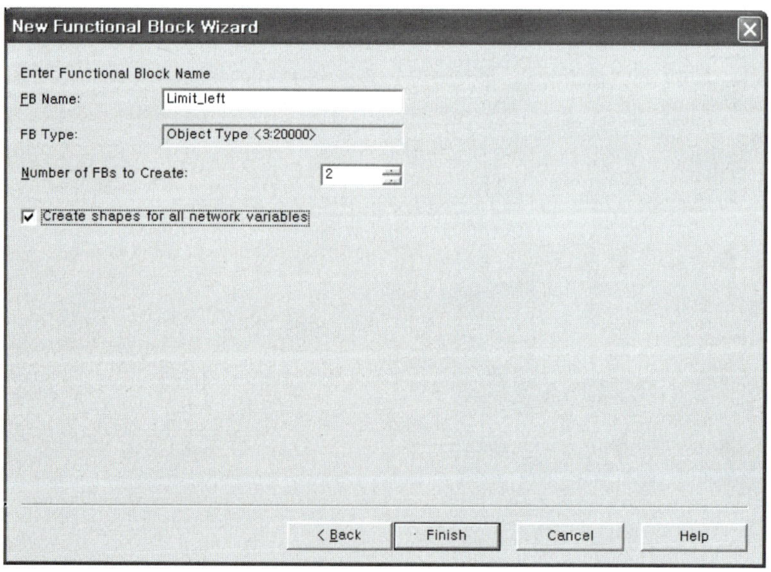

⑨ 다음과 같이 설정해 준다. 아래의 설정은 DI4DO4-1라는 디바이스에 DI[1](두번째 디지털입력)를 생성하라는 설정이다.

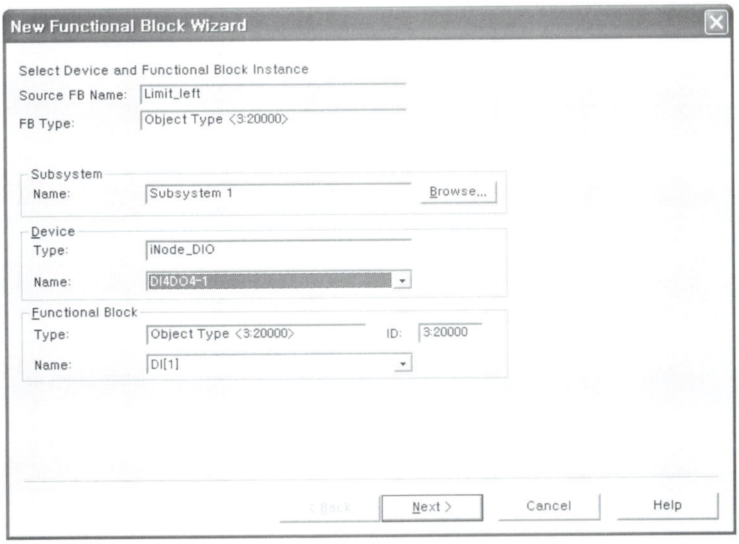

⑩ FB Name에 Functional Block의 이름을 정해준다. Create...를 클릭하여 모든 네트워크 변수를 생성한다.

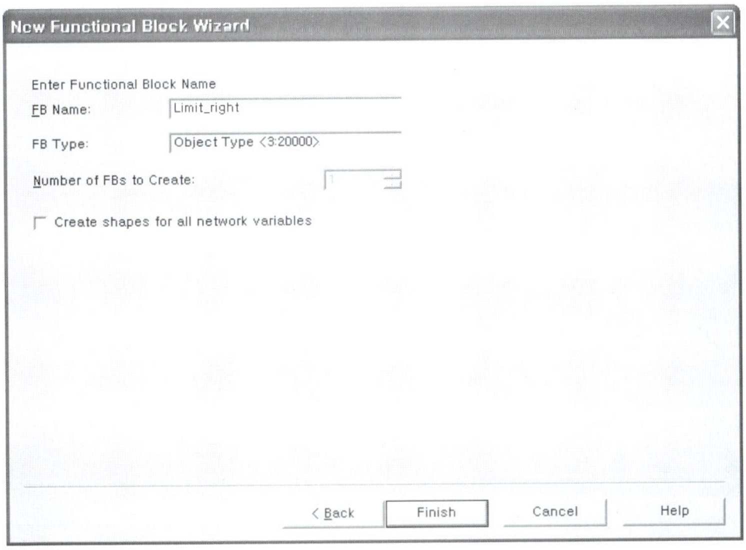

⑪ DI4DO4-1 디바이스에 연결된 Limit_left, Limit_right 블록이 생성되었다.

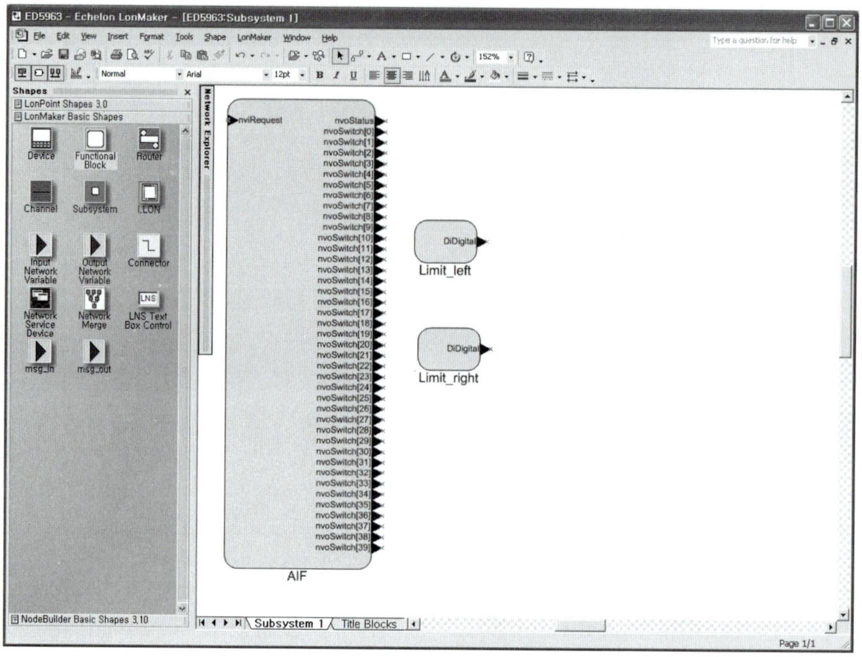

⑫ Functional Block 아이콘을 작업 창으로 드래그 앤 드롭으로 가져다 놓는다.

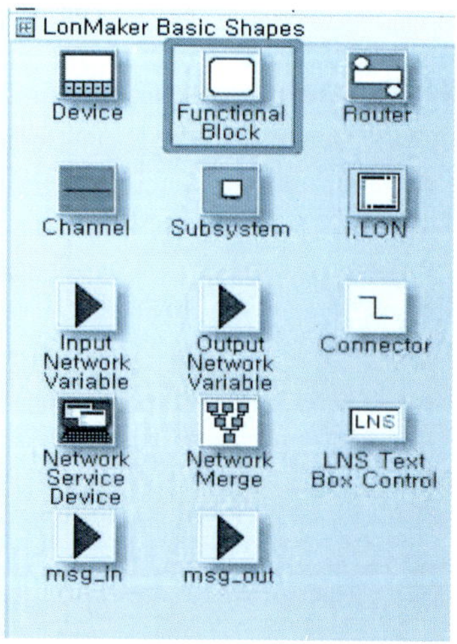

⑬ 다음과 같이 설정해 준다. 아래의 설정은 DI4DO4-1라는 디바이스에 DEnc[0](첫번째 엔코더)를 생성하라는 설정이다.

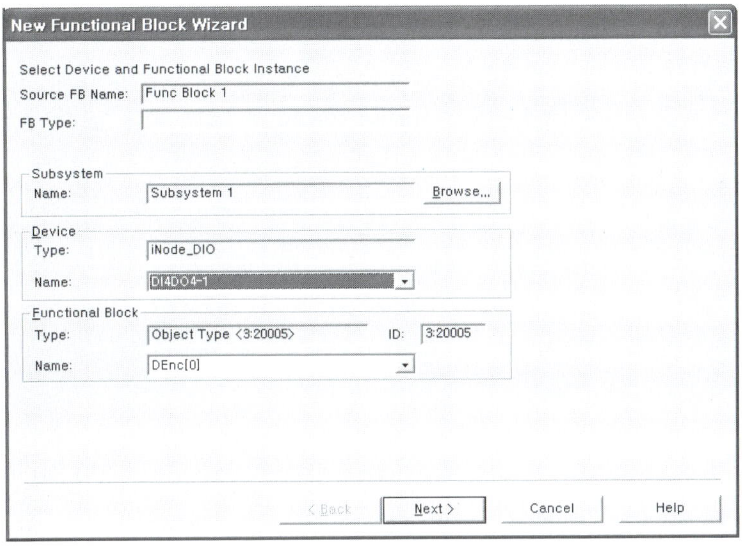

⑭ FB Name에 Functional Block의 이름을 정해준다. Create...를 클릭하여 모든 네트워크 변수를 생성한다.

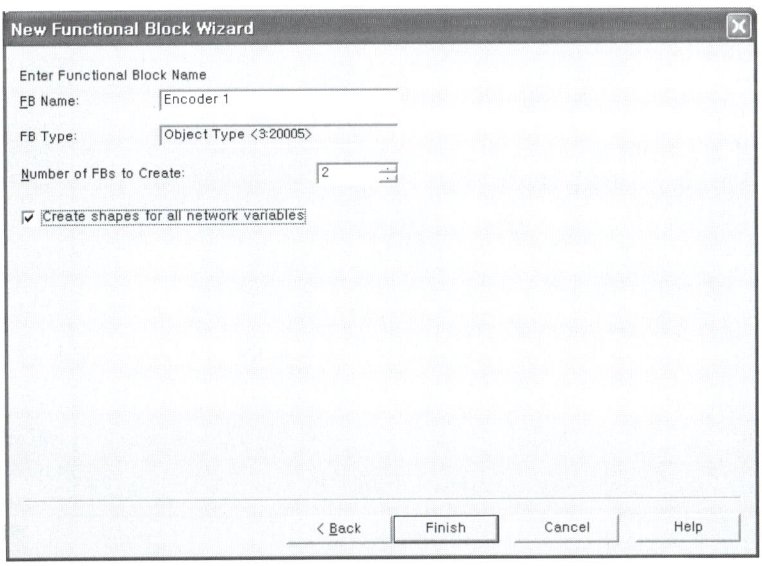

제 10 장

⑮ 다음과 같이 설정해 준다. 아래의 설정은 DI4DO4-1라는 디바이스에 DEnc[1](두번째 엔코더)를 생성하라는 설정이다.

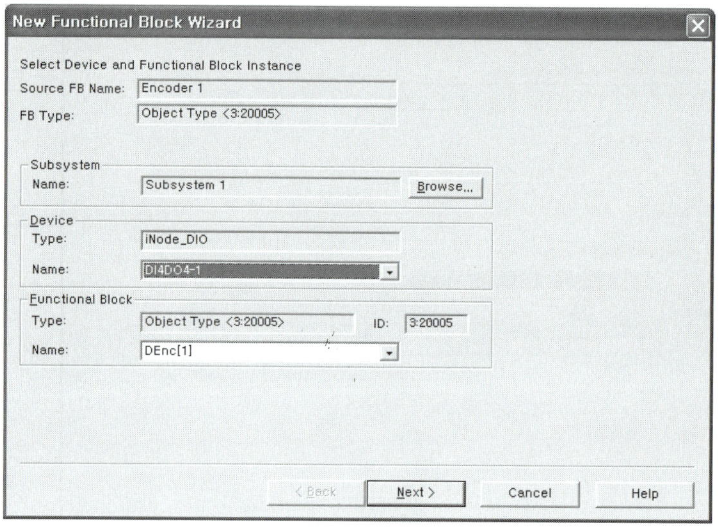

⑯ FB Name에 Functional Block의 이름을 정해준다. Create...를 클릭하여 모든 네트워크 변수를 생성한다.

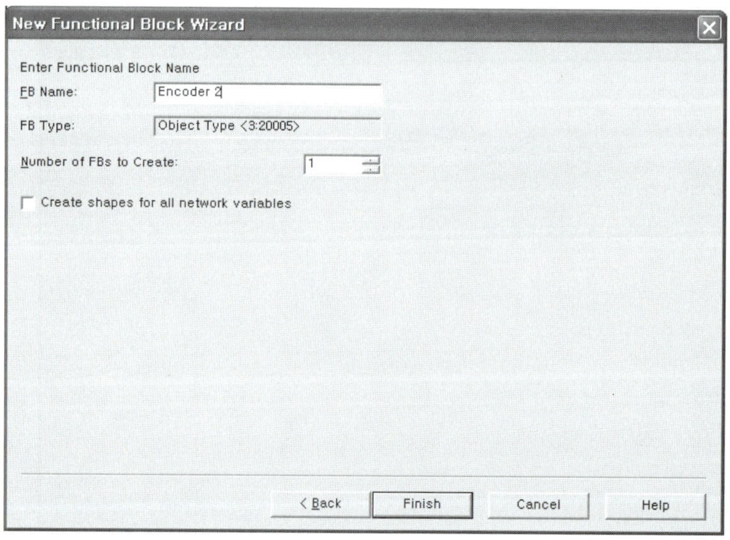

⑰ DI4DO4-1 디바이스에 연결된 Encoder 1, Encoder 2 블록이 생성되었다.

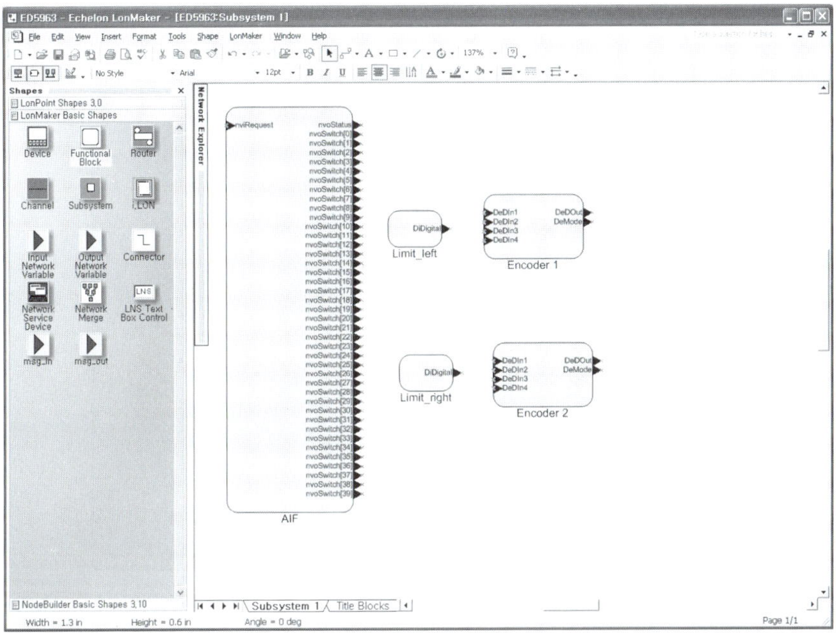

⑱ Functional Block 아이콘을 작업 창으로 드래그 앤 드롭으로 가져다 놓는다.

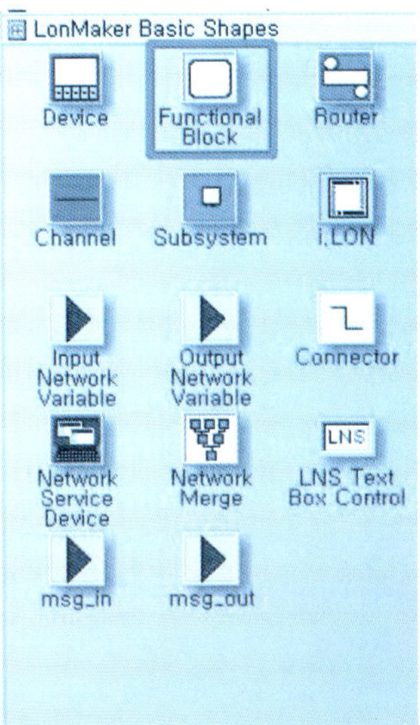

제10장

⑲ 다음과 같이 설정해 준다. 아래의 설정은 DI4DO4-1라는 디바이스에 DO[0](첫번째 디지털 출력)를 생성하라는 설정이다.

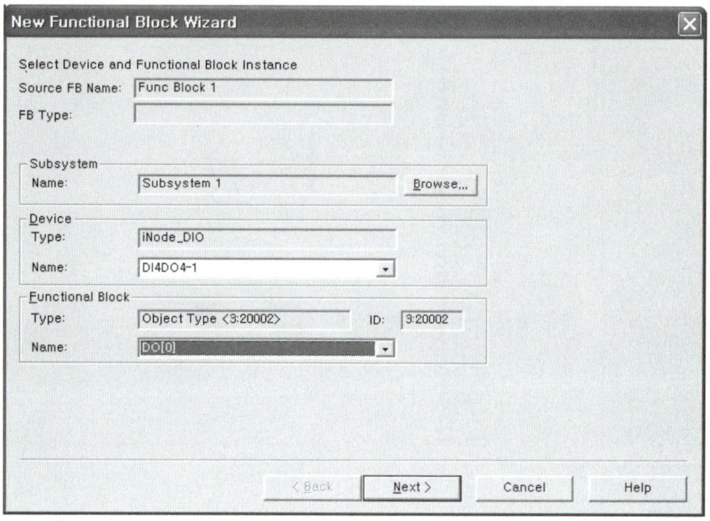

X FB Name에 Functional Block의 이름을 정해준다. Create...를 클릭하여 모든 네트워크 변수를 생성한다.

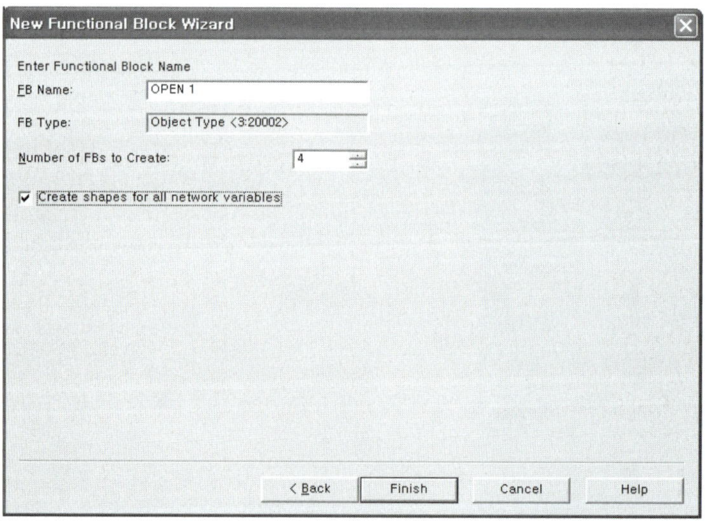

X 다음과 같이 설정해 준다. 아래의 설정은 DI4DO4-1라는 디바이스에 DO[1](두번째 디지털 출력)를 생성하라는 설정이다.

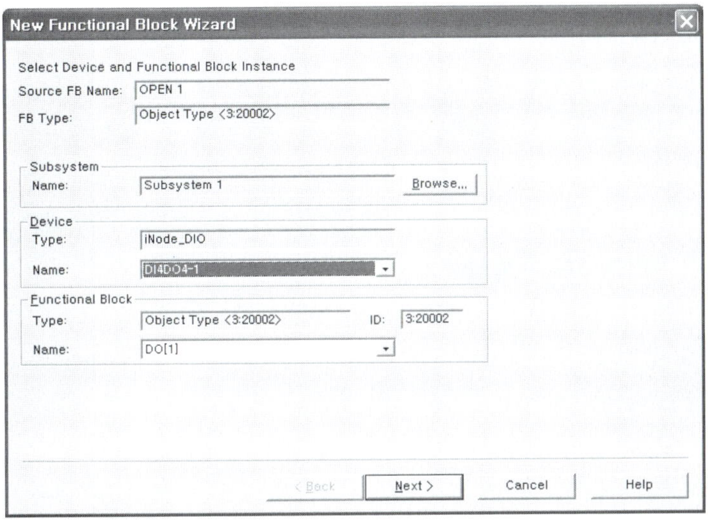

X FB Name에 Functional Block의 이름을 정해준다. Create...를 클릭하여 모든 네트워크 변수를 생성한다.

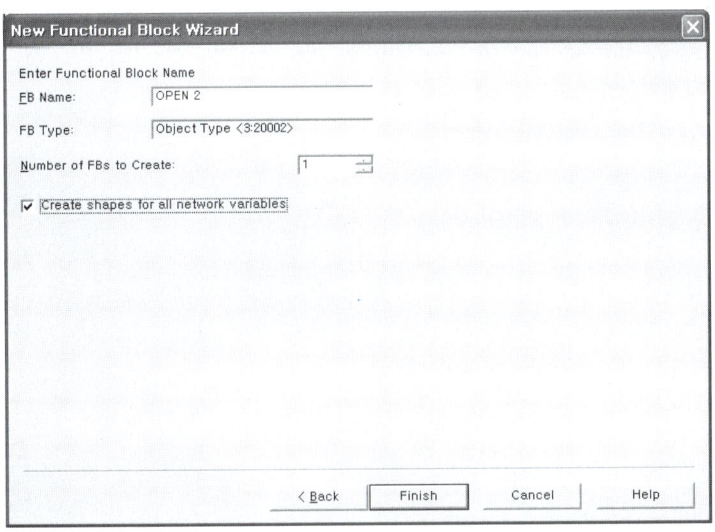

제10장

X 다음과 같이 설정해 준다. 아래의 설정은 DI4DO4-1라는 디바이스에 DO[2](세번째 디지털 출력)를 생성하라는 설정이다.

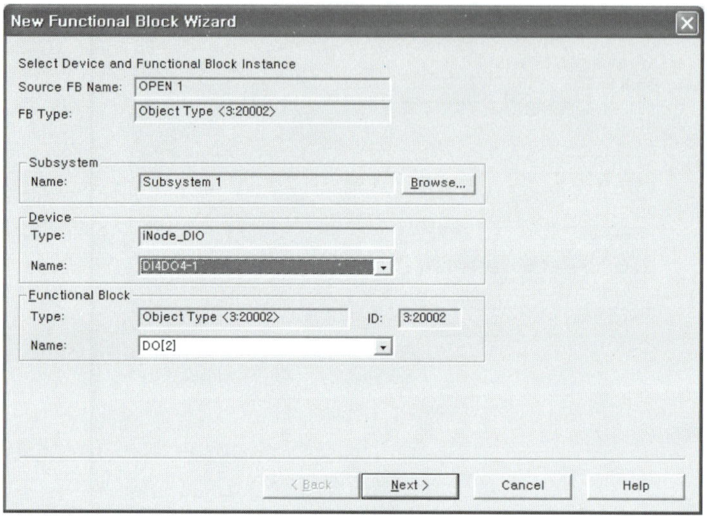

X FB Name에 Functional Block의 이름을 정해준다. Create...를 클릭하여 모든 네트워크 변수를 생성한다.

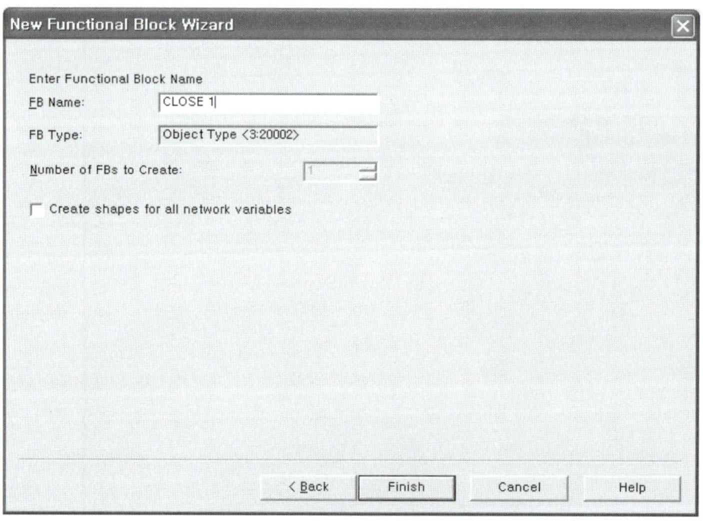

X 다음과 같이 설정해 준다. 아래의 설정은 DI4DO4-1라는 디바이스에 DO[3](네번째 디지털 출력)를 생성하라는 설정이다.

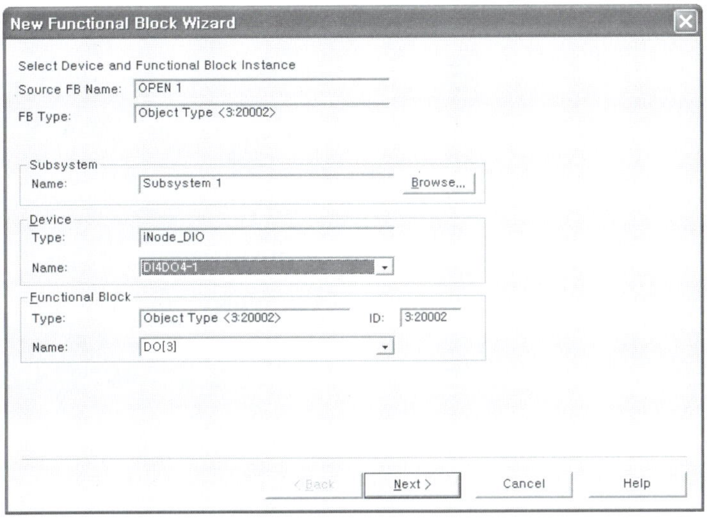

X FB Name에 Functional Block의 이름을 정해준다. Create...를 클릭하여 모든 네트워크 변수를 생성한다.

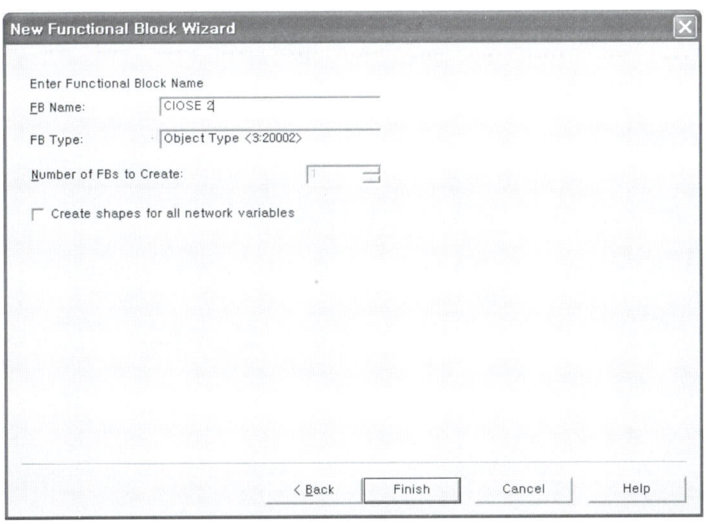

제10장

X DI4DO4-1에 연결된 OPEN 1,2 CLOSE 1,2 블록이 생성되었다.

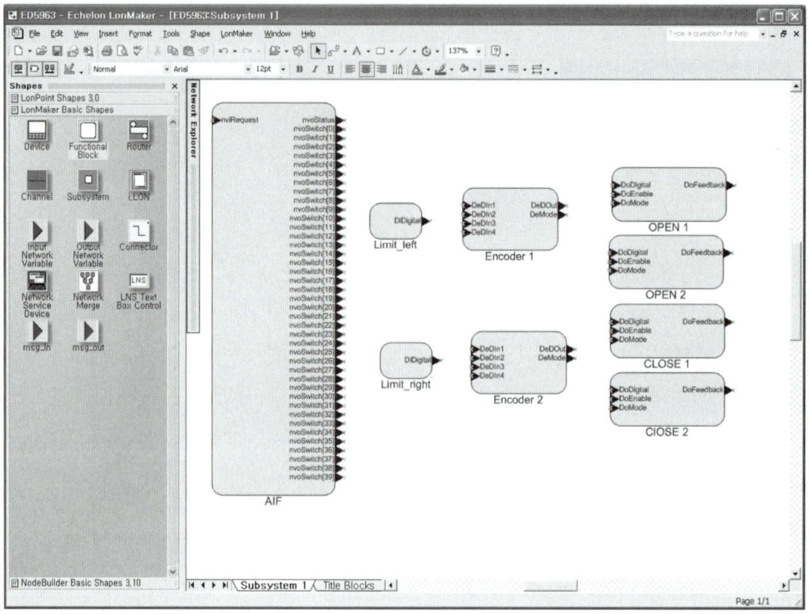

X DI4DO4-1에 연결된 OPEN 1,2 CLOSE 1,2 블록이 생성된다.

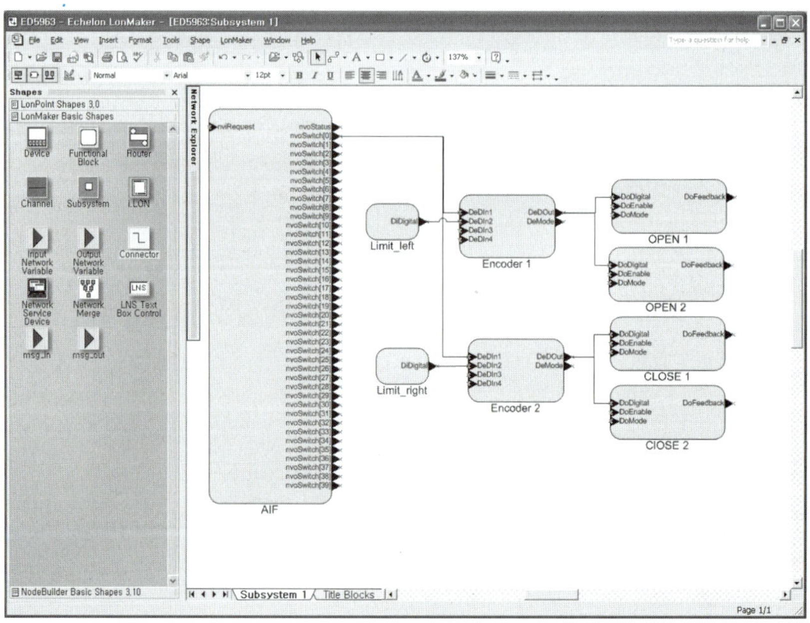

FB	NV 이름
AIF	nvoSwitch[0]
AIF	nvoSwitch[0]
Limit_left	DiDigital
Limit_right	DiDigital
Encoder1	DeDOut
Encoder1	DeDOut
Encoder2	DeDOut
Encoder2	DeDOut

FB	NV 이름
Encoder 1	DeDIn1
Encoder 2	DeDIn1
Encoder 1	DeDIn2
Encoder 2	DeDIn2
OPEN 1	DoDigital
OPEN 2	DoDigital
CLOSE 1	DoDigital
CLOSE 2	DoDigital

X Encoder 1를 클릭한 후 마우스 오른쪽 버튼을 눌러 Configure... 버튼을 클릭한다.

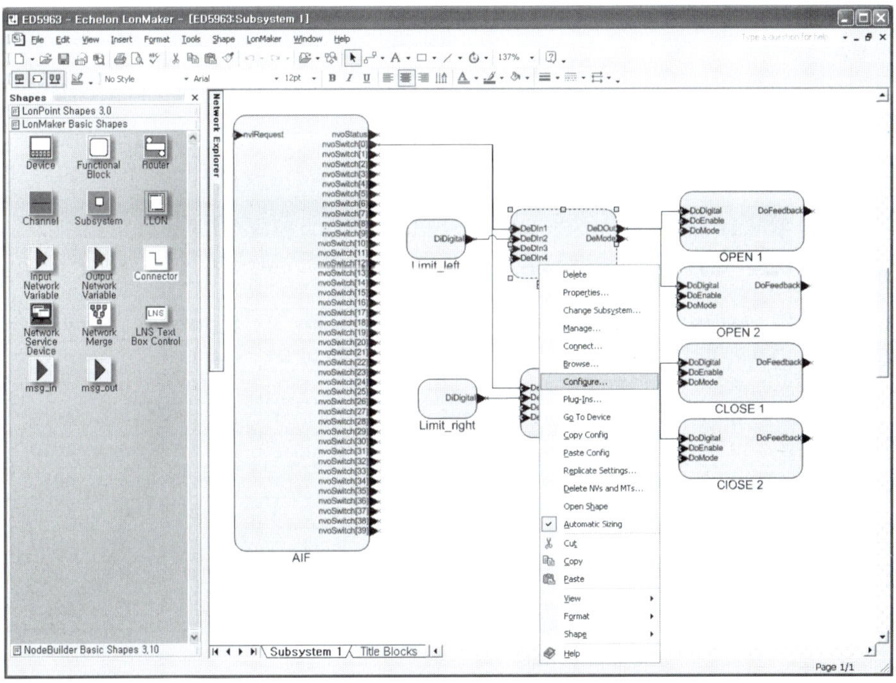

X 조건을 설정해 주기 위하여 Setting 버튼을 클릭한다.

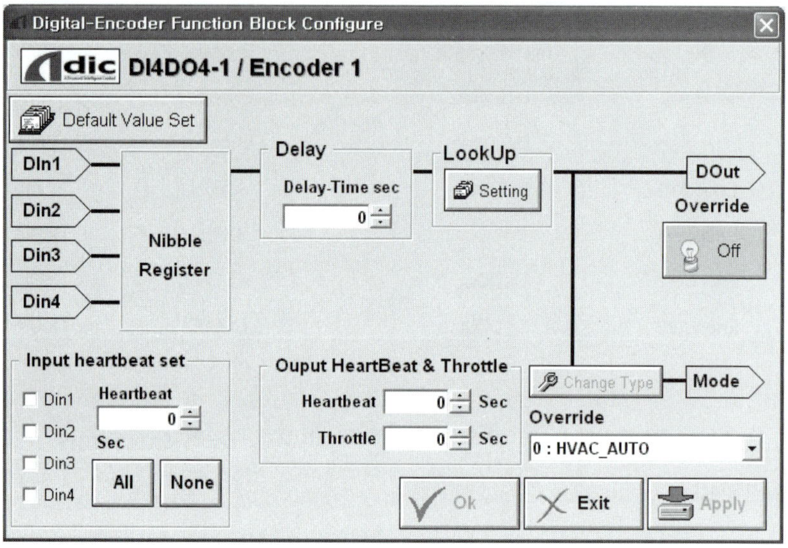

X 커튼이 열리는 조건은 DI1의 입력이 ON이 되었을때 커튼을 열려야 함으로 아래와 같이 설정해 준다.

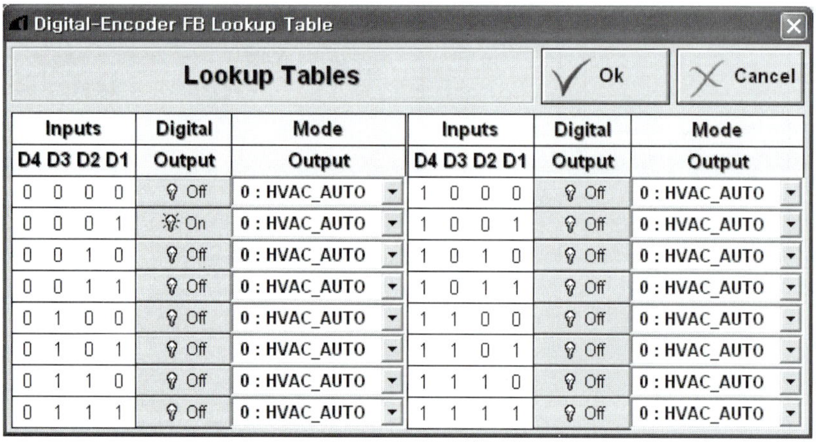

Digital-Encoder FB Lookup Table

Lookup Tables　Ok　Cancel

Inputs D4 D3 D2 D1	Digital Output	Mode Output	Inputs D4 D3 D2 D1	Digital Output	Mode Output
0 0 0 0	Off	0 : HVAC_AUTO	1 0 0 0	Off	0 : HVAC_AUTO
0 0 0 1	On	0 : HVAC_AUTO	1 0 0 1	Off	0 : HVAC_AUTO
0 0 1 0	Off	0 : HVAC_AUTO	1 0 1 0	Off	0 : HVAC_AUTO
0 0 1 1	Off	0 : HVAC_AUTO	1 0 1 1	Off	0 : HVAC_AUTO
0 1 0 0	Off	0 : HVAC_AUTO	1 1 0 0	Off	0 : HVAC_AUTO
0 1 0 1	Off	0 : HVAC_AUTO	1 1 0 1	Off	0 : HVAC_AUTO
0 1 1 0	Off	0 : HVAC_AUTO	1 1 1 0	Off	0 : HVAC_AUTO
0 1 1 1	Off	0 : HVAC_AUTO	1 1 1 1	Off	0 : HVAC_AUTO

Ⅹ Encoder 2를 클릭한 후 마우스 오른쪽 버튼을 눌러 Configure... 버튼을 클릭한다.

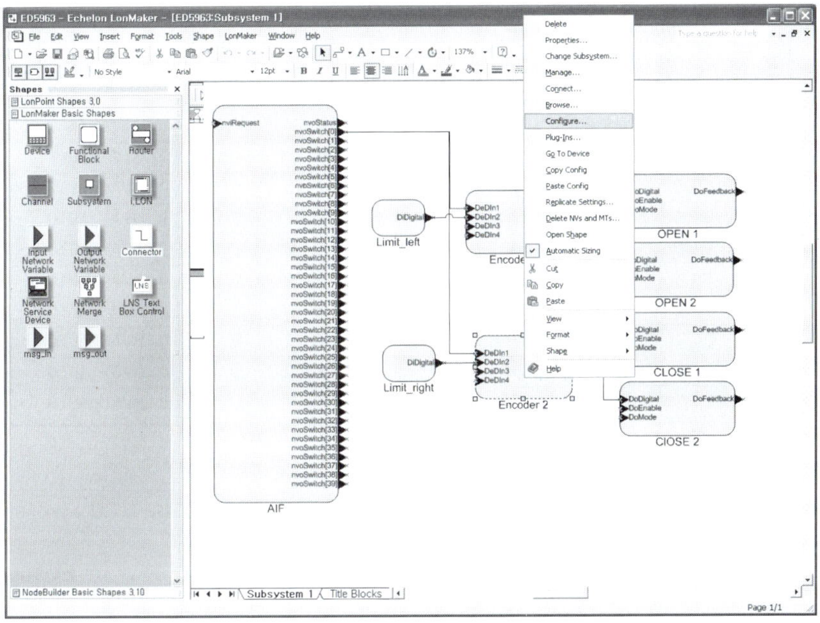

Ⅹ 조건을 설정해 주기 위하여 Setting 버튼을 클릭한다.

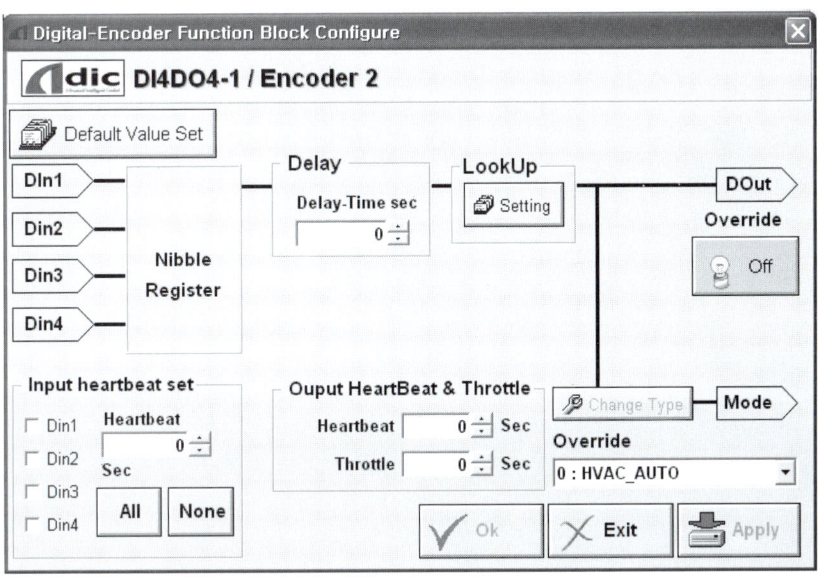

제 10 장

Ⅹ 커튼이 아무런 입력값이 없을 때 자동으로 닫히게 하기 위하여 아래와 같이 설정해 준다.

Digital-Encoder FB Lookup Table

Lookup Tables Ok Cancel

Inputs D4 D3 D2 D1	Digital Output	Mode Output	Inputs D4 D3 D2 D1	Digital Output	Mode Output
0 0 0 0	On	0 : HVAC_AUTO	1 0 0 0	Off	7 : HVAC_TEST
0 0 0 1	Off	1 : HVAC_HEAT	1 0 0 1	Off	0 : HVAC_AUTO
0 0 1 0	Off	3 : HVAC_COOL	1 0 1 0	Off	0 : HVAC_AUTO
0 0 1 1	Off	0 : HVAC_AUTO	1 0 1 1	Off	0 : HVAC_AUTO
0 1 0 0	Off	6 : HVAC_OFF	1 1 0 0	Off	0 : HVAC_AUTO
0 1 0 1	Off	0 : HVAC_AUTO	1 1 0 1	Off	0 : HVAC_AUTO
0 1 1 0	Off	0 : HVAC_AUTO	1 1 1 0	Off	0 : HVAC_AUTO
0 1 1 1	Off	0 : HVAC_AUTO	1 1 1 1	Off	0 : HVAC_AUTO

제11장

유비쿼터스 홈네트워크 응용(3)

11-1 무선 리모컨을 이용한 방법제어 응용

11-2 냉 · 난방 제어 시스템

11-3 JSP를 이용한 모바일 제어

11-4 캠프로그램 설정을 사용한 리모컨 가스제어

11-5 XML_SOAP 프로토콜을 이용한 프로그래밍

11-1 무선 리모컨을 이용한 방법제어 응용

■ **실습 내용** | 무선 리모컨을 이용한 방범 제어

- **방범 제어**

  ① 방범 제어는 침입자 감시 및 원격 영상 감시와 방문자 확인

  ② 현관문 개폐 등이 있으며, 경비 업체 및 경찰서와 연계된 출동신고

  ③ 시스템과 SMS(문자메시지) 시스템을 연계한다.

1. 실습 내용

무선 리모컨을 이용한 도어락 OPEN을 실습해 본다.

2. 하드웨어 구성

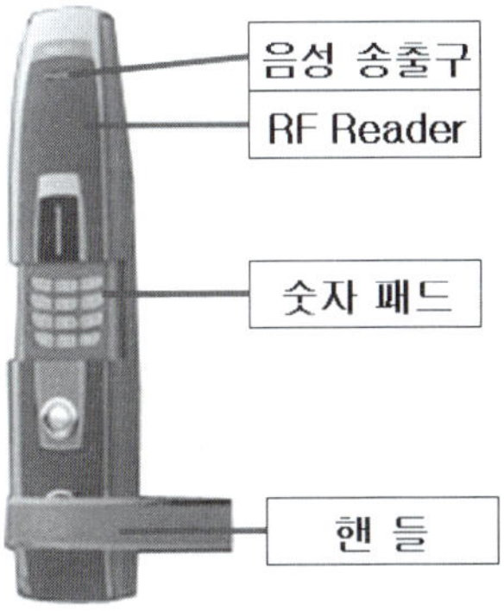

■ 음성 송출구 : 안내 음성이 송출되는 곳이다.
■ RF Reader : RF카드의 신호를 읽는 곳이다.
■ 숫자 패드 : 비밀 번호를 입력하는 숫자판
■ 핸 들 : 현관문을 여닫는 손잡이.

① 디바이스가 커미션된 상태인 LonMaker DataBase가 나타난다.

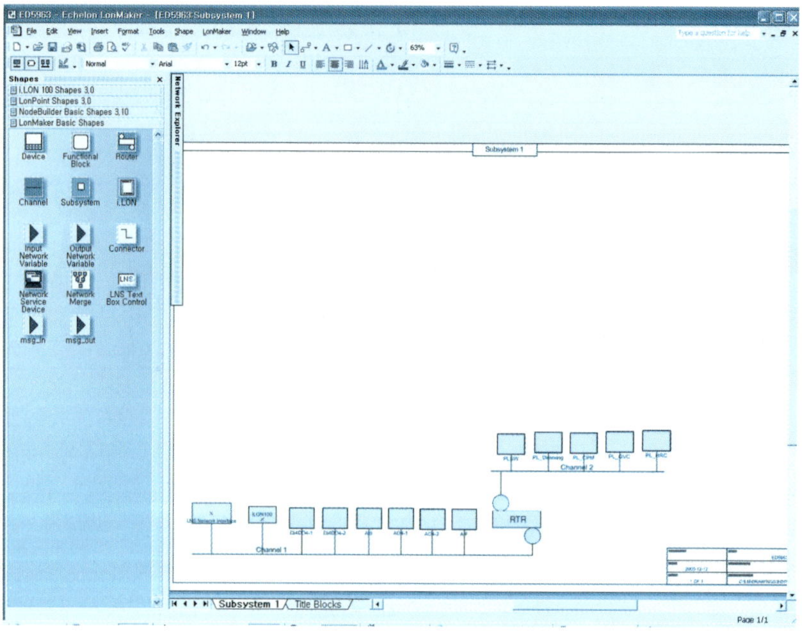

② Functional Block 아이콘을 작업 창으로 드래그 앤 드롭으로 가져다 놓는다.

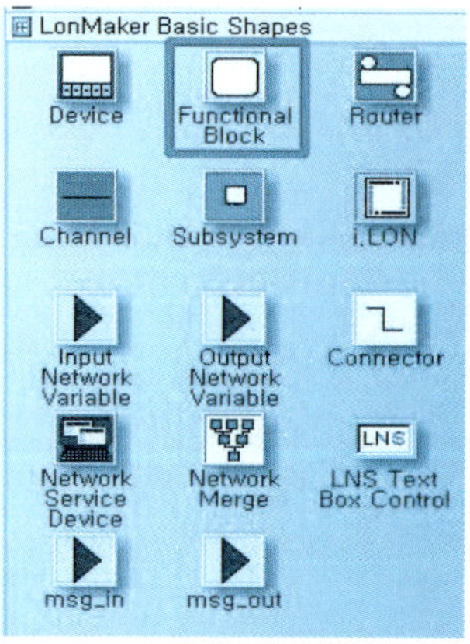

③ 다음과 같이 설정해 준다. 아래의 설정은 AIF 라는 디바이스에 Virtual Functional Block를 생성하라는 설정이다.

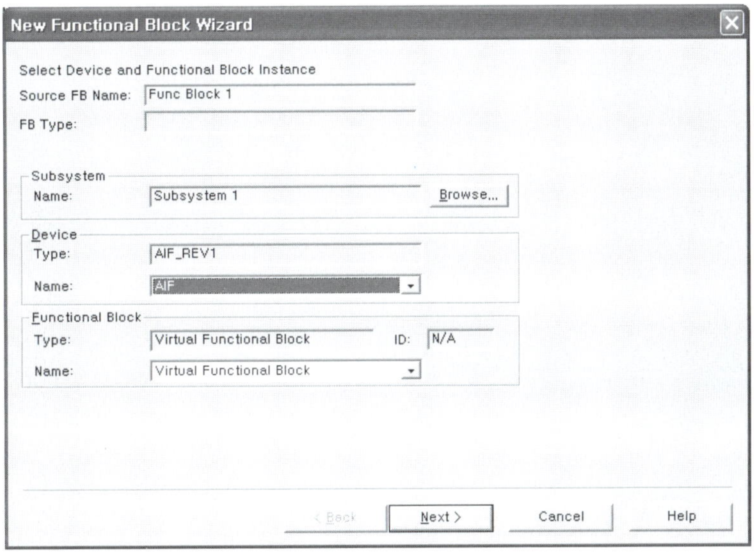

④ FB Name에 Functional Block의 이름을 정해준다. Create...를 클릭하여 모든 네트워크 변수를 생성한다.

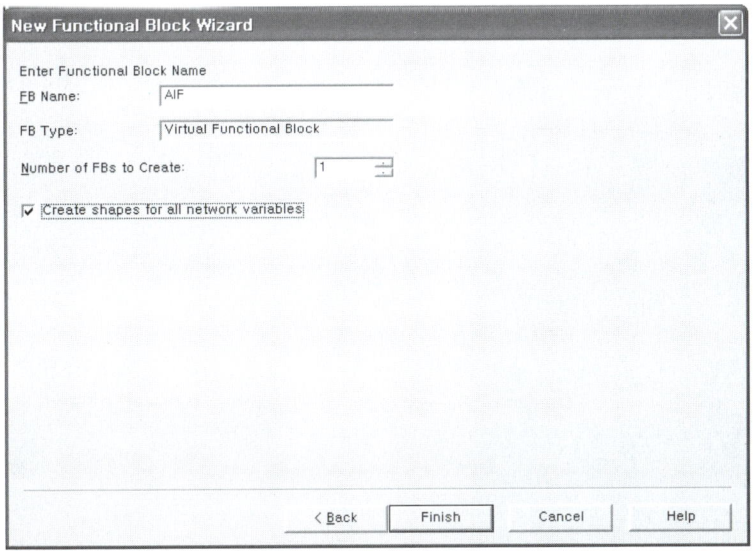

⑤ AIF에 연결된 AIF 블록이 생성되었다.

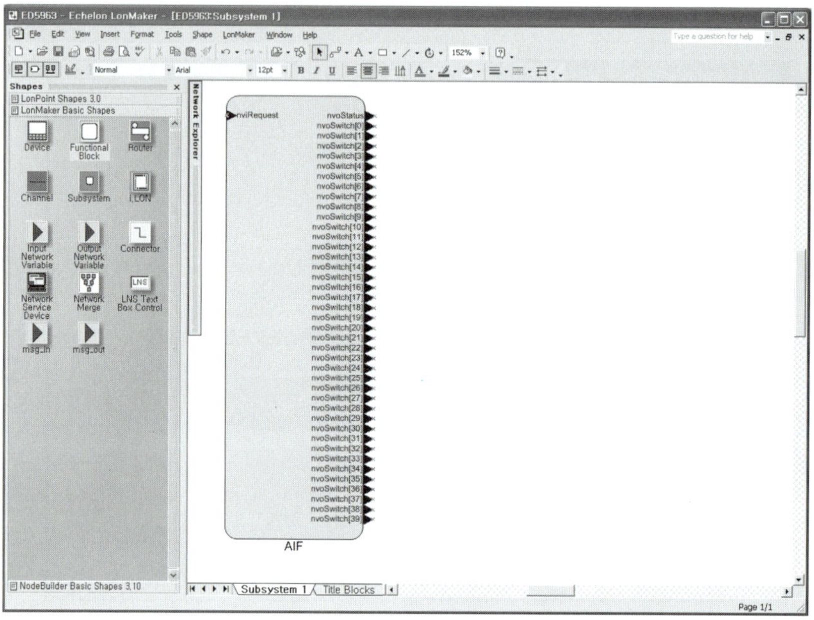

⑥ Functional Block 아이콘을 작업 창으로 드래그 앤 드롭으로 가져다 놓는다.

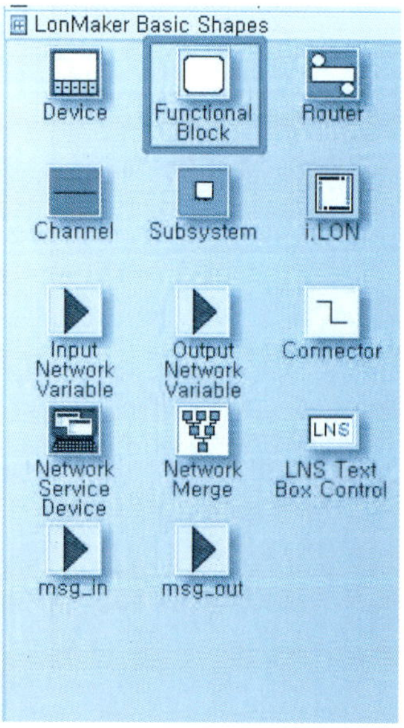

⑦ 다음과 같이 설정해 준다. 아래의 설정은 DI4DO4-1라는 디바이스에 DO[0](첫번째 디지털출력)를 생성하라는 설정이다.

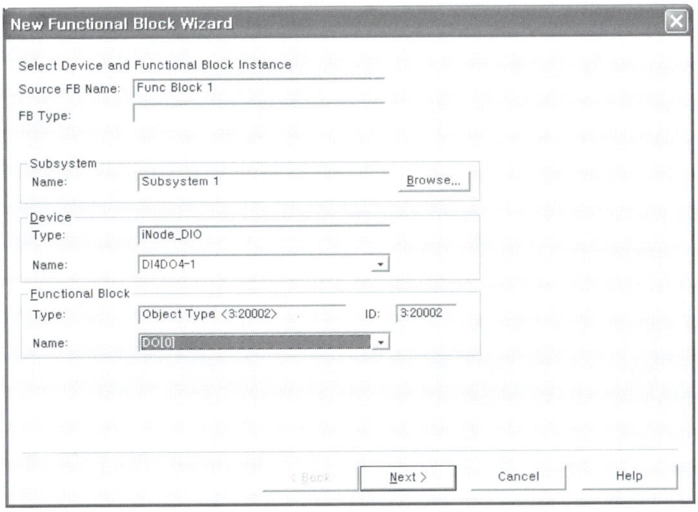

⑧ FB Name에 Functional Block의 이름을 정해준다. Create...를 클릭하여 모든 네트워크 변수를 생성한다.

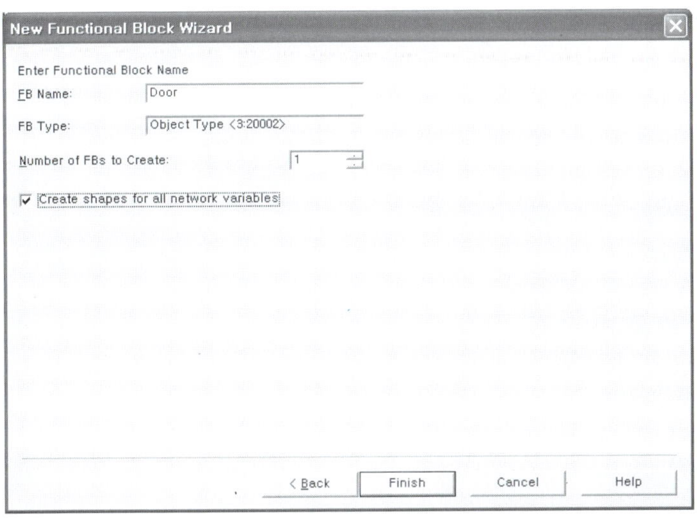

⑨ DI4DO4-1 디바이스에 Door 블록이 생성되었다.

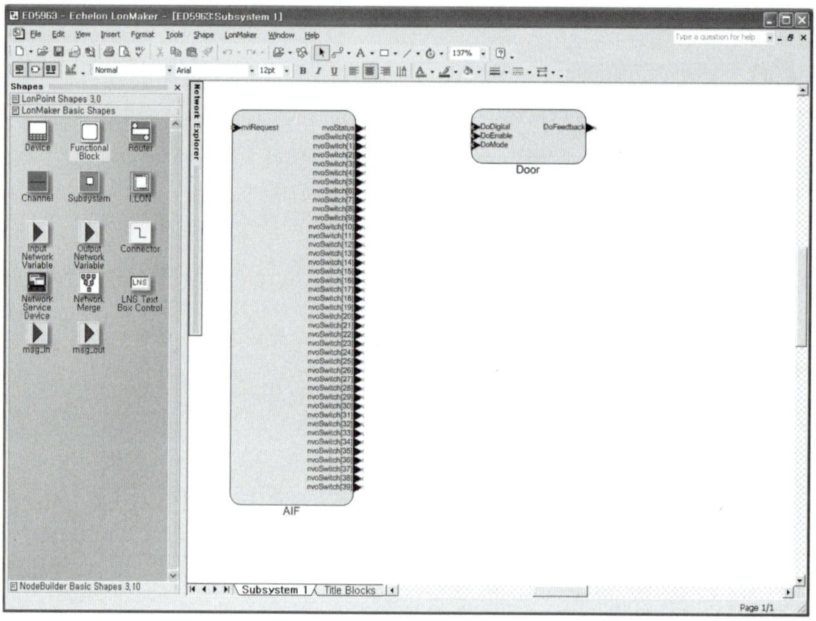

⑩ 아래와 같이 바인딩한다.

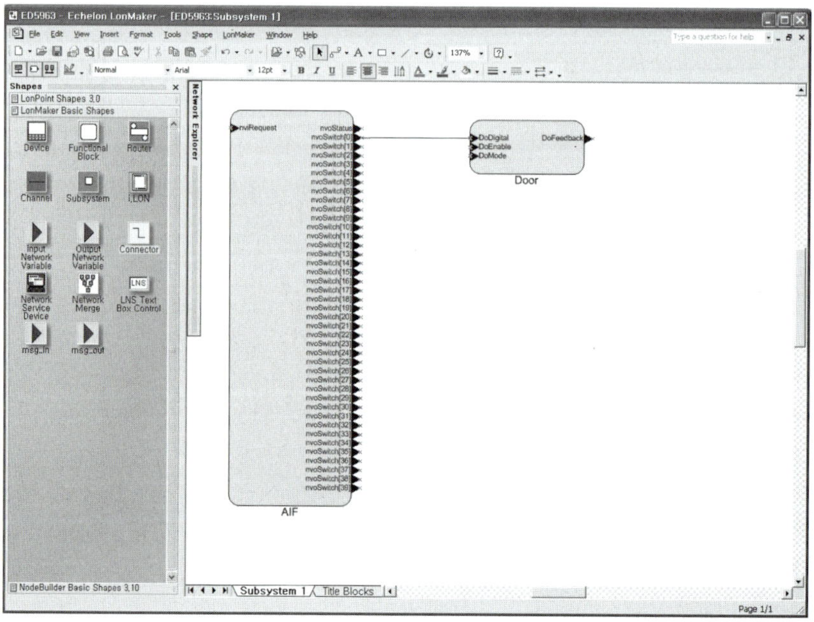

FB	NV 이름
AIF	nvoSwitch[0]

→

FB	NV 이름
Door	DiDigital

⑪ Door 블록을 클릭하고 마우스 오른쪽 버튼을 클릭하여 Configure... 메뉴를 클릭한다.

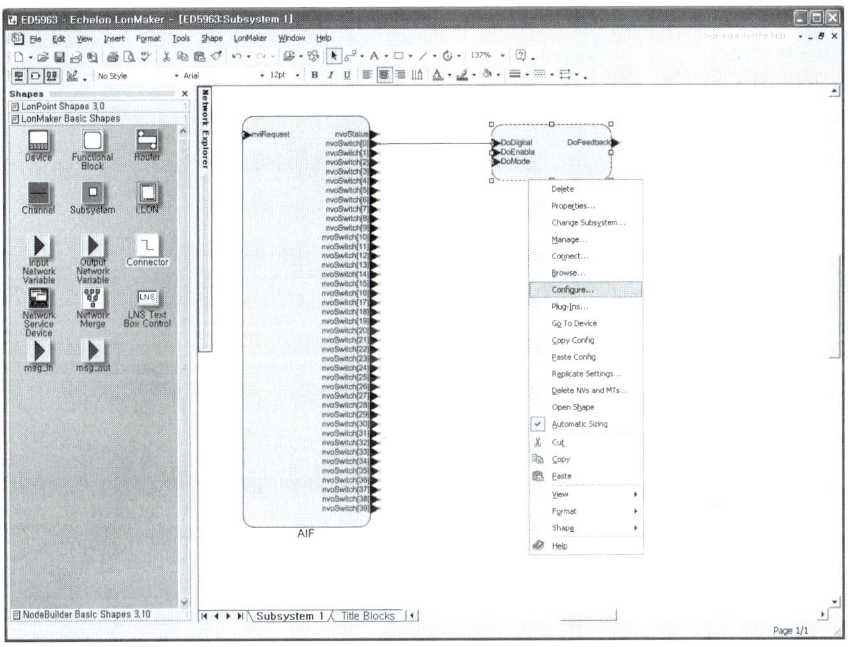

⑫ Processing에 One-Shot를 클릭한다.

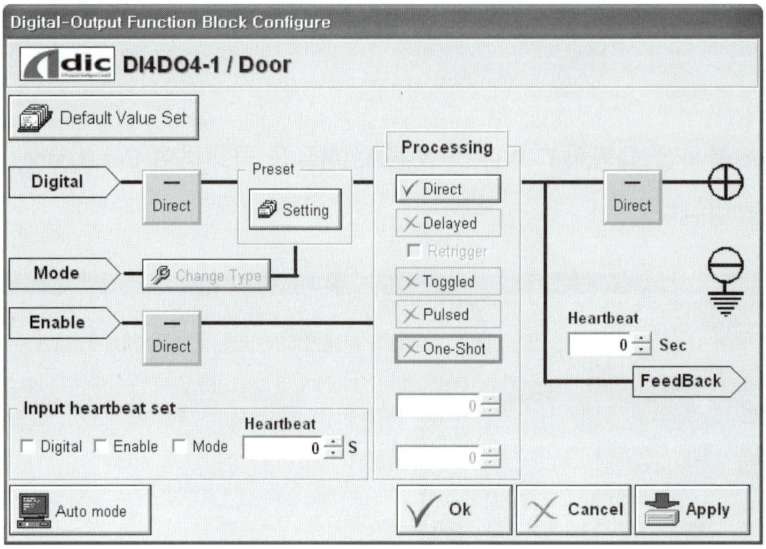

⑬ Pluse-Time sec를 5초를 입력한다. One-Shot란 ON 명령이 들어왔을 때 일정시간동안 ON명령을 유지하다기 OFF 명령으로 돌아가는 기능이다 도어락은 사용자가 열어주었을 때만 열려있어야 함으로 일정시간(5초) 동안만 열어주는 기능을 수행하여야만 한다.

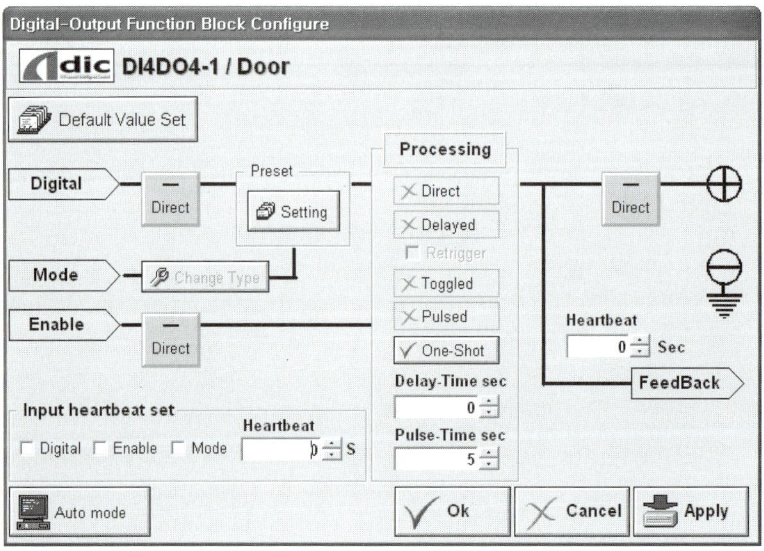

⑭ 숫자 1을 누르고 외부입력 버튼을 누르면 도어락이 열리게 되며, 5초후 도어락은 닫히게 된다.

다시 도어락을 열어주려면 숫자 1번을 누르고 외부입력 버튼을 두 번 누르면 된다.

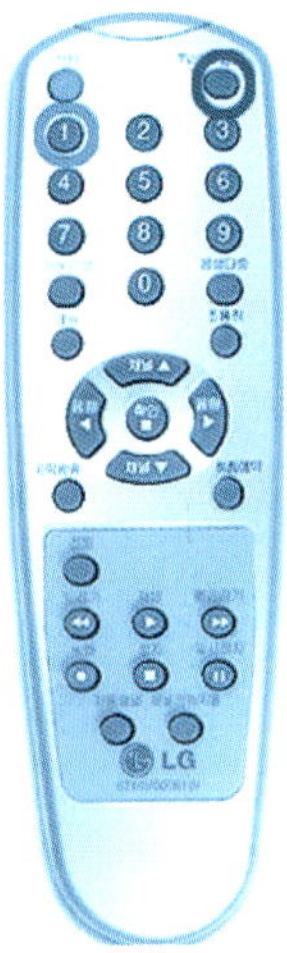

Note

- 리모콘 작동 방법에 대한 설명
  AIF rev.1은 40개의 SNVT_switch type의 output network variable을 가지고 있으며 각 network variable 표현은 아래와 같다.

  1. 리모컨 조작법
     1) 리모콘의 확인키를 누르면 Network Variable에 대한 Page가 전환된다.
        (0 -> 1 -> 2 -> 3 -> 0)
        선택된 Page는 AF-01 모듈의 우측하단의 F1과 F2의 LED의 표시상태로 확인할 수 있다.
        여기서, Page 0 : nvoSwitch[0] ~ nvoSwitch[9] (F1 LED Off, F2 LED Off)
        Page 1 : nvoSwitch[10] ~ nvoSwitch[19] (F1 LED On , F2 LED Off)
        Page 2 : nvoSwitch[20] ~ nvoSwitch[29] (F1 LED Off, F2 LED On)
        Page 3 : nvoSwitch[30] ~ nvoSwitch[39] (F1 LED On , F2 LED On)

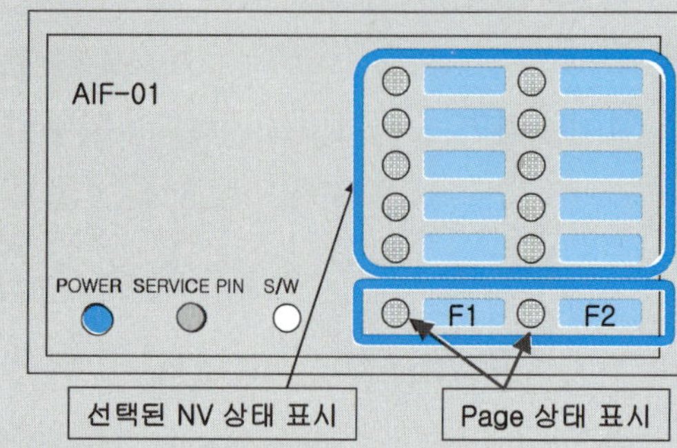

2) Network Variable 출력(Toggle)

해당 번호(1.2.3.4.5.6.7.8.9.0)를 누른 후 1초 이내에 리모컨 우측 상단의 "외부입력" 버튼을 누르면 해당 번호가 동작한다. 예를 들어, nvoSwitch[3]을 작동시키기 위해서는 리모콘의 확인키를 눌러 Page 0(F1 LED Off, F2 LED Off)으로 선택한 후 4번을 누른 후 1초 이내에 리모컨 우측 상단의 "외부입력" 버튼을 누르면 해당 번호가 동작한다.

리모콘에 의한 Network Variable 출력은 토글 방식으로 제공되므로 작동을 해제시키기 위해서는 동일한 방법으로 한 번 더 수행하면 된다.

LED가 On되면 network variable value "100.0 1"을 출력한다.

LED가 Off이면 network varialbe value "0.0 0"을 출력한다.

11-2 냉 · 난방 제어 시스템

■ **실습 내용** | 가변 저항을 이용한 냉 · 난방 제어

• **냉 · 난방 제어**

IBS 시스템의 구성요소의 하나인 냉 · 난방제어는 빌딩내의 쾌적한 사무 환경을 만들어주는 시스템이다. 냉난방 제어는 외기온도(실외온도)와 실내 설정 온도에 의하여 냉방 · 난방을 제공하는 시스템이다.

1. 실습 내용

볼륨과 팬을 이용하여 간략한 냉난방 제어 시스템을 구축해 본다.

① 바이스가 커미션된 상태인 LonMaker DataBase가 나타난다.

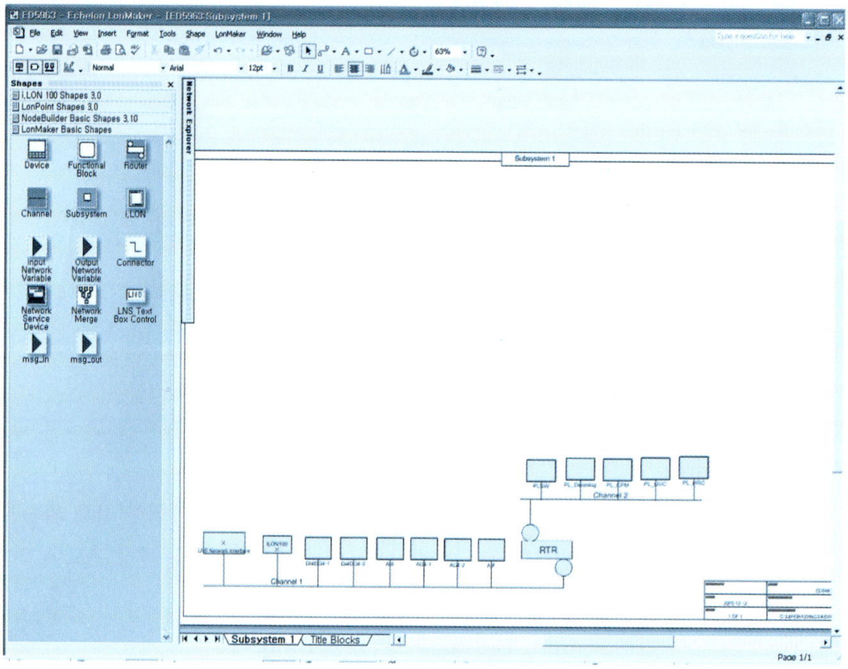

② Functional Block 아이콘을 작업 창으로 드래그 앤 드롭으로 가져다 놓는다.

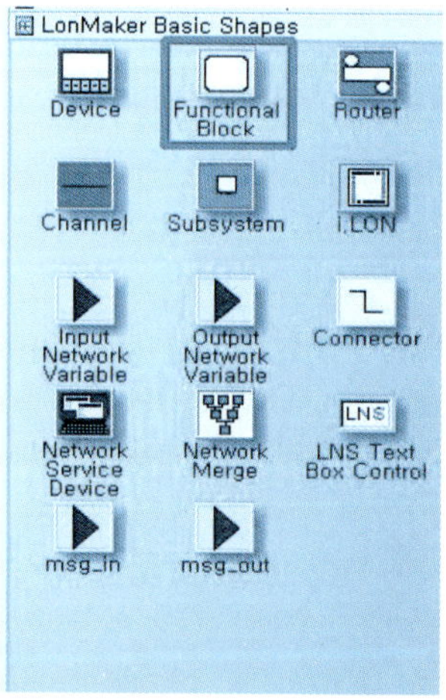

③ 다음과 같이 설정해 준다. 아래의 설정은 AI8 이라는 디바이스에 AI[0]를 생성하라는 설정이다.

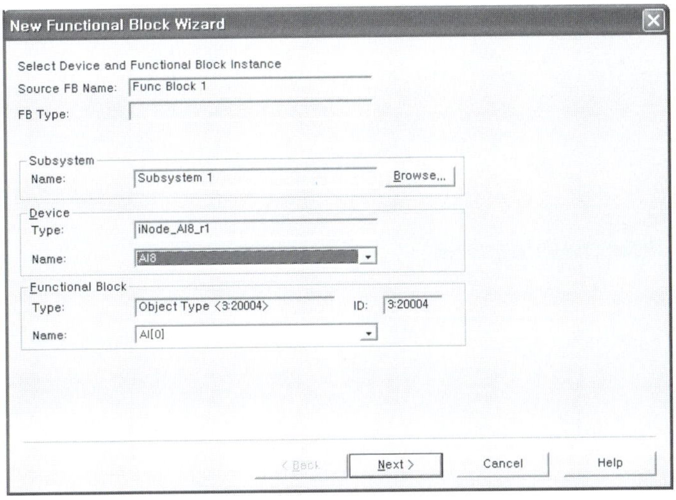

④ FB Name에 Functional Block의 이름을 Temp라고 정해준다. Create...를 클릭하여 모든 네트워크 변수를 생성한다.

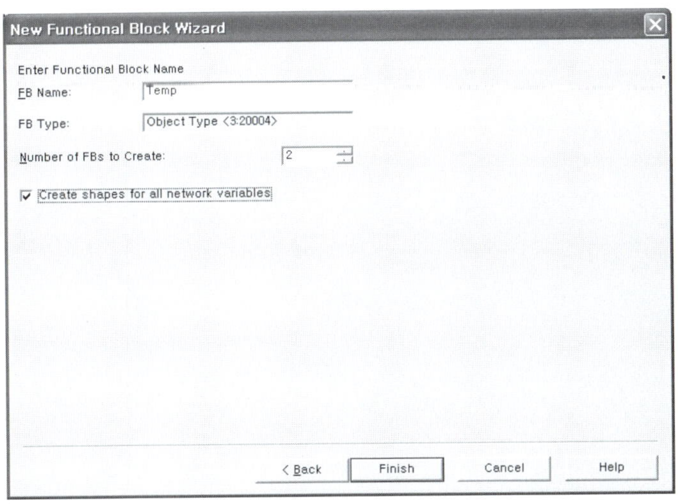

⑤ 다음과 같이 설정해 준다. 아래의 설정은 AI8 이라는 디바이스에 AI[1]를 생성하라는 설정이다.

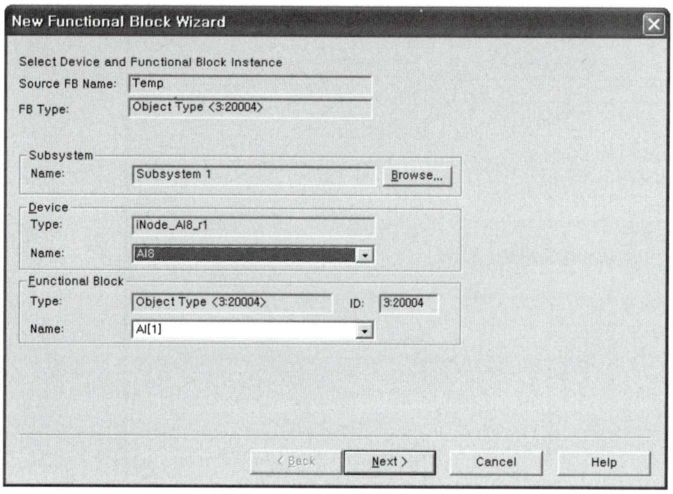

⑥ FB Name에 Functional Block의 이름을 Set_Temp라고 정해준다. Create...를 클릭하여 모든 네트워크 변수를 생성한다.

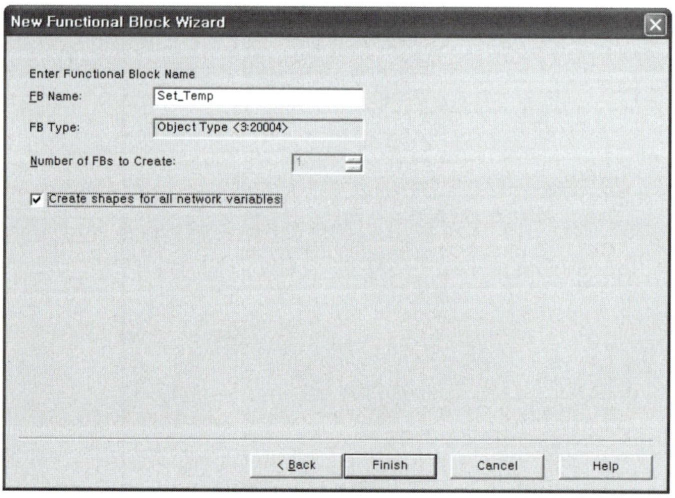

⑪ 다음과 같이 설정해 준다. 아래의 설정은 AI8 이라는 디바이스에 Operator[1]를 생성하라는 설정이다.

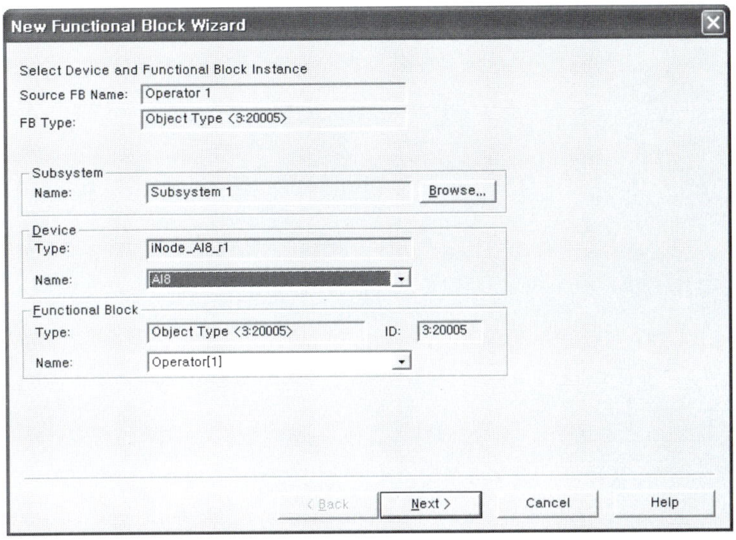

⑫ FB Name에 Functional Block의 이름을 정해준다. Create...를 클릭하여 모든 네트워크 변수를 생성한다.

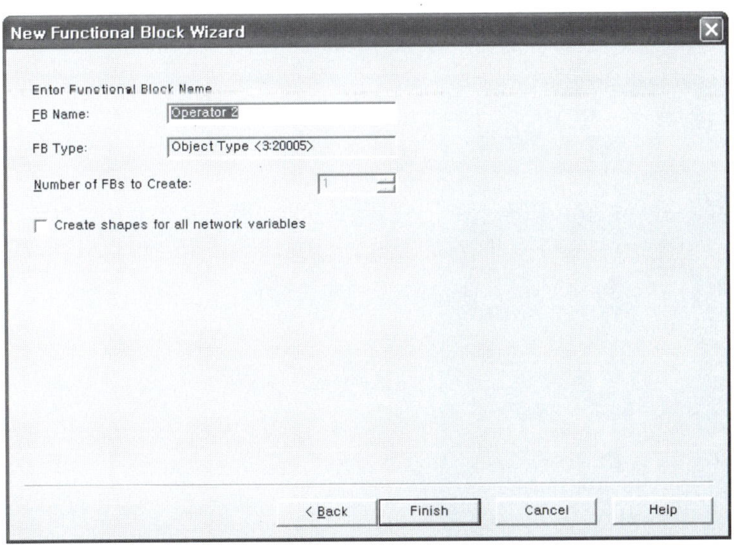

⑬ AI8 디바이스에 연결된 Opeator 1, Opeator 1 블록이 생성되었다.

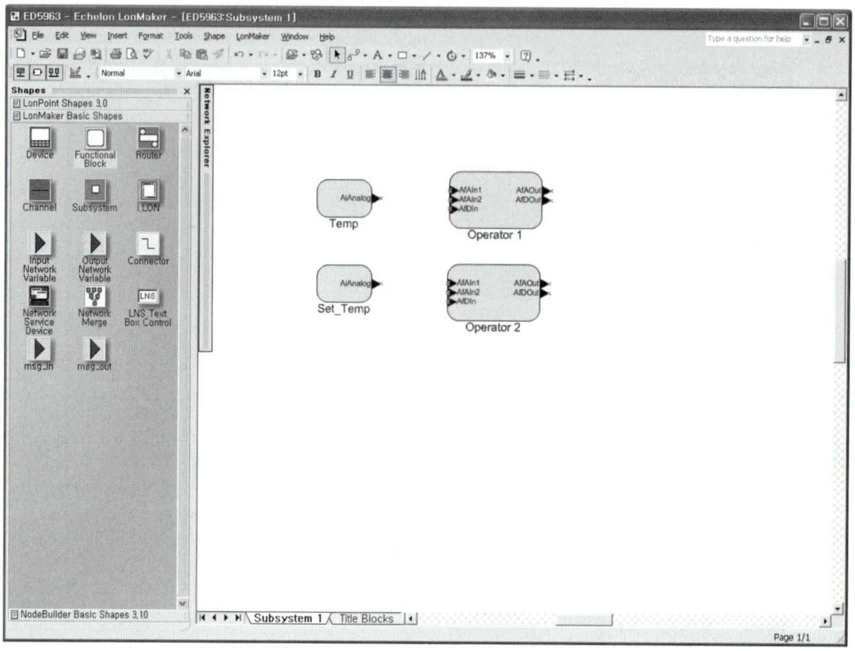

⑭ Functional Block 아이콘을 작업 창으로 드래그 앤 드롭으로 가져다 놓는다.

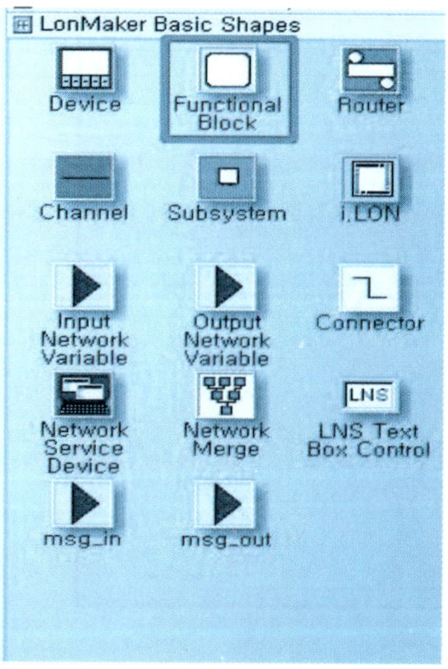

⑮ 다음과 같이 설정해 준다. 아래의 설정은 DI4DO4-1 이라는 디바이스에 DO[0]를 생성하라는 설정이다.

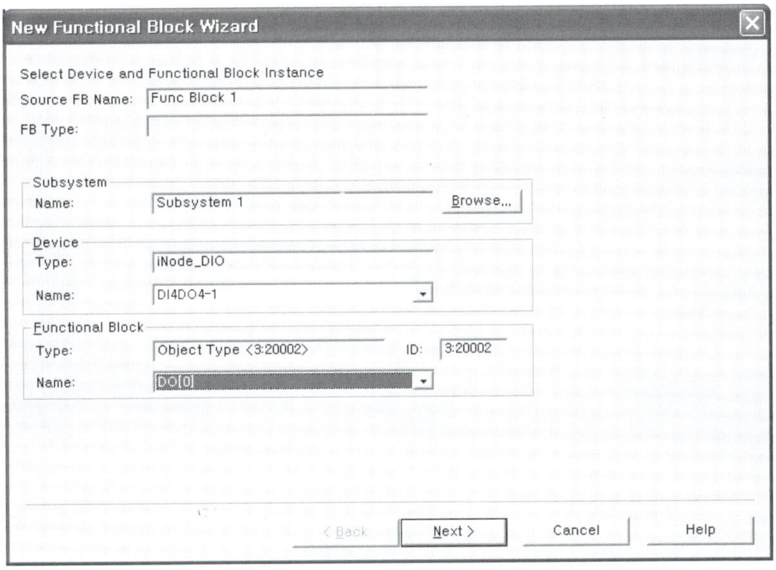

⑯ FB Name에 Functional Block의 이름을 정해준다. Create...를 클릭하여 모든 네트워크 변수를 생성한다.

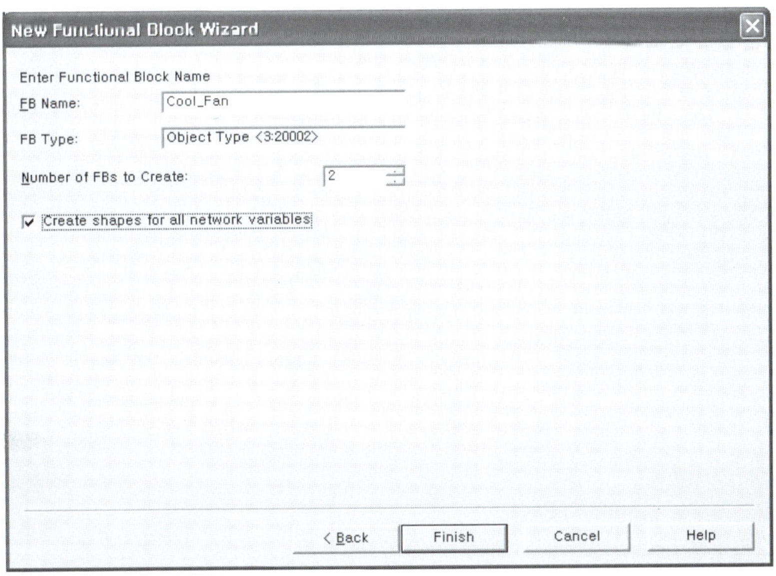

⑰ 다음과 같이 설정해 준다. 아래의 설정은 DI4DO4-1 이라는 디바이스에 DO[1]를 생성하라는 설정이다.

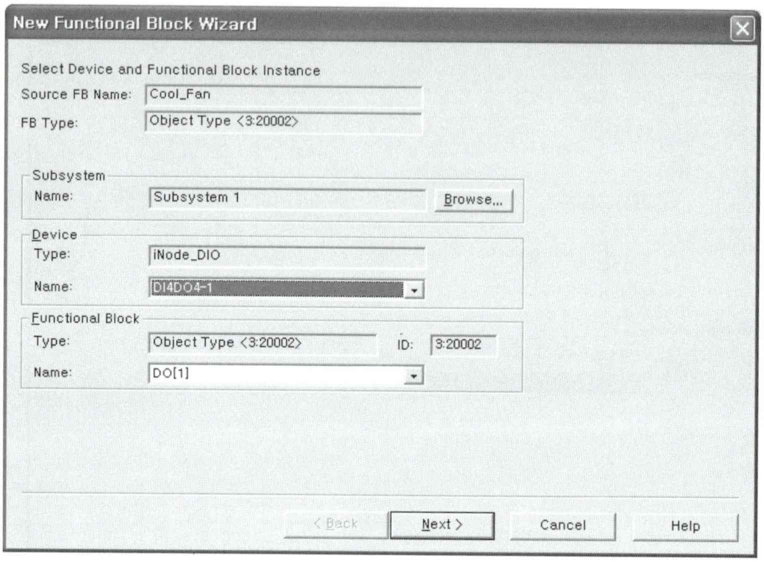

⑱ FB Name에 Functional Block의 이름을 정해준다. Create...를 클릭하여 모든 네트워크 변수를 생성한다.

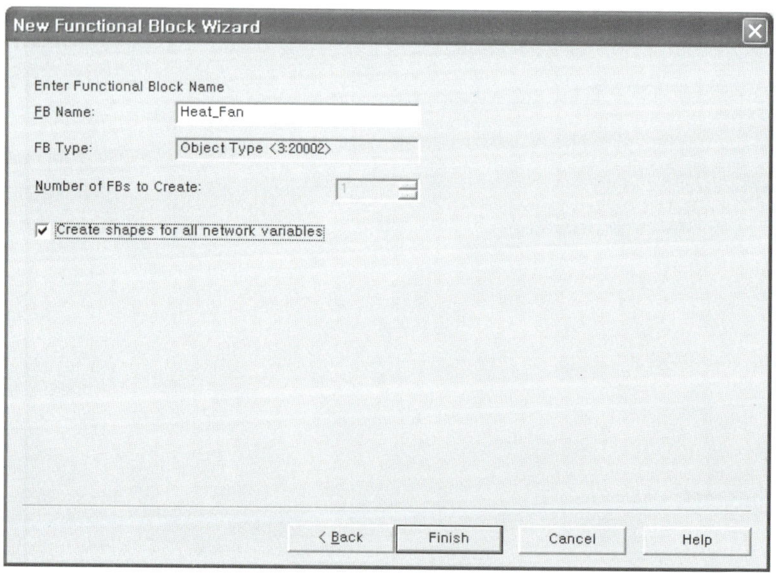

⑲ DI4DO4-1 디바이스에 연결된 Cool_Fan, Heat_Fan 블록이 생성되었다.

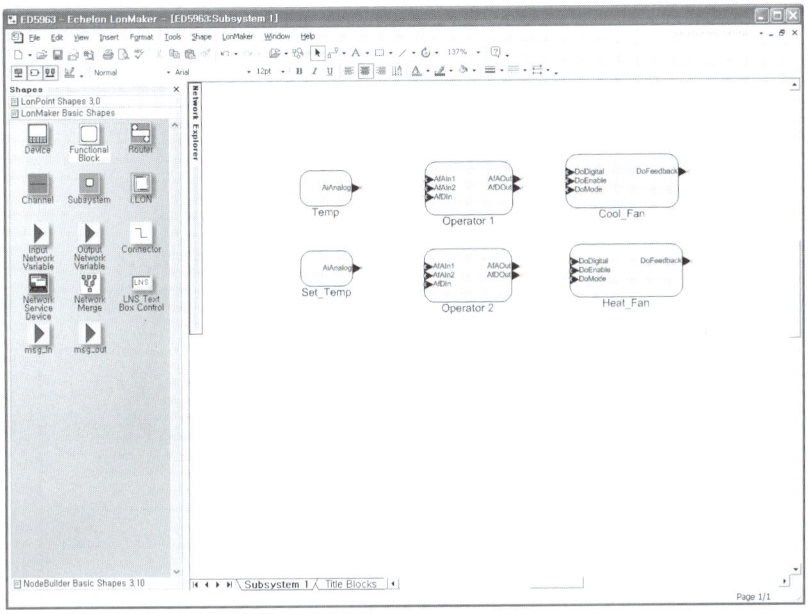

⑳ 아래 표와 같이 바인딩 한다.

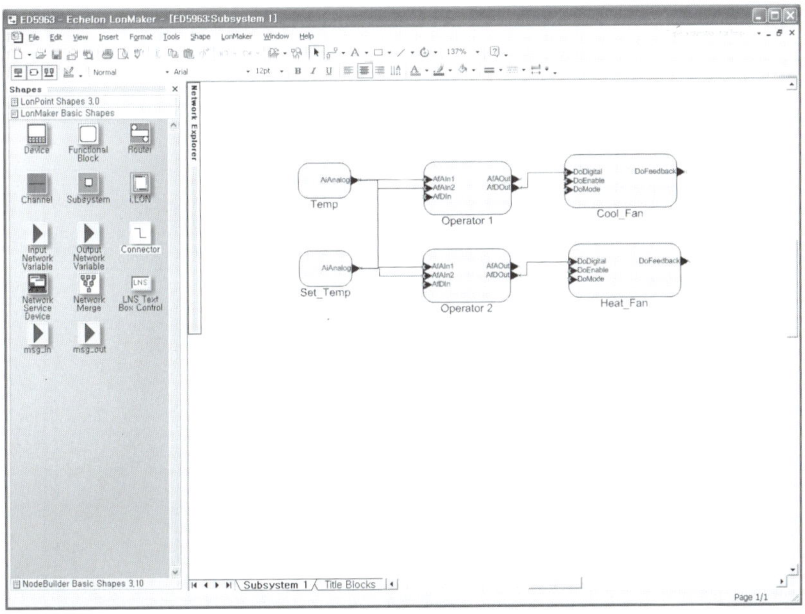

X Temp 블록을 클릭하고 마우스 오른쪽 버튼을 클릭하여 Configure... 메뉴를 클릭한다.

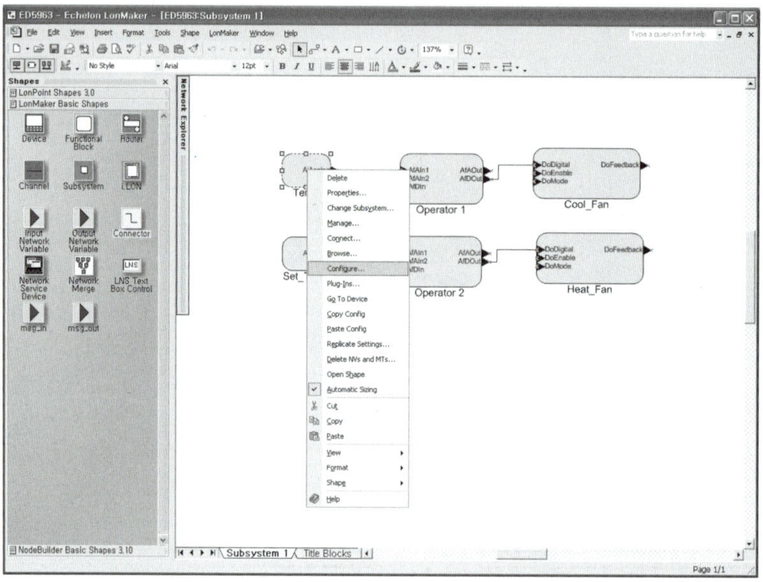

X 아래와 같이 설정한다. 가변 저항을 입력으로 받아드리므로 저항 타입으로 설정하고 최소값을 0 최대값을 50이 되도록 설정한다.

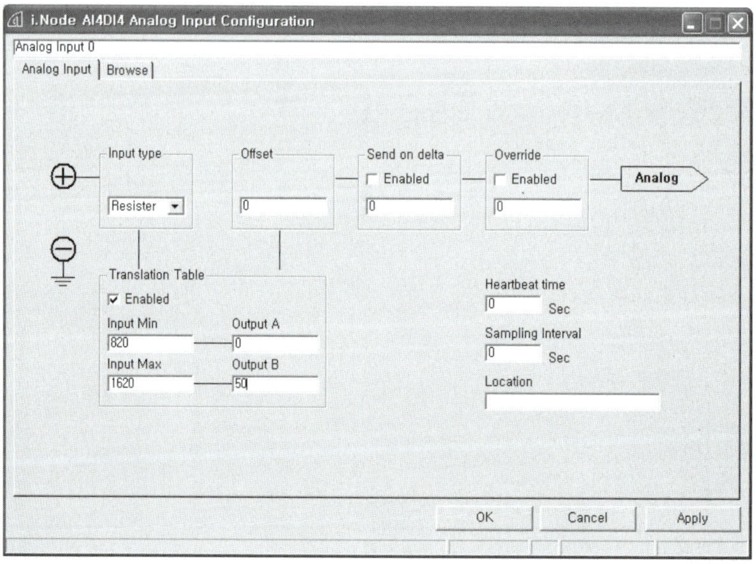

X Set_Temp 블록을 클릭하고 마우스 오른쪽 버튼을 클릭하여 Configure... 메뉴를 클릭한다.

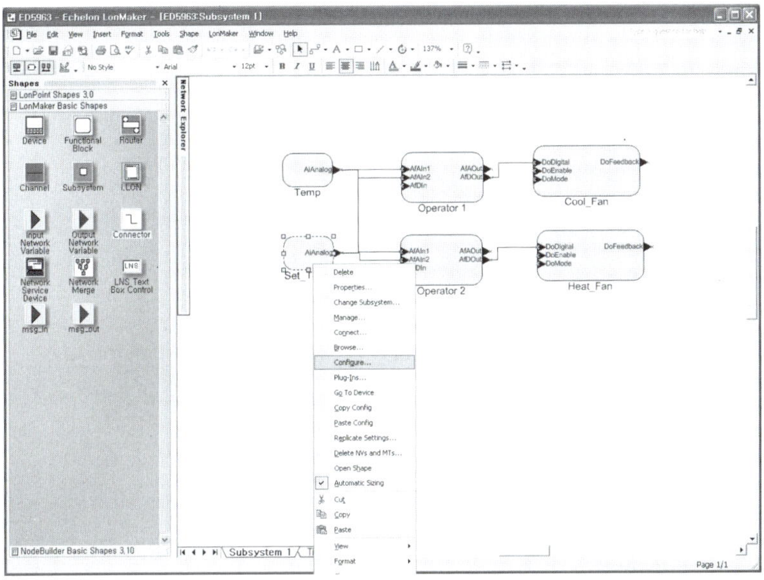

X 아래와 같이 설정한다. 가변 저항을 입력으로 받아드리므로 저항 타입으로 설정하고 최소값을 0 최대값을 50이 되도록 설정한다.

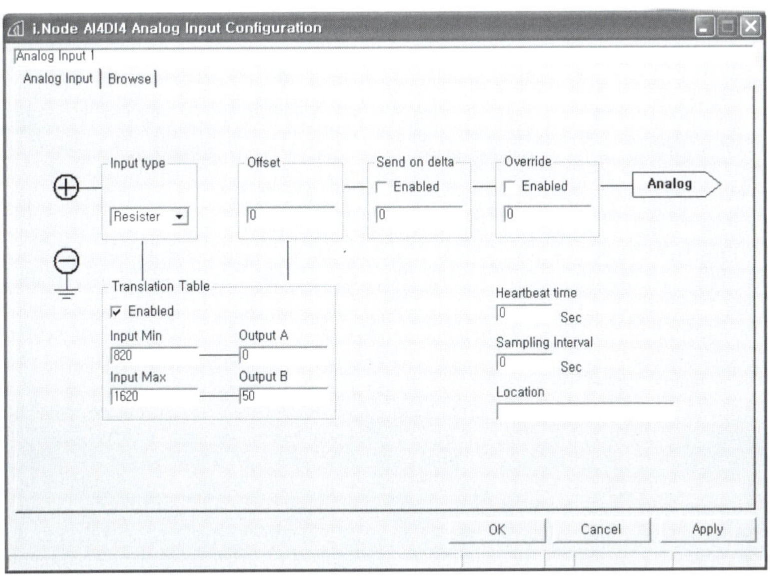

X Operator 1 블록을 클릭하고 마우스 오른쪽 버튼을 클릭하여 Configure... 메뉴를 클릭한다.

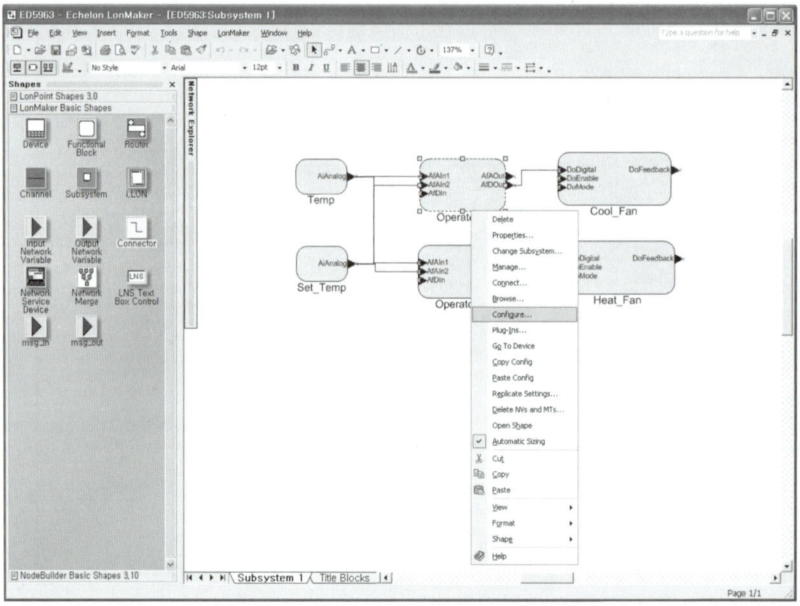

X Funcions 탭을 선택한다.

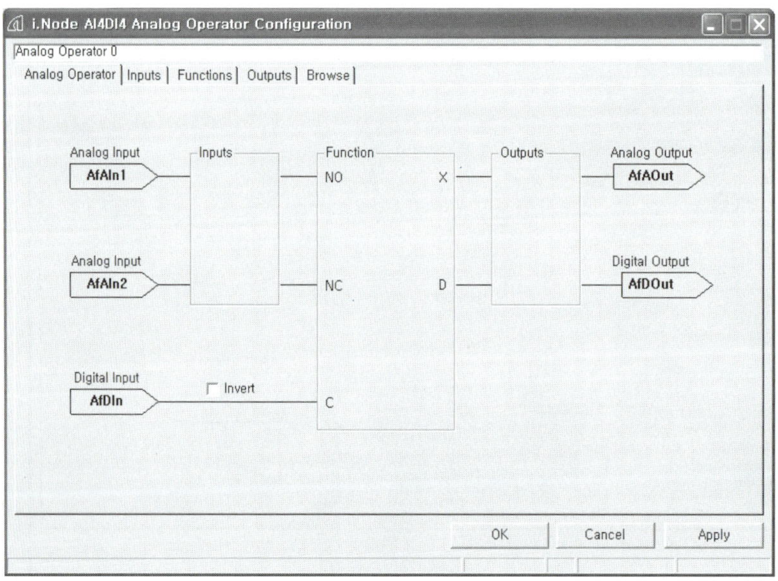

X Funcion Type를 Logic을 선택하고 Less Then를 선택한다. OK 버튼을 클릭한다.

아날로그 입력 1이 현재온도이고 아날로그 입력 2가 설정온도이므로 냉방이 되는 조건은 온도보다 설정온도가 낮을 때이다.

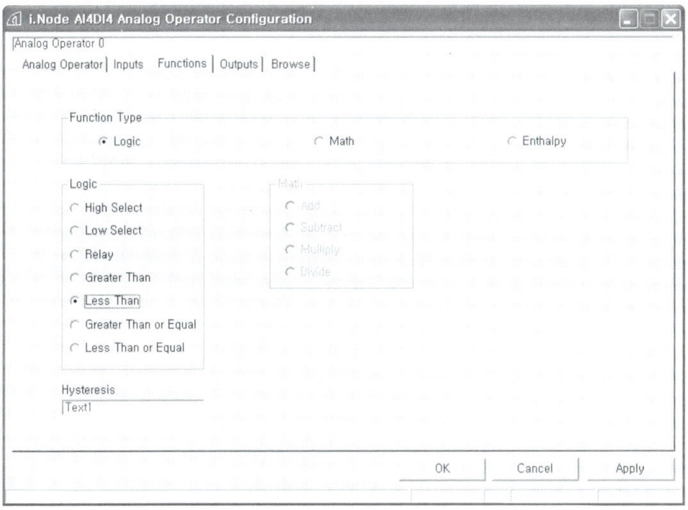

X Operator 2 블록을 클릭하고 마우스 오른쪽 버튼을 클릭하여 Configure... 메뉴를 클릭한다.

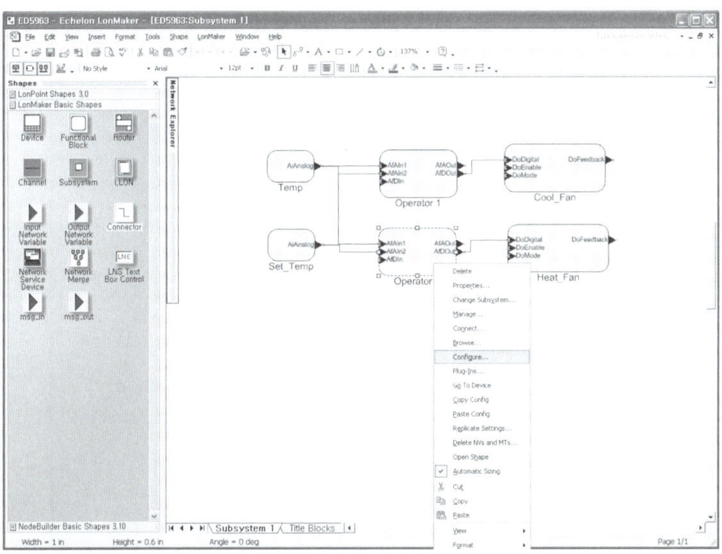

X Funcions 탭을 선택한다.

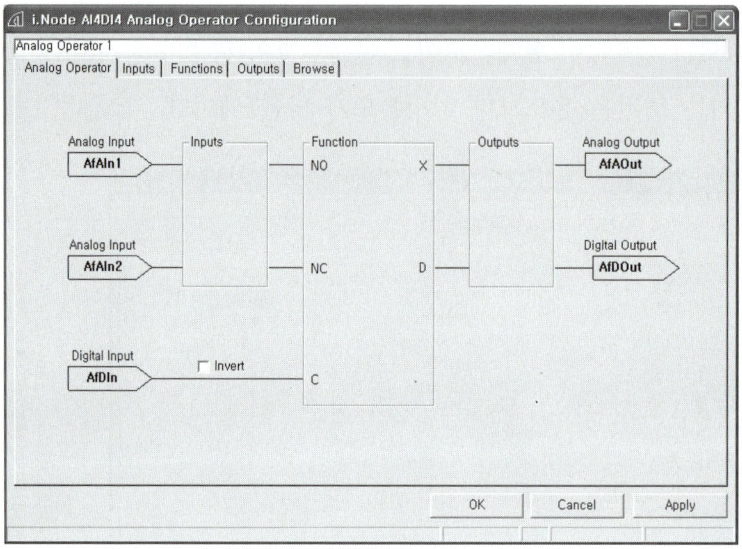

X Funcion Type를 Logic을 선택하고 Less Then를 선택한다. OK 버튼을 클릭한다.

아날로그 입력 1이 현재온도이고 아날로그 입력 2가 설정온도이므로 난방이 되는 조건은 온도보다 설정온도가 높을때 이다.

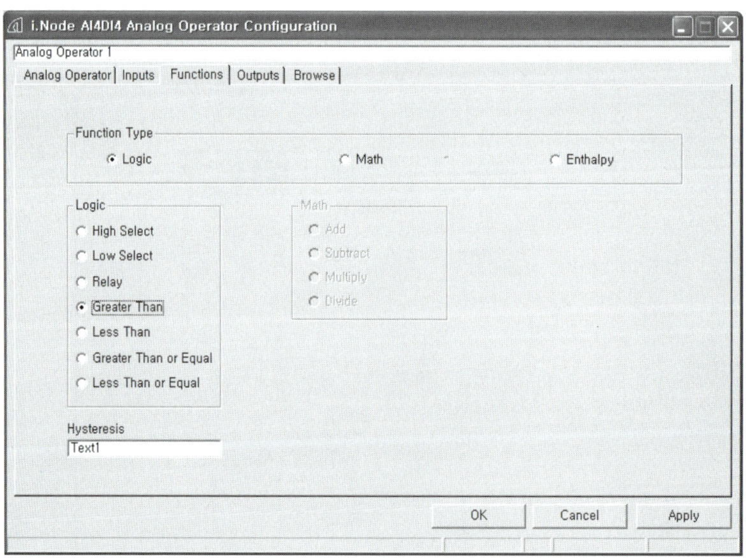

X 이제 현재 온도(가변저항1)과 설정 온도(가변저항2)를 좌우로 돌리면서 값을 변경하여 주면 냉방 · 난방 제어가 입력 온도에 따라 자동으로 변경되게 된다.

〈하드웨어 결선도〉

① AI8 에 AI[0] 두 단자를 가변저항1로 배선

② AI8 에 AI[1] 두 단자를 가변저항2로 배선

③ DI4DO4에 DO[0] 흑색 단자를 DC OUTPUT 24V 적색 단자로 연결하고 DO[0] 청색 단자를 FAN1 24V 적색단자에 연결한다.

④ FAN1 GND 흑색단자를 DC OUTPUT GND 흑색 단자에 배선한다.

⑤ DI4DO4에 DO[1] 흑색 단자를 DC OUTPUT 24V 적색 단자로 연결하고 DO[1] 청색 단자를 FAN2 24V 적색단자에 연결한다.

⑥ FAN2 GND 흑색단자를 DC OUTPUT GND 흑색 단자에 배선한다.

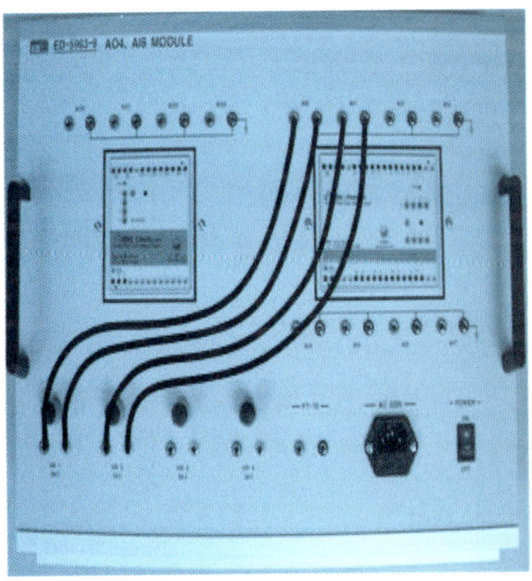

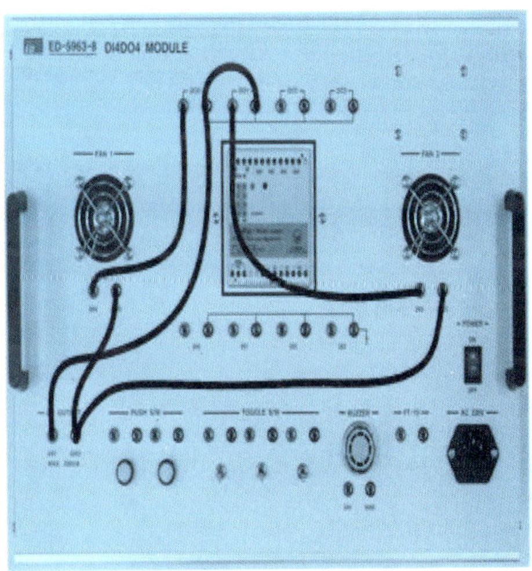

11-3 JSP를 이용한 모바일 제어

■ 실습 내용

JSP(Java Server Page)를 이용한 모바일 제어에 필요한 프로그램을 설치하고 데모 프로그램을 실습해본다.

• **모바일 제어**

조명의 밝기 조절 제어 방식으로써, 간접 조명등에 많이 사용되며, 영화 감상 등의 일정 밝기의 조명을 필요로 할 때 많이 쓰이는 조명 제어 방식이다.

1. 실습 내용

1) 조명제어용 조명스위치의 하드웨어적 구성과 소프트웨어적인 구성을 알아본다.
2) 볼륨을 이용하여 밝기 조절 제어를 해본다.

① 제공된 CD에 있는 J2sdk-1_4_2_08 Setup 파일을 더블 클릭한다.

② I accept the trems...를 선택하고 Next 버튼을 클릭한다.

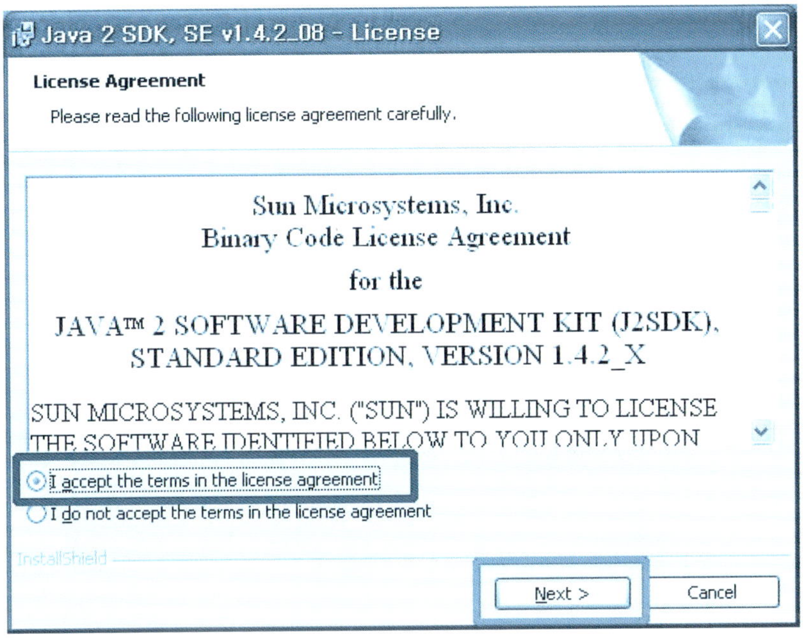

③ Next 버튼을 클릭한다.

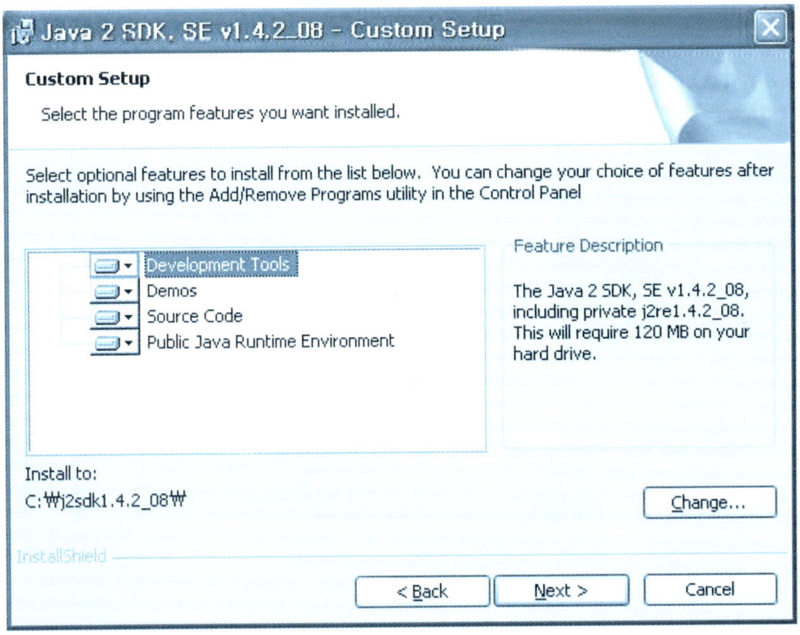

④ Next 버튼을 클릭한다.

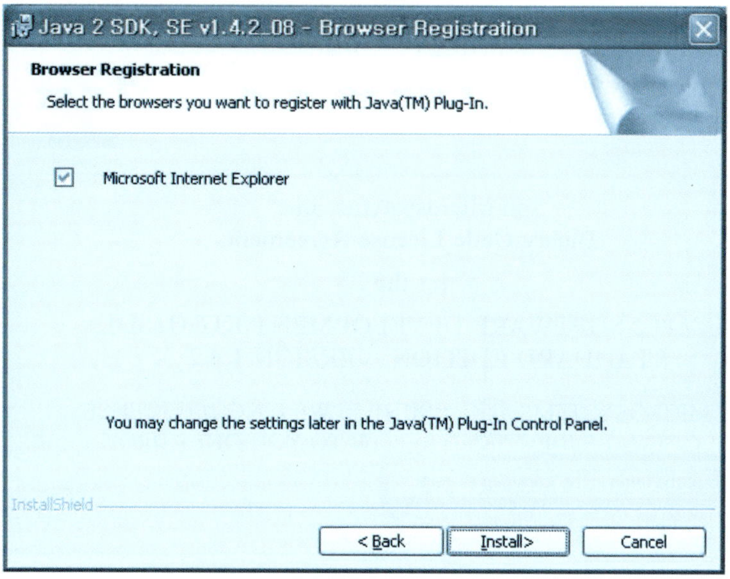

⑤ Finish 버튼을 클릭하여 Setup을 마친다.

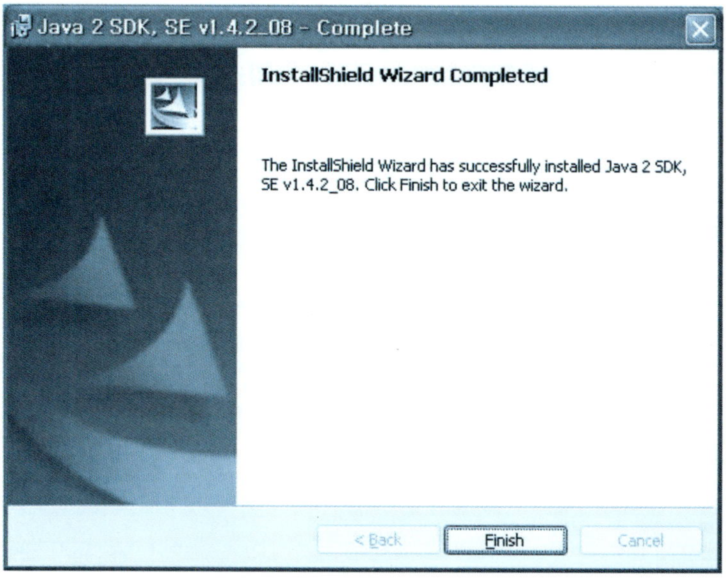

⑥ 제공된 CD에 jakarta-tomcat-4.1.31 Setup 파일을 더블 클릭한다.

⑦ 확인 버튼을 클릭한다.

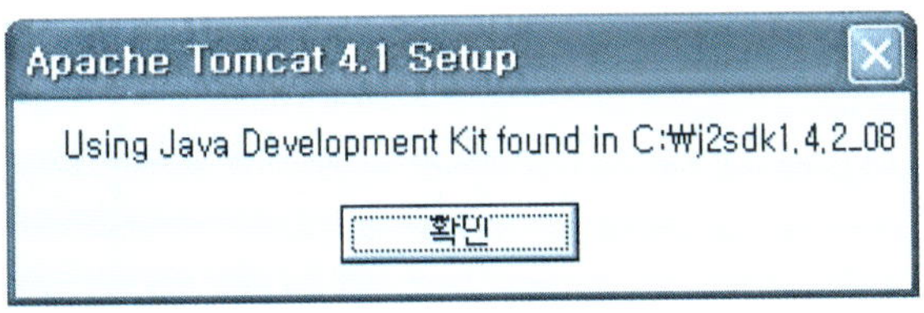

⑧ I Agree 버튼을 클릭한다.

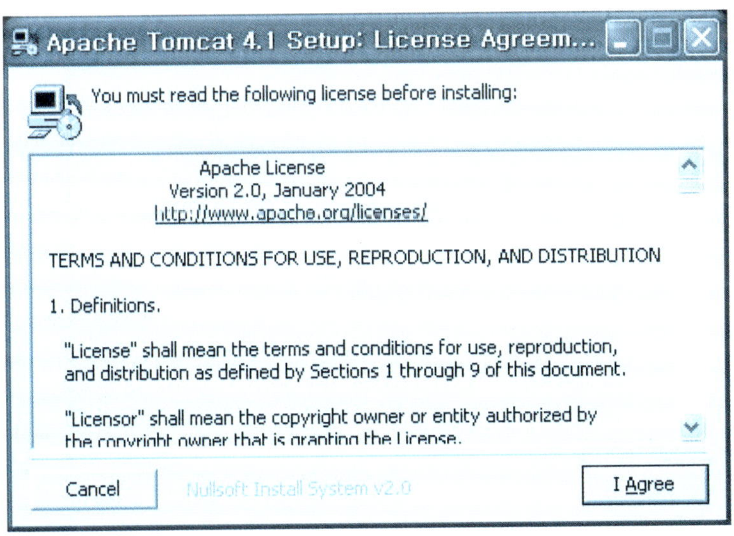

⑨ Next 버튼을 클릭한다.

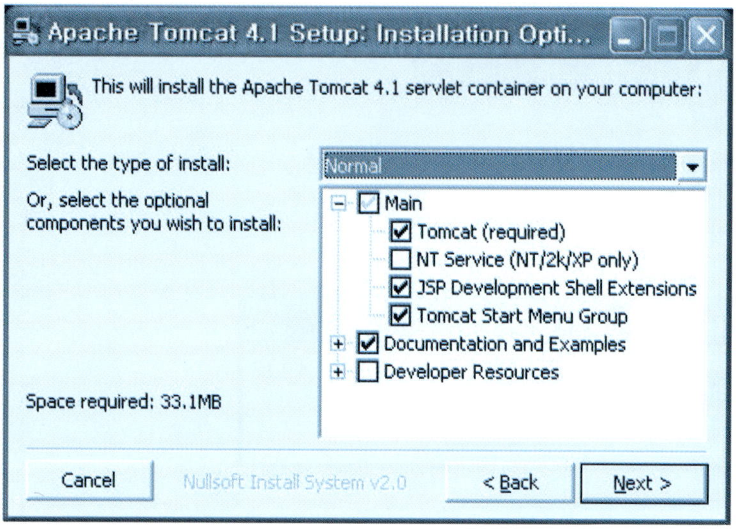

⑩ Tomcat에 폴더를 지정하는 창이다.

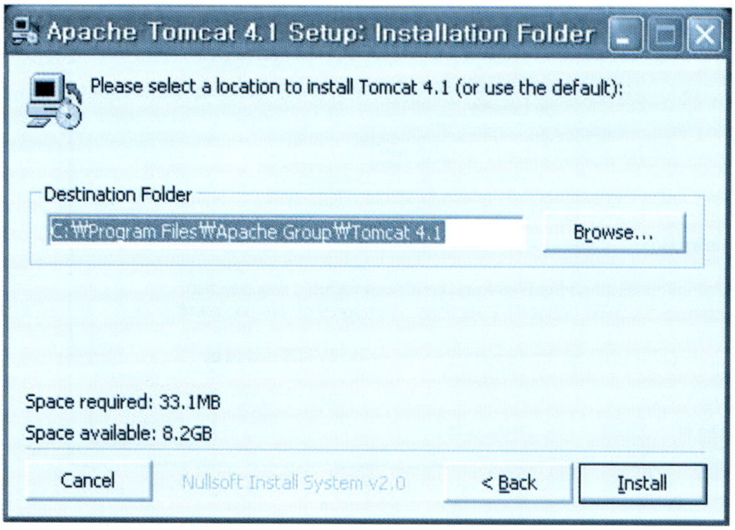

⑪ Tomcat의 폴더를 c:₩Tomcat4.1 로 설정한다.

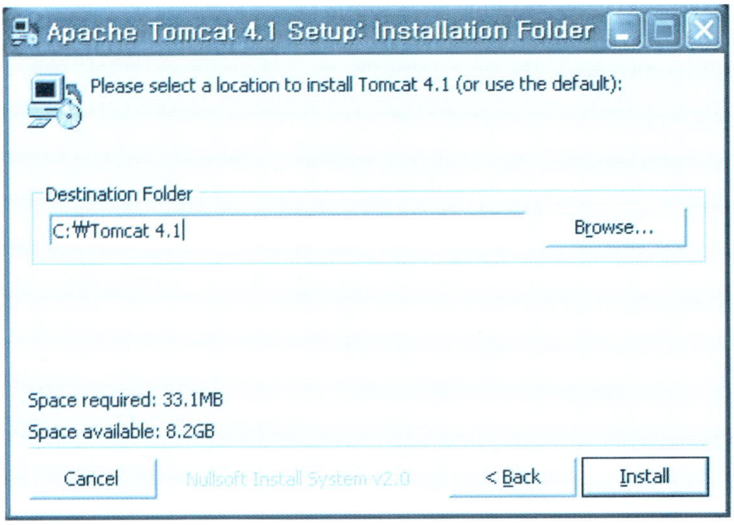

⑫ 설치가 마무리되었다. Next 버튼을 클릭한다.

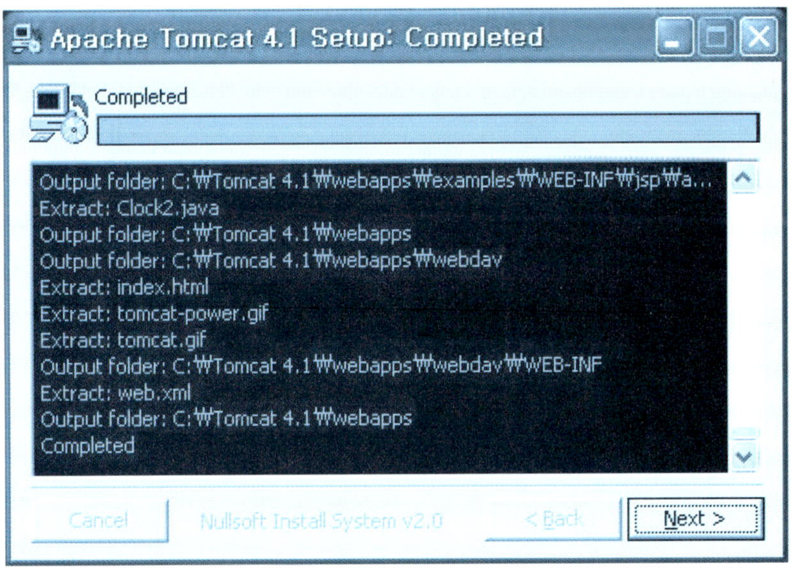

⑬ HTTP/1.1 Connectot Port를 8080, User Name을 admin으로 설정하고 Finish 버튼을 클릭한다.

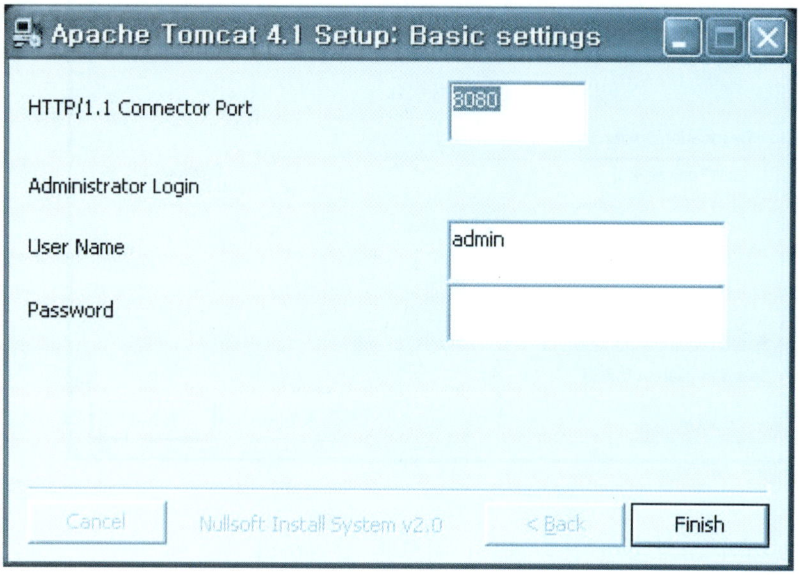

⑭ Start Tomcat 아이콘을 더블클릭 한다.

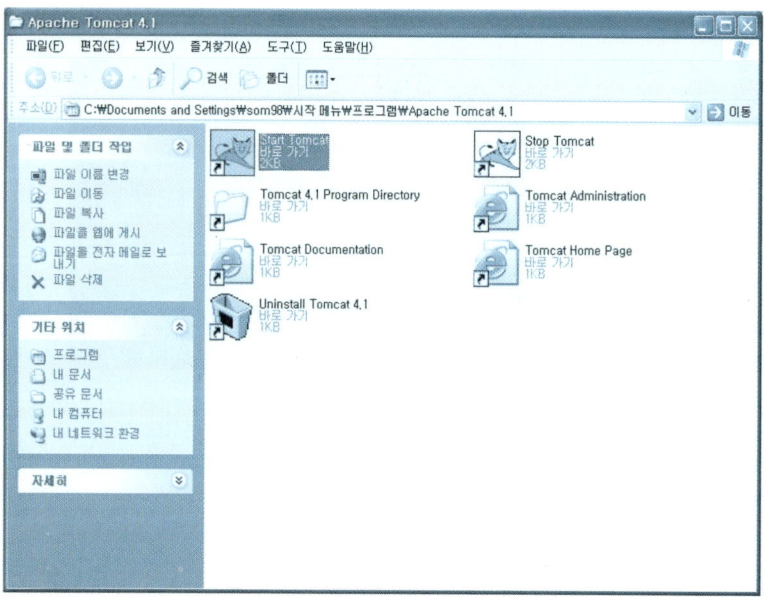

⑮ Tomcat이 시작되면서 다음과 같은 화면이 나타난다.

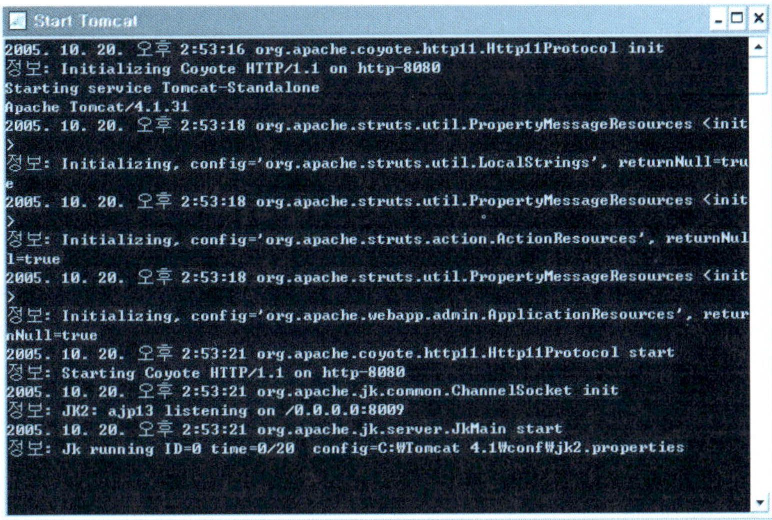

⑯ Internet Explorer 창을 열어서 주소 창에 다음과 같이 넣어준다.

http://localhost:8080

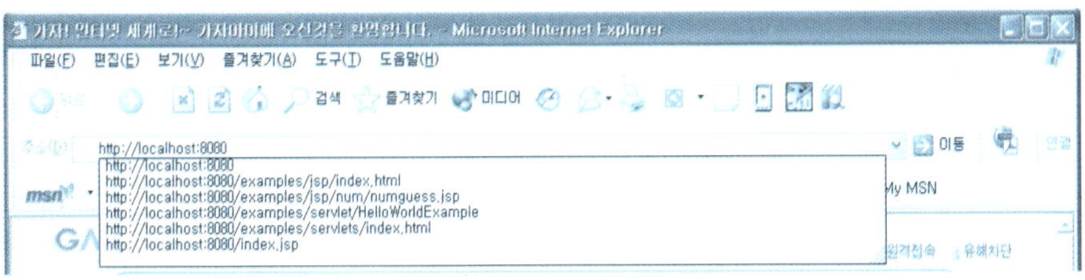

〈http://localhost:8080 의미〉

- localhost는 자기 자신을 의미한다. A라는 컴퓨터에서의 localhost 는 A 컴퓨터 자신이다.
- 127.0.0.1 또한 localhost 와 같은 의미이다.:8080 은 8080번 포트를 통하여 접속하라는 의미이다. 일반적인 웹 페이지는 80번 포트나 8080 포트를 사용한다.

⑰ localhost로 접속하여 아래와 같은 페이지가 나오면 정상적으로 접속된 것이다.

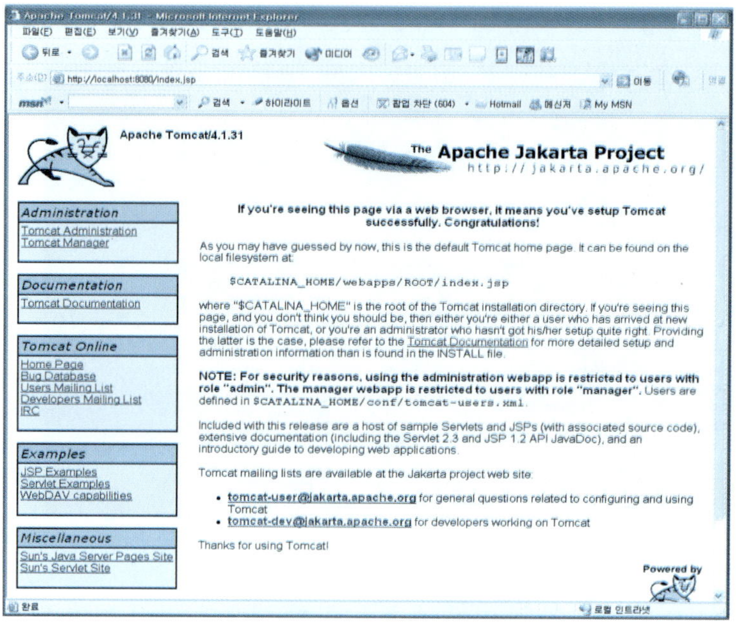

⑱ 왼쪽 하단에 있는 Examples 박스에 Servlet Examples를 클릭한다.

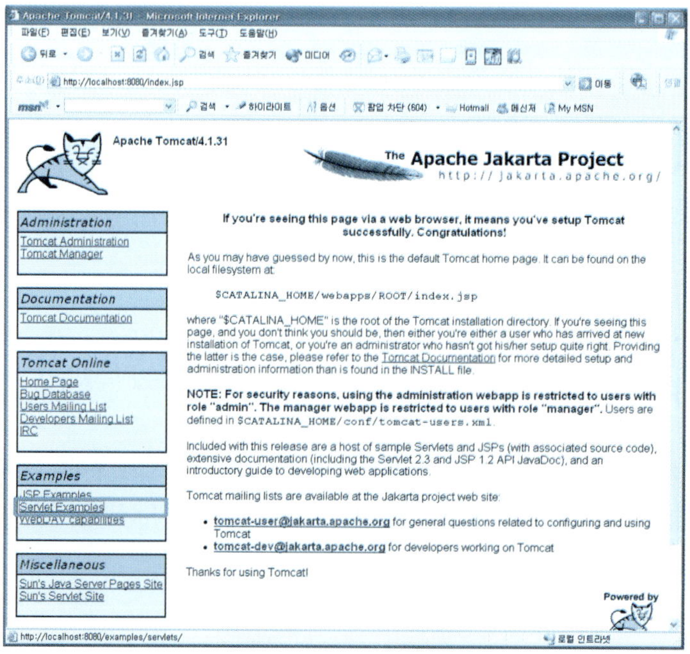

⑲ 아래와 같이 Hello World에 Execute를 클릭한다.

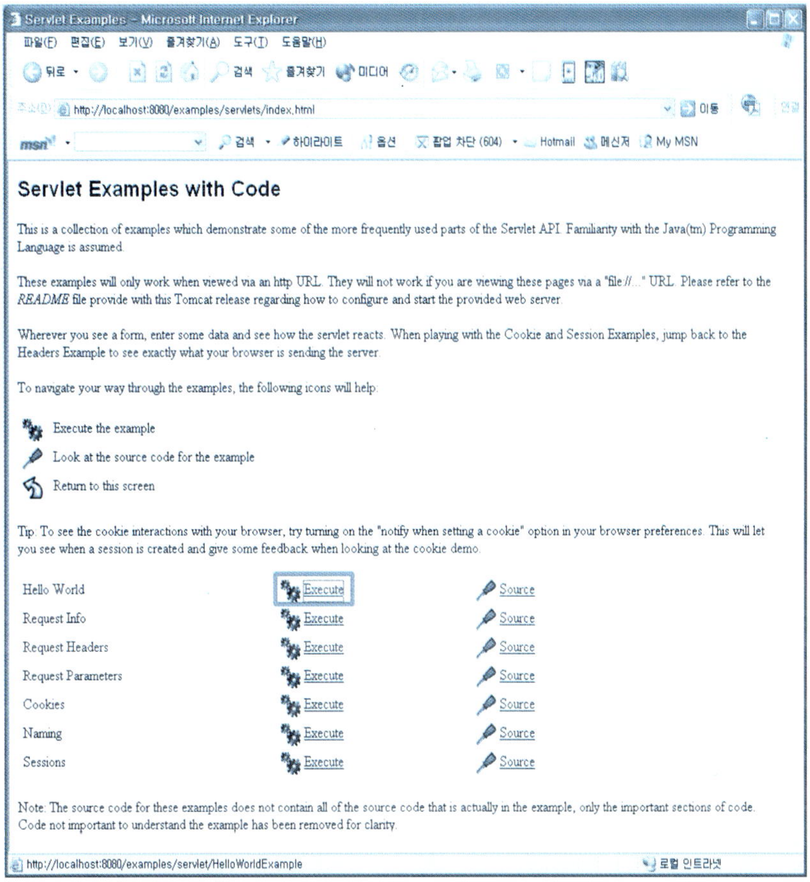

⑳ 아래와 같이 Hello World! 라는 화면이 나타나면 Tomcat이 제대로 동작 되는 것이다.

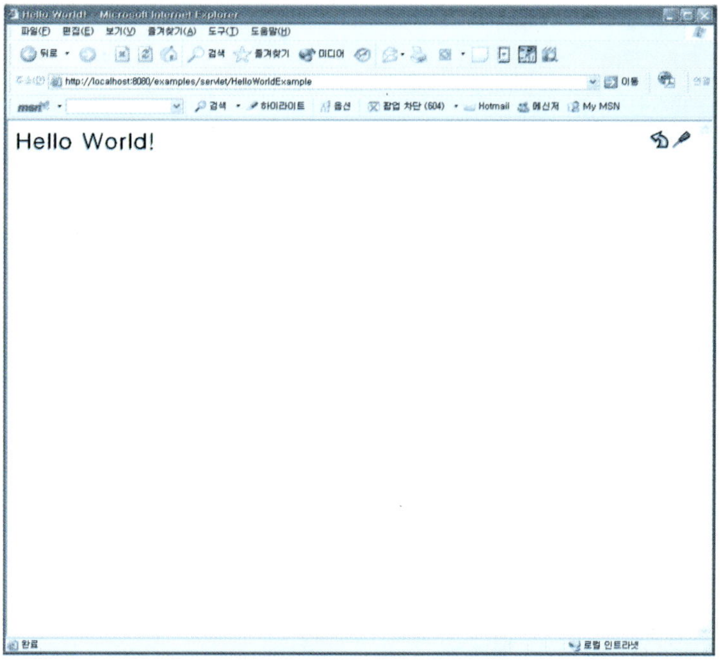

X 이제 환경 설정을 해보겠다. 제어판에서 시스템 아이콘을 더블 클릭한다.

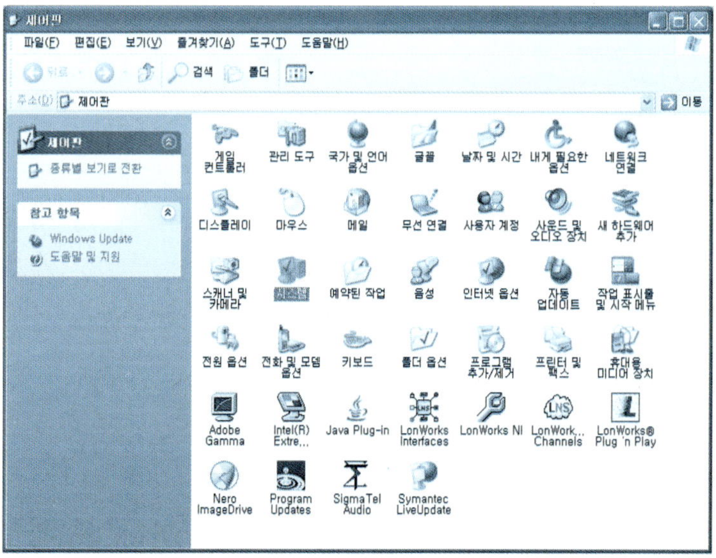

X 시스템 등록정보에서 고급 탭을 선택한다.

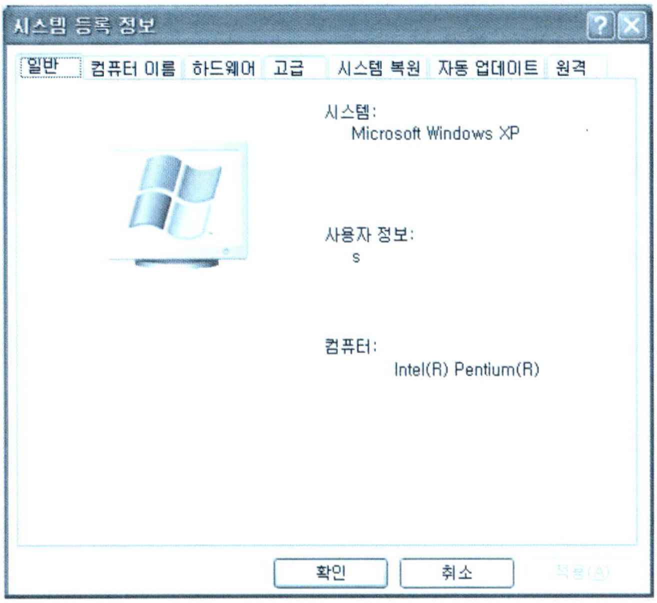

X 하단에 있는 환경 변수 버튼을 클릭한다.

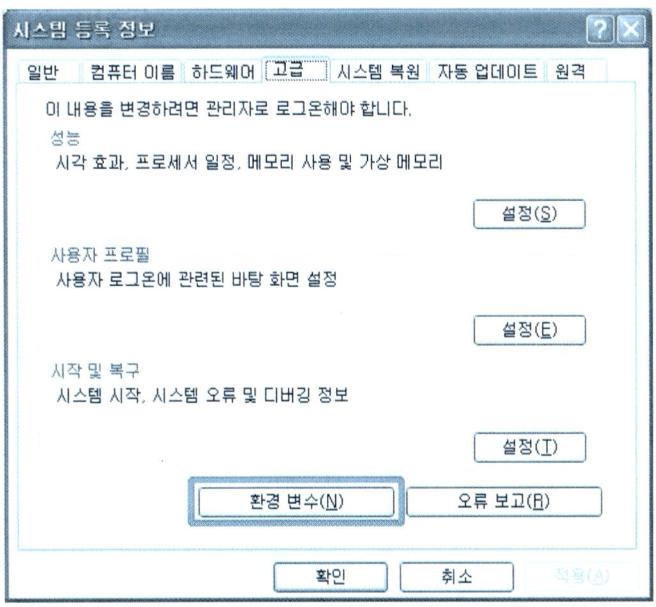

X 아래와 같이 CLASS PATH를 더블 클릭한다.

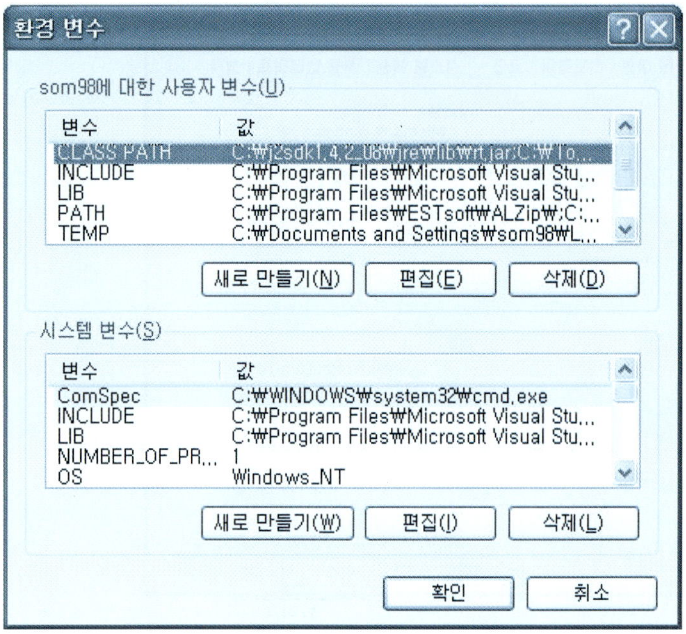

X 아래와 같이 변수 편집 창이 나타난다.

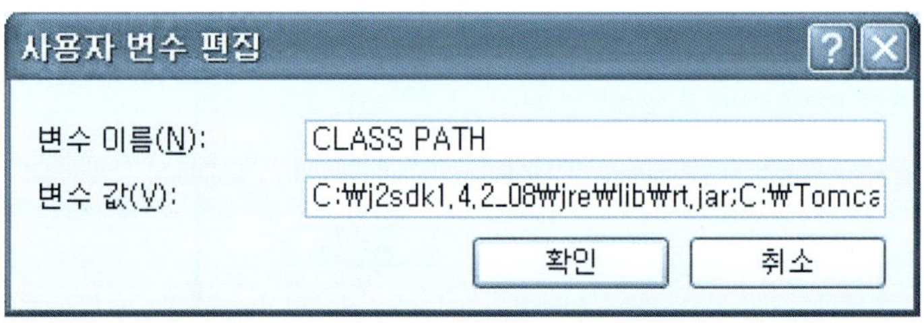

- CLASSPATH
- ;C:₩j2sdk1.4.2_08₩jre₩lib₩rt.jar;C:₩Tomcat 4.1₩common₩lib₩servlet.jar
- 변수값의 맨 뒤로 이동하여 다음과 같이 설정하고 확인 버튼을 클릭한다.
- 변수값이 아무것도 없을 경우 다음과 같이 설정한다.
- C:₩j2sdk1.4.2_08₩jre₩lib₩rt.jar;C:₩Tomcat 4.1₩common₩lib₩servlet.jar

X 아래와 같이 PATH를 선택하고 더블 클릭한다.

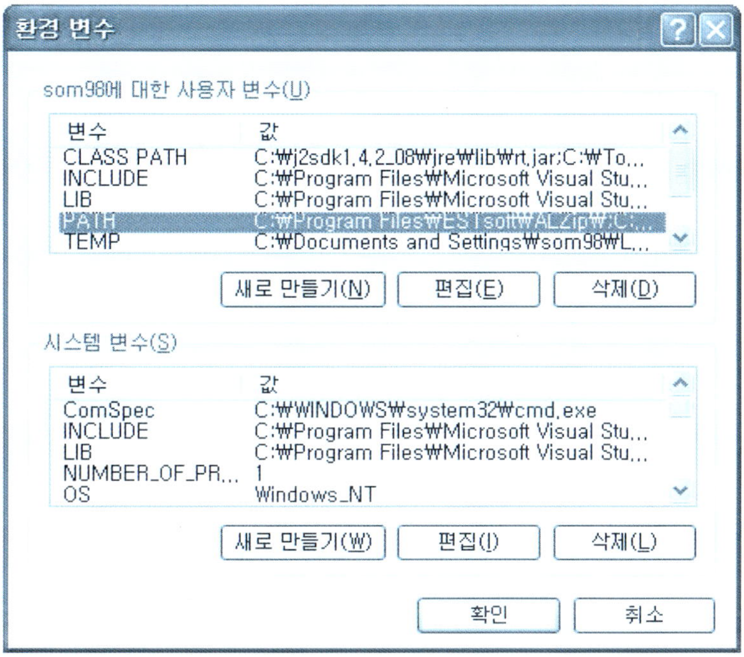

X DIO에 연결된 OPEN 2블록이 생성되었다.

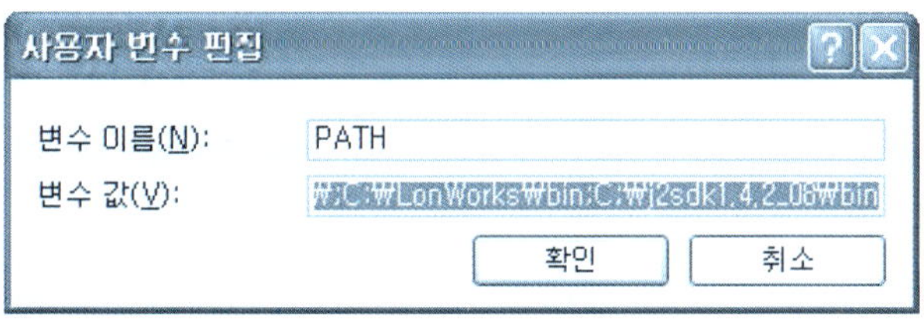

〈PATH〉

- 변수값에 맨 뒤로 이동하여 다음과 같이 설정해 준다.
- ;C:₩j2sdk1.4.2_08₩bin
- 기존에 변수값이 아무것도 없을 경우 다음과 같이 설정한다.
- C:₩j2sdk1.4.2_08₩bin
- 확인 버튼을 클릭한다.

〈Classes 파일 복사〉

- CD에 첨부된 Classes.jar 파일을 C:₩j2sdk1.4.2_08₩jre₩lib₩ext₩에 복사한다.

X CD에 들어있는 SK-VM 폴더에서 SETUP 파일을 더블 클릭한다.

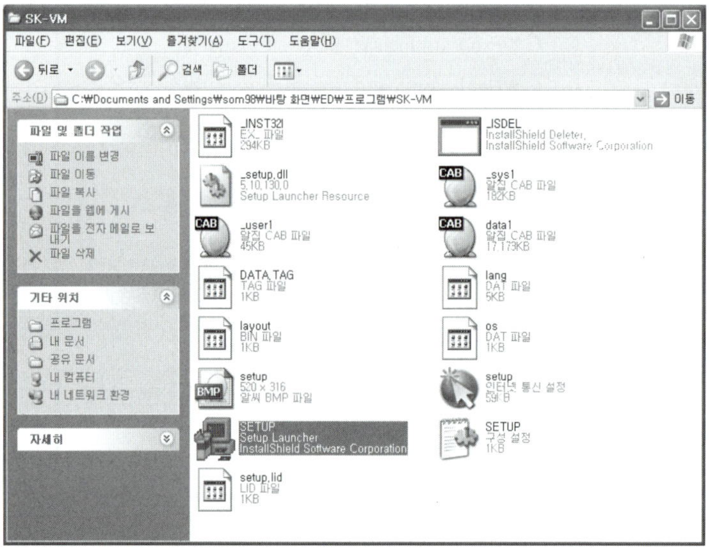

X DIO에 연결된 OPEN 2블록이 생성되었다.

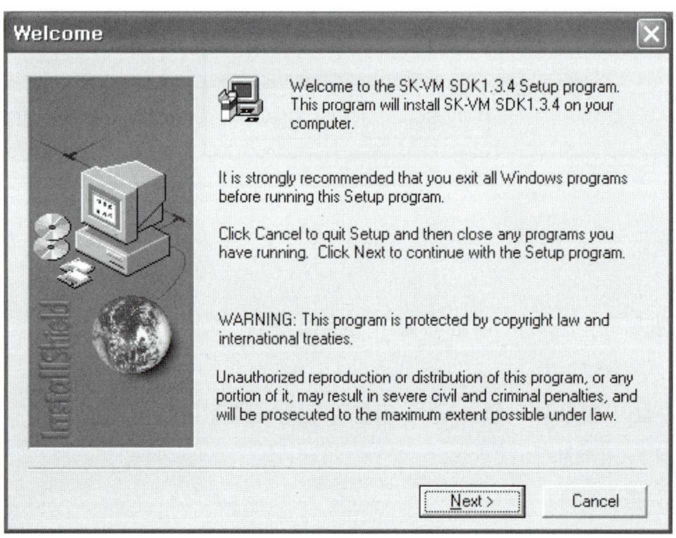

X Yes 버튼을 클릭한다.

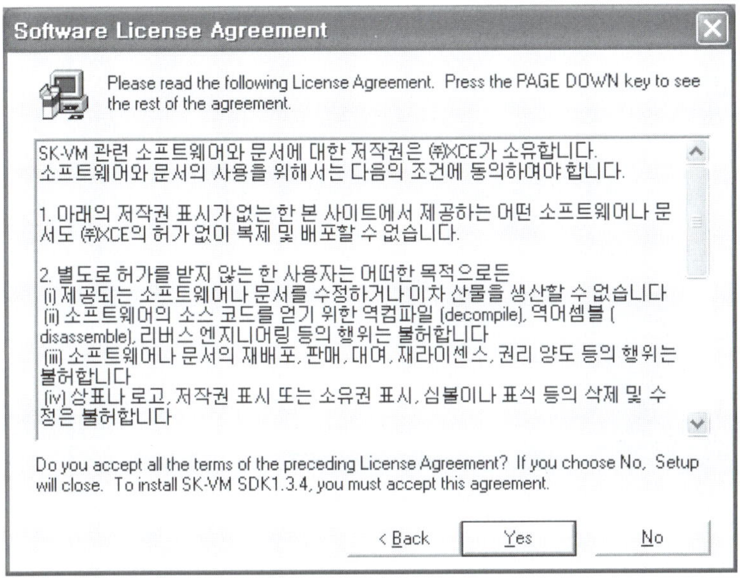

X 설치 폴더를 디폴트에 놓고 Next 버튼을 클릭한다.

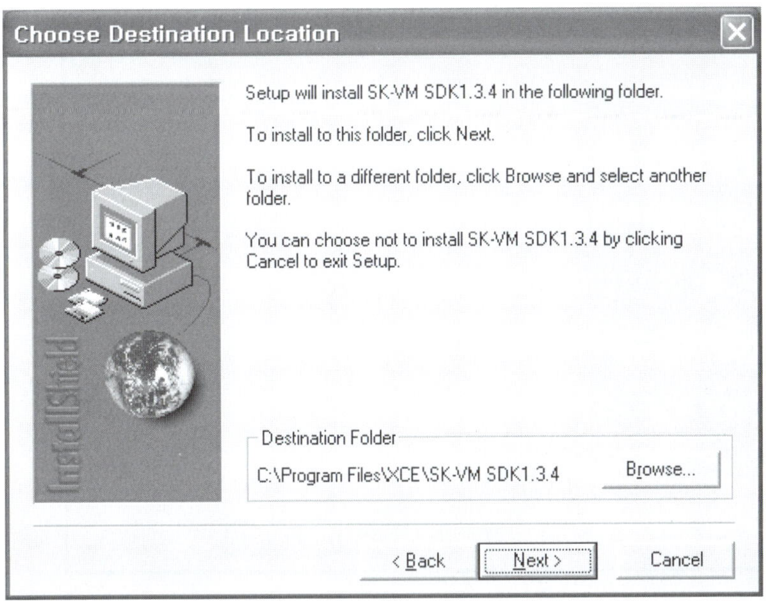

X Next 버튼을 클릭한다.

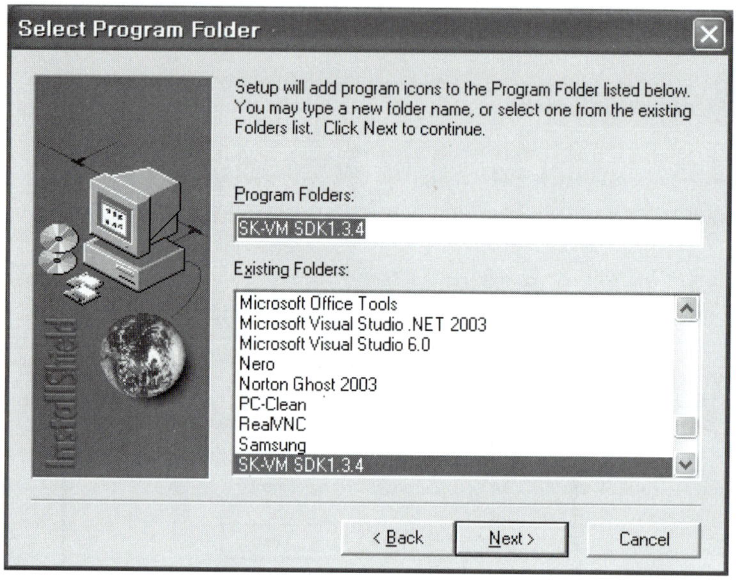

X Finish 버튼을 클릭한다.

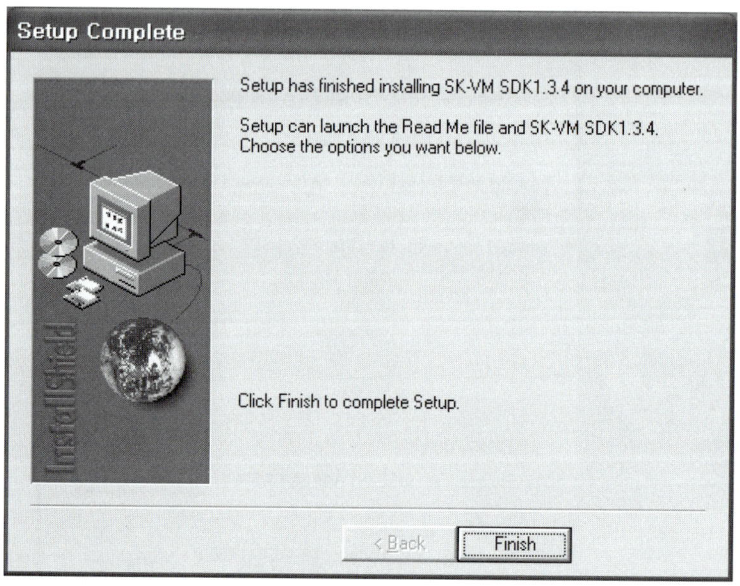

X 시작 → 프로그램 → SK-VM SDK1.3.4 → PhoneEmul_64kc를 선택한다.

X 에뮬레이터를 실행시킨 모습이다.

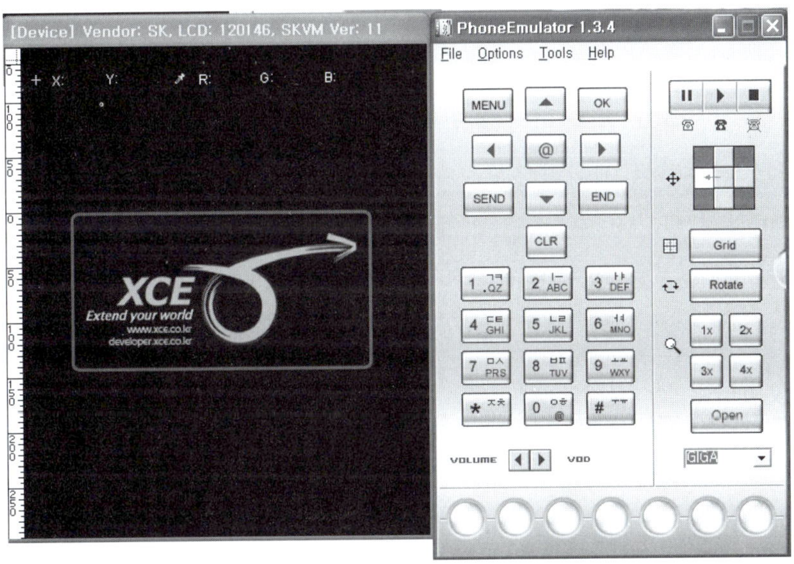

X 아래 그림은 모바일 디바이스와 JSP서버 그리고 iLON100간에 통신에 대한 개략도이다.

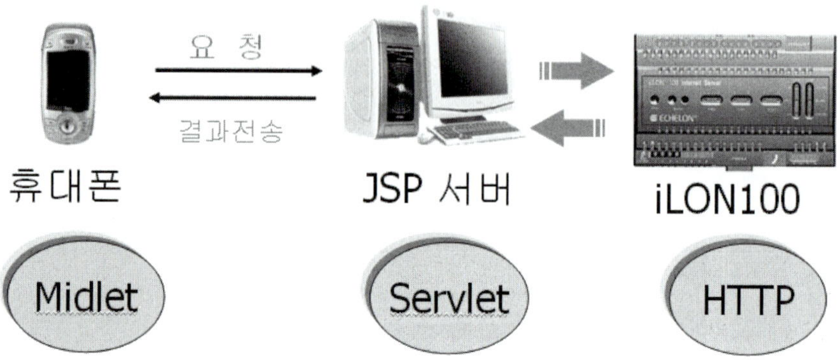

휴대폰에서는 SK-VM 계열의 Midlet이 JSP 서버에 Servlet 으로 데이터를 전송하고 이 데이터를 입력 받은 Servlet은 Http로 iLON100에 데이터를 전송하여 제어한다.

미들릿은 MIDP 어플리케이션을 지칭한다. 모든 MIDP(Mobile Information Device Profile) 어플리케이션은 MIDlet 추상 클래스를 상속받아서 구현하여야 한다. MIDlet은 Paused, Active, Destroyed의 상태들 중 하나일 수 있다.

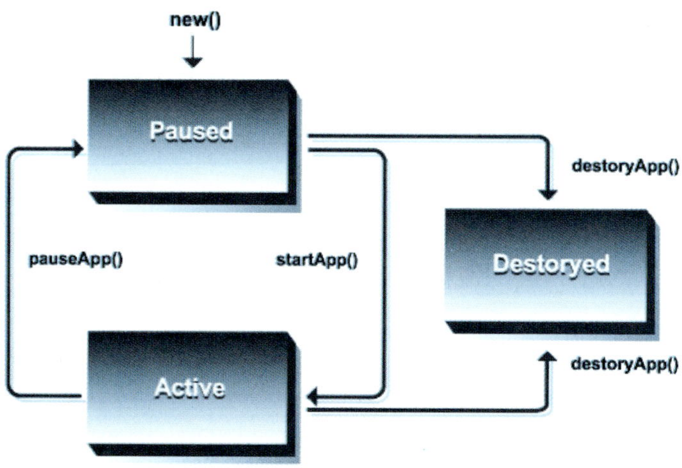

- Paused : 미들릿의 초기 상태
- Active : 미들릿의 실행 상태
- Destroyed : 미들릿이 사용하던 자원을 해제하고 종료된 상태

(1) 서블릿(Server Side Applet)

서블릿 프로그램은 자바 클래스 형태로 존재하는데, 소스를 컴파일하여 서블릿 클래스를 생성하기 위해서 JDK가 설치된 상태에서 서블릿 프로그램이 컴파일 될 수 있도록 path와 classpath 환경변수가 설정되어 있어야 한다.

서블릿 프로그램의 구조는

```
import java.io.*;
import javax.servlet.*;          ------    꼭 포함되어야 합니다.
import javax.servlet.http.*;     ------    꼭 포함되어야 합니다.
public class 서블릿 클래스 명 extend HttpServlet{
public void service(HttpServletRequest request,HttpServletResponse request)
throws ServletException.IOException {
    PrintWriter out;
     response.setContextType(" text/html ; charset = euc - kr" );
     out =  response.getWriter();
     out.println( " 웹 브라우저로 보낼 내용");
     out.println("......");
     out.close();
  }
}
```

서블릿은 자바 클래스 형태로 구현되므로, 반드시 컴파일한 다음에 수행해야 한다.그리고 서블릿 클래스는 HttpServlet을 상속받아야 한다. 서블릿 클래스 안에는 doGet(),doPost(),service()메소드를 오버라이드 하여야 한다.

```
doGet()
 Get방식의 요청이 들어올 때 수행됩니다.

doPost()
 Post방식의 요청이 들어올 때 수행됩니다.

setvice()
 요청의 종류와 관계없이 수행됩니다.
```

(2) 서블릿 프로그램의 파라미터

request 오브젝트의 getParamete()를 활용해서 HTML폼의 파라미터를 전달받을 수 있다.

- 서블릿 초기화 : 서블릿이 생성될 때, init() 메소드를 이용하여 서블릿이 초기화를 수행한다.
- 서블릿의 종료 : 서블릿 수행을 마치기 전 destroy() 메소드가 호출되고 수행을 마친 후엔 가비지 컬렉션(garbage collection)이 호출되어 할당되었던 메모리를 삭제한다
- 사용하는 패키지 : javax.servlet.*;
  - 기본적인 서블릿을 사용하기 위한 패키지
  - 서블릿은 기본적으로 HttpServlet을 상속받는다.
- javax.servlet.http.*;
  - 특별히 http를 위한 서블릿을 만들기 위한 패키지
  - http Servlet은 GenericServlet을 상속 받은 클래스로 서블릿 클래스를 Http환경에 맞게 재작성한 클래스다
- doGet() (Get방식으로 이용할 경우에는 doGet을 사용한다.)
  - URL 뒤에 ?기호와 함께 직접추가.
  - Form에서 method =get
  - 사용자의 입력 없이 URL만으로 전달가능 .
  - Query의 내용이 외부로 알려진다.
  - 문자사이즈의 제한이 있다.
- doPost() (Post 방식을 이용할 경우에는 doPost를 사용한다.)
  - request의 body부분에 추가하여 전달.
  - 정보가 외부에 유출되지 않는다.

- 반드시 <form> 태그를 이용해야 한다.
- 보안과 사이즈에 관련된 데이터를 주로 이용한다
- Get방식보다 많은 양의 데이터를 전송할 수 있다.

X CD에 들어 있는 소스 파일을 C:₩에 복사한다.

X 시작 버튼을 클릭하고 실행(R)을 클릭한다.

X 실행 창에 cmd라고 넣고 엔터키를 누른다.

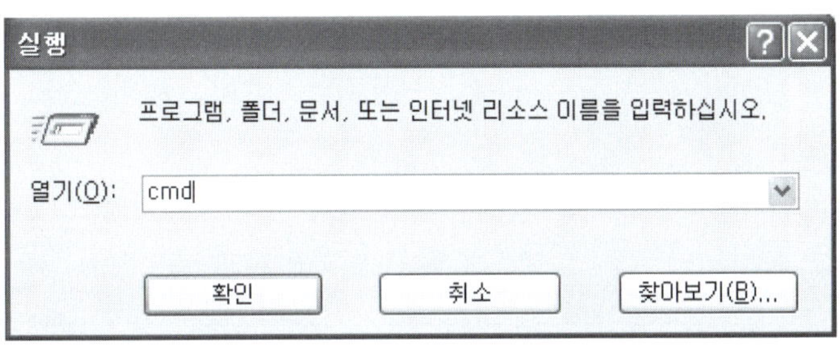

X 아래 그림과 같이 C:₩ 로 이동한다.

X java 파일을 컴파일 하기 위해서 아래와 같이 javac 파일명.java 라고 넣고 엔터키를 누른다.

dovm.java는 휴대폰에 들어가는 파일로 MIDlet 파일이다.

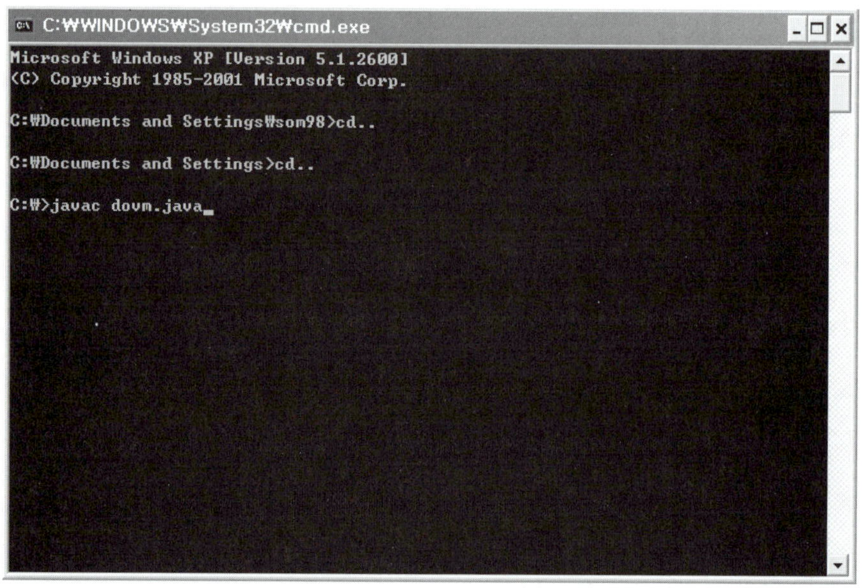

X java 파일을 컴파일 하기 위해서 아래와 같이 javac 파일명.java 라고 넣고 엔터키를 누른다. doservlet.java는 JSP 서버에 들어가는 파일로 Servlet파일이다.

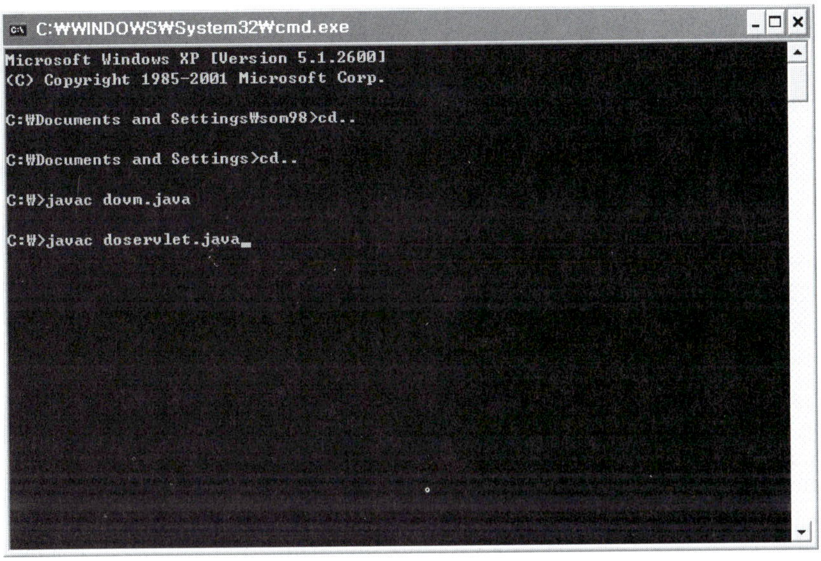

X 이제 c:₩에 가보면 아래와 같이 같은 파일명의 클래스 파일이 생성되어 있다.

생성된 파일 중 Servlet파일은 C:₩Tomcat 4.1₩webapps₩examples₩WEB-INF₩classes₩에 복사한다. Servlet 파일은 JSP 서버에서 동작되는 파일이므로 다음 경로에 복사해 주어야만 동작한다. 컴파일 된 dovm파일은 C:₩Program Files₩XCE₩SK-VM SDK1.3.4₩에 복사한다.

X 웹서버 FTP에 접속한다. 기본 FTP UserID : ilon Password : ilon이다.

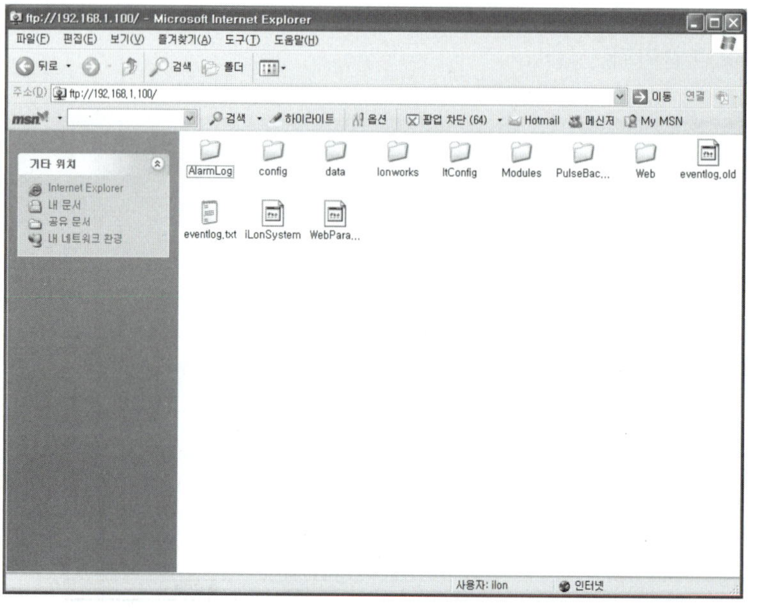

X Web 폴더를 더블 클릭한다.

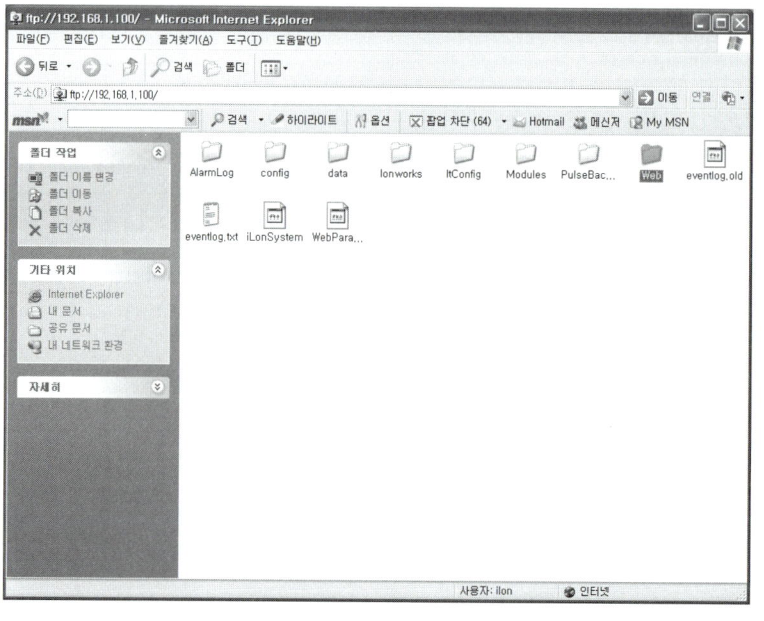

X forms 폴더를 더블 클릭한다.

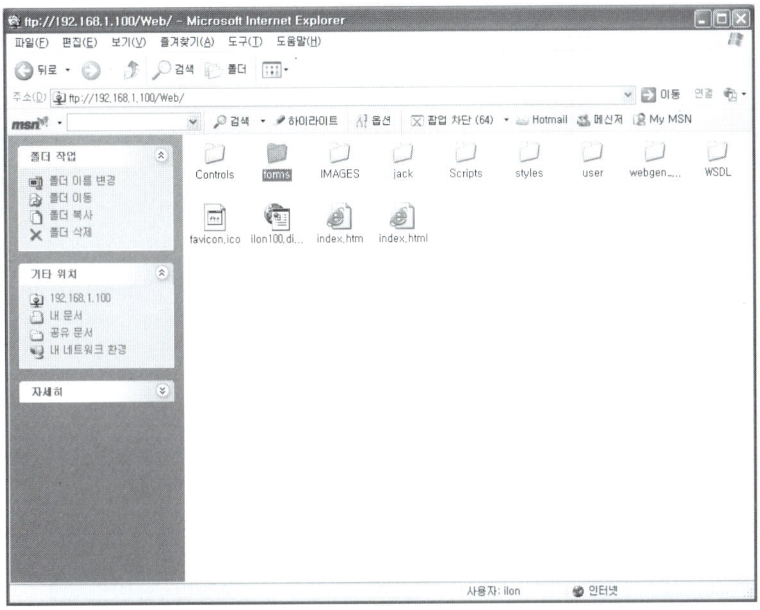

X CD에 들어 있는 jsp 폴더를 복사한다.

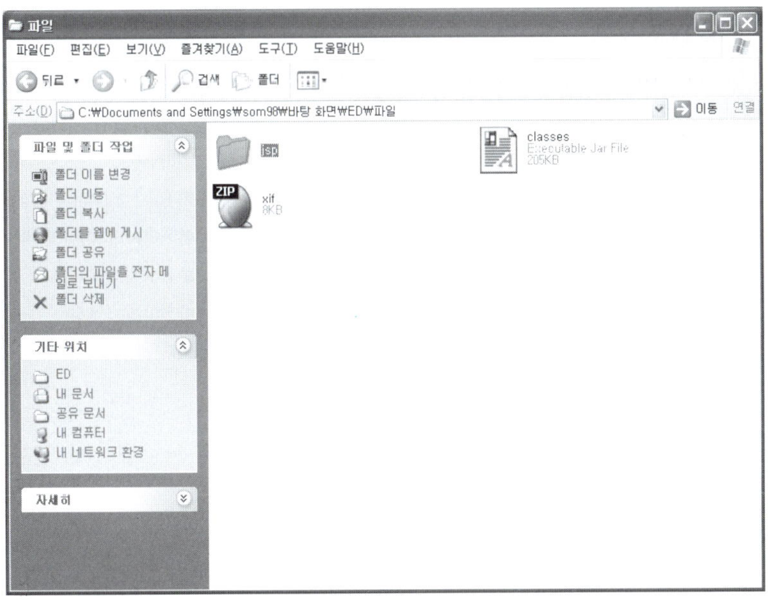

X FTP에 jsp 폴더를 복사한다.

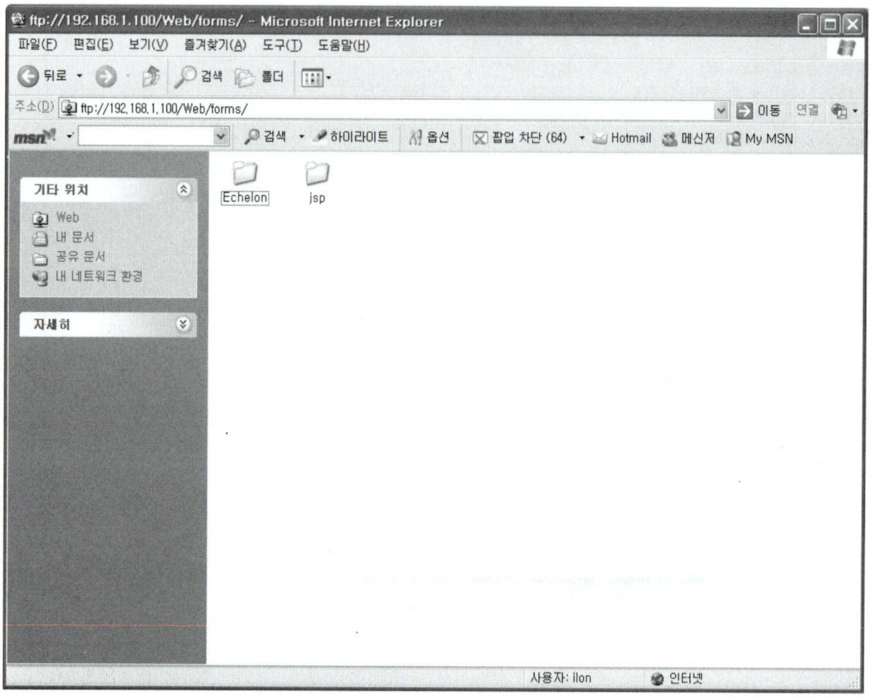

X 시작 → 프로그램 → Apache Tomcat 4.1 → Start Tomcat를 선택한다.

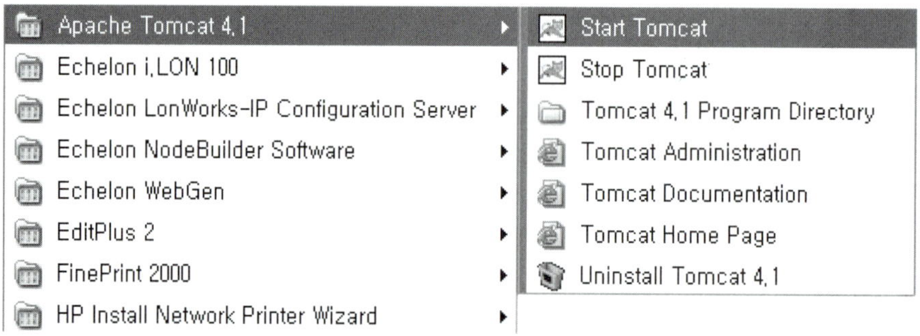

1) 디지털 출력 시뮬레이션

X 시작 → 프로그램 → SK-VM SDK1.3.4 → PhoneEmul_64kc를 선택한다.

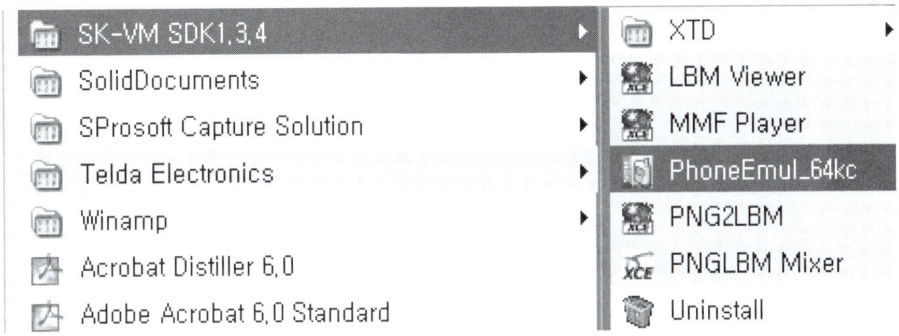

X 에뮬레이터를 실행시킨 모습이다.

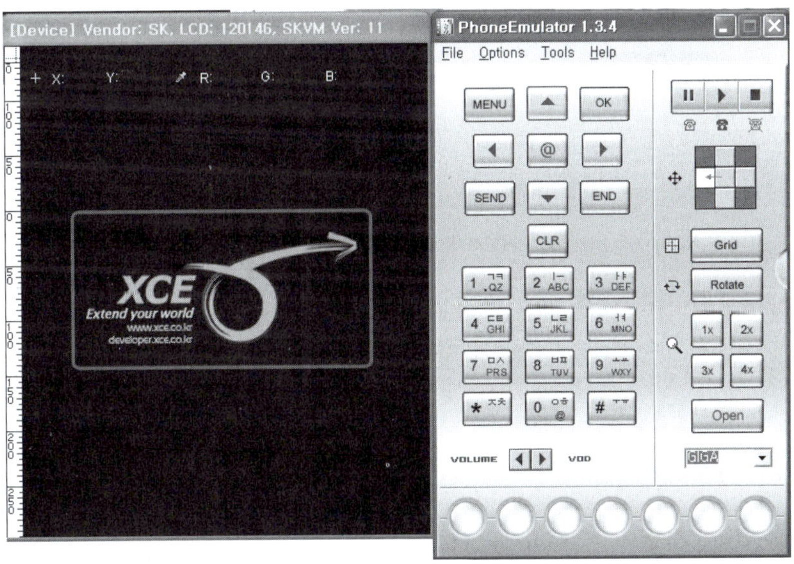

X Open 버튼을 클릭한다.

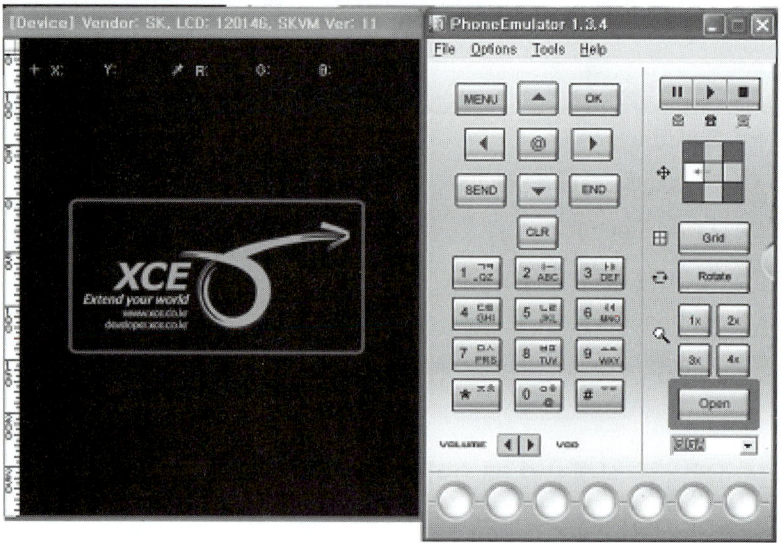

X Add 버튼을 클릭한다.

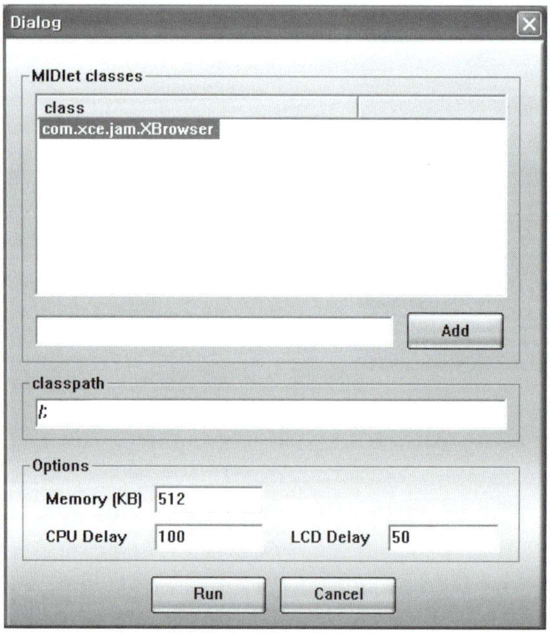

X SK-VM SDK1.3.4 폴더에 복사해 놓은 컴파일 된 dovm 파일을 클릭하고 열기 버튼을 클릭한다.

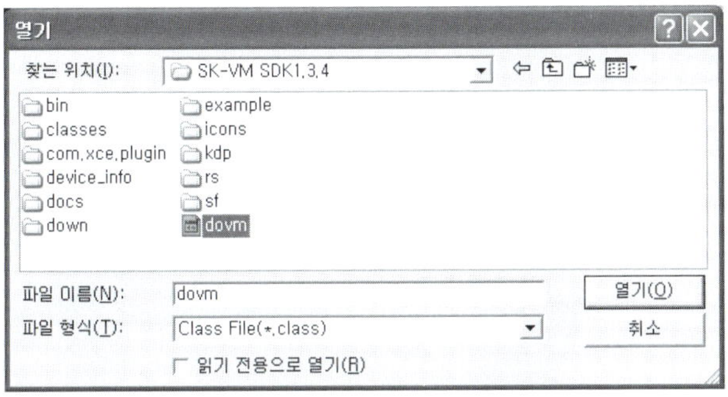

X Run 버튼을 클릭한다.

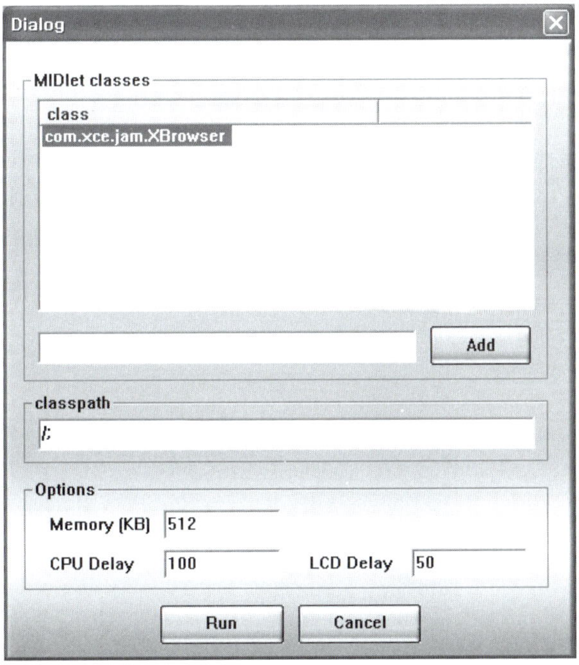

X 에뮬레이터에서 실행된 dovm에 모습이다.

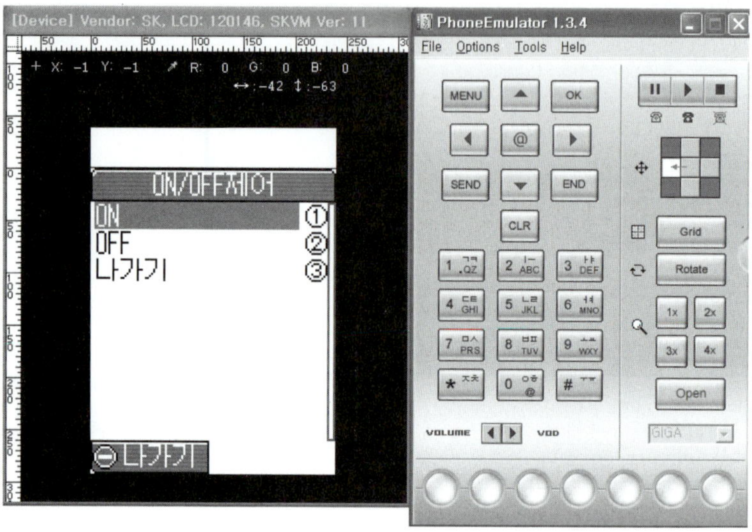

X 1번 버튼을 클릭한다.

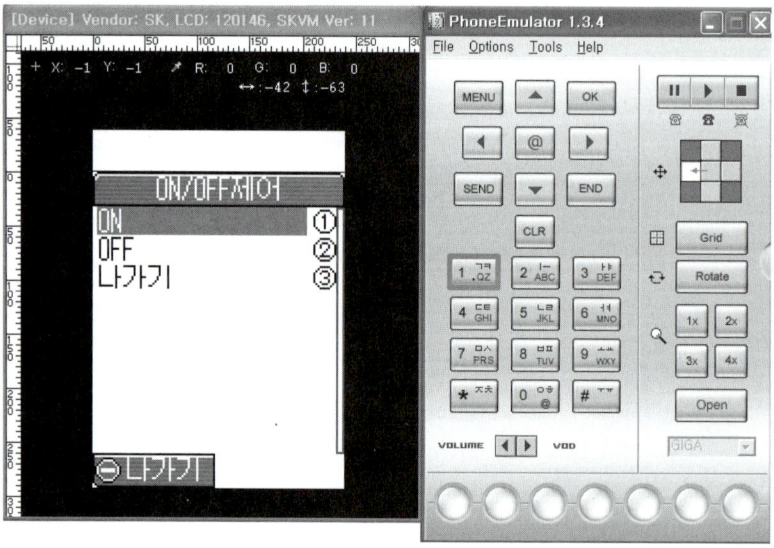

X 아래와 같이 100.0+1 이라고 나타나면 OK 버튼을 클릭한다.

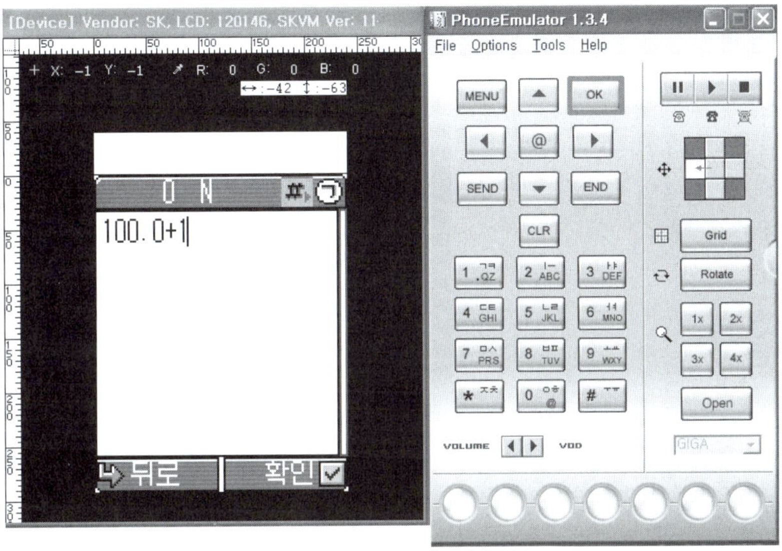

X 아래와 같이 전화기 모양이 나타나면 명령이 수행된 것이다. 명령이 수행되면 이 신호를 JSP서버가 받아 iLON100 인터넷 서버로 넘겨주면서 모바일 제어가 되는 것이다.

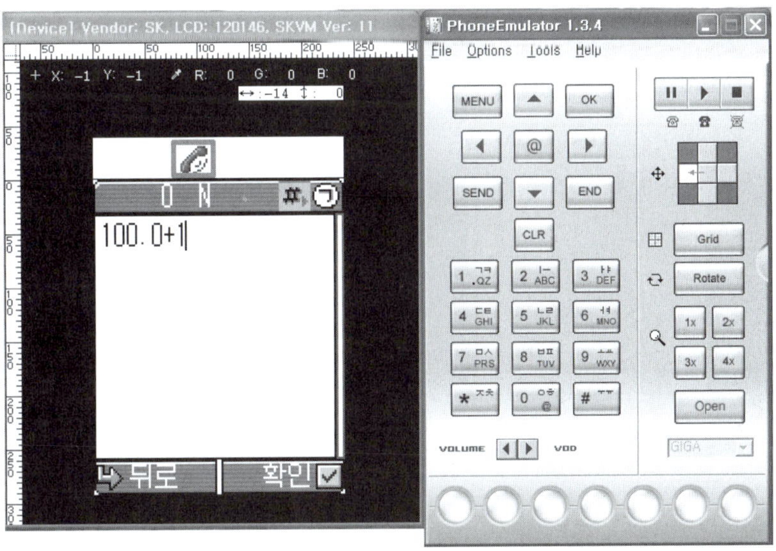

X ON 명령이 수행된 모습이다.

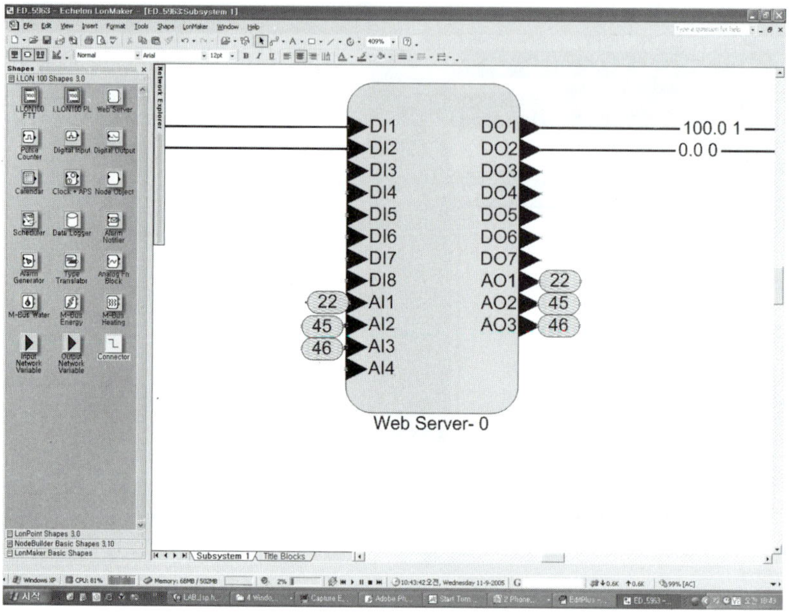

X MENU 버튼을 클릭하여 뒤로 이동한다.

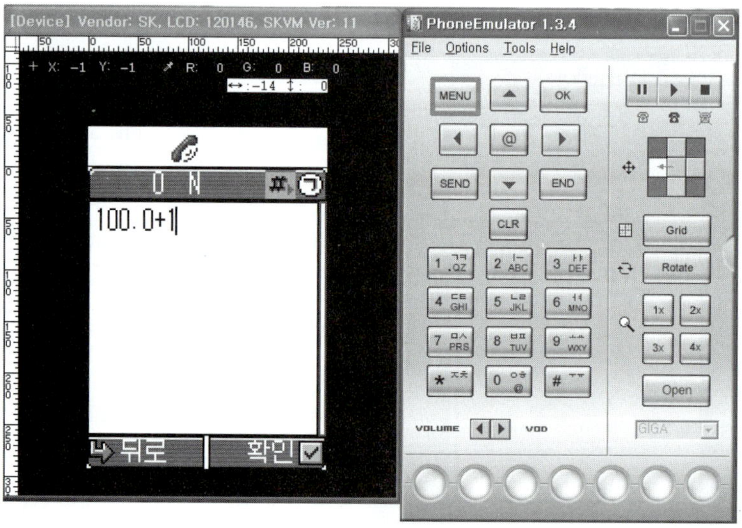

X 2번 버튼을 클릭한다.

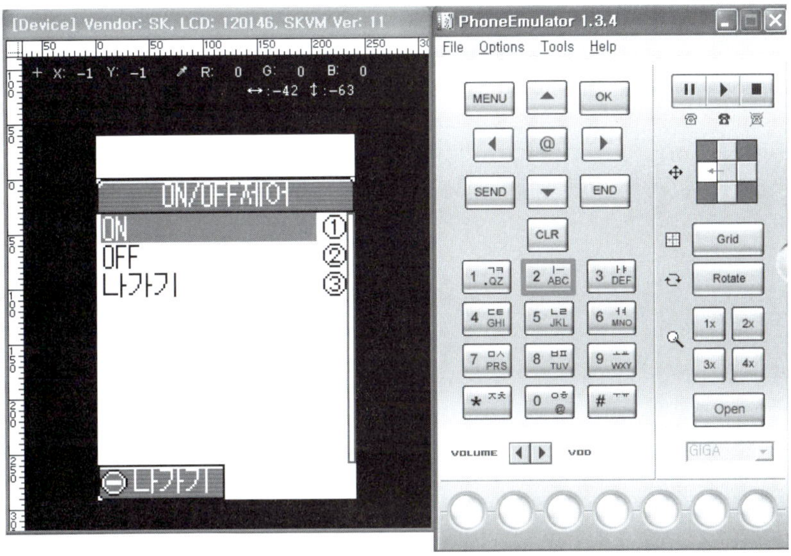

X 아래와 같이 0.0+0 이라고 나타나면 OK 버튼을 클릭한다.

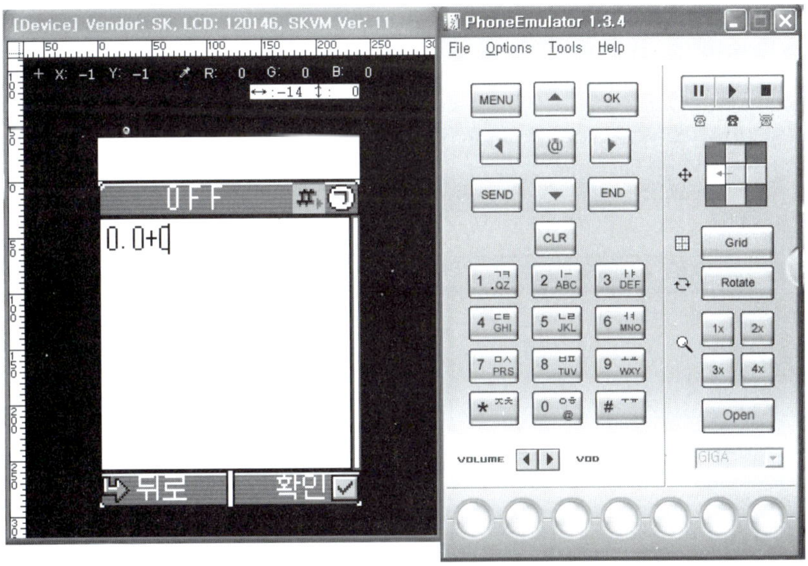

X OFF 명령이 수행된 모습이다.

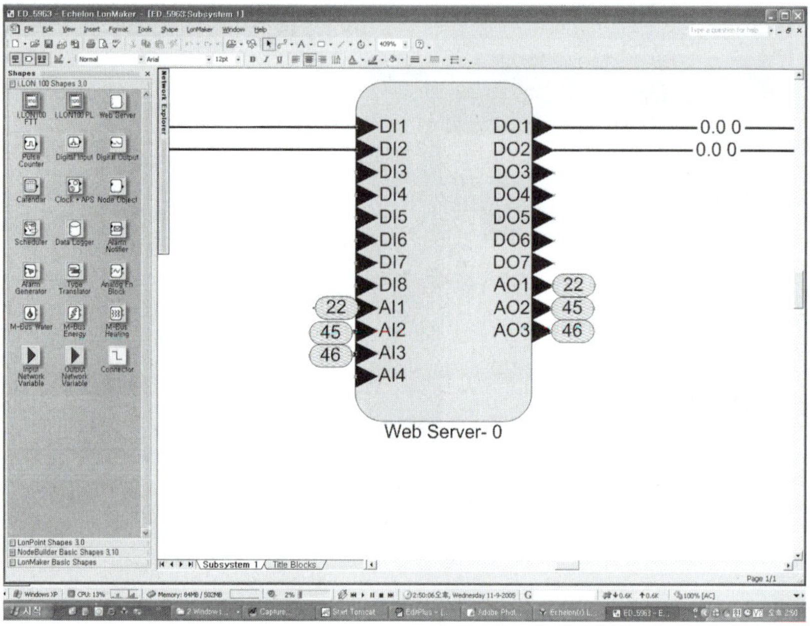

X END 버튼을 클릭한다.

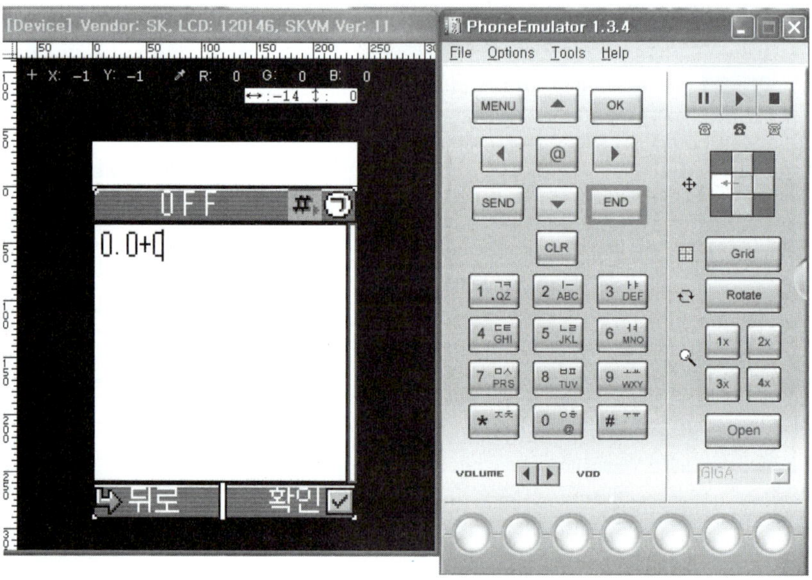

X

X END 버튼을 클릭한다.

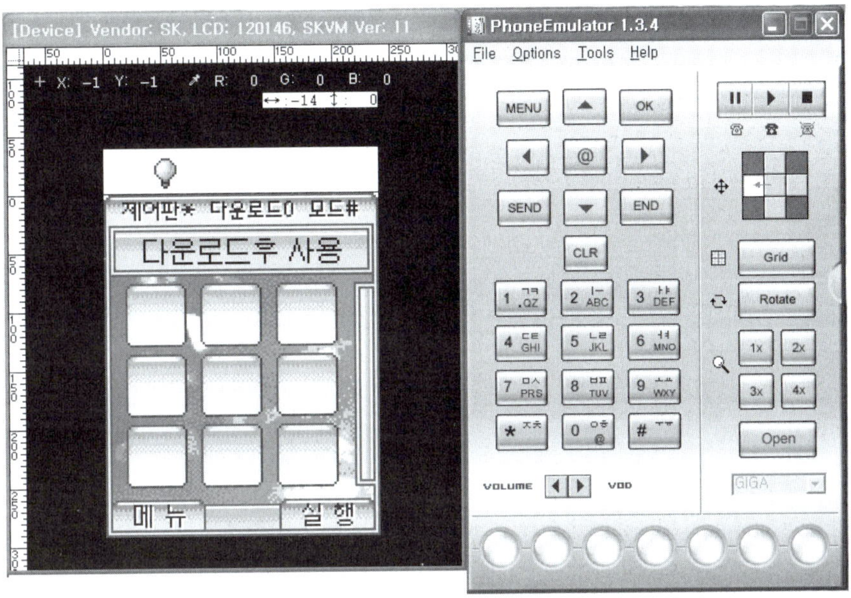

X END 버튼을 클릭한다.

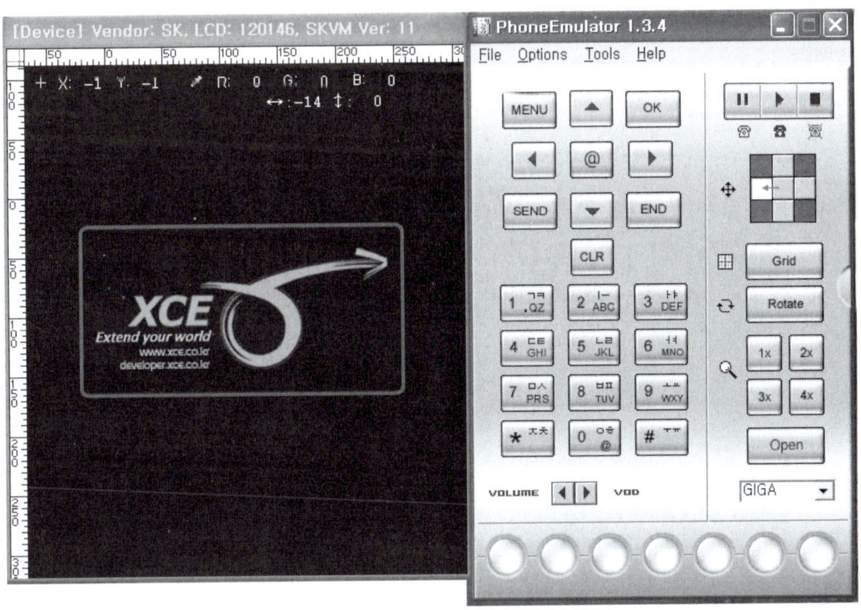

2) 아날로그 출력 시뮬레이션

X CD에 들어있는 aoservlet.java와 aovm.java 파일을 C:₩에 복사한 뒤 시작 → 실행 → CMD

아래와 같이 aoservlet.java 파일을 컴파일 한다.

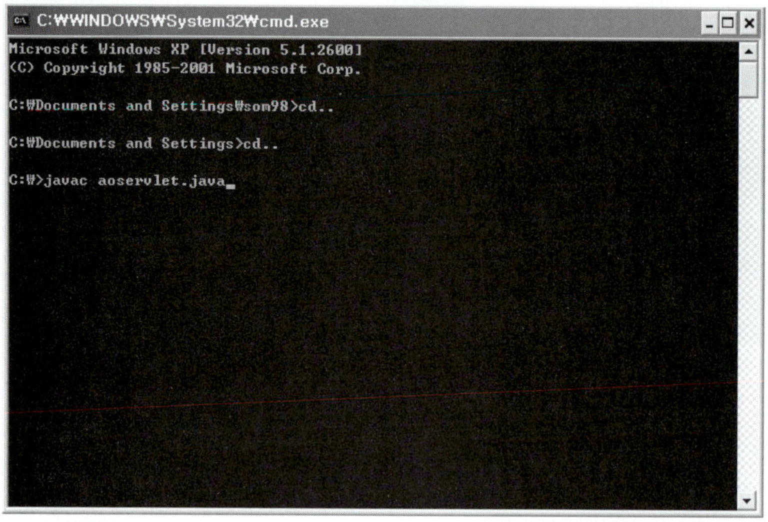

X 아래와 같이 aovm.java 파일을 컴파일 한다.

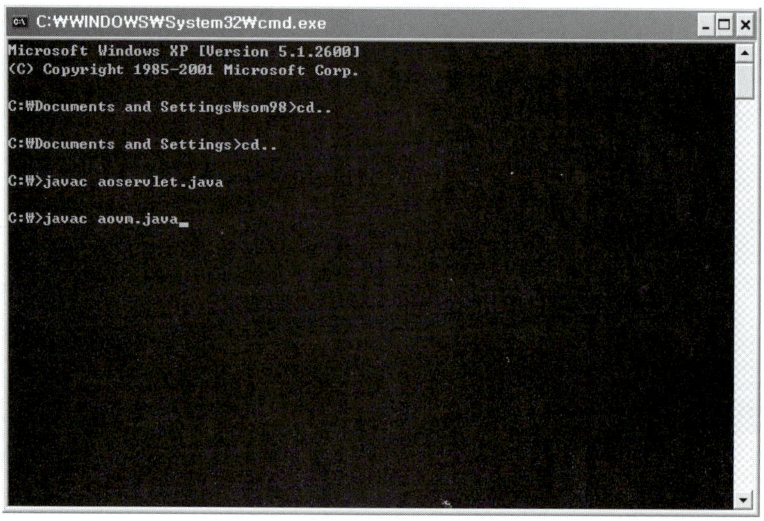

생성된 파일중 Servlet파일은 C:₩Tomcat 4.1₩webapps₩examples₩WEB-INF₩classes₩에 복사한다. Servlet 파일은 JSP 서버에서 동작되는 파일이므로 다음 경로에 복사해 주어야만 동작한다. 컴파일된 aovm파일은 C:₩Program Files₩XCE₩SK-VM SDK1.3.4₩에 복사한다.

X Open 버튼을 클릭한다.

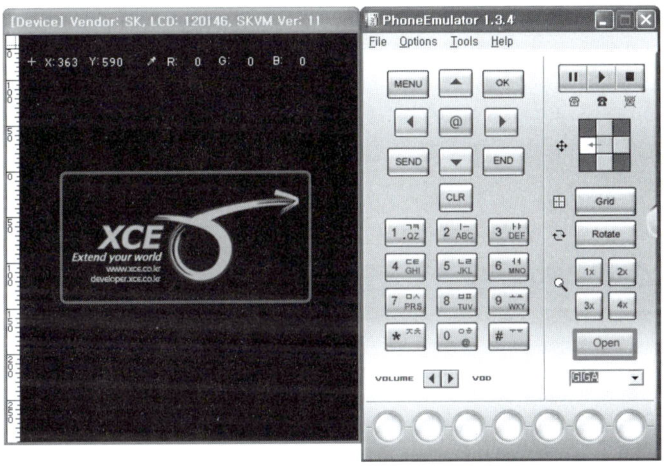

X Add 버튼을 클릭한다.

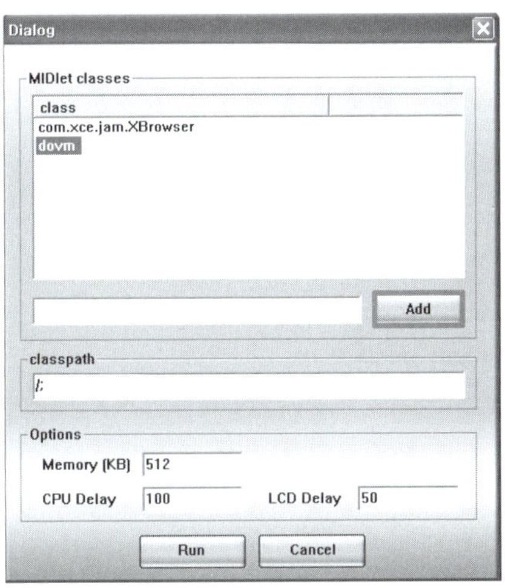

X SK-VM SDK1.3.4 폴더에 복사해 놓은 컴파일 된 aovm 파일을 클릭하고 열기 버튼을 클릭한다.

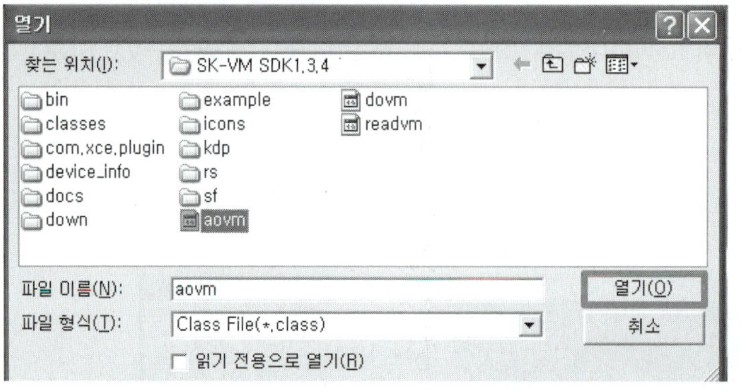

X Run 버튼을 클릭한다.

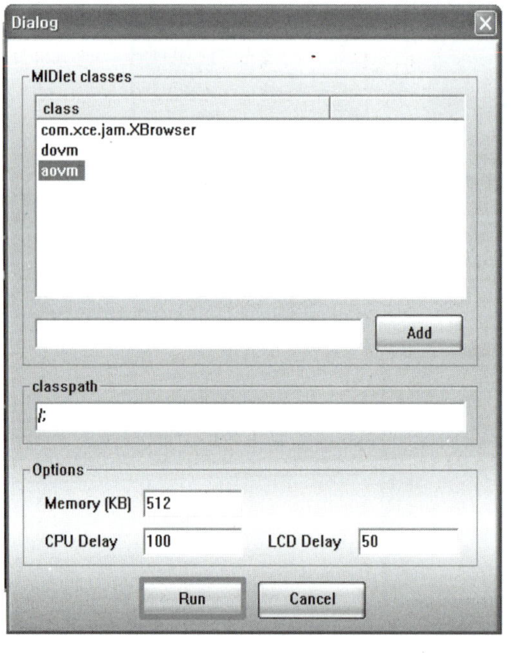

X 에뮬레이터에서 실행된 aovm에 모습이다.

아래 그림에 표시된 ◀▶모양을 클릭하여 숫자 입력으로 변환시켜준다.

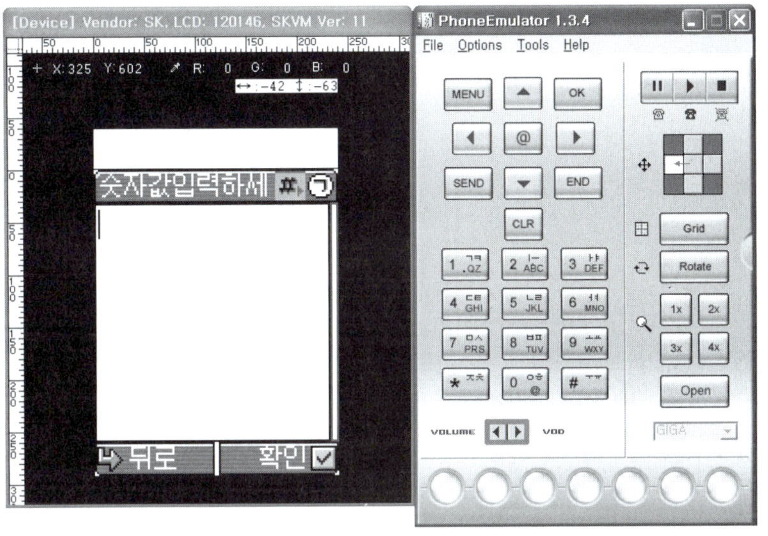

X 아래 그림과 같이 숫자 입력으로 변환 시킨뒤 입력할 숫자를 키패드에서 클릭한다.

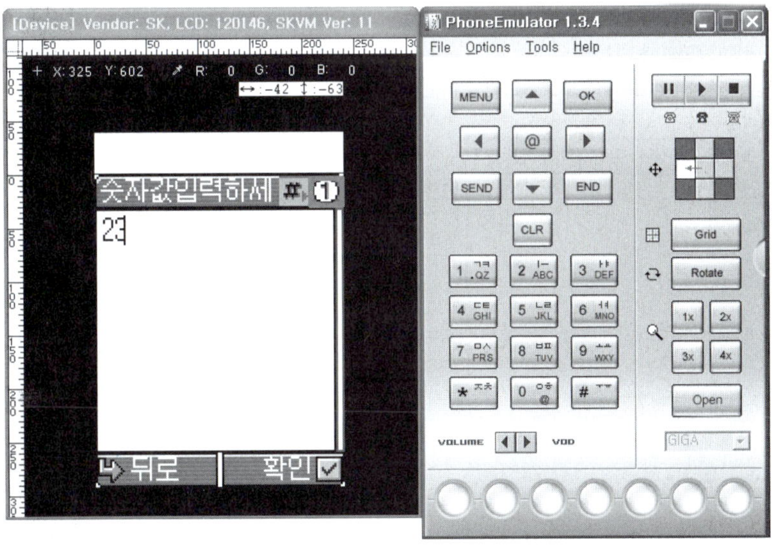

X 아래와 같이 숫자를 입력하고 OK 버튼을 클릭한다.

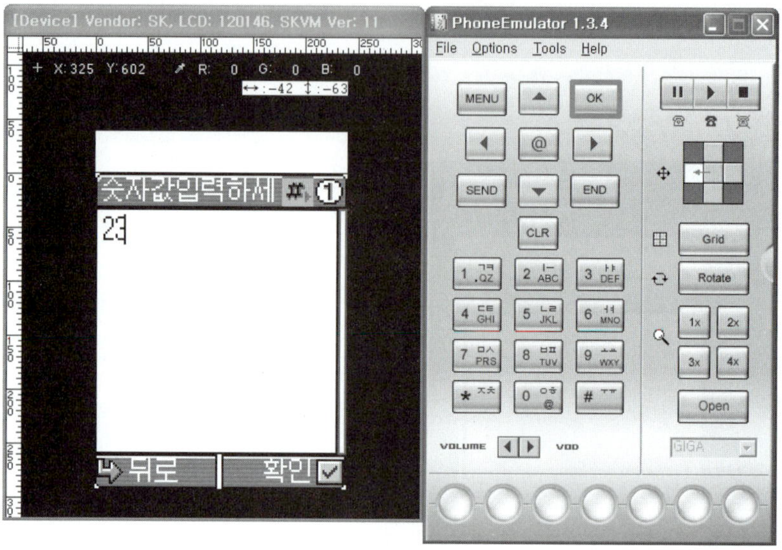

X 아래와 같이 전화기 모양이 나타나면 명령이 수행된 것이다. 명령이 수행되면 이 신호를 JSP서버가 받아 iLON100 인터넷 서버로 넘겨주면서 모바일 제어가 되는 것이다.

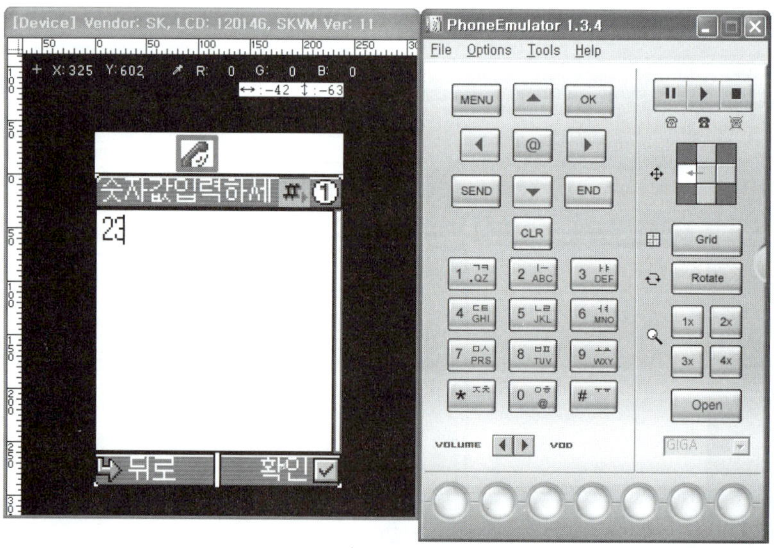

X 명령이 수행된 모습이다.

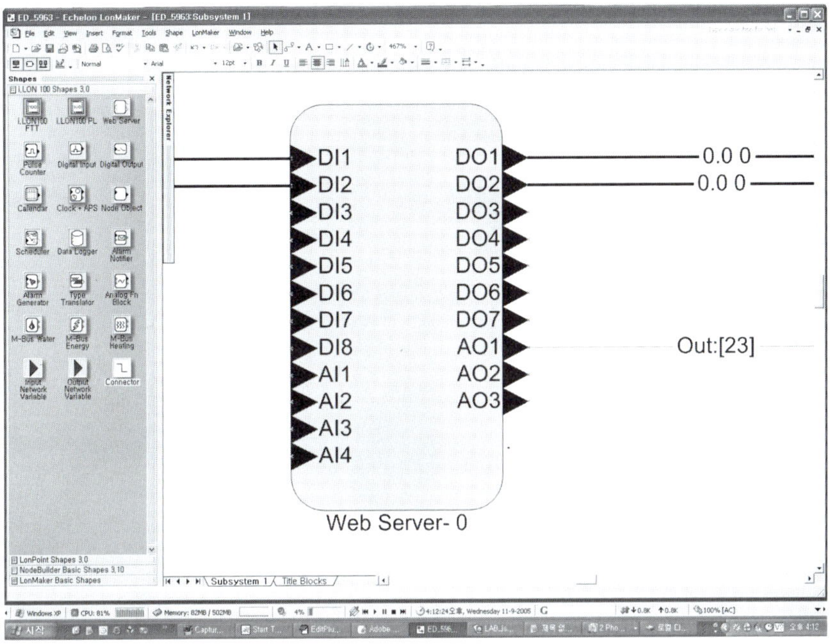

X MENU 버튼을 클릭하여 뒤로 이동한다.

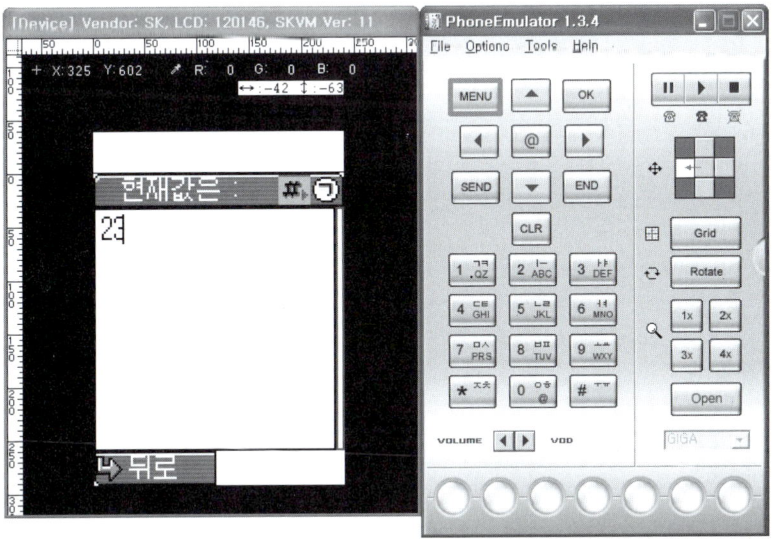

X END 버튼을 클릭한다.

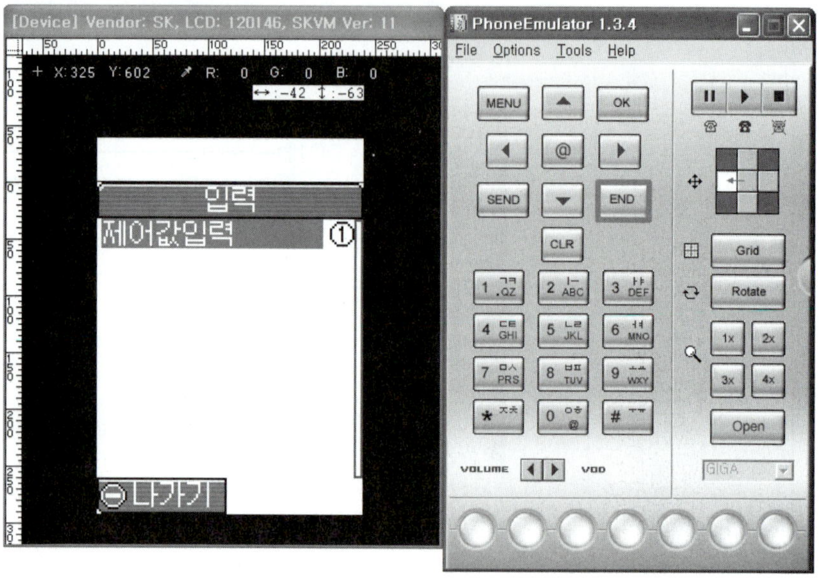

X END 버튼을 클릭한다.

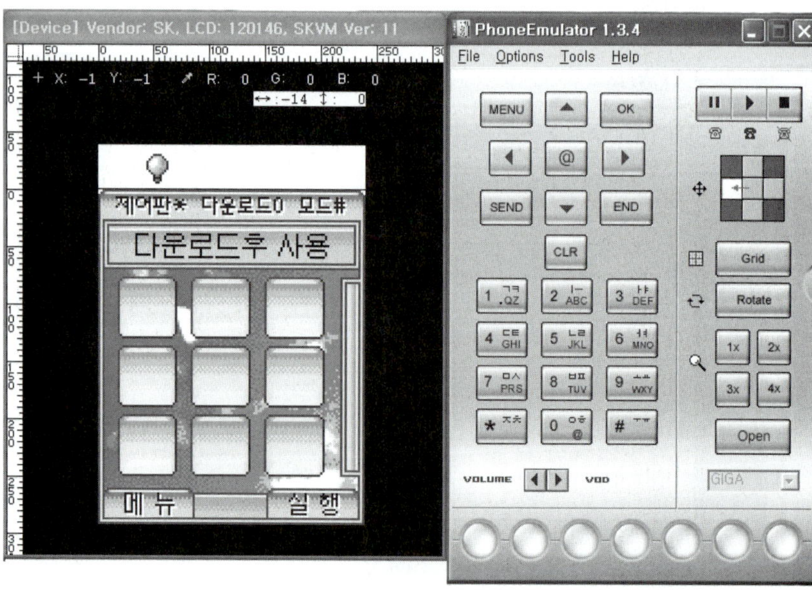

X END 버튼을 클릭한다.

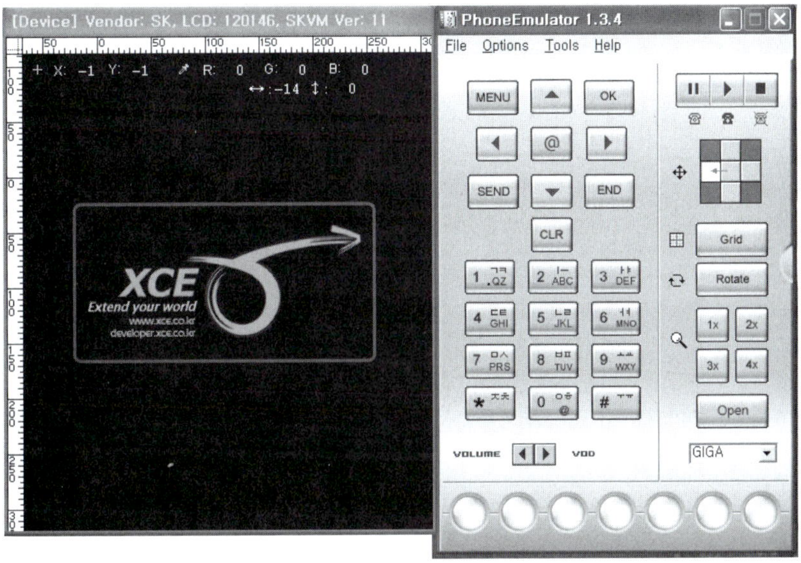

3) 입력값 읽어오기 시뮬레이션

X CD에 들어있는 readSrvlet.java 와 readvm.java 파일을 C:₩에 복사한 뒤

시작 → 실행 → CMD

아래와 같이 readServlet.java 파일을 컴파일 한다.

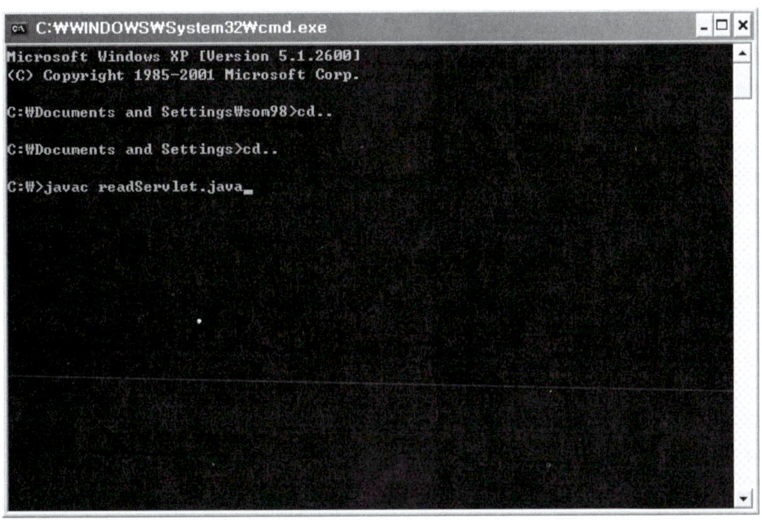

X 아래와 같이 readvm.java 파일을 컴파일한다.

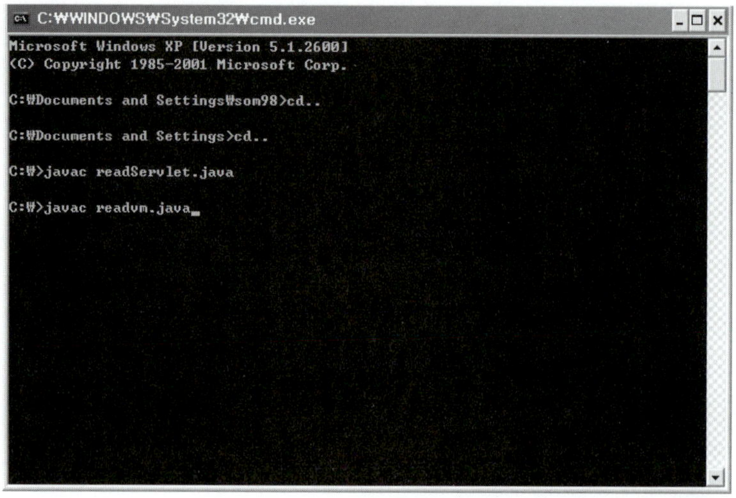

생성된 파일중 Servlet파일은 C:₩Tomcat 4.1₩webapps₩examples₩WEB-INF₩classes₩에 복사한다. Servlet 파일은 JSP 서버에서 동작되는 파일이므로 다음 경로에 복사해 주어야만 동작한다. 컴파일된 aovm파일은 C:₩Program Files₩XCE₩SK-VM SDK1.3.4₩에 복사한다

X Open 버튼을 클릭한다.

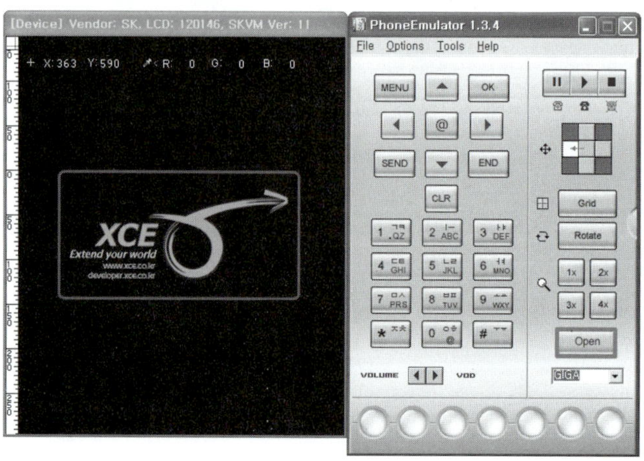

X Add 버튼을 클릭한다.

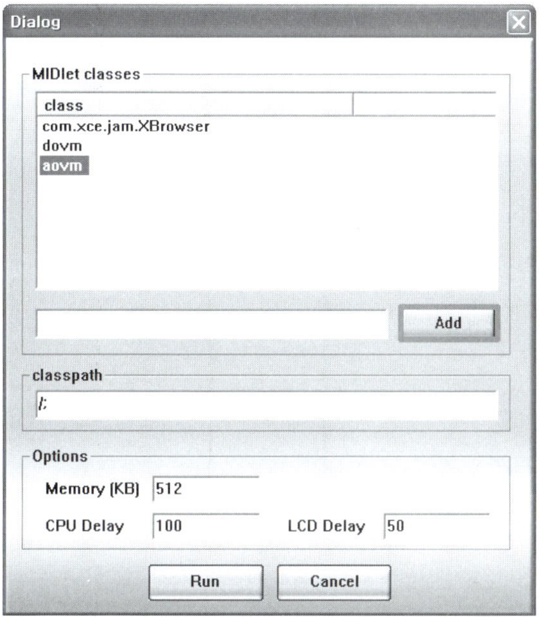

X SK-VM SDK1.3.4 폴더에 복사해 놓은 컴파일 된 aovm 파일을 클릭하고 열기 버튼을 클릭한다.

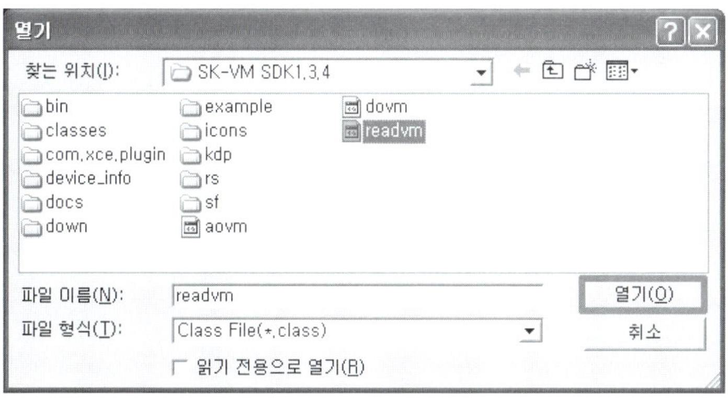

X Run 버튼을 클릭한다.

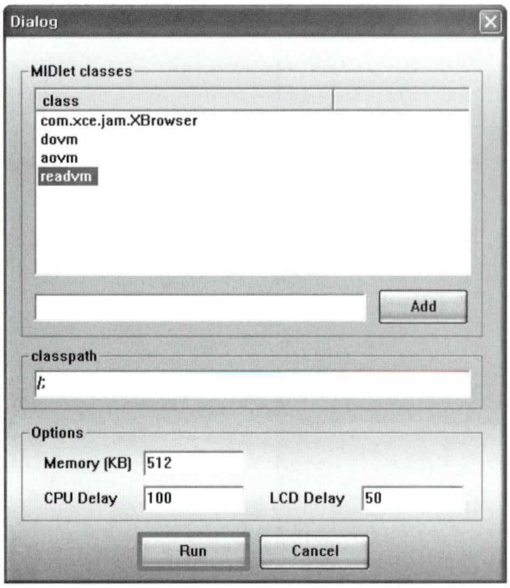

X 에뮬레이터에서 실행된 readvm에 모습이다.

Data를 읽어온 모습이다.

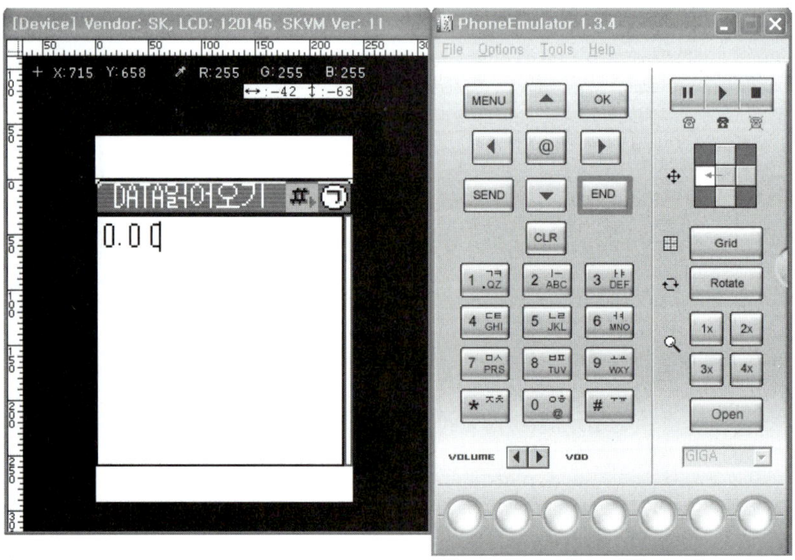

X END 버튼을 클릭한다.

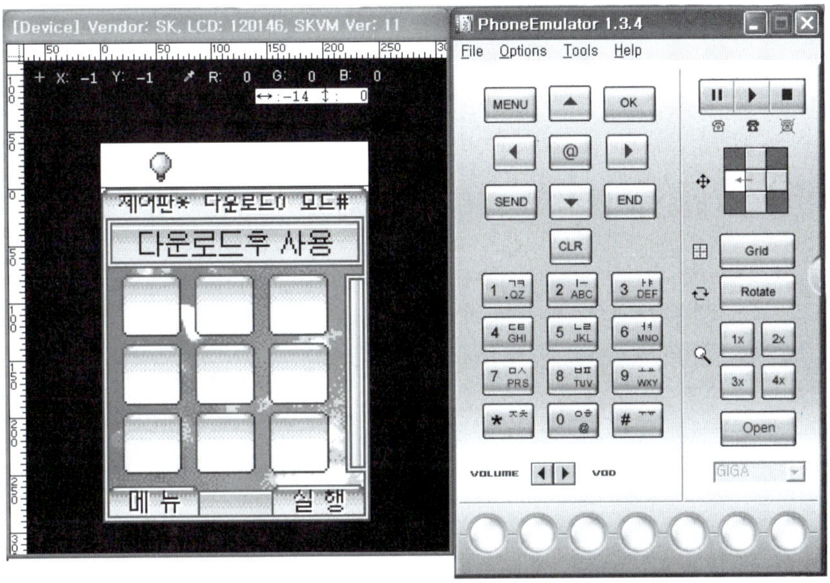

X END 버튼을 클릭한다.

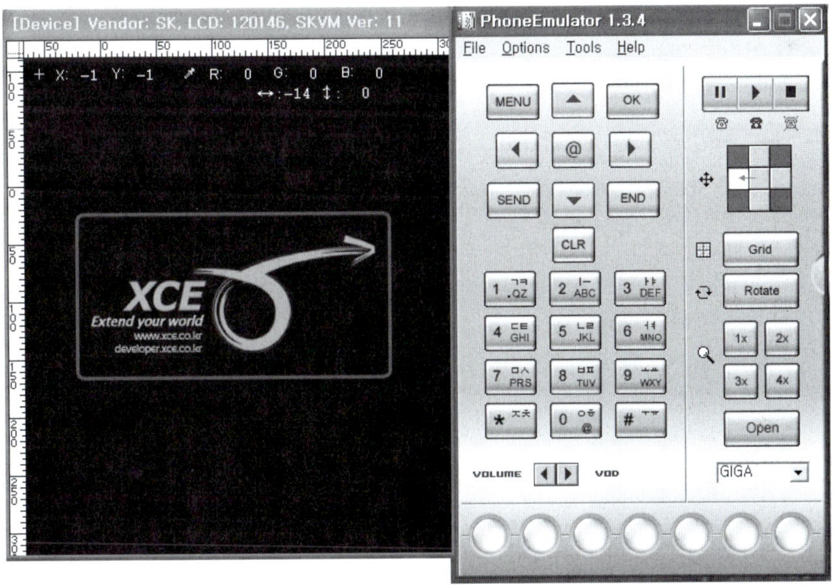

11-4 캠 프로그램 설정을 사용한 리모컨 가스제어

(1) 실습 내용 : 리모컨을 이용한 가스제어

① 제공된 CD에 있는 kor_serversetup 파일을 더블 클릭한다.

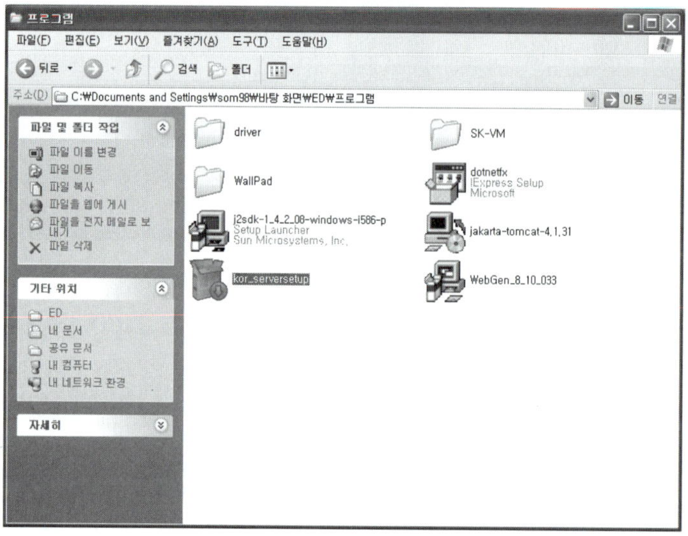

② 다음 버튼을 클릭한다.

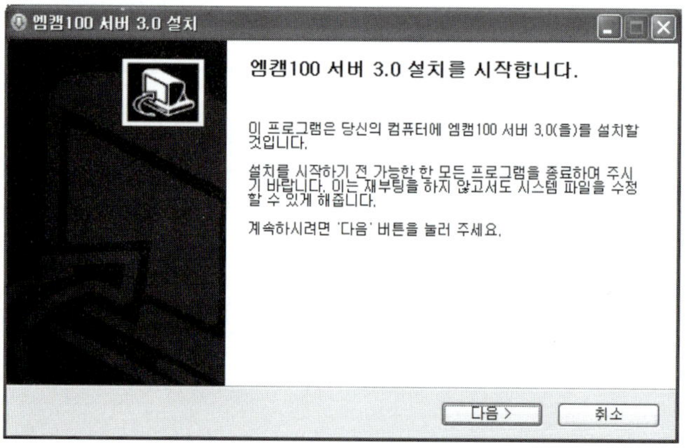

③ 동의함 버튼을 클릭한다.

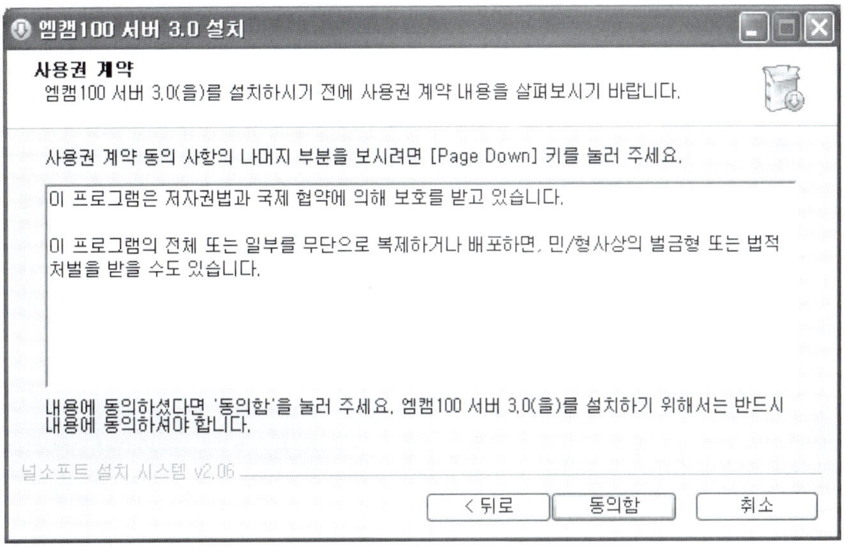

④ 기본 폴더로 설정하고 설치 버튼을 클릭한다.

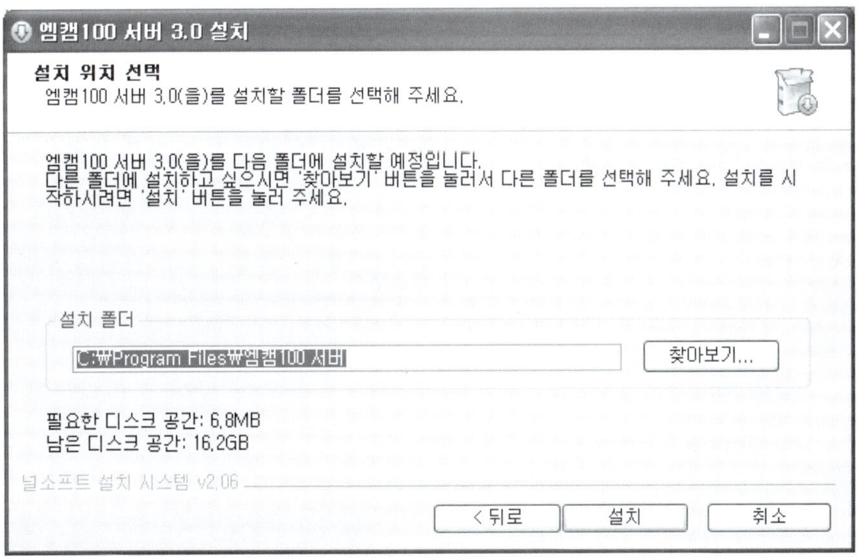

⑤ 마침 버튼을 클릭한다.

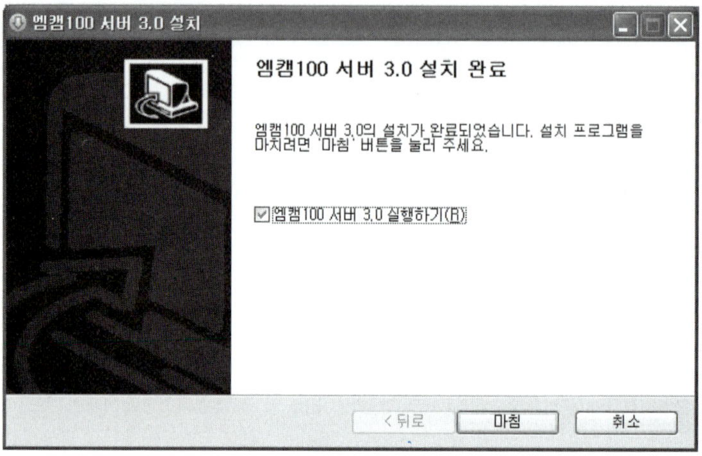

⑥ 다음 버튼을 클릭한다.

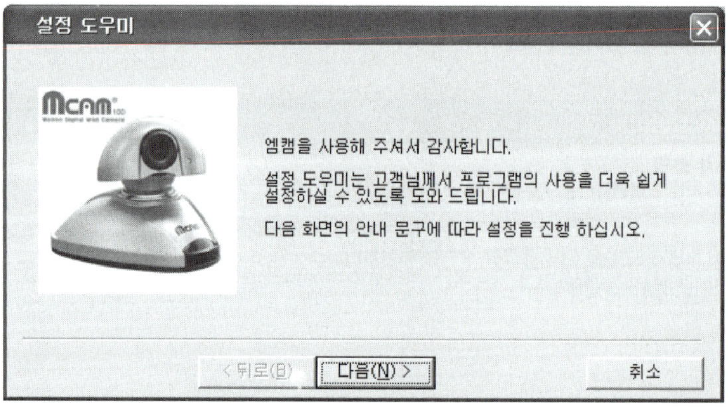

⑦ 확인 버튼을 클릭하면 새로운 인터넷 브라우저 창이 나타나는데 새로운 창이 나타나면 창을 닫으면 된다.

⑧ 바탕화면에 있는 엠캠100 서버를 클릭한다.

⑨ 웹 사이트에 등록을 하지 않아서 나타나는 메시지이다. 확인 버튼을 클릭한다.

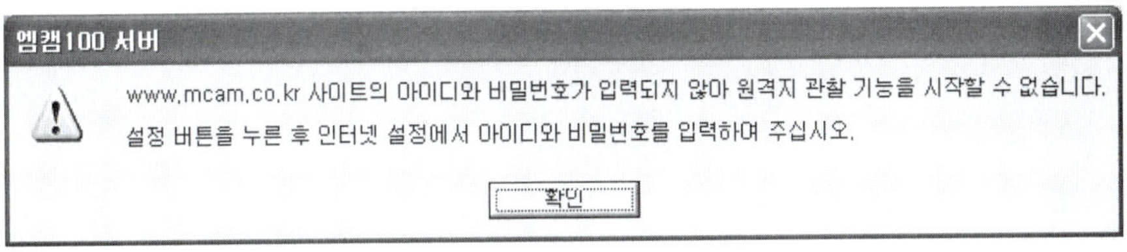

⑩ 카메라 서버가 시작된다.

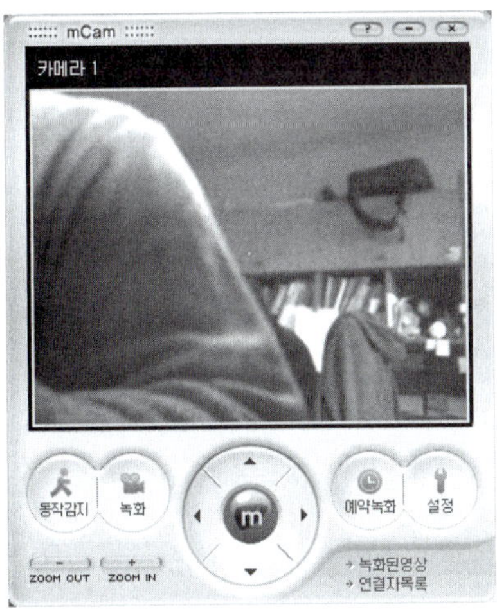

⑪ 동작 감지 버튼을 누르면 동작이 감지되면 알람을 울리며 움직이는 물체를 따라 다닌다.

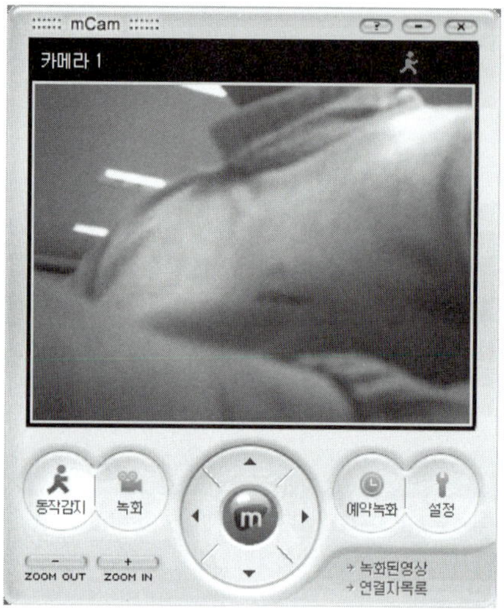

⑫ 카메라의 환경을 설정하기 위하여 아래와 같이 설정 버튼을 클릭한다.

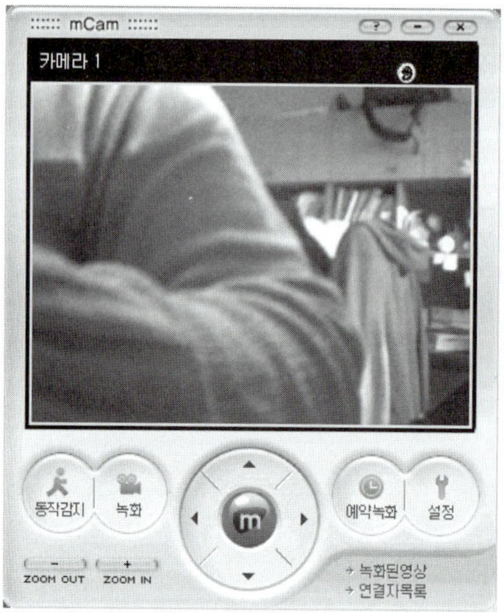

⑬ 설정화면이다. 아래와 같이 설정한다.

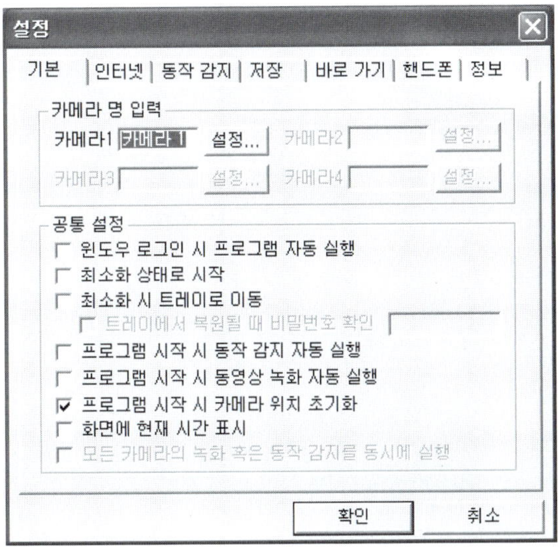

⑭ 동작 감지 설정이다. 동작 감지 시간 설정하고 하단에 있는 움직임 추적을 클릭한다.

민감도를 높이면 작은 움직임에도 반응하여 민감도를 낮추면 반응이 둔해진다.

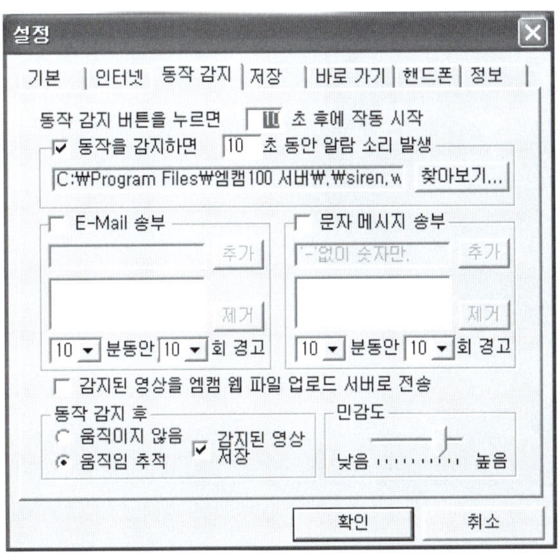

⑮ 저장 폴더를 설정한다.

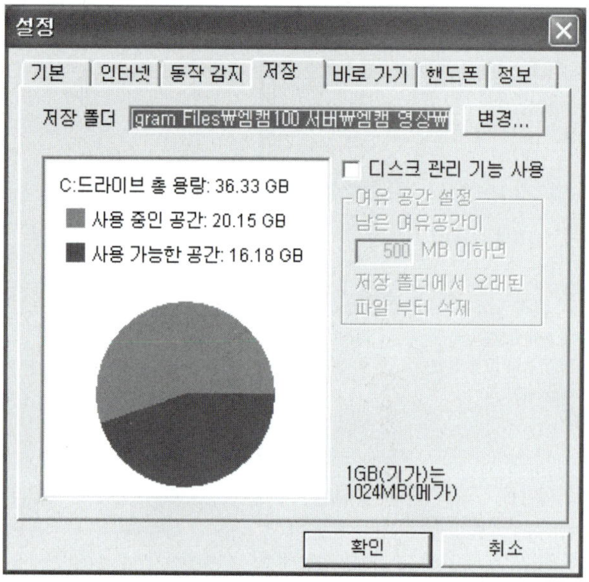

⑯ 이제 카메라를 이용한 제어를 해본다.

- 방향 버튼 : 상 · 하 · 좌 · 우 버튼을 클릭하여 카메라의 위치를 이동 시킨다.
- 동작감지 : 움직임이 발생했을 때 동체 추적 및 움직임 영상을 저장한다.
- 녹화 : 현재 보이는 영상을 저장한다.
- 예약 녹화 : 시간 설정을 하여 예약 녹화 기능을 수행한다.
- 설정 : 여러 가지 기능에 대한 설정을 바꿔준다.
- ZOOM OUT : 멀리 보이게 한다.
- ZOOM IN : 가까이 보이게 한다.

11-5 XML_SOAP 프로토콜을 이용한 프로그래밍

1. 선행학습 사항

① 론메이커 툴 사용법

② 웹진 사용법

③ 웹서버 생성법

④ iLON100 IP 세팅법

⑤ XML에 대한 기본 지식

⑥ Visual Studio .NET에 대한 사용법

2. 요구사항

① 론메이커

② Visual Studio .NET

③ iLon100 Internet Server

④ 실습에 필요한 디바이스(DI, DO, AI, AO)

☞ (예) DI4DO4 디바이스가 있으면 DI와 DO가 준비된 것이다.

3. 개 요

(1) XML이란?

Extensible Markup Language의 약자로 직역하면 '확장 가능한 마크업 언어'이다.

주로 웹언어로 많이 쓰이는 HTML(Hypertext Markup language)이 마크업 일반적인 마크업 언어이다. 그럼 마크업 언어는 어떤 언어이고 HTML과 XML이 다른 점은 무엇인가? HTML은 규정된 격식에 프로그램을 해야만 했다.

예를 들어, 테이블을 만들려면

```
<html>
<title>
</title>
<table>
<tr>
<td> 제어1 </td>
<td> 홍길동 </td>
</tr></table>
</body>
</html>
```

이런 모양을 갖춘 프로그래밍을 해야 된다. 다른 유저가 위와 같은 프로그램 소스를 본다면, 제어1은 무엇을 제어하는 것이고 또 홍길동은 누구인가? 하는 의문이 남을 것이다.

이런 의문이 남지 않게 좀 더 구체적으로 만들기 위해서 태그를 임의대로 줄 수 있다면……. ·

```
<?xml version="1.0" encoding="euc-kr"?>
<lampcontorl>
<room1>
<switch1> 제어 1 </switch1>
<admin> 홍길동 </admin>
</room1>
</lampcontorl>
```

위와 같은 언어가 XML언어이다. 위와 같은 프로그램을 본다면 방1에 스위치 1을 컨트롤하는 소스이고 관리자는 홍길동이라는 것을 알 수 있다. 이것이 사용자 중심의 마크업언어 XML이다.

4. SOAP이란?

SOAP(Simple Object Access Protocol)은 웹상의 객체들을 액세스하기 위한 마이크로소프트의 프로토콜이다. 이 프로토콜은 HTTP를 사용하여 인터넷에 텍스트 명령어를 보내기 위해 XML 구문을 쓴다. SOAP은 COM, DCOM, 인터넷 익스플로러, 마이크로소프트의 자바 이행 등내에서 지원된다.

5. XML_SOAP을 쓰는 이유는?

위에서 본 바와 같이 XML언어와 SOAP 프로토콜을 이용하여 분산 처리된 데이터를 빠르게 제어하고 모니터링을 하기 위하여 XML_SOAP를 쓰게 된 것이다.

예를 들어, 3개의 대리점을 가진 기업이 있다고 하자. 대리점을 관리하기 위해서는 관리 인력이 필요할 것이다. 1개의 대리점당 1명의 관리인원이 필요하다고 할 때 이 기업의 관리 인원은 4명이 있어야 하며 또한 많은 관리비용을 감당해야 할 것이다.

'좀 더 효과적인 관리방법은?' 없는 것일까?

만약 XML_SOAP으로 3개의 대리점을 연결하고 본사에 관리 부서를 둔다면 효율적인 관리가 이루어 질수가 있다. 또한 관리비용도 줄일 수 있을 것이다.

6. DI(디지털 입력) 프로그래밍

① 론메이커에서 DI 블록과 iLON100에 웹서버 0번을 작업창에 꺼내 놓는다.

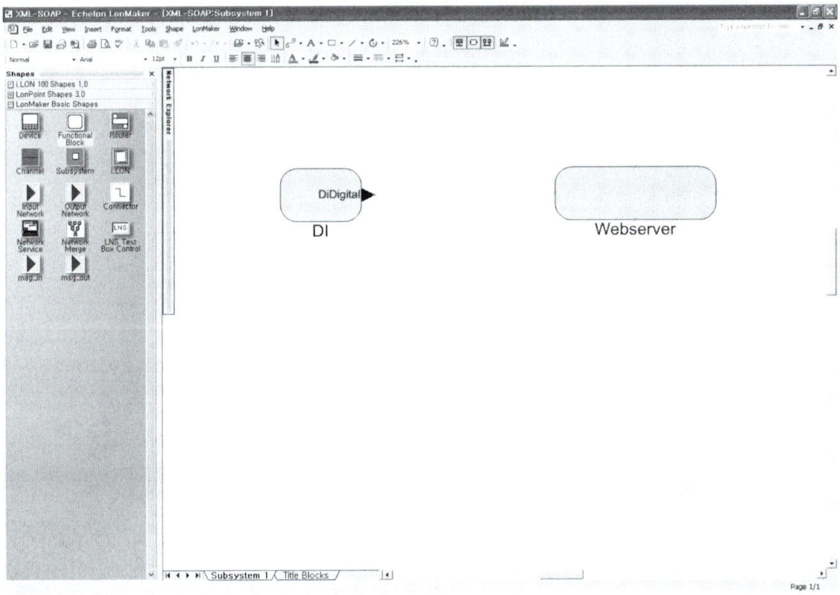

② 웹서버에 INPUT 포인트를 생성한다.

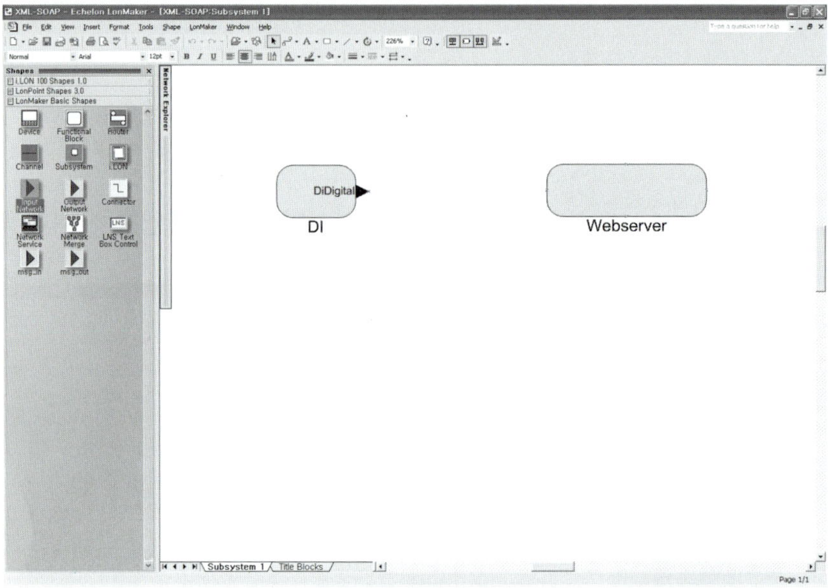

③ INPUT 포인트를 웹서버 블록위에 올려놓는다.

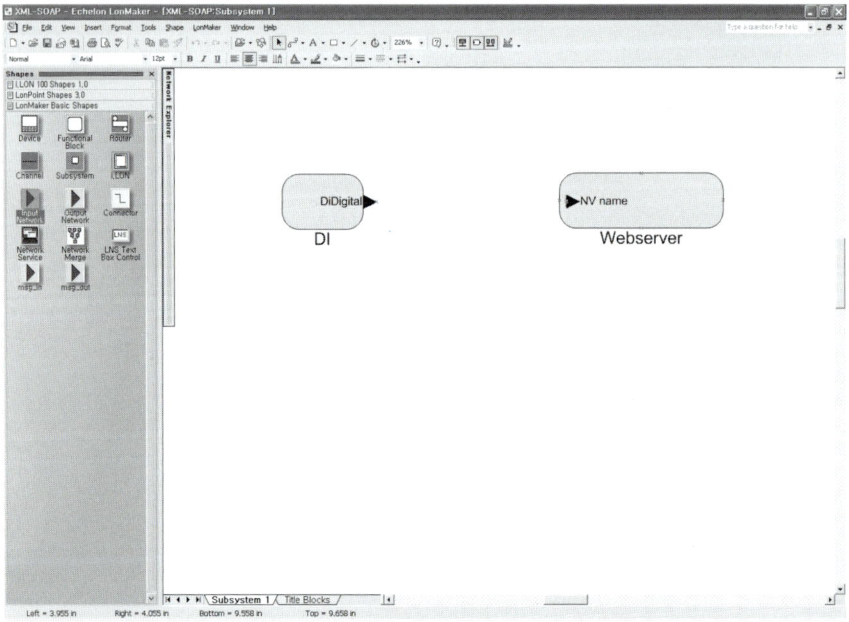

④ 새로운 창이 열리면 Create NV...을 클릭한다.

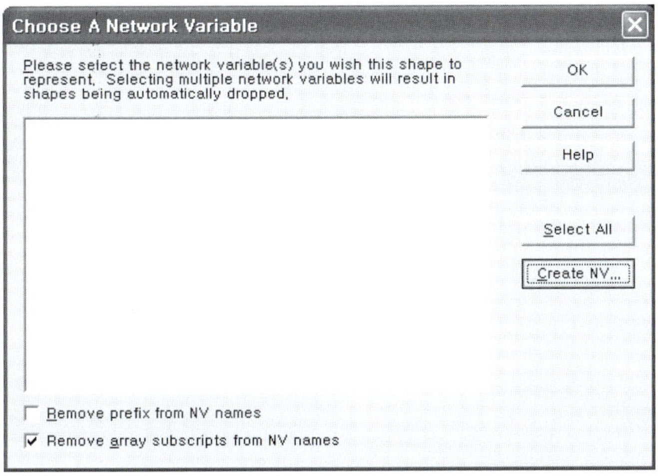

⑤ New NV Name에 DI라는 이름을 넣어주고 Browse 버튼을 클릭한다.

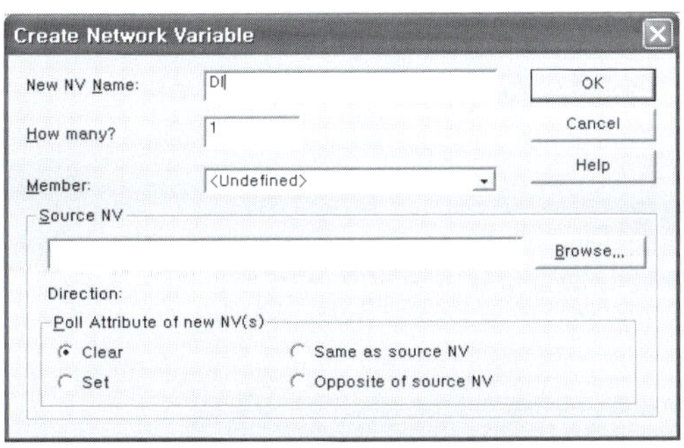

⑥ Subsystem 앞에 있는 '+'를 클릭한다.

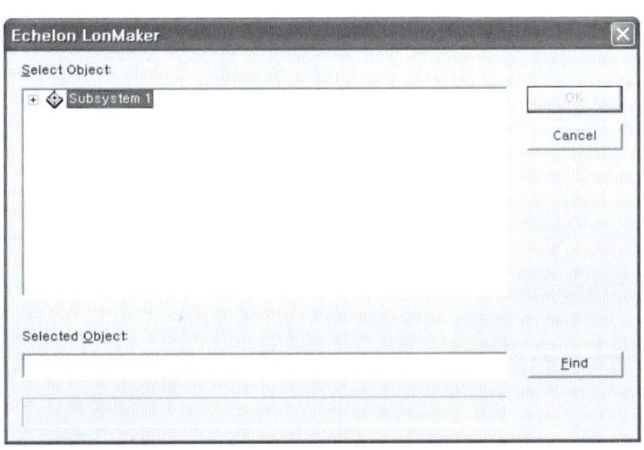

⑦ DI4DO4 앞에 '+'를 클릭했다. 여러분께서는 DI(디지털입력) 디바이스의 이름 앞에 '+'를 클릭하면 된다. 예를 들어, 디바이스 종류가 DI8 이고 론메이커 상에 디바이스 이름이 DI8-1이라면 여러분은 DI8-1의 앞에 '+' 표시를 클릭하면 된다.

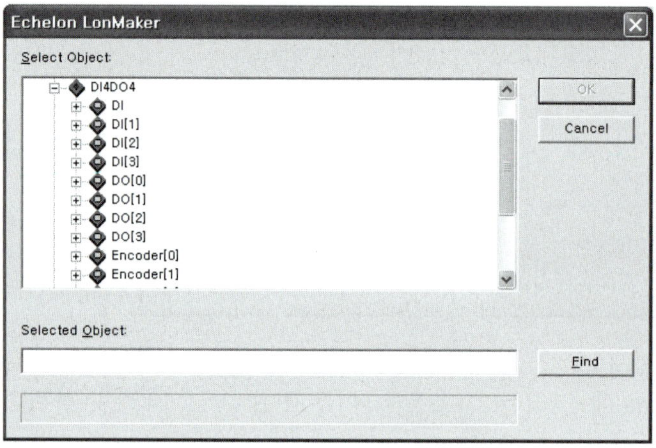

⑧ Functional Block에 이름 앞에 '+'를 클릭한다. 그리고 아래 그림과 같이 DiDigital을 클릭한다.

그리고 OK 버튼을 클릭한다. 예를 들어, Function Block에 이름을 TEMP라고 주셨다면 TEMP 앞에 '+'를 클릭하면 된다.

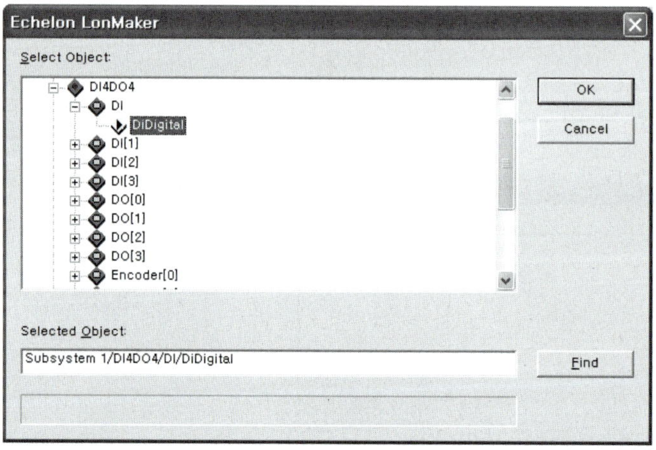

⑨ 아래와 같은 그림이 나오면 OK 버튼을 클릭한다.

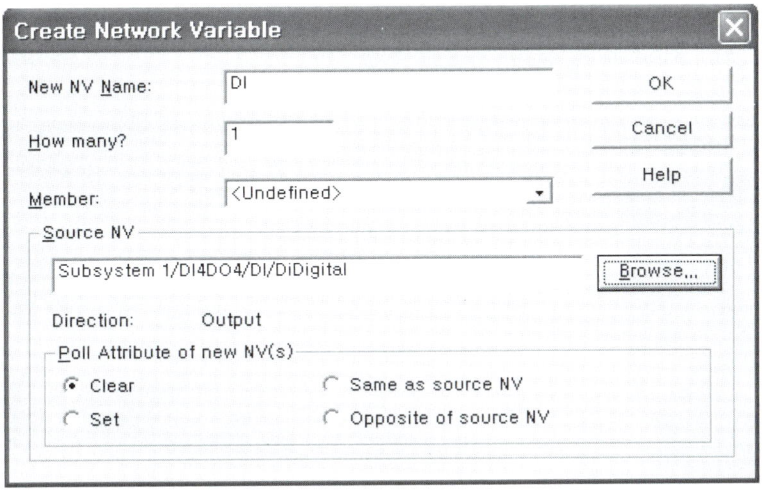

⑩ 아래와 같은 그림이 나오면 OK 버튼을 클릭한다.

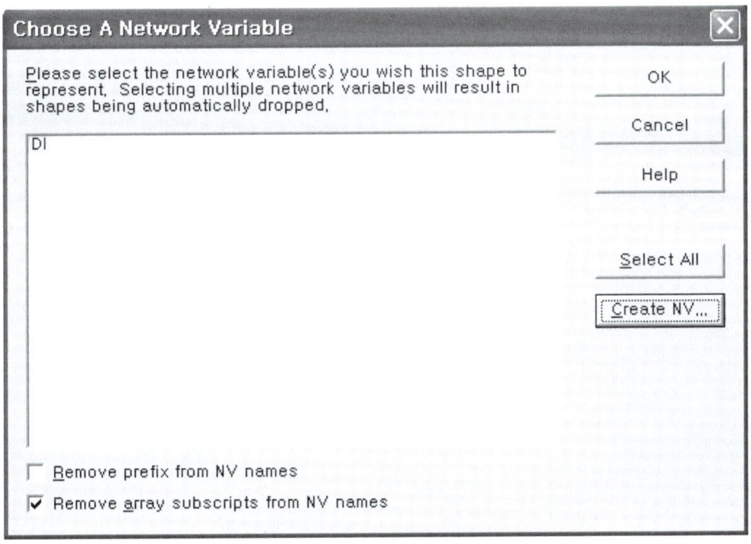

⑪ Webserver에 DI 포인트가 생성되었다. 웹서버에 포인트를 생성하는 방법은 웹진 매뉴얼에 설명되어 있다.

자세한 내용은 웹진 매뉴얼을 참조하기 바란다.

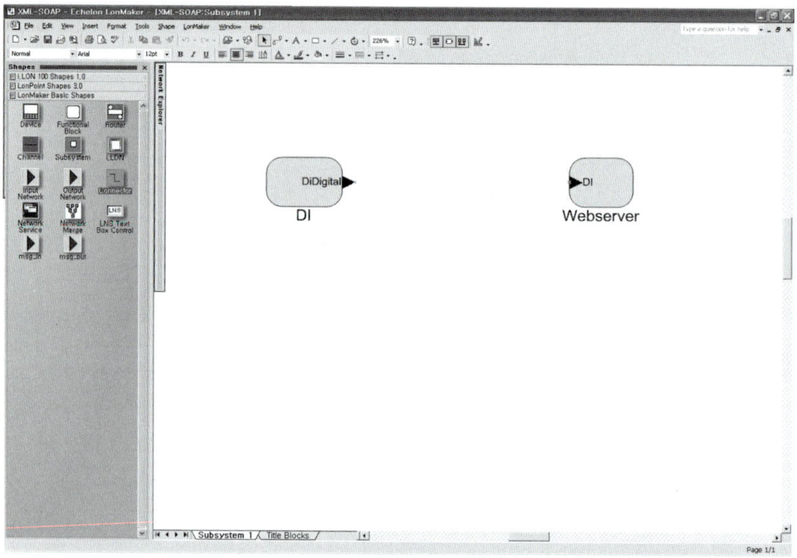

⑫ DI 블록과 Webserver에 DI 포인트를 바인딩 해준다.

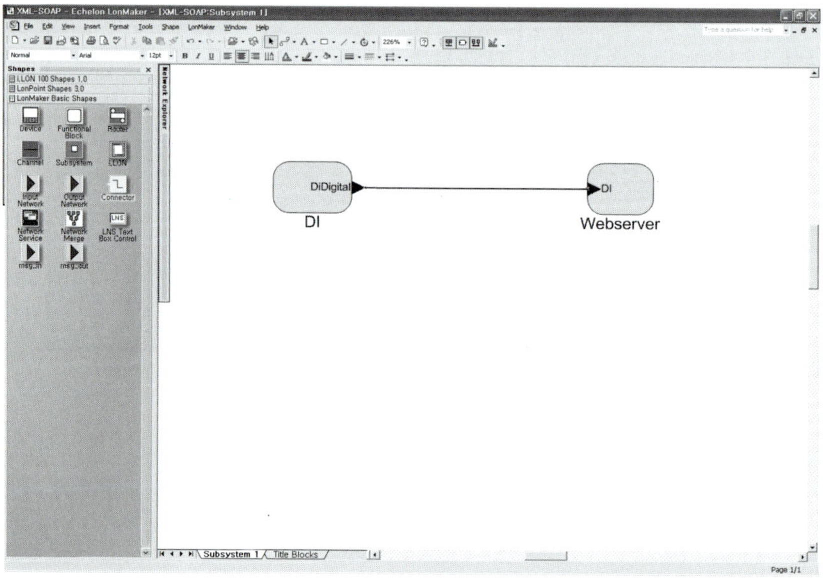

⑬ Visual Studio.NET을 실행시킨다. 아래와 같은 창이 나타나면 새 프로젝트를 클릭한다.

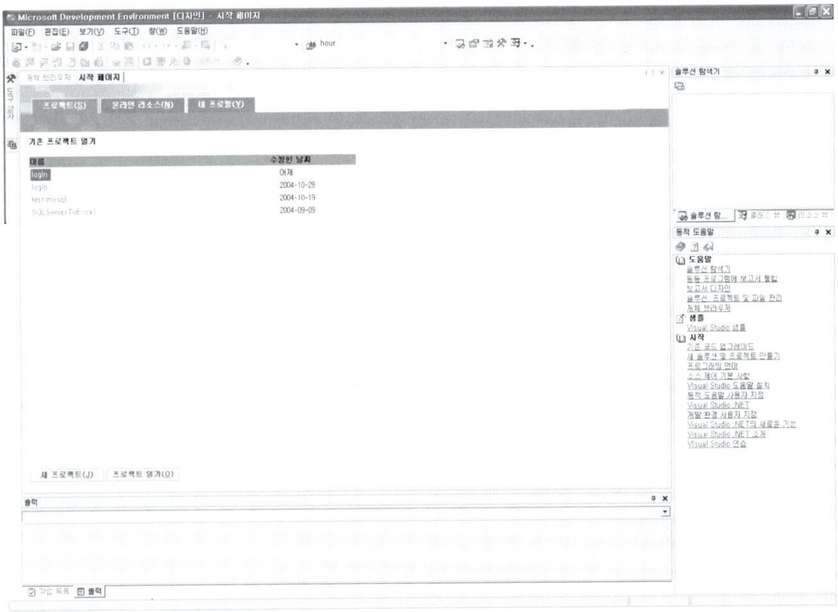

⑭ C# 프로젝트에 ASP.NET 웹 응용프로그램을 선택한다.

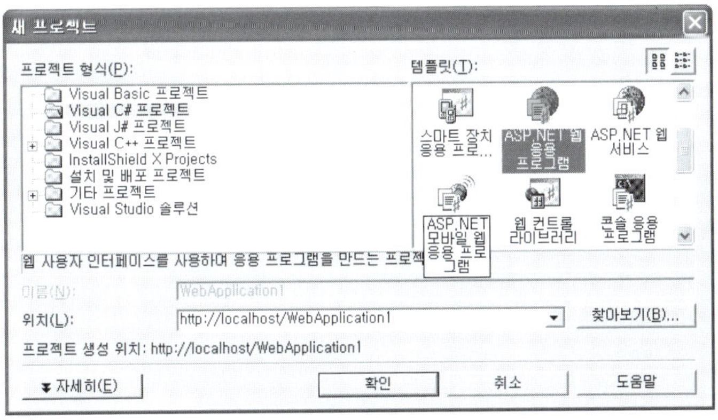

제 11 장

⑮ 위치 창에 XML이라고 적어 준다.

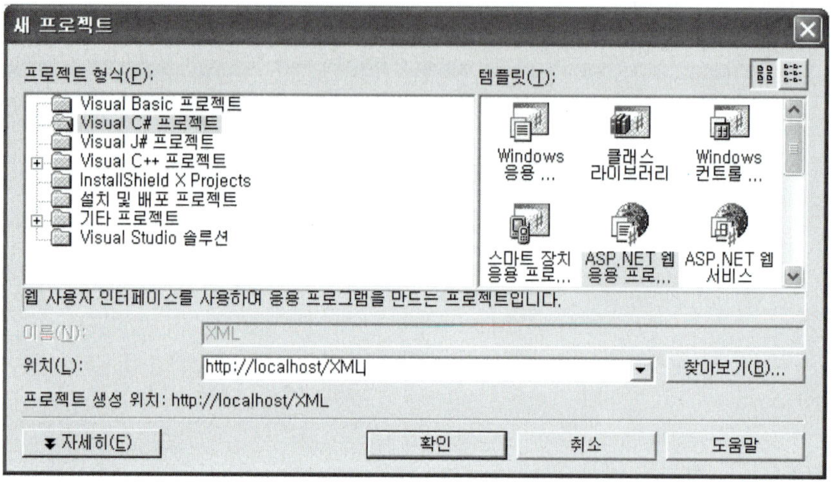

⑯ 새로운 프로젝트가 생성되었다.

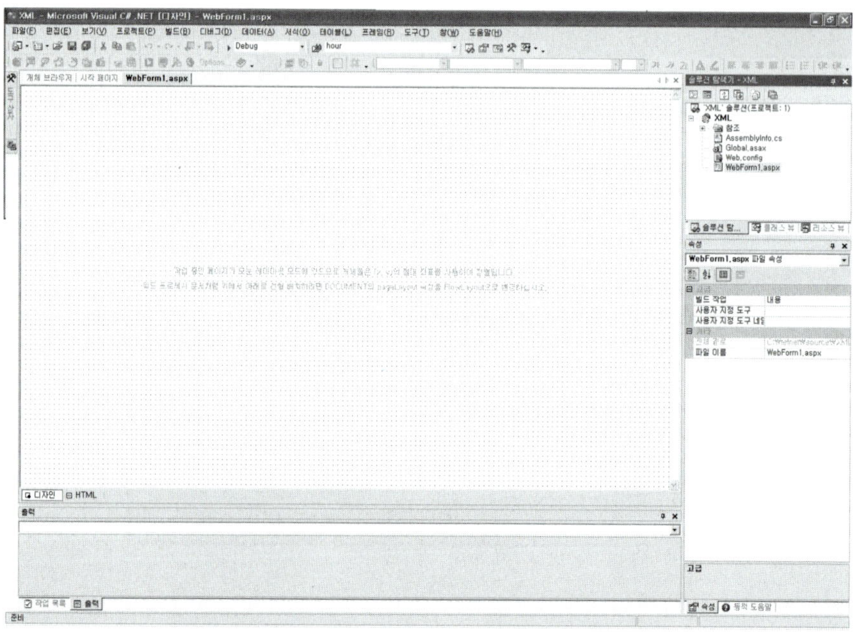

⑰ 오른쪽 솔루션 탐색기 창에 참조에서 마우스 오른쪽 버튼을 클릭하여 웹 참조 추가를 클릭한다.

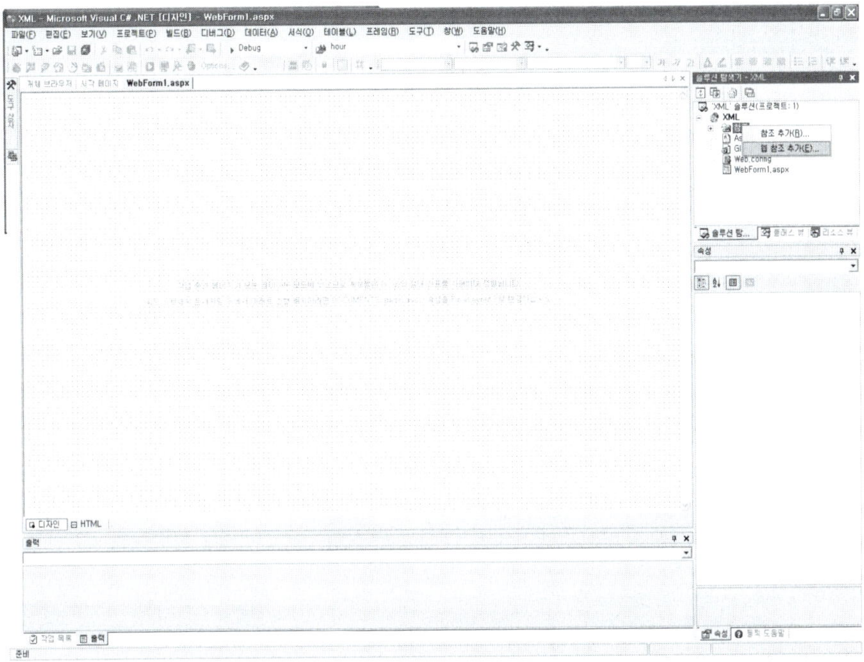

⑱ 새로운 창이 열리면 URL 부분에 iLON100에 IP를 적어 넣고 그 밑에 자세한 주소를 넣는다.

예> iLON100 IP : 192.168.1.100이면

http://192.168.1.100/ WSDL/iLON100.WSDL이라고 적어 준다.

이 주소는 iLON100에 WSDL 파일을 참조하는 방법이다.

그리고 이동버튼을 클릭한다.

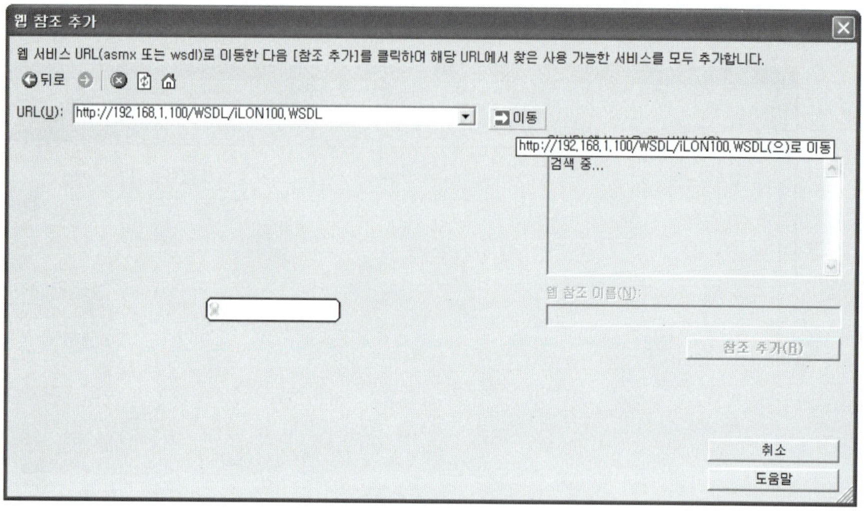

⑲ 아래 그림과 같이 WSDL 파일을 찾으면 참조추가 버튼을 클릭한다.

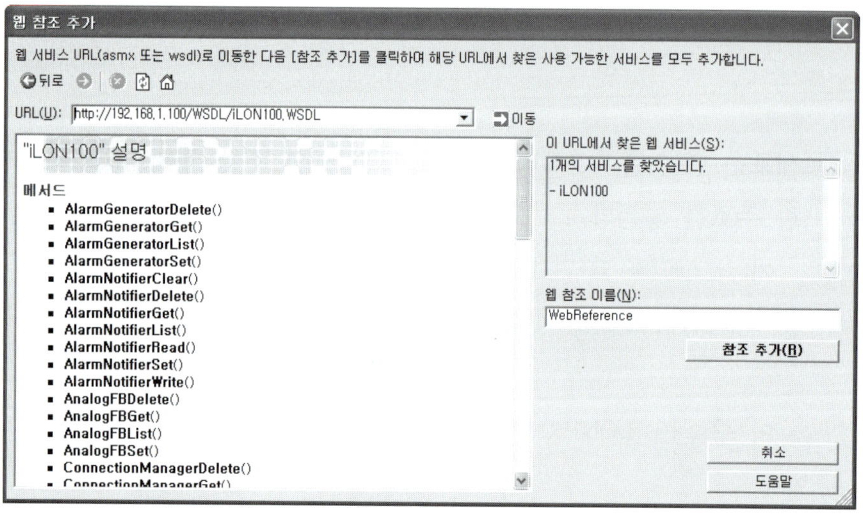

⑳ iLON100에 웹 참조가 추가되었다.

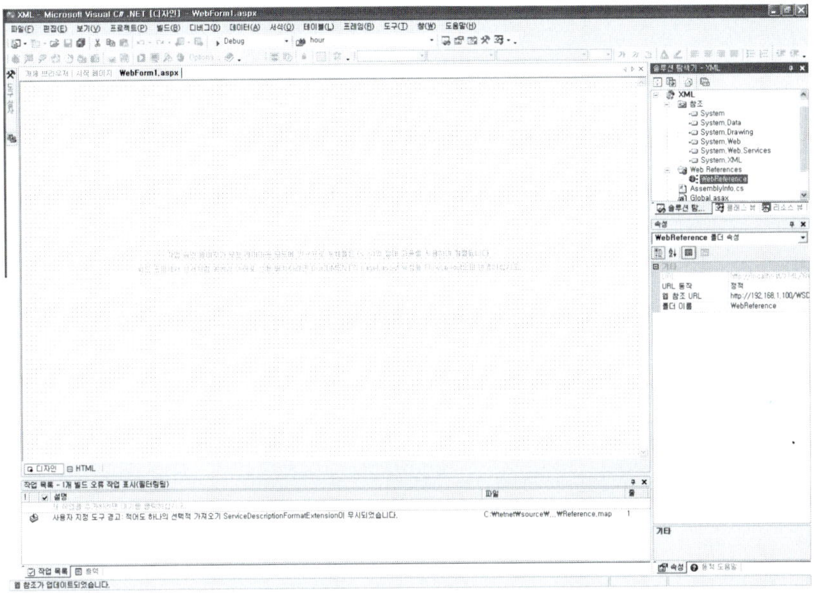

X 도구상자에서 TextBox 1개와 Button 1개를 꺼내 놓는다.

버튼을 누르면 DI 값을 불러와서 TextBox에 보여주는 프로그램을 작성한다.

X TextBox를 꺼내 놓은 모습이다.

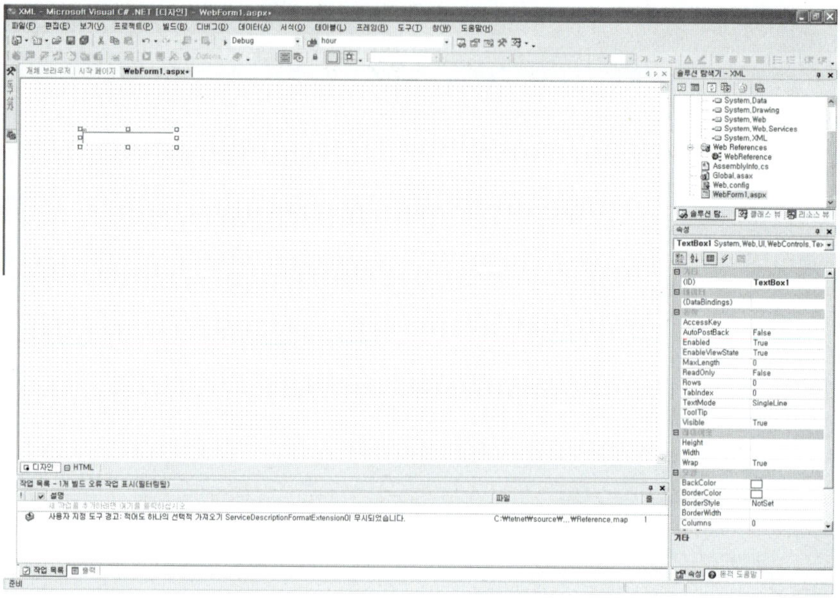

X 버튼을 꺼내 놓은 모습이다. 이제 버튼을 더블클릭한다.

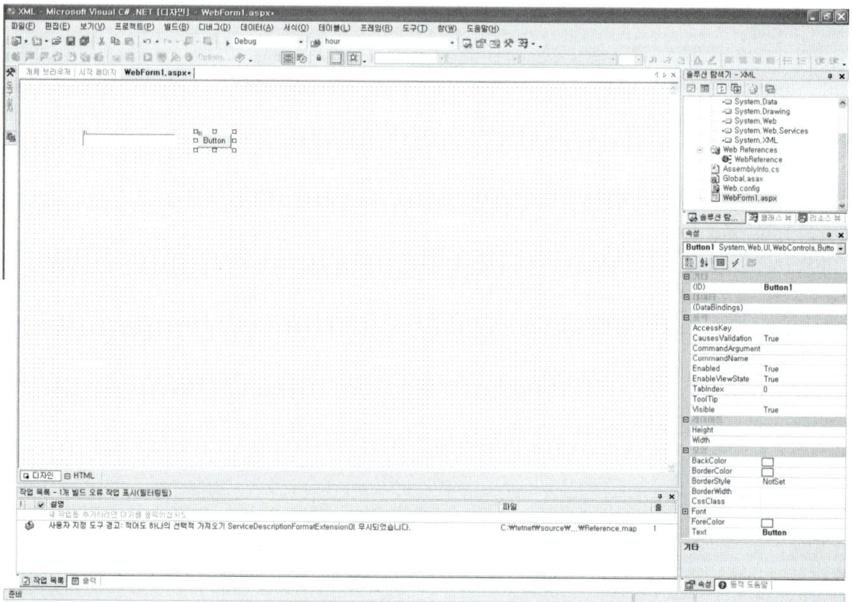

X 버튼을 더블클릭하면 코딩을 할 수 있는 비하인드 코드 창으로 들어간다.

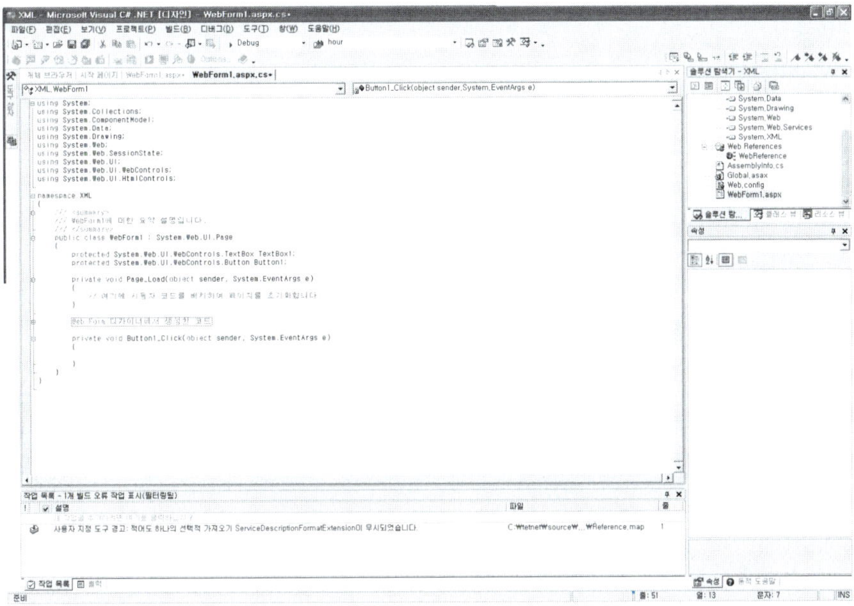

X 버튼 클릭 이벤트에 프로그램을 코딩한다.

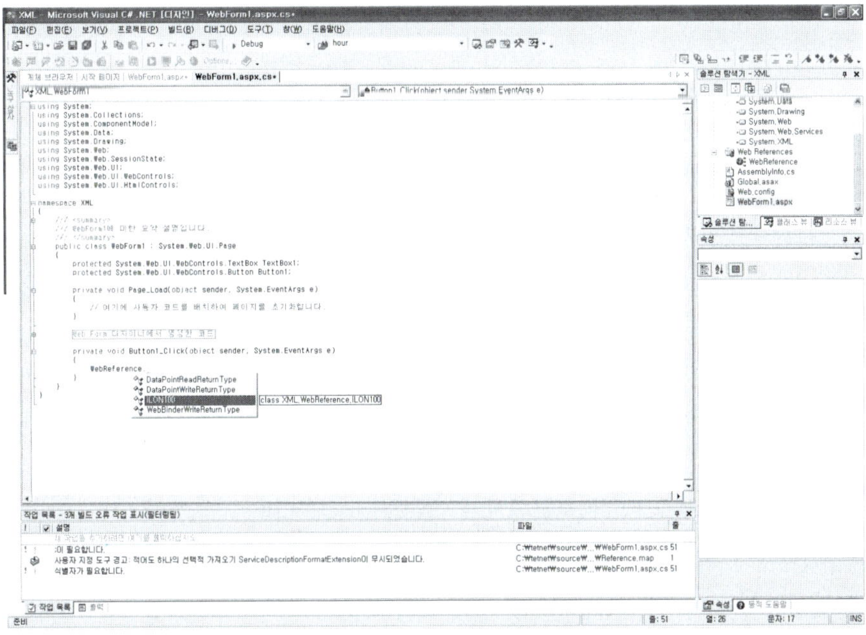

```
<코딩내용>
private void Button1_Click(object sender, System.EventArgs e) {
WebReference.iLON100 ilon = new XML.WebReference.iLON100();
}
```

ⓐ 웹참조이름(WebReference)을 참조하여 iLON100을 ilon이라는 변수로 선언한다.

WebReference.DataPointReadReturnType iread = new XML.WebReference.DataPointReadReturnType();

ⓑ 웹참조이름(WebReference)을 참조하여 DataPointReadReturnType을 iread 라는 변수로 선언한다.

ⓒ 웹 포인트 타입 : DataPointReadReturnType : 데이터를 읽어오는 포인트이다.

☞ 값을 읽어올 때 사용한다.

DataPoinWriteReturnType : 데이터를 쓰는 포인트이다.

☞ 명령을 내려줄 때 사용한다.

string url = ilon.Url;

ⓓ url이라는 변수로 iLON100에 Url을 넣어준다.

ilon.Url=url.Replace("localhost","192.168.1.100");

ⓔ iLON100에 url을 localhost에서 192.168.1.100(실제IP)로 바꿔준다.

iread=ilon.DataPointRead("NVL_DI_199","");

ⓕ Webserver에 있는 DI 포인트에 값을 읽어 와서 iread라는 변수로 저장한다.

☞ NVL_DI_199의 의미

NVL은 데이터에 타입을 의미 한다. DI는 Webserver 포인트 이름을 나타낸다.
199는 웹서버의 고유번호이다. Webserver[0]을 선택하면 웹서버의 번호는 199번이 된다.

형식 : NVL_데이터포인트 이름 _웹서버의 고유번호

TextBox1.Text=iread.UCPTvalue;

ⓖ TextBox1에 읽어온 데이터에 Value 값을 보여주는 코딩이다.

Ⅹ 아래와 같이 코딩을 한 뒤에 F5 키를 눌러 디버깅을 한다.

Ⅹ 인터넷 브라우저 창이 열리고 Visual Studio .NET에서 작성한 폼이 나타난다.

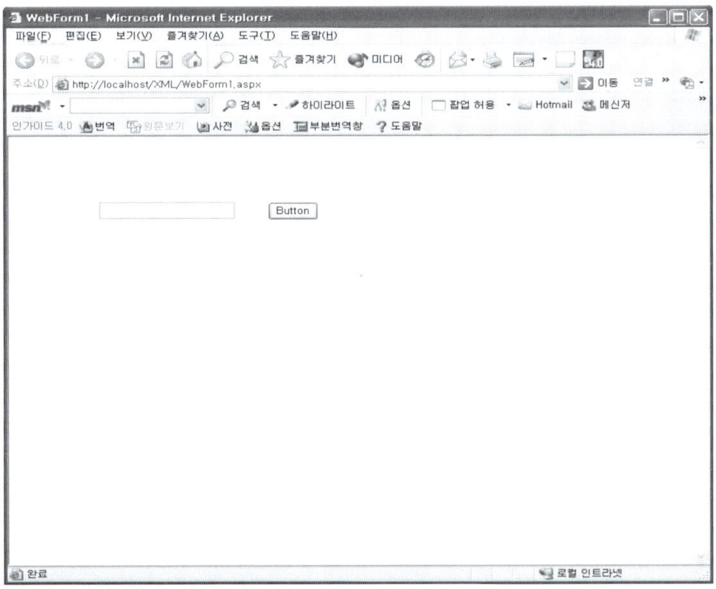

X 버튼을 누르면 비하인드 코드에서 작성한 코딩에 의하여 웹서버에 DI 포인트에 값을 읽어와 TextBox에 나타낸다.

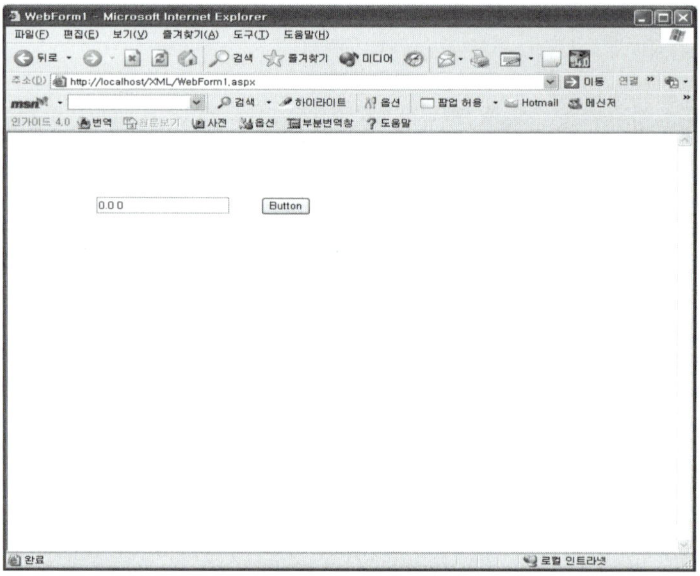

X 읽어온 순간에 LonMaker에서 본 그림이다.

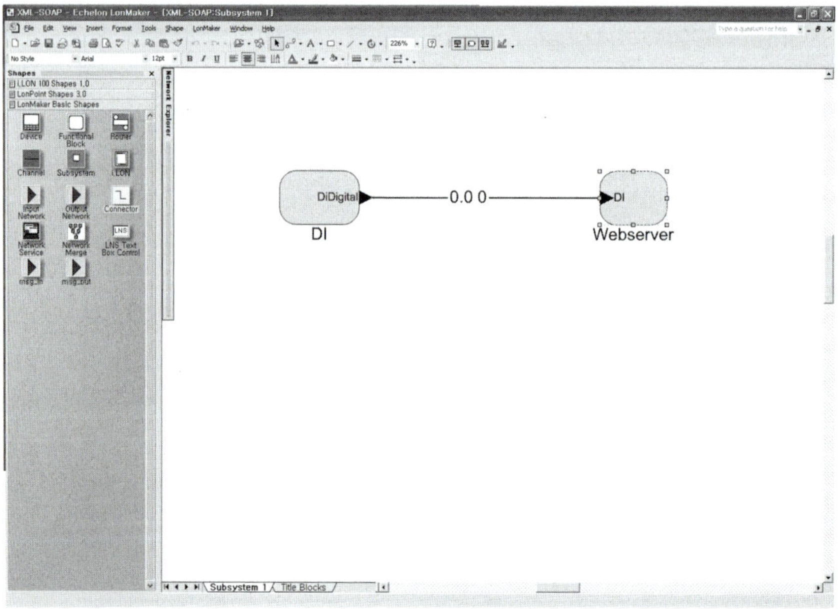

X DI값을 100.0 1로 바꿔준다.

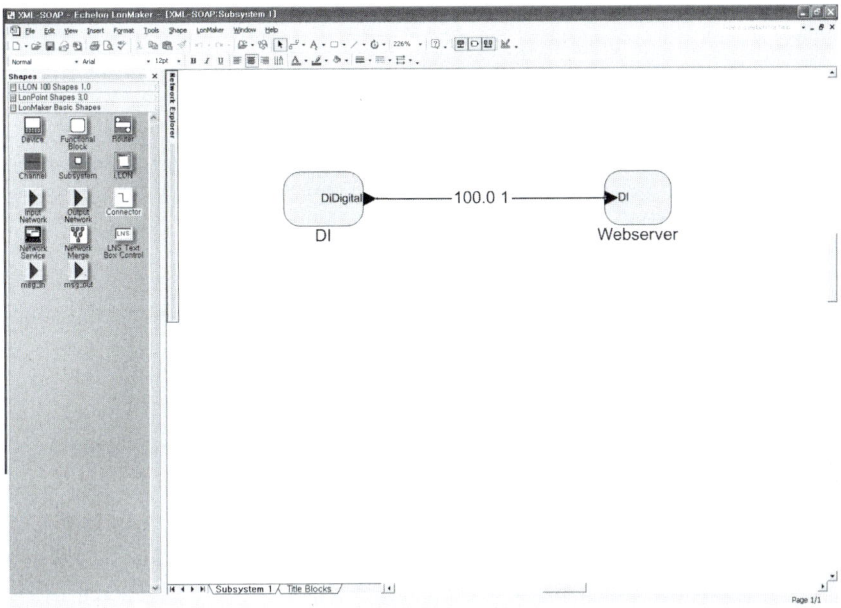

X 다시 웹브라우저에서 버튼을 눌러 다시 값을 읽어온 모습이다.

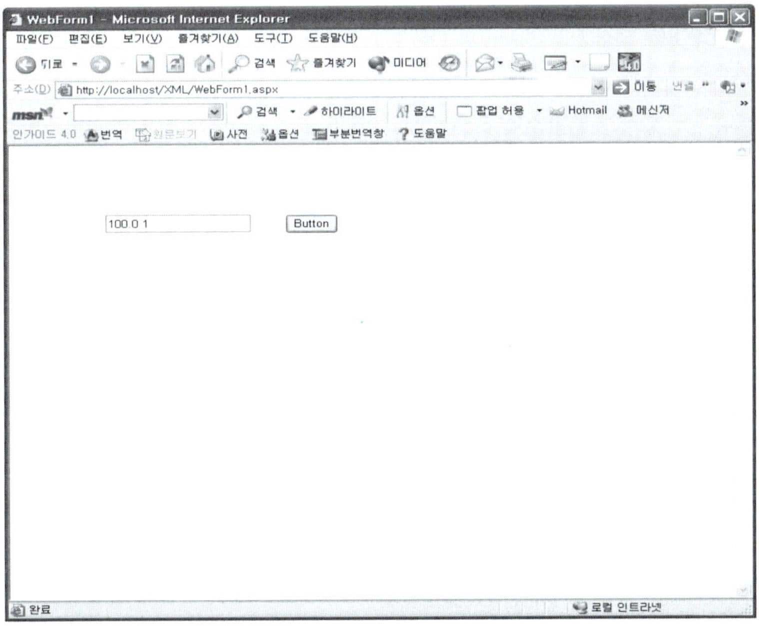

7. DO(디지털 출력) 프로그래밍

이 장에서는 앞장에서 했던 웹포인트 생성방법과 Visual Studio.NET의 프로젝트 생성부분은 생략한다.

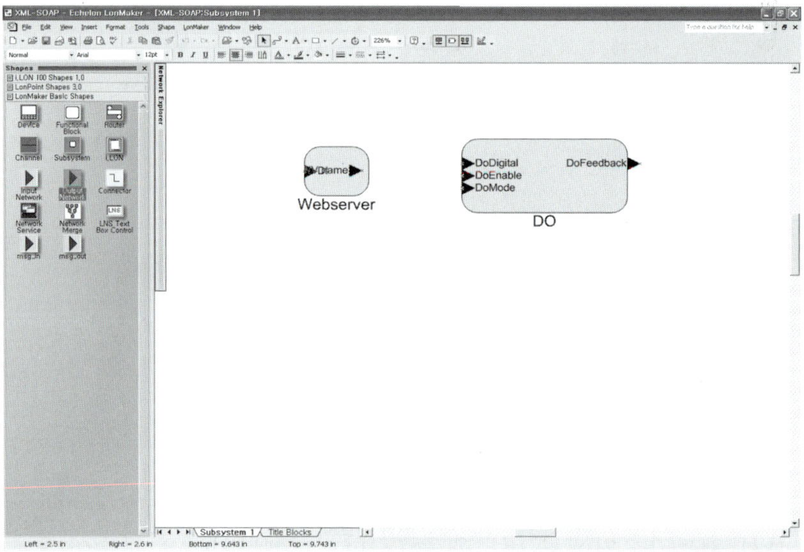

① 웹서버에 OUTPUT 포인트를 올려놓는다.

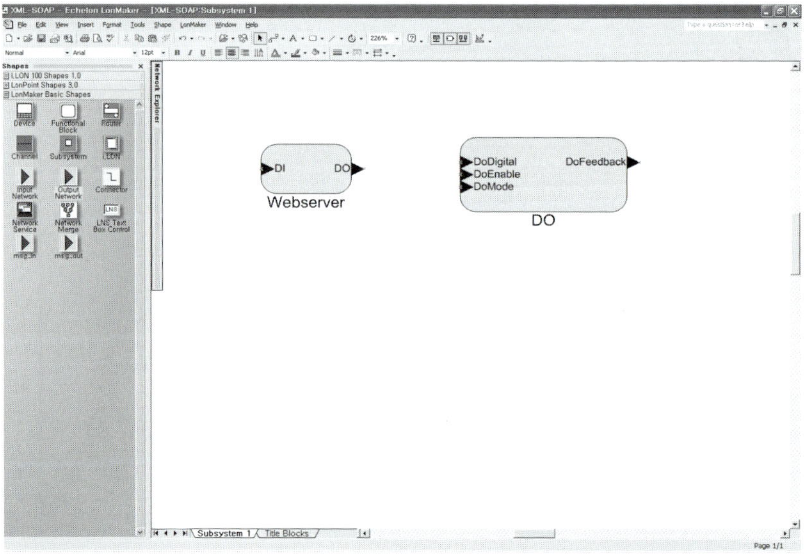

② 웹서버와 DO 블록을 생성시킨다.

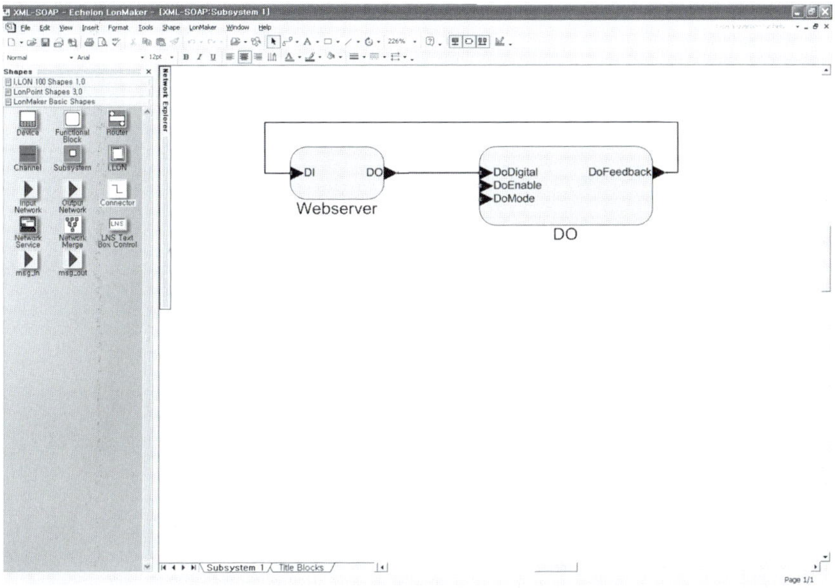

③ 웹서버에 DO와 DO 블록에 DoDigtal을 바인딩하고 웹서버에 DI와 DO 블록에 DoFeedback을 바인딩 해준다.

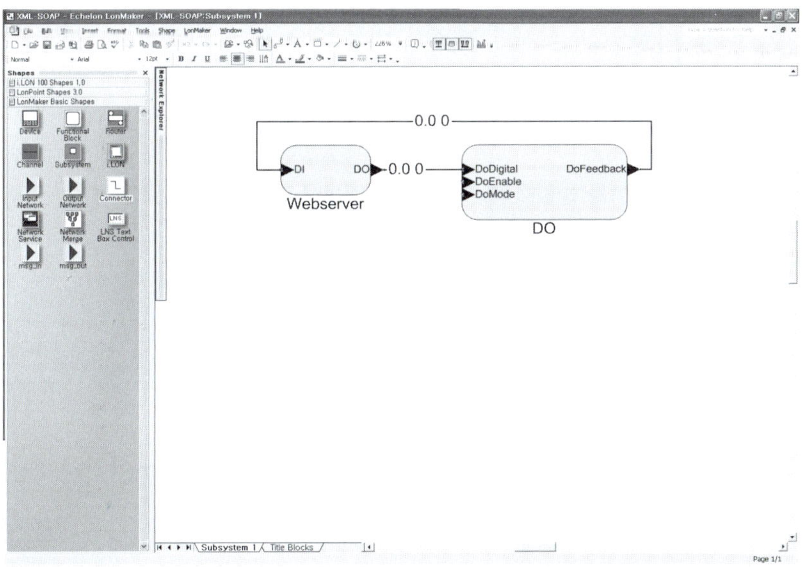

④ Connector를 더블클릭하여 모니터링을 걸어준다.

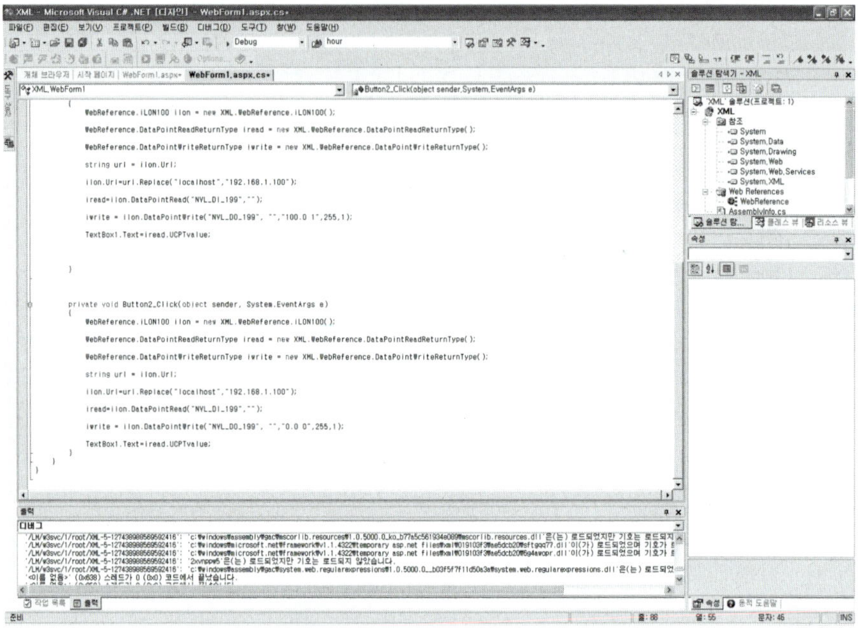

⑤ TextBox 1개와 Button 2개를 생성하고 버튼을 더블클릭하여 비하인드 코드창으로 들어간다.

그리고 비하인드 코드창에 ON 버튼을 누르면 DO가 On신호가 나가고 OFF 버튼을 누르면 Off 신호가 나가도록 코딩해준다.

- 코딩내용 : 버튼1을 눌렀을 때 On 명령을 내보내고 버튼2를 눌렀을 때 Off 명령을 내보내는 코딩이다.

```
private void Button1_Click(object sender, System.EventArgs e) {
WebReference.iLON100 ilon = new XML.WebReference.iLON100();
}
```

ⓐ 웹참조이름(WebReference)을 참조하여 iLON100을 ilon이라는 변수로 선언한다.

WebReference.DataPointReadReturnType iread = new

XML.WebReference.DataPointReadReturnType(

ⓑ 웹참조이름(WebReference)을 참조하여 DataPointReadReturnType을 iread라는 변수로 선언한다.

ⓒ 웹 포인트 타입 : DataPointReadReturnType : 데이터를 읽어오는 포인트이다.

☞값을 읽어 올 때 사용한다.

DataPoinWriteReturnType : 데이터를 쓰는 포인트이다.

☞명령을 내려줄 때 사용한다.

string url = ilon.Url;

ⓓ url이라는 변수로 iLON100에 Url을 넣어준다.

ilon.Url=url.Replace("localhost","192.168.1.100");

ⓔ iLON100에 url을 localhost에서 192.168.1.100(실제IP)로 바꿔준다.

iread=ilon.DataPointRead("NVL_DI_199","");

ⓕ Webserver에 있는 DI 포인트에 값을 읽어와서 iread라는 변수로 저장한다.

☞ NVL_DI_199의 의미

NVL은 데이터에 타입을 의미 한다. DI는 Webserver 포인트 이름을 나타낸다.

199는 웹서버의 고유번호이다. Webserver[0]을 선택하면 웹서버의 번호는 199번이 된다.

- 형식 : NVL_데이터포인트 이름 _웹서버의 고유번호

iwrite = ilon.DataPointWrite("NVL_DO_199", "","100.0 1",255,1);

ⓖ Webserver에 있는 DO 포인트에 값을 100.0 1로 내려보내주는 코딩이다.

100.0 1 : 일반적인 디지털 On 신호이다.

0.0 0 : 일반적인 디지털 Off 신호이다.

형 식 : NVL_데이터포인트 이름 _웹서버의 고유번호, “” , “On/Off명령” , 255 , 1

TextBox1.Text=iread.UCPTvalue;

ⓗ TextBox1에 읽어온 데이터에 Value 값을 보여주는 코딩이다.

```
private void Button2_Click(object sender, System.EventArgs e)
{
WebReference.iLON100 ilon = new XML.WebReference.iLON100();
}
```

ⓘ 웹참조이름(WebReference)을 참조하여 iLON100을 ilon이라는 변수로 선언한다.

```
WebReference.DataPointReadReturnType iread = new
XML.WebReference.DataPointReadReturnType();
```

ⓙ 웹참조이름(WebReference)을 참조하여 DataPointReadReturnType을 iread라는 변수로 선언한다.

ⓚ 웹 포인트 타입 : DataPointReadReturnType : 데이터를 읽어오는 포인트이다.

☞ 값을 읽어올 때 사용한다.

DataPoinWriteReturnType : 데이터를 쓰는 포인트이다.

☞ 명령을 내려줄 때 사용한다.

```
string url = ilon.Url;
```

ⓛ url이라는 변수로 iLON100에 Url을 넣어준다.

```
ilon.Url=url.Replace("localhost","192.168.1.100");
```

ⓜ iLON100에 url을 localhost에서 192.168.1.100(실제IP)로 바꿔준다.

```
iread=ilon.DataPointRead("NVL_DI_199","");
```

ⓝ Webserver에 있는 DI 포인트에 값을 읽어 와서 iread라는 변수로 저장한다.

☞ NVL_DI_199의 의미

NVL은 데이터에 타입을 의미 한다. DI는 Webserver 포인트 이름을 나타낸다.

199는 웹서버의 고유번호이다. Webserver[0]을 선택하면 웹서버의 번호는 199번이 된다.

형 식 : NVL_데이터 포인트 이름 _웹서버의 고유번호

```
iwrite = ilon.DataPointWrite("NVL_DO_199", "","0.0 0",255,1);
```

ⓞ Webserver에 있는 DO 포인트에 값을 100.0 1로 내려 보내주는 코딩이다.

100.0 1 : 일반적인 디지털 On 신호이다.

0.0 0 : 일반적인 디지털 Off 신호이다.

형 식 : NVL_데이터포인트 이름 _웹서버의 고유번호, “” , “On/Off명령”, 255, 1

```
TextBox1.Text=iread.UCPTvalue;
```

ⓟ TextBox1에 읽어온 데이터에 Value 값을 보여주는 코딩이다.

⑥ F5키를 눌러 디버깅 창을 생성한다. ON 버튼을 눌러 DO에 On 명령을 내려 보낸다.

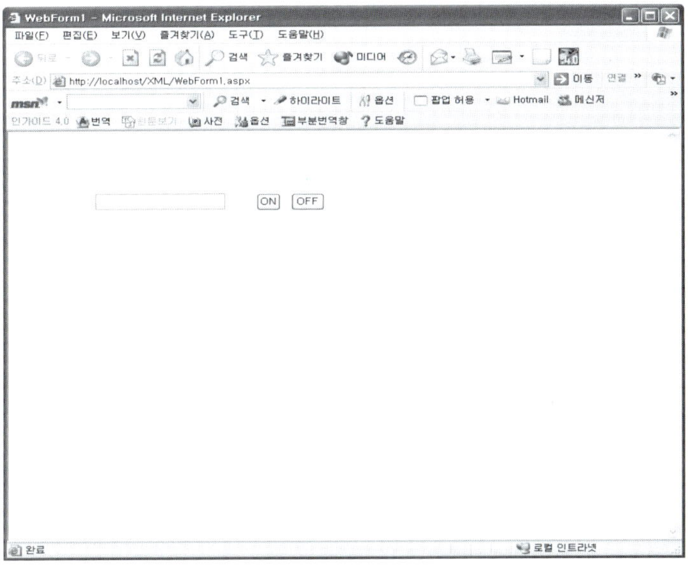

⑦ ON 버튼을 눌렀을 때 LonMaker에서 본 그림이다.

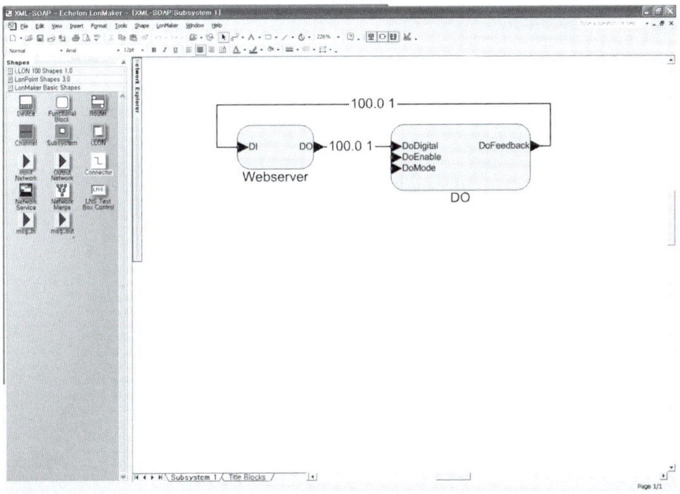

⑧ OFF 버튼을 눌러 DO에 Off 명령을 내려 보낸다.

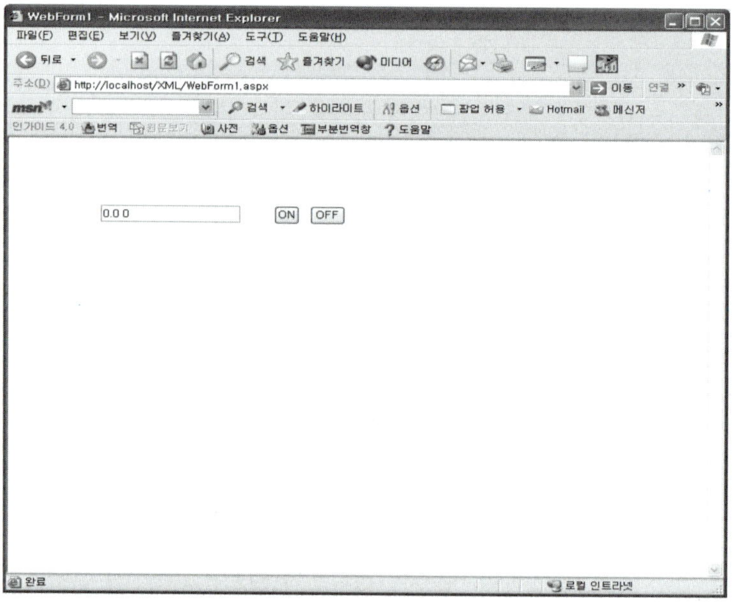

⑨ OFF 명령을 내려 보냈을 때 LonMaker에서 본 모습이다.

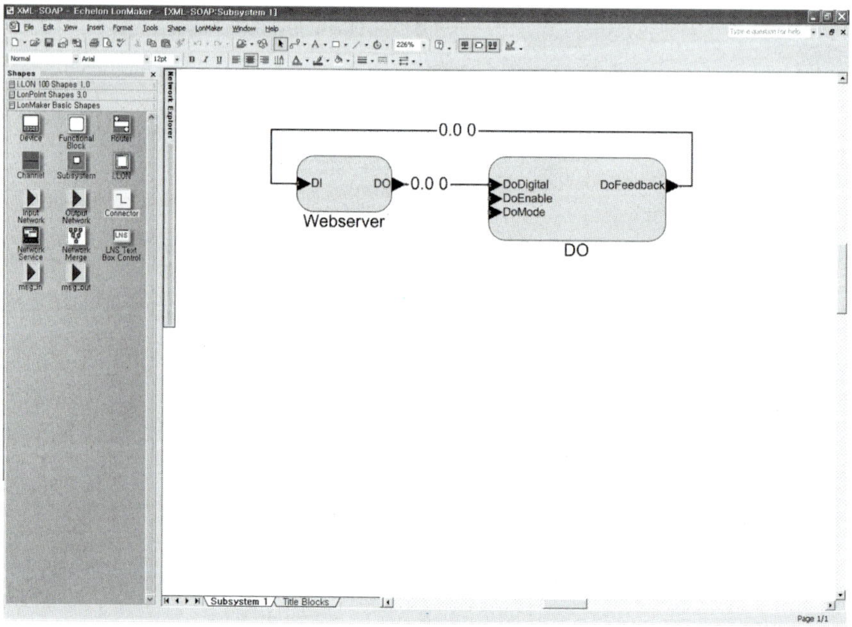

8. AI(아날로그입력) 프로그래밍

① AI 블록과 웹서버에 AI 포인트를 생성한다.

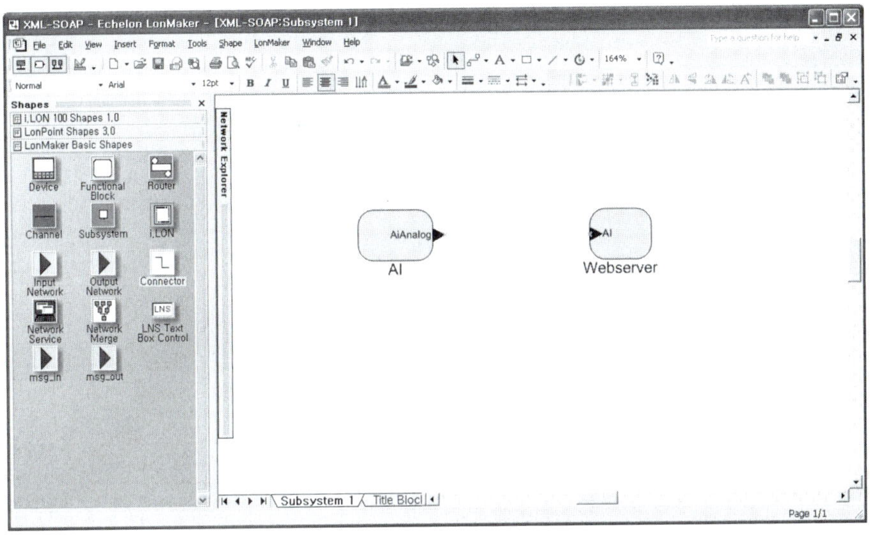

② AI 포인트와 웹서버를 바인딩 해 주고 모니터링 값을 읽어온 모습이다.

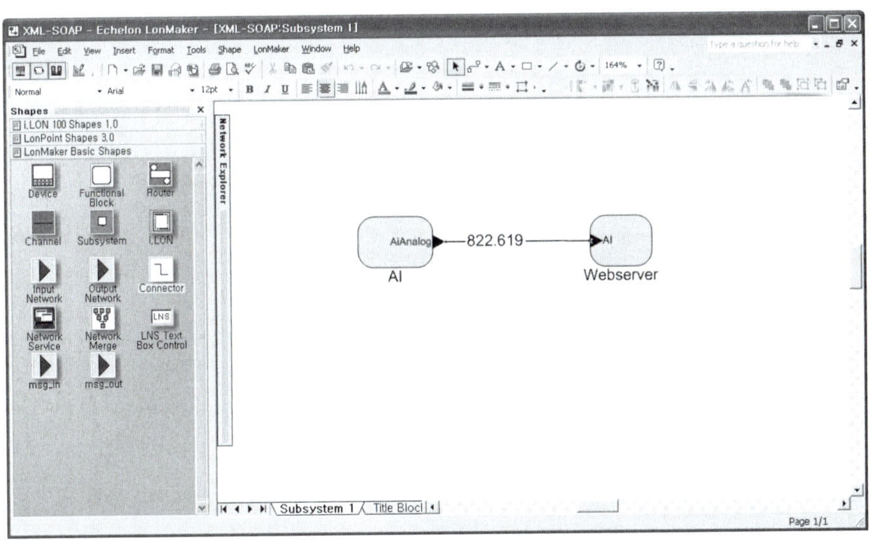

③ TextBox 1개와 버튼 1개를 생성한다.

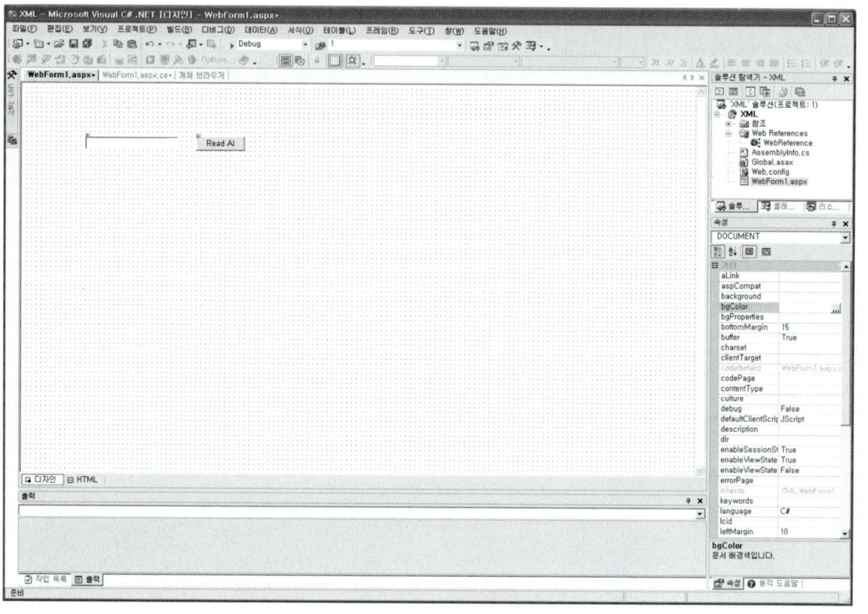

④ Visual studio.NET에서 버튼을 누르면 AI 값을 읽어 들이는 코딩을 한 모습이다.

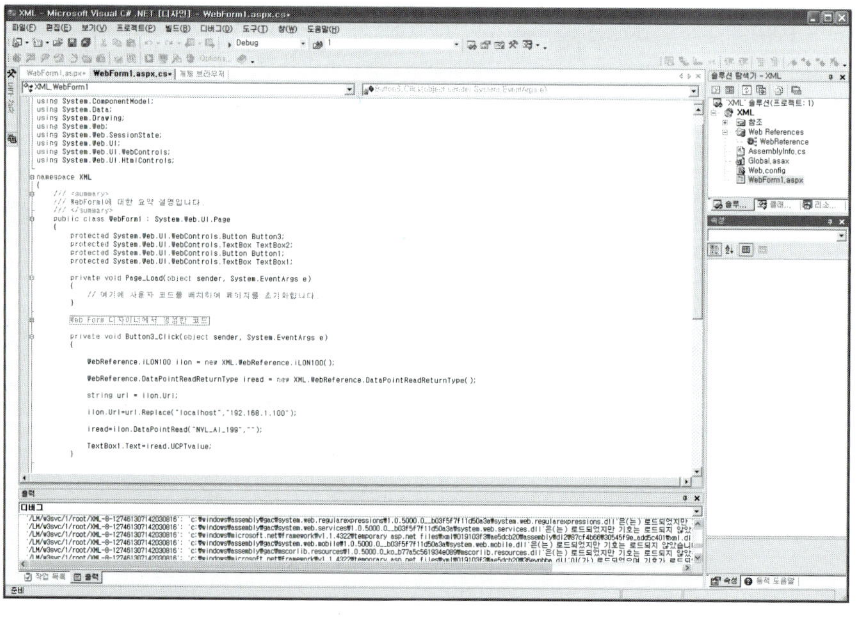

〈코딩내용〉

ⓐ 웹참조이름(WebReference)을 참조하여 iLON100을 ilon이라는 변수로 선언한다.

```
WebReference.DataPointReadReturnType iread = new
XML.WebReference.DataPointReadReturnType();
```

ⓑ 웹참조이름(WebReference)을 참조하여 DataPointReadReturnType을 iread라는 변수로 선언한다.

ⓒ 웹 포인트 타입 : DataPointReadReturnType : 데이터를 읽어오는 포인트이다.

☞ 값을 읽어올 때 사용한다.

DataPoinWriteReturnType : 데이터를 쓰는 포인트이다.

☞ 명령을 내려줄 때 사용한다.

```
string url = ilon.Url;
```

ⓓ url이라는 변수로 iLON100에 Url을 넣어준다.

```
ilon.Url=url.Replace("localhost","192.168.1.100");
```

ⓔ iLON100에 url을 localhost에서 192.168.1.100(실제IP)로 바꿔준다.

```
iread=ilon.DataPointRead("NVL_AI_199","");
```

ⓕ Webserver에 있는 DI 포인트에 값을 읽어 와서 iread라는 변수로 저장한다.

☞ NVL_AI_199의 의미

NVL은 데이터에 타입을 의미 한다. AI는 Webserver 포인트 이름을 나타낸다.

199는 웹서버의 고유번호이다. Webserver[0]을 선택하면 웹서버의 번호는 199번이 된다.

형식 : NVL_데이터포인트 이름 _웹서버의 고유번호

```
TextBox1.Text=iread.UCPTvalue;
```

ⓖ TextBox1에 읽어온 데이터에 Value 값을 보여주는 코딩이다.

⑤ F5 키를 눌러 디버깅 창을 생성한 후 버튼을 눌러 AI 값을 읽어온 모습이다.

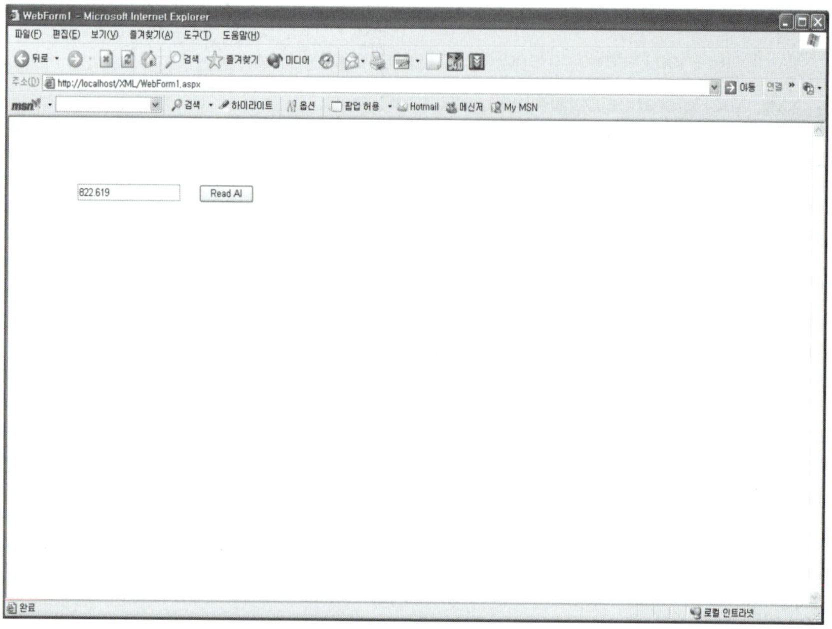

⑥ 론메이커에서 본 모습이다.

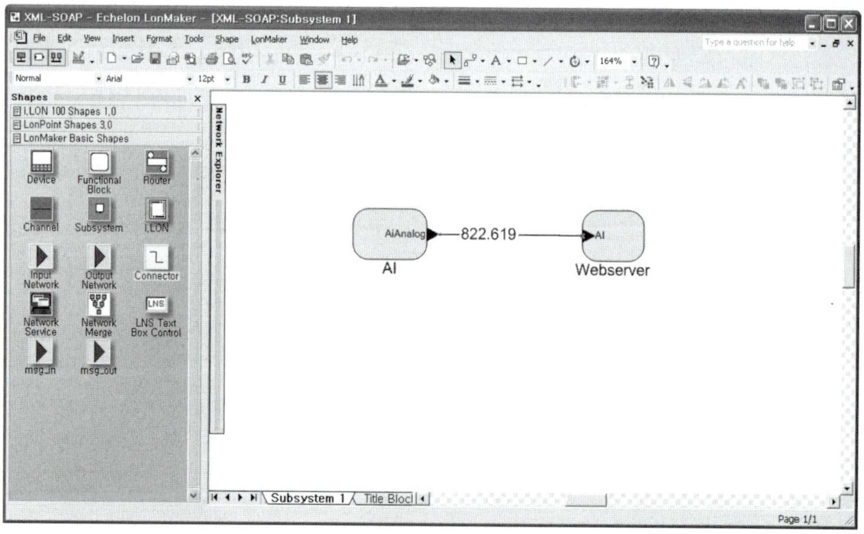

9. AO(아날로그 출력) 프로그래밍

① 웹서버에 AO 포인트를 생성하고 AO 블록을 생성하여 바인딩 한 모습이다.

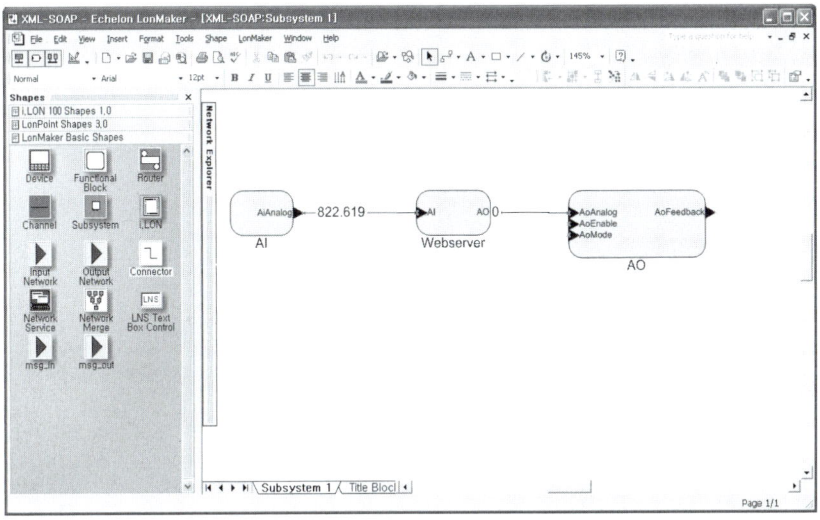

② TextBox 2개와 버튼 2개를 생성한 뒤 첫 번째 TextBox와 버튼은 AI 값을 읽는 명령을 두 번째 TextBox에 값을 입력하고 버튼을 누르면 AO 명령을 내려주는 프로그램이다.

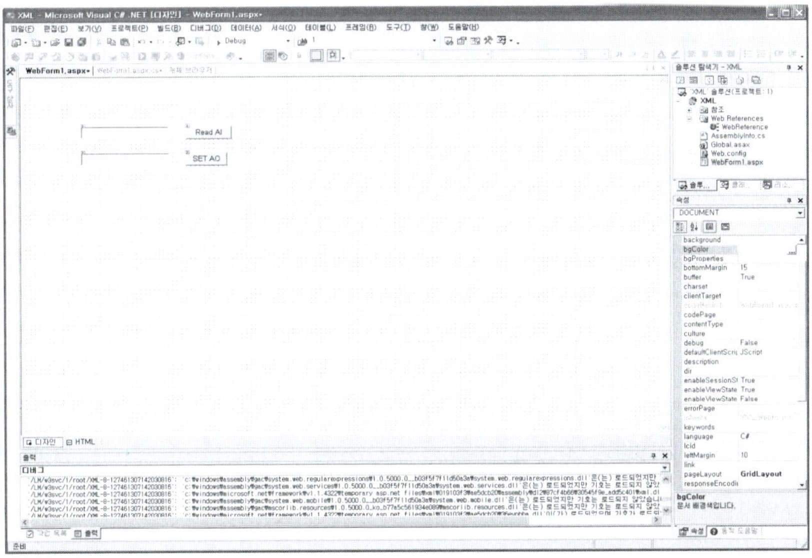

③ Visual Studio.NET에서 코딩을 한 모습이다.

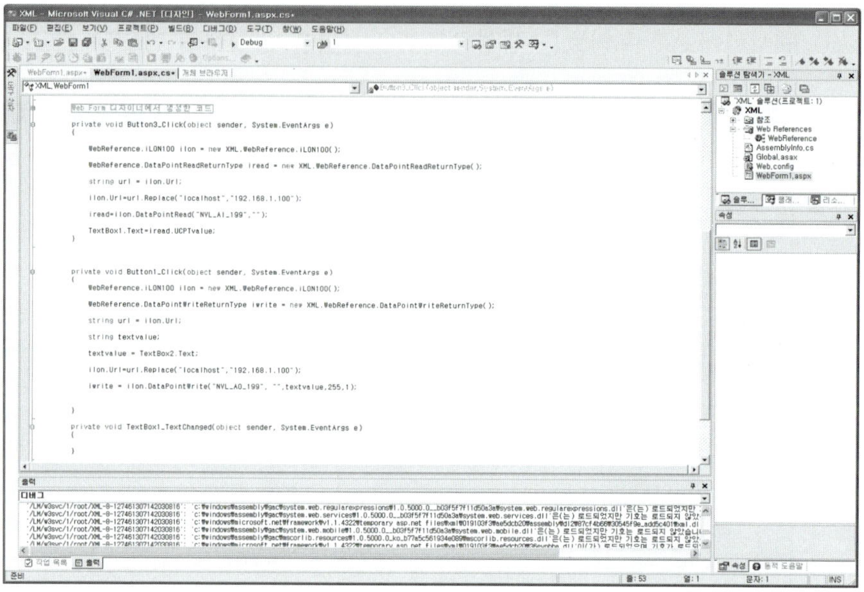

〈코딩내용〉

첫 번째 버튼을 누르면 AI 값을 읽어 오고 두 번째 버튼을 누르면 두 번째 TextBox 창에 있는 값을 AO로 내려 보내는 코딩이다.

```
private void Button1_Click(object sender, System.EventArgs e) {
WebReference.iLON100 ilon = new XML.WebReference.iLON100();
}
```

ⓐ 웹참조이름(WebReference)을 참조하여 iLON100을 ilon이라는 변수로 선언한다.

```
WebReference.DataPointReadReturnType iread = new
XML.WebReference.DataPointReadReturnType();
```

ⓑ 웹참조이름(WebReference)을 참조하여 DataPointReadReturnType을 iread라는 변수로 선언한다.

ⓒ 웹 포인트 타입 : DataPointReadReturnType : 데이터를 읽어 오는 포인트이다.

☞ 값을 읽어올 때 사용한다.

DataPoinWriteReturnType : 데이터를 쓰는 포인트이다.

☞ 명령을 내려줄 때 사용한다.

```
string url = ilon.Url;
```

ⓓ url이라는 변수로 iLON100에 Url을 넣어준다.

```
ilon.Url=url.Replace("localhost","192.168.1.100");
```

ⓔ iLON100에 url을 localhost에서 192.168.1.100(실제IP)로 바꿔준다.

```
iread=ilon.DataPointRead("NVL_AI_199","");
```

ⓕ Webserver에 있는 DI 포인트에 값을 읽어와서 iread라는 변수로 저장한다.

☞ NVL_AI_199의 의미

NVL은 데이터에 타입을 의미 한다. AI는 Webserver 포인트 이름을 나타낸다.

199는 웹서버의 고유번호이다. Webserver[0]을 선택하면 웹서버의 번호는 199번이 된다.

형 식 : NVL_데이터포인트 이름 _웹서버의 고유번호

```
TextBox1.Text=iread.UCPTvalue;
```

ⓖ TextBox1에 읽어온 데이터에 Value 값을 보여주는 코딩이다.

```
private void Button2_Click(object sender, System.EventArgs e) {
WebReference.iLON100 ilon = new XML.WebReference.iLON100();
}
```

ⓗ 웹참조이름(WebReference)을 참조하여 iLON100을 ilon이라는 변수로 선언한다.

```
WebReference. DataPoinWriteReturnType iwrite = new
XML.WebReference.DataPointReadReturnType()
```

ⓘ 웹참조이름(WebReference)을 참조하여 DataPoinWriteReturnType을 iwrite라는 변수로 선언한다.

ⓙ 웹 포인트 타입 : DataPointReadReturnType : 데이터를 읽어오는 포인트이다.

☞ 값을 읽어올 때 사용한다.

DataPoinWriteReturnType : 데이터를 쓰는 포인트이다.

☞ 명령을 내려줄 때 사용한다.

```
string url = ilon.Url;
```

ⓚ url이라는 변수로 iLON100에 Url을 넣어준다.

```
string textvalue;
```

ⓛ textvalue이라는 문자열 변수를 선언한다.

```
textvalue = TextBox2.Text ;
```

ⓜ textvalue 변수에 TextBox2 값을 넣는다.

```
ilon.Url=url.Replace("localhost","192.168.1.100");
```

ⓝ iLON100에 url을 localhost에서 192.168.1.100(실제IP)로 바꿔준다.

```
iwrite = ilon.DataPointWrite("NVL_AO_199", "",textvalue,255,1);
```

ⓞ textbox2에 값을 읽어와서 웹서버 AO에 내려준다.

☞ NVL_AO_199의 의미

NVL은 데이터에 타입을 의미 한다. AO는 Webserver 포인트 이름을 나타낸다.
199는 웹서버의 고유번호이다. Webserver[0]을 선택하면 웹서버의 번호는 199번이 된다.
형식 : NVL_데이터포인트 이름 _웹서버의 고유번호

④ F5키를 눌러 디버깅 창을 생성한 후 첫 번째 버튼을 눌러 AI 값을 읽어들이고 두 번째 TextBox에 30을 넣고 버튼을 눌러 AO 명령을 내려준 모습이다.

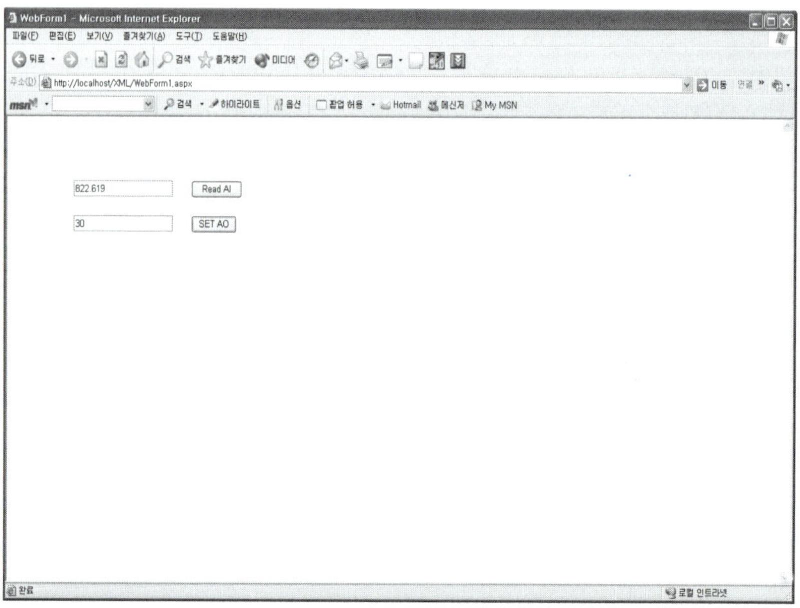

⑤ 론메이커에서 본 모습이다.

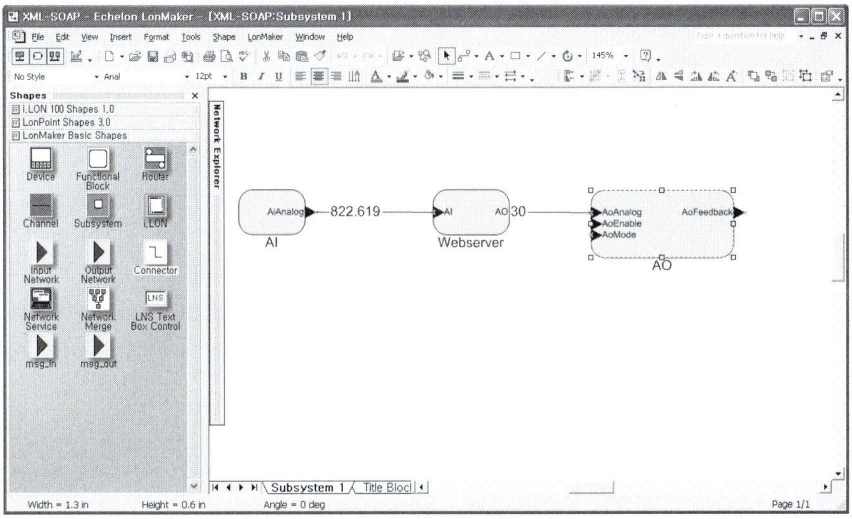

참고문헌

과학 기술부, "홈 네트워크 기술", 2002, http:// www.kdra.or.kr/sup/vision1-3.pdf

노무라 총합연구소, "유비쿼터스 네트워킹과 시장창조", 전자신문사, 2003.

노무라 총합연구소, 박우경, 김의역, "유비쿼터스 네트워크와 신사회 시스템", 전자신문사, 2003.

무선 홈 네트워크 기술, http://kidbs.itfind.or.kr : /WZIN/jugidong/1089/108901.htm

무선1394, http://www.1394ta.org

박광로, "디지털홈 포럼 최종 연구 보고서", 한국 정보통신 기술 협회, Dec. 2003.

박광로 · 한치문, "홈네트워크 기술 및 표준", TTA, 2003. 12.

박용우, "홈네트워킹", 정보통신산업동향, Oct. 2001, p.305.

서광현, "디지털홈 구축 정책방향", TTA Journal, Vol.88, Aug. 2003, pp.20-29.

전자신문 (http://www.etimesi.com)

전호인, "디지털홈 기술 및 표준화 동향", TTA Journal, Vol.88, Aug. 2003, pp.59-74.

전호인, "차세대 성장 동력을 위한 홈 네트워킹 기술의 발전 방안과 대응 과제", Telecommunications Review, SK Telecom, 2004. 1, pp.137-169.

전호인 · 신용섭, "유비쿼터스 네트워킹 시대를 위한 차세대 네트워크 기반 기술 및 무선 홈 네트워킹 기술", 한국통신학회지, 제20권, 제5호, 2003. 5, pp.156-173.

전호인 · 신용섭, "홈 네트워킹 기술 및 표준화 동향", 전자공학회지 제 29권, 제6호, 2002. 6, pp.638-659.

정보통신부, "홈네트워크 보안가이드", 2006. 1.

정보통신연구진흥원, "IT 차세대 성장동력 기획보고서(홈네트워크)", 2005. 6.

정보통신연구진흥원, "PLC 기술동향 및 향후 과제", 주간기술동향 통권 1228호, 2005. 12, pp,

조영조, "홈 네트워크 기술을 이용한지능형 아파트의 구축 및 관리", ㈜아이콘트롤스, 2002.5.28

지능형 홈네트워크 포럼, "지능형 홈네트워크 중간 연구 보고서", 2006. 3.

하원규 · 김동환 · 최남희, "유비쿼터스 IT 혁명과 제3공간 - 물리공간과 전자공간의 융합", 전자신문사, 2003.

한국 알카텔, "효율성/안정성 보장하는 네트워크 보안 A to Z", 2003.

한국정보통신기술협회, "홈 게이트웨이 정보통신 표준", 2001.

홈RF, http://www.homerf.org

Enterasys Networks, "무선랜 시장의 성장을 위한 표준 제정", http://www.enterasys.com/kr/products/whitepapers/rf_0103.pdf

ETRI 정보보호연구단 홈네트워크보안연구팀, "홈네트워크를 위한 인증 및 접근권한 제어 기술개발", 2005.6.

PLC 포럼 디지털 가전위원회, "HNCP PreSpec. Ver. 1.0", 2002.

사카무라 켄, "21세기 일본의 정보 전략", 동방미디어, 2003.

사카무라 켄, "유비쿼터스 컴퓨팅 - 그 실현을 위해", u-Korea Forum 창립기념세미나, pp.5-76, u-Korea Forum 준비위원회, 전자신문사, 한국전자통신연구원, 동방미디어, 2003년 4월 15일.

사카무라 켄, "유비쿼터스 컴퓨팅 혁명", 동방미디어, 2002.

Carl M. Ellison, "Home Network Security", Intel Technology Journal: Interoperable Home Infrastructure, Vol.6, Issue 4, ISSN1535-766x, Intel Co, Nov. 2002.

CERT®Coordination Center, "Home Network Security", Carnegie Mellon University. 2001, http://www.cert.org/tech_tips/home_networks.html

DLNA, "The Path to Interoper ability in the Digital Home", http://www.dlna.org, June, 2003.

Draft Standard for Telecommunications and Information Exchange Between Systems -LAN/MAN Specific Requirements - Part 15: Wireless Medium Access Control(MAC) and Physical Layer(PHY) Specifications for High Rate Wireless Personal Area Networks(WPAN)

Draft Standard for Telecommunications and Information Exchange Between Systems -LAN/MAN Specific Requirements - Part 15: Wireless Medium Access Control(MAC) and Physical Layer(PHY) Specifications for Low Data Rate Wireless Personal Area Networks(WPAN)

Embedded Systems Programming, "Home Networking with Zigbee", 2004, http://www.embedded.com/showArticle.jhtml/articleID=18902431

http://hes-standards.org

http://www.dlna.org

http://www.upnp.org

IEEE 1394 Project P1394b, Draft Standard for a High Performance Serial Bus(Supplement)

IEEE Project P1394a, Draft Standard for a High Performance Serial Bus(Suplement)

IEEE Standard 802.11e/D4.3: Draft Supplement to Standard for Telecommunications and Information Exchange Between Systems - LAN/MAN Specific Requirements - Part 11: Wireless Medium Access Control(MAC) and physical layer(PHY) specifications:

Medium Access Control (MAC) Enhancements for Quality of Service(QoS)
IEEE Std. 1394-1995, Standard for a High Performance Serial Bus
ISO/IEC 13213:1994, Control and Status Register(CSR) Architecture for Microcomputer Buses
ISO/IEC 8802-11: 1999, Information Technology - Telecommunications and Information Exchange Between Systems - Local and Metropolitan Area Networks -Specific Requirements - Part 11: Wireless LAN Medium Access Control(MAC) and Physical Layer(PHY) Specifications.
K. Fujisawa, "RFC2855-DHCP for IEEE 1394", IETF, 2000, http://www.ietf.org/rfc/rfc2855.txt number=2855
Kim Thomas, "Building a Secure Home Network", 2001, http://www.sans.org/rr/papers/index. php/id=611
Koon-Seok Lee et. al., "A new control protocol for home appliances-LnCP", IEEE International Symposium on Industrial Electronics, Vol.1, 2001, pp.286-291.
M. Weiser, "The Computer for the 21st Century", Scientific America, pp.94-104, Sept., 1991; reprinted in IEEE Pervasive Computing, Jan.-Mar. 2002, pp.19-25.
OSGi Alliance, "OSGi Service Platform Release 3", http://www.osgi.org, Mar. 2003.
Samsung Economic Research Institute, http://www.seri.org
Theodore B. Zahariadis, Home Networking Technologies and Standards, Artech House, Inc., Boston, 2003.
Zigbee, http://www.zigbee.org

찾아보기

저자 약력

■ 남 상 엽

- 공학박사
- 삼성종합기술원 정보시스템연구소 근무
- 모토로라 반도체통신(주) 기술연구소 근무
- (현) 경문대학 정보통신과 교수

■ 최 병 호

- 한양대학교 전자공학과 학사(1991)
- 한양대학교 전자공학과 석사학위(1993)
- KAIST전산학과 박사수료(2001)
- LG 전자 비디오연구소 주임연구원(1993 ~ 1997)
- (현) 전자부품연구원 디지털미디어연구센터 책임연구원
- (현) 지능형홈 표준화 포럼 사무국장
- (현) 차세대 방송 포럼 3D TV 분과위원
- (현) 대한전자공학회 컴퓨터 소사이어티 회원이사
- (현) 산업기술개발산업 기술개발 기획평가단 정회원

■ 박 용 후

- (현) (주)ED 대표이사

유비쿼터스 홈네트워크 구성 및 응용

2006년 5월 25일 1판 1쇄 발행

저 자 남상엽 · 최병호 · 박용후
발행인 남 승 우

발행처 도서출판 상尙 학學 당堂

서울특별시 동작구 사당3동 220-43
TEL : 02) 595-1692~4
FAX : 02) 595-1394
E-mail : namdoo6@unitel.co.kr

신고 : 2-155호 (1968. 11. 29)

(CD 포함) **정가 29,000원**

ISBN 89-85437-20-8 93560

EMBEDDED SYSTEM

임베디드 시스템 구성도 EMBEDDED SYSTEM

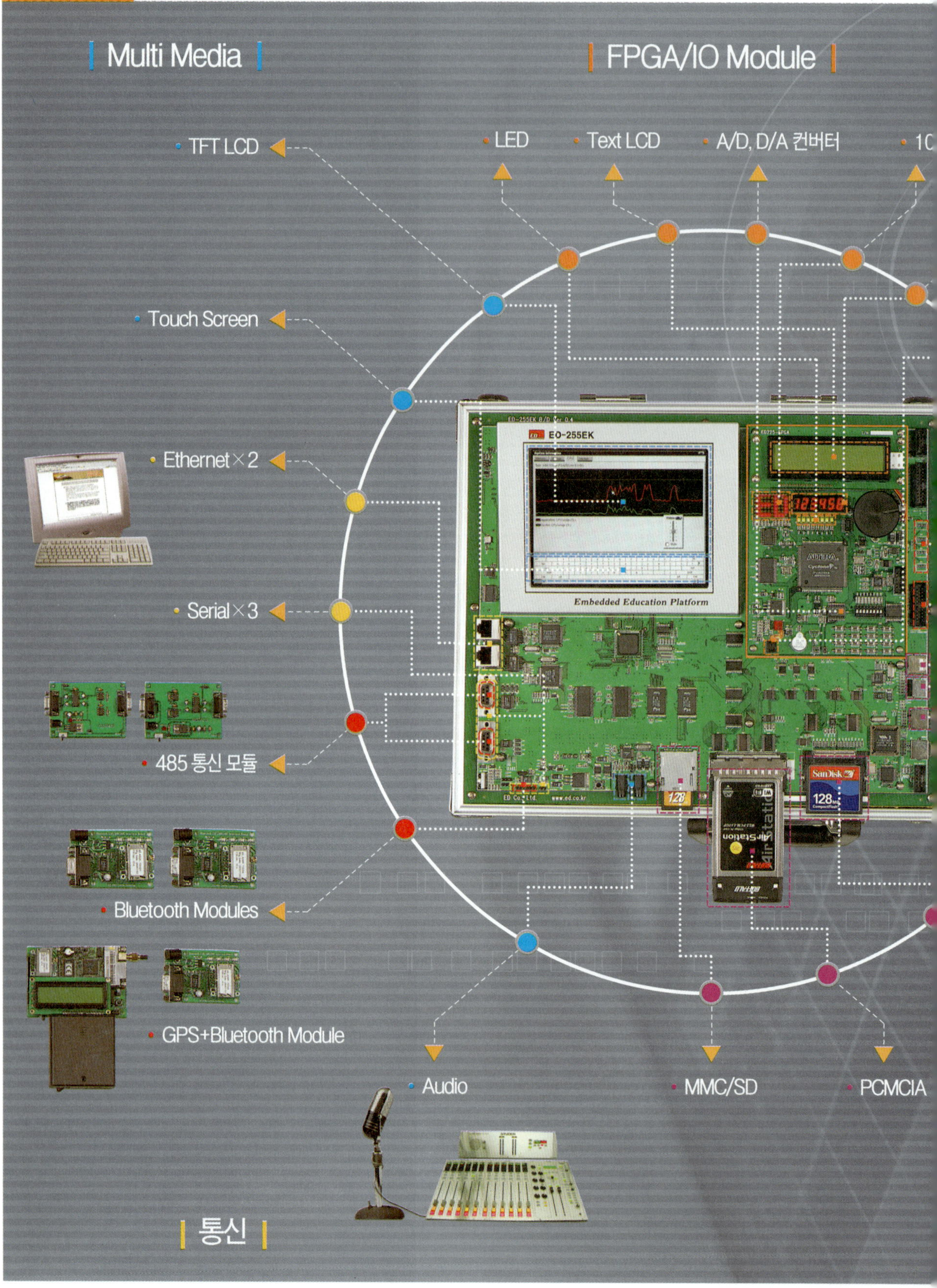

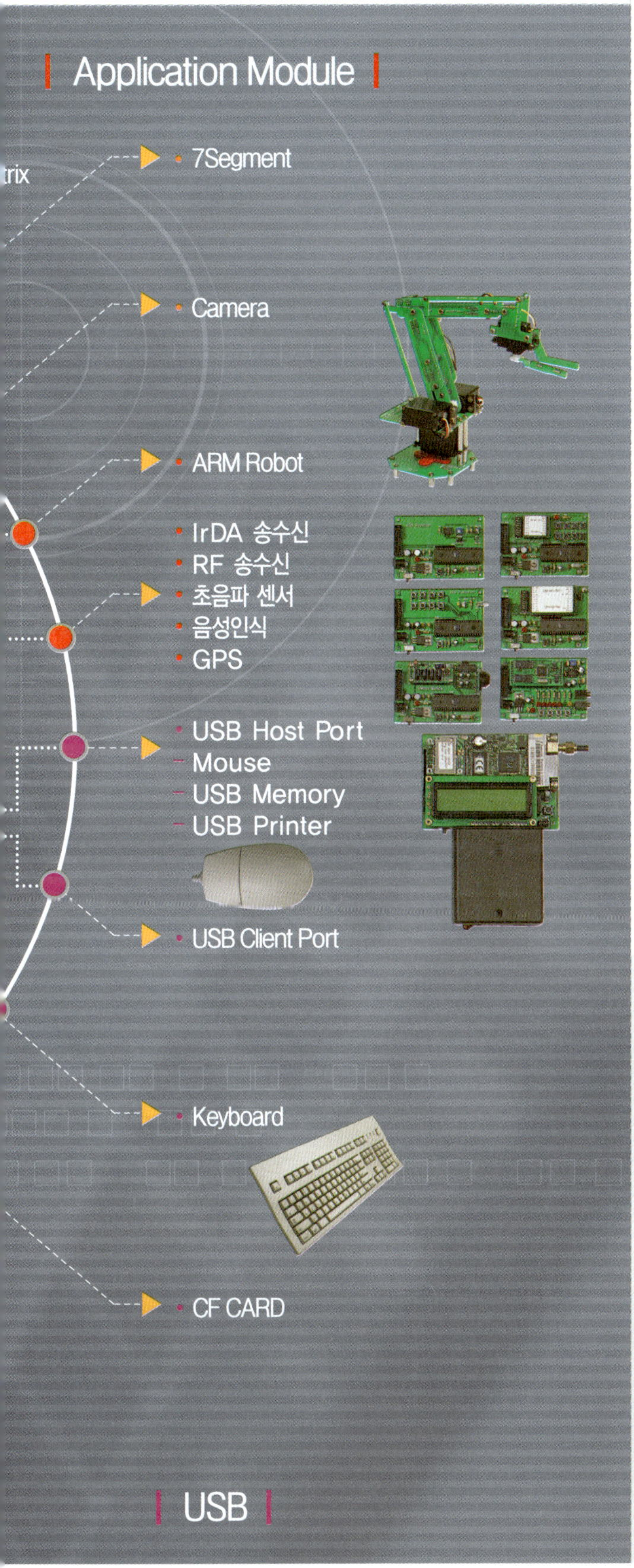

임베디드 응용 시스템 활용 구성 (Embedded System)

ED-255EK

Intel XScale PXA255 400MHz의 저전력 고성능의 프로세서를 채택하였으며 이 실습 장비를 이용하여 네비게이션, Bluetooth, PDA, 라우터, 웹 패드 등 보다 빠른 IT장비들을 개발하기 위한 임베디드 실습 및 개발 솔루션을 제공합니다.

풍부한 시스템 제원

Flash 32Mbyte, SDRAM 128Mbyte, 10Mbps Ethernet 포트와 10/100 Ethernet 포트, Wireless LAN을 지원하여 다양한 네트워크 디바이스를 경험할 수 있으며 USB 1.1/2.0Host/Client, UART, 6.4˝ TFT LCD, AC' 97 Codec, RTC와 Multi Media Card들인 PCMCIA, CF, MMC/SD Card를 지원하여 시스템 활용을 극대화 시켰습니다.

12만 Gate FPGA 지원

임베디드 시스템과 독립적으로 또는 병행하여 시스템을 운용할 수 있으며 직접 VHDL코드로 설계하여 LED, Text LCD, A/D, D/A 컨버터, 7-Segment, Dot Matrix, Step Motor, Buzzer, CMOS Image Sensor 등을 설계하고 응용할 수 있습니다.

확장 어플리케이션 시스템 지원

ED-255EK장비의 활용을 극대화하기 위해 다양한 어플리케이션 모듈과 이 모듈들을 설명하는 교재도 같이 제공하고 있습니다. 모듈은 GPS, 초음파, IrDA, RF, 485통신, Bluetooth, 음성인식, ARM Robot 등이 있으며 현재 필드 에서 많이 사용되는 것들로 구성을 하였습니다.

임베디드 시스템 응용 모드

▶ Application Module

• 음성인식 • Robot • ARM로봇 • IrDA
• RF • GPS • Bluetooth • 초음파

▶ FPGA/IO(Option) Module

• FPGA/IO • 20X2 Text LCD • Key Pad
• AD/DA • Motor • Camera • LED • Buzzer

▶ 통신

• 네트워크 장비 • 인터넷 • 홈 네트워크 • Webserver

▶ Multi Media

• Audio • Display • MP3 • 동영상 플레이

▶ USB

• 입력/저장/출력 • Multi Media • Webcam • Printer

임베디드 토탈솔루션

Embedded Training System

Model : ED-255EK

특징

- Embedded Linux의 기초에서 고급과정까지 다양하게 실험 실습
- 인텔 PXA255 (400MHz) 고성능 마이크로프로세서 사용
- 6.4″ TFT LCD, Ethernet 2Port, Serial 3Port, PCMCIA/CF/MMC등 다양한 인터페이스 지원
- FPGA Chip인 Altera Cyclone 120,000Gates를 탑재하여 SoC 과정까지 연동하여 교육
- 안정적인 하드웨어, 풍부한 실습 프로그램 및 이해가 쉽도록 구성된 실습 교재 제공

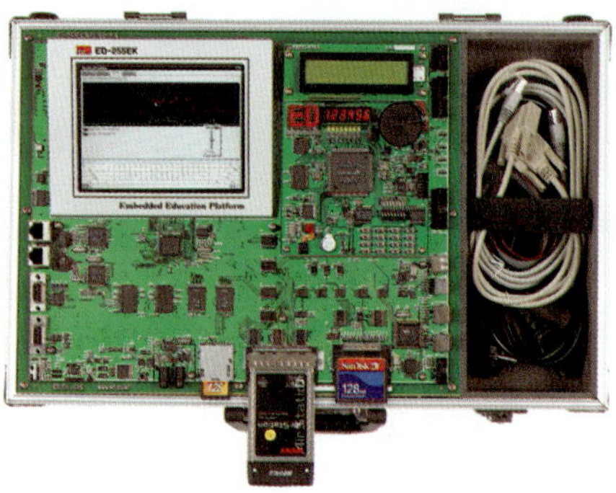

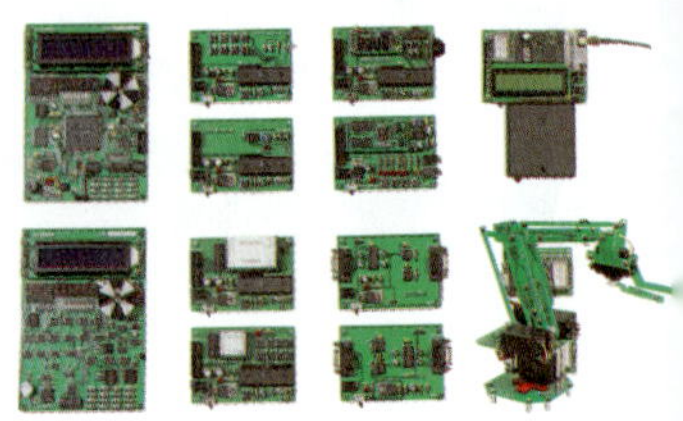

Options

실험실습내용

- 개발환경 구축 실습
- 부트로더, 커널포팅 실습
- WinCE, Embedded Linux 등의 OS 포팅 실습
- Ramdisk 제작 및 파일시스템 구축 실습
- 다양한 입출력 Device Driver 제작 실습
- 멀티미디어, 네트워크 등 다양한 응용프로그램 개발 실습
- GUI 응용프로그램 제작 실습

규격

CPU	Intel XScale P×A 255
Memory	FLASH (32Mbyte)
	SDRAM (128Mbyte)
	SRAM (1Mbyte)
Display	TFT LCD / Touch-Screen (6.4inch, 16bits Color, 640×480)
Interface	Ethernet (2port), Serial (3port), USB (Host, Client), PS/2 Port
	PCMCIA, CF, MMC/SD, RTC, IrDA, I²C
Control	Status LED
Audio	Stereo I/O (Cirrus CS4202)
확장 핀	Ext. I/O, App. I/O, Bluetooth I/O, Servo Motor, I2C I/O
Debug	Multi-ICE, JTAG
일반사양	외형크기 : 490(W)×160(H)×320(D)mm
Software	Boot Loader (uboot-1.0.0), Kernel (Linux-2.4.19)
	File System (Ramdisk : Image, Source)
	Application : Network Application Source, Qt/Embedded Image, Graphic & Text Display Control
	Device Driver : AC97 Audio Codec, ADS7846 Touch-Screen, PCMCIA, MMC/SD, CF Card, Ethernet
FPGA Module (기본) I/O Module (Option)	Altera FPGA Cyclone 120,000Gates (FPGA Module)
	CMOS Camera (FPGA Module), AD/DA 컨버터, Dot Matrix (10×7)
	8-Status LED, 4×4 Key Switch, 8P DIP Switch, 20×2 Line Text LCD
	Stepping Motor, Buzzer
Option Modules	Bluetooth Module, GPS, 음성 인식, Robot Arm, IrDA 송수신,
	초음파, RF 송수신, 485 송수신

Web Server 프로그램

- Web Server를 통한 원격 제어
- Dot Matrix, LED, Text / Graphics LCD, 7Segment, 스텝 모터 제어

SoC 토탈솔루션

System on a Chip Training System

Model : ED-SoCwinner

특징

- 10만, 40만, 100만 Gates 모두 사용 가능한 통합 Platform으로 구성
- 마이크로 프로세서인 ARM922T를 내장, 쉽고 빠른 OS 탑재가 가능
- Ethernet, UART, IDE, VGA Port, USB, PCMAIA 등의 주변 장치들을 다양한 IP 검증 및 OS를 이용한 디바이스 제어가 가능
- PCI Master / Slave 설계 구현 및 테스트
- 640×480 6.4″ TFT LCD와 CMOS Image Sensor를 이용하여 멀티미디어 장비 구현 가능
- Xilinx Vertex II 3,000,000 ~ 8,000,000 Gate 디바이스가 장착된 확장 모듈을 지원

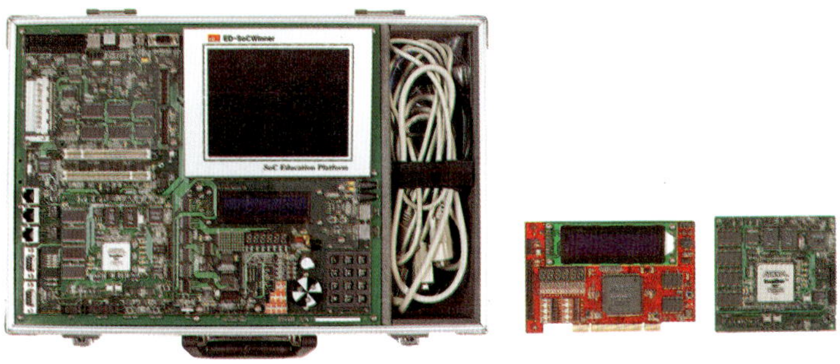

실험실습내용

- H/W와 S/W Co-Verification 및 알고리즘
- AMBA AHB Bus 설계 및 검증
- DMA 설계 및 실습
- CMOS Image Sensor를 통한 영상 처리 실습
- IDE를 이용한 대용량 HDD 제어 실습
- AC97 Codec을 이용한 MP3
- 리눅스 디바이스 드라이버를 설계하여 주변 기기 제어
- 리눅스 OS 포팅
- ARM 프로세서 구조 및 개념
- SDRAM Controller 설계 및 실습
- TFT LCD / VGA 포트를 통한 이미지 처리 실습
- Dual Ethernet 을 통한 네트워크 실습
- AD/DA 컨버터 제어 실습
- 다양한 주변기기를 활용한 IP 설계 및 제어

규격

Excalibur	Device (EPXA4F672C3, EPXA10F1020C2, EPXA1F672C3)
	CPU (ARM922T)
	FPGA 10만/40만/100만 Gates
	SRAM (128kbytes) / DPRAM (64kbytes)
Memory	Flash : 32Mbytes (Max. 64Mbytes), SDRAM : 256Mbytes (Max. 512Mbytes)
TFT-LCD	6.4″ TFT Color LCD
VGA	VGA Port
Serial	UART Port (2ea)
Ethernet	10/100Mbps Ethernet Port (2ea)
PS/2	PS/2 Port 2ea for Keyboard / Mouse
USB	USB 2.0 Host / Client Port (2ea)
RTC	Real Time Clock
Audio	AC97 Audio Codec
CMOS Camera	Hynix CMOS Image Sensor
Character LCD	20×2 Character LCD
ADC / DAC	12bit A/D Converter / 14bit D/A Converter
Dot Matrix	5×7 Dot Matrix (2ea)
7-Segment	6×7-Segment
Keypad	4×4 Keypad / DIP S/W (8 Input DIP Switch)
Step Motor	Step Motor
Buzzer	Buzzer
Expansion	Ubiquitous Sensor Network Board (Option)
	FPGA Daughter Board (Option)
	Application Module Port
Debug	JTAG Port, Multi-ICE Port

RFID 토탈솔루션

RFID Application Trainer

Model : ED-3100

특징

- RFID 리더기에 대한 F/W 프로그램 실습
- Air-interface 등의 실험이 가능하도록 다수의 Test Point 제공
- Anti-Collision 기능 지원
- Application Engineer를 위한 OCX Library 제공
- 범용으로 사용되는 13.56MHz I-CODE Type
- Tag에 Data를 Read / Write 가능
- 컨베이어와 연동되는 미니 플랜트 제공 (창고관리, 공정관리, 주차관리 등)
- 탈부착이 가능한 응용 모듈 (출입통제, 물류관리, 자판기 등)

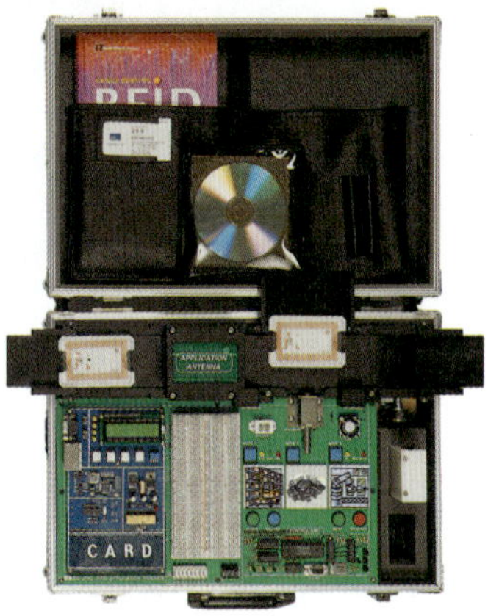

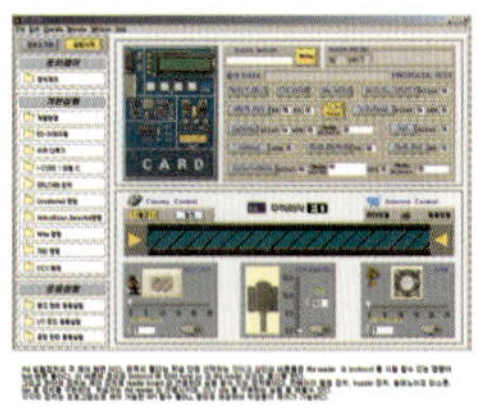

실험실습내용

- 개발환경 익히기 (AVR, JTAG, 컴파일러)
- ED-3100 구성 및 구동법
- 예제를 통한 AVR 장치 학습
- I-CODE1 라벨 IC 학습
- SLRC400 Reader IC 학습
- Unselected 명령어 학습
- Anticollision and Selected 명령
- Write, Selected, Addressed 명령
- 기타명령 (Selected Read, Halt, EAS/Quiet)
- OCX (예제)

규격

RFID Reader	Reader Control CPU	ATMEG128
	Carrier Frequency	13.56MHz ± 1kHz
	Protocol	I-CODE1
	Reading Distance	100mm 내외
	Display	4 Line Character LCD
	입력장치	모드설정용 입력 스위치 4ea
	Interface	RS-232, RS-422
RFID Antenna	2종 (PCB패턴, 플랜트 실습부)	
RFID Tag	13.56MHz I-CODE1 (R/W) : 10ea	
응용모듈	창고관리, 공정관리, I/O확장모드	